建筑设计资料集

（第三版）

第6分册 体育·医疗·福利

中国建筑工业出版社

图书在版编目（CIP）数据

建筑设计资料集 第6分册 体育·医疗·福利 / 中国建筑工业出版社，中国建筑学会总主编 . -3 版 . -北京：中国建筑工业出版社，2017.6

ISBN 978-7-112-20944-6

Ⅰ. ①建… Ⅱ. ①中… ②中… Ⅲ. ①建筑设计 -资料 Ⅳ. ① TU206

中国版本图书馆CIP数据核字（2017）第 140494 号

责任编辑：陆新之 刘 丹 刘 静 徐 冉
封面设计：康 羽
版面制作：陈志波 周文辉 刘 岩
责任校对：姜小莲 关 健

建筑设计资料集（第三版）

第6分册 体育·医疗·福利

*

中国建筑工业出版社出版、发行（北京海淀三里河路9号）
各地新华书店、建筑书店经销
北京顺诚彩色印刷有限公司印刷

*

开本：880×1230 毫米 1/16 印张：27 字数：1080 千字
2017 年 6 月第三版 2017 年 6 月第一次印刷
定价：**188.00** 元
ISBN 978-7-112-20944-6
（25969）

版权所有 翻印必究

如有印装质量问题，可寄本社退换
（邮政编码 100037）

《建筑设计资料集》(第三版) 总编写分工

总 主 编 单 位：中国建筑工业出版社　中国建筑学会

第1分册　建筑总论
分 册 主 编 单 位：清华大学建筑学院　同济大学建筑与城市规划学院
　　　　　　　　　重庆大学建筑城规学院　西安建筑科技大学建筑学院

第2分册　居住
分 册 主 编 单 位：清华大学建筑设计研究院有限公司
分册联合主编单位：重庆大学建筑城规学院

第3分册　办公·金融·司法·广电·邮政
分 册 主 编 单 位：华东建筑集团股份有限公司
分册联合主编单位：同济大学建筑与城市规划学院

第4分册　教科·文化·宗教·博览·观演
分 册 主 编 单 位：中国建筑设计院有限公司
分册联合主编单位：华南理工大学建筑学院

第5分册　休闲娱乐·餐饮·旅馆·商业
分 册 主 编 单 位：中国中建设计集团有限公司
分册联合主编单位：天津大学建筑学院

第6分册　体育·医疗·福利
分 册 主 编 单 位：中国中元国际工程有限公司
分册联合主编单位：哈尔滨工业大学建筑学院

第7分册　交通·物流·工业·市政
分 册 主 编 单 位：北京市建筑设计研究院有限公司
分册联合主编单位：西安建筑科技大学建筑学院

第8分册　建筑专题
分 册 主 编 单 位：东南大学建筑学院　天津大学建筑学院
　　　　　　　　　哈尔滨工业大学建筑学院　华南理工大学建筑学院

《建筑设计资料集》(第三版)总编委会

顾问委员会（以姓氏笔画为序）

马国馨　王小东　王伯扬　王建国　刘加平　齐　康　关肇邺
李根华　李道增　吴良镛　吴硕贤　何镜堂　张钦楠　张锦秋
尚春明　郑时龄　孟建民　钟训正　常　青　崔　愷　彭一刚
程泰宁　傅熹年　戴复东　魏敦山

总编委会

主　任
　　宋春华

副主任（以姓氏笔画为序）

　　王珮云　沈元勤　周　畅

大纲编制委员会委员（以姓氏笔画为序）

丁　建　王建国　朱小地　朱文一　庄惟敏　刘克成　孙一民
吴长福　宋春华　沈元勤　张　桦　张　颀　周　畅　官　庆
赵万民　修　龙　梅洪元

总编委会委员（以姓氏笔画为序）

丁　建　王　漪　王珮云　牛盾生　卢　峰　朱小地　朱文一
庄惟敏　刘克成　孙一民　李岳岩　吴长福　邱文航　冷嘉伟
汪　恒　汪孝安　沈　迪　沈元勤　宋　昆　宋春华　张　颀
张洛先　陆新之　邵韦平　金　虹　周　畅　周文连　周燕珉
单　军　官　庆　赵万民　顾　均　倪　阳　梅洪元　章　明
韩冬青

总编委会办公室

　　主任：陆新之
　　成员：刘　静　徐　冉　刘　丹　曹　扬

第6分册编委会

分册主编单位
中国中元国际工程有限公司

分册联合主编单位
哈尔滨工业大学建筑学院

分册参编单位（以首字笔画为序）

广州市殡葬服务中心	华南理工大学建筑学院
中国中联建筑设计院	国内贸易工程设计研究院
中国建筑设计院有限公司	哈尔滨市殡葬管理处
东南大学建筑学院	重庆大学建筑设计研究院有限公司
北京市建筑设计研究院有限公司	重庆大学建筑城规学院
吉林建筑大学	清华大学建筑设计研究院有限公司
西安建筑科技大学建筑设计研究院	深圳市建筑设计研究总院有限公司
同济大学建筑与城市规划学院	厦门理工大学
同济大学建筑设计研究院（集团）有限公司	黑龙江省建筑设计研究院
华东建筑集团股份有限公司	

分册编委会
主　任：丁　建　梅洪元
副主任：黄锡璆　陈国亮　刘德明　孙一民
委　员：（以姓氏笔画为序）
　　　　丁　建　龙　灏　申永刚　庄惟敏　刘玉龙　刘德明　江立敏　许海涛
　　　　孙一民　李　辉　李玲玲　李桂文　李峰亮　李燕云　谷　建　邹广天
　　　　陈国亮　陈晓民　罗　鹏　周　颖　孟建民　赵　晨　赵天宇　姚亚雄
　　　　钱　锋　徐　更　黄晓群　黄锡璆　梅季魁　梅洪元

分册办公室
主　任：许迎新
副主任：陈剑飞　杨　莉　梁建岚
成　员：文瑞香　赵丽华　袁　青

前　言

　　一代人有一代人的责任和使命。编好第三版《建筑设计资料集》，传承前两版的优良传统，记录改革开放以来建筑行业的设计成果和技术进步，为时代为后人留下一部经典的工具书，是这一代人面对历史、面向未来的责任和使命。

　　《建筑设计资料集》是一部由中国人创造的行业工具书，其编写方式和体例由中国建筑师独创，并倾注了两代参与者的心血和智慧。《建筑设计资料集》（第一版）于1960年开始编写，1964年出版第1册，1966年出版第2册，1978年出版第3册。第二版于1987年启动编写，1998年10册全部出齐。前两版资料集为指导当时的建筑设计实践发挥了重要作用，因其高水准高质量被业界誉为"天书"。

　　随着我国城镇化的快速发展和建筑行业市场化变革的推进，建筑设计的技术水平有了长足的进步，工作领域和工作内容也大大拓展和延伸。建筑科技的迅速发展，建筑类型的不断增加，建筑材料的日益丰富，规范标准的制订修订，都使得老版资料集内容无法适应行业发展需要，亟需重新组织编写第三版。

　　《建筑设计资料集》是一项巨大的系统工程，也是国家层面的经典品牌。如何传承前两版的优良传统，并在前两版成功的基础上有更大的发展和创新，无疑是一项巨大的挑战。总主编单位中国建筑工业出版社和中国建筑学会联合国内建筑行业的两百余家单位，三千余名专家，自2010年开始编写，前后历时近8年，经过无数次的审核和修改，最终完成了这部备受瞩目的大型工具书的编写工作。

　　《建筑设计资料集》（第三版）具有以下三方面特点：

一、内容更广，规模更大，信息更全，是一部当代中国建筑设计领域的"百科全书"

　　新版资料集更加系统全面，从最初策划到最终成书，都是为了既做成建筑行业大型工具书，又做成一部我国当代建筑设计领域的"百科全书"。

　　新版资料集共分8册，分别是：《第1分册　建筑总论》；《第2分册　居住》；《第3分册　办公·金融·司法·广电·邮政》；《第4分册　教科·文化·宗教·博览·观演》；《第5分册　休闲娱乐·餐饮·旅馆·商业》；《第6分册　体育·医疗·福利》；《第7分册　交通·物流·工业·市政》；《第8分册　建筑专题》。全书共66个专题，内容涵盖各个建筑领域和建筑类型。全书正文3500多页，比第一版1613页、第二版2289页，篇幅上有着大幅度的提升。

　　新版资料集一半以上的章节是新增章节，包括：场地设计；建筑材料；老年人住宅；超高层城市办公综合体；特殊教育学校；宗教建筑；杂技、马戏剧场；休闲娱乐建筑；商业综合体；老年医院；福利建筑；殡葬建筑；综合客运交通枢纽；物流建筑；市政建筑；历史建筑保护设计；地域性建筑；绿色建筑；建筑改造设计；地下建筑；建筑智能化设计；城市设计；等等。

　　非新增章节也都重拟大纲和重新编写，内容更系统全面，更契合时代需求。

　　绝大多数章节由来自不同单位的多位专家共同研究编写，并邀请多名业界知名专家审稿，以此确保编写内容的深度和广度。

二、编写阵容权威，技术先进科学，实例典型新颖，以增值服务方式实现内容扩充和动态更新

总编委会和各主编单位为编好这部备受瞩目的大型工具书，进行了充分的行业组织及发动工作，调动了几乎一切可以调动的资源，组织了多家知名单位和多位知名专家进行编写和审稿，从组织上保障了内容的权威性和先进性。

新版资料集从大纲设定到内容编写，都力求反映新时代的新技术、新成果、新实例、新理念、新趋势。通过记录总结新时代建筑设计的技术进步和设计成果，更好地指引建筑设计实践，提升行业的设计水平。

新版资料集收集了一两千个优秀实例，无法在纸书上充分呈现，为使读者更好地了解相关实例信息，适应数字化阅读需求，新版资料集专门开发了增值服务功能。增值服务内容以实例和相关规范标准为主，可采用一书一码方式在电脑上查阅。读者如购买一册图书，可获得这一册图书相关增值服务内容的授权码，如整套购买，则可获得所有增值服务内容的授权。增值服务内容将进行动态扩充和更新，以弥补纸质出版物组织修订和制版印刷周期较长的缺陷。

三、文字精练，制图精美，检索方便，达到了大型工具书"资料全、方便查、查得到"的要求

第三版的编写和绘图工作告别了前两版用鸭嘴笔、尺规作图和铅字印刷的时代，进入到计算机绘图排版和数字印刷时代。为保证几千名编写专家的编写、绘图和版面质量，总编委会制定了统一的编写和绘图标准，由多名审稿专家和编辑多次审核稿件，再组织参编专家进行多次反复修改，确保了全套图书编写体例的统一和编写内容的水准。

新版资料集沿用前两版定版设计形式，以图表为主，辅以少量文字。全书所有图片都按照绘图标准进行了重新绘制，所有的文字内容和版面设计都经过反复修改和完善。文字表述多用短句，以条目化和要点式为主，版面设计和标题设置都要求检索方便，使读者翻开就能找到所需答案。

一代人书写一代人的资料集。《建筑设计资料集》（第三版）是我们这一代人交出的答卷，同时承载着我们这一代人多年来孜孜以求的探索和希望。希望我们这一代人创造的资料集，能够成为建筑行业的又一部经典著作，为我国城乡建设事业和建筑设计行业的发展，作出新的历史性贡献。

《建筑设计资料集》（第三版）总编委会

2017年5月23日

目 录

1 体育建筑

总论
分类・场地区 …………………… 1
看台区・辅助用房区 …………… 2
辅助用房区 ……………………… 3
视线设计 ………………………… 5
疏散设计 ………………………… 8
电气照明 ………………………… 10
建筑声学 ………………………… 12

体育中心
概述 ……………………………… 13
用地选址 ………………………… 14
总平面 …………………………… 15
全过程设计 ……………………… 16
指标数据 ………………………… 17
实例 ……………………………… 18

体育场
概述 ……………………………… 22
场地布置・功能流线 …………… 23
场地区 …………………………… 24
比赛场地 ………………………… 26
看台区 …………………………… 31
辅助用房及设施 ………………… 33
罩棚 ……………………………… 34
实例 ……………………………… 35

体育馆
概述 ……………………………… 39
场地设计 ………………………… 41
看台 ……………………………… 43
屋盖结构 ………………………… 44
辅助用房 ………………………… 45
实例 ……………………………… 48

游泳设施
概述 ……………………………… 54
游泳池 …………………………… 55
游泳池・跳水池 ………………… 56
跳水池 …………………………… 57
热身池・其他池 ………………… 58
看台・训练设施・辅助用房及设施 … 59
给水排水 ………………………… 60
声学・照明・空调 ……………… 61
实例 ……………………………… 62

综合训练馆及健身中心
基本要求 ………………………… 64
总平面设计 ……………………… 65
建筑功能及交通设计 …………… 66
建筑空间与多功能设计 ………… 67
技术要求 ………………………… 68
实例 ……………………………… 71

水上运动设施
帆船・帆板 ……………………… 76
皮划艇 …………………………… 77
龙舟 ……………………………… 78
摩托艇 …………………………… 79
赛艇 ……………………………… 80
实例 ……………………………… 82

冰雪运动设施
概述・滑冰馆 …………………… 83
速度滑冰场地 …………………… 84
冰球场地 ………………………… 85
短道速度滑冰场地・花样滑冰场地・冰壶场地 …………………………… 86
人工冰场・浇冰车库 …………… 87
速滑馆实例 ……………………… 88
滑雪场概述・雪上运动用品 …… 90
高山滑雪场地 …………………… 91
越野滑雪场地 …………………… 92
跳台滑雪场地 …………………… 93
自由式滑雪场地・单板滑雪场地 … 94
雪车・雪橇运动场地 …………… 95
登山索道・加热座椅 …………… 96
滑雪场实例 ……………………… 97

自行车运动设施
场地自行车场馆 ………………… 99
看台・辅助用房・照明・空调 … 101
实例 ……………………………… 102

赛车运动设施
概述 ……………………………… 104
建筑・场地 ……………………… 105
实例 ……………………………… 107

射击・射箭运动设施
射击场馆 ………………………… 108
飞碟靶场・射箭场地 …………… 109
射击运动专业技术设施 ………… 110
实例 ……………………………… 111

赛马・马术运动设施
概述・马术及赛马场地要求 …… 114
场地・流线及附属设施 ………… 115

实例 ·················· 116	住院部 ·················· 180	作业疗法 ·················· 248
极限运动设施	临终关怀设施 ·················· 186	感觉统合疗法·言语疗
滑轮·滑板·极限单车 ····· 118	营养厨房 ·················· 187	法·中医疗法 ·················· 249
越野摩托车 ·················· 119	锅炉房 ·················· 188	综合医院康复科 ············ 250
攀岩·极限滑雪·滑水 ···· 120	垃圾处理站 ·················· 189	康复医院概述 ············ 251
室内运动场地	洗衣房·污水处理站 ····· 190	低视力康复·儿童康复 ···· 252
篮球·排球·室内足球 ···· 121	医用气体 ·················· 191	儿童康复设施 ············ 253
羽毛球·乒乓球·手球 ···· 122	实例 ·················· 192	康复病室 ·················· 254
体操 ·················· 123	**急救中心**	康复治疗室 ·················· 255
艺术体操·蹦床·武术 ···· 124	基本概念 ·················· 203	老年康复治疗室·心脏康复治疗室 ··· 256
击剑·举重·柔道 ·········· 125	院前急救 ·················· 204	假肢矫形中心 ············ 257
拳击·摔跤·跆拳道 ········ 126	院内急救 ·················· 205	国内康复医院实例 ········ 258
保龄球·台球·壁球 ········ 127	院前急救实例 ············ 207	国外恢复期康复医院实例 ··· 260
专项运动场	院内急救实例 ············ 209	国外军队康复医院实例 ··· 261
专用足球场 ·················· 128	**肿瘤医院**	**精神病医院**
网球场 ·················· 130	基本概念 ·················· 211	基本概念 ·················· 262
棒球、垒球场 ············ 131	放射治疗 ·················· 212	门诊部·医技部 ············ 263
橄榄球场·沙滩排球场 ···· 132	核医学科 ·················· 214	住院部 ·················· 264
曲棍球场·门球场·地掷球场 ··· 133	辐射屏蔽防护 ············ 216	实例 ·················· 267
高尔夫球场 ·················· 134	医疗设备配置及其他 ····· 217	**传染病医院**
比赛型迷你高尔夫球场 ····· 135	实例 ·················· 218	概述 ·················· 271
铁人三项场地 ············ 136	**妇产医院**	门诊医技部 ·················· 272
体育场馆新技术	概述·场地设计 ·········· 219	住院部 ·················· 273
自然采光 ·················· 137	急诊部·门诊部 ·········· 220	实例 ·················· 275
自然通风·太阳能 ········ 138	门诊部 ·················· 221	**眼科与眼科医院**
移动屋盖 ·················· 139	住院部 ·················· 222	概述·基本要求与流程 ···· 277
	实例 ·················· 226	设计要求 ·················· 278
2 医疗建筑	**儿童医院**	**口腔医院**
	基本概念 ·················· 228	概述 ·················· 279
医疗服务体系	急诊部 ·················· 229	口腔科 ·················· 280
概述 ·················· 141	门诊部 ·················· 230	实例 ·················· 281
设施规划·建设流程 ······ 142	住院部 ·················· 231	**体检中心**
综合医院	感染科 ·················· 232	概述·规划要点 ·········· 283
概述 ·················· 143	儿童重症监护室（PICU/CICU） ··· 233	功能流程·设计要点 ······ 284
设计参数 ·················· 146	新生儿监护病房（NICU） ··· 234	**中医医院**
建筑设计、采光、隔声规范要求 ··· 147	儿童康复科 ·················· 235	基本概念 ·················· 285
电梯设置 ·················· 148	儿童保健科 ·················· 236	门诊部 ·················· 286
生物洁净用房及无障碍设计 ··· 149	实例 ·················· 237	药剂科 ·················· 287
前期策划与场地设计 ····· 150	**老年医院**	实例 ·················· 288
急诊部 ·················· 151	概述·场地设计 ·········· 238	**职业病医院**
发热门诊 ·················· 152	门急诊部·医技部·室内空间无障碍	设计要点 ·················· 292
门诊部 ·················· 153	设计·住院部 ············ 239	实例 ·················· 293
生殖医学中心 ············ 156	住院部 ·················· 240	**整形美容医院**
日间医疗设施 ············ 157	实例 ·················· 241	设计要点 ·················· 295
医技科室 ·················· 159	**康复设施**	实例 ·················· 296
高压氧科 ·················· 179	基本概念 ·················· 245	**基层医院**
	物理疗法 ·················· 246	社区卫生服务中心 ········ 297

乡镇卫生院 299
医院的技术保障设施
基本概念·人员运输设施 301
物流运输设施 302
给水排水、消防和污水处理 304
供暖通风与空气调节 305
电气 307
智能化系统 308
安全医院
概述 309
规划与设计 310
专项安全设计 313
实例 314

3 福利建筑

福利建筑
概述 315
老年养护院 317
老年人公寓 323
老年日间照料中心 327
儿童福利院 329
福利康复中心 331
精神卫生社会福利机构 335
救助管理站 336

4 殡葬建筑

总论
术语解析 338

分类·城乡配置与布局 339
选址·总平面设计 340
基地设计 341
竖向·道路·停车场·外环境设计 342
种植设计 343
广场·室外祭祀场所·建筑功能区的构成与组合 344
建筑设计原则 345
业务接待区 347
遗体处置区 348
遗体冷藏区 351
悼念区 353
守灵区·行政办公、后勤服务区 355

殡仪馆
选址·总平面设计·用地指标 356
总平面实例 357
建设规模·面积指标·工艺流程 359
功能区·建筑设计要点 360
实例 361

殡仪服务中心
规模·选址·总平面设计·用地指标·功能分区 372
功能用房构成·建筑设计 373
实例 374

火化馆
功能空间构成与面积·建筑设计·防火设计 376
火化操作区 377
实例 378

骨灰寄存建筑
分类·选址·总平面·道路设计 382

骨灰楼和进入式骨灰塔 383
骨灰安放间 385
骨灰壁·骨灰廊 386
骨灰壁·骨灰廊·骨灰盒 387
实例 388

公墓
分类·选址·城乡布局 393
配建原则·总平面设计·出入口设计 394
道路·停车场·建筑设计 395
外环境设计·安全设计·墓地设计 396
墓组团 397
墓单元·碑式墓单元 398
碑式墓单元用地指标·组合模式·草坪墓单元·树葬墓单元 399
实例 400

建筑设备
一般要求·专用设施配置·给水·排水 404
电气·照明·通风、供暖、空调 405
室内环境质量控制设计 406
防火设计 407
无障碍设计·室外环境质量控制 408

附录一 第6分册编写分工 409

附录二 第6分册审稿专家及实例初审专家 418

附录三 《建筑设计资料集》（第三版）实例提供核心单位 419

后记 420

体育建筑分类

体育建筑供体育竞技、体育教学、体育娱乐和体育锻炼等活动使用，其类型较多，并不断发展。一般可按运动类别、使用要求等级、使用性质及场馆功能特点进行分类，且多数体育建筑能兼容多种运动项目，故其分类含有一定的综合性。不同体育建筑类型间存在室内与室外和有无看台等差别，其中馆、房为室内场地，场、池、站为室外场地，竞技类场馆需考虑看台及视线设计，全民健身及训练类场馆一般不设看台。

此外，依建筑物组成之多寡和使用性质之不同，还可分为体育中心、体育俱乐部等综合体类型。田径类、球类、体操类场馆功能常彼此兼容，通常以其最主要场地项目命名，设计标准也应按最主要场地项目来确定，并适当兼顾其他项目。体育建筑设计应充分考虑赛后的使用和运营，以保证最大地发挥其社会和经济效益。

按运动类别分类　　　　　　　　　　　　　　表1

运动类别	分类	备注
田径类	体育场、运动场、田径房	体育场设看台 运动场无看台
球类	体育馆、练习馆、灯光球场、篮排球场、手球场、网球场、足球场、高尔夫球场、棒球场、垒球场、曲棍球场、橄榄球场	—
体操类	体操馆、健身房	—
水上运动类	游泳池、游泳馆、游泳场、水上运动中心、帆船运动场	—
冰上运动类	冰球场、冰球馆、速滑场、速滑馆、旱冰场、花样滑冰馆、冰壶馆	—
雪上运动类	高山速降滑雪场、越野滑雪场、自由式滑雪场、跳台滑雪场、单板滑雪场、花样滑雪场、雪橇场、雪车场、室内滑雪场	—
自行车类	赛车场、赛车馆	—
汽车类	摩托车场、汽车赛场	—
其他	赛马场、射击场、射箭场、跳伞塔等	—

按使用要求等级分类　　　　　　　　　　　　表2

等级	主要使用要求
特级	举办奥运会、亚运会及世界级比赛主场
甲级	举办全国性单项国际比赛
乙级	举办地区性和全国单项比赛
丙级	举办地方性、群众性运动会

按使用性质分类　　　　　　　　　　　　　　表3

分类	主要用途
比赛竞技场馆	举办专业竞技比赛，服务于大型体育赛事，可兼顾全民健身、娱乐等赛后用途
训练场馆	为专业运动员提供训练场地
全民健身场馆	为全民健身提供场地，服务于群众体育、休闲、娱乐，兼顾体育比赛
学校体育场馆	服务于体育教学、集会等功能，兼顾体育比赛和全民健身

按功能特点分类　　　　　　　　　　　　　　表4

分类	功能特点
专项竞技场馆	服务于某种特定比赛项目的场馆，如专业足球场、棒球场、游泳馆、自行车馆、网球馆等
多功能综合场馆	场地能兼容多项比赛项目，空间具有可调性，可满足多项体育比赛及观演、集会、展览等功能需求

体育建筑功能基本组成

体育建筑的功能基本组成一般包括三大功能区：场地区、看台区、辅助用房区 [1]。

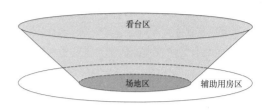

[1] 体育建筑功能分区示意图

场地区

1. 场地区即由首层用房或首层固定看台围合的区域 [2]、[3]。
2. 比赛场地包括各类运动的标准场地及缓冲区。
3. 场地区通常大于比赛场地，可利用空余场地设置多功能座席，提高利用率，也可用做赛时运动员、教练员、裁判员、摄影记者等人员的场地活动区域。

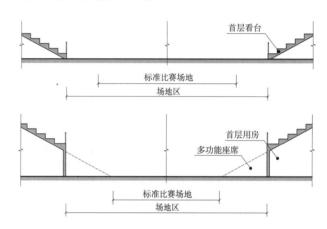

[2] 场地区的剖面关系

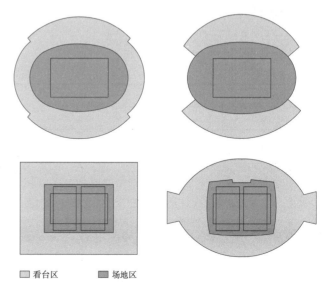

[3] 场地区与看台区的平面关系

总论 [2] 看台区·辅助用房区

看台区

体育建筑看台按座席使用方式分类，可分为坐式看台和站式看台；按座席构造分类，可分为固定看台、活动看台和可拆卸看台。活动看台一般起到调节座席数量与场地大小的作用，其开启方式分人工、机械两种，可方便折叠及移动。可拆卸看台一般用于大型体育场馆及设施中，赛时临时搭建，赛后拆除。

体育建筑看台区按正式比赛使用人群分，包括观众看台区、贵宾看台区、运动员看台区、裁判员看台区、新闻媒体记者看台区等。

1. 观众看台区： 通常包括一般观众看台、无障碍看台及包厢等。一般观众看台应根据视线要求及疏散要求合理设计。无障碍看台区的座席数不少于总座席数量的0.2%，并可在无障碍座席旁为陪同人员提供位置。无障碍看台应位于最利于疏散方便的位置[1]。

包厢一般位于上下层看台之间，应设置独立的休息室、卫生间等，并提供一定数量的室外看台[2]。

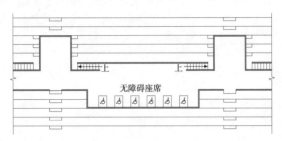

[1] 无障碍看台

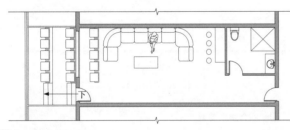

[2] 包厢布置参考图

2. 主席台看台区： 为贵宾、体育联合会官员等专门设置的看台区域，一般位于场地长轴一侧的看台中央。

主席台的规模　　　　　　　　　　　　　　表1

观众总规模（席）	10000席以下	10000席以上
主席台规模	1%～2%	0.5%～1%

3. 运动员看台区宜尽量靠近座席前排，与运动员出入口及运动员用房有便捷联系。

4. 裁判员看台区应依据不同运动项目，具体设置。

5. 媒体记者看台一般包括文字记者席、摄影记者席及评论员席。媒体记者看台区应预留设备连接端口，并设工作台。

评论员席应有良好的视线，并能够方便、全面地观察比赛。普通评论员席面积约为3~4m²，大约占用4个普通座席，另外还应设置1~2个重要用户评论席，面积6~8m²。各评论员席间做声音隔离，避免相互间干扰。

辅助用房区

体育建筑的辅助用房是指除比赛厅以外的用房，包括观众用房、运动员用房、贵宾用房、竞赛管理用房、新闻媒体用房、场馆运营用房及技术设备用房等[3]。对于大型赛事有些用房可用临时设施代替。

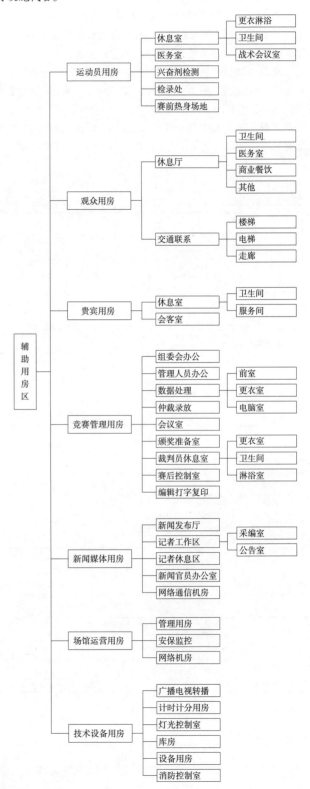

[3] 辅助用房功能分区图

观众用房

1. 观众休息厅

观众休息厅是观众场间休息的场所,应与观众看台区紧密联系并方便管理。休息厅面积应满足观众休息及疏散的要求并配置相应的服务设施,一般按每席0.2~0.3m²计算。

2. 观众卫生间

卫生间应与观众休息厅有方便联系,并应根据座席规模合理设计厕位数量,且应考虑无障碍设施,具体指标参见规范。当遇大型赛事时可利用临时设施弥补厕位的不足;卫生间厕位超过20个时宜设2个出入口,以提高使用效率[1]。

卫生间设计时应妥善解决采光、通风问题,宜设明厕,有机械通风时可设暗厕;应解决好排水、防漏等构造处理,确保卫生条件。

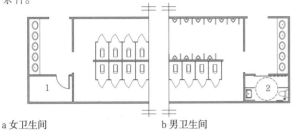

a 女卫生间　　　b 男卫生间

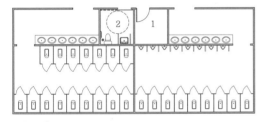

c 男女卫生间组合　　1 储物间　2 无障碍卫生间

[1] 观众休息厅卫生间布置参考图

3. 观众医务室

观众医务室应设置在观众容易看见且易到达的位置。

国外观众医务室的一般规定　　　　表1

国家	观众医务室的相关规定
澳大利亚	超过200名观众设置1个医务室;每1000名观众设置1名医生
法国	至少1间医务室
德国	多功能场馆和体育馆至少1个医务室;大型比赛场地适当增加
意大利	至少1间医务室或每10000名观众1个医务处(包含救护车)
西班牙	超过100名观众设医务处;超过1000名观众设医务室(医务处可用急救库和救护车代替)
英国	每1000名观众设1个医务室;超过2000名观众时可减至每2000名观众1个医务室;5000~25000名观众时设1台救护车(包含急救人员)、1名救护主任;25000~45000名观众设置1台救护车(包含急救人员)、1台事故用车和1个控制组;超过45000名观众时,设置2台救护车(包含急救人员)、1台事故用车和1个控制组

注:摘自《观众设施——服务区的设计标准》(《Spectator facilities – Layout criteria of service area》)P16。

4. 商业、餐饮设施

为方便观众使用,应与观众休息厅有方便联系,赛时使用时不应影响疏散;宜考虑商业的赛后独立利用,考虑进货、存贮方便。

5. 其他服务设施

包括饮水机、公用电话、互联网、自动取款机、传真设备等。

运动员用房

运动员用房主要包括运动员休息室、赛前热身场地、运动员医务室、兴奋剂检测室及检录处等。运动员用房除比赛时运动员使用外,赛后也应具有一般使用者利用的可能性。

1. 运动员休息室一般由会议室、更衣室、卫生间、盥洗室、淋浴间等成套组合布置,根据需要设置按摩室等[2]。

2. 运动员医务室应接近比赛场地或运动员出入口,运动员出入口门外应有急救车停放处。

3. 兴奋剂检测室应靠近运动员入场及退场通道。检测室平面布置见[3]。

4. 检录处是运动员赛前点名、赛后登记成绩的场所,一般布置在比赛场地入口与赛前热身场地之间。

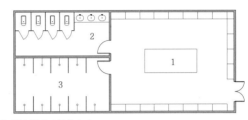

a 小型场馆运动员休息室

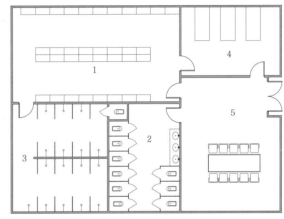

b 大型场馆运动员休息室

1 更衣、休息室　　2 卫生间　　3 淋浴间
4 按摩室　　　　　5 会议室

[2] 运动员休息室平面

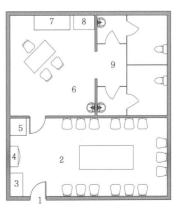

1 入口处
2 等候室
3 杂志
4 电视机
5 冰箱、饮料
6 兴奋剂检查员室
7 仪器桌和柜
8 加锁冰箱
9 卫生间

[3] 兴奋剂检测室平面参考图

总论 [4] 辅助用房区

贵宾用房

贵宾用房包括贵宾休息室及服务设施。贵宾用房应与一般观众、运动员、记者和工作人员用房等严格分开，宜设单独出入口，同时保持方便的联系。贵宾休息厅的面积指标可控制在每位贵宾 $0.5\sim1.0m^2$。贵宾卫生间应独立设置，具体布置见 1 。

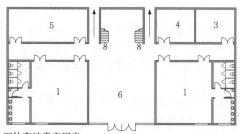

a 某中小型体育馆贵宾用房

b 某大型体育场贵宾用房

1 贵宾休息室   3 随从休息室   5 储藏   7 会议厅   ← 通往其他辅助用房
2 贵宾会客室   4 服务间   6 门厅   8 通往贵宾席

1 贵宾用房平面参考图

竞赛管理用房

竞赛管理用房应包括组委会及管理人员办公、会议、仲裁录放、编辑打字、复印、数据处理、竞赛指挥、裁判员休息室、颁奖准备室和赛后控制中心等。竞赛管理用房规模应按照体育建筑等级合理设计，宜设单独出入口。

新闻媒体用房

新闻媒体用房应包括新闻发布厅、记者工作区、记者休息区、新闻官员办公室和网络通信机房等。新闻记者工作区应区分文字记者工作室及摄影记者工作室，配备电脑、网络等信息传输设备。新闻媒体用房规模应按照体育建筑等级合理设计，宜设单独出入口。新闻发布厅应与运动员休息区及贵宾休息区方便联系。

场馆运营用房

包括管理用房、安保监控、网络机房等。宜设单独出入口，常见的布局形式有如下三种。

1. 与场馆脱开，应与场馆有方便联系，独立建造。此类布局形式对外联系方便，对内路线稍远，适用于大型场馆。
2. 与场馆毗连，对内、对外均较方便。
3. 设在场馆内，对内联系方便，但管理用房面积受限。

技术设备用房

1. 广播、电视转播用房

广播、电视转播用房分为对外转播和场内播报两种。

对外转播用房主要用于广播、电视转播，包括摄像系统、评论系统、转播系统及技术机房等。电视转播机房宜靠近新闻媒体用房及其专用出入口，并就近设置电视转播车停车位。

电视转播时，摄像机位应设置在比赛场地、观众看台、运动员区等多个区域，并预留相应的电源和信号接口。位于比赛场地的摄像机位，应根据不同的比赛项目转播需要设置；在观众看台应设固定和临时摄像机位；在运动员区的入口、检录处等位置设临时摄像机位；在新闻媒体区的混合区、新闻发布厅等位置设临时摄像机位。

评论员室应能直视比赛场地、主席台和计时记分牌等，可利用评论员席解决；评论员控制室应紧邻评论员席并有通道与评论员席相连。

场内广播用房主要用于场内播音，如开幕式、比赛指挥、情况报道、会议宣传、通知等。场内广播室宜与播音机房相连。

2. 计时记分用房

计时记分用房包括计时记分控制室、计时与终点摄影转换、屏幕控制室、数据处理室等。计时记分控制室应能直视场地、裁判席和显示屏。

计时记分牌位置应使全场绝大部分观众看清，其尺寸及显示方式宜根据不同比赛项目特点和使用标准确定。室外计时记分装置显示面宜朝北背阳。室内馆侧墙上计时记分装置底部距地面应大于2.5m，当置于赛场上空时，其位置和安放高度不应影响比赛。

屏幕控制室应能直视场地、裁判席和显示屏，进深一般不小于3m，室内应设升降旗的控制台 2 。

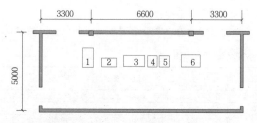

1 罚时柜   2 30s锣声柜   3 计时钟柜   4 调压柜   5 计时柜   6 电源柜

2 某场馆计时计分控制室

3. 灯光控制室

灯光控制室应能看到比赛场地、主席台等以及比赛场地上空的全部灯光。

4. 库房

库房应与场地区有紧密的联系，库门大小、开启方向和地坪标高应考虑便于器材搬运，库内应面积充足并注意器材的垂直、水平运输和通风问题，以方便使用并保护器材，一般多利用看台下部空间。

5. 设备用房

水、暖、电各专业设备用房的位置选择应避免泵房、发电机房、空调机组等设备对比赛区和观众区的噪声影响。

概述

设有观众席的体育建筑必须保证良好的视觉条件,应进行观众席视线设计。

基本要求

通视:视线无遮挡,看得见观赏对象。

明视:看得清观赏对象,应控制在合理的视距范围内。

真实:避免引起视觉失真,应控制视线与画面的成角,视线同画面的成角过小会导致透视变形过大。

舒适:保证观赏的舒适度,观赏范围以不小于人眼中心视野和不超出人眼周边视野为宜。

主要影响因素

1. 视距:座席至视点的水平距离。视距同观赏对象的识别物尺度成正比,其几何关系见[1]。

2. 识别物尺度:观赏对象代表部位的尺寸,各类活动项目识别物尺度及其最大视距见表1。

最大视距以内的座席可按每增减识别尺度1cm,其清晰视距随之增减8.6m为极差排列档次,分区论质。

多数体育项目的场地较大,为保证全部座席处于允许视距范围内,平面视点应选在场地上最远点,一般不宜用场地中央一点代替,但四角区活动概率少,故可降低要求,将平面视点选定在远边线的中点和长轴上距远端端线3m处(约等于端线至罚球线间的中点距离)[2];冰球场平面视点宜选定在场地四角弧线的中点[3]。

识别物尺度与最大视距 表1

项目	识别对象	识别物尺度(cm)	清晰视距(m)	极限视距(m)
足球	球直径	22	189	756
田径	球衣号码高	15	129	516
篮球、排球手球、冰球	手势(手宽)	12	103	413
乒乓球	球直径	3.8	32.6	131
网球	球直径	6.35	54.6	218.4
棒球	球直径	7.48	64.3	257
垒球	球直径	9.8	84.2	337
羽毛球	球高	8.5	73	392
戏剧	眼神	1.0	8.6	34.4
唱歌	嘴张合	4.0	34.3	137

注:最小清晰角所得最大视距为清晰视距,最小可辨角所得最大视距为极限视距。

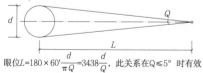

眼位$L = 180 \times 60' \times \dfrac{d}{\pi Q} = 3438 \dfrac{d}{Q}$,此关系在$Q \leq 5°$时有效

式中:L—视距;d—识别尺度;
Q—视角,最小可辨角为$1'$,最小清晰角为$4'$。

[1] 视距与识别物尺度关系

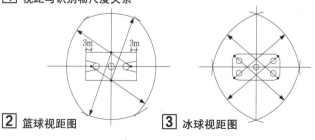

[2] 篮球视距图   [3] 冰球视距图

3. 方位角和俯视角

座席方位角和俯视角的不同影响着观赏对象出现透视变形带来的视觉失真程度,以及攻防队员遮挡观众视线的程度,故视线设计应考虑方位角和俯视角的影响。

座席至场地中心点的连线与场地短轴的夹角称方位角,以此评价真实感,角小者优,较大者差[4]。体育运动的主导方向一般与场地长轴平行,评价透视变形即以长轴为主。冰球的方位角也基本相同,且因界墙内侧屡有精彩场面,故看到内墙面多的座席方位好于角区方位[5]。

一般以场地中心为基点,观众眼位与基点连线同水平面的夹角称为俯视角[6]。座席最后排俯视角宜控制在28°~30°范围内,当俯视角超过30°甚至接近40°时透视变形明显,视线设计时应给予考虑。

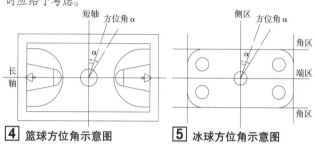

[4] 篮球方位角示意图   [5] 冰球方位角示意图

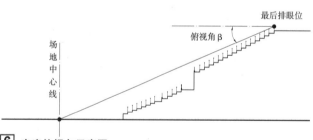

[6] 座席俯视角示意图

视点选择原则

视线设计中视点的选择应满足如下基本要求:

1. 应根据运动项目的不同特点,使观众看到比赛场地的全部或绝大部分,且看到运动员的全身或主要部分。

2. 对于综合性比赛场地,应以占用场地最大的项目为基础,也可以主要项目的场地为基础,适当兼顾其他。

3. 当看台内缘边线(指首排观众席)与比赛场地边线及端线(指视点轨迹线)不平行(即距离不等)时,首排计算水平视距应取最小值或较小值。例如:体育馆矩形场地设计视点一般选在边线上F点或F点上空0~600mm处,圆形场地则不同,F_3点并不是最不利点,应选F_1点或F_2点[7]。

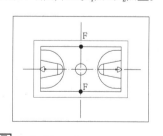
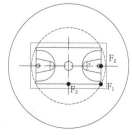

[7] 视点选择示意图

总论 [6] 视线设计

视线设计方法

看台剖面视线设计可用数解法计算或计算机作图法直接绘制。常用方法有逐排计算法、折线计算法、任意阶计算法及绘图法等，上述计算方法中Y_n为第n排眼位高度，此时台阶距地面高度可按如下方法计算：

台阶距地面高度=$Y_n+h_0-1.15m$（中国人体坐视高度）。

1. 逐排计算法

技术设计阶段须知每排看台高度，可用逐排计算法1。

计算公式：$Y_n=(Y_{n-1}+C)\times\dfrac{X_n}{X_{n-1}}$

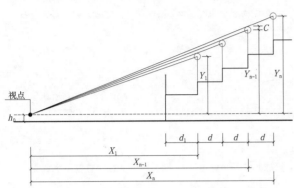

式中：C—视线升高差；h_0—视点距地面高度；
Y_n—第n排座席眼位高度（距h_0）；Y_{n-1}—第$n-1$排座席眼位高度（距h_0）；
X_n—第n排座席至视点水平距离；X_{n-1}—第$n-1$排座席至视点水平距离。

1 逐排计算法示意图

2. 折线计算法

折线计算法在工程中应用较多，逐排计算方法所得视线升起轨迹为曲线，各排C值相等，但相邻排阶高递增不同，且差值不大，施工不方便，因而可将4~6排编为一组计算平均升起，以便施工，此时C值不相等，但影响较小。如设置横向过道，其宽度大于排深d时，从过道后第一排起另行计算2。

计算公式：$Y_n=(Y_{n-1}+K_{n-1}\times C)\times\dfrac{X_n}{X_{n-1}}$

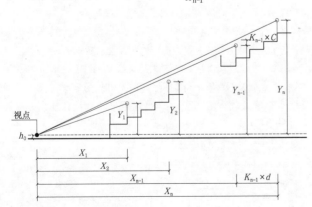

式中：Y_n—第n组最后一排视线高度（距h_0）；
Y_{n-1}—第$n-1$组最后一排视线高度（距h_0）；
K_{n-1}—每组排数；
X_n—第n组最后一排至视点的水平距离；
X_{n-1}—第$n-1$组最后一排至视点水平距离。

2 折线法示意图

3. 任意阶计算法

此公式精度较高，误差在5‰以内，可以直接计算出任意排高度，免去逐排计算的麻烦。方案设计阶段比较适用，也可以用在技术阶段3。

计算公式：

$$Y_n=X_n(\tan\alpha-2.3026\dfrac{C}{d}\log\dfrac{X_n-0.5d}{X_1-0.5d})$$

当看台设有横向过道或楼座时应单独计算，计算公式为：

$$Y'_n=X'_n(\tan\alpha'+2.3026\dfrac{C}{d}\log\dfrac{X'_n-0.5d}{X'_1-0.5d})$$

其中 $\tan\alpha'=\dfrac{Y'_1}{X'_1}$

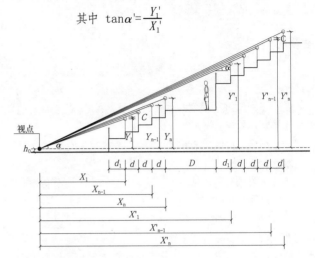

式中：Y_1—首排座位眼高（距h_0）；
Y_{n-1}—第n-1排座位眼高（距h_0）；
Y_n—第n排座位眼高（距h_0）；
X_1—首排至视点水平距离；
X_{n-1}—第n-1排至视点水平距离；
X_n—第n排至视点水平距离；
C—视线升高差；
d—排深；
D—横向走道宽；
h_0—视点距地面高度；
α—首排视线与地面的夹角。

3 任意阶计算法示意图

4. 绘图法

随着计算机在建筑领域的广泛应用，绘图的准确性普遍提高，在技术阶段采用计算机绘图法可提高视线设计效率与准确性4。

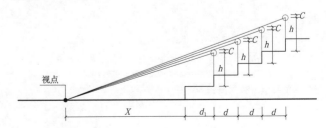

式中：X—首排至视点水平距离；
d—排深；
C—视线升高差；
h—中国人体平均坐视高度$h=1150mm$。

4 绘图法示意图

相关数据选择

剖面视线设计中应提前给定某些数据，这些数据对视线设计是否合理、看台使用是否方便和经济影响较大，应比较优选，取得比较理想的看台剖面形式。

1. 视点：剖面视线设计视点的选择为保证所有座席都能看到比赛场地全部或绝大部分，应是距本看台最近的最不利点。运动项目不同，视点位置选择则不同，具体数值参考表1。

视点选择与视觉质量评价　　　　　　　　　　　　　　表1

项目	视点平面位置	识别物距地面高度（m）	视线升高差C值（m/排）	视觉质量等级
篮球场	边线及端线	0	0.12	Ⅰ
		0	0.06	Ⅱ
		0.6	0.06	Ⅲ
手球场	边线及端线	0	0.06	Ⅰ
		0.6	0.06	Ⅱ
		1.2	0.06	Ⅲ
游泳池	最外泳道外侧边线	水面	0.12	Ⅰ
		水面	0.06	Ⅱ
跳水池	最外侧跳板（台）垂线与水面交点	水面	0.12	Ⅰ
		水面	0.06	Ⅱ
足球场	边线端线（重点为角球点和球门点处）	0	0.12	Ⅰ
		0	0.06	Ⅱ
田径场	两直道外侧边线与终点线的交点	0	0.12	Ⅰ
		0	0.06	Ⅱ
		0.6	0.06	Ⅲ

注：1. 田径场首排计算水平视距以终点线附近看台为准，同时应满足弯道及东直道外边线的视点高度在1.2m以下，并兼顾跑道外侧的跳远（及三级跳远）沙坑，视点应接近沙面，在技术经济合理的原则下，可作适当调整。
2. 冰球场地由于场地实心界墙的影响，在视点选择时既要确定实心界墙的上端，同时又要确定距界墙3.5m的冰面处。

2. 视线升高差C值：我国体育场馆C值一般取6cm，即视线隔排越过头顶。C值在理想情况下取12cm更佳（人眼至头顶距离约为12cm），但当C取12cm时，看台升高较大，适用于看台排数较少，标准较高的设计 [1]。

3. 起始距离X：首排眼位到视点的水平距离。比赛项目不同视点选择不同，起始距离亦不同，实际工程中应根据不同的比赛项目确定相应的起始距离 [2]。

4. 首排高度Y：应避免场内人员对首层观众的视线遮挡，并考虑活动座席的布置和席下空间利用。在实际工程中应根据情况不同确定相应首排高度，一般取值2m以上 [3]。

5. 看台排深d：当座席设置靠背时，一般取800~900mm，设置条凳时取650~750mm，首排排深因前有栏板墙空间受限，需要加宽100mm左右。

视觉质量综合评价

观众席布局应进行视觉质量综合评价，一般视距越近，视觉质量越佳。在相同视距范围内，视线方位角和俯视角越小，视觉质量越佳。当比赛场地为长方形时，沿长边布置的座席比沿端部布置的座席视觉质量好，故沿场地长边座席布置较多，场地端部座席布置较少。通常用视觉质量分区图评价其优劣，控制比赛厅轮廓尺寸，使座席布局达到最佳。见表2、[4]。

根据视点距地面高度及视线升高C值不同，视线质量可分为3个等级：Ⅰ级、Ⅱ级和Ⅲ级。Ⅰ级为较高标准（优秀），Ⅱ级为一般标准（良好），Ⅲ级为较低标准（尚可）。不同项目时视觉质量等级见表1。

视距与长短轴对照表　　　　　　　　　　　　　表2

视距（m）	8.6	17.2	25.8	34.4	43.0	51.6	60.2	68.8	77.4	86.0	94.6	103.2
长轴A/2	–	6.2	14.8	23.4	32.0	40.6	49.2	57.8	66.4	75.0	83.6	92.2
短轴B/2	–	9.7	18.3	26.9	35.5	44.1	52.7	61.3	69.9	78.5	87.1	95.7

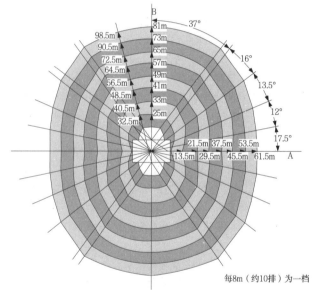

每8m（约10排）为一档

透视变形每折减20%为一区，相应方位角为37°、53°、66.5°、78.5°、90°，座席每经一区视觉质量下降1.6m视距，5区合8.0m，视距降一个档次。

[4] 视觉质量分区图（一般球类馆）

无障碍座席视线设计要点

观众区应为使用轮椅的观众设置无障碍座席。由于使用轮椅的观众站立不便，其视线应尽量不被前排站立的观众遮挡。相对于正常的台阶升起，无障碍座席的升起高度可适当加大 [5]。

无障碍座席护理人员的座席应紧靠轮椅观众席设置，视线亦应满足视线设计的基本要求。

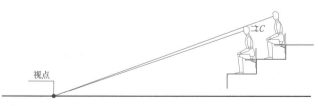

[1] 视线升高差简图

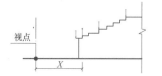

[2] 看台起始距离简图

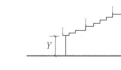

[3] 看台首排高度简图

[5] 无障碍座席示意图
注：本图引自英国标准《Guide to Safety at Sports Ground》，P111。

总论 [8] 疏散设计

疏散设计基本要求

疏散设计是指体育场馆内的观众、运动员及工作人员在紧急情况下，能够安全、迅速地撤离到安全地带的设计。具体要求如下：

1. 疏散路线明确，通道便捷、通畅；疏散口大小合理、分布均匀。

2. 根据观众厅的规模、耐火等级确定疏散时间，如表1所示。通常体育场的疏散时间为6~8分钟，体育馆的疏散时间为3~4分钟。

控制安全疏散时间参考表　　　　　　　　　　　　　　　　表1

观众厅规模（人） 控制时间（分钟）	≤1200	1201~2000	2001~5000	5001~10000	10001~50000	50001~100000
室内	4	5	6	6	—	—
室外	4	5	6	7	10	12

注：1. 上表适用于Ⅰ、Ⅱ级耐火等级建筑；
　　2. Ⅲ级及Ⅲ级以下的耐火等级建筑疏散控制时间应不超过3分钟。

3. 确定合理的疏散通道宽度，一般应满足下列规定：座席间的纵向通道应大于或等于110cm；如按单股人流设计，其宽度应不小于90cm；在出入口两侧的通道宽度以不小于60cm为宜。当观众席内设有横向通道时，横向通道宽度亦应大于或等于110cm[1]。观众席纵走道之间的连续座位数目，室内每排不宜超过26个；室外每排不宜超过40个。当仅一侧有纵向走道时，座位数目应减半。

4. 合理确定疏散口的宽度和数量。疏散口总宽度应根据疏散时间计算确定（详见疏散计算）。独立的看台至少应有两个安全出口，且每个安全出口的平均疏散人数体育馆不宜超过400~700人，体育场不宜超过1000~2000人。当有横向通道时，每个疏散口可考虑8股人流；无横向通道时，每疏散口可考虑4股人流[1]。

5. 疏散设计时，活动座席的数量计入总人数考虑。紧急情况下允许观众进入比赛场地内进行疏散。场地内向室外开口的数量和宽度应考虑这部分人流的疏散需求。

6. 当体育场馆承办文化娱乐活动时，比赛场地内往往设置大量临时座席，应考虑其疏散设计。

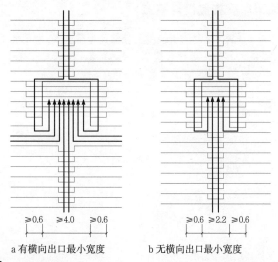

a 有横向出口最小宽度　　　　b 无横向出口最小宽度

[1] 疏散通道宽度（单位：m）

疏散方式分类

疏散方式关系到体育场馆空间的总体布局和人流组织，应从环境出发，结合比赛场馆的规模、使用特点选择合理的疏散方式。具体方式有4种：

1. 上行式疏散

观众入场时从最高排进入，退场时背向场地向上疏散。室内空间完整美观，节省辅助面积，提高观众厅的有效利用率。

2. 下行式疏散

主要入口位于座席下部，疏散时观众由上至下到疏散口，退出比赛厅。一般适用于小型场馆。

3. 中行式疏散

体育场馆中最常用的疏散方式。它集中了上行式和下行式两种疏散方式的优点，人流路线短捷、顺畅，所以广泛用于大中型场馆的疏散设计中。

4. 复合式疏散

为适应不同使用要求的场馆比赛厅，创造出灵活多变的建筑形式，其疏散方式可灵活采用上述3种方式的灵活组合，从而形成了复合式疏散方式。

疏散方式剖面示意图如[2]所示：

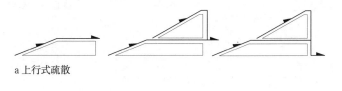

a 上行式疏散

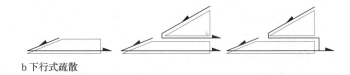

b 下行式疏散

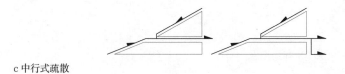

c 中行式疏散

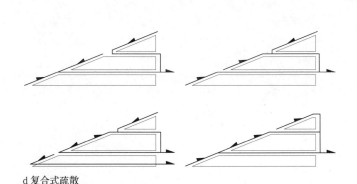

d 复合式疏散

[2] 疏散方式类型

疏散路线类型与疏散口布置

1. 疏散路线类型

普通观众的路线：座席→疏散走道（纵向走道或横向走道）→疏散口→观众门厅→平台→广场。

特殊人流（贵宾等）：座席→疏散走道（纵向走道或横向走道）→贵宾厅疏散口→贵宾门厅→广场。

2. 疏散口布置

观众席走道的布置应与观众席各分区容量相适应，与安全出口联系顺畅。经过纵横走道通向安全出口的设计人流股数与安全出口的设计通行人流股数应相等。疏散口及过道的几种布置方式有如下几种<u>1</u>。

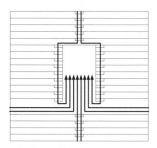
a 有横向走道

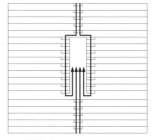
b 无横向走道

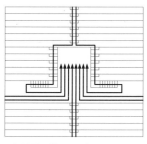
c 小楼梯在横向走道内

d 小楼梯在疏散口内

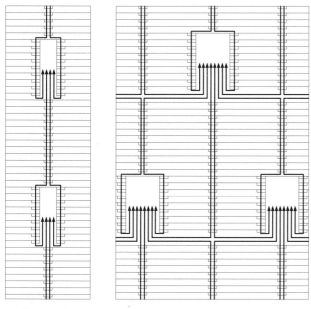
e 疏散口对位布置　　f 疏散口错位布置

1 疏散口及过道的几种布置方式

疏散计算方法

常规计算有密度法和人流股数法两种公式。

1. 密度法

适用于没有靠背的坐凳或直接坐在看台台阶上，人流疏散规律性不强时。

$$T = \frac{N}{bav}$$

式中：T—控制疏散时间；
N—观众厅总人数；
b—疏散口总宽度；
a—疏散时的人流密度，取3人/m^2；
v—疏散时的人流行走速度。一般平地自由行走时的人流速度为60~65m/min，人流不饱满时的人流行走速度为45m/min，密集的人流行走速度为16m/min，在楼梯上人流密集时上行速度为8m/min，下行时为10m/min。

2. 人流股数法

适用于有靠背椅，人流疏散有规律时。根据体育场馆规模的不同可分别按下述两种公式计算：

$$T = \frac{N}{BA} \quad \text{（适用于中小型体育场馆）}$$

$$T = \frac{N}{BA} + \frac{S}{V} \quad \text{（适用于大型体育场馆）}$$

式中：T—控制疏散时间；
N—疏散的总人数；
A—单股人流通行能力（40~42人/min）；
B—外门可以通过的人流股数（当门宽小于2m时，每股人流的宽度按550mm计算。当门宽大于2m时，每股人流宽度按500mm计算。当外门总宽度超过各门通过的人流股数之和时，仍按内门人流股数计算）；
V—疏散时在人流不饱满情况下人的行走速度（45m/min）；
S—使外门的人流量达到饱和时的几个内门至外门距离的加权平均数，即：

$$S = \frac{S_1 b_1 + S_2 b_2 + \cdots + S_n b_n}{b_1 + b_2 + \cdots + b_n}$$

式中：$S_1、S_2 \cdots S_n$—各第一道疏散口到外门的距离。当内外门疏散通道楼梯时，因人流速度减慢，应将实际距离加上楼梯长度的一半为计算距离；
$b_1、b_2 \cdots b_n$—各第一道疏散口可通行的人流股数。

当采用规范中所规定的疏散控制时间来计算疏散口所能通过的人流股数时，常采用如下公式：

$$B = \frac{N}{A(T-S/V)} \quad \text{（股）}$$

式中：S—估计的平均距离；
其他符号的意义同上。

因大型场馆中安全疏散指标超过了传统规范条款的覆盖范围，建议可根据实际情况采用性能化消防论证，即计算机仿真模拟设计。

核算门厅、休息厅面积

当外门的总宽度比内疏散口的总宽度小时，应核算门厅、休息厅及通道中间人流停留面积是否满足要求，其计算公式为：

$$F = 0.25[N - B(\frac{N}{\Sigma b} + \frac{AS}{V})]$$

式中：F—观众停留时所需的面积；
Σb—全部第一道疏散口人流股数之总和；
其他符号的意义同上。

总论 [10] 电气照明

室外场地照明设计

1. 对足球、田径等室外运动，主要考虑地表面的光量和光分布问题；此外还应注意场地上部空间光分布的均匀，在一定的空间高度的各个方向上要保持一定的亮度。

2. 投光灯应根据运动项目的要求，选用不同光束角配光。灯具防护等级应符合国家有关规范要求，室外投光灯灯具外壳的防护等级不应小于IP55，不便于维护或污染严重的场所其防护等级不应小于IP65；投光灯应有水平和垂直方向的调整刻度，照明计算时维护系数值应为0.8，对于多雾和污染严重地区的室外体育场维护系数值可降低至0.7。

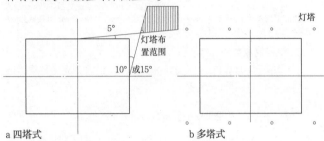

a 四塔式　　　　　　　　　　b 多塔式

灯塔高度满足最下排投光灯至场地中心的连线与地面夹角大于25°。

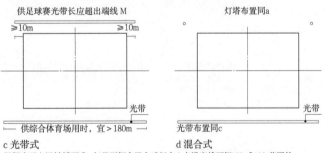

c 光带式　　　　　　　　　　d 混合式

根据有无电视转播要求，灯具两侧布置在球门中心点沿底线两侧15°或10°范围外。

1 综合体育场、足球场田径场灯具布置示例

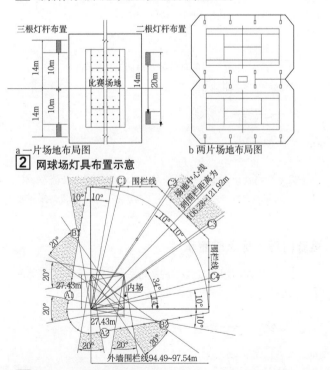

a 一片场地布局图　　　　　　b 两片场地布局图

2 网球场灯具布置示意

3 棒、垒球场地灯具布置示意

室内场地照明设计

1. 对室内体育馆进行的体育运动，要求场地上有较高的亮度和色彩对比。在各点上有足够的光，照度要均匀，立体感要强，要有合适的配光，光源的色温及显色性要满足彩色电视转播要求，并能对眩光加以限制。

2. 室内设施多数为多功能使用，为适应不同的布光方案，使照明灯具的调节和控制有充分的灵活性，灯具布置除采用顶部、两侧及混合布置的方式外，宜设置灯光马道，这样调节范围大，便于维修管理。

3. 加强侧向照明，可提高垂直面和空间照度。此外应注意室内设计与照明设施和采光的结合。

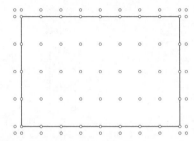

4 室内体育馆灯具顶部布置示意

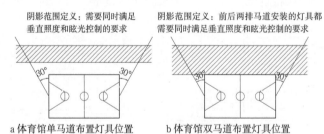

a 体育馆单马道布置灯具位置　　b 体育馆双马道布置灯具位置

马道端点与场地底线中点的连线投影线与底线的夹角宜大于30°。

5 室内体育馆灯具两侧马道上布置示意

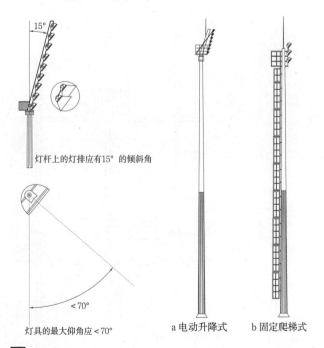

灯杆上的灯排应有15°的倾斜角

灯具的最大仰角应<70°

a 电动升降式　　b 固定爬梯式

6 灯塔示意

设计要点

1. 体育建筑和设施的照明设计，应满足不同运动项目和观众视看的要求。

2. 照明设计应减少阴影和眩光，节约能源，技术先进，经济合理，使用安全和维修方便。

3. 体育场馆照明应满足运动员、裁判员、观众及其他各类人员的使用要求。

4. 有电视转播时，应满足电视转播的照明要求。

5. 为防止照度不匀引起的眼睛疲劳和视认力减低，尤其在高速比赛的场合要注意照度均匀。为此在场地内的主要摄像方向上，垂直照度最小值与最大值之比、平均垂直照度与平均水平照度之比以及场地水平照度最小值与最大值之比，均宜满足相应的规范值；体育场所观众席前排的垂直照度不宜小于场地垂直照度的规定值。

6. 应根据体育运动项目的需要，有效地利用光源特性。运动场地电视转播用光源色温可根据该场所其他光源色温的特点，在光源的相关色温范围内适当选取。对于小型训练场所或非比赛用公共场所，可选用暖色光源，相关色温小于3300K；对于比赛或训练场所，可选用中间色或冷色光源，中间色光源的相关色温为3300~5300K，冷色光源的相关色温大于5300K。光源一般显色指数Ra不应小于80，训练场地可以适当地降低要求。

7. 应防止眩光对运动员和观众，尤其对运动员造成的障碍。眩光现象主要为直射眩光和反射眩光。直射眩光主要限制灯具最低安装高度和光束投射角，反射眩光应防止光泽的表面反射光源产生光斑。

8. 应根据设施的用途和规模，运动项目的种类以及经济性、维修保养等条件选择光源和灯具。

9. 当运动场地采取气体放电光源时，应有克服频闪效应的措施，宜采取末端无功补偿措施；重要比赛场地的灯头末端电压偏移，相互间不宜大于1%，线路保护元件的整速定值应考虑气体放电灯气动特性的影响。

10. 当采用LED场地照明灯具时，应进行经济技术比较，且应符合国家现行相关标准的规定。

11. 注意节能，尽可能利用天然光照明。

12. 体育场馆宜按需设置马道，马道设置的数量、高度、走向和位置应满足检修照明装置的相关要求。

13. 照明系统安装完成后及重大比赛前，应由国家认可的检测机构进行照明检测。

光源的主要特性见表1。
体育运动场地照度标准值见表2；
体育设施中其他场所的照度标准值见表3。

主要光源的特性 表1

光源种类	光效(lm/W)	平均显色指数(Ra)	色温(K)	寿命(h)	特性
LED	55~70	>70	3000~6500	30000~50000	节能，效率较高，配光控制容易
节能荧光灯	60~90	>80	2700~6500	8000~12000	节能高效，配光控制较容易
金属卤化物灯	70~90	65~80	5000~6000	6000~9000	高效，配光控制容易

体育运动场地照度参考值 表2

运动项目		照度标准值(lx)				
		无电视转播			有电视转播	
		训练和娱乐活动	业余比赛、专业训练	专业比赛	TV转播国家、国际比赛	TV转播重大国际比赛	HDTV转播重大国际比赛
篮球、排球		300	500	750	1000	1400	2000
手球、室内足球		300	500	750	1000	1400	2000
羽毛球		300	750/500	1000/750	1000/750	1400/1000	2000/1400
乒乓球		300	500	750	1000	1400	2000
体操、艺术体操、技巧、蹦床		300	500	750	1000	1400	2000
拳击		500	1000	2000	1000	2000	2500
柔道、摔跤、跆拳道、武术		300	500	1000	1000	1400	2000
举重		300	500	1000	1000	1400	2000
击剑		300	500	1000	1000	1400	2000
游泳、跳水、水球、花样游泳		200	300	500	1000	1400	2000
冰球、花样滑冰、冰上舞蹈、短道速滑		300	500	1000	1000	1400	2000
速度滑冰		300	500	750	1000	1400	2000
场地自行车		200	500	750	1000	1400	2000
射击、射箭	射击区、弹(箭)道区	200	200	300	500	500	500
	靶心	1000	1000	1000	1500	1500	2000
马术		200	300	500	1000	1400	2000
网球		300	500/300	750/500	1000/750	1400/1000	2000/1400
足球		200	500	750	1000	1400	2000
田径		200	500	750	1000	1400	2000
曲棍球		300	500	750	1000	1400	2000
棒球、垒球		300/200	500/300	750/500	1000/750	1400/1000	2000/1400
沙滩排球		200	500	750	1000	1400	2000

注：1. 本表数据引自《体育场馆照明设计及检测标准》JGJ 153-2007；
2. HDTV指高清晰度电视；
3. 表中同一格有两个值时，"/"前为主赛区或内场的值，"/"后为总赛区或外场的值；
4. 表中有电视转播要求的场地照度为垂直照度或主摄像机方向垂直照度；
5. 表中规定的照度值应为比赛场地参考平面上的使用照度值，参考平面的高度应符合《体育场馆照明设计及检测标准》JGJ 153-2007附录A的相关规定；
6. 特殊运动项目的场地照明可按本表中相近的运动项目的照明标准设计；
7. 比赛场地设计照度值的允许偏差不宜超过本表照度标准值的±10%。

体育设施其他场所的照度参考值 表3

房间名称	参考平面及其高度	照度标准值(lx)		
		低	中	高
记者评论、检录处、兴奋剂检查	桌面	100	150	200
办公、会议、贵宾、医务、售票接待、警卫、裁判用房	0.75m水平面	75	100	150
广播、转播、电话、计算机、计时记分控制室、灯光室	控制台面	100	150	200
观众休息厅	开敞式	地面	30	50	75
	房间	地面	50	75	100
走道、楼梯间、浴室、卫生间	地面	20	75	100
器材库	地面	20	30	50

体育场馆声学设计原则

1. 体育场馆建筑声学设计主要目的是控制混响时间，消除声学缺陷，保证扩声系统的正常使用。
2. 体育馆中应尽可能利用允许的部位布置吸声构造，通常可以布置吸声材料的部位见 [1]。
3. 应消除体育馆内回声和声聚焦等声学缺陷，处理时除应将扩声扬声器作为主要声源外，应将进行体育活动时产生的声音作为声源。[2] 为体育馆中常见的声源与声缺陷，在产生声缺陷的部位应设置强吸声构造。

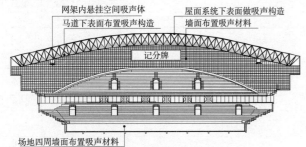

[1] 体育馆中可以布置吸声构造的部位

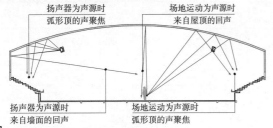

[2] 体育馆中常见声源位置和声缺陷

体育场馆混响时间设计指标和计算方法

1. 体育馆混响时间设计指标

综合体育馆和游泳馆中频（500~1000Hz）满场混响时间，可分别根据体积和每座容积按表1和表2的规定选择，混响时间频率特性见表3。

2. 混响时间可按如下公式计算

$$T_{60} = \frac{0.161V}{-S\ln(1-\bar{\alpha}) + 4mV}$$

式中：T_{60}—混响时间(s)；V—房间容积(m^3)；S—室内总表面积(m^2)；$\bar{\alpha}$—室内平均吸声系数；m—空气中声衰减系数(m^{-1})。

综合体育馆比赛大厅中频满场混响时间　　表1

容积(m^3)	<40000	40000~80000	80000~160000	>160000
混响时(s)	1.3~1.4	1.4~1.6	1.6~1.8	1.9~2.1

注：当比赛大厅容积大于表中列出的最大容积的1倍以上时，可允许其混响时间比2.1s适当加长。

游泳馆比赛厅中频满场混响时间　　表2

每座容积(m^3/座)	≤25	>25
混响时间(s)	≤2.0	≤2.5

各频率混响时间相对于中频混响时间的比值　　表3

频率(Hz)	125	250	2000	4000
比值	1.0~1.3	1.0~1.2	0.9~1.0	0.8~1.0

体育场馆声学设计要点

1. 屋面的声学设计

大部分体育馆使用金属屋面结构，不设吊顶。因为体育馆中屋面可以覆盖全场，所以将整个屋面设计成吸声屋面，可以有效地控制大厅的混响时间和消除声学缺陷。同时屋面系统还应具有隔声功能，包括防止雨噪声的功能。因此在设计金属屋面系统时，应该同时考虑其吸声和隔声两项功能，两者不能混为一体，必须分为隔声层和吸声层两个部分。参考构造见 [3]。

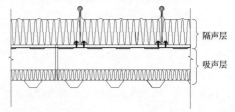

[3] 轻质金属屋面系统参考构造

2. 空间吸声体的应用

如果所有可能的屋面下部表面都布置了吸声构造后，仍不能有效地控制混响时间，则可以在顶部悬吊空间吸声体，以增加体育馆内的吸声量，但一般吸声体的低频性能较差，因此应在其他部位配置低频吸声结构。

3. 墙面的吸声处理

体育馆比赛大厅的山墙或其他大面积墙面应做吸声处理。常用的吸声构造及其吸声特性见表4。

4. 游泳馆内的吸声处理

游泳馆中使用的声学材料应采取防潮、防酸碱雾的措施。屋面吸声构造同 [3]，墙面吸声构造可采用穿孔金属板吸声构造。上述构造中应采用具有防水功能的吸声材料，如拒水膜吸声板等。

常用材料吸声构造及特性　　表4

材料类型	吸声构造	吸声特性
木制吸声板	木制吸声板（穿孔率12%）→无纺吸声布→离心玻璃棉板（厚度为c）→空腔（厚度为d）	c=50mm,d=200mm; c=50mm,d=100mm
穿孔金属板	穿孔金属吸声板（穿孔率13.7%）→无纺吸声布→离心玻璃棉板（厚度为c）→空腔（厚度为d）	c=0mm,d=200mm; c=50mm,d=200mm
织物饰面装饰	25mm厚织物饰面装饰吸声板→空腔（厚度为d）	d=50mm; d=100mm; d=200mm
木丝吸声板	35mm厚木丝吸声板→离心玻璃棉板（厚度为c）→空腔（厚度为d）	c=0mm,d=0mm; c=0mm,d=50mm; c=50mm,d=50mm

体育中心概述

体育中心是主要由多场馆及与之相配套的建筑或场地构成的体育设施集群,多用于综合性体育赛事。

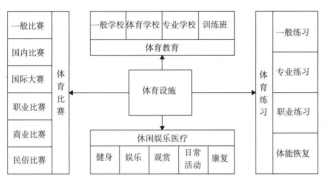

1 体育设施功能示意

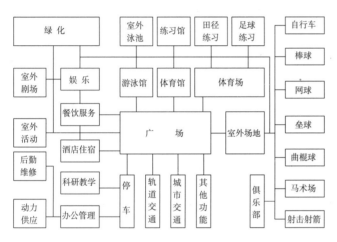

2 体育中心构成（根据条件确定全部或一部分）

体育中心分类　　　　　　　　　　　　　　　　表1

分类标准	分类内容	说明
按体育设施的经营管理类型区分	学校体育设施	中小学体育设施、大学体育设施,主要服务校园体育活动,兼具满足社会体育需求
	社会体育设施	服务于公共体育活动,包含营利性和公益性双重特性
按体育设施项目区分	专项体育设施	水上运动中心、冰上运动中心、网球中心等
	综合体育设施	体育场、体育馆、游泳馆、网球馆、网球场等综合设施
	复合体育设施	会展体育设施、文化体育设施等
按体育活动场所的空间区分	室内体育设施	体育馆、游泳馆等
	室外体育设施	体育场、足球场等
	室内外结合体育设施	屋盖可移动的设施
按主要目的区分	竞赛为主的体育中心	奥林匹克体育中心等
	参与、训练为主的体育中心	集训基地
	大众体育为主的体育中心	全民健身中心
按规模等级区分	大型体育中心	可举办亚运会、奥运会及世界级比赛,场馆等级多为特级或甲级
	中型体育中心	可举办全国性比赛和单项国际比赛,场馆等级多为甲级或乙级
	小型体育中心	可举办地区性比赛和全国性单项比赛,或者举办地方性、群众性运动会,场馆等级多为乙级或丙级

体育项目和设施分类　　　　　　　　　　　　　　表2

项目种类	项目内容	室外设施	室内设施
记录竞技	田径、马术	√	√
	自行车、摩托车	√	
	举重	—	√
表演竞技	体操、技巧、舞蹈、健美、马术	√	√
球技	篮球、排球、手球、网球、足球、棒球、曲棍球	√	√
	乒乓球、羽毛球、壁球	—	√
格斗竞技	击剑、摔跤、拳击、柔道、武术		√
目标竞技	射箭	√	—
	射击	√	√
水上竞技	游泳、跳水、水球、花样游泳、蹼泳	√	√
	赛艇、皮划艇、帆船、龙舟	√	—
冰雪竞技	速度滑冰、花样滑冰、冰球、短道速滑、冰上舞蹈、滑雪、跳台滑雪	（滑雪类）	√
娱乐竞技	地滚球、棋类	—	√
	高尔夫	√	√（训练）

体育中心功能组合

1. 体育设施的组合

多由体育场、体育馆、游泳馆及相应配套设施组成。可根据实际需求进行体育场馆的增减,如"一场一馆"、"一场两馆"、"一场三馆"、"一场四馆"、"两场两馆"等配置。也可不同功能的体育馆进行组合。

2. 体育公园的组合

体育设施结合公园设计。拥有环境优美、强调体育运动休闲特征的室外公共空间,需注重室外设施的亲和性和易维护性。

3. 会展体育中心的组合

体育设施和会展设施结合设置。可利用两类设施的空间相似性,进行错峰使用,提高空间利用率。

4. 文化体育中心的组合

体育设施结合剧院、图书馆、博物馆等公共文化设施的组合。文化设施和体育设施的集约组合有助于构建功能全面、使用便利的城市公共服务中心。

5. 体育综合体的组合

可包含体育、演艺、商业、娱乐等多种设施。将购物、休闲、观演、运动、竞技等活动有机整合到同一建筑中,提高使用便利性。

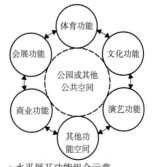

a 水平展开功能组合示意　　b 竖向叠加功能组合示意

3 体育中心复合功能的空间组合方式

体育中心 [2] 用地选址

相关参考标准

城市公共体育设施用地定额指标一　　表1

	100万人口以上城市				50~100万人口城市			
	规划标准（个/万人）	观众规模（千座）	用地面积（千m²）	千人指标m²/千人	规划标准（个/万人）	观众规模（千座）	用地面积（千m²）	千人指标m²/千人
市级								
体育场	1/100~200	30~50	86~122	40~122	1/50~100	20~30	75~97	75~194
体育馆	1/100~200	4~10	11~20	5.5~20	1/50~100	4~6	11~14	11~28
游泳馆	1/100~200	2~4	13~17	4.3~17	1/50~100	2~3	13~16	13~32
射击场	1/100~200	—	10	5~10	1/50~100	—	10	10~20
合计	—	—	—	54.8~169	—	—	—	109~274
区级								
体育场	1/30	10~15	50~63	167~210	1/25	10	50~56	200~224
体育馆	1/30	2~4	10~13	33~43	1/25	2~3	10~11	40~44
游泳池	2/30	—	12.5	42	2/25	—	12.5	50
射击场	1/30	—	6	20	1/25	—	6	24
合计	—	—	—	262~315	—	—	—	314~342
居住区级				200~300				200~300
小区级				200~300				200~300
总计				716.8~1084				823~1216

注：本表摘自《城市公共体育运动设施用地定额暂行规定》(1986年11月29日)。

城市公共体育设施用地定额指标二　　表2

	20~50万人口城市				10~20万人口城市			
	规划标准（个/万人）	观众规模（千座）	用地面积（千m²）	千人指标m²/千人	规划标准（个/万人）	观众规模（千座）	用地面积（千m²）	千人指标m²/千人
市级								
体育场	1/20~25	15~20	69~84	276~420	1/10~20	10~15	50~63	250~263
体育馆	1/20~25	2~4	10~13	40~65	1/10~20	2~3	10~11	50~110
游泳池	2/20~25	—	12.5	50~63	2/10~20	—	12.5	63~125
射击场	1/20~25	—	10	40~50	1/10~20	—	10	50~100
合计	—	—	—	406~598	—	—	—	413~965
居住区级				200~300				200~300
小区级				200~300				200~300
总计				806~1198				813~1565

注：本表摘自《城市公共体育运动设施用地定额暂行规定》(1986年11月29日)。

城市公共体育设施用地定额指标三　　表3

	5~10万人口城市				2~5万人口城市			
	规划标准（个/万人）	观众规模（千座）	用地面积（千m²）	千人指标m²/千人	规划标准（个/万人）	观众规模（千座）	用地面积（千m²）	千人指标m²/千人
体育场	1/5~10	5~10	44~56	440~1120	—	—	—	—
田径场	—	—	—	—	1/2~5	—	26~28	520~1400
灯光场（带看台）	1/5~10	2~3	3.3~4.6	33~92	1/2~5	2~3	3.3~4.6	66~230
游泳池	1~2/5~10	—	6.3~7.5	63~150	1/2~5	—	5	100~250
训练房	1/5~10				1/2~5		1~1.5	20~75
合计				556~1422				(县城)706~1955 (一般镇)540~1475
住宅街坊（千人）				300				300
总计				856~1722				(县城)1086~2255 (一般镇)840~1755

注：本表摘自《城市公共体育运动设施用地定额暂行规定》(1986年11月29日)。

体育中心用地选择

1. 体育中心用地的选择首先应符合当地城乡总体规划和文化体育设施的布局要求，要注意布点合理、位置适中、便于使用和疏散，确保安全。

2. 体育中心用地在城市中的布局应符合城市特色，顺应城市发展方向，满足城市发展要求。

3. 用地应符合下列要求：

适合该体育中心所要求的项目使用特点和规则要求。

交通方便。基地至少有一面或两面临近城市干道。该公共干道应有足够的宽度以保证城市和体育中心内机动车、非机动车和步行人流的交通和疏散。

便于利用城市已有的上下水、燃气、供热、供电等基础设施。管线、通信系统（电话、电视设施）、社会服务设施（商店、银行、旅馆等）应完善。

有较好的物理环境。体育中心用地应满足与污染源、易燃易爆物品场所、高压线路等防护规定的安全距离。环境应无噪声、废气的污染，也要注意体育中心不对周围有噪声等污染。

在可能条件下与绿化或水面等相结合，创造较好的自然环境。

4. 用地指标可参照建设部和国家体委的《城市公共体育运动设施用地定额指标暂行规定》(1986年11月29日)。

  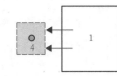

a 位于城市中心区　　b 位于城市近郊区　　c 位于新城中心区

1 城市区域　2 城市中心区　3 城市近郊区　4 新城区域

1 体育中心与城市相对关系示意

体育中心在城市不同位置选址优缺点比较　　表4

类型	优点	缺点	主要作用
位于城市中心区	基础设施完善，交通便利，易达性强，潜在使用者多	土地昂贵，用地紧张，大尺度地块对交通影响大	完善城市公共设施，提供市民日常体育活动场所
位于城市近郊区	土地较为宽裕，基础设施较为完善，潜在使用者较多	选址不当易造成资源浪费，重复发展	促进城市形成新中心区，促进城市向外部拓展
位于新城中心区	土地价格低，用地条件宽裕	基础设施不完善，前期投资大，易达性弱，短期内潜在使用者较少	促进城市蛙跳式发展，推动新城基础设施的建设

城市公共体育设施用地定额指标四　　表5

	2万以下人口城市		
	规划标准	观众规模（千人）	用地规模（千m²）
田径场	1个	2	8~26
灯光球场	1个		3.3~3.6
游泳池	1个		5
训练房	1个		1~1.5

注：本表摘自《城市公共体育运动设施用地定额暂行规定》(1986年11月29日)。

体育中心总平面设计要点

1. 全面规划远、近期建设项目，在总体规划的指导下分阶段实施，并为可能的改建和扩建留有灵活余地。

2. 功能分区明确、布局紧凑、交通组织合理、管理方便，并满足当地规划部门的相关规定和指标。

3. 满足该中心内有关体育项目在朝向、光线、风向、风速、安全、防护、照明等方面的要求。

4. 注重环境设计，充分利用自然地形和天然资源（如水面、森林、绿地等），并尽可能增加绿地面积。考虑体育中心所在地段的总体景观，考虑与城市的关系。

5. 出入口和内部道路

（1）总出入口不宜少于2处，并以不同方向通向城市道路，观众出口的有效宽度不宜小于室外安全疏散指标（0.15m/百人）。

（2）内部道路交通组织需使各场馆联系便利。疏散道路应尽量避免人流、车流互相干扰。内部人员和外部人员流线宜相互独立。

（3）观众出入口处应有集散场地，一般不少于$0.2m^2$/人，可充分利用道路、空地、平台等。

（4）内部道路应满足通行消防车的要求。当各种原因消防车不能按规定靠近建筑物时，应采取下列措施之一满足对火灾扑救的需求：消防车在平台下部空间靠近建筑主体；消防车直接开入建筑内部；消防车到达平台上部以接近建筑主体；平台上部设置消火栓。

（5）出入口及道路设置应满足现行建筑设计规范及现行建筑设计防火规范要求。

6. 停车场

应在体育中心基地内设置各种车辆（机动车、非机动车）的停车场，其面积指标应符合各地有关主管部门规定。停车场出入口应与道路连接方便。

如因条件限制，停车场可以设在邻近基地的地区，由当地市政部门统一规划设置，但部分停车场，如贵宾、运动员、媒体、工作人员等停车场应设在基地内。可充分利用地下空间设置。

承担正规或国际比赛的体育设施，在设施附近应有电视转播车的停放位置。

7. 基地的环境设计应根据当地有关绿化指标和规定进行，并综合布置绿化、花坛、喷泉、坐凳、雕塑和小品建筑等各种景观内容。尽量增大绿化面积，一般绿化率不宜少于50%。绿化与建筑物、构筑物、道路和管线间的距离，应符合有关规定。

8. 总平面设计中无障碍设计应符合现行国标《无障碍设计规范》有关规定。

停车场类别　　　　　　　　　　　　　　　　　　　　　表1

等级	管理人员	运动员	贵宾	官员	记者	观众
特级	有	有	有	有	有	有
甲级	兼用	兼用	有	有	有	有
乙级		兼用				有
丙级			兼用			

注：本表摘自《体育建筑设计规范》JGJ 31-2003。

总平面 [3] 体育中心

体育中心总图布局方式比较　　　　　　　　　　　　　表2

布局方式		布局特点
分散式布局	核心式布局	以主要建筑为布局中心，呈"品"字形或"一"字形布局
	沿道路（水）布局	以沿街界面或临水面为主要布局轴线，主要建筑沿道路或水面布局
	沿公共空间布局	以公共空间为布局中心，主要建筑沿公共空间布局
	有机式布局	主要建筑与环境相融合，有机布局
分地块布局		主要建筑分散在不同城市地块中，以减少大地块对城市的肌理和交通带来的不利影响
集约式布局		主要建筑通过平台、屋顶或功能空间进行整合，场馆合一进行布局

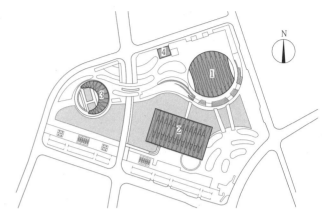

1 体育馆　2 游泳馆　3 室外泳池　4 办公楼

a 上海东方体育中心——分散式布局

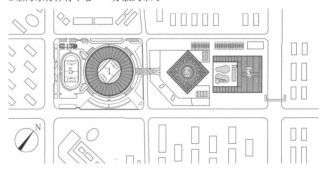

1 体育场　2 体育馆　3 游泳馆　4 体校　5 练习场

b 深圳宝安体育中心——分地块布局

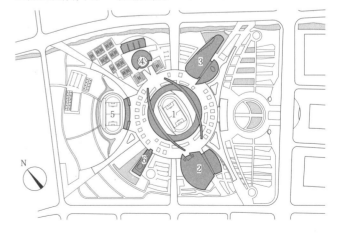

1 体育场　2 体育馆　3 游泳馆　4 网球中心　5 练习场　6 新闻中心

c 南京奥林匹克体育中心——集约式布局

1 体育中心布局方式分类

1 体育建筑

体育中心 [4] 全过程设计

全过程设计要点

1. 顺应城市发展策略，符合城市发展方向，合理利用城市资源，融入城市环境，进行基于城市的设计。
2. 注重前期策划、注重体育中心"赛时"和"平时"的功能转化，从规划设计、建造、运营的全寿命周期层面进行综合考虑。

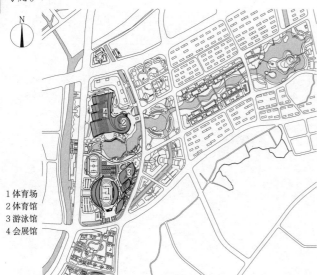

江门市滨江体育中心通过场馆集约紧凑布局，顺应城市公共绿轴，并在控制城市地标的同时与周边街区肌理融合。

1 体育场
2 体育馆
3 游泳馆
4 会展馆

1 广东江门市滨江体育中心

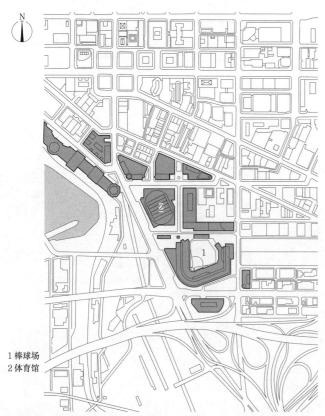

克利夫兰门户体育中心的策划、选址与旧城复兴计划相关；体量的确定遵从城市设计的空间组织。

1 棒球场
2 体育馆

2 美国俄亥俄州克利夫兰门户

赛时功能：
1 体育场（8万座）
2 水上运动中心（1.75万座）
3 水球馆
4 手球馆
5 曲棍球馆
6 篮球馆
7 小轮车场
8 室内自行车馆
9 传媒中心
10 赞助商中心
11 奥运村
12 火车站

a 赛时方案（2012年）

赛后功能：
1 体育场（2.5万座）
2 游泳馆（2500座）
3 手球馆
4 自行车馆
5 小轮车场
6 大型综合体
7 火车站

b 后续利用方案（2014年以后）

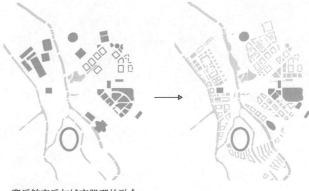

c 赛后转变后与城市肌理的融合

伦敦奥运公园注重赛后利用，在规划中充分考虑场馆的实效利用，在赛后进行了场馆规模的缩减和拆除。

3 英国伦敦奥运公园赛时赛后可持续利用

指标数据 [5] 体育中心

国内外体育中心有关数据简介

表1

体育中心名称	建成时间	用地(hm²)	体育场(人)	体育馆(人)	游泳池、馆(人)	其他馆(人)	自行车(人)	网球场(人)	田径场(人)	其他赛场(人)	其他练习场	停车场	其他
杭州奥体博览城	2016(首期)	154.37	80000	18000	6000	综合训练馆	—	10000	田径练习场	—	室外网球场	—	7500展位博览中心
江门市滨江体育中心	2016	44.44	25000	8500	2000	—	—	—	田径练习场	—	10块篮球场、4块网球场	2086辆机动车	2050展位展览馆
湛江奥林匹克体育中心	2015	44.30	40000	6400	2200	综合球类馆1000	—	—	田径练习场	—	室外篮球场、排球场、网球场	1508辆小车	商业设施
大连体育中心	2013	82	61000	18000	4200	综合训练馆、室内田径馆	—	包括10000人决赛场，两个1000人半决赛场及其他预赛、训练场馆的网球中心	2个田径练习场	3000座棒球场(可改成全球场)	18块篮球场、13块网球场	—	运动员训练基地、媒体中心
梅州梅县文体中心	2012	13.56	20000	7000	—	—	—	—	田径练习场	—	—	391辆停车位，1万m²停车场	—
英国伦敦奥运公园	2011	101.17	80000(赛后25000)	篮球馆12000(赛后拆除)	水上中心17500(赛后2500)	水球馆5000(赛后拆除)	自行车馆6000，小轮车场6000(临时)	手球场7000(6000可回收)		曲棍球中心15000(赛后搬离，5000常设座位)，田径练习场			奥运村、奥运新闻中心和奥运能源中心
深圳深圳湾体育中心	2011	30.77	20000	13000	675(比赛大厅)	训练馆	—	—	田径练习场	—	篮球、网球练习场	—	酒店、运动员接待中心
山西体育中心	2011	82.7	60000	8000	3000	综合训练馆	自行车馆1500	—	田径练习场	—	篮球、网球练习场	2760辆停车位	体育训练基地、交流中心
上海东方体育中心	2010	34.75	—	14000(可扩展到18000)	3500(可扩展到5000)	室外跳水馆2000(可扩展到5000)	—	—	—	—	—	—	80m高、15层新闻媒体中心，中心人工湖
济南奥林匹克体育中心	2009	81	57000	12000	4000	—	—	网球场4000，两片1000座半决赛场，14片预赛场	热身场，足球场	—	网球、篮球训练场	—	6万m²的中心区平台及辅助商业设施
北京奥林匹克公园	2008	1159	固定80000,临时11000	固定18000,临时2000	赛时17000(固定4000,可拆除2000)	原奥体中心体育馆6000、游泳馆6000，国家会议中心击剑馆5900(临时)	—	网球中心17400	2片热身练习场	原奥体中心体育场38000+20000(临时)	足球、曲棍、篮球、网球、棒垒球练习场	—	会展中心、办公，奥运村运动员公寓等，地下商业
常州奥林匹克体育中心	2008	28.5	41000	6200	2300	已建训练馆	—	网球馆	原训练场	—	—	共1800辆	1000展位会展馆
沈阳奥林匹克体育中心	2008	53.59	60000	10000	3000	综合训练馆、球类训练馆	—	网球馆3000	2块热身训练场	—	10片室内网球场、12片室外网球场	用地范围内2520辆，用地范围外2730辆	—
天津奥林匹克体育中心	2007	96.6	60000	9100	4000	—	—	—	田径练习场	—	高尔夫练习场	—	国际体育交流中心
佛山世纪莲花体育中心	2006	42	36000	—	2800	—	—	8片网球场(2片半室内)	田径练习场	—	—	880辆地下停车位	能源中心及配套服务设施
南京奥林匹克体育中心	2005	89.6	63000	13000	4000	—	—	网球中心8000	田径练习场	棒球场、垒球场、门球场等	网球练习场	—	10万m²大平台，新闻、科技中心、体育公园
德国斯图加特耐卡公园	2004	24	56000	7500	—	—	—	—	—	—	—	—	礼堂、展览中心、运动员之家、博物馆
广东奥林匹克体育中心	2001	101	80000	—	4600	射击馆、射箭场	自行车场5000	网球中心决赛场10000，半决赛馆2000	田径练习场	棒球场3000、垒球场2000、曲棍球场、马术场	网球、足球、篮球训练场	地上约2400个，地下约1200个	医疗康复中心、综合训练楼、运动员公寓等
上海市体育中心	1997	41	56000	18000	4100	壁球馆、训练馆等	—	—	田径练习场	—	—	—	360间客房
广州天河体育中心	1987	54.54	60000	8000	3000	保龄球馆、羽毛球馆	—	网球中心1500	田径练习场	棒球场、网球场等	—	—	新闻中心、办公中心等

体育中心 [6] 实例

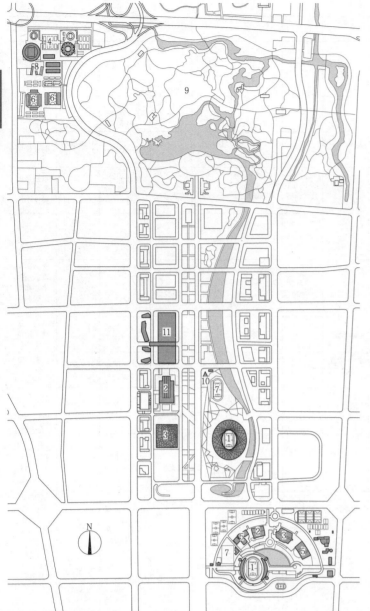

1 北京奥林匹克公园

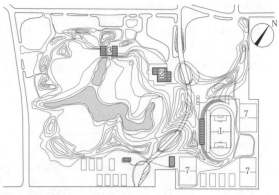

2 德国慕尼黑郊区体育公园

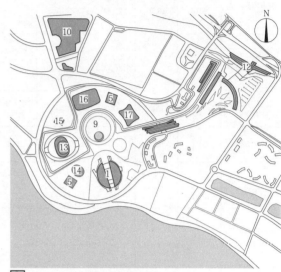

3 俄罗斯索契奥林匹克公园

1 体育场	6 曲棍球场	11 会议中心	16 速滑馆
2 体育馆	7 练习场	12 火车站	17 短道速滑馆
3 游泳馆（池）	8 射击场	13 大冰球馆	18 手球馆
4 网球中心	9 景观公园	14 小冰球馆	19 自行车馆
5 训练馆	10 新闻中心	15 滑冰馆	20 体操馆

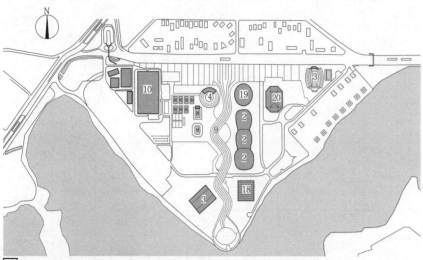

4 巴西里约巴哈奥林匹克公园

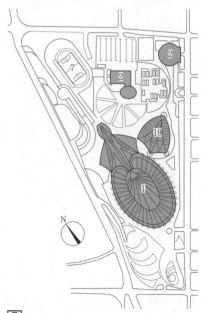

5 加拿大蒙特利尔奥林匹克体育中心

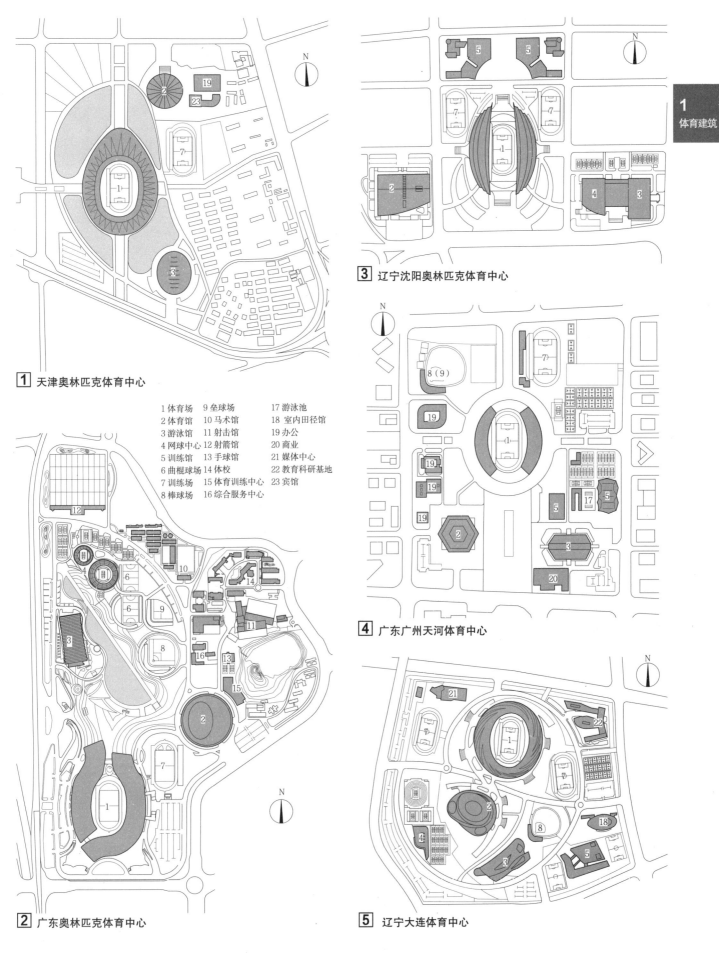

实例［7］体育中心

1 天津奥林匹克体育中心
2 广东奥林匹克体育中心
3 辽宁沈阳奥林匹克体育中心
4 广东广州天河体育中心
5 辽宁大连体育中心

1 体育场　9 垒球场　　17 游泳池
2 体育馆　10 马术馆　　18 室内田径馆
3 游泳馆　11 射击馆　　19 办公
4 网球中心 12 射箭馆　　20 商业
5 训练馆　13 手球馆　　21 媒体中心
6 曲棍球场 14 体校　　　22 教育科研基地
7 训练场　15 体育训练中心 23 宾馆
8 棒球场　16 综合服务中心

体育中心 [8] 实例

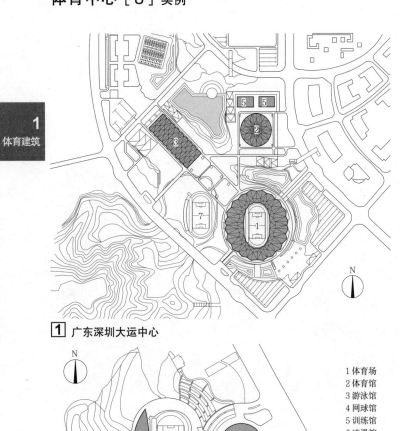

1 广东深圳大运中心

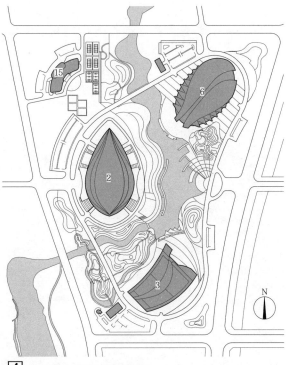

4 黑龙江大庆奥林匹克公园

a 总平面图

b 1-1 剖面

2 广东梅州梅县文体中心

1 体育场
2 体育馆
3 游泳馆
4 网球馆
5 训练馆
6 速滑馆
7 训练场
8 自行车馆
9 体操馆
10 壁球馆
11 台球馆
12 历史馆
13 体育训练基地
14 体育交流中心
15 新闻中心

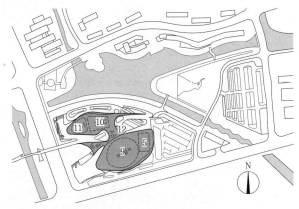

5 广东广州亚运城综合体育馆

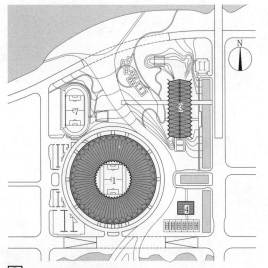

3 广东佛山世纪莲花体育中心

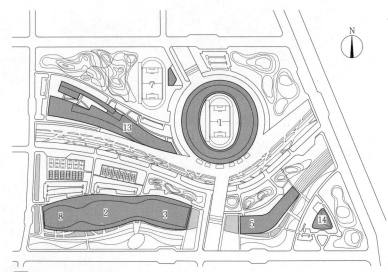

6 太原山西体育中心

实例 [9] 体育中心

1 深圳湾体育中心

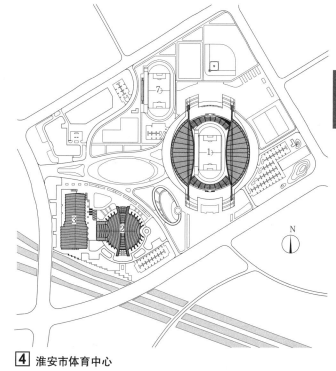

4 淮安市体育中心

1 体育场　3 游泳馆　5 赛车馆　7 训练场　9 会展馆
2 体育馆　4 训练馆　6 礼堂　　8 展览馆　10 酒店

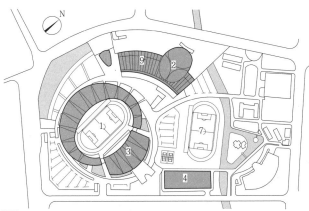

2 常州奥林匹克体育中心

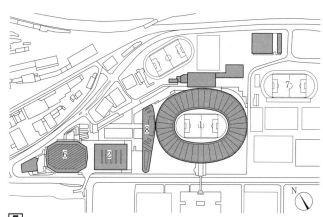

5 德国斯图加特耐卡公园

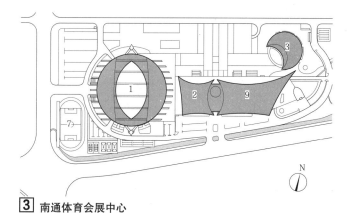

3 南通体育会展中心

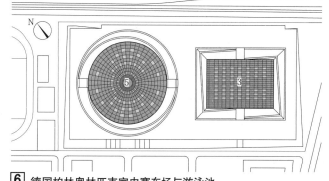

6 德国柏林奥林匹克室内赛车场与游泳池

体育场 [1] 概述

概述

体育场是指能够进行室外田径和足球等运动项目的体育建筑，也可称田径场或综合体育场，其主要由场地区（含田径场及足球场）、看台区、辅助用房及设施等几部分组成。

分类

按使用性质分为：比赛类体育场、训练类体育场、全民健身类体育场。

体育场规模分级　　　　　　　　　　　　　　　　表1

等级	观众席容量（座）	等级	观众席容量（座）
特大型	60000以上	中型	20000~40000
大型	40000~60000	小型	20000以下

体育场赛事等级、设计使用年限及耐火等级分级　　表2

建筑等级	示例	设计使用年限	耐火等级
特级	特别重要并有重大意义的体育建筑	100年	1级
甲级	特别重要体育建筑	50年	不低于2级
乙级	重要体育建筑		
丙级	一般体育建筑		

面积参考指标

城市公共体育场建设用地面积参考指标（单位：m²）　表3

用地面积 座席数（个） 城市人口规模（人）	40000~30000	29999~20000	19999~10000	9999~5000
200万以上	207900~185200	185200~156100	86400~63400	63400~51900
100~200万	—	185200~156100	86400~63400	63400~51900
50~100万	—	—	86400~63400	63400~51900
20~50万	—	—	86400~63400	63400~51900
20万以下	—	—	—	63400~51900

注：引自《城市公共体育场建设用地标准》。

城市公共体育场建设规模参考指标　　　　　　　　表4

用地面积(m²)/人 座席数（个） 城市人口规模（人）	40000~30000	29999~20000	19999~10000	9999~5000
200万以上	1.20~1.30	1.30~1.25	1.25~1.10	1.10~0.80
100~200万	—	1.30~1.25	1.25~1.10	1.10~0.80
50~100万	—	—	1.25~1.10	1.10~0.80
20~50万	—	—	1.25~1.10	1.10~0.80
20万以下	—	—	—	1.10~0.80

注：1. 建设40000座席以上公共体育场应根据承办的赛事等级另行审批。
2. 单座面积指标对于5000座及以上公共体育场采用插入法计算，5000座以下以40000m²为上限计算。
3. 上述建筑规模不含地下停车库和人防建筑面积。
4. 本表数据引自《公共体育场建设标准》。

设计要点

1. 根据规划人口规模、使用性质和具体条件确定体育场的建设规模和建筑标准，并综合考虑所在地区的经济和社会发展水平，设计力求技术先进、经济合理。

2. 承担比赛、训练的体育场除满足相关设计规范要求外，还应严格执行现行国际国内体育运动竞赛规则及有关规定。

3. 体育场设计应满足平时全民健身、文体活动的使用，以充分发挥体育场的社会、经济效益。当举办赛事需求和赛后运营使用需求之间有差距时，可赛时通过临时设施来弥补。

基地选址

1. 应征得当地城乡规划行政主管部门的许可，在城乡规划确定的建设用地范围内选址，并考虑远期发展的需要。

2. 应合理利用现状城市公共体育设施和学校体育设施，因地制宜、级配合理、节约用地、综合开发。

3. 应避免建筑噪声、空间尺度、建筑形象带给城市的不利影响。

4. 用地应交通便利，便于集散。举行重大比赛及大型活动的体育场，宜设置轨道交通、快速公交等方式与市区相连，以满足交通、疏散等要求。

总体布局

1. 基地出入口：基地总出入口不宜少于两处。观众出入口宽度≥0.15m/百人；车行出入口避免直接开向城市主干路，并尽量与观众出入口设在不同临街面。

2. 广场道路：充分利用道路、空地、屋顶、平台等作为集散广场，广场面积≥0.2m²/人。基地内车行道路宽度≥4m且环通。

3. 人车分流：基地内须有充分的疏散通道、车行道及停车场，人行与车行宜分开。可通过平台、下沉广场、天桥等解决基地内流线交叉问题，赛时可根据情况增设临时围挡，避免相互干扰。

4. 场地停车：大型比赛须分设观众、媒体、贵宾等停车场，并考虑大型转播车和无障碍停车位，位置宜靠近各自出入口。停车位数量应符合当地有关部门的规定（见表5）。无障碍停车位靠近主要出入口设置，数量可参照表6。

5. 场地布置：体育场长轴应为南北向布置，根据地理纬度和主导风向可略偏南北向 [1]。

停车场类别　　　　　　　　　　　　　　　　　表5

等级	竞赛管理	运动员	贵宾	场馆运营	媒体	观众	安保
特级	有	有	有	有	有	有	有
甲级	兼用						
乙级		兼用					
丙级			兼用				有

无障碍停车位数量设置标准　　　　　　　　　　表6

停车场类别	无障碍停车位数（不宜少于）
特大型停车场（>500个）	总车位的1%
大型停车场（301~500个）	4个
中型停车场（51~300个）	2个

运动场地长轴允许偏角α　　　　　　　　　　　　表7

北纬	16°~25°	26°~35°	36°~45°	46°~55°
北偏东	0	0	5°	10°
北偏西	15°	15°	10°	5°

[1] 运动场地长轴允许偏角α

场地布置·功能流线 [2] 体育场

总图示意图

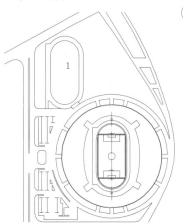

a 佛山世纪莲花体育场

名称	佛山世纪莲花体育场
主要技术指标	总建筑面积 7.8万m²
建成时间	2006年
座席数	36000

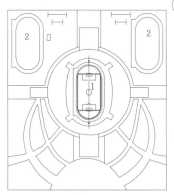

1 主体育场
2 热身场

b 沈阳奥体中心体育场

名称	沈阳奥体中心体育场
主要技术指标	总建筑面积 10万m²
建成时间	2007年
座席数	60000

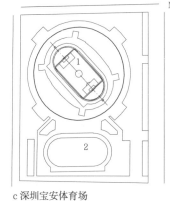

c 深圳宝安体育场

名称	深圳宝安体育场
主要技术指标	总建筑面积 9.7万m²
建成时间	2011年
座席数	40000

[1] 体育场总图示意图

热身场地位置

热身场应临近比赛场,最好位于体育场西北侧,使径赛运动员入场接近跑道起点,其次是位于体育场东北侧[2]。

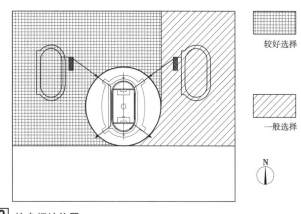

较好选择

一般选择

[2] 热身场地位置

建筑功能分区及流线

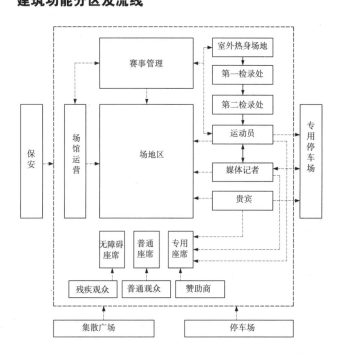

[3] 功能组成示意图

功能分区及主要人员流线
表1

序号	功能分区	主要人群	主要人员流线
1	观众区	普通观众	观众流线:观众安检、验票入口→公共活动区域→观众看台→出口
2	运动员区	田径、足球运动员、教练员	田径运动员流线:运动员入口→热身场地→第一检录处→室内准备活动场地→第二检录处→比赛场地→混合区→赛后控制中心→新闻发布厅→兴奋剂检查站/室→运动员及随队官员看台→出口 足球运动员流线:运动员入口→运动员更衣/休息室→室内/室外热身区→检录处→比赛场地→混合区→新闻发布厅→兴奋剂检查站/室→更衣/休息室→出口
3	竞赛管理区	竞赛管理人员(技术官员)、裁判员	竞赛管理(技术官员)流线:竞赛管理入口→更衣/休息室→工作区/技术官员看台/比赛场地→出口 裁判员流线:竞赛管理入口→裁判员更衣/休息室→比赛场地→更衣/休息室→出口
4	贵宾区	贵宾	贵宾流线:贵宾入口→贵宾休息室→贵宾包厢→主席台/贵宾区看台→颁奖区域→贵宾出口
5	赞助商区	赞助商	赞助商流线:赞助商入口(可与观众入口共用)→包厢→出口
6	媒体区	文字、摄影记者、观察员	文字摄影记者流线:媒体入口→新闻媒体工作区→文字摄影记者看台→混合区→新闻发布厅→出口 电视转播人员流线:媒体入口→电视转播工作区→评论员/观察员看台→转播机位→混合区→新闻发布厅→出口
7	场馆运营区	场馆管理人员	无固定流线
8	安保、交通及消防区	安保人员、消防人员、招待员	无固定流线

体育场 [3] 场地区

概述

体育场场地区包括比赛场地及辅助区域、热身场地 [1]。

比赛场地、热身场地包括竞技区和安全区（缓冲区）。其中竞技区为田赛场地、径赛场地及足球场地等。辅助区域是指比赛场地与首层用房或首层看台之间的区域。

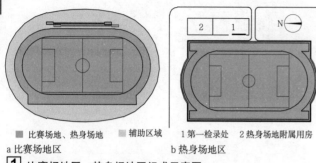

■ 比赛场地、热身场地　■ 辅助区域
a 比赛场地区
1 第一检录处　2 热身场地附属用房
b 热身场地区

[1] 比赛场地区、热身场地区组成示意图

设计要点

1. 场地区设计需考虑运动员、管理人员、新闻媒体人员等不同功能流线的设置，减少相互干扰，可利用场地区边缘交通道（或沟）进行流线分离。

2. 场地区隔离措施：比赛场地和观众看台之间应采取有效隔离措施。正式比赛场地外围应设置围栏或供记者和工作人员用的环形交通道或交通沟，其宽度不宜小于2.5m，并用不低于0.9m（有高差时应不低于1.05m）的栏杆与比赛场地隔离。交通道（或沟）与观众席之间也应采取有效的隔离措施，但不应阻挡观众视线，沟内应有良好的排水措施 [2]。

3. 场地区应为体育工艺、新闻媒体转播等预留各种条件。

4. 场地区排水：场地区地面应采取有效的排水措施，保证场地区外侧雨水不进入场地区内 [3]。

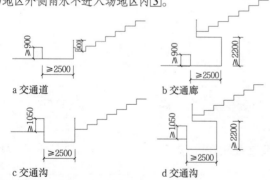

a 交通道　　b 交通廊
c 交通沟　　d 交通沟

[2] 环形交通道（沟、廊）

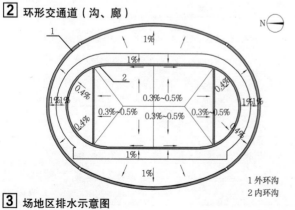

1 外环沟
2 内环沟

[3] 场地区排水示意图

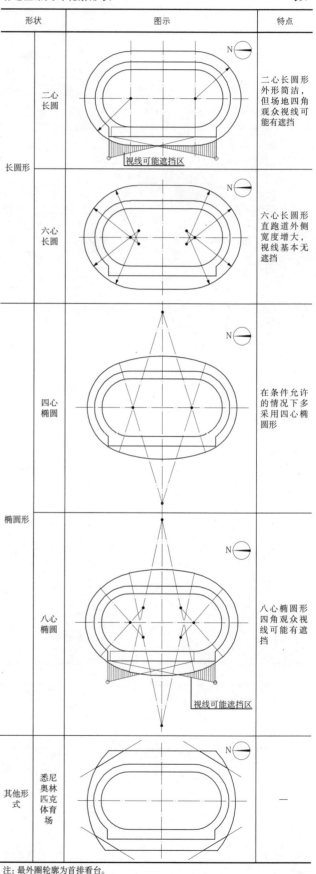

场地区常用外轮廓形状　　　　表1

形状		图示	特点
长圆形	二心长圆		二心长圆形外形简洁，但场地四角观众视线可能有遮挡
	六心长圆		六心长圆形直跑道外侧宽度增大，视线基本无遮挡
椭圆形	四心椭圆		在条件允许的情况下多采用四心椭圆形
	八心椭圆		八心椭圆形四角观众视线可能有遮挡
其他形式	悉尼奥林匹克体育场		—

注：最外圈轮廓为首排看台。

比赛场地区布置

比赛场地区布置应满足各项比赛要求，尽量缩小场地区面积，缩短观众视距。比赛场地区布置形式见[1]：

1. 同心布置，即跑道中心与场地中心相吻合。
2. 偏心布置，即跑道长轴位于场地长轴东侧。

偏心布置时西直道外侧空地较大，可满足主席台前进行颁奖仪式和终点裁判席处需较大面积，而又不增大整个场地的要求。

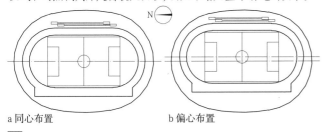

a 同心布置　　　　　　　b 偏心布置

[1] 同心布置与偏心布置示意图

比赛场地区内设施布置要求

1. 旗杆：场地区内一般需设两组旗杆，分别位于场地区的南北两侧[2]。位于北侧的旗杆一般用于悬挂冠、亚、季军等颁奖旗帜，数量3~4个，可根据实际需要设置；南侧旗杆一般用于悬挂主办国国旗和会旗等礼宾旗帜，数量2~4个，可根据实际需要设置。

2. 广告牌：田径比赛用广告牌距跑道外沿不小于30cm，高度一致且不影响观众视线和电视转播。

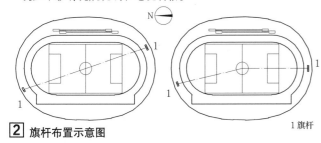

1 旗杆

[2] 旗杆布置示意图

比赛场地区出入口设计要点

1. 比赛场地区出入口宜平层进入。
2. 比赛场地区出入口数量、大小、高度，应根据不同人员出入场、器材运输、消防车进入等使用要求综合确定。场地区应有2个以上直通场外的出入口，且有1个出入口的净宽和净高≥4m。
3. 田径运动员进入比赛区的入口的位置宜靠近跑道起点，离开比赛区的出口宜靠近跑道终点。
4. 足球运动员进出比赛区的出入口宜位于主席台同侧，并靠近运动员检录处及休息室。
5. 供开、闭幕式或其他大型活动演职人员入场式使用的出入口，其宽度不宜小于跑道最窄处的宽度，高度不低于4m，且不应设置台阶。
6. 供团体操和表演用的出入口，其数量和总宽度应满足大量人员出入的需要，其位置应根据实际条件确定，并注意在出入口附近设置相应的集散场地及必要的服务设施。
7. 场地区出入口应考虑当地风向和风力情况，举办正式比赛的体育场设计应做风动模拟，防止风速对比赛产生不利影响。

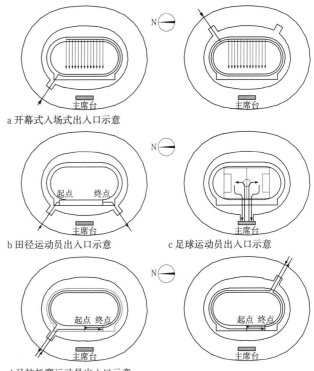

a 开幕式入场式出入口示意
b 田径运动员出入口示意
c 足球运动员出入口示意
d 马拉松赛运动员出入口示意

注：应在同一个出入口出场和返回，出发和返回时围绕田径场跑道跑进比赛方向均不超过一圈；出发线在西直道中央（主席台前）

[3] 比赛场地区出入口方位及流线

热身场地区布置

热身场地应根据竞赛要求、设施等级及使用要求等因素综合确定，并考虑专业训练的需要，具体要求可参考表1、[4]。同时，热身场地区外围应采取有效的隔离措施。

热身场地配置参考指标　　　　　表1

运动场地	建筑等级		
	特级	甲级	乙级
400m环形跑道	至少4条	至少4条	—
200m环形跑道	—	—	至少4条
西直道	至少6条道	至少6条道	至少6条道
标枪投掷区	1	1	1
铅球投掷区	2	2	1
链球铁饼投掷区	1	1	1

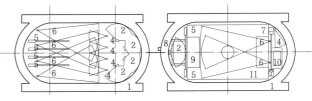

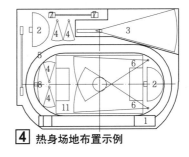

1 跑道　　　7 撑竿跳高地
2 跳高场地　8 障碍水池
3 标枪场地　9 篮球场
4 铅球场地　10 排球场
5 跳远、三级跳场地　11 足球场
6 铁饼、链球场地

注：如足球与田径热身场地经常同时使用，可在田径热身场地外单独设置投掷区

[4] 热身场地布置例

体育场 [5] 比赛场地

分类

比赛场地可分为竞赛类场地和全民健身类场地。

基本要求

1. 比赛场地尺寸、场地净空及设施标准应符合运动项目最新规则的有关规定。根据体育场等级的不同，运动场地的规模按照竞赛规则和赛事级别要求设置，可参照表1执行。

2. 比赛场地边界线外围必须按照运动项目规则，满足缓冲距离、通行宽度及安全防护等要求。比赛场地应考虑裁判员和记者等工作区域要求。

3. 健身场地和设施的设计要求，可在比赛场地基础上适当放宽。

4. 比赛场地宜考虑多功能使用的需要，同时为赛后全民健身提供条件。

5. 场地面层材料、垫层、基础以及场地围网、排水沟、盲沟等设计需符合国家相关的规范、标准的要求。

体育场田径比赛场地规模表　　　　　　　　　　　　　　　　表1

运动场地	建筑等级	
	特级、甲级	乙级
400m环形跑道	8条道	8条道
西直道	8~10条道	8条道
跳高场地	2	2
跳远场地	两端落地区2个	两端落地区2个
撑竿跳高场地	两端落地区2个	两端落地区2个
标枪投掷区	2	2
铅球投掷区	2	2
链球铁饼投掷区	2	2
障碍水池	1	1

竞赛类场地综合布置

体育场的正式比赛场地应包括径赛用的周长400m的标准环形跑道、标准足球场和各项田赛场地。除直道外侧可布置跳跃项目的场地外，其他均应布置在环形跑道内侧。

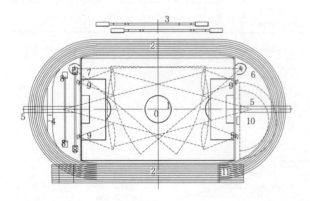

0 足球场地位置标记　　4 障碍水池　　　　8 撑竿跳高设施
1 足球场　　　　　　　5 标枪助跑道　　　9 推铅球设施
2 标准跑道　　　　　　6 掷铁饼和掷链球设施　10 跳高设施
3 跳远和三级跳远设施　7 掷铁饼设施　　　11 终点线

1 标准比赛场地综合布置图

全民健身类场地布置

非标准场地可采用周长不短于200m的小型跑道，形状可以结合用地条件确定，跑道内侧可布置非标准足球场，或篮球、排球、网球等场地。

半圆式小型跑道规格表　　　　　　　　　　　　　　　　　　表2

周长	R(m)	15.00	18.00	22.00	25.00
200m	A	96.574	93.149	88.582	—
	B	44.64	50.640	58.640	—
	C	51.934	42.509	29.942	—
250m	A	—	—	113.582	110.158
	B	—	—	58.640	64.640
	C	—	—	54.942	45.518
300m	A	—	—	138.582	135.158
	B	—	—	58.640	64.640
	C	—	—	79.942	70.518

注：1. 各项竞赛的终点均设在西直跑道上，跑道为6条分道，跑道内圈有突沿。梯形起跑线的前伸值，第1、2分道之间为3.52m，其他各道之间为3.83m。
　　2. 规划用地时，跑道外围安全地带每边宜≥2.00m。
　　3. R为突岩外侧（跑道内沿）半径。

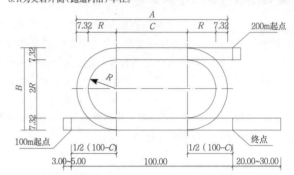

2 200m跑道示意图（单位：m）

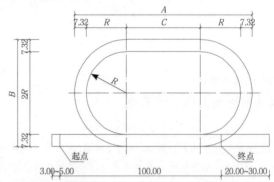

3 250m跑道示意图（单位：m）

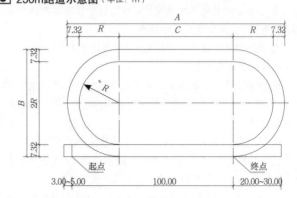

4 300m跑道示意图（单位：m）

竞赛类-径赛场地

400m标准跑道规格（单位：m） 表1

项目 建筑等级	环形道				西直道			
	弯道半径(内沿)	两圆心距(直段)	每条分道宽度	分道最少数量(条)	总长度	起点准备区长度	终点缓冲区长度	分道最少数量(条)
特级甲级	36.5	84.39	1.22	8	130	3	17	8~10
乙级				8				8

1. 跑道内沿周长为398.12m，表中弯道半径指弯道内沿线的外侧；
2. 跑道内道第一分道的理论跑进路线周长为400m。是按距跑道内沿(不包括突道牙宽度)300mm处的跑程计算的；
3. 每条分道宽1.22m，测量跑程除第一分道外，其他各分道按距相邻左侧分道标志线200mm处丈量；
4. 跑道内外侧安全区应距跑道不少于1.00m空间；
5. 西直道设置100m短跑和110m跨栏跑的起点，以及所有竞赛的同一终点，终点线位于直道与弯道交接处；
6. 需要时可在东直道设置第二起终点，供短跑训练或预赛；
7. 当8分道时可增加1~2直道分道，训练使用时宜避开内道减小第一、二分道的地面磨损，以便延长整个跑道的寿命。
8. 跑道所有的分道线、起点线、终点线、抢道线等白色标志线宽50mm，其位置及标记要求均应按《国际田联400m标准跑道标记方案》执行。

400m椭圆跑道场地尺寸

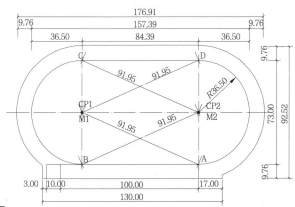

1 400m标准跑道布局设计和尺寸（$R=36.50$，单位：m）

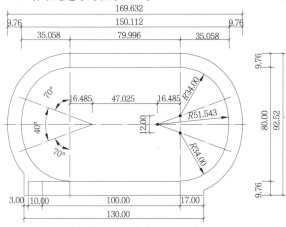

2 双曲率式400m跑道（$R=51.543$和$R=34.00$，单位：m）

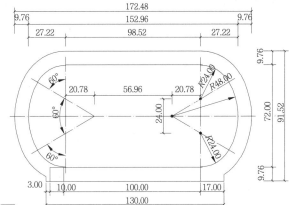

3 双曲率式400m跑道（$R=48.00$和$R=24.00$，单位：m）

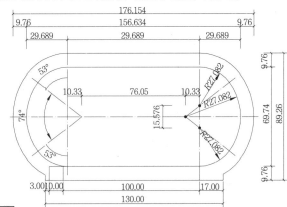

4 双曲率式400m跑道（$R=40.022$和$R=27.082$，单位：m）

400m标准跑道障碍赛跑道布置

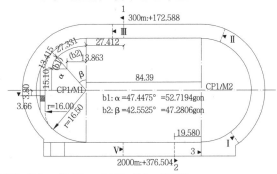

1 3000m起点：+172.588m　2 2000m起点：+376.504m
3 终点线，障碍每圈的始和末A±0.00和+396.084

5 障碍水池在400m标准跑道弯道内障碍跑道（单位：m）

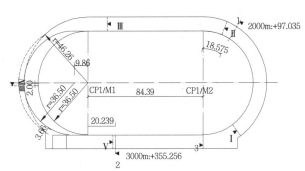

1 2000m起点：+97.035m　2 3000m起点：+355.256m
3 终点线，障碍每圈的始和末A±0.00和+419.407

6 障碍水池在400m标准跑道弯道外障碍跑道（单位：m）

体育场 [7] 比赛场地

竞赛类-田赛场地

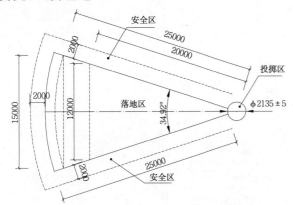

1 铅球投掷场地

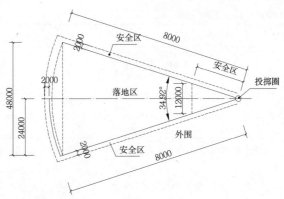

2 铁饼投掷场地

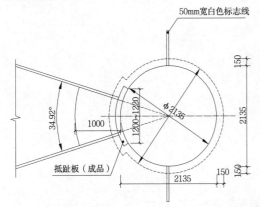

3 铅球投掷圈

4 铁饼投掷圈

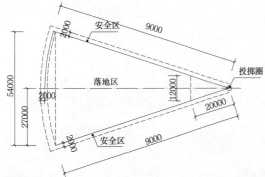

5 链球投掷场地

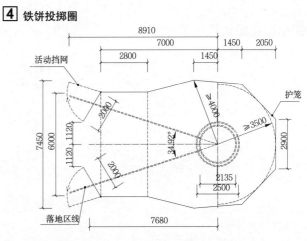

6 掷链球和掷铁饼两用护笼详图一（同心圆式）

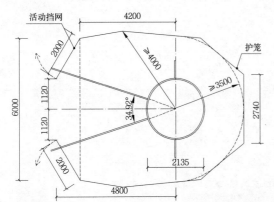

7 链球投掷圈

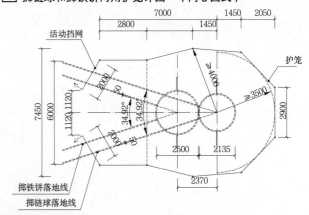

8 掷链球和掷铁饼两用护笼详图二（外切圆式）

竞赛类-田赛场地

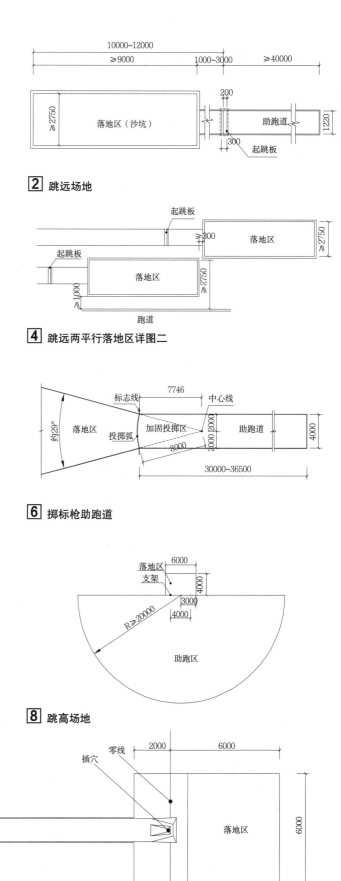

1 三级跳远场地
2 跳远场地
3 跳远两平行落地区详图一
4 跳远两平行落地区详图二
5 标枪投掷场地
6 掷标枪助跑道
7 撑竿跳插穴
8 跳高场地
9 撑竿跳场地

概述

室内田径场地包括200m长的椭圆形跑道(标准距离室内跑道),由两个直段和两个向内倾斜的弯道组成。还包括用于短跑和跨栏跑的内场直道,用于跳高、撑竿跳高、跳远和三级跳远的助跑道和落地区,推铅球投掷圈和落地区。

1 椭圆形跑道　2 内场直道　3 推铅球
4 跳高　5 跳远、三级跳远　6 撑竿跳高

1 室内田径场地布置

室内场地建造要求

室内场地要根据国际田联制定的规则和规定,为全部室内比赛项目提供足够的设施。设施规划要求取决于设想的最高级别比赛。

不同类型室内跑道建造的要求　表1

序号	跑道建造要求	场地建造类型				
		I	II	III	IV	V
1	含6条椭圆和至少8条直道用于60m和60m栏的200m标准跑道	1	1	—	—	—
2	含4条椭圆和6条直道用于60m和60m栏的200m标准跑道	—	—	1	*	—
3	短于200m跑道,有4条椭圆道和6条直道用于50m和50m栏	—	—	—	1	*
4	弯道半径在15m至19m范围之外的200m或更短跑道,有4条或6条椭圆道和6条或8条直道	—	—	—	—	1
5	跳远和三级跳远设施	1	1	1	1	1
6	跳高设施	1	1	1	1	1
7	撑竿跳高设施	1	1	1	1	1
8	推铅球设施(永久或临时)	1	1	1	1	1
9	辅助用房	*	*	*	*	*
10	完整的观众设施	*	*	*	*	*
11	准备活动区,包括有4条分道的150m环形跑道和6条50m直道,跳跃设施(与比赛跑道具有相似的面层),推铅球练习区域	*				
12	准备活动区,包括6条80m直道(合成面层),推铅球练习区域	—	*			
13	准备活动区,包括6条80m直道			*		
14	准备活动区,包括4条80m直道				*	*
15	辅助用房最低面积指标(如空调和理疗,为运动员在比赛间隙提供足够的休息空间)	150m²	125m²	100m²	100m²	100m²

注:1."*"—必备要求。
2.建筑类别(I、II、III、IV、V)参考国际田径协会联合会《田径场地设施标准手册》(2008版)室内田径场地设施部分表8.1a。

室内径赛场地与设施

200m标准室内跑道的内场以由适宜材料制成的突沿为界限,高度和宽度大约均为0.05m。因此,内侧分道的长度计算应该沿着突沿外沿以外0.30m的跑道地面进行**2**。

200m标准室内跑道的4~6条椭圆分道宽度在0.90~1.10m之间,所有分道宽度相同,宽度误差±0.01m。条件允许时应设计为弯道半径更大、分道更宽的跑道。

200m标准室内跑道的弯道必须是倾斜的。在弯道半径17.20m时推荐的倾斜角度为10°。

1 直段　2 水平延伸　3 过渡弯曲　4 逐渐上升的跑道
5 固定倾斜度的弯道　6 逐渐下降的跑道　7 终点线

2 200m标准室内跑道

内场直跑道起跑线后应有3m的缓冲区,终点线前应有10~15m的缓冲区。内场直跑道至少6条,但推荐8条或更多,两侧由0.05m宽的白线分隔。每条直道宽度1.22m±0.01m,包含右侧的分道线。

200m标准室内跑道的数据　表2

跑道的组成部分	200m标准室内椭圆跑道
跑道突沿处的长度	198.132m
第一分道的长度	200.00m
R=突沿的半径	17.200m
R1=第一分道的半径	17.496m
突沿回旋曲线的长度	9.474m
第一分道回旋曲线的长度	9.557m
直段长度	35.688m
弯道倾斜角度	10.000°

弯道最大倾斜角　表3

	跑道测量半径(m)					
	15.00	15.50	16.50	17.50	18.50	19.00
弯道倾斜	15°	13°	11.5°	10°	10°	10°

室内田赛场地与设施

跳高、撑竿跳高、跳远和三级跳远场地与设施和室外相同。其中跳高比赛时最短助跑道长应达15m。

推铅球设施的最好位置是从内场中心方向向外投掷,并与直道平行,与其他项目分开。落地区在远端和两侧应封闭,在保证其他运动员和裁判员安全的前提下,投掷圈最近处设置栅栏和至少高4m的保护网罩。

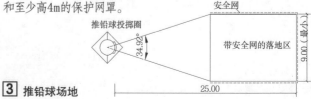

3 推铅球场地

基本要求

1. 看台可分为单侧、双侧、U形、环绕等几种常用平面形式。
2. 看台按层数可分单层式和多层式，多层式看台根据上下空间关系又可分为池座、包厢和楼座。
3. 看台方位以东、西向为好，其中又以西看台为最佳。主席台一般设在西侧。
4. 看台下空间可用作观众卫生间、商业用房、安保用房、办公及管理用房等，应综合利用。

看台组成　　　　　　　　　　　　　　　　　　　　　　表1

看台	主席台		包厢看台	普通看台			无障碍看台
	首长席	贵宾席	包厢席	媒体席	运动员席	一般观众席	轮椅席
特级	有	有	有	有	有	有	有
甲级	有	有	有	有	有	有	有
乙级	—	有	—	兼用	有	有	有
丙级	—	有	—		兼用	有	有

看台视线设计要点

1. 根据视点和视线升高差，使观众视线不受阻碍，并由此决定看台剖面中各排观众席的视点高度和建筑剖面设计。
2. 根据视觉质量的其他因素，保证观众席处于有利位置，并由此确定看台平面。

视点选择

1. 基本视点：综合性体育场内大部分比赛项目都在跑道包围的区域内，而跑道以西直道起终点线附近为观看重点，因此一般设计以西直道最外侧终点处作为基本视点。
2. 次要视点：跑道其他部位及跑道外侧的其他田径项目场地，作为次要区域。

设计视点标准　　　　　　　　　　　　　　　　　表2

名称	编号	位置	高度（m）	可见运动员身体部位
基本视点	1	西直道外边线与终点线相交处	±0 +0.5	全身 膝部以上
次要视点	2	东直道及弯道的外边线处	≤1.2	上半身
	3	跑道外侧的障碍水池处	≤1.0	全身跳过栏架
	4	跑道外侧的跳远和三级跳远沙坑处	±0	全身落地

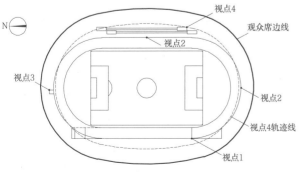

1 视点

视线升高差

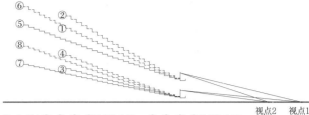

视点2　视点1

注：1. 图中①、③、⑤、⑦的C值=0.06m，②、④、⑥、⑧的C值=0.12m；
　　2. 从图中可以看出：首排观众席距视点近，高差大，C值大，则席位高。反之相反；席位升高变化呈曲线形，后排升高，比前排大。

2 观众席高度与视线设计条件的关系

视觉质量

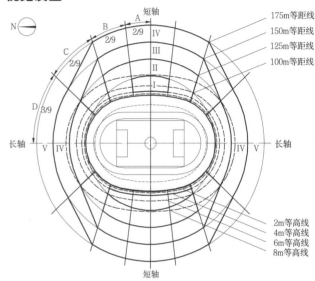

注：1. 距离愈近，清晰度愈好；
　　2. 观众席愈高，深度感愈好；
　　3. 观众视平线与视点的高差愈小，高度感愈好；
　　4. 径赛和足球比赛时愈近场地短轴方位愈好，临近西直道和终点处最好。

3 体育场观众视觉质量分区

视觉质量分区标准　　　　　　　　　　　　　　表3

级别	I	II	III	IV	V
质量	最好	好	一般	较差	最差

清晰度质量分析指数　　　　　　　　　　　　　表4

距离(m)	≤100	100~125	125~150	150~175	175~210
质量	极清晰	很清晰	清晰	可辨	看不清
质量等级	A	B	C	D	—
分区指数	8	6	4	2	—

深度感质量分析指数　　　　　　　　　　　　　表5

高度(m)	>8	8~4	4~2	2~0.2
质量	最好	好	较差	差
质量等级	A	B	C	D
分区指数	4	3	2	1

方位质量分区指数　　　　　　　　　　　　　　表6

方位等级	A	B	C	D
质量	好	较好	尚可	差
分区指数	4	3	2	1

体育场 [11] 看台区

疏散设计要点

1. 独立的看台至少应有2个安全出口,每个看台安全出口的平均疏散人数不宜超过1000~2000人,规模较小的设施宜采用接近下限值;规模较大的设施宜采用接近上限值。

2. 看台两纵走道间每排连续座席不宜超过40个,当仅一侧有纵走道时,座位数目应减半[1]。

体育场疏散宽度指标　　　　　　　　　　　　　　　　表1

宽度指标(m/百人) 疏散部位	观众席位数(个)	20001~40000	40001~60000	60001以上
	耐火等级	一、二级	一、二级	一、二级
门和走道	平坡地面	0.21	0.18	0.16
	阶梯地面	0.25	0.22	0.19
楼梯		0.25	0.22	0.19

注:1. 表中较大座位数档次按规定指标计算出来的总宽度,不应小于相邻较小座位数档次按其最多座位数计算出来的疏散总宽度;
　　2. 室外看台20000人以下档次指标参照20001~40000人档次指标。

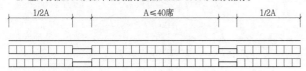

[1] 每排席位数量

疏散计算

计算实际疏散时间

人流股数(B) = 实际疏散口总宽度(W)/单股人流宽度(w)

$$实际疏散时间(T) = \frac{观众总人数(N)}{单股人流通行能力(A) \times 人流股数(B)}$$

用疏散时间(密度法、人流股数法)验算疏散宽度:$T \leq T_1$

式中:T_1—控制疏散时间,体育场指人员撤出看台安全出口所需的时间,一般为6~8分钟;
w—单股人流宽度。4股和4股以下按0.55m/股计;大于4股人流时按0.5m/股计;
A—单股人流通行能力(40~42人/分钟)。

体育场控制疏散时间(T_1)　　　　　　　　　　　　　表2

观众座位数(个)	20001~40000	40001~60000	60001以上
耐火等级	一、二级	一、二级	一、二级
控制疏散时间(分钟)	6	7	8

注:疏散时间是指人员撤出看台安全出口所需的时间。

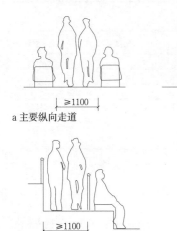

[2] 疏散口(道)的最小宽度

座席设计要点

1. 对于大、中型以上体育场,为便于人员疏散,宜对观众看台进行分区,每个相对独立的看台单元应设有独立的通道、服务、管理设施。

2. 观众席:座席标号应清晰明显,易于寻找。材质应考虑防火、耐紫外线及抗老化要求。

3. 主席台座席:一般设在西侧看台,布置时应注意避免对左右两侧座席的视线遮挡。

4. 媒体席:可根据使用需要临时搭建。位置应尽量靠近混合区、媒体工作间。

媒体席规模参考指标　　　　　　　　　　　　　　　　表3

媒体席工作区域		全国比赛	洲际比赛	奥运会/世界比赛
主看台席位媒体席	媒体席规模(带桌子)	50	300	800~900
	媒体席规模(仅有座位)	30	100	200~300

注:媒体席根据使用需要临时搭建,具体数量结合赛事要求确定。

看台细部

1. 看台出入口、走道、台阶、栏杆等细部应安全并采取人性化设计。

2. 两排座椅之间的台阶高度不宜超过60cm。

3. 栏杆的上表面应该避免观众将其作为放物品的架子而引起物品滑落伤人。

4. 轮椅席位宜在各层看台均匀布置并选择视线较佳的位置,位置应方便乘轮椅者入席及疏散,并应在地面或墙面设置明显的国际通用标志。轮椅席位旁宜设置陪同人员座席。

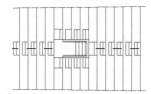

[3] 国家体育场池座层出入口

[4] 贺兰山体育场出入口

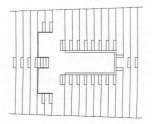

[5] 天津奥体中心体育场出入口

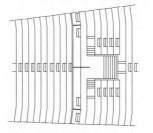

[6] 深圳湾体育中心体育场出入口

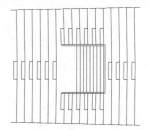

[7] 沈阳奥体中心体育场出入口　[8] 北京工人体育场池座层出入口

辅助用房及设施 [12] 体育场

运动员用房

运动员用房基本内容与面积标准参考指标（单位：m²）　　表1

等级	运动员休息室	兴奋剂检查室	医务急救	检录处	赛后控制室
特级	200（4套）	65	35	1200	40
甲级	200（2套）	60	30	1000	40
乙级	150（2套）	50	25	800	20
丙级	100（2套）	无	25	室外	无

注：1. 体育场检录处指第二检录处，体育场第一检录处设置在热身场地处。
2. 赛后控制室面积为男女合计面积。
3. 引自《公共体育场建设标准》。

运动员休息室

运动员休息室数量根据比赛、训练等使用要求确定，通常临近西侧运动员出入口。其中大型田径比赛需2套（全能项目男女各1套），足球比赛2套或4套（连续两场比赛）。每套休息室一般按20~25人使用考虑。

第一检录处

1. 第一检录处应贴邻热身场地设置。但在小规模比赛时，第一检录处也可设在体育场运动员入口处。
2. 第一检录处至比赛场应设置专用通道（或地道）并需与外界隔离。地面可采用塑胶或其他弹性材料（也可临时铺设）。
3. 第一检录处供参赛运动员集合、分组、检录之用，用房组成及运动员路线见[1]。田径比赛同时进行的项目较多，人数不等，需设分组检录室至少4间，一般为5~6间，每间10~30人。
4. 第一检录处设计时应考虑平时使用，如作为健身房和练习场地辅助设施，可采取大空间活动隔断布置方式，具有灵活性。

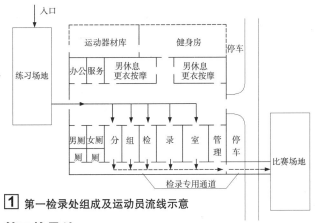

[1] 第一检录处组成及运动员流线示意

第二检录处

第二检录处应靠近比赛场地百米起点。检录处内应根据赛事要求设置热身区、检录区及辅助用房。设置热身跑道时不应低于表2规定。

热身跑道规模参考表　　表2

建筑等级	特级	甲级	乙级
60m热身跑道	6条	4条	4条

注：引自《公共体育场建设标准》。

赛后控制中心

赛后控制中心应按男女分别设置在比赛场地的运动员出口处，其内宜设置卫生间。

竞赛管理、媒体、技术设备用房

赛事管理用房基本内容与面积标准参考指标（单位：m²）　　表3

等级	组委会办公和接待用房	赛事技术用房	其他工作人员办公区	储藏用房
特级	550	250	100	600
甲级	300	200	80	400
乙级	200	150	60	300
丙级	150	30	40	200

媒体用房基本内容与面积标准参考指标（单位：m²）　　表4

等级	新闻发布厅	记者工作区	记者休息区	评论员控制室	转播信息办公室	新闻官员办公室
特级	225（150人）	300	75	25	25	25
甲级	150（100人）	200	50	20	20	25
乙级	120（80人）	160	40	15	15	15
丙级	75（50人）	100	25	—	—	15

技术设备用房基本内容与面积标准参考指标（单位：m²）　　表5

等级	终点摄像机房	显示屏控制室	数据处理室	灯光控制室	扩声控制室
特级	12	40	100	20	30
甲级	12	40	80	15	20
乙级	12	40	50	15	20
丙级	临时设置	20	30	10	10

注：表3~表5引自《公共体育场建设标准》。

安保用房

安保用房应根据赛事需要设置，可采用临时设施。

应在看台上方设置有对视、能看到全部看台和比赛场地的一组安保观察室。

终点摄像

径赛终点计时两种正式方法：人工计时和全自动计时。正规比赛时以全自动计时为主，人工计时为辅：

1. 人工计时：计时裁判员位于终点延长线上，距跑道不小于5m的计时裁判台上。
2. 全自动计时[2]：至少有两架位于终点延长线上的摄像机从不同方向同时拍摄。在重要比赛中，应再安装1架备用摄像机与主摄像机相对。摄影工作人员位置应能看到跑道起点和记分牌。

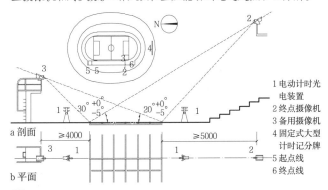

[2] 终点摄像示例

显示屏、计时记分牌

至少设置1块（面向北侧），能显示计时、记分和图像。重大比赛宜设置两块（南北向布置）。

活动式田赛小型记分牌分别设在各项田赛场地上。牌面朝向能自动旋转。

体育场 [13] 罩棚

设计要点

1. 罩棚的大小（覆盖看台的面积）可根据设施等级和使用要求等多种因素确定。
2. 应合理确定罩棚的造型和结构形式，罩棚造型应结合场地照明方案综合确定。
3. 应减少罩棚或支撑结构对观看比赛场地和大屏幕的影响，避免遮挡观众视线。
4. 合理选择罩棚材料，尽量减少罩棚的阴影范围对比赛赛事以及足球场草地的健康生长不利影响。
5. 罩棚屋面设计应采取措施，避免大风、暴雨、大雪等极端气候造成的安全隐患。
6. 罩棚屋面板应使用经阻燃处理的非燃烧体材料。

常见形式和材料

体育场按罩棚覆盖座席区的范围通常可分为：全罩棚体育场（固定全罩棚、可开启全罩棚）、局部罩棚（双侧罩棚、单侧罩棚）体育场、无罩棚体育场等。

体育场常见的罩棚结构形式主要有空间网架结构、空间桁架结构、张拉膜结构等，实际案例中往往以组合结构形式出现，例如空间拱桁架组合结构、悬索桁架组合结构、骨架支承式膜结构等。

体育场罩棚常见的外覆材料包括膜材料、金属板、聚碳酸酯板等。

罩棚形式和材质的选择既要有利于满足观众遮风避雨的舒适性要求、罩棚的荷载要求，也要考虑草坪生长、比赛运动员及电视转播的使用要求。

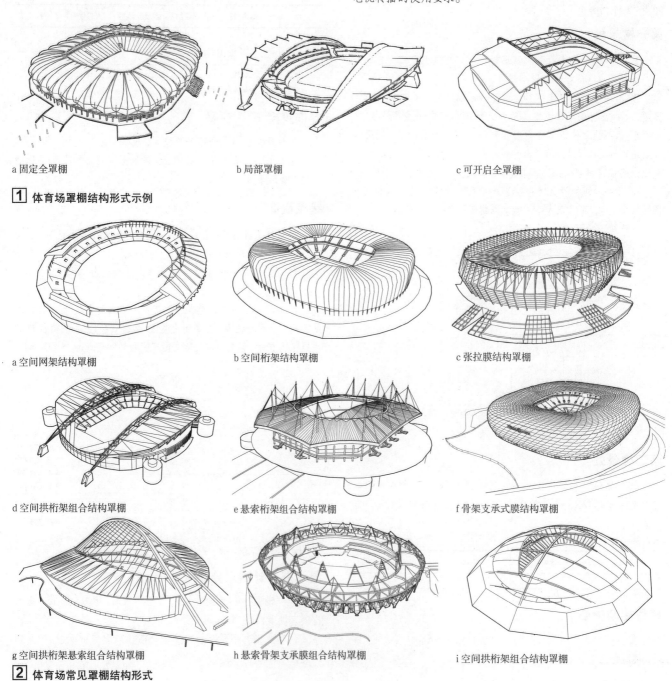

a 固定全罩棚　　　　b 局部罩棚　　　　c 可开启全罩棚

1 体育场罩棚结构形式示例

a 空间网架结构罩棚　　b 空间桁架结构罩棚　　c 张拉膜结构罩棚

d 空间拱桁架组合结构罩棚　　e 悬索桁架组合结构罩棚　　f 骨架支承式膜结构罩棚

g 空间拱桁架悬索组合结构罩棚　　h 悬索骨架支承膜组合结构罩棚　　i 空间拱桁架组合结构罩棚

2 体育场常见罩棚结构形式

实例 [14] 体育场

体育建筑

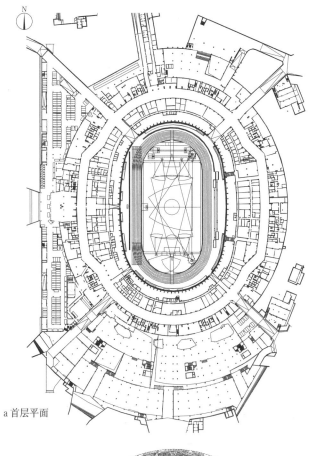

a 首层平面

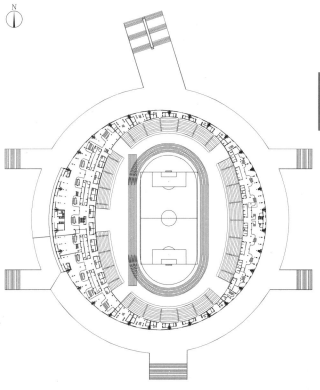

a 观众入口层平面

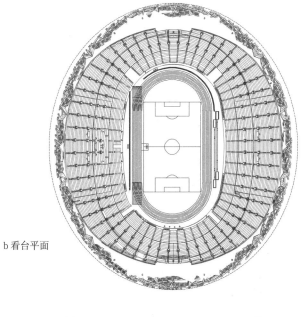

b 看台平面

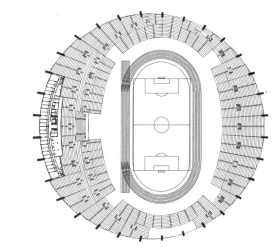

b 看台平面

c 短轴剖面

c 西看台剖面

1 中国国家体育场

名称	主要技术指标	建成时间	座席数（个）
中国国家体育场	建筑面积258000m²	2008	赛时91000，赛后80000
2008年第29届奥林匹克运动会主体育场			

2 上海（八万人）体育场

名称	主要技术指标	建成时间	座席数（个）
上海（八万人）体育场	建筑面积170000m²	1997	近80000
1997年第8届全国运动会开幕式主会场			

体育场 [15] 实例

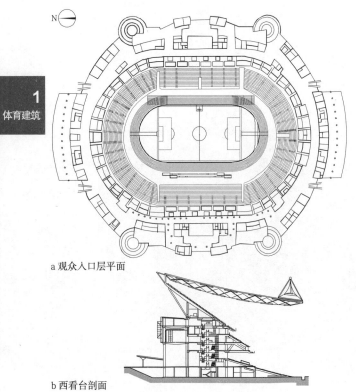

a 观众入口层平面

b 西看台剖面

1 悉尼奥运会主体育场

名称	主要技术指标	建成时间	座席数(个)
悉尼奥运会主体育场	罩棚面积30000m²	1998	赛时110000 赛后80000

2000年第27届奥林匹克运动会主体育场

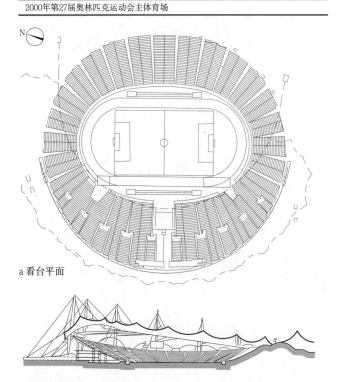

a 看台平面

b 短轴剖面

2 德国慕尼黑奥林匹克体育场

名称	主要技术指标	建成时间	座席数(个)
德国慕尼黑奥林匹克体育场	建筑面积85000m²	1972	80000

1972年第20届奥林匹克运动会主体育场

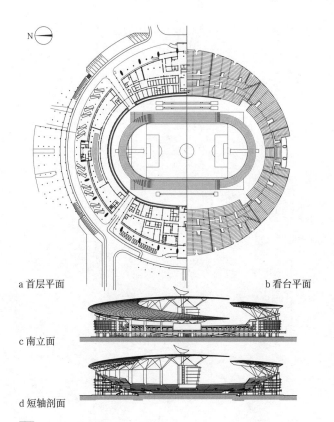

a 首层平面   b 看台平面

c 南立面

d 短轴剖面

3 合肥体育中心体育场

名称	主要技术指标	建成时间	座席数(个)
合肥体育中心体育场	建筑面积101523m²	2006	60000

2006年安徽省运动会开闭幕式及部分比赛主体育场

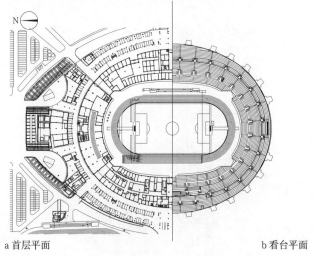

a 首层平面   b 看台平面

c 西看台局部剖面

4 沈阳奥林匹克体育中心体育场

名称	主要技术指标	建成时间	座席数(个)
沈阳奥林匹克体育中心体育场	建筑面积103992m²	2007	60000

2008年第29届奥林匹克运动会足球比赛场

实例 [16] 体育场

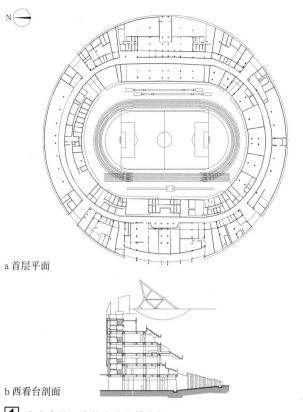

a 首层平面

b 西看台剖面

1 南京奥林匹克体育中心体育场

名称	主要技术指标	建成时间	座席数(个)
南京奥林匹克体育中心体育场	建筑面积136340m²	2005	60000
2005年第10届全国运动会主体育场			

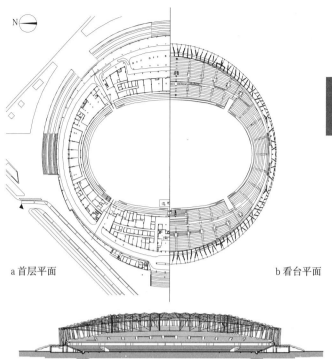

a 首层平面　　b 看台平面

c 长轴剖面

3 深圳市宝安体育场

名称	主要技术指标	建成时间	座席数(个)
深圳市宝安体育场	建筑面积197712m²	2011	40000
2011年第26届世界大学生夏季运动会足球比赛场			

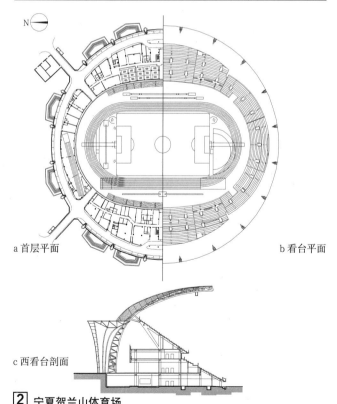

a 首层平面　　b 看台平面

c 西看台剖面

2 宁夏贺兰山体育场

名称	主要技术指标	建成时间	座席数(个)
宁夏贺兰山体育场	建筑面积66077m²	2012	40000

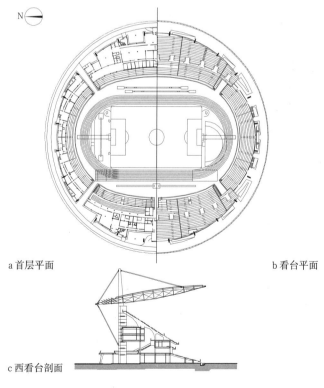

a 首层平面　　b 看台平面

c 西看台剖面

4 新疆体育中心体育场

名称	主要技术指标	建成时间	座席数(个)
新疆体育中心体育场	建筑面积75000m²	2005	50000

体育场 [17] 实例

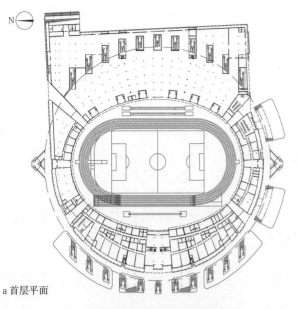

a 首层平面

b 南立面

c 短轴剖面

1 南通市体育会展中心体育场

名称	主要技术指标	建成时间	座席数(个)
南通市体育会展中心体育场	建筑面积48000m²	2007	30000

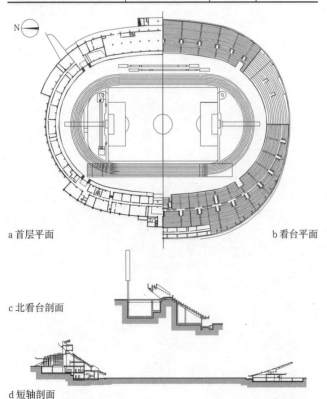

a 首层平面   b 看台平面

c 北看台剖面

d 短轴剖面

2 扬州市体育场

名称	主要技术指标	建成时间	座席数(个)
扬州市体育场	建筑面积32525m²	2013	30000

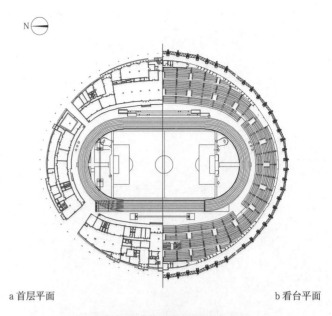

a 首层平面   b 看台平面

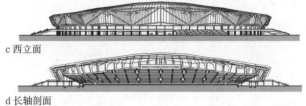

c 西立面

d 长轴剖面

3 大连市普湾新区体育场

名称	主要技术指标	建成时间	座席数(个)
大连市普湾新区体育场	建筑面积45420m²	2013	26820

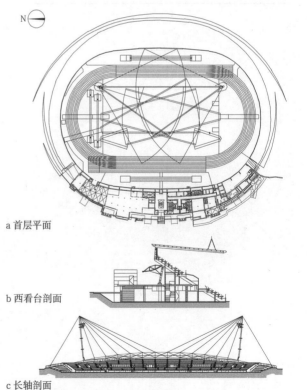

a 首层平面

b 西看台剖面

c 长轴剖面

4 悉尼国际田径中心

名称	主要技术指标	建成时间	座席数(个)
悉尼国际田径中心	建筑面积5500m²	1994	15000

概述 [1] 体育馆

定义

体育馆是配有专用设备，能够进行球类、体操(技巧)、室内田径、武术、拳击、击剑、举重、摔跤、柔道等单项或多项室内比赛和训练的体育建筑。

分类

体育馆常用的分类方法有以下四种，见表1~表4。

按座席规模分类　　　　　　　　　　　　　　表1

分类	特大型馆	大型馆	中型馆	小型馆
观众席容量（座）	10000以上	6000~10000	3000~6000	3000以下

按比赛使用要求分类　　　　　　　　　　　　表2

分类	特级	甲级	乙级	丙级
比赛使用要求	举办奥运会、亚运会及世界级比赛主场馆	举办全国性和单项国际比赛	举办地区性综合运动会和全国单项比赛	举办地方性、群众运动会

按服务对象分类　　　　　　　　　　　　　　表3

分类	竞技观演型体育馆	群众健身型体育馆	学校体育馆
服务对象	主要服务于大型体育赛事	主要服务于社区体育、全民健身、休闲、娱乐，兼顾中小型体育比赛	主要服务于学校体育教学、集会等功能，兼顾体育比赛和群众健身

按功能特点分类　　　　　　　　　　　　　　表4

分类	多功能综合体育馆	专项体育馆
功能特点	具有空间弹性，功能多元特点，可满足多种体育比赛和观演、集会、展览等使用要求	服务于单一、专项体育比赛，如自行车、网球等

设计要点

1. 合理确定体育馆建设等级和规模，并根据场馆的建设目标、服务对象确定场馆的功能组成。在满足竞技使用的基础上，充分考虑多功能综合利用的可能性，以提高场馆利用率。

2. 当体育馆作为比赛场馆时，应满足体育工艺和电视转播的要求；除比赛场地外，还应考虑竞赛规则或有关国际单项组织提出的对热身场地和练习场地的要求。

3. 作为综合性设施进行多项竞技和训练使用时，应根据开展的运动项目和相应的竞赛规则要求，合理确定比赛场地尺寸、设备标准和配套设施，并据此进行建筑设计。

4. 当除体育项目外考虑多种使用时，应在场地、出入口、相关专用设备、配套设施上提供可能性；应考虑原有专用场地面层的保护或采用可拆卸地板；屋盖结构应留有增加悬吊设备的余地；同时应满足相关使用功能的安全要求。

5. 合理进行结构选型，在满足使用要求和安全性的基础上，注重节能、节材，经济适宜。

6. 当利用自然采光时，应考虑体育比赛和多功能使用时对光线的不同要求，配备必要的遮光和防止眩光设施。

7. 学校体育馆应符合学校的教学要求和使用特点，并兼顾对社会开放的可能性。

8. 体育馆作为大量人流聚集的场所，应确保安全，并在可能的情况下考虑作为城市防灾、避难场所使用。

面积指标

体育馆规划指标应按规范及《公共体育场馆建设标准——体育馆建设标准》执行。

市级体育馆用地面积指标　　　　　　　　　　表5

	100万人口以上城市		50~100万人口城市		20~50万人口城市		10~20万人口城市	
	规模（千座）	用地面积（千m²）	规模（千座）	用地面积（千m²）	规模（千座）	用地面积（千m²）	规模（千座）	用地面积（千m²）
体育馆	4~10	11~20	4~6	11~14	2~4	10~13	2~3	10~11

注：1. 当在特定条件下，达不到规定指标下限时，应利用规划和建筑手段来满足场馆在使用安全、疏散、停车等方面的要求。
2. 数据引自《体育建筑设计规范》JGJ 31-2003。

体育馆根据人口规模分级对应的建设规模　　　表6

单座面积指标（m²/座） 座席数 人口规模	12000~10000	10000~6000（不含10000）	6000~3000（不含6000）	3000~2000（不含3000）
	体操	体操	手球	手球	手球
200万以上人口	4.3~4.6	4.5~4.6	3.7	3.7~4.1	4.1~5.1
100~200万人口	—	4.5~4.6	3.7	3.7~4.1	4.1~5.1
50~100万人口	—	—		3.7~4.1	4.1~5.1
20~50万人口	—	—		—	4.1~5.1
20万以下人口	—	—		—	4.1~5.1

注：1. 体育馆座席为10000~6000座时，分别按体操和手球计算单座建筑面积。
2. 2000座以下体育馆以10000m²为上限。
3. 50万以上人口的城市可设置次一级（所在地的行政级别）的体育馆，其规模应按6000座以下体育馆确定。
4. 数据引自《公共体育场馆建设标准——体育馆建设标准》。

规划原则

1. 注重不同规模等级体育场、馆的服务范围，形成层次丰富、结构合理的城市体育场、馆规划网络。

2. 全面规划近、远期建设项目，一次规划、逐步实施，并为可能的改建和发展留有余地。

3. 建筑布局合理，功能分区明确，交通组织顺畅，管理维修方便，并满足当地规划部门的相关规定和指标。

4. 注重环境设计，充分保护和利用自然地形和天然资源(如水面、林木等)，考虑地形和地质情况，减少建设投资。

5. 应满足消防、疏散、安保、停车以及体育比赛时体育工艺等方面的要求，并综合考虑赛时和赛后的不同使用要求，见表7~表8。

6. 合理处理赛时与赛后外部空间的多功能利用，充分发挥外部空间的城市服务功能。

7. 无障碍设计应符合现行规划与标准的相关规定。

规划交通与疏散相关数据指标　　　　　　　　表7

	出入口	道路	集散场地
数量要求	≥2个	—	—
指标	宽度≥0.15m/百人	宽度≥3.5m，总宽度≥0.15m/百人	≥0.2m²/人
设计要求	以不同方向通向城市道路	避免集中人流与机动车流相互干扰	靠近观众出口，可利用道路、空地、屋顶、平台等

注：数据引自《体育建筑设计规范》JGJ 31-2003。

不同级别体育馆停车场设置　　　　　　　　　表8

等级	管理人员	运动员	贵宾	官员	记者	观众
特级	有	有	有	有	有	有
甲级	兼用	兼用	有	有	有	有
乙级	兼用					有
丙级	兼用					

注：数据引自《体育建筑设计规范》JGJ 31-2003。

体育馆 [2] 概述

功能

1. 功能组成

体育馆主要由场地区、训练热身馆、看台、各种辅助用房等组成，应在根据竞赛规则和有关规定满足比赛使用的同时，兼顾训练、群众健身和商业服务的需要。多功能综合体育馆的功能一般包括：体育比赛、演出、集会、展览、群众健身娱乐、体育教学和餐饮、商业等方面。

2. 设置原则

以体育比赛为主，满足体育比赛的工艺要求，其规格和设施标准应符合各运动项目规则和赛事的相关规定。

分级设置，合理确定场馆等级，根据体育馆等级和赛事要求分级别进行功能设置。

综合配套，在满足比赛要求的同时，综合考虑体育馆的多功能利用，功能设置应考虑多样性和系统性，并解决好平时与赛时各类功能用房的综合利用问题。

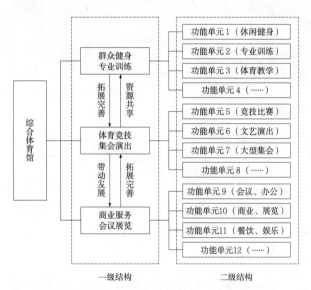

1 多功能综合体育馆功能组成示意图

体育馆基本功能空间组成列表 表1

	功能分区	具体功能空间设置	
1	场地区	比赛场地区	比赛场地区内包括比赛场地、缓冲区、裁判席、摄影机位等
2	看台区	观众席	普通观众席、无障碍座席
		运动员席	
		媒体席	媒体席包括评论员席、文字记者席、网络媒体席等
		主席台（贵宾席）	—
		包厢	
3	辅助用房	观众用房（外场）	观众区、贵宾区和其他（赞助商区）
		运动员用房	运动员及随队官员休息室、兴奋剂检查室、医务急救室和检录处
		竞赛管理用房	组委会办公和接待用房、赛事技术用房、其他工作人员办公区、储藏用房等
		媒体用房	媒体工作区、新闻发布厅和媒体技术支持区
		场馆运营用房	办公区、会议区、设备用房和库房
		技术设备用房	计时记分用房和扩声、场地用照明机房。计时记分用房应包括：屏幕控制室、数据处理室等
		安保用房	安保观察室、安保指挥室、安保屯兵处等
4	训练热身馆	训练热身馆及相关用房	训练热身场地、健身房、库房等

流线

1. 流线分类

体育馆的人员流线主要分为内场人流和外场人流两大部分，见表2。

2. 人流组织

体育馆聚集大量人流，为保证人身安全和管理方便，应将不同人员的出入路线分隔开以避免交叉干扰。一般将运动员、贵宾和工作人员的用房划归为内场，观众用房划归为外场，内外场应有所分隔。宜采用平面分区与竖向分流相结合的综合流线组织方式。

观众人流最大，人流组织中应将观众人流放在首位，使其行走路线直接短捷。

流线组织应满足体育工艺要求，同时满足规范关于消防、疏散和安保的要求。

设计实践中可结合不同场地条件和功能布局对不同人流进行合理组织，如 3 所示。同时应注重赛时与非赛时人流组织的弹性应变。

内外场人员流线 表2

功能分区		具体流线分类	使用区域
1	外场	普通观众流线	普通观众席、观众休息厅及附属服务设施
		包厢贵宾流线	包厢及包厢看台，包厢休息区
		其他流线	无障碍座席区、无障碍服务设施如残疾人卫生间等
2	内场	运动员及随队人员流线	比赛场地、运动员休息室、热身训练馆、检录处、医疗药检等
		赛事管理人员流线	比赛场地、赛事管理办公室、裁判员休息室等
		贵宾流线	贵宾休息室、主席台、场地（颁奖）等
		新闻媒体人员流线	场地（部分记者）、媒体工作室、新闻发布厅、媒体记者休息室、媒体设备用房、媒体席等
		其他流线	场馆管理办公室、库房、设备用房等

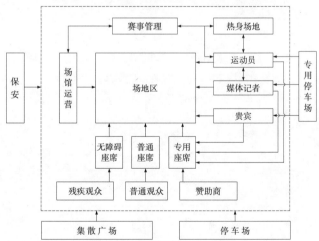

2 体育馆赛时功能与流线关系示意图

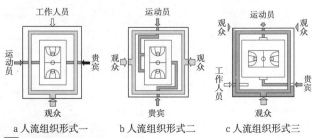

3 体育馆赛时人流组织形式示意图

场地组成

完整的场地区域，通常是由比赛场地、缓冲区（安全区、工作区）等区域组成，其组成关系见1。

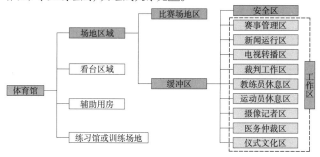

1 体育馆场地区域组成示意图

设计要点

1. 比赛场地应满足运动专业协会的体育项目比赛竞赛规则；多功能比赛场地，在此基础上还应尽可能地着眼于各种体育运动场地的综合优化。

2. 比赛场地及周围缓冲区的外轮廓形状应结合项目特点、座席布局方式、屋盖结构选型及建筑体型等因素合理选定，以保证场地的使用效果和观众的视觉质量。

3. 在进行场地设计时，除了基本比赛场地尺寸外，还应考虑缓冲区以及必要的设备临时停放区尺寸。

4. 综合体育馆比赛场地上空净高不应小于15.0m，专项体育馆场地上空净高应符合专项的使用要求。

5. 对于采用活动座席的多功能场地，应结合体育馆剖面及赛后群众健身场地的综合利用来进行设计。场地与活动座席关系如2所示。

6. 场地对外出入口的数量应不少于2处，其大小应满足人员出入方便、疏散安全和器材运输的要求；多功能比赛场地还应考虑综合利用时设备器材的出入、场地内观众的疏散等。

7. 根据比赛项目的不同要求，比赛场地周围应满足高度、材料、色彩、悬挂护网等方面的要求，当场地周围有玻璃门窗时，应考虑安全防护措施。

8. 比赛场地的面层除应根据场馆级别、项目种类、使用要求和室内项目的特点决定，还应兼顾维护、管理、更换等方面的要求。比赛场地应根据体育工艺要求，预埋各种挂钩、网柱插座等体育比赛及多功能使用埋件。

9. 体育馆场地照明及声学设计应满足体育工艺及相关国际单项组织所提出的设计要求。综合体育馆还应考虑弹性设计以满足场地多功能使用时照明及音质的要求。

a 活动座席推出后为一个赛时标准比赛场地

b 活动座席收入后为多个赛后全民健身场地

2 体育馆场地区域组成示意图

场地规模

1. 综合各种使用要求合理确定场地尺寸，避免场地规模过小造成使用效率低及规模过大造成资源浪费等问题，见表1。

2. 场地形式与各单项体育场地的尺寸直接相关，一般球类馆可容纳的各单项体育场地尺寸见表2。

3. 场地规模的确定，应考虑对多种体育比赛项目的兼容性并为群众健身提供尽量多的活动场地。

4. 对于不同比赛时场地规模的变化，应考虑利用活动看台进行调节并保证观看比赛时的视觉质量。

一般体育馆常用场地规模（单位：m）　　　　表1

分类	场地尺寸（长×宽）	备注
小型（篮球/排球）	38×27	含缓冲区要求5~6m
中型（手球/篮球）	48×27	含缓冲区要求2~4m
大型（体操）	70×40	—
多功能Ⅰ型	(44~48)×(32~38)	—
多功能Ⅱ型	(53~55)×(32~38)	—
多功能Ⅲ型	(70~72)×(40~42)	—

单项体育场地尺寸（单位：m）　　　　表2

体育项目	比赛地尺寸（长×宽）	缓冲区尺寸 端线外	缓冲区尺寸 边线外	最小净高	场地材质	备注
手球	40×20	4	2	9	木地板合成材料	球门后3m宜设安全网或布帘
		2	2	7		
网球	单打 23.77×8.23	≥6.40	≥3.66	12	土质、沥青、水泥或合成材料	场地端线外有保护措施
	双打 23.77×10.97	7.12	4.03 场地间8	—		
篮球	28×15	≥5	≥6	7	木地板合成材料	限制区的中圈颜色应与球场地面颜色有明显区别
		≥2	≥2	7	合成材料	
排球	18×9	≥9	≥5	12.5	木地板合成材料	
		≥4	≥3	12.5		
羽毛球	单打 13.40×5.18	2.3	2.2 场地间6	12	木质地板合成材料浅色	
	双打 13.40×6.10	≥2	≥2	9		
五人制足球	(38~42)×(18~22)	≥1.5	≥1.5	7	木质地板合成材料	端线外宜设安全网或布帘
	(25~42)×(15~25)	≥1.5	≥1.5	7		
乒乓球	14×7	5.63	2.738	4.76	木质地板合成材料，深红或深蓝色	场地周围设深色活动挡板，高度0.76m
	12×6	4.63	2.238	4.76		
体操	52×26	>4	>4	14	木质地板	隔离挡板内不少于40m×70m（国际比赛）
	—	2.5	2.5	6		
艺术体操	26×12	2	2	15	木质地板地毯	场地上铺地毯，地毯下铺衬垫
		1	1	—		
举重	4×4	—	—	4	木料、塑胶或其他坚硬材料	台面四周须涂5cm宽的色彩鲜明的边线
		—	—	—		
击剑	14×(1.5~1.8)	≥3	≥3	—		如用击剑台，则台的高度不超过0.5m
		—	—	—		
拳击	6.1×6.1	≥0.46	≥0.46	4	厚毡子或橡胶垫	台面周围设置4道围绳
	(4.9×4.9)~(6.1×6.1)					
摔跤	12×12	3	3	4	摔跤垫	台子高度不得超过1.1m
武术	14×8	≥2	≥2	8		
				8		
柔道	(14×14)~(16×16)	1.5	1.5	4		赛台上设置专用赛垫

注：1. 表内数据引自《体育建筑设计规范》JGJ 31-2003，并根据国家建筑标准设计图集《体育场地与设施（一）》08J933-1、《奥运场馆运行设计》以及现行的各项体育项目竞赛规则进行了修正及增补。

2. 每一项目中，上面一行为国际比赛要求，下面一行为热身、训练使用要求（不包含全民健身使用）。

体育馆 [4] 场地设计

场地布局

场地布局应该综合考虑赛时各种功能需求，并遵守各类竞技项目的比赛场地尺寸要求。具体体育竞技项目比赛场地布置示例见 1。

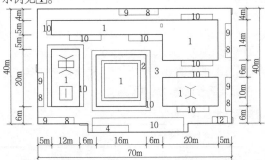

a 体操（男子）比赛场地布置

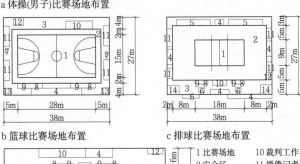

b 篮球比赛场地布置　　c 排球比赛场地布置

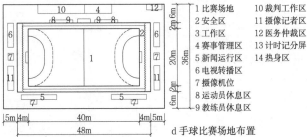

d 手球比赛场地布置

1 比赛场地	10 裁判工作区
2 安全区	11 摄像记者区
3 工作区	12 医务仲裁区
4 赛事管理区	13 计时记分屏
5 新闻运行区	14 热身区
6 电视转播区	
7 摄像机位	
8 运动员休息区	
9 教练员休息区	

1 具体竞技项目比赛场地布置示意图

场地形状

1. 根据功能要求、比赛厅形状及座席布局形式选择场地形状。综合各种要求合理选择场地形状有助于减小无效场地及面积浪费等问题。

2. 常见的场地形状有矩形、圆形、椭圆形。矩形场地应用较广，可用于各类平面的比赛厅；圆形场地多用于圆形比赛厅；椭圆形场地一般用于田径馆、自行车馆、室内田径场、冰球馆等。此外结合具体条件还有异形场地，见表1。

常用场地形状示意图例　　　　　　　　　　　表1

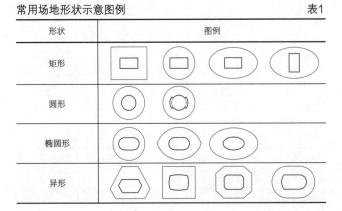

场地多功能设计

1. 场地多功能是指场地在设计和使用过程中，将多种体育项目或其他功能融入到场地内，根据需要进行场地功能的转换，可大大提高体育馆的使用效率。

2. 场地的多功能利用主要是赛时多功能和赛后多功能两个方面，其中赛时多功能指场地可进行多种不同的体育比赛项目；赛后多功能可分为赛后全民健身和非体育类活动项目（如文艺演出，报告展览等），见表2。

3. 场地多功能设计应结合活动座席、活动地板、活动吊顶、活动隔断等进行综合设计。

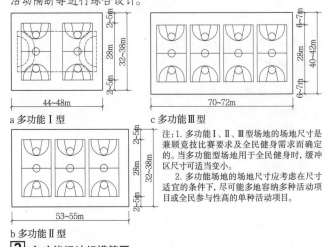

a 多功能Ⅰ型　　　　　c 多功能Ⅲ型

b 多功能Ⅱ型

注：1. 多功能Ⅰ、Ⅱ、Ⅲ型场地的场地尺寸是兼顾竞技比赛要求及全民健身需求而确定的。当多功能型场地用于全民健身时，缓冲区尺寸可适当变小。
2. 多功能场地的场地尺寸应考虑在尺寸适宜的条件下，尽可能多地容纳多种活动项目或全民参与性高的单种活动项目。

2 多功能场地规模简图

场地多功能布置示例（非赛时，单位：m）　　表2

项目	多功能Ⅰ型 (44~48)× (32~38)	多功能Ⅱ型 (53~55)× (32~38)	多功能Ⅲ型 (70~72)× (40~42)
体操	—	▭	▭
篮球			
羽毛球			
乒乓球			
展览			
集会演出			

分类与组成

1. 按座席固定与否分类

可分为固定座席、活动座席和可拆卸座席(临时座席)。

固定座席为体育馆内固定设施。

活动座席可依据设计或实际赛事与训练需要展开、收起或转移，以灵活调控座席总数和场地尺寸。活动座席形式较多，如机械或人工推拉式、活动台阶式、翻转滚动式等。常见活动座席分类方式见表1，活动座席示意方式见 [1]。

可拆卸座席通常在赛时使用，在比赛场地周边设置，供运动员、教练员、裁判员等使用；或在固定座席外围加设，以增加大型赛事观众数量，并可在赛后拆除。

2. 按座席使用人员分类

可分为一般观众席、主席台席、贵宾座席、新闻媒体席、评论员席、运动员席、无障碍座席以及包厢(可根据实际需要选择是否设置)等区域。各座席区要结合相应的独立出入口设置，避免交叉 [2]。

3. 除提供坐具之外，国际上亦有一些大型场馆采用分区式站席。

活动座席分类方式　　　　　　　　　　　　　　　　表1

分类原则	分类1	分类2	分类3	分类4
动力方式	手动	电动 (半自动、全自动)	—	—
座席折叠方式	推拉折叠	下沉折叠	整体移动	复杂移动
座椅类型	座椅型	座墩型	条凳型	—

a 机械或人工推拉式　　　b 活动台阶式

注：1. 铁栏杆可按需装卸；
　　2. 闭合后形成护墙板。

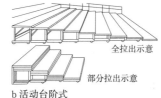

c 翻转滚动式　　　d 液压顶升改成舞台

[1] 几种活动座席形式

1 一般观众席　　2 运动员席　　3 评论员席　　4 新闻媒体席
5 贵宾席　　　　6 包厢席　　　7 无障碍座席　　8 比赛场地

[2] 座席分区示意图

设计要点

1. 体育馆观众席布置形式应根据项目和使用特点、疏散方式、视觉质量、体育馆造型等多方面因素综合选定。

2. 体育馆座席排布应满足总论及相关规范疏散设计要求。

3. 体育馆座席的视线和剖面设计，应遵守体育建筑专题"总论"的相关设计原则及《体育建筑设计规范》JGJ 31-2003的相关规定。多功能体育馆座席视线设计应尽量满足多种比赛需求，综合优化。

4. 当体育馆内设置活动座席时，应考虑其分区、形状、走道设置、与固定座席的联系、疏散方式、座席收纳方式等要求。

5. 座席应设置无障碍轮椅席位，其位置应便于无障碍观众入席及观看，应有良好的通行和疏散的无障碍环境，并应在地面或墙面设置明显的国际通用标志。

6. 当比赛场地内因使用需求设置大量临时座椅时，应同时考虑座椅的存放、搬运方式，并留有足够的存储空间。

7. 应充分利用观众座席下部的空间作为辅助面积，并在条件允许时采用自然采光和通风。

座席布局

比赛厅的座席布局应综合考虑使用要求、视感质量、空间效果、比赛厅规模、结构特点、投资规模等因素优选其形式。由于具体条件不同，如容纳赛事与训练的不同，实际工程中常采用的座席布局形式见表2。考虑到场地的多功能转换，可通过调整活动座席来实现。

比赛厅座席排列方式　　　　　　　　　　　　　　　表2

比赛厅形状 \ 座席排列方式	等排交圈	等排对称	不等排对称
矩形	▣	▣	▣
梯形	—	—	▱
菱形	—	◈	◈
多边形	—	⬢	△
圆形	◎	◎	◎
椭圆形	◎	▣	▣
U形	—	∪	∪

注：除上述座席排列方式外，可结合实际情况综合运用，灵活变化。

体育馆 [6] 屋盖结构

屋盖结构选型的分类

体育馆屋盖结构基本形式比较有限，但有较大的设计调控余地，常用的结构形式分类方法见表1、表2。

设计要点

1. 在满足空间跨度的基础上，体育馆的屋盖结构形式选择应兼顾比赛厅的空间形态和体育馆建筑造型，力求力理兼备，经济适用，兼顾施工；并且根据体育馆功能需要考虑天然采光，做到结合技术与艺术的统一。

2. 屋盖结构的选型应注重结构的轻型化和节材减耗，如采用张拉构件的混合结构更易发挥材料的力学性能，降低材料使用用量1。

3. 对于赛时赛后使用有较大差异的体育馆，可以考虑采用具有一定适应性的结构，如临时建筑或临时加建的部分，应采用在赛后便于拆除的结构。对于比赛场地有室外环境需求的体育馆，可考虑采用开合结构。

4. 屋盖结构宜选择整体性较好的结构形式，以提高结构强度，确保建筑的抗震性与安全性。

5. 屋盖结构的设计手法多样灵活，可依据实际的设计采用切割、旋转、错动、组合、向量调整等方式，丰富体育馆的建筑形象创作。

屋盖结构（按传力方式划分） 表1

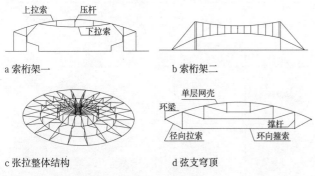

按照主要结构材料分类，屋盖结构可以分为钢结构、钢筋混凝土结构、索结构、膜结构、复合木结构等类型。可根据设计需要采用一种或多种屋盖结构的组合。

1 轻型混合结构屋盖示意图

屋盖结构（按形态及功能划分） 表2

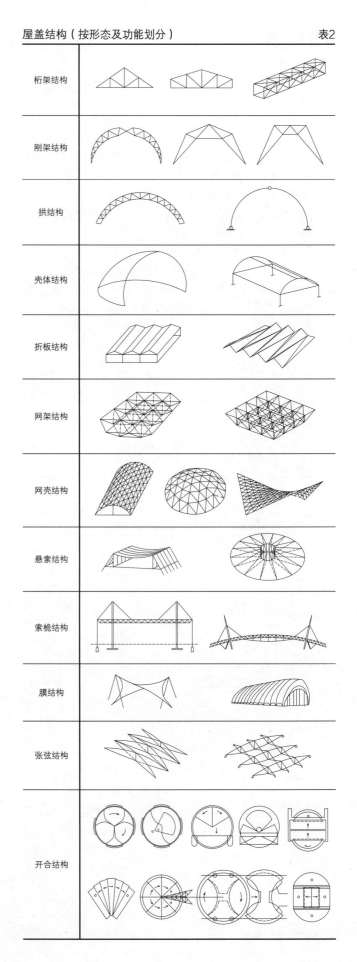

定义

体育馆辅助用房是指体育馆内除比赛厅以外,辅助体育馆进行体育比赛及日常运营的用房。

组成与分类

体育馆辅助用房一般包括观众服务用房、贵宾接待用房、运动员活动用房、新闻媒体用房、赛事管理用房、场馆运营用房、安保控制用房等功能性用房及必要的设备用房、商业服务用房等 [1]。

设计要点

1. 体育馆辅助用房应结合体育馆相应的设计等级进行分级设置。

2. 当进行正式比赛时,体育馆辅助用房应满足竞赛规则和国际单项体育组织提出的各项功能和流线要求。

3. 体育馆辅助用房根据功能分区应合理安排各类人员的出入口,以保证赛时各类人员的安全和有序入场及疏散,应避免观众和其他人流(如运动员、贵宾等)的交叉。

4. 辅助房的功能布局在满足比赛要求,便于使用和管理的前提下,应解决好平时与赛时的结合,具有通用性和灵活性。

5. 学校型体育馆辅助用房设计时应满足校园体育教学、体育比赛以及体育活动开展的要求,并在此基础上适当兼顾为社会服务。

6. 体育馆辅助用房中有特殊要求的技术或设备用房,例如计时记分用房、灯光控制用房、电视转播用房、安保控制中心等用房,应满足体育工艺、赛事组织和相关技术设备的运行使用要求。

7. 体育馆辅助用房应结合运动员身材与尺度进行针对性设计,多功能使用时应以使用率较高运动项目的运动员为主要对象,并兼顾其他运动项目进行设计,其中门与走道的尺寸应满足运动器材的通行需求。

8. 体育馆辅助用房在满足以上要求的同时还应满足体育建筑专题"总论"有关辅助用房的要求,结合体育馆建筑特点进行综合设计。

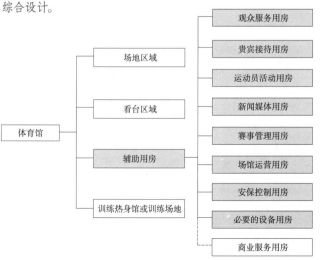

[1] 体育馆辅助用房的组成

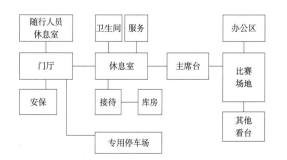

[2] 体育馆辅助用房功能关系示意图

观众服务用房

1. 体育馆应在靠近观众座席的活动区域内设置必要的服务设施,具体设施服务包括:观众休息厅、卫生设施、商业餐饮设施、观众医疗设施、通信设施、金融服务设施及其他服务设施,见表1。

2. 根据各类人员要求不同,建立独立的公共出入口和通道系统,在管理控制公共进出口时,允许建立可调整的人员分流机制,增强管理的灵活性。

观众服务用房主要数据指标 表1

使用人群	房间名称	特级	甲级	乙级	丙级
观众用房	包厢	2~3m²/席		—	—
	观众休息区	0.1~0.2m²/人			
	急救室	有			
	无障碍厕所	有		厕所内设有专用厕位	
	公用电话	有			

注:引自《体育建筑设计规范》JGJ 31-2003。

贵宾用房

比赛期间应为贵宾设置专用出入口,并设置相应的接待和后勤服务设施。

贵宾用房主要数据指标 表2

使用人群	房间名称	特级	甲级	乙级	丙级
贵宾用房	休息室	0.5~1.0m²/人		—	—
	饮水设施	有		—	—
	卫生间	见体育建筑专题"总论"			

注:引自《体育建筑设计规范》JGJ 31-2003。

[3] 贵宾用房功能关系图

体育馆 [8] 辅助用房

运动员用房

1. 运动员用房包括运动员休息室、兴奋剂检测室、医务急救室和检录处等，除比赛时运动员使用外，平时应具有一般使用者利用的可能性。

2. 综合性多功能体育馆运动员休息室的规模，应以使用率较高的运动项目比赛为主要对象进行设计，其他项目比赛时共用休息室或临时设置 [2]。

运动员用房主要数据指标　　　　　　　　　　表1

使用人群	房间名称		特级	甲级	乙级	丙级
运动员用房	运动员休息室	更衣	80m²×4套		60m²×2套	
		卫生间	≥2个厕位			≥1个
		淋浴	≥4个淋浴位			≥2个淋浴位
	兴奋剂检测室	工作室	≥18m²	≥18m²	≥18m²	—
		候检室	10m²	10m²	10m²	—
		卫生间	男、女各一间，每间约4.5m²			
	医疗急救室		≥25m²	≥25m²	≥15m²	≥15m²
	检录处		≥500m²	≥300m²	≥100m²	室外

注：数据引自《体育建筑设计规范》JGJ 31-2003。

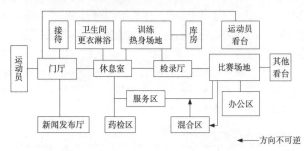

1 运动员用房功能关系图

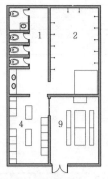

a 篮球运动员休息室

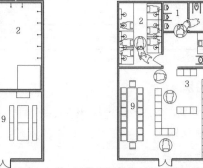

b 无障碍运动员休息室

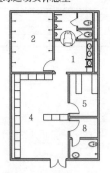

c 体操运动员休息室

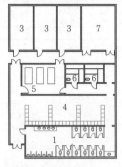

d 摔跤运动员休息室

1 卫生间　　2 淋浴间　　3 运动员休息室
4 运动员更衣室　5 按摩室　　6 桑拿间
7 储藏室　　8 教练更衣与淋浴　9 会议室

2 运动员休息室

赛事管理用房

1. 赛事管理用房应包括组委会、管理人员办公、会议、仲裁录放、编辑打字、数据处理、竞赛指挥、裁判员休息室、颁奖准备室和赛后控制中心等。

2. 赛事管理各类用房应在满足体育工艺的基础上，兼顾赛时、赛后功能需求及转换。

赛事管理用房主要数据指标　　　　　　　　　表2

使用人群	房间名称		特级	甲级	乙级	丙级
赛事管理用房	组委会		≥10间约20m²/间	≥5间约20m²/间	≥5间约15m²/间	≥5间约15m²/间
	管理人员办公		≥10间约15m²/间	≥5间约15m²/间	≥5间约15m²/间	
	会议		3~4间约20~40m²/间	2间大40m²/间小20m²/间	30~40m²	20~30m²
	仲裁录放		20~30m²	20~30m²	15m²	
	编辑打字		20~30m²	20~30m²	15m²	15m²
	复印		20~30m²	20~30m²	15m²	
	数据处理	电脑室	140m²	100m²	60m²	临时设置
		前室	8m²	8m²	5m²	
		更衣	10m²	10m²	8m²	
	竞赛指挥室		20m²	20m²	10m²	
	计时控制		15m²	15m²	15m²	
	计时与重点摄影转换		12m²	12m²	12m²	临时设置
	显示屏幕控制室		40m²	40m²	40m²	
	数据处理室		见竞赛管理用房数据处理			
	裁判员休息室	更衣室	2套每套不少于40m²	2套每套不少于40m²	2套每套不少于40m²	2间每间10m²
		卫生间				
		淋浴				—
	赛后控制中心	男	20m²	20m²	20m²	
		女	20m²	20m²		

注：数据引自《体育建筑设计规范》JGJ 31-2003。

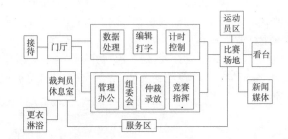

3 赛事管理用房功能关系图

安保控制用房

1. 体育馆安保控制系统可分为指挥系统、安全保卫设施、网络安全系统、安全防范系统、反恐防暴系统、交通管理系统及消防安全系统7大系统。

2. 安全保卫设施应设置现场安保执勤岗亭、现场安保观察室（场内高处设两间，相互处于对视位置）、治安处理点、物品临时寄放处、突发事件处置人员备勤室（体育馆出入口及场院内临时设置）、要员紧急避险处、现场警卫机动力量备勤室、要员随身警卫人员备勤室（邻近主席台区）、主席台周边安全隔离设施、要员专用停车场以及其他隔离设施。

新闻媒体与广播电视用房

1. 媒体看台应直接与媒体工作区（媒体工作室、新闻发布室、采访室以及混合区）相连。

2. 应考虑摄影记者进入各个摄影位置的路线，尽可能减少其交叉通过场地。宜设置广播电视人员专用出入口和通道，出入口附近应能停放电视转播车，设置电视设备接线室，并提供临时电缆的铺设条件。

3. 播音室、评论员室及声控室应能直视比赛场地、主席台和显示牌等。

体育馆辅助用房主要数据指标　　　　　表1

使用人群	房间名称		特级	甲级	乙级	丙级
新闻媒体用房	新闻官员办公		20m²	20m²	20m²	—
	记者工作区	休息室	50m²	30m²	15m²	50m²
		采编室	100m²	70m²	50m²	
		公告室	100m²	70m²	50m²	
广播电视用房	广播和电视转播系统	播音室	3~5间,4m²/间	2~3间,4m²/间	8m²	临时设置
		评论员室	5~8间,4m²/间	3~5间,4m²/间		
		声控室	30m²	25m²	15m²	
	内场广播	播音室	4m²	4m²	10m²	10m²
		机房	15m²	10m²		
		仓库兼维修	15m²	15m²		
	闭路电视接口设备房		30m²	30m²	—	—

注：数据引自《体育建筑设计规范》JGJ 31-2003。

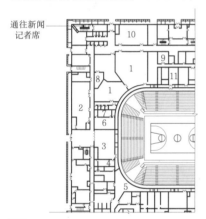

1 文字记者工作区
2 摄影记者工作区
3 新闻发布厅
4 新闻发布转播控制室
5 混合区
6 新闻服务办公室
7 成绩公报协调员办公室
8 信息终端查询摆放区
9 新闻运行经理办公室
10 媒体休息区
11 电视转播区

[1] 新闻媒体功能关系图（以五棵松体育馆为例）

技术设备用房

1. 技术设备用房包括灯光控制室、消防控制室、器材库、变配电室和其他机房等。

2. 器材库和比赛、练习场地联系方便，器材应能水平或垂直运输，应具有较好的通风条件。

3. 灯光控制室应能看到主席台、比赛场地和比赛场地上空的全部灯光。

技术设备用房主要数据指标　　　　　表2

使用人群	房间名称	特级	甲级	乙级	丙级
技术设备用房	灯光控制	40m²	40m²	20m²	10m²
	消防控制	40m²	40m²	20m²	
	器材库	≥300m²	≥300	≥300m²	≥300m²
	变配电室	按负荷决定			

注：数据引自《体育建筑设计规范》JGJ 31-2003。

训练热身馆

1. 体育馆训练热身馆与比赛厅之间应联系方便，训练热身馆的规格和功能应结合比赛及训练项目的要求确定，以满足比赛热身和平时训练的要求。更衣、淋浴、存衣等服务设施可独立设置，也可与比赛厅合并集中设置，训练热身流线关系见[2]。

2. 体育馆训练热身馆与比赛厅之间可采用复合式、独立式、分离式或综合式布置[3]。

3. 训练热身馆与比赛场地之间应位于同一标高，若因场地限制而标高不能相同，应采用坡道等无障碍通道进行连接。

4. 训练场地净高不应小于10m。专项训练场地净高不应小于该专项运动对场地净高的要求。

5. 训练热身馆应以体育馆主要进行体育项目为主进行设计，根据场馆定位与使用要求，合理组织训练场地，满足赛时与赛后多功能场地使用要求。训练热身馆可根据需要适当设置观摩座席[4]。

6. 训练热身馆设计宜充分结合当地条件，采用天然光和自然通风。

7. 训练热身馆应满足两个队同时热身使用，体育馆等级较低时，可设置一块练习场地，与比赛场地同时进行热身使用。

8. 训练热身馆的门应向外开启并设观察窗；其高度、宽度应能适应设备及体育设施的进出。

[2] 训练热身馆流线关系示意图

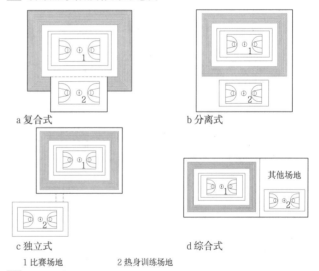

a 复合式　　　　b 分离式

c 独立式　　　　d 综合式

1 比赛场地　　2 热身训练场地

[3] 训练热身场地的四种布置方式

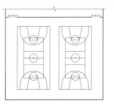 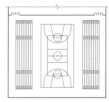

a 训练热身　　　　b 小型比赛

[4] 训练热身馆示意图

体育馆 [10] 实例

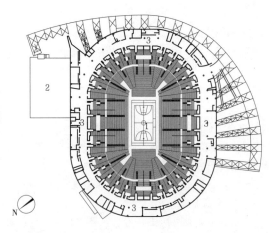

a 座席层平面

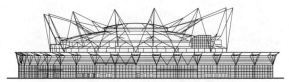

1 比赛场地 2 训练场地 3 观众厅

b 立面图

1 澳大利亚悉尼超级穹顶体育馆

名称	主要技术指标	建成时间	座席数量
澳大利亚悉尼超级穹顶体育馆	建筑面积70420m²	1999	20000

2000年奥林匹克运动会体操、篮球比赛馆，灵活的布局和精湛的声学设计使体育馆可举行冰球、音乐会、马戏表演以及其他舞台演出等活动

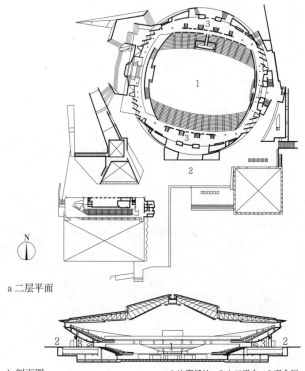

a 二层平面

1 比赛场地 2 入口平台 3 观众厅

b 剖面图

3 日本东京体育馆

名称	主要技术指标	建成时间	座席数量
日本东京体育馆	建筑面积24100m²	1990	10000

日本东京体育馆在东京都市公园旧体育馆的基础上建立，它包含多功能主馆、练习馆以及一个游泳馆，为适应高度限制，整体下沉于地面，屋顶采用三架弓形拱，四周边缘用拉环固定

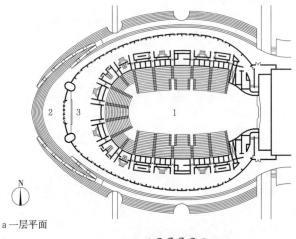

a 一层平面

1 比赛场地 2 入口平台 3 观众厅

b 剖面图

2 葡萄牙亚特兰蒂科体育馆

名称	主要技术指标	建成时间	座席数量
葡萄牙亚特兰蒂科体育馆	建筑面积35850m²	1998	17500

1998年世界博览会主会馆，设计体现了灵活性要求，适合举办各类体育赛事，还可用作音乐厅、会议厅和展览馆

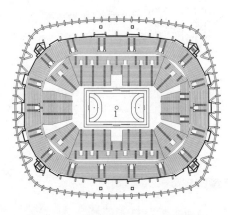

a 座席层平面

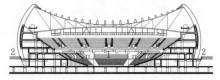

1 比赛场地 2 入口平台

b 剖面图

4 克罗地亚萨格勒布体育馆

名称	主要技术指标	建成时间	座席数量
克罗地亚萨格勒布体育馆	建筑面积58000m²	2009	16300

体育馆位于城市门户区，特殊形状的灵感从周边城市环境和项目自身的大体量中衍生出来。体育馆由聚碳酸酯的外壳和钢结构的屋顶组成，并且由86根弯曲的钢筋混凝土柱支撑

实例［11］体育馆

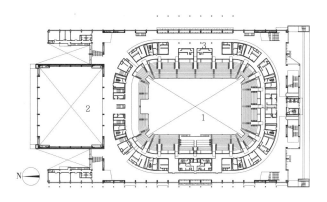

a 二层平面

b 剖面图　　1 比赛场地　2 训练场地　3 观众厅

1 国家体育馆

名称	主要技术指标	建成时间	座席数量	设计单位
国家体育馆	建筑面积80890m²	2007	20000	北京市建筑设计研究院有限公司

国家体育馆是第29届北京奥林匹克运动会主要比赛场馆之一，奥运会及残奥会期间主要进行体操、蹦床、手球、轮椅篮球4个项目的比赛，可满足举行包括高级别赛事活动在内的各种大型活动和全民健身的需要

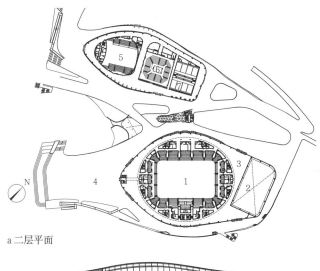

a 二层平面

b 剖面图
1 体操场地　2 训练场地　3 观众厅
4 入口平台　5 台球场地　6 壁球比赛场地
7 壁球训练场地

3 广州亚运城综合体育馆

名称	主要技术指标	建成时间	座席数量	设计单位
广州亚运城综合体育馆	建筑面积65315m²	2010	8200	广东省建筑设计研究院

2010年广州亚运会及残亚会体操、艺术体操、蹦床、台球、壁球等7个项目的比赛馆。建筑包含体操馆、台球馆、壁球馆、亚运展览馆4个部分，赛后为集体育、商业、公共服务等功能于一体的建筑综合体

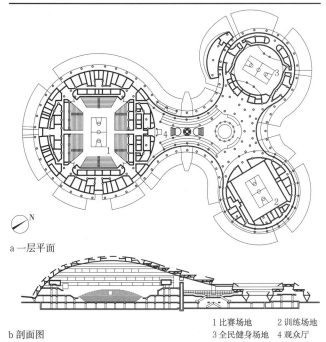

a 一层平面

b 剖面图　　1 比赛场地　2 训练场地
　　　　　　3 全民健身场地　4 观众厅

2 佛山岭南明珠体育馆

名称	主要技术指标	建成时间	座席数量	设计单位
佛山岭南明珠体育馆	建筑面积78000m²	2006	8464（主）2800	日本株式会社环境设计研究所、广东省建筑设计研究院

2006年广东省第十二届运动会比赛馆，由主体育馆、训练馆、大众健身馆3部分组成。三馆通过3个钢结构穹顶连为一体，结合布置观众共享入口大厅。主馆场地70m×50m，可动座席2956个。大众馆、训练馆可满足比赛期间的训练，并提供不同档次的运动场所

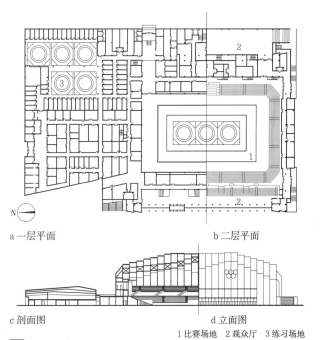

a 一层平面　　b 二层平面

c 剖面图　　d 立面图
1 比赛场地　2 观众厅　3 练习场地

4 中国农业大学体育馆

名称	主要技术指标	建成时间	座席数量	设计单位
中国农业大学体育馆	建筑面积23950m²	2007	8500	华南理工大学建筑设计研究院

2008年北京奥运会摔跤比赛馆、残奥会坐式排球比赛馆，作为奥运比赛用馆和高校体育馆，方案着重解决赛时赛后的综合利用和体育馆与环境协调两大问题

体育馆 [12] 实例

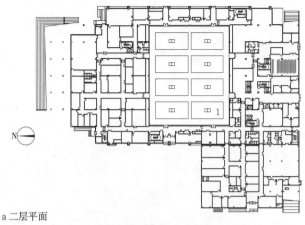

a 二层平面

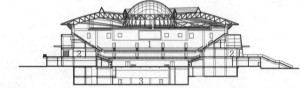

b 剖面图　　　　　　　　1 比赛场地　2 观众厅　3 练习场地

1 北京大学体育馆

名称	主要技术指标	建成时间	座席数量	设计单位
北京大学体育馆	建筑面积26900m²	2007	8000	同济大学建筑设计（集团）有限公司

2008年北京奥运会、残奥会乒乓球比赛馆，奥运会后经过改建可满足举办国际、国内各类大型体育赛事及其他大型活动的需要，同时为高校师生和周边社区群众的体育教学与健身活动基地

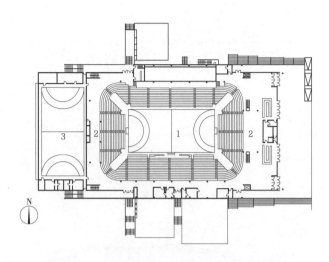

a 二层平面

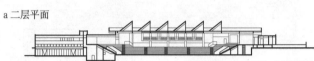

b 剖面图　　　　　　　　1 比赛场地　2 观众厅　3 练习场地

3 德国格平根体育馆

名称	主要技术指标	建成时间	座席数量
德国格平根体育馆	建筑面积13200m²	2009	5500

本项目为礼堂改扩建项目，目的是使扩建后空间成为多功能礼堂，兼协会与校运动会使用的体育馆。扩建后的体育馆含1500个活动座席与90个贵宾座席

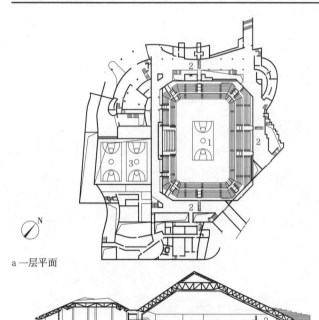

a 一层平面

b 剖面图　　　　　　　　1 比赛场地　2 观众厅　3 练习场地

2 扬州体育馆

名称	主要技术指标	建成时间	座席数量	设计单位
扬州体育馆	建筑面积24840m²	2005	6000	苏州设计研究院股份有限公司

扬州体育馆坐落于基地高低起伏、绿化成林的体育公园之内，体育馆在谷地加上屋盖形成，呼应了地形，体现了自然、生态、环保的设计构思。出入口的设计结合地形，观众席独具匠心地运用下沉式设计，观众从上而下进入馆内，建筑围护结构利用覆土及绿化，与周边环境有机融合

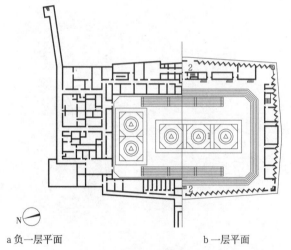

a 负一层平面　　　　　　　　b 一层平面

c 剖面图　　　　　　　　　　1 比赛场地　2 观众厅

4 广州大学城华南理工大学体育馆

名称	主要技术指标	建成时间	座席数量	设计单位
广州大学城华南理工大学体育馆	建筑面积12783m²	2007	5632	华南理工大学建筑设计研究院

2007年中国第8届大学生运动会乒乓球比赛馆，2010年亚运会柔道、摔跤比赛馆，承办大型赛事之余，为学校提供了体育教学、健身活动、集会的多功能场所。屋盖采用组合钢筋混凝土双曲抛物面扭壳结构，利用4个梯形天窗及东西高侧窗进行采光

实例 [13] 体育馆

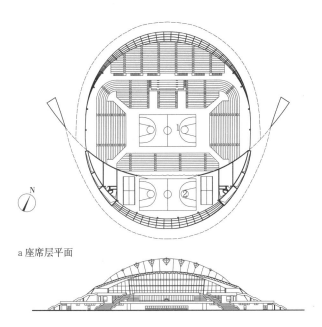

a 座席层平面

b 剖面图
1 比赛场地　2 练习场地

1 江苏盐城体育馆

名称	主要技术指标	建成时间	座席数量	设计单位
江苏盐城体育馆	建筑面积28044m^2	2005	5500	华东建筑集团股份有限公司

第十届全运会比赛场馆，高度34.5m，跨度102m，一层为1.8万m^2的超市，二层有8000m^2，比赛时可容纳6500人、文艺演出时可容纳万余人，集赛事、表演、会展、健身和商贸五大功能于一体

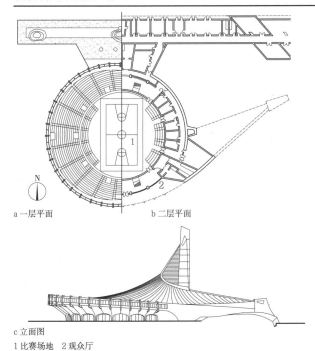

a 一层平面　　b 二层平面

c 立面图
1 比赛场地　2 观众厅

2 日本东京国立代代木体育馆

名称	主要技术指标	建成时间	座席数
日本东京国立代代木体育馆	建筑面积5591m^2	1964	3202

1964年东京奥运会体育设施，直径65m，采用悬挂式屋面结构，主张拉构件从单根主塔柱顶端开始盘旋至底面。钢管主张拉构件与混凝土塔柱之间形成格构式结构，保证整体结构的稳定性。在主张拉钢管和看台钢筋混凝土框架结构后端之间，布置工字钢悬吊构件，组成半刚性曲面悬吊结构

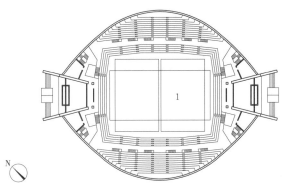

a 座席层平面

b 剖面图
1 比赛场地　2 观众厅

3 北京朝阳体育馆

名称	主要技术指标	建成时间	座席数量	设计单位
北京朝阳体育馆	建筑面积9000m^2	1988	3400	哈尔滨工业大学建筑设计研究院、机电部设计研究院

北京亚运会排球比赛馆，赛后为群众文体生活服务，设计采用椭圆形平面和下沉式布局与环境取得良好的呼应。比赛场地为34m×34m，含活动座席1000座，二层楼座设计消除了无法利用的席下三角空间，从而增加了休息厅面积

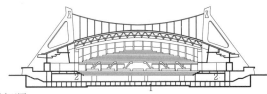

a 一层平面

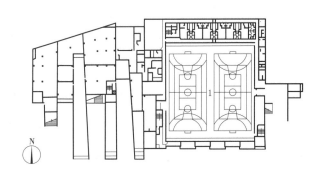

b 剖面图
1 比赛场地

4 克罗地亚里耶卡扎梅特中心

名称	主要技术指标	建成时间	座席数
克罗地亚里耶卡扎梅特中心	建筑面积65315m^2	2008	2380

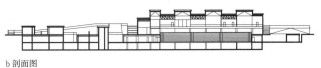

建筑集体育馆、社区办公室、图书馆、零售服务和停车场于一体。体育场馆按照最新满足主要国际比赛的世界体育标准设计而成。比赛场地为46m×44m，能容纳两个手球场地。场馆容纳了专业训练和比赛的所有辅助设施，活动座席能适应每天使用的变化

体育馆 [14] 实例

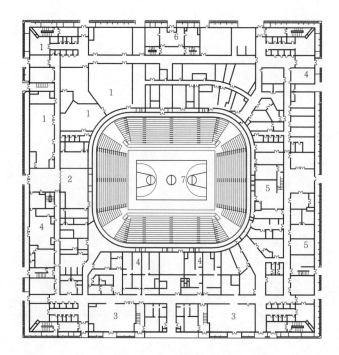

a 负一层平面

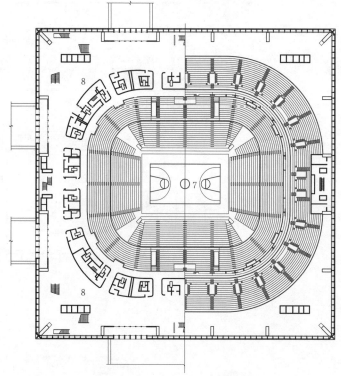

b 一层平面   c 座席层平面

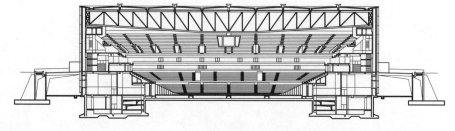

d 剖面图

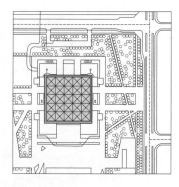

e 总平面图

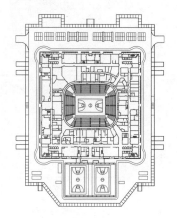

f 负一层平面示意图

1 记者工作区
2 新闻发布厅
3 器材库
4 运动员区
5 办公区
6 贵宾区
7 比赛场地
8 观众休息厅

1 北京五棵松体育馆

名称	北京五棵松体育馆
主要技术指标	建筑面积63000m²
建成时间	2008
座席数	18000
设计单位	北京市建筑设计研究院有限公司

2008年北京奥运会篮球、棒球比赛馆，获第八届中国土木工程詹天佑奖，2009年全国优秀工程勘察设计金奖，奥运赛事后作为NBA比赛场馆；
场馆还可提供排球、手球、拳击、艺术体操、滑冰和室内足球比赛等活动；满足举办各种大型文艺演出、时装展示和魔术表演等多功能使用的要求

实例 [15] 体育馆

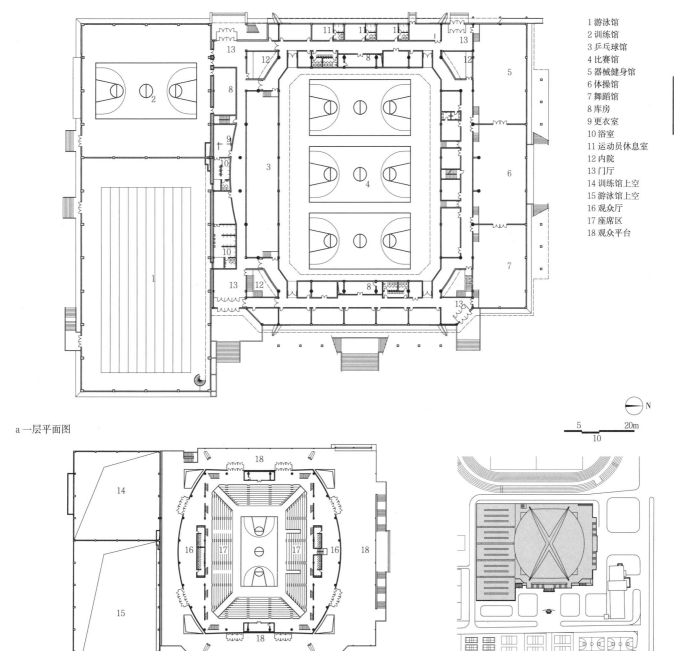

1 游泳馆
2 训练馆
3 乒乓球馆
4 比赛馆
5 器械健身馆
6 体操馆
7 舞蹈馆
8 库房
9 更衣室
10 浴室
11 运动员休息室
12 内院
13 门厅
14 训练馆上空
15 游泳馆上空
16 观众厅
17 座席区
18 观众平台

a 一层平面图

b 二层平面图

e 总平面图

c 立面图

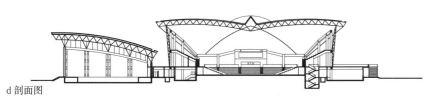

d 剖面图

1 大连理工大学体育馆

名称	大连理工大学体育馆
主要技术指标	建筑面积17200m²
建成时间	2003
座席数	3600
设计单位	哈尔滨工业大学建筑设计研究院

体育馆由比赛馆、健身房、游泳馆和体育教研室四部分组成，占地10000m²，投资5500万元，曾获中国建筑学会新中国建国60年建筑创作大奖提名奖；
体育馆集比赛、健身、娱乐、集会、办公多项功能于一体，是综合性文体设施，服务于校园生活，兼向社会开放；
观众厅椭圆形平面布局，比赛场地最大达42m×55m，有活动座席2200个

1
体育建筑

游泳设施 [1] 概述

概述

1. 游泳设施应级配合理，根据使用需求合理定位。
2. 游泳设施应设在环境优美、水质洁净、不受外界污染的相对独立的地段。因地制宜，与环境和谐。
3. 游泳设施的选址应考虑与城市布局的关系，便于利用城市基础设施和周边资源，做到资源整合。
4. 游泳设施规划布局应为使用者提供方便的交通条件，满足交通疏散等要求。

分类

1. 按使用要求分为比赛、练习、教学、娱乐、医疗康复等。
2. 按规模分为小型、中型、大型、特大型，见表1。
3. 按环境分为室内、室外。

游泳设施规模分类（单位：座） 表1

分类	特大型	大型	中型	小型
观众容量	6000以上	3000~6000	1500~3000	1500以下

注：本表摘自《体育建筑设计规范》JGJ 31-2003。

水池的种类 表2

	种类	规模	深度（m）	设备	备注
竞赛类	比赛池	50m×21m（至少）25m×21m（至少）	≥2.0 3.0（最好）	出发台、自动计时、标志线	详见竞赛规则
	跳水池	根据跳板、跳台不同而定，最好25m×25m	5~6	3、5、7.5、10m跳台、1、3m跳板、制波装置	详见竞赛规则
	花样游泳池	30m×20m	3（12×12范围）2.5（其他部位）	水下扩音	详见竞赛规则可利用比赛池
	水球池	30m×20m（男子）25m×20m（女子）	≥1.8 2.0（最好）	球门	详见竞赛规则可利用比赛池
非竞赛类	公共游泳池	形状宜为矩形	浅水区1.0~1.4 深水区>1.4	扶手、台阶	详见《游泳池和水上游乐池给水排水设计规程》CECS14:2002
	造浪池	池长≥33m 梯形或扇形	浅水端0 深水端1.8~2	造浪装置	
	滑道池	水池长根据滑梯长定	0.8~0.9	水滑梯	详见《水上游乐设施通用技术条件》GB 18168-2000

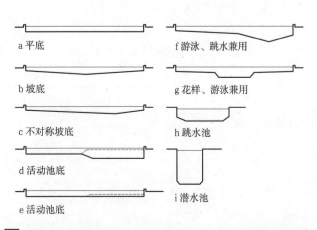

[1] 池底断面形式示意

游泳馆的功能组成

游泳池、跳水池、热身池、其他池（造浪池、戏水池）、看台、训练设施、辅助用房及设施等。

游泳馆设计要点

1. 游泳比赛馆在观众容量、功能内容、平面方式、建筑体型和室内空间、结构形式等方面应根据使用、经济等因素确定。设计带座席的游泳馆时，应考虑赛时与平时的不同使用，合理确定观众的数目和比赛厅的规模，节约运营成本，可考虑采用比赛时设置临时观众席等做法。
2. 室内游泳池跳水池应避免在游泳和跳水方向产生眩光。室外跳水池的台、板在北半球时朝北，南半球时朝南，室外游泳池长轴应南北向。
3. 设有看台的游泳馆应使游泳者和观众在路线和场地上严格分开。游泳者进入游泳池之前，应先通过洗脚消毒处理。
4. 游泳池与跳水池对层高的要求差异较大，设计应注意处理，以达到经济合理。
5. 游泳池的设置，应考虑多种游泳项目综合使用的问题，但游泳池和跳水池一般情况下最好分别设置，以减少相互干扰。
6. 游泳馆主体结构必须有良好的防腐蚀性能，外部围护结构除满足结构要求外，在构造处理上必须满足隔气、防潮、保温及隔热要求，防止产生结露的现象。馆内各种设备，包括计时记分、电器设备等，必须考虑防腐蚀、防潮等措施。
7. 游泳设施的室内和室外部分、比赛和训练部分、体育和娱乐部分相连通时，应满足辅助用房和设备的综合利用。
8. 如需供残疾人使用的游泳设施，则需根据相关规范做无障碍设计。

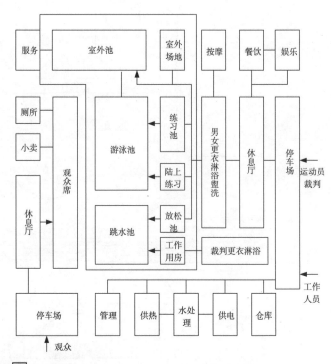

[2] 功能组成及流线

游泳池设计要点

1. 池长、池宽：游泳池规格要求见表1。奥运会、世界锦标赛、全国性比赛要求池宽25m，池壁必须垂直平行。池长允许误差为+0.030m、−0.000m，安装自动计时触板后，允许误差为+0.010m、−0.000m，两端池壁自水面上0.3m至水下0.8m范围内必须满足此要求。池壁、池岸需由坚固的材料建成，为防滑表面，以使比赛者在触壁和转身推壁中避免受伤。

2. 水深：奥运会、世界锦标赛、全国性比赛水深最小2m，建议3m。同时在距水面1.2m处的池壁上设歇脚台，台面宽10~15cm。

3. 溢水沟：游泳池四周宜设置溢水沟，溢水沟上应覆盖格栅和挡板，其断面应考虑流量的大小并便于施工安装和维修清洗。在泳池两端侧壁上设置溢水沟时，应在水面上30cm处预留安装触板的位置及条件。

4. 泳道：正式比赛每条泳道宽2.50m，每两条泳道间有分道线。由浮标和池壁内的挂钩组成，最外一条分道线距池边至少50cm。泳道中心线处的池底和池壁应按规定设深色标志线，其宽度为0.20~0.30m。

5. 出发台：出发台应正对泳道中央，其表面积至少50cm×50cm，前缘应高出水面50~75cm，台面向前倾斜不超过10°，并保证运动员出发时能在前方和两侧抓住台面。如果当出发台台面的厚度超过0.04m时，可在出发台两侧设至少0.10m长、前端设至少0.40m长的握手槽。槽深0.03m。出发台上还需设置不突出池壁外的仰泳握手器，高出水面30~60cm，并有水平和垂直两种。出发台四周应有标明泳道次序的号码，按出发方向由右至左依次排列。

6. 自动计时装置：正式比赛应设自动计时装置。终点触板最小尺寸为240cm×90cm，最大厚度为1cm，触板应露出水面30cm，浸入水中60cm，触板的表面必须颜色鲜明，并画有与池壁标志线相同的标志线。各泳道的触板应分开安装，并易于装卸。

7. 攀梯：游泳池侧壁应嵌入池身的攀梯，梯不得突出池壁，数量根据池长确定。其位置应不影响裁判工作。

8. 池岸：池岸宽度应符合表1的规定。池岸应采用易于清洗的防滑材料，并设计一定的排水坡度，在水池与池岸的交接处应有清晰的水深标志。

9. 游泳池应考虑多种游泳项目综合使用，游泳池长、宽及深度的设计应考虑花样游泳、水球等多种项目的综合使用，可考虑设置移动池岸、移动池底。

10. 比赛池池岸应设召回线和转身标志线立柱插孔，如比赛池兼顾花样游泳、水球比赛，还需设置相关设施预埋件。

游泳比赛池规格表（单位：m） 表1

等级	比赛规格（长×宽×深）		池岸宽		
	游泳池	跳水池	池侧	池端	两池间
特级、甲级	50×25×2	21×25×5.25	8	5	≥10
乙级	50×21×2	16×21×5.25	5	5	≥8
丙级	50×21×1.3	—	2	3	—

注：1.甲级以上的比赛设施，游泳池和跳水池应分开设置；
2.当游泳池和跳水池有多种用途时，应同时符合各个项目的技术要求；
3.本表摘自《体育建筑设计规范》JGJ 31-2003。

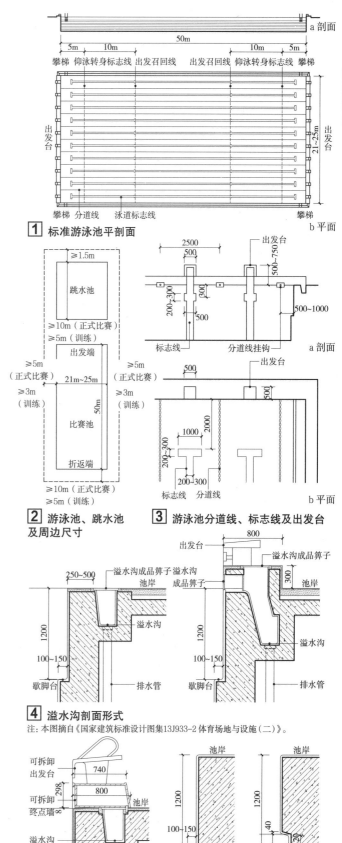

1 标准游泳池平剖面

2 游泳池、跳水池及周边尺寸

3 游泳池分道线、标志线及出发台

4 溢水沟剖面形式

注：本图摘自《国家建筑标准设计图集13J933-2 体育场地与设施（二）》。

5 可拆卸出发台及终点墙

6 歇脚台剖面形式

注：本图摘自《国家建筑标准设计图集13J933-2 体育场地与设施（二）》。

游泳设施 [3] 游泳池·跳水池

花样游泳池

1. 比赛区最小尺寸为12.0m×25.0m，奥运会和世界锦标赛要求30.0m×20.0m，其中12.0m×12.0m范围内最小水深为3.0m，其他部位最小水深2.5m，可采用符合比赛要求的标准游泳比赛池。

2. 池壁处允许水深为2.0m，最大向下倾斜深度为1.2m，对奥运会和世界锦标赛池底由水深3.0m过渡到2.5m的斜坡区，最小距离不得少于8m。

水球池

水球比赛池一般多在游泳比赛池中进行。比赛场地：男子30m×20m，女子25m×20m。水深应≥1.8m，最好为2m。

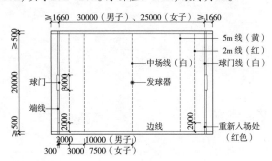

[1] 水球场地平面

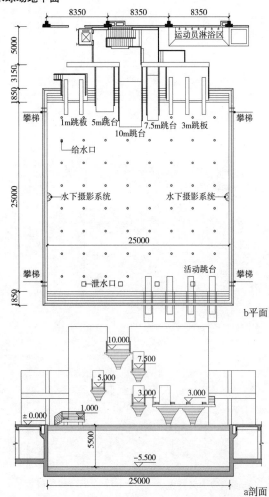

[2] 广州奥体中心游泳跳水馆跳水池

跳水池设计要点

1. 跳水池的各部分尺寸及水深要求，必须按照不同高度的跳板和跳台，以及跳板和跳台的数目决定。跳台、跳板具体尺寸要求详见跳水设施规格表。

2. 跳水设备宜设在长向一侧，后部宜为深色背景。

3. 除1m跳台以外，各种跳台的后面及两侧必须用栏杆围住，栏杆最低高度1.05m，栏杆之间距离最小为1.8m，栏杆距跳台前端0.8m，并安装在跳台外侧。应有楼梯或电梯到达各层跳台。跳板可安在跳台一侧或两侧。

4. 每个跳台必须是坚硬和水平的。

5. 跳板和跳台的表面（包括跳台前沿）须铺设经认可的、有弹性的防滑面（棕毡或橡皮面层），完成面允许高度误差为+0.050m～0.000m。

6. 安装跳水设备端的池壁应有出水池的台阶。

7. 跳台不宜建在另一个跳台的正下方。当一个跳台必须处于另一个跳台的正下方时，上方跳台的垂直投影应至少超出下方0.75m，最好为1.25m。

8. 跳水池的水面应设置人工起波装置。可选用的制波方式有气体气泡法制波和喷水法制波。跳水池的水面波浪应为均匀的波纹小浪，浪高宜为25～40mm。

9. 跳水池的3m和5m跳板、7.5m和10m跳台，可根据使用需要设置即时安全气垫。

跳板跳水设施规格（单位：m） 表1

跳水设备的规格		尺寸单位	跳板	
			1m	3m
		长度	4.80	4.80
		宽度	0.50	0.50
		高度	1.00	3.00
A	从板垂直线向后到池壁距离	标号	A-1	A-3
		最小值/最好	1.50/1.80	1.50/1.80
B	从板垂直线到两侧池壁距离	标号	B-1	B-3
		最小值/最好	2.50	3.50
C	从板垂直线到邻近板垂直线间的距离	标号	C1-1	C3-3.3-1
		最小值/最好	2.00/2.40	2.20/2.60
D	从板垂直线向前到池壁距离	标号	D-1	D-3
		最小值/最好	9.00	10.25/16.25
E	从板端（垂直线）上面到顶棚高度	标号	E-1	E-3
		最小值/最好	5.00	5.00
F	从板垂直线到后方和两侧上方无障碍物的空间距离	标号	F-1 E-1	F-3 E-3
		最小值/最好	2.50 5.00	2.50 5.00
G	从板垂直线到前上方无障碍物的空间距离	标号	G-1 E-1	G-3 E-3
		最小值/最好	5.00 5.00	5.00 5.00
H	在板垂直线下面的水深	标号	H-1	H-3
		最小值/最好	3.40/3.50	3.70/3.80
JK	在板垂直线前方一定距离处的水深	标号	J-1 K-1	J-3 K-3
		最小值/最好	5.00	3.30/3.40	6.00	3.60/3.70
LM	在板垂直线每侧一定距离处的水深	标号	L-1 M-1	L-3 M-3
		最小值/最好	1.50/2.00	3.30/3.40	2.00/2.50	3.60/3.70
N	在规定的范围外降低尺寸的最大角度	池深	30°	
		顶棚高度	30°	

注：尺寸位置详见"游泳设施[4]跳水池"横剖面和纵剖面。

跳水池 [4] 游泳设施

跳水池

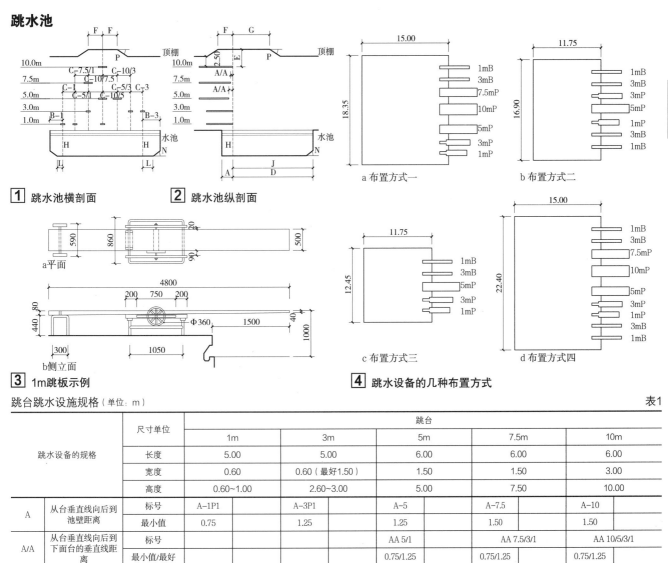

1 跳水池横剖面　　2 跳水池纵剖面　　3 1m跳板示例　　4 跳水设备的几种布置方式

跳台跳水设施规格（单位：m） 表1

跳水设备的规格		尺寸单位	跳台				
			1m	3m	5m	7.5m	10m
		长度	5.00	5.00	6.00	6.00	6.00
		宽度	0.60	0.60（最好1.50）	1.50	1.50	3.00
		高度	0.60~1.00	2.60~3.00	5.00	7.50	10.00
A	从台垂直线向后到池壁距离	标号	A-1P1	A-3P1	A-5	A-7.5	A-10
		最小值	0.75	1.25	1.25	1.50	1.50
A/A	从台垂直线向后到下面台的垂直线距离	标号			AA 5/1	AA 7.5/3/1	AA 10/5/3/1
		最小值/最好			0.75/1.25	0.75/1.25	0.75/1.25
B	从台垂直线到两侧池壁距离	标号	B-1P1	B-3P1	B-5	B-7.5	B-10
		最小值/最好	2.30	2.80/2.90	3.25/3.75	4.25/4.50	5.25
C	从台垂直线到邻近台垂直线间的距离	标号	C1-1P1	C3-3P1 1P1	C-5/3/1 C5-3/5-1	C7.5-5/3/1	C10-7.5/5/3/1
		最小值/最好	1.65/1.95	2.00/2.10	2.25/2.50	2.50	2.75
D	从台垂直线向前到池壁距离	标号	D-1P1	D-3P1	D-5	D-7.5	D-10
		最小值	8.00	9.50	10.25	11.00	13.50
E	从台端（垂直线）上面到顶棚高度	标号	E-1P1	E-3P1	E-5	E-7.5	E-10
		最小值/最好	3.25/3.50	3.25/3.50	3.25/3.50	3.25/3.50	4.00/5.00
F	从台垂直线到后上方和两侧上方无障碍物的空间距离	标号	F-1P1 E-1P1	F-3P1 E-3P1	F-5 E-5	F-7.5 E-7.5	F-10 E-10
		最小值/最好	2.75 3.25/3.50	2.75 3.25/3.50	2.75 3.25/3.50	2.75 3.25/3.50	2.75 4.00/5.00
G	从台垂直线到前上方无障碍物的空间距离	标号	G-1P1 E-1P1	G-3P1 E-3P1	G-5 E-5	G-7.5 E-7.5	G-10 E-10
		最小值/最好	5.00 3.25/3.50	5.00 3.25/3.50	5.00 3.25/3.50	5.00 3.25/3.50	6.00 4.00/5.00
H	在台垂直线下面的水深	标号	H-1P1	H-3P1	H-5	H-7.5	H-10
		最小值/最好	3.20/3.30	3.50/3.60	3.70/3.80	4.10/4.50	4.50/5.00
JK	在台垂直线前方一定距离处的水深	标号	J-1P1 K-1P1	J-3P1 K-3P1	J-5 K-5	J-7.5 K-7.5	J-10 K-10
		最小值/最好	4.50 3.10/3.20	5.50 3.40/3.50	6.00 3.60/3.70	8.00 4.00/4.40	11.00 4.25/4.75
LM	在台垂直线每侧一定距离处的水深	标号	L-1P1 M-1P1	L-3P1 M-3P1	L-5 M-5	L-7.5 M-7.5	L-10 M-10
		最小值/最好	1.40/1.90 3.10/3.20	1.80/2.30 3.40/3.50	3.00/3.50 3.60/3.70	3.75/4.50 4.00/4.40	4.50/5.25 4.25/4.75
N	在规定的范围外低尺寸的最大角度	池深 顶棚高度			30° 30°		

注：尺寸C中为规定的跳台高度，如台的宽度增加，则C值须增加台宽度的一半。

游泳设施 [5] 热身池·其他池

热身池

1. 大型正式游泳比赛，邻近游泳比赛池要求设有50m长、至少5个泳道、水深不小于1.2m、至少一端有出发台的热身池。

2. 跳水池的跳水设施后方应设有一个放松池，并应配备相应的淋浴设备。

3. 热身池的位置应以不影响观众观看比赛为前提，一般设于看台底下或比赛池厅端部。可用隔墙与比赛厅分开。

其他池

其他池包括造浪池、戏水池等。

1. 造浪池

造浪池池形宜为梯形或扇形，其设计应与工艺设计密切配合。

造浪池因不同使用条件而平面有所变化。宽度一般在造浪机处为12.50~25.0m，便于分隔成训练用池，在长向超过1/3池长处可成扇状向一侧或两侧加宽，加宽角最大15°，长度至少33.0m，可用分隔板或活动池底分为几部分。水深最深处1.8~2.0m，池底倾斜最大10%，较好为6%~8%。

造浪机有各种形式，一般波高0.6~1.0m，波长14~18m，周期4~5s。应注意造浪机会造成室内气压变化。造浪机房应设在造浪池的深水端。

2. 戏水池

水深：儿童戏水池应为0.6m，幼儿戏水池宜为0.3~0.4m，成人戏水池应为1.0m。

从使用的安全性考虑，儿童戏水池和幼儿戏水池宜分区或分开设置。为了儿童上下池的安全和方便性，在池内应设置梯步，步高不大于0.1m。

池底应基本平整，排水坡度为1%，池壁应圆滑，不应有棱角和突出物。

水滑梯的长度根据需要进行设定，但长度超过20m时，须每隔10~15m设5m长的水平段，入水处应至少有5m的水平段，倾角不宜大于21°。

[1] 造浪池平面形状

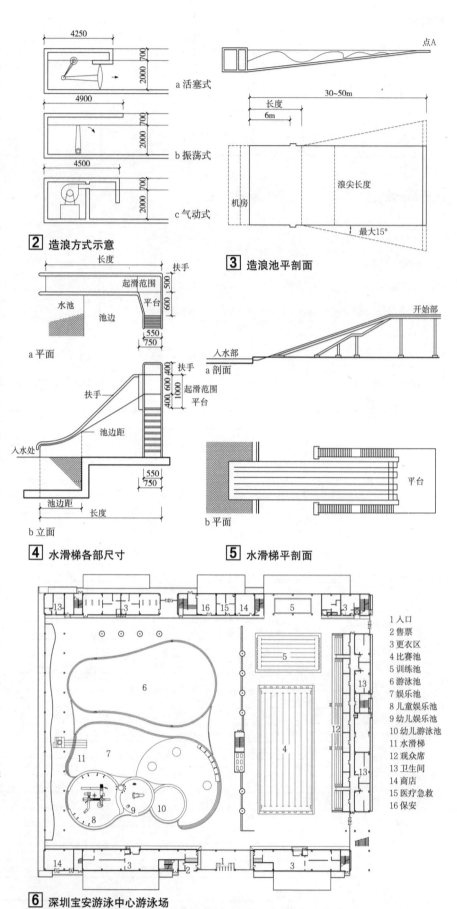

看台

1. 看台设计应使观众有良好的视觉条件和安全方便的疏散条件。
2. 游泳馆设有看台时，其视线设计的设计视点选择：游泳池应在最外一条泳道的分道线处或以外，跳水池应在距观众最近的跳板或跳台的中心垂线与水面的交点。
3. 游泳馆同时设有游泳池和跳水池时，看台设计应对这两个区域比赛时的视线要求进行兼顾考虑。

训练设施

1. 游泳和跳水的陆上训练房可根据需要确定，跳水训练房室内净高应考虑蹦床训练时所需要的高度。
2. 训练设施使用人数可按每人 $4m^2$ 水面面积计算。

辅助用房设施

1. 应设有淋浴室、更衣室和卫生间等用房，其设置应满足赛时和平时的综合利用。还须设有医务急救、广播等用房，大型比赛还有控制中心、检录处、兴奋剂检查室、技术摄像、电子系统等用房。
2. 技术设备用房应包括水处理室、水质检验室、水泵房、配电室等有关机房及仓库等。
3. 竞赛组织用房应包括各项工作用房如检录室、兴奋剂检查室、工作人员和裁判用房等，还应包括设备用房，如电子服务系统、计算机、技术摄像、计时记分等用房。
4. 应设控制中心，其位置应设于跳水池处的跳水设施一侧，面积不应小于 5.0m×3.0m；在游泳池处应设于距终点3.5m处，面积不应小于 6.0m×3.0m。地面高出池岸0.5~1.0m，并能不受阻碍地观察到比赛场区。
5. 更衣淋浴设施要求

更衣淋浴设施宜直接近游泳者入口，其路线布置必须符合游泳者更衣→淋浴→游泳→淋浴→更衣的使用要求。

更衣室的布置应考虑穿鞋和不穿鞋的路线明确分开。

进入游泳跳水区前应设有强制预淋浴和消毒洗脚池（必要时设漫腰消毒池）等设施。当设有强制淋浴装置时，消毒洗脚池宜设在强制淋浴之后。消毒洗脚池长度不应小于2m，宽度与通道相同，深度不应小于0.2m。漫腰消毒池有效长度不宜小于1m，有效深度0.6~0.9m。强制淋浴通道长度应采用2~3m。布置方式应防止游泳者绕行和跳越。

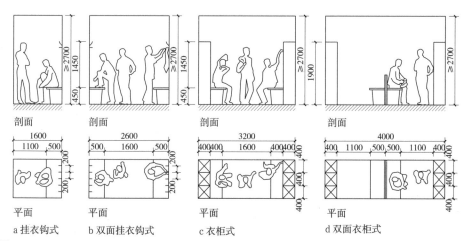

1 更衣室布置平剖面
注：本图摘自曾涛.体育建筑设计手册.北京：中国建筑工业出版社，2001。

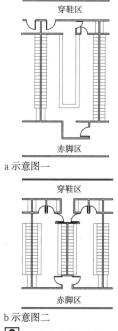

2 更衣室布置示意

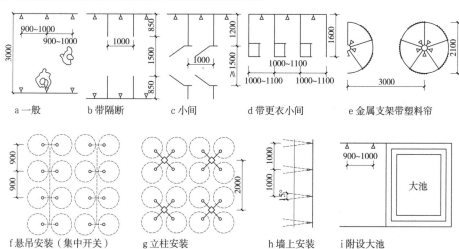

3 淋浴喷头布置方式
注：本图摘自曾涛.体育建筑设计手册.北京：中国建筑工业出版社，2001。

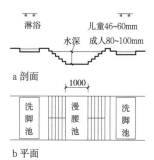

4 洗脚池和漫腰池

游泳设施 [7] 给水排水

给水排水设计要点

1. 人工游泳池水质卫生标准和水温要求详见表1。
2. 给水系统选择：人工游泳池宜采用循环净化给水系统。
3. 常用循环方式采用原则
   (1) 配水均匀，不出现短流、涡流和死水区域；
   (2) 有利于全部池水的交换更新；
   (3) 有利于施工安装、运行管理和卫生保持。
4. 水的净化、消毒
   (1) 循环水泵的吸水管上应装设池水预净化装置，毛发聚集器，其过滤筒（网）应经常清洗或更换。
   (2) 过滤设备主要考虑：高效稳定运行、操作方便、管理费用低；循环式给水系统宜采用压力式过滤器；每座游泳池的过滤器数量不宜少于2个。主要滤料有：单层滤料（石英砂、硅藻土）；双层滤料（无烟煤和石英砂）。
   (3) 压力过滤器应定期反冲洗，冲洗方式有水洗、气—水洗、气水混合洗等，后两种效果较好。
   (4) 循环水进入净化设备之前应投加混凝剂（铝盐），pH值调整剂（纯碱或碳酸盐类），除藻剂（硫酸铜）投加方式有重力式投加和压力式投加。此外溶药池、溶液池、定量投加和计量装置及仪表、管道均应采用耐腐蚀材料。
   (5) 消毒方式的选择应符合下列原则：杀菌能力强，不污染水质，有持续杀菌性能。设备简单，运行可靠安全，操作管理方便，建设和维护费用低。
5. 水的加热：游泳池水加热可采用间接式加热或直接式加热（后者应有降噪和保证池水水温均匀的措施），有条件地区也可采用余热、废热、太阳能和热泵加热方式。
6. 游泳池岸应设置冲洗池岸的水龙头。顺流式循环给水系统的游泳池应设置池底排污装置、人工清扫、循环水泵—真空吸污器、移动式潜水除污泵。

泳池水质卫生标准　　　　　　表1

项目	国家标准GB 9667-1996	国家行业标准CJ244-2007
水温	22℃～26℃	23℃～30℃
pH值	6.5～8.5	7.0～7.8
浑浊度	≤5NTU	≤1NTU
尿素	≤3.5mg/L	≤3.5mg/L
游离性余氯	≤0.3～0.5mg/L	0.2～1.0mg/L
细菌总数	≤1000个/mL	≤200CFU/mL
大肠菌数	≤18个/L	每100mL不得检出
有毒物质	TJ36—79	—
化合性余氯	—	≤0.4mg/L
臭氧(采用臭氧消毒时)	—	≤0.2mg/m³（水面上空气中）
溶解性总固体(TDS)	—	≤原水TDS+1500mg/L
氧化还原电位(ORP)	—	≥650mV
氰尿酸	—	≤150mg/L
三卤甲烷(THM)	—	≤200μg/L

泳池水循环净化周期　　表2

游泳池类型	循环次数（次/d）	循环周期（h）
竞赛游泳池	6～4.5	4～5
花样游泳池	4～3	6～8
水球池	6～4	4～6
跳水池	3～2.4	8～10
训练池、热身池	6～4	4～6
成人池	6～4.5	4～6
儿童池	24～12	1～2
成人戏水池	6	4
幼儿戏水池	>24	<1
造浪池	12	2

游泳池的补充水量　　表3

游泳池类型和特征		占池水容积的百分比
竞赛类游泳池专用游泳池	室内	3%～5%
	室外	5%～10%
公共类游泳池休闲类游泳池	室内	5%～10%
	室外	10%～15%
儿童游泳池幼儿戏水池	室内	不小于15%
	室外	不小于20%

注：表2、表3摘自《游泳池给水排水工程技术规程》CJJ 122-2008。

常用消毒方法　　　　　　　　　　　　　表4

名称	药剂投量（mg/L）	投加方式	使用条件
液氯法	2～5，应根据水质水温定，池水余氯应符合规定，开始运行时投量一般为正常量的1～3倍	加氯机连续投加或间歇投加	各类游泳池
漂白粉或漂精粉法	漂白粉8～20，漂精粉3～10，根据水质和水温及水余氯应符合规定，开始运行时应适当增加投量	溶于水中连续投加或定期干投	各种简易游泳池
食盐溶解电解法	根据水质水温确定，要求池水余氯符合规定，开始运行时应适当增大投量	压力或重力连续或间歇投加	各种小型游泳池
次氯酸钠溶液法	根据水质和水温确定，要求池水余氯符合规定，开始运行时应适当增大投量	压力或重力连续或间歇投加	各种小型游泳池
臭氧法	0.2～2mg/L根据水质和水温确定并需进行二次消毒，如投液氯为1～1.2mg/L池水余氯应符合规定	全自动水质控制	各类游泳池

游泳池常用循环方式　　　　　　　　　　　　　　　　　　　　　　　　　　　　　　　　表5

循环方式	图式（剖面）	图式（平面）	优缺点	备注
两侧上部进水，底部回水			底部回水口可与排污口、池水口合用，结构简单，配水较均匀。不利于表面排污，池底局部会有沉淀产生	两侧进水口宜对称布置，以免形成涡流
两端上部进水，底部回水			底部回水口可与排污口、池水口合用，结构简单，配水较均匀。不利于表面排污，池底局部会有沉淀产生	管道布置应使进（回）水口流速一致或近回水处流速稍小，以免形成涡流。回水口与进水口不要太近，以免短流
深水端进水，浅水端（可通过溢流槽）回水			一般浅水端污染较为严重，这样有利于污水回流。浅水区会有沉淀产生	管道布置使每个进水口和回水口流速一致，以免形成涡流
两侧下部进水，两端上部（可通过溢流槽）回水			配水均匀，可减少池底沉淀和水面漂浮物，有利于水面排污	两侧进水口宜对称布置，以免形成涡流。为减少短流，应使靠近中间的进水口流速稍大
两端进水（深水区分层进水），底部回水			池底沉淀少，配水较均匀，不利于水面排污	管道布置应使各进水口和回水口流速一致
两端进水，中间深水区底部回水			池底沉淀少，配水较均匀，不利于水面排污	管道布置应使各进水口和回水口流速一致
底部进水，周边溢流回水			配水较均匀，底部沉淀较少，有利于表面排污	要保证进水管沿程配水均匀
两侧（上或下）进水，两端溢流和底部回水			配水较均匀，有利于池底和水面排污	

声学设计要点

1. 游泳馆声学设计，主要是通过对混响时间和颤动回声的控制和消除，来保证厅内语言清晰及音质效果。

2. 控制混响时间可以在顶棚和距池岸2m以上墙面设置吸声材料，选用的吸声材料应注意防腐防潮。

3. 控制颤动回声可以通过设置不规则凹凸墙来减少大面积平行墙面，使声音扩散，减少颤动回声的效果。

4. 一般情况下，游泳馆比赛厅的混响时间不要太长，能有一定的语言清晰度即可，如果有多功能使用需求，可根据相应要求进行声学设计。

游泳馆比赛于满场时500~1000Hz 混响时间　　表1

游泳馆等级	游泳馆按等级在不同每座容积（m³/座）的混响时间（s）	
	<25m³/座	>25m³/座
特级、甲级	<2.0	<2.5
乙级、丙级	<2.5	<3.0

注：本表摘自《体育建筑设计规范》JGJ 31-2003。

照明设计要点

1. 游泳馆照明设计的一般要求是要有足够的照度、照度均匀、控制眩光。并且应满足观众的视觉要求，使灯光对观看比赛时所引起的不适感降到最低，特别应注意光线在水中的反射、折射、透射。自然采光窗应设置在池的两侧，以避免眩光的不良影响。

2. 在游泳池面范围内，水下照明的光通量应达到1000~1500lm/m² 以上。水下照明灯其上口宜布置在水面下1.0m，灯具间距宜为2.5~3.0m（浅水池）和3.5~4.0m（深水池）。灯具应为防护型，并有可靠的安全接地措施。

3. 跳水池水下照明灯一般只设置在靠跳台的池壁上。

4. 为了保证高台跳水运动员完成高难度动作，及裁判员观看动作评定成绩，在跳水区内，应有较高的垂直照度，并且应尽量控制出现眩光。

5. 游泳馆灯具布置应与泳道方向相结合，灯具一般布置在场地两侧，光束非垂直于场地平面。灯具瞄准角宜为50°~55°，防护等级不低于IP55，水下灯具应为IP68。

6. 游泳馆内墙面和顶棚宜采用浅冷色调色彩，并使用无光泽材料，其材料反射率应满足表4注4的要求。

空调设计要点

1. 乙级以上游泳馆应设全年使用的空调装置，未设空气调节的游泳馆应设机械通风装置，有条件时可采用自然通风。

2. 乙级以上游泳馆为解决泳池池区与观众区空调参数及使用时间不同的问题，宜分别设置独立的空气处理系统，池厅对建筑其他部位应保持负压。游泳馆需防止池区和观众区互相干扰影响使用效果。应按不同要求分别进行区域内的气流组织设计。

3. 游泳馆池区的气流组织应根据场地条件，可采用百叶风口及喷口侧送，或采用纤维织物空气分布系统顶部下送。

4. 游泳馆观众区的气流组织根据场地条件，可采用置换风口下送，百叶风口侧送，或纤维织物空气分布系统侧送。

5. 游泳馆池区上方应设排风系统，将高湿高热的空气及时排出，排风口应设在池区顶部或侧墙上部。

6. 寒冷地区的游泳馆宜采用散热器采暖，低温热水地板辐射采暖和热风采暖相结合的方式，在外廊窗下设散热器，在池边运动员停留场所设辐射采暖装置。散热器应采用耐腐蚀产品。

7. 合理选择设备以减少噪声产生，降低能耗，减少日常运营费用。

8. 游泳馆围护结构的防结露措施有：增加围护结构的保温、隔热能力。围护结构最小热阻不应低于表3值。提高屋盖构造下的通风（空调）风速，防止结露。

比赛大厅空调设计参数　　表2

房间名	夏季			冬季			最小新风量（m³/h·人）
	温度（℃）	相对湿度（%）	气流速度（m/s）	温度（℃）	相对湿度（%）	气流速度（m/s）	
观众区	26~29	60~70	≤0.5	22~24	≤60	≤0.5	15~20
池区	26~29	60~70	≤0.2	26~28	60~70	≤0.2	—

注：1. 新游泳馆池区气流速度主要是距地2.4m以内，跳水区包括运动员活动的所有空间在内；
2. 乙级以上游泳馆的风量还应满足过渡季排湿要求；池区相对湿度≥75%；
3. 本表摘自《体育建筑设计规范》JGJ 31-2003。

游泳馆围护结构最小热阻值　　表3

室外温度℃	-15	-14	-13	-12	-11	-10	-9	-8	-7
最小热阻R	2.81	2.75	2.68	2.62	2.55	2.49	2.43	2.36	2.3
室外温度℃	-6	-5	-4	-3	-2	-1	0	1	2
最小热阻R	2.34	2.17	2.11	2.04	1.98	1.92	1.85	1.79	1.72
室外温度℃	3	4	5	6	7	8	9	10	
最小热阻R	1.66	1.6	1.53	1.47	1.4	1.34	1.28	1.21	

说明：1. 游泳馆室内温度29℃，相对湿度70%，露点温度25.2℃。
2. 室外相对湿度80%。

游泳、跳水、水球、花样游泳场地的照明标准值　　表4

等级	使用功能	E_h (lx)	E_h		E_{vmai} (lx)	U_{vmai}		E_{vaux} (lx)	U_{vaux}		R_a	LED R_g	T_{cp} (K)
			U_1	U_2		U_1	U_2		U_1	U_2			
Ⅰ	训练和娱乐活动	200	—	0.3	—	—	—	—	—	—	65	—	4000
Ⅱ	业余比赛、专业训练	300	0.3	0.5	—	—	—	—	—	—			
Ⅲ	专业比赛	500	0.4	0.6	—	—	—	—	—	—			
Ⅳ	TV转播国家、国际比赛	—	0.5	0.7	1000	0.4	0.6	750	0.3	0.5	80	0	4000
Ⅴ	TV转播重大国际比赛	—	0.6	0.8	1400	0.5	0.7	1000	0.3	0.5			
Ⅵ	HDTV转播重大国际比赛	—	0.7	0.8	2000	0.6	0.7	1400	0.4	0.5	90	20	5500

注：1. 10m跳台和1m、3m跳板的正前方0.6m，宽2m至水面应满足垂直照度的要求；
2. 泳池周边2m区域应满足垂直照度的要求。
3. 应避免人工光和天然光经水面反射对运动员、裁判员、摄像机和观众造成反射眩光；
4. 墙和顶棚的反射比分别不应低于0.4和0.6，池底的反射比不应低于0.7；
5. 游泳场Ⅴ等级Tcp不低于5500K；
6. 本表摘自《体育场馆照明设计及检测标准》JCJ 153-2007。

游泳设施 [9] 实例

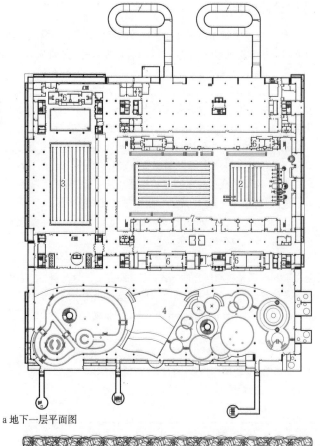

a 地下一层平面图

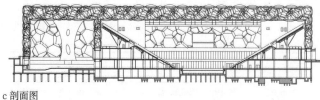

c 剖面图

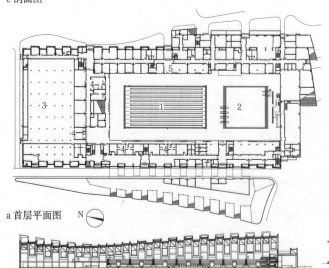

a 首层平面图

b 剖面图

1 比赛池　4 更衣区
2 跳水池　5 办公区
3 热身池下方

2 广东奥林匹克游泳跳水馆

名称	建筑面积	设计时间	设计单位
广东奥林匹克游泳跳水馆	33331m²	2007	华南理工大学建筑设计研究院

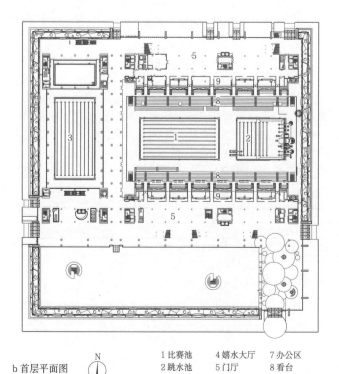

b 首层平面图　　1 比赛池　4 嬉水大厅　7 办公区
　　　　　　　　2 跳水池　5 门厅　　　8 看台
　　　　　　　　3 热身池　6 更衣区　　9 卫生间

1 北京国家游泳中心

名称	建筑面积	设计时间	设计单位
北京国家游泳中心	79532m²	2003年	PTW建筑设计事务所、悉地国际设计顾问有限公司（CCDI）

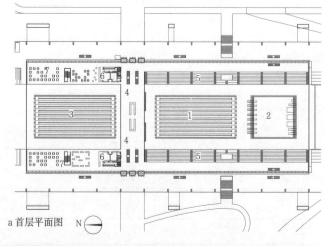

a 首层平面图

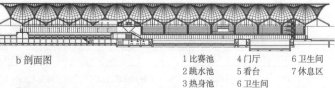

b 剖面图　　1 比赛池　4 门厅　6 卫生间
　　　　　　2 跳水池　5 看台　7 休息区
　　　　　　3 热身池　6 卫生间

3 佛山世纪莲花体育中心游泳馆

名称	建筑面积	设计时间	设计单位
佛山世纪莲花体育中心游泳馆	31052m²	2003	德国GMP建筑事务所、华南理工大学建筑设计研究院

实例 [10] 游泳设施

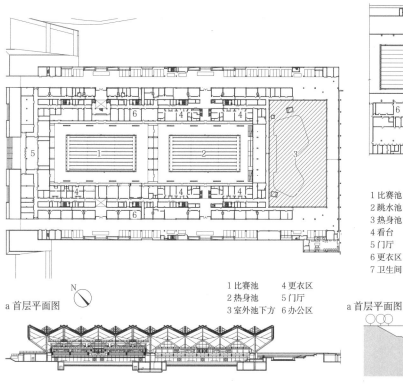

a 首层平面图

1 比赛池　　4 更衣区
2 热身池　　5 门厅
3 室外池下方　6 办公区

b 剖面图

1 比赛池
2 跳水池
3 热身池
4 看台
5 门厅
6 更衣区
7 卫生间

a 首层平面图

b 剖面图

1 深圳大运会游泳馆

名称	建筑面积	设计时间	设计单位
深圳大运会游泳馆	25197m²	2007	德国GMP建筑事务所、悉地国际设计顾问有限公司（CCDI）

3 德国柏林奥林匹克游泳馆

名称	建筑面积	设计时间	设计单位
德国柏林奥林匹克游泳馆	23980m²	1995	多米尼克·佩罗建筑师事务所

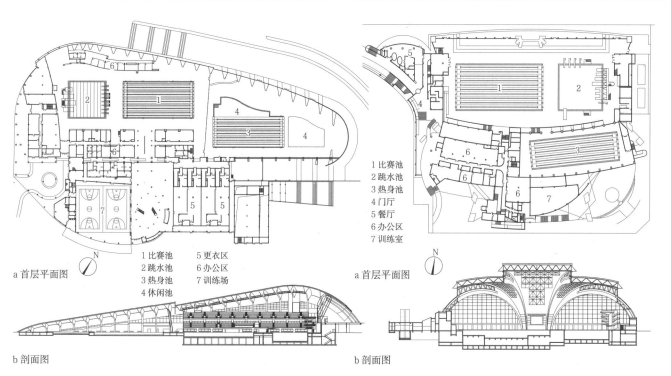

1 比赛池　　5 更衣区
2 跳水池　　6 办公区
3 热身池　　7 训练场
4 休闲池

a 首层平面图

b 剖面图

1 比赛池
2 跳水池
3 热身池
4 门厅
5 餐厅
6 办公区
7 训练室

a 首层平面图

b 剖面图

2 南京奥林匹克体育中心游泳馆

名称	建筑面积	设计时间	设计单位
南京奥林匹克体育中心游泳馆	33584m²	2003	澳大利亚HOK设计公司、江苏省建筑设计研究院有限公司

4 日本东京辰巳国际游泳馆

名称	建筑面积	设计时间	设计单位
日本东京辰巳国际游泳馆	22319m²	1990	仙田满环境设计研究所

综合训练馆及健身中心 [1] 基本要求

概述

综合训练馆主要供专业运动员使用，健身中心（或称健身俱乐部）主要面向社会开放，二者有时也彼此兼顾，均属于以训练和健身为基本功能单元组合而成的、不以比赛为主的体育建筑。该类建筑功能多、设施全，通常有空间组织灵活、可因地制宜适应各种地块条件、社会服务性强等特点。

分类   表1

类别	服务对象
综合训练馆	专业运动员、教练员、体育运动专业院校及普通院校进行体育运动的师生
健身中心	普通健身运动人员、社会化体育运动培训、运动康复人员、休闲放松人员和接受体质监测人员

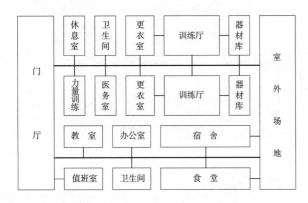

[1] 综合训练馆功能组成

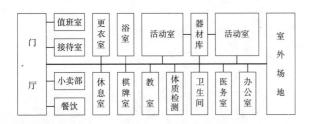

[2] 健身中心功能组成

设计要点

1. 综合训练馆和健身中心在设计时，应根据使用性质、功能类别、建设规模与服务对象，确定各类用房，包括训练房（厅）、健身房、服务用房、公共空间和其他附属设施。

2. 各类房间厅堂的平面位置和楼层布置，应以训练和健身为重点，根据各类运动项目的工艺要求、使用频率、服务对象、能源消耗、结构工程要求和彼此干扰程度等，合理安排，既进出方便、服务便捷，又有利于管理。

3. 各类厅、室的空间设计应尽可能多地考虑多种运动项目训练或健身的可能性，以利于以后多功能转换，且便于灵活分隔和整合。

4. 对公众开放的运动场所，建筑设计应兼顾各类人员的使用和安全要求，为老年人、母婴和残障人士提供便利。公共部位应进行无障碍设计。

5. 不含比赛和观赛功能的训练和健身体育建筑，一般情况下的内部交通可不必按照人员密集和大人流交通进行设计，但应满足一般服务性公共建筑的交通和疏散要求。单层、多层和高层建筑应满足相应的防火设计要求。

各类辅助用房的配置要求   表2

编号	类别	配置要求	备注
1	更衣室、卫生间和洗浴设施	应配置	—
2	休息室、小卖部、咖啡厅和简易餐饮	有条件时配置	餐饮服务场所宜交通便利，并应满足防火及卫生防疫等相关要求。
3	器材室等各类贮藏空间	应配置	尽可能靠近运动场地布置。应根据物品的性质，按照防火设计规范的相关要求，确定防火级别。
4	医务室等简易卫生医疗设施	应配置	可与其他相关建筑合并设置，实现共享。
5	教室、音响室、图书室和研究室	根据需要配置	—

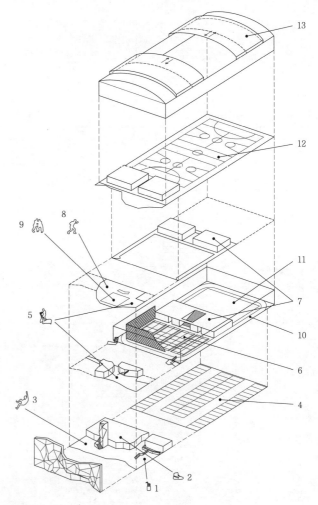

1 咖啡厅 2 体育用品专卖店 3 攀岩 4 停车场
5 健身房 6 羽毛球场 7 更衣休息室 8 拳击
9 柔道 10 室内跑道 11 体操房 12 篮球/手球场
13 可开启屋面

[3] 建筑的多功能空间组合

注：本图根据 NL Architects 设计的 Sportpaleis Dordrecht 方案图修改并补充功能。

总平面设计 [2] 综合训练馆及健身中心

基地选址

1. 专业性的综合训练馆选址应从属于体育中心、体育院校和各级运动训练中心的总体规划，处理好比赛、训练、教学、生活和服务等各类区域之间的功能和空间关系。对于兼有对社会开放的专业训练设施，应保证具备直接、便利的对外交通条件，并尽可能靠近市政道路布置。

2. 社会服务性的健身中心应作为城市建设规划的重要内容，按照人口密度、人员构成、服务半径和业态互补等情况，合理选址。大型的、地区性健身中心宜靠近当地体育、文化和社会服务设施，并具备便捷的公共交通条件和充足的停车资源；小型的健身中心、健身俱乐部、健身会所等，应尽可能靠近居住区、商务区和其他人口稠密区域，保证交通便捷。

3. 用地规模应保证主体建筑和附属建筑用地、停车场（库）和道路交通用地、环境和绿化用地等。条件允许时，应实现室内、室外场地的结合，功能性与景观性的结合。与体育中心、健身公园相邻布置，既能够丰富活动内容，又有利于营造优美环境。

4. 健身设施与商业、餐饮、住宅、旅馆等其他功能合建时，设计应采取有效措施，在满足彼此互不干扰的前提下，既要尽可能实现辅助用房资源共享，做到彼此互补、有利于提高经营效益，也要满足相应的防火和安全要求。

功能布置[1]

1. 处理好主体建筑和附属建筑之间的关系，做到主次分明、功能互补、分区明确、布局合理、联系便捷、互不干扰、兼顾地形。

2. 总平面设计应安排好停车场（库）、设备用房、垃圾站、值班室等附属设施。

3. 合理布置室外活动场地。训练馆可结合室外运动场地一并设计。健身中心可结合室外广场设计，灵活布置简易球场和各类健身设施。

4. 道路布局与交通组织应实现各个功能单元的交通便捷，在人流较大的情况下，尽可能实现人车分流。结合地形布置道路、停车场和出入口。合理布置消防道路和施救场地。

5. 营造良好的环境和绿化条件，根据各地具体条件，合理控制建筑覆盖率和容积率。建筑覆盖率建议不超过50%。建筑容积率，低层和多层可取1~2，中高层与高层建筑可控制在3~5。绿地率须满足城市规划要求，通常情况下不小于30%。

停车位指标（单位：辆/hm²） 表1

	机动车	非机动车	备注
综合训练馆	25	250	建议指标，应服从于城市规划或基地总体规划要求
健身中心	75	200	

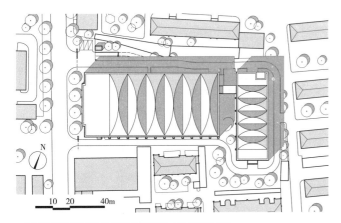

a 上海枫林体育运动学校综合训练馆（徐汇游泳馆）

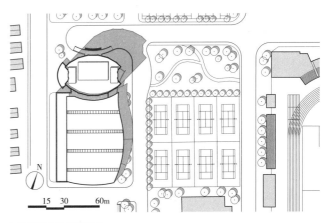

b 盐城市全民健身中心

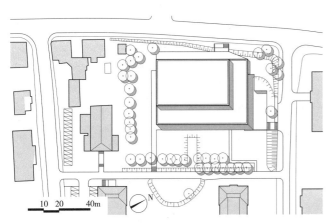

c 德国施托尔贝格 卡尔-冯-巴赫中学训练馆

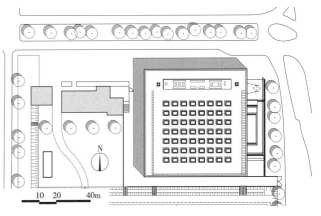

d 德国蒂宾根大学综合训练馆

[1] 总平面实例

[1] 参见《城市居住区规划设计规范》GB 50180-93（2016版）。

综合训练馆及健身中心 [3] 建筑功能及交通设计

主要功能用房

主要功能用房包含基本设施和辅助设施两大类。

基本设施　　　　　　　　　　　　　　　　　　表1

编号	类别	备注
1	篮球、排球、手球、室内足球、羽毛球、网球、冰球、体操、蹦床等	对净空高度和场地尺寸要求较高
2	乒乓球、舞蹈、武术、摔跤、跆拳道、柔道、拳击、射击、壁球、室内高尔夫练习、台球、沙狐球等	对净空高度和场地尺寸要求较低
3	游泳池、跳水池、戏水池、水疗池、拉桨池	—
4	重竞技训练房	—
5	滑冰场（包括旱冰场）	—
6	射击场	—
7	力量训练房	—
8	棋牌室	—
9	教室（普通教室及多媒体教室）	—

辅助设施　　　　　　　　　　　　　　　　　　表2

编号	类别	备注
1	更衣室	更衣箱、淋浴头和卫生间蹲位数量应兼顾训练和社会开放需要
2	浴室	
3	卫生间	
4	休息室	—
5	观摩廊	—
6	小卖部、简单餐饮和休闲空间	—
7	医务室、按摩室、理疗室	—
8	体质监测室	—
9	办公室、会议室、资料室	—
10	设备机房	—

公共设施的布置及交通组织

1. 公共设施含楼梯、电梯、门厅、过厅等交通设施以及卫生间、更衣室和休息室等辅助设施，应根据服务便捷、疏散合理的原则进行安排。对于功能较复杂、服务对象较多的建筑，特别是具有对社会开放的多功能健身设施，应保证足够的服务空间，如设置多个门厅及出入口等，有利于人员分流。

2. 根据训练或健身设施的使用人数来确定配套服务设施和交通设施的规模和形式。多功能场地应按照参与人数较多的项目核定人数。对于游泳等季节性较强的运动项目，可考虑将比赛池和训练池布置在不同空间里，通过冬季单独开放训练池的方法，减少冬季运行费用。此外，在考虑更衣室等配套设施面积时，可适当控制标准，避免因经常性的空置而影响经济性。

3. 交通组织方面，除满足紧急条件下的安全疏散外，还要按照各项功能的相互关系，优化正常使用条件下的人流、物流和车流组织。保证合理的交通服务水平，适当提高训练健身人员的舒适度。与商业、住宅、旅馆等合建时，应在平面功能、垂直交通、消防疏散和建筑设备等方面综合考虑相互关系，在功能使用上保证互不干扰、在疏散条件上保证互不交叉，并组织好室外交通流线，安排好各类停车设施。

训练健身场所容纳人数　　　　　　　　　　　　表3

编号	类别	建议取值	备注
1	球类训练	按照各类标准场地所容纳训练人数的2倍进行计算	服务、管理人员另行统计
2	健身	按照器材配置或培训规模计算人数	
3	游泳	按照每人4m²水面进行计算	

注：参见《体育场所开放条件与技术要求》GB 19079.6-2003。

楼梯、电梯、卫生间等辅助空间的布置方式　　　表4

编号	位置	说明
1	位于建筑中间	两个独立训练空间，有利于减少彼此干扰。共享的辅助设施位于中间
2	位于建筑一侧	适用于单一狭长大空间。交通和辅助设施集中设置
3	位于建筑一端	训练空间形态完整。交通和辅助设施集中布置，有利于管理
4	位于建筑两端	布置两套交通和辅助设施，有利于满足不同训练人群的需要
5	位于主体建筑之外	有利于减少辅助空间对大空间的干扰
6	位于运动场地的下一层	在用地较为紧张时，辅助用房布置在下部楼层。通过竖向交通联系，提高空间利用率

运动场地的平面尺寸及净高要求

1. 运动场地的平面尺寸和净高，应根据比赛、训练或休闲健身等需要，参照表5取值。
2. 多功能场地净高应按照净高要求最高的类别设计。
3. 场地间距和缓冲距离可根据情况，适当降低标准。

常用运动场地的平面尺寸及净高（长×宽/高，单位：m）　表5

编号	类别	比赛	训练	休闲健身
1	篮球	28.0×15.0/7.0	28.0×15.0/7.0	24.0~28.0×13.0~15.0/7.0
2	排球	18.0×9.0/12.5	18.0×9.0/12.5	18.0×9.0/7.0
3	羽毛球	单打13.4×5.18/双打13.4×6.1/12.0	单打13.4×5.18/双打13.4×6.1/9.0	单打13.4×5.18/双打13.4×6.1/9.0
4	乒乓球	14.0×7.0/5.6	12.0×6.0/5.6	7.8×5.6/3.0
5	网球	单打23.77×8.23/双打23.77×10.97/10.0	单打23.77×8.23/双打23.77×10.97/10.0	单打23.77×8.23/双打23.77×10.97/8.0

注：更多内容及图示可参见标准图集《体育场地与设施》08J933。

建筑空间与多功能设计 [4] 综合训练馆及健身中心

建筑空间的优化组合

1. 建筑楼层功能应合理布置。对于人流进出频繁、参与群众较多的活动空间，宜设置在建筑的首层或较低楼层。更衣室尽可能靠近游泳池或运动量较大的训练厅布置。此外，可充分利用上人屋面作为室外活动场地，将参与人员较少或噪声、振动影响较大的活动项目布置在地下室。

2. 建筑空间的立体化组合。高大空间内的局部可设计为多层夹层，以安排休息室、更衣室、观摩廊等对空间高度要求较低的功能。不规则的边角空间也应考虑合理利用。

一般的球类场地可尽可能考虑多种球类的训练，如手球场地可兼用作篮球场地，摔跤、跆拳道和柔道场地的相互调配等。如长53m、宽34m的场地，可满足3片篮球场、手球场和标准泳池等训练设施的场地要求。

③ 球类训练场地的多功能综合利用

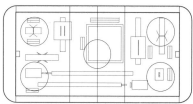

冰球场地可根据需要转换为健身、球类运动和水上运动等场地。场地设施的转换可通过装配式运动地板、装配式游泳池、装配式人工冰场等实现。长61m、宽30m的场地，通过合理布置，还可以满足体操等训练设施的场地要求。

④ 冰球场地的多功能综合利用

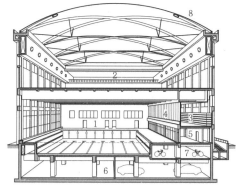

1 游泳池　2 球场　3 活动看台（活动隔断展开后，作乒乓球活动室）　4 活动隔断
5 裁判用房／救生员休息室　6 汽车库／设备用房　7 自行车库　8 索拱结构膜屋面
上海枫林体育运动学校综合训练馆（徐汇游泳馆）

① 多层建筑内部功能空间的组合

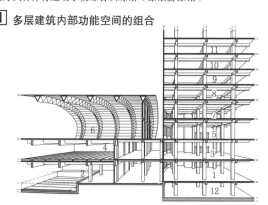

1 门厅　2 游泳池　3 大众餐饮　4 保龄球厅　5 乒乓房　6 网球场　7 体育舞蹈
8 跆拳道／柔道　9 健身房　10 台球房　11 培训教室　12 设备用房
盐城市全民健身中心

② 高层与多层建筑组合体的内部功能空间布置

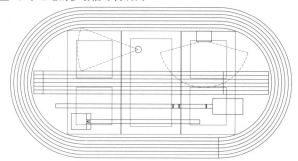

200m标准室内田径跑道的中间场地，除可布置跳高、跳远和投掷等项目外，还可兼作摔跤、柔道和跆拳道等训练设施场地。

⑤ 200m室内田径场地的多功能综合利用

多功能综合利用

1. 建筑平面考虑多功能组合。可以将球场、游泳池、滑冰场、健身房、台球房、游戏室等各类健身休闲设施，通过合理的流线组织起来，满足健身者的多种需求，提高健身休闲设施的综合服务水平。

2. 场地布置考虑多功能利用。布置可移动、可折叠、可收放的运动器材，结合设置活动隔断，尽可能使同一场地和空间能够适应多种运动健身项目。此外，适当布置可收纳的活动座席或利用夹层空间布置座席，可实现训练与比赛观演的功能转换。

3. 建筑立面及室外场地的利用。在外墙上设置攀岩墙、简易篮球架，开辟相邻场地安排健身活动设施，使内外功能相结合，丰富健身运动内容。

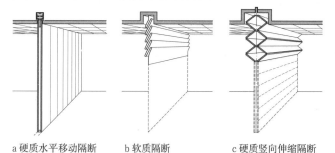

a 硬质水平移动隔断　　b 软质隔断　　c 硬质竖向伸缩隔断

⑥ 通过活动隔断灵活分隔场地

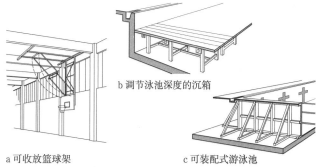

a 可收放篮球架　　b 调节泳池深度的沉箱　　c 可装配式游泳池

⑦ 采用活动式运动器材

综合训练馆及健身中心 [5] 技术要求

结构选型

应根据功能和空间要求,有针对性地进行结构选型。

各类设施空间的结构选型　　　　　　　　　　　　　　表1

编号	设施或空间类别	结构形式	备注
1	单层大空间	钢结构、索膜结构	—
2	游泳池等极度潮湿的空间	铝合金、胶合木等空间结构及预应力钢筋混凝土结构	若采用钢结构,应采取防腐蚀措施
3	较大跨度的训练厅楼面结构	宜采用预应力钢筋混凝土结构	利于减小梁高、提高室内净高
4	多层或高层建筑主体结构	钢筋混凝土结构或钢结构	尽量将大空间布置在多层裙房内或高层建筑的顶层
5	对既有建筑改建而成的训练健身设施	满足既有结构形式安全,必要时进行结构加固	应按照运动项目性质、计算复核现有结构的承载力和使用性能

建筑的形象与内外关系

1. 处理好建筑形象与城市空间的关系。特别是对于大型的综合训练馆和健身中心,作为大体量体育建筑,对城市的空间表达有着重要作用。

2. 处理好建筑形象与相邻建筑和环境的关系。建筑形态、风格和色彩宜尽可能与环境协调。为减小大空间建筑的视觉体量,运动场地可考虑下沉处理。训练馆或健身中心有时作为高层建筑的附属裙房而贴邻建设,应考虑彼此的高低、体量关系。

3. 处理好建筑形象与体育功能的关系。大空间体育建筑应保持内部空间与功能需求的一致,外部造型与内部空间形态的一致,结构形态与建筑形态的一致。应杜绝外部造型与内部空间各行其是的现象,尽量压缩无效空间,也有利于节能降耗。

4. 处理好建筑内部各功能空间的关系。一方面应按照各功能空间的彼此关系和流线顺序进行合理组合和布置;另一方面应按照结构、设备技术条件和彼此在声、光和振动方面相互干扰程度进行水平和竖向布置。

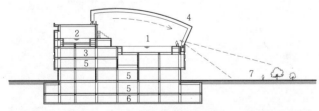

1 比赛池　2 训练池　3 健身　4 可开启屋面　5 商业　6 汽车库　7 公园
屋面和侧墙一体化并可开启,池岸朝向公园绿地,具有良好的景观。内部空间高低变化,既适应了看台与泳池的不同高度需求,又尽可能压缩了内部空间,以利于节能。
a 上海市长风社区健身中心

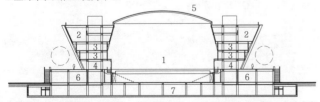

1 体育馆　2 训练健身　3 客房　4 观众休息厅　5 可开启屋面　6 商业　7 汽车库
体育馆设可开启屋面,周圈布置多层客房及训练健身大厅。建筑外形逐层向外伸展,在用地面积有限的情况下,既保证了大平台的活动空间,又提高了上部空间的利用率。
b 连云港市全民健身中心

1 建筑的形象与内外空间关系

隔振及噪声控制

1. 运动项目大多会产生振动和噪声。鉴于综合训练馆及健身中心的多功能性,各功能都有动与静的要求,要尽量减少彼此干扰,控制对相邻建筑的影响,应优先考虑通过合理的平面和竖向布置,做到动静分离、互不干扰。在该方法实施有困难或无显著效果时,可采取隔振、减振和隔声、吸声措施。

2. 隔振方面,若运动场地楼层的下部功能空间对隔振降噪要求较高时,须按照噪声控制标准进行楼面设计。对于举重等重竞技项目,一般情况下,建议场地直接布置在建筑首层地面。对于产生较大振动的健身器材,若确需布置在楼层上时,应采取隔振措施,如浮筑地板等构造,避免对下层空间造成显著影响,并有效地控制固体传声。

3. 噪声控制方面,应首先控制噪声源向其他空间传播,其次是采取隔声措施。对于小口径步枪射击场地与其他项目共处一幢建筑时,除对射击场自身采取吸声、隔声措施外,应尽可能将其布置在地下室或封闭空间,以减少对周围用房及周边环境的影响。机电设备的噪声控制及隔振也应予以考虑。

可动设施的应用

1. 在综合训练馆或健身中心布置可动设施,一方面可以通过改变内部设施条件来适应多功能的运动需求,另一方面可以通过部分围护结构的开启和关闭,来调节运动场地的光线和空气等物理环境,有利于充分利用自然条件。

2. 活动隔断用于建筑内部空间的临时分隔,适用于场地的多功能利用。可通过设置硬质或软质、透明或不透明的活动隔断进行空间的临时分割,使相邻场地上的活动彼此不受影响。

3. 开闭屋盖、可开启窗和活动遮阳等可动的建筑围护设施可根据室外天气变化,人为控制阳光、空气的摄入,同时可抵御雨雪天气的不利影响。

4. 训练馆采用可收纳的活动座席,能够实现将训练场地转换成观摩比赛场地。训练厅净高有限,而设置上人灯光检修马道又占用净高,可代之以检修升降机,以增加有效空间高度。

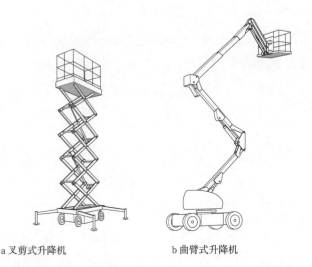

a 叉剪式升降机　　　b 曲臂式升降机

2 检修升降机等可动设施

技术要求 [6] 综合训练馆及健身中心

采光通风与建筑设备

1. 应根据运动项目的特点和要求，合理设计建筑内部的光环境、风环境和温度、湿度环境。
2. 应尽可能合理利用自然光和合理组织自然通风，减少日常训练与健身的能耗，营造接近自然的物理环境。
3. 无论是利用自然光还是采用人工光源进行运动场地照明，都应避免眩光对运动的影响。在布置外窗或灯具时，应按照眩光控制要求，考虑光源入射角度、光源与背景亮度关系等因素，满足视觉舒适度。
4. 人工照明设计应根据运动项目的不同需要，并兼顾赛时和平时等不同场景要求，确定照度标准、照明范围，合理选用和布置灯具。
5. 机械通风和采暖、空调设备应根据运动项目的需要，合理设计室内风速、室内温度。大空间训练房多采用喷口送风，但对于羽毛球等受风速影响较大的小球运动项目，可考虑采用孔板送风方式。
6. 射击场设计时，若将小口径步枪场地布置在室内，通风设施应保证烟气的及时排出。

相关功能的特性　　　　　　　　　　　　　　　　　　　　　表1

功能类别		功能特征						
分类	项目	活跃	安静	采光	通风	隔声	隔振	保温	结露
运动空间	球类	●		●	●	●			
	游泳	●		●	●			●	●
	力量训练	●		●	●		●		
	举重	●		●	●		●		
	射击	●		●	●	●			
	棋牌		●	●	●				
辅助空间	更衣室	●		●	●			●	●
	休息室		●	●	●				
	教室		●	●	●	●			
	办公室		●	●	●				

训练器械及其场地要求

1. 各类专业训练器械应按照专业比赛和训练要求选用，并合理安装、布置。建筑设计应提供充足的空间和场地条件。
2. 健身器械和力量训练器械可根据各运动项目功能要求，合理选用。
3. 固定式运动器械应在土建施工图设计时，按照其工艺要求布置好预埋件。对于可移动式运动器械，根据其荷载大小和布置范围做好结构设计和建筑楼地面设计。
4. 场地设计须按照运动种类的要求，有针对性地设计运动地面，合理选择工艺构造。既要保证运动人员的舒适和安全，也应符合防火规范的相关要求。对于多功能场地，有条件可考虑活动式运动地板，楼地面的结构设计也应考虑能够满足不同运动项目的承载力要求和刚度变形要求。地面材料宜选用优质木地板或弹性较好的塑胶材料。
5. 训练、健身房的空间高度、平面尺寸应根据运动项目的性质确定，专业训练应满足体育工艺中的训练要求，一般健身可在保证项目使用功能的前提下，适当降低要求、降低空间高度，减小场地或器材间距。
6. 各类运动健身器械所需要的强电、弱电条件应结合机电设计和室内装饰设计一并完成。

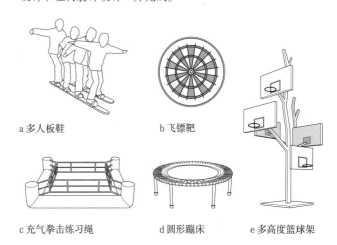

a 多人板鞋　　　　b 飞镖靶

c 充气拳击练习绳　　d 圆形蹦床　　e 多高度篮球架

3 形式多样的健身器材

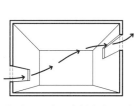

a 利用场地两侧的高低窗实现空气对流

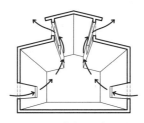

b 设置屋顶天窗实现空气对流

1 训练场地实现空气对流

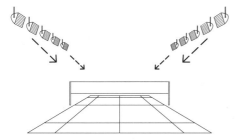

羽毛球场地的照明光线应来自场地两侧斜上方，灯具的选型和布置应避免产生眩光。

2 训练场地的采光照明

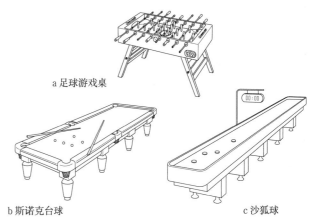

a 足球游戏桌

b 斯诺克台球　　c 沙狐球

台球、沙狐球、足球游戏桌等设施，占地较少。作为大型运动设施的补充，可根据需要进行布置。

4 常见的小型球类活动设施

综合训练馆及健身中心 [7] 技术要求

健身房的平面布置及健身器械[1]

健身房通常划分为心肺功能练习区、力量器械练习区和自由重物练习区三个部分。从健身器械的种类来看,又包括综合训练器械(如全身性、多站位综合训练器)、专项训练器(如背部、臂部、腿部等练习器)和小型练习器械(如哑铃、健身球等)。各健身器械的种类和数量可根据健身房的规模和服务标准,参照国家标准进行配置。各运动器械的布置间距,应满足人体工学要求,并兼顾运动幅度的影响。

健身房的分区及配置器械　　　　　　　　　　　表1

编号	分区类别	健身器械	备注
1	心肺功能练习区(有氧训练)	跑步机、健身车、楼梯机、椭圆运动练习机、划船机等	—
2	力量器械练习区	卧推架、深蹲架、颈肩部练习器、背部练习器、胸部练习器、臂部练习器、腹部练习器、大腿练习器、小腿练习器等	—
3	自由重物练习区	固定哑铃、调节哑铃、哑铃架、标准杠铃、小杠铃、杠铃架、举重练习器等	注意地面承载力

健身房设计要求

1. 健身房可根据实际条件、目标需求和服务标准,按照国家标准进行相应的设计。
2. 必须符合消防、安全、卫生和环境保护等现行法规和标准的要求。健身设施和设备布局合理,使用方便。
3. 光照明亮、柔和,其中练习区宜采用暖色光源。
4. 有通风排气装置,通风良好,保证室内空气质量。有条件的设置空调机。条件较好的来说可设中央空调系统,各区域温度适宜,室内空气呈负压状态。
5. 通道宽敞并保持畅通,健身器械的布置便于交通及疏散。空间净高度,一般来说集体练习区不宜低于3.0m,器械区不宜低于2.8m,且各类练习区不低于2.6m。
6. 设置闭路电视、视频播放系统、背景音乐系统。
7. 有氧健身器材宜布置在靠近外窗、景观视野较好且通风良好的区域。
8. 较大规模的健身房可设置健身车集体练习区。

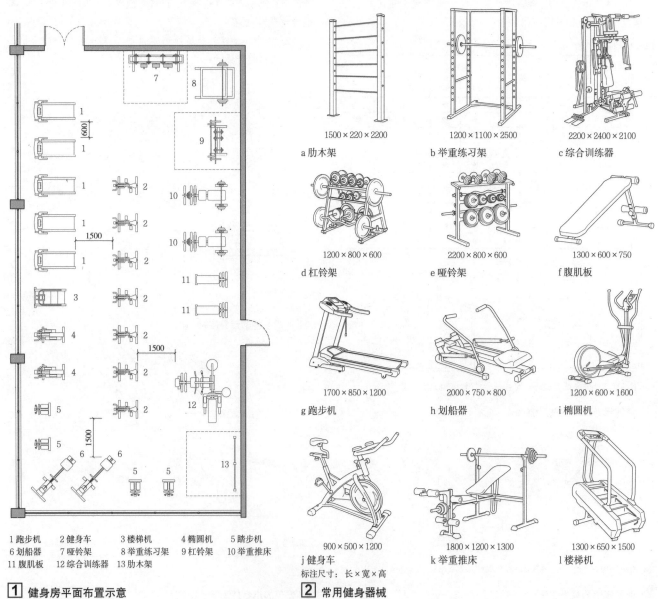

1 跑步机　2 健身车　3 楼梯机　4 椭圆机　5 踏步机
6 划船器　7 哑铃架　8 举重练习架　9 杠铃架　10 举重推床
11 腹肌板　12 综合训练器　13 肋木架

1 健身房平面布置示意

a 肋木架 1500×220×2200
b 举重练习架 1200×1100×2500
c 综合训练器 2200×2400×2100
d 杠铃架 1200×800×600
e 哑铃架 2200×800×600
f 腹肌板 1300×600×750
g 跑步机 1700×850×1200
h 划船器 2000×750×800
i 椭圆机 1200×600×1600
j 健身车 900×500×1200
k 举重推床 1800×1200×1300
l 楼梯机 1300×650×1500
标注尺寸:长×宽×高

2 常用健身器械

[1] 参见《健身房星级的划分及评定》GB/T 18266.2。

实例 [8] 综合训练馆及健身中心

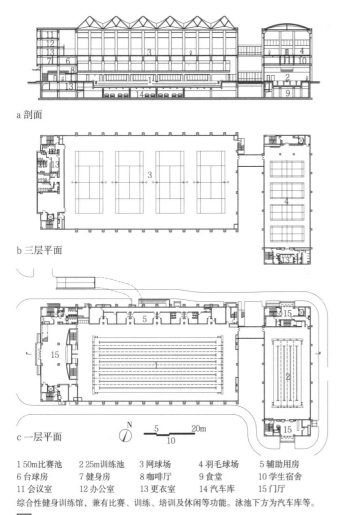

a 剖面

b 三层平面

c 一层平面

1 50m比赛池　2 25m训练池　3 网球场　4 羽毛球场　5 辅助用房
6 台球房　7 健身房　8 咖啡厅　9 食堂　10 学生宿舍
11 会议室　12 办公室　13 更衣室　14 汽车库　15 门厅

综合性健身训练馆，兼有比赛、训练、培训及休闲等功能。泳池下方为汽车库等。

1 上海枫林体育运动学校综合训练馆（徐汇游泳馆）

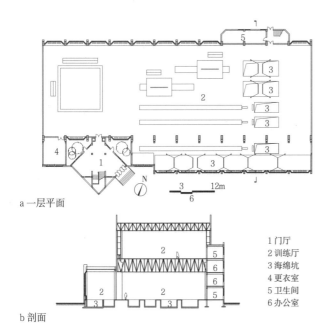

a 一层平面

b 剖面

1 门厅
2 训练厅
3 海绵坑
4 更衣室
5 卫生间
6 办公室

专业体操训练馆。大空间训练厅分为上下两层，辅助用房布置在侧边。

2 上海体育运动技术学院体操训练馆

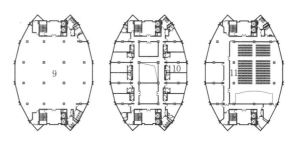

a 五层平面　　b 十层平面　　c 十三层平面

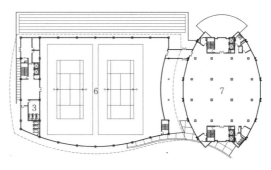

d 三层平面

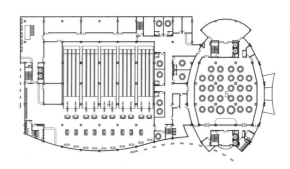

e 二层平面

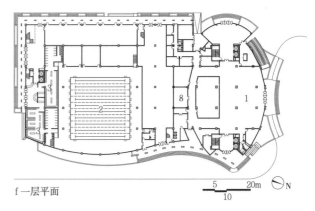

f 一层平面

1 门厅　2 25m游泳池　3 更衣室　4 保龄球厅　5 大众餐厅　6 网球场　7 乒乓房
8 体质监测　9 台球/武术/跆拳道/柔道/瑜伽（位于各标准层）10 办公　11 大型会议室

综合性体育健身设施，以面向大众开放为主，兼顾训练。高层主楼13层，裙房3层。

3 盐城市全民健身中心

综合训练馆及健身中心 [9] 实例

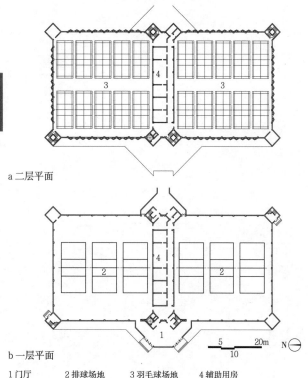

a 二层平面

b 一层平面

1 门厅　2 排球场地　3 羽毛球场地　4 辅助用房

专业球类训练馆。大空间训练厅分为上下两层，辅助用房布置在中部。

1 国家体育总局羽毛球排球训练馆

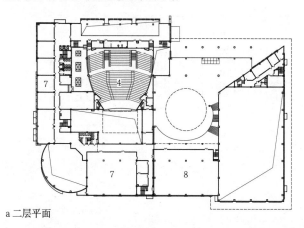

a 二层平面

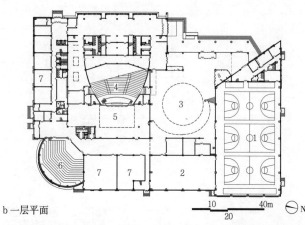

b 一层平面

1 篮球馆　2 健身房　3 中庭　4 小剧场　5 舞台　6 报告厅　7 多功能厅　8 小球训练馆

含体育、文艺和会议等功能。各功能既相互独立，又可共享部分交通和辅助设施。

2 哈尔滨工业大学二校区文体中心

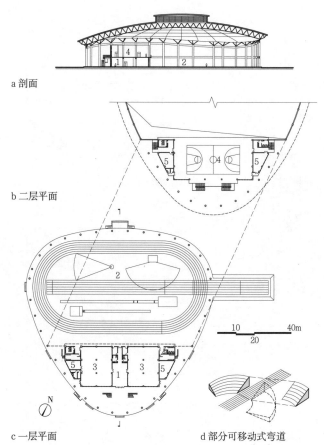

a 剖面

b 二层平面

c 一层平面　　d 部分可移动式弯道

1 门厅　2 200m标准室内田径场地　3 重竞技训练厅　4 篮球场地　5 辅助用房

建筑平面外形契合了田径场地和多种训练场地的要求，为规则的抹角等边三角形。田径场弯道超高部分可拆卸移动，使直道得以延伸至室外，满足100m训练要求。

3 盐城体育运动学校田径综合训练馆

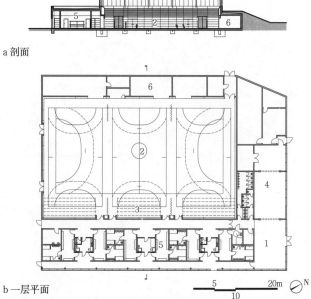

a 剖面

b 一层平面

1 门厅　2 室内运动场地　3 活动看台　4 健身房　5 更衣室　6 器材库

单层大空间训练馆。利用地形高差，建筑部分位于地面以下，以减小视觉体量。

4 德国施托尔贝格 卡尔-冯-巴赫中学训练馆

实例 [10] 综合训练馆及健身中心

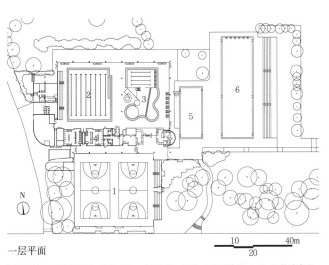

一层平面

1 篮球场　2 25m游泳池　3 戏水池　4 更衣室　5 25m室外游泳池　6 50m室外游泳池
单层健身休闲中心。标准游泳池与戏水池相结合，室内设施与室外设施相结合。

1 澳大利亚悉尼埃莫顿运动休闲中心

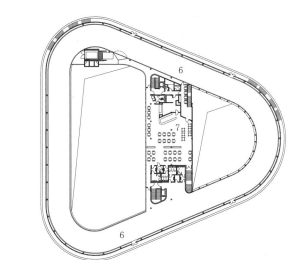

a 二层平面

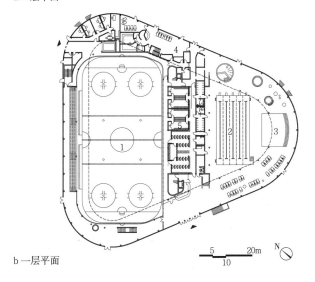

b 一层平面

1 冰球场　2 25m游泳池　3 练习池　4 健身房　5 更衣室　6 空中速滑道　7 餐厅
综合训练健身馆。建筑平面外形为抹角等边三角形，与内部场地功能需求完全符合。

2 德国科隆兰特帕克滑冰与游泳综合健身馆

 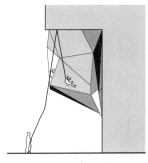

a 利用建筑外立面布置攀岩墙示意图（另引自 NL Architects 方案图）

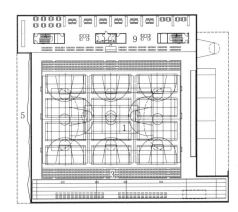

b 二层平面

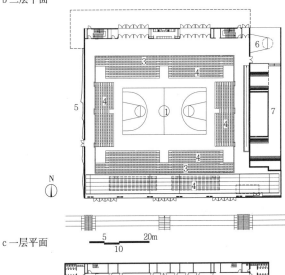

c 一层平面

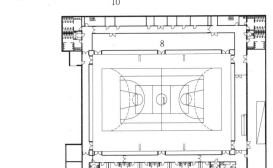

d 地下一层平面

1 运动场地　2 更衣室　3 固定看台　4 活动看台　5 攀岩墙
6 室外篮球　7 滑板　8 器材库　9 VIP区
综合性比赛训练场馆。场地下沉。外立面设攀岩墙和室外篮球架，还有滑板运动设施。

3 德国蒂宾根大学综合训练馆

综合训练馆及健身中心 [11] 实例

1 体育建筑

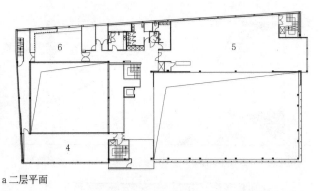
a 二层平面

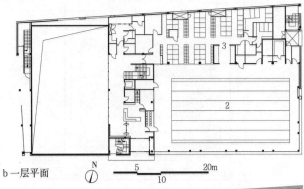
b 一层平面

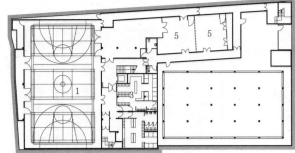
c 地下一层平面

1 篮球场　2 25m游泳池　3 更衣室　4 多功能室　5 健身房　6 展室
主要功能包括篮球及游泳，分别配置更衣室。球场地面下沉，以减小建筑外观体量。

1 英国贝尔法斯特 福尔斯休闲健身中心

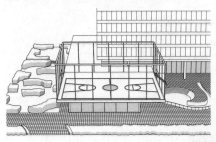
a 鸟瞰

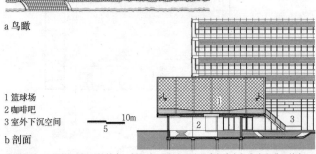
1 篮球场
2 咖啡吧
3 室外下沉空间
b 剖面

将咖啡馆和屋顶篮球场巧妙结合。场地中心设屋面圆形采光玻璃，成为咖啡吧特色。

2 荷兰乌得勒支大学篮球吧

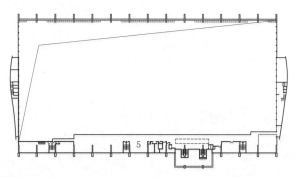
a 三层平面

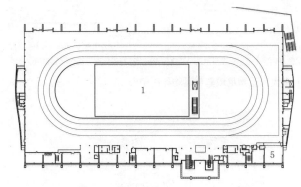
b 二层平面（冬奥会赛时速滑场地）

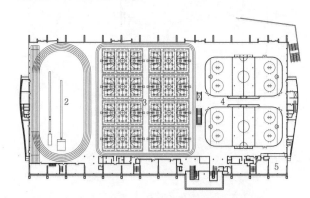
c 二层平面（平时多功能场地布置）

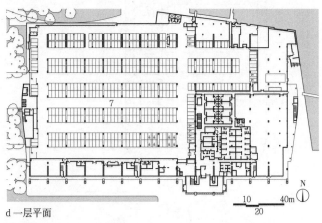
d 一层平面

1 400m速滑场地　2 200m田径跑道　3 篮球　4 冰球　5 健身房　6 更衣室　7 汽车库
冬奥会速滑馆。速滑场地在平时转换为多功能场地，有田径场、篮球场和冰球场等。

3 加拿大列治文奥林匹克速滑馆（多功能）

实例 [12] 综合训练馆及健身中心

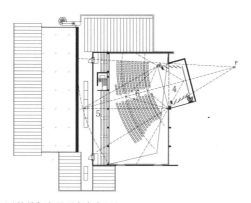

a 二层平面（简易舞台及观众席布置）

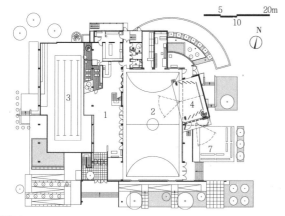

b 一层平面

1 门厅　2 篮球场　3 25m 游泳池　4 简易舞台　5 固定看台　6 临时观众席　7 室外观众席
综合健身馆。除球场和泳池外，还可兼顾社区演出活动，设简易舞台和室内外观众席。

1 德国阿尔丁根 艾里西-费舍尔社区健身馆

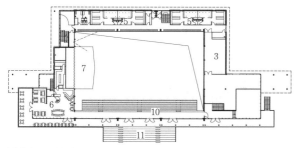

a 二层平面（活动舞台）

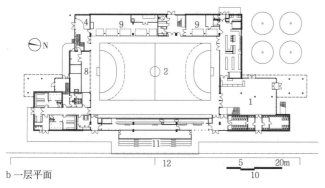

b 一层平面

1 门厅　2 多功能手球场　3 体操房　4 攀岩室　5 更衣室　6 餐厅　7 活动舞台
8 舞台收纳空间　9 器材库　10 活动看台　11 室外看台　12 足球场
多功能训练馆，预留活动舞台收纳空间。室内有少量活动看台，室外看台朝向足球场。

2 德国哈万根多功能训练馆

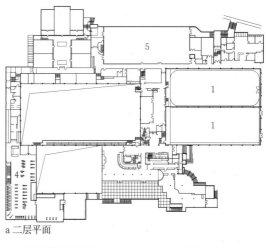

a 二层平面

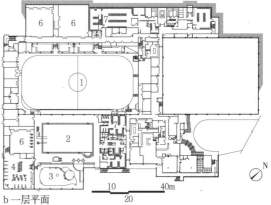

b 一层平面

1 滑冰场　2 游泳池　3 戏水池　4 健身房　5 体操房　6 多功能室　7 更衣室
建筑依山而建。利用地形高差，布置多种功能场地。健身房有良好的景观朝向。

3 加拿大温哥华 霍利本乡村健身俱乐部

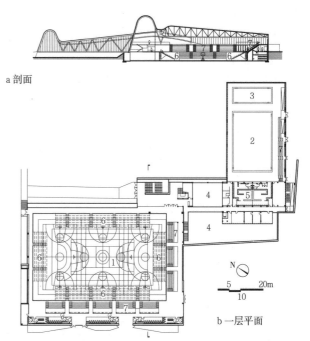

a 剖面

b 一层平面

1 多功能场地　2 25m 游泳池　3 儿童池　4 体操房　5 更衣室　6 活动看台　7 固定看台
体育休闲建筑。包含手球、篮球、游泳和健身等功能。布置有固定看台和活动看台。

4 西班牙阿斯图里亚斯 兰格雷奥体育休闲中心

75

水上运动设施 [1] 帆船·帆板

概述

装有可转动的桅杆,利用风帆操纵自然风力,使船和板航行的运动称为帆船、帆板运动。

帆通常是相当柔软的材质,当有风正对着风帆时,产生强大的推力,当帆船需要转向时,可以透过船骨和船舷来控制侧面的力量,让船身稍微倾斜来控制方向。

场地选址

帆船正式比赛要求在开阔的海面上或湖面上进行,距海(湖)岸应有1~2km,水域内无危害生物,无通行航道。

比赛场地为直径1.5~3海里(1海里=1852m)圆形海域,由3个浮标构成等边三角形,每段航线长不少于2~2.5海里。起航线和终点线均采用两个标志之间的连线,其宽度为100~200m,根据参赛帆船的数量可适当增减。

帆船比赛实际距离为起航、航行和终点三部分。全航程为18000m,缩短航程为10000m。场地布设一般在比赛起航前,根据风向、风速、气象水文条件完成。

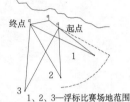

1、2、3—浮标比赛场地范围

1 帆船比赛线路示意图

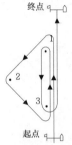 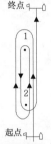 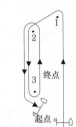

a 三角形航线示意图　b 迎尾风航线示意图　c 不规则四边形航线示意图

2 起航线、终点线和风向的关系图

比赛器具

帆船由船体、桅杆、舵、稳向板、索具等部件构成。种类繁多,归纳起来大致有三大类:龙骨艇(长6~22m,操纵人数2~15,适合深水航行)、稳向板艇(长2~6m,操纵人数1~2人,适合浅水航行)、多体艇。

帆板(又称风浪板或滑浪风帆),是介于帆船和冲浪之间的水上运动项目。帆板由带有稳向板的板体、有万向节的桅杆、帆和帆杆组成。帆板有多种板型,主要有米斯特拉级帆板和翻波板两大类。竞赛场地与帆船相同。

a 芬兰人　b 飞行荷兰人　c 帆板

3 帆船、帆板种类

部分帆船的种类和尺寸　　　　　　　　　　表1

类型	芬兰人型	飞行荷兰人型	470型	龙卷风型	星型	索林型
乘员	1	2	2	2	2	3
长度(m)	4.5	6.05	4.70	6.10	6.92	8.15
宽度(m)	1.51	1.7	1.68	3.05	1.73	1.90
重量(kg)	85	160	118	145	650	1015

附属设施

1. 用防波堤围起的固定和浮动栈桥。
2. 岸边设吊车和坡道,以便帆船上水和下水。坡道宜设在码头上风,入水角度不大于10°,宽度不小于15m。
3. 吊车周围还应设有停船区,供船只停放、维修和维护。
4. 热身训练场地供运动员进行专项训练和综合身体力量训练使用。
5. 相应的气象设施。

船只存放尺寸(单位:m)　　表2

类型	尺寸
帆板(男女)	5×2
单人艇(男女)	5×4
双人艇(男女)	7×4
小船	7×4
龙骨船	10×5

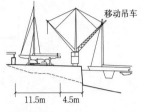

4 坡道和码头

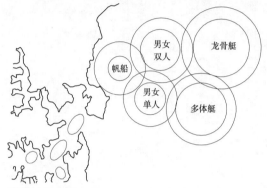

5 澳大利亚悉尼港区多种比赛的场地

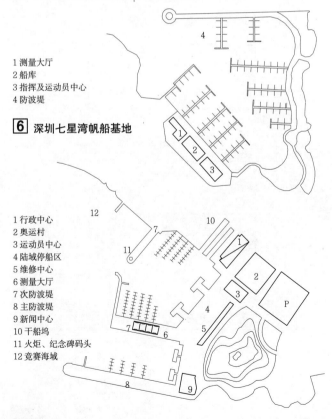

1 测量大厅
2 船库
3 指挥及运动员中心
4 防波堤

6 深圳七星湾帆船基地

1 行政中心
2 奥运村
3 运动员中心
4 陆域停船区
5 维修中心
6 测量大厅
7 次防波堤
8 主防波堤
9 新闻中心
10 干船坞
11 火炬、纪念碑码头
12 竞赛海域

7 青岛奥帆水上运动基地

概述

皮划艇是皮艇和划艇两项运动的总称。皮划艇运动是从独木舟发展起来的,是人类生产劳动和日常生活的一种水上交通工具。

皮艇和划艇两个项目比赛用船的主要区别在于选手划桨的位置和所用划桨的种类。

皮艇是运动员坐在船舱内划动两片带桨叶的桨推动船体前进,所用的划桨两头均有桨片。皮艇为封闭式船只,可乘1名、2名或4名选手。

划艇的运动员则是用两只手划动一支单桨叶桨,在屈膝的位置划水,而使船体前进。划艇为开放式船只,每只划艇可乘1~2名选手,划桨选手仅限男性。

基本赛程

划艇/皮艇分两大类:速度赛和急流回旋赛。速度赛在静水域进行,而急流回旋赛在动水域进行。

激流回旋项目赛制

激流回旋赛有4个项目:男子单人皮艇急流回旋赛、男子单人划艇急流回旋赛、男子双人划艇急流回旋赛和女子单人皮艇激流回旋赛。选手在动水域要越过设有25个障碍门的水道。获得包括罚时在内的积累时间最低的选手将成为获胜者。

静水项目赛制

在静水中进行,各路选手必须严格在自己的赛道内行进,可利用赛艇比赛场地。

皮艇比赛分单人、双人、四人3种,按比赛距离分:男子有500m、1000m、10000m,女子有500m。

划艇分单人、双人,只限于男子,按比赛距离分有500m、1000m、10000m。

比赛器具

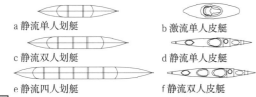

a 静流单人划艇 b 激流单人皮艇
c 静流双人划艇 d 静流单人皮艇
e 静流四人划艇 f 静流双人皮艇

[1] 皮划艇平面图

划艇的器具 表1

	长(cm)	宽(cm)	重(kg)	桨长(cm)
单人划艇	520	75	16	160~185
双人划艇	650	75	20	160~185
四人划艇	900	75	30	155~175
单人皮艇	520	51	12	215~222
双人皮艇	569	55	18	218~224
四人皮艇	1100	60	30	220~226

场地选址及设施

激流回旋项目场地可以是自然河流或人工模仿自然水道,水流速度为3~5m/s,高差落差为5m,长度为100~200m,根据具体场地情况设置障碍。

岸上须有100m×200m的停放船只的场地。

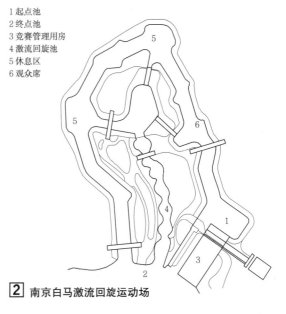

1 起点池
2 终点池
3 竞赛管理用房
4 激流回旋池
5 休息区
6 观众席

[2] 南京白马激流回旋运动场

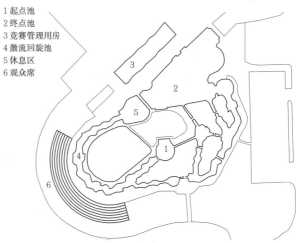

1 起点池
2 终点池
3 竞赛管理用房
4 激流回旋池
5 休息区
6 观众席

[3] 北京奥林匹克水上运动公园激流回旋场地

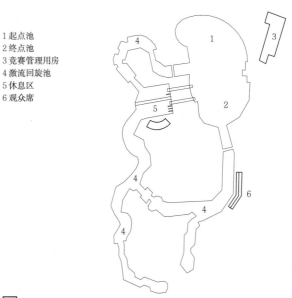

1 起点池
2 终点池
3 竞赛管理用房
4 激流回旋池
5 休息区
6 观众席

[4] 山东日照奥林匹克公园激流回旋运动场

水上运动设施 [3] 龙舟

概述

龙舟运动是一项集众多划手依靠单片桨叶的划桨作为推进方式，运用肌肉力量向船后划水，推动舟船前进争先的运动。中国龙舟协会的标准比赛龙舟配备有龙头、龙尾、鼓（鼓手）、舵（舵手），以此保持中国民俗传统。在传统龙舟的比赛中，可考虑设立锣（锣手）。

根据区域民俗特点不同，龙舟造型在头尾设计方面可以有所变化，包括凤舟、象牙舟、龟舟、虎头舟、牛头舟、天鹅舟、蛇舟等形状均可保留原有规格和名称，只要类似划龙舟动作，统称为龙舟运动。

基本赛程

龙舟竞赛按照龙舟尺寸主要有12人龙舟、22人标准龙舟、传统龙舟。

直道竞速赛：指在尽可能短的时间内通过1000m以内标志清楚而无任何障碍的直线航道，分为200m、500m、1000m直道竞速。

环绕赛：指在半径不少于50m以上，直线距离不少于500m以上的人工或自然水域所进行的多圈赛事。

拉力赛：指在自然环境水域，但必须是封闭的航线上所进行的长距离赛事。

比赛器具

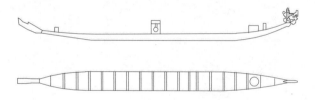

1 龙舟剖、平面

22人标准龙舟规格　　　　　　　　　　　　　　　　表1

类型	总长（m）	舟长（m）	宽（m）（中舱最宽处）	重量（kg）
小型	18.40	15.50	1.10	最重最轻差≤50kg
中型	23.90	21.00	1.20	最重最轻差≤50kg
备注	含龙头、龙尾	允许误差±3cm	允许误差±1cm	重量不设统一标准，但同一赛事重量差见上表

2 龙舟比赛场地示意

场地选址

标准赛场应设在静水水域，设4、6或8条航道，每条航道的宽度至少12m，航道线必须与起点线和终点线相垂直。

航道内最浅的地方水深不得少于3m。航道内不得有水草、暗礁和木桩，航道外5m内应无障碍物。

航道应设置浮标，禁止使用固定的木桩、竹竿和类似的东西标记航道。航道浮标间距不得大于50m，使用黄色浮标。每250m处使用红色浮标并设立分段距离标志。距终点100m范围使用红色浮标，间距不得大于25m。最后一个浮标设在终点线内2m处。

起点线和终点线两端的延长线上（6m以外），必须设有高出水面3m清晰可见的标志杆，终点线远端则应设置高出水面3m、宽0.50m（中间0.1m为黑色、两边各0.2m为黄色）的终点瞄准牌。

有条件的可在终点线后3m高5m处悬挂空中航道牌。

航道的一侧要留有20m以上的水域作附航道，供龙舟划至起点或做准备活动使用。

根据航道全长，在起、终点线后至少各留100m准备区域和缓冲区域。

航道两侧若离岸较近应有消浪设施。

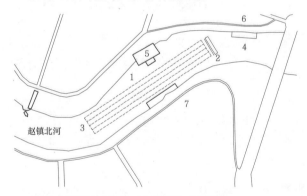

1赛道 2起点平台 3终点 4上下水码头 5主观礼台
6器材检验、运动员检录处 7观众席

3 成都金堂龙舟公开赛赛道

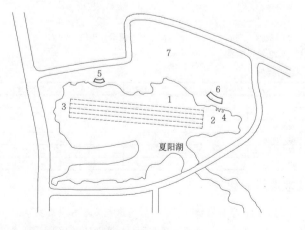

1赛道 2起点平台 3终点 4上下水码头 5主观礼台
6器材检验、运动员检录处 7观众席

4 上海青浦夏阳湖华人龙舟邀请赛赛道

概述

摩托艇是驾驶以汽油机、柴油机或涡轮喷气发动机等为动力的机动艇在水上竞速的一种体育活动。根据驾驶方式分为座式水上摩托和立式水上摩托（也称滑水型水上摩托）两种类型。比赛项目有：障碍赛、耐力赛和花样赛。其中一级方程式（简称F1）摩托艇世界竞标赛是公认的具有较大影响力，较高收视率的竞技体育项目之一。

比赛器具

摩托艇运动包括：竞速艇（船）、运动艇（船）、游艇（船）、汽艇、水上摩托、气垫（船）艇、喷气（船）艇、电动（船）艇等运动。以其发动机的安装形式可分为发动机挂在尾板上的舷外艇和发动机安装在艇内的舷内艇；以发动机的技术要求分为竞速艇和运动艇；以航行水域分为内陆水域航行艇和近海航行艇。每种艇以发动机的工作容积或重量又划分为若干等级。

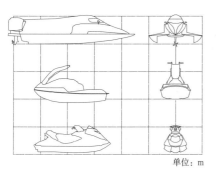

1 摩托艇种类
 a F1摩托艇
 b 单人立式摩托艇
 c 单人坐式摩托艇
 单位：m

F1摩托艇

F1摩托艇要求运动员围绕固定的标记进行时左时右转弯的环圈计时赛，最高艇速可达到240km/h。

F1摩托艇比赛用艇为双浮体式滑行艇，封闭式座舱，长4.8m、宽1.8m、深0.8m、重450kg。发动机为两冲程艇外挂机，冲灌式冷却，排量2000cc，转速11000rpm。通过碳纤维及芳纶的广泛使用以降低船体重量。

航线、场地及设施

1. 竞赛航线应尽可能地设在主要航道一旁。航线上不得有任何障碍物。
2. 全长1km的直线航线，标间距离不得少于1000m。航线两端上岸上垂直点各设2根固定而坚实的标杆作为标志。航行区域可设限制标志和导航标志。
3. 闭合环形航线可设为直线和多角形或其他形式的航线，长度不得少于1500m。
4. 竞赛航线上必须设有起航线和终点线（起航线和终点线可设在一条线上）。环形航线的起航线和终点线必须设在航线的直线航道上，距第一个转弯标志之间的距离不得少于300m，转弯处的航程标志，其航道宽度不应少于50m。
5. 起航区的长度为100m，其宽度应根据起航的艇数而定（每条艇应有3m以上的宽度）。
6. 码头区应有加油站或加油设施以便给摩托艇加油。

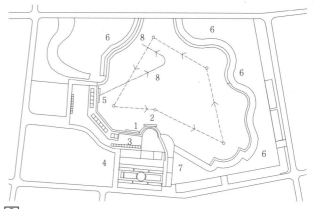

2 深圳后海F1摩托艇比赛运动场

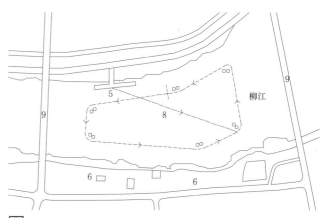

3 柳州F1摩托艇比赛赛道

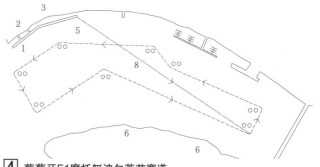

4 葡萄牙F1摩托艇波尔蒂芒赛道

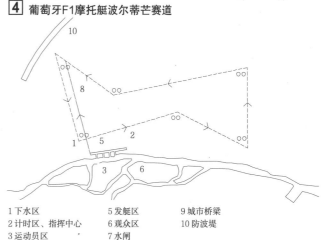

1 下水区　　　　5 发艇区　　　　9 城市桥梁
2 计时区、指挥中心　6 观众区　　　10 防波堤
3 运动员　　　　7 水闸
4 油库　　　　　8 起航线

5 乌克兰基辅F1摩托艇大奖赛赛道

水上运动设施 [5] 赛艇

概述

赛艇运动是指由一名或多名桨手背朝舟艇前进方向（赛艇上可有舵手或无舵手），以船桨为杠杆，推动赛艇前进的运动方式。赛艇运动中赛艇上所有部件，包括活动部件以及滑轨必须固定在艇体上，桨手的座板可沿着舟艇的滑轨移动，根据规则按性别、年龄和体重分成不同的组别的比赛。

比赛器具

赛艇艇身狭长而两头尖瘦，状如织布的梭子。最长的8人艇长达17m，宽只有0.57m。最小的单人艇也有8m长，而最宽处仅0.29m。

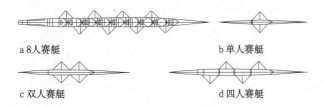

a 8人赛艇　　　　　　　　　　b 单人赛艇
c 双人赛艇　　　　　　　　　　d 四人赛艇

1 赛艇平面

赛艇船只尺寸　　　　　　　　　　　　　　　表1

艇别	代号	重量（kg）	长度（m）	宽度（cm）	深度（cm）
单人双桨	1X	14	8	29	9
双人双桨	2X	26	9.9	35	12
双人单桨无舵手	2-	27	9.9	35	12
双人单桨有舵手	2+	34/38	10	35	13.5
四人双桨	4X	52	12.5	49	15
四人单桨无舵手	4-	50	12.5	49	15
四人双桨无舵手	—	58/64	12.5	49	15
四人双桨有舵手	4+	63/69	13.25	49	16
八人单桨有舵手	8+	93	17	57	18

场地选址

赛艇运动多在静水中，如江河湖泊、大自然水域或挖掘的人工水道等进行。直线航道不小于2300m，其中奥运会赛艇比赛的距离为2000m，对于综合比赛项目（男子、女子和男女混合艇）比赛赛道直线距离必须是1000m。赛艇比赛赛道前100m为起航区。

国际赛联赛艇锦标赛和赛艇世界杯赛比赛应在6条航道上进行，但原则上至少应设8条航道。每条航道宽度为13.5m，选手必须严格在自己的航道内行进。航道由串联在一起的浮标区分。浮标的间隔为10m或12.5m，每隔250m有1个分段距离标记。每500m上空及终点后5m上空，悬挂空中航道牌。

航道两侧，若离岸较近，应有消浪设施。

如需要训练，则训练的航行规则应标出至少1条航道（宽13.5m）作为在水上相反方向划行赛艇之间的隔离水道。

非标准航道的长度可比标准航道短（如短距离赛）或长（如长距离赛、河道赛等）比赛赛道可以是非直道。

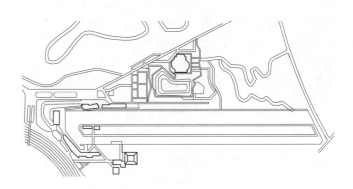

3 俄罗斯莫斯科科雷拉茨科耶水上中心

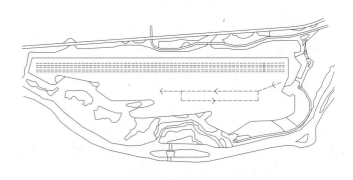

4 法国巴黎马恩水上中心

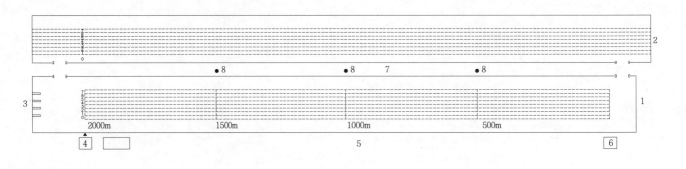

1 主航道　　3 上下水码头　　5 摄录像车道　　7 教练员车道
2 副航道　　4 终点裁判塔　　6 起点裁判塔　　8 分段计时塔

2 赛艇标准场地

竞赛设施

竞赛设施主要由以下内容构成:

1. 分段计时塔,以便全程有精确的分段成绩,一般每500m设一个。

2. 发令塔距起航线40~50m,在航道中线。发令员应站在高于水平面3~6m的平台上,有遮阳和避雨装置。

3. 起点裁判塔。在起航起点处,可坐4人。最好为2层,顶层供起点监视录像用。

4. 终点塔为稳固、永久性建筑。高度以15~20m为宜,距航道外侧约30m。终点塔有阶梯式的终点裁判工作处,有摄像间、电子计时工作间、竞赛指挥间、解说员工作间、裁判员工作间、卫生间等。

5. 起航浮桥或自动起航设施,国际赛联赛艇锦标赛要求使用移动式起航设施。

6. 上下水码头4个,每个长30m、宽6m。码头平面高于水面约15cm,码头要力求平稳。

7. 停靠小船或摩托艇的码头1个,长15m、宽6m。

8. 颁奖码头,其尺寸为长30m、宽6m。最好有2个上下水码头的面积。

9. 大型终点电子计时显示牌。如果是人工航道,它在终点塔或主看台的对面,其规格约为12m×8m。

10. 终点应设阶梯形终点裁判台,共7~8级,每级坐3位裁判,负责一条航道计时,裁判塔应背向落日。

11. 应配置赛艇停放及称重场地。在比赛期间称重区域应该单独设置,方便被测舟艇从上水码头进入。

12. 船库。应接近上、下水码头,露天或室内存船场、库,设可变化长度、宽度的架子,最多3层,配置有橡胶绑带。

赛道实例

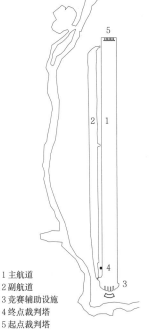

1 主航道
2 副航道
3 竞赛辅助设施
4 终点裁判塔
5 起点裁判塔

2 英国伊顿多尼赛艇中心

1 主航道　　7 行政办公
2 副航道　　8 终点塔
3 船库　　　9 分段计时亭
4 码头　　　10 防波堤
5 激流回旋场地　11 看台
6 广场

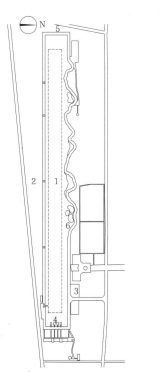

3 山东日照水上奥林匹克公园

1 船库基本尺寸

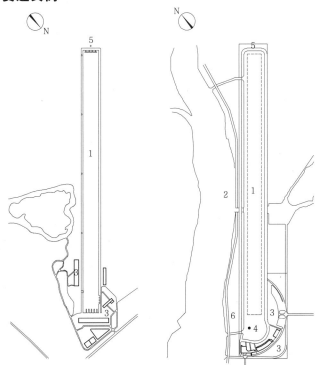

4 德国慕尼黑瑞加塔赛道　　**5** 广东国际划船中心　　**6** 陕西杨凌水上运动中心

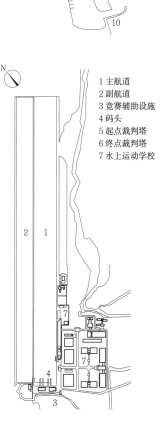

1 主航道
2 副航道
3 竞赛辅助设施
4 码头
5 起点裁判塔
6 终点裁判塔
7 水上运动学校

7 上海淀山湖水上运动中心

水上运动设施 [7] 实例

静水主看台地下一层平面图

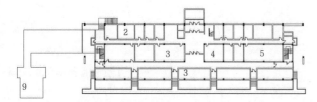
静水主看台一层平面图

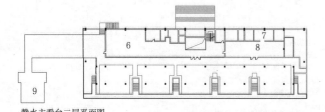
静水主看台二层平面图

1 竞赛会议室　2 办公室　　　3 安保指挥部　4 陪同人员休息室
5 竞赛办公区　6 国际赛联接待区　7 贵宾会客室　8 贵宾休息区　9 终点塔

a 北京奥林匹克水上运动公园静水主看台平面图

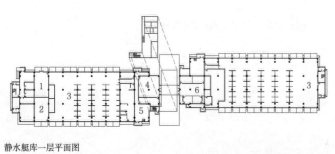
静水艇库一层平面图

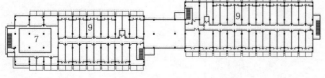
静水艇库二层平面图

1 体育器材储存　2 医务中心　3 赛艇存放　4 成绩复印室
5 运动员接待处　6 候检　　　7 会议室　　8 运动员宿舍　9 小餐厅

b 北京奥林匹克水上运动公园静水艇库平面图

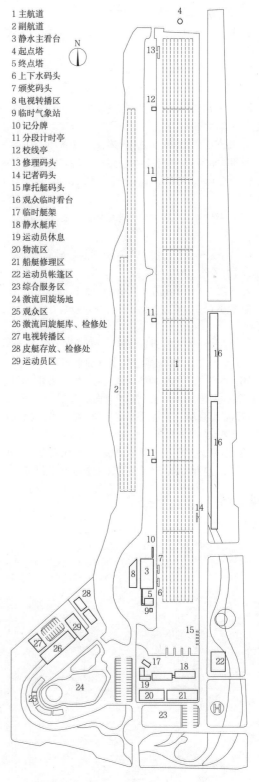

1 主航道
2 副航道
3 静水主看台
4 起点塔
5 终点塔
6 上下水码头
7 颁奖码头
8 电视转播区
9 临时气象站
10 记分牌
11 分段计时亭
12 校线亭
13 修理码头
14 记者码头
15 摩托艇码头
16 观众临时看台
17 临时艇架
18 静水艇库
19 运动员休息
20 物流区
21 船艇修理区
22 运动员帐篷区
23 综合服务区
24 激流回旋场地
25 观众区
26 激流回旋艇库、检修处
27 电视转播区
28 皮艇存放、检修处
29 运动员区

c 北京奥林匹克水上运动公园总平面图

1 北京奥林匹克水上运动公园

名称	地点	占地面积（hm²）	建筑面积（m²）	停车位数量（个）	竣工时间
北京奥林匹克水上运动公园	北京顺义区潮白河畔	162.59	15468	600	2007年

概述

冰雪运动是借助专用装备和用具在天然或人工冰雪场地上进行的各项体育运动的总称。冰雪运动设施是进行冰雪运动的场地及其附属设施的统称。

滑冰场按冰冻方式分为天然滑冰场与人工滑冰场；按空间形态分为露天滑冰场和室内滑冰场。

天然滑冰场利用冬季冻结的天然水面如湖、河等，也可在室外地面浇水冻结而成。天然滑冰场宜设在背阴处以减少日照，增加利用时间。选址应不受大风和尘土的影响，附近不宜有落叶树木。地下水位低、构造均匀的砂石地基最为理想。

人工冰场为利用人工制冷设备制成的冰场，一般为室内冰场。在寒冷地区还可建造室外人工冰场，可延长其使用期。

滑雪场一般是露天的天然雪场，雪情不佳、积雪不厚时需施行人工降雪作为辅助。此外还有完全依赖人工造雪技术的室内滑雪场。为了在无雪季节进行滑雪训练，还可以用尼龙及塑料等材料制成滑旱雪场地。

冰上运动分类及其场地 表1

项目名称		竞赛场地尺寸(m)	场地总面积(m²)	场地基本形状	备注
速度滑冰	标准场地	周长400 181.98×70.00	4124.56		一般须加设联系道及缓冲带
	短跑道场地	61.00×31.00	1891.00		最小尺寸，一般利用冰球场
花样滑冰		61.00×30.00	1830.00		冰上舞蹈最小为57m×26m
冰球	最大	61.00×30.00	1830.00		标准场地
	最小	56×26.00	1456.00		不用于重大比赛
冰壶		45.72×5.00	228.60		—

雪上运动分类及其场地 表2

项目名称		运动场地	备注
高山滑雪	速降	高山滑雪场	详见"[9]高山滑雪场地"
	回转		
	大回转		
	超级大回转		
越野滑雪		越野滑雪场	详见"[10]越野滑雪场地"
自由式滑雪		自由式滑雪场	详见"[12]自由式滑雪场地"
现代冬季两项		越野滑雪场+射击场	不用于重大比赛
跳台滑雪		跳台滑雪场	详见"[11]跳台滑雪场地"
单板滑雪		单板滑雪场	详见"[12]单板滑雪场地"
北欧两项		跳台滑雪场+越野滑雪场	一般为90m级跳台加15km越野
雪车		雪车滑道	—
雪橇		专用冰雪线路	—

娱乐健身场地

竞赛场地之外，还有用于健身娱乐的冰雪运动场地。常设在一些居住区、学校、旅馆、游乐场、体育休憩中心、购物中心、少年儿童活动中心以及城市广场和公园中。可分为固定场地和临时场地两类。临时冰场适合于建在网球场、停车场、游泳池和运动场等冬季停用设施的场地上。也可以考虑作为多功能场地：夏季可作为自然水面、倒影池或戏水池等，冬季则可转化为天然冰场。场地尺寸不需像比赛场地严格，但不宜过小，以满足活动者的需求。

滑冰馆

室内人工制冷冰场又称滑冰馆。配有观众席的为滑冰竞赛馆，不设或仅设少量观众席的为滑冰练习馆。此外有些大型多功能体育馆的场地也会结合设置人工制冷冰场。

由于冰球运动队员分组轮流上场，常需4组，每组6人，休息室容纳人数须大于24人；运动员要求佩带全套装备，占用空间较大，因此其休息室面积比其他运动员休息室面积大1~2倍。

为适应多功能的需求，人工冰场在夏季气温过高时可将冰层融化，拆除临时性排管及其支撑结构后的钢筋混凝土底板或埋入固定式钢管的钢筋混凝土板等，都可用做其他运动或商业项目，如溜旱冰、球类以及文艺、会议或展览等场地。

[1] 滑冰馆功能关系

冰上运动用品

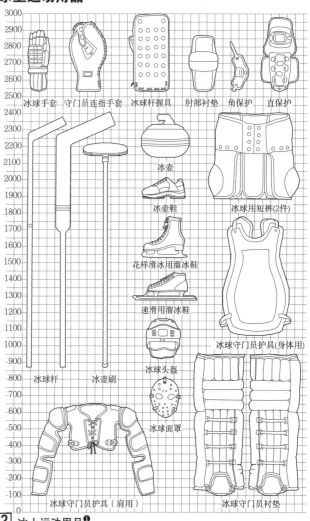

[2] 冰上运动用品 ❶

---

❶ 改绘自日本建筑学会编.建筑设计资料集成.天津：天津大学出版社，2006：111.

冰雪运动设施 [2] 速度滑冰场地

场地尺寸

1. 标准场地的跑道周长为400m,由弯道与直道组成。
2. 非标准场地应根据冰面的大小可布置333.33m、300m、250m、200m不同周长的滑冰跑道。
3. 正规比赛在周长400m跑道上进行,两长边是直滑道,两短边的弯道分别由180°的圆弧组成。跑道内包括两条比赛道和一条练习道,宽度均为4.0m。
4. 标准、非标准场地,都应设有练习道、换道区和两条同宽的比赛跑道。

标准跑道速滑场地计算　　　　　　　　　　　　　　　　　　　　　　表1

跑道类别	计算方法(m)	长度(m)
直道	113.57×2	227.14
外弯道	(29+0.5)π*	92.68
内弯道	(29+0.5)π*	80.11
换道多滑的距离	$\sqrt{113.57^2+4^2}-113.57$	0.07
合计		400

注:*计算滑跑线距跑道内侧0.5m,参见①

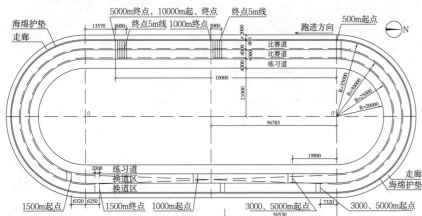

1 速度滑冰400m标准场地平面图(半径25m)❶

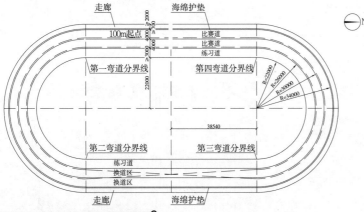

2 速度滑冰333.33m非标准场地平面图❷

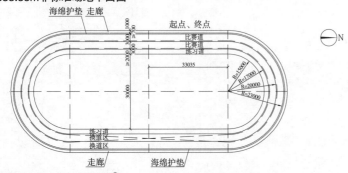

3 速度滑冰250m非标准场地平面图❸

❶❷❸分别改绘自《国家建筑标准设计图集:体育场地与设施(二)》(13J933-2),2013:J4、J7、J8。

速滑场地的附属设备　　表2

设备名称	技术要求
标志块	圆锥形橡胶块或木块,置于分界线上以划分跑道,高度不超过50mm
融雪池	速滑道内和直道外侧各设一块
地下通道	设在跑道下,供穿越跑道进入内部场地用
防护垫	速滑比赛场地四周应设有防护垫。防护垫为梯形,一般高1.0~1.1m,厚度为不少于0.7m

速滑场地中心区利用

速滑场地中心区可用作其他冰上运动或球类运动场地。

a 大型矩形冰场

b 冰球场两个

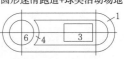

c 圆形速滑跑道+球类活动场地

d 冰球场+球类活动场地

1 速滑跑道
2 冰球场
3 球类活动场地
4 环形速滑道
5 天然冰面
6 圆形冰场(弯道训练用)

4 速滑场中心区的利用

运动员通道

1. 通道从地下连接运动员休息区与比赛场地区,通道长度应尽量缩短,保证通行快捷。
2. 通道净高度不宜低于2.4m,宽度不宜小于3m,满足运动员进出场地的通行要求。
3. 通道场地内的出口通常位于场地中部,应避免对赛后场地多功能使用的影响。

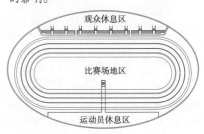

a 运动员通道平面示意图

b 运动员通道剖面示意图

5 运动员通道示意图

冰球场地 [3] 冰雪运动设施

场地基本要求

1. 场地规格：冰球场地最大规格长61m，宽30m；最小规格长56m，宽26m；四周圆弧的半径为7.0~8.5m。国际冰联主办的锦标赛场地长应为60~61m，宽29~30m。

2. 场地线：场地线颜色为红色或蓝色，线宽为50mm或300mm。从场地内侧0.5m起，每隔1.0m用直径20mm的圆点标志起跑位置。

3. 场地外要求：冰球场地边线处的界墙外侧走廊宽度应不小于2.5m，其用于设置记录席、运动员替补席、受罚席及裁判席的走廊宽度不应小于1.5m。

场地设施

1. 球门：应用规定的样式和材料制成，门柱垂直高度是从冰面算起1.22m，两个门柱内侧相距1.83m。从球门前线前沿至球门网后部，最深处不得大于1.12m或不小于0.60m。

2. 防护界墙：冰球场地四周应安装一圈界墙，界墙必须用木材或经国际冰联批准的可塑材料制成，高度从冰面算起为1.17~1.22m，界墙内侧除场地正式标记外，全部冰面和界墙内壁应为白色，面向冰面的一侧必须平滑，不得有任何可能使运动员受伤的障碍物。界墙板之间的缝隙应小于3mm。

3. 防护玻璃：位于界墙上的防护玻璃在场地端面应为1.6~2.0m，长度应从球门线向中心区延伸4.0m。场地侧面的界墙上防护玻璃高度不小于0.8m。

4. 保护网：场地两端应安装固定保护网，在界墙上离开冰面的一侧，高度至顶棚。

冰球器材配备标准 表1

序号	器材名称	数量
1	冰球刀鞋	每人1双
2	护具	每人1套
3	冰球杆	每人1支
4	冰球	若干
5	球门	1对
6	球网	1对
7	球场维护设备	1套

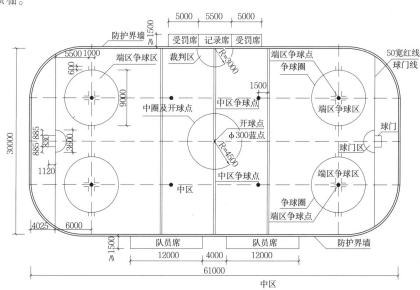

[1] 冰球场❶

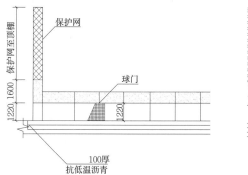

[2] 防护界墙与场地关系剖面图❷

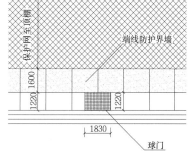

[3] 防护界墙与场地关系立面图❸

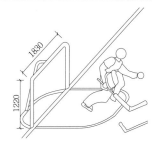

[4] 冰球球门

[5] 界墙出入口

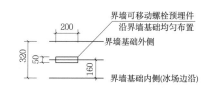

a 界墙基础预埋件布置详图

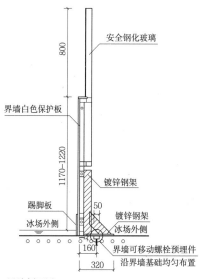

b 界墙剖面图

[6] 边线界墙❹

❶❷❸❹ 分别改绘自《国家建筑标准设计图集：体育场地与设施(二)》(13J933-2)，2013.2，5，7。

冰雪运动设施 [4] 短道速度滑冰场地·花样滑冰场地·冰壶场地

短道速度滑冰场地

1. 场地规格

短道速滑比赛在标准冰球场地内进行，跑道周长111.12m，直道宽不少于7m，弯道弧顶标志物到板墙距离不少于4m，弯道半径8m，直道长28.855m。

2. 场地设施

（1）标志块：标志块底座直径100mm，顶部直径50mm，高不超过50mm的圆锥形橡胶块或木块，放置在分界线上用以划分跑道。

（2）海绵护垫：比赛场地四周应设有可移动防护垫。防护垫为矩形，一般高1.0～1.1m，厚度不应小于700mm。防护垫用尼龙搭扣，通过上下两条尼龙绑带绑定，围合场地一圈，使外表面尽量平滑。防护垫中间不需设立柱。

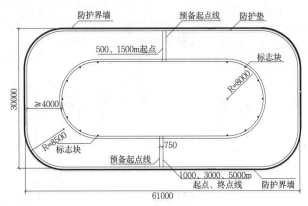

[1] 短道速滑场地示意图❶

短道速滑场地计算　　　　　　　　　　　　　表1

跑道类别	计算方法(m)	长度(m)
直道	28.855×2	57.71
弯道	8.50×π×2	53.41

花样滑冰场地

尺寸为57m×26m～61m×30m，一般利用61m×30m冰球场。大型竞赛应另准备一块同样大小的场地，以便安排热身训练。室内冰场室温应保持在摄氏15℃以下，冰面温度应在摄氏-3℃～-5℃，冰的厚度不少于5cm。

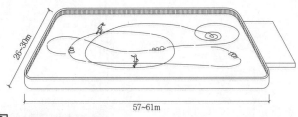

[2] 花样滑冰场地示意图

花样滑冰器材配备标准　　　　　　　　　　　表2

序号	器材名称	规格要求	数量
1	冰刀与冰鞋	高靿、高根、硬帮	每人1双
2	上冰刀与磨冰刀	—	每人2片
3	音乐器材		1套
4	服装		每人1套

❶ 改绘自《国家建筑标准设计图集：体育场地与设施（二）》13J933-2，K2。

冰壶场地

冰壶比赛场地为长方形，可以通过画线标出场地范围，也可通过在边界上放置隔板标出场地范围。冰面最上面一层覆盖着特制的微小颗粒，运动员可以用冰刷刷冰面以改变冰壶与冰面的摩擦力，调整速度和方向。

冰壶场地为长方形。标准冰场最多可布置5块冰壶场地，见[3]。比赛场地四周设有100mm高、100mm宽的黑色海绵条，从海绵条内缘算起，长45.72m，宽5.00m。当现有的场地不够放置一个上述规模的赛道，场地长度可以减少至44.50m，场地宽度可减少至4.42m。

冰壶为扁圆形石球，顶面正中装有金属手柄，重19.1kg，直径30cm，厚度最薄为11.5cm。

赛道内地冰层要划有清晰可见的标志线。

1. T线：线的中心距离赛道中心17.375m，在赛道中心两侧各一条。

2. 后卫线：线的外缘距T线的中心1.829m，在赛道中心两侧各一条。

3. 前掷线：线的内缘距T线的中心6.401m，在赛道中心两侧各一条。

4. 中线：连接两条T线的中心，并且向两端分别延长3.658m。

5. 起踏线：线长475mm，位于中线两端，并与T线平行。

6. 限制线：线长152.4mm，距前掷线外沿1.219m，位于中线两端，与前卫线平行。

7. 中心圆：分别划在赛道两端圆心线与中心线的交点处。圆标以T线正中心为圆心，并由四个同心圆构成。画线颜色外圈为红色，内圈为蓝色。

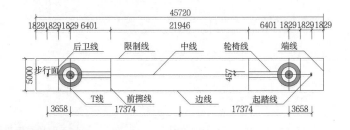

[3] 5块冰壶场地布置示意图

[4] 冰壶标准场地示意图

人工冰场

1. 冰场分类
人工冰场通常分为供冰上运动员训练和比赛用的体育运动竞技冰场和娱乐性的人工冰场。

2. 冰面要求
人工冰场冰面应光滑、平坦，无任何障碍。冰面厚度、温度、平整度应根据不同的冰上竞技项目要求进行控制。运动冰场点位线应严格按照各项竞赛规则的规定画线，点位线应清晰明确。此外，为避免冰面局部融化，平整度、硬度等性能受到破坏，冰面应避免光线直射。

3. 冰场构造方式
人工冰场构造应满足场地使用、承受冰面上荷载、降低能耗损失等设计要求，并能经受由于温度变化而产生的反复热胀冷缩现象对冰场整体构造的破坏。

根据制冷工艺及冰场使用要求，一般可将冰场构造分为冰面层、抗冻混凝土基层（内置冷冻排管）、滑动层、防水层、保温层、隔汽层、基础层等。各构造层次的厚度、强度、材料性能等具体指标及做法，应根据具体项目设计要求进行合理配置，构造层次示意图如 1 所示。在设计冰场时，应考虑场地胀缩问题，预留伸缩缝。

冰场周边应设置排水沟，以及时排放人工冰场融化后的冰水，排水沟的断面尺寸可根据不同设计条件与要求确定。

浇冰车库

1. 浇冰车库
人工冰场应配备浇冰车对冰面进行刨冰、扫冰、浇冰，以保证冰场的正常使用。浇冰车库应设置在临近冰场区域且方便浇冰车进出的房间内。此外，建筑主体应预留浇冰车进出通道，满足浇冰车在购置与检修时进出使用需要。浇冰车库的空间应能容纳浇冰车及融雪池等设施。

浇冰车库楼面、地面应满足浇冰车满载时的荷载要求，并做好防水处理，地面标高与冰面标高相同。地面、墙面应耐水冲洗。浇冰车库空间净高度应满足选定型号的浇冰车储雪箱升起后整体高度要求，车库门高度亦应满足选定型号浇冰车的通行高度要求。

2. 融雪池
浇冰车库需做融雪池，通常低于车库地面高度设置。融雪池长度、宽度、深度尺寸应根据所进行项目的要求设计，以便及时将浇冰车倾倒的积雪融化。融雪池位置应与浇冰车库入口相对。融雪池应做防水保温处理，其内部设置的排水口和排污口，亦应做保温处理，同时宜设加热融冰设施。

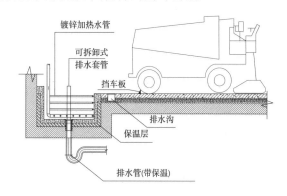

2 浇冰车库地面及融雪池剖面示意图

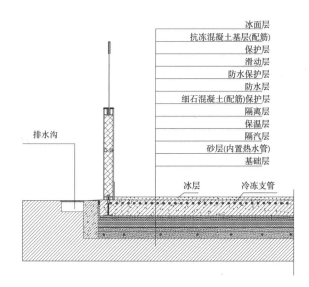

1 室内人工冰场地坪构造示意图

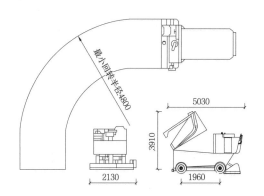

3 浇冰车实例示意图

人工冰场冰面设计数据参考　　　　　　　　　　　表1

项目名称	冰面厚度（mm）	冰面温度
冰球	40~50	-5~-6℃
标准速滑	40~50	-5~-7℃
短道速滑	25~30	-7~-9℃
花样滑冰	50~55	-3~-5℃
冰壶	40~50	-5~-6.5℃
娱乐性滑冰	30~50	-3℃

浇冰车参考型号及主要参数　　　　　　　　　　　表2

品牌	型号	长（升起后）	宽	高（升起后）
某品牌浇冰车	560AC	5.03m	2.30m	3.91m
	552	5.03m	2.13m	3.91m
	545	5.03m	2.13m	3.91m
	525	5.03m	2.13m	3.91m
	445	4.70m	2.13m	3.43m

冰雪运动设施 [6] 速滑馆实例

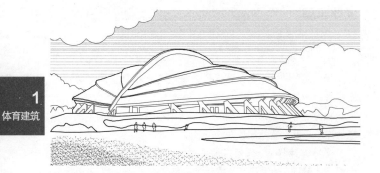

a 透视图

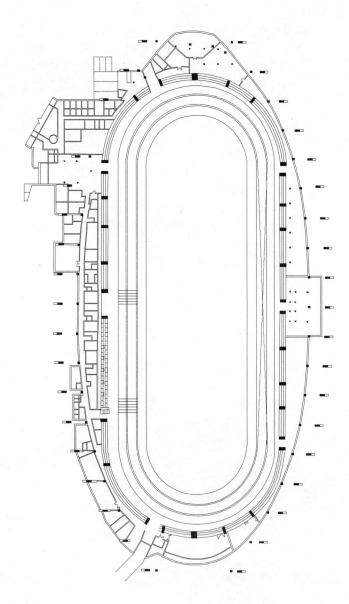

b 一层平面图

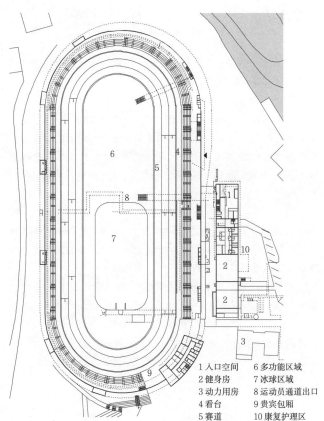

1 入口空间　6 多功能区域
2 健身房　　7 冰球区域
3 动力用房　8 运动员通道出口
4 看台　　　9 贵宾包厢
5 赛道　　　10 康复护理区

a 一层平面图

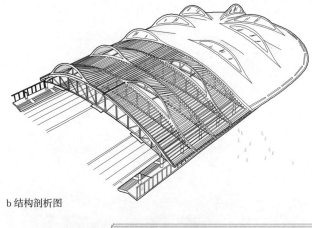

b 结构剖析图

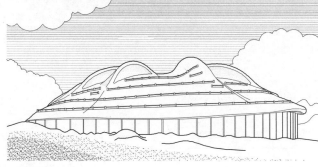

c 透视图

1 挪威哈默尔冬季奥林匹克体育馆（速滑馆）

名称	建筑面积	设计时间
挪威哈默尔冬季奥林匹克体育馆（速滑馆）	2500m²	1992

2 德国因采儿速滑馆

名称	建筑面积	设计时间
德国因采儿速滑馆	2000m²	2008~2011

速滑馆实例 [7] 冰雪运动设施

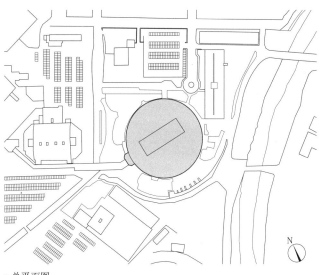
a 总平面图

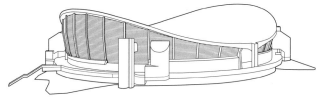
b 透视图一

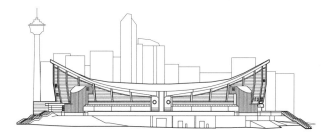
c 透视图二

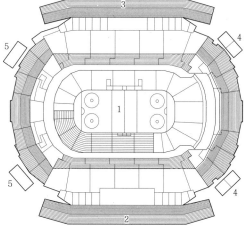
d 座席层平面图

1 冰球场地
2 西侧看台
3 东侧看台
4 露台套间
5 超级套间

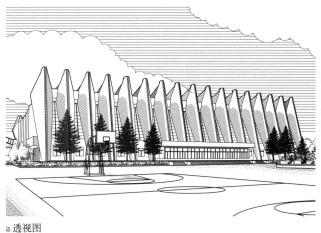
a 透视图

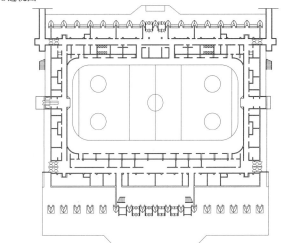
b 一层平面图

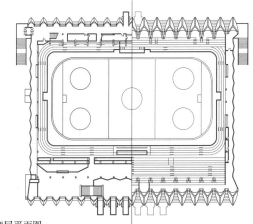
c 座席层平面图

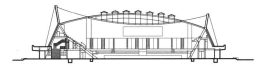
d 剖面图

1 加拿大卡尔加里汇丰银行马鞍馆（冰球馆）

名称	座席数	设计时间
加拿大卡尔加里汇丰银行马鞍馆(冰球馆)	19289	1981

2 吉林市冰上运动中心冰球馆

名称	建筑面积	设计时间
吉林市冰上运动中心冰球馆	8500m²	1986

冰雪运动设施 [8] 滑雪场概述·雪上运动用品

滑雪场概述

　　滑雪场多建在林区无风多雪的高山、丘陵地带。滑雪场选址根据各项滑雪运动对滑雪道的坡度、宽度、长度、线型、方位、起始点标高差的要求以及风向、气温、雪情和交通等条件而定，应尽量利用自然地形，选在背风坡一面。

　　滑雪道须按竞赛技术要求选定线路。在线路范围内先要清林、伐树、除石，进行基地清整工作。为防止水土流失，应植被护坡，并设地面排水设施，必要时尚需局部罩铁丝网。雪面要捣固、踏实、压平，雪厚至少30cm。

　　滑雪场包括滑雪道及其设备管理服务设施等。大型滑雪场除设竞赛区外，还辟有练习区、少儿区等。

　　雪场附属建筑有运动员用房、裁判用房、管理用房、通信广播机电设备用房、急救医务用房、仓储用房及停车场等。旅游性雪场设有旅社、餐馆。根据使用需求可设置夜间照明。

　　在雪情不佳、雪量不足的地区，可使用造雪设备在气温-2℃时人工造雪。

　　登山索道为滑雪场主要设备，供滑雪者登山用，包括钢索、索塔(柱)及原动、张紧装置等。

　　雪上运动主要用具有滑雪板(分普通型、越野型、高山型、跳台型、花样型、狩猎型)、滑雪鞋、滑雪杖及护具等。

滑雪运动用品

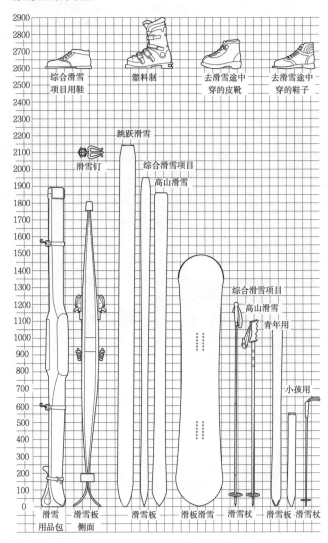

a 滑雪鞋、滑雪板、滑雪杖

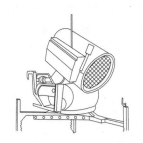

a 型号：Silentstorm Snowmaker(SMI)
高：2.64m；
长：2.34m；
宽：4.06m；
重量：1090kg

b 型号：Compact-power(SUFAG)
高：1.99m；
长：2.74m；
宽：2.15m；
重量：790kg

1 造雪机型号及主要参数

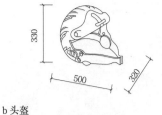

b 头盔

c 滑雪固定装置

3 滑雪运动主要用具❶

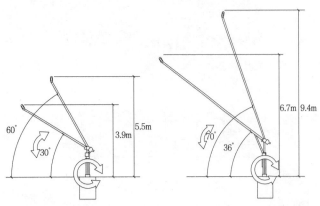

a 型号：Axis Snowtower(SMI)　　b 型号：Viking V2 Snowtower(SMI)

2 雪枪型号及主要参数

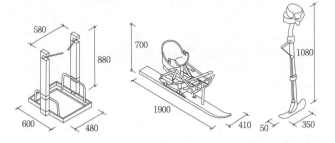

a 轮椅滑雪　　　　　　b 轮椅滑雪用滑雪杖

4 启动门设备　　**5** 残疾人特殊滑雪设备❷

❶❷ 分别改绘自日本建筑学会编.建筑设计资料集成.天津：天津大学出版社，2006：110.

高山滑雪场地

设计要点

1. 高山滑雪项目分为速降、回转、大回转、超级大回转及全能。
2. 地面的天然不平之处可保留，但突出的沟、坎应平整。应尽可能在坚硬的雪面上进行比赛。
3. 赛道起跳前的凹处必须平缓地与斜坡连接。高速地段线路不得变窄。大回转、超级大回转线路最好选用多坡和呈波浪形的地形，线路设计应尽量利用地势。
4. 赛道内不设障碍物。运动员以高速通过曲线线路外沿时，必须设置摔倒区或设有安全装置(如安全网、安全护栏、草垫子、草袋子或其他物品加以保护)。
5. 起点区坡道要能使运动员放松地站在起点线上，且出发后很快能达到全速。终点区要用清晰的红线标出，以便让接近终点的运动员容易辨认，终点门要宽，终点线后必须有一段平缓的逆坡停止区，雪要压平，使运动员通过终点后容易停下来。
6. 无线计时系统采用无线传输方式。
7. 旗门是由两面插在单杆或双杆上的旗离开一定距离插在雪地上构成的。单杆旗门用于回转，双杆旗门用于大回转、超级大回转、速降场地。
8. 为保证运动员安全，在雪道外侧有障碍物地段、明显危险源暴露地段、雪道一侧陡峭地形段、有必要的拖牵索道地段、中快速转弯处的外侧地段、中高级雪道两侧的必要地段、禁止滑行的入口、能冲出范围的终点等区域应设置安全网。在滑雪道内设施的周围（如索道立柱、变电箱、机械停放处等）及可能有危险的地方，需用安全网围住或用弹性软体物裹围。安全网要求高1.5~2.0m，一般为橙色，立柱要有弹性，与障碍物间要有一定距离。
9. 一个滑雪场最少应配备一条索道。索道与滑雪道要留有安全间距，不得影响滑雪者正常安全滑行。各类索道的起点、终点区域不宜狭窄，要便于排队、停留及上、下索道。

高山滑雪场地技术指标　　表1

项目		起终点标高差(m)	旗门宽(m)	旗门数量	竞赛时间(s)	线路宽度(m)	旗门间距离(m)	终点门宽(m)	备注
速降	男	500~1000	≥8	—	120	≥30	≈30	15	以时间定
	女	500~700	≥8	—	100	≥30	≈30	15	以时间定
回转	男	140~200	4~6	55~75	—	≥40	0.75~15	10	25°~30°坡
	女	120~180	4~6	45~60	—	≥40	0.75~15	10	25°~30°坡
大回转	男	250~400	4~8	按标高差的12%~15%确定	—	≥30	≥10	10~15	
	女	250~350	4~8	按标高差的12%~15%确定	—	≥30	≥10	10~15	
超级大回转	男	500~600	开口门6~8 闭口门8~12	按标高差的10%确定≥35	—	≥30	≥25 最小15	15	
	女	350~500	开口门6~8 闭口门8~12	≥30	—	≥30	≥25 最小15	15	

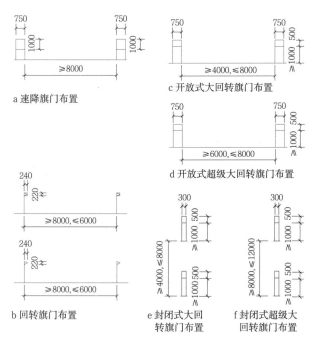

1 旗门布置方式

a 速降旗门布置
b 回转旗门布置
c 开放式大回转旗门布置
d 开放式超级大回转旗门布置
e 封闭式大回转旗门布置
f 封闭式超级大回转旗门布置

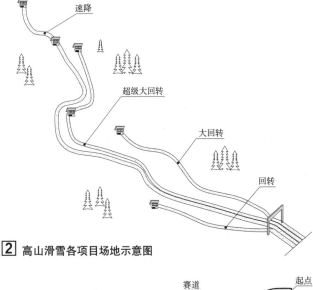

2 高山滑雪各项目场地示意图

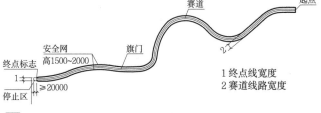

1 终点线宽度
2 赛道线路宽度

3 高山滑雪场地线路平面示意图❶

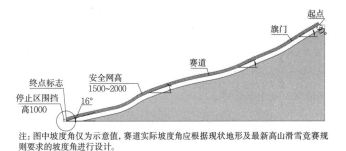

注：图中坡度角仅为示意值，赛道实际坡度角应根据现状地形及最新高山滑雪竞赛规则要求的坡度角进行设计。

4 高山滑雪场地坡度示意图❷

❶❷ 分别改绘自《国家建筑标准设计图集：体育场地与设施（二）》13J933-2, 2013: N4.

冰雪运动设施 [10] 越野滑雪场地

概述

1. 越野线路设计应尽可能自然，避免单调；有起伏波动和上、下坡的路段；在可能的条件下应设计穿过森林的线路，但线路不宜由急转弯和陡坡构成。下坡线路要确保运动员安全通过。

2. 线路开始阶段要易于滑行，难度应出现在全程的3/4处。在出发后的2~3km内，不应出现难度极大的急陡坡，在终点前1km内也不应出现较长的危险滑降。

3. 线路可采用环形式或往返式，顺时针滑行，采用一圈或多圈线路，见 2、3。

4. 线路宽度4~5m，雪面要经过机械或人工捣固、踏压，厚度至少10cm。应在比赛线路上开设带雪槽的雪道，两条雪槽的中心相距20~30cm，深度至少2cm，雪槽的宽度以雪板固定器不撞击两侧雪壁为准，见 4。

越野滑雪线路高度技术要求　　表1

项目		最大高差（m）	极限登高（m）	累计高度（m）
5km	少女	100	50	120~400
	少男	100	50	120~400
	女子	100	50	120~400
10km	少女	150	—	250~400
	少男	150	75	250~400
	女子	150	75	250~400
	男子	200	100	300~450
15km	少男	200	75	300~450
	男子	250	100	450~600
20km	女子	—	75	400~700
30km	男子	250	100	900~1200
50km	男子	250	100	1000~1500

注：1. 最大高差：线路最高点和最低点的高度差的最大值；
2. 极限登高：一次登行的高度差；
3. 累计高度：全线所有登行高度差的总和。

越野滑雪坡道布置要求　　表2

线路长度(km)	长爬坡 斜度9%~18%，高度差≥10m			短爬坡		陡爬坡 斜度≥18%，高度差≤10m	
	数量	最大爬坡(m)	出现路段(km)	数量	最大爬坡(m)	数量	最大爬坡(m)
2.5	1	30~50	0.7~1.7	1~3		1~2	
5.0	2	30~50	1~3 3~4	3~5		2~4	
7.5	2~3	30~65	1~3 4~6	4~6		2~4	
10.0	1~2	51~80	2~4 6~8	5~7	10~29	3~5	≤10
	2	30~50					
12.5	1~2	51~80	2~5	6~9		3~5	
	2~3	30~50	7~10				
15.0与16.6	1~2	51~80	2~7	≥8		5~8	
	3~5	30~50	9~13				
25.0	2~3	51~100	4~7 11~14 18~21	≥10		6~10	
	4~5	30~65					

注：1. 上坡道设计规则：长爬坡应包括多处长度不超过200m的短而起伏的路段，其平均斜度为6%~12%；短爬坡可分段设置；陡爬坡最大长度为30m。
2. 各级坡道分布比例：累计爬坡的35%~55%为长爬坡；累计爬坡的25%~35%为短爬坡；累计爬坡的15%~35%应包括波动地带和陡爬坡。
3. 起伏路段说明：利用所有短的上下坡特征的平缓及起伏地带的结合；斜度小于9%；爬坡高度差<10m时，斜度≥9%。

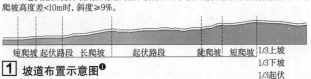

1 坡道布置示意图 ❶

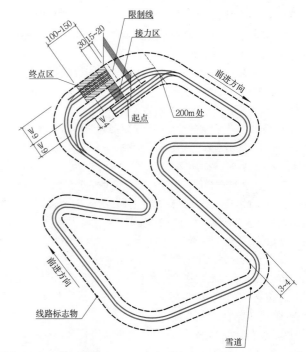

2 环形式雪道示意图（单位：m）❷

1. 起点至200m内，设置不少于3条平行雪道，接力比赛只设3条雪道。
2. 从200m处雪道减为2或3条。自由式比赛，从200m处开始至少100m线路无雪道。
3. 接力区前、后100m内，路段要平直，并有明显标志。
4. 终点区一般设置3条雪道，尽可能为直线路段。

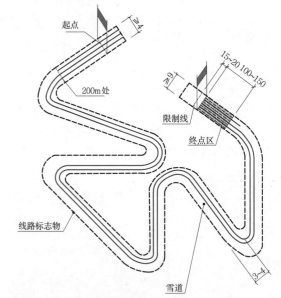

3 往返式雪道示意图（单位：m）❸

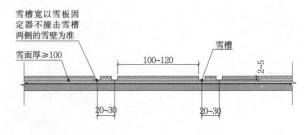

4 雪道断面图（单位：cm）❹

❶❷❸❹分别改绘自《国家建筑标准设计图集：体育场地与设施（二）》13J933-2, 2013: 3、4.

跳台滑雪场地 [11] 冰雪运动设施

场地基本要求

1. 跳台滑雪场地多建在多雪的地带，选址根据对滑雪道的坡度、宽度、长度和起终点标高差的要求而定，同时考虑场地风力及存雪期等因素，应尽量利用自然地形。
2. 跳台滑雪场地主要设施为起跳台，其规格依飞行距离和着陆坡长而定，一般分为大跳台和普通跳台 2 。
3. 跳台滑雪比赛场地建设标准要满足现行的国际滑雪联合会标准。

场地基本要求

1. 起滑台为运动员准备出发的区域。
2. 助滑道

（1）助滑道由斜度为 γ 的直线段、末端半径为 r_1 的过渡曲线和长度为 t、斜度为 α 的起跳台组成。助滑道斜度不应大于 $37°$，一般情况，建议不大于 $35°$。

（2）W 为起跳台至着陆区临界点距离。在跳台滑雪比赛场地中，当 $W > 90m$ 时，$\gamma \geq 30°$；当 $W < 90m$，$\gamma \geq 25°$。

（3）助滑道的最小宽度 b_1 应满足表1要求。

助滑道最小宽度（单位：m） 表1

	W 值	b_1 值
1	$W \leq 30$	1.5
2	$30 < W \leq 74$	$1 + W/60$
3	$75 < W \leq 99$	$1.5 + W/100$
4	$W > 100$	2.5

（4）起跳台长度 t 值为 $0.25 \times V_0$，V_0 为台端处的抛射初速度。

（5）各出发口间的距离必须相等。出发口高度间的最小距离为 0.40m，各出发口必须标上连续的序号，最低出发口编号为1。

（6）助滑道表面预备的雪层必须与轮廓板一样高。轮廓板外面要安装上高度为 0.50m 的护栏或护墙。

3. 着陆坡

（1）起跳台底部圆丘区：始于高为 S 的起跳台底部。

（2）着陆坡斜坡区的始点为 P，从 P 点到着陆区临界点的着陆斜坡应有 $0.25 \times W$ 的长度，规则规定必须是倾斜的直线段，倾斜度取决于跳台参数 α、W 和 h/n。

（3）停止区应为缓冲和停止提供足够的区域。停止区应平坦宽阔，侧断面长度应有一定的倾斜度或弯曲度。

停止区长度（单位：m） 表2

	W 值	停止区长度 L_u
1	20	65
2	30	80
3	40	90
4	≥ 60	100

（4）着陆坡两侧必须标出 P 点和 K 点作为着陆坡标志。着陆坡两侧从 P 点向下到 K 点设置一条长的蓝色带子，从 K 点向下到 r_2 过渡曲线的着陆坡两侧设置 5m 长的红色带子。停止区的跌倒线用颜料或松枝标出一条横线。

（5）着陆坡护栏或护墙必须超出雪面至少 0.7m。这些护栏应从 $0.1 \times W$ 安装到停止区始点，并应在边沿板上标好距离。护栏边缘必须与跳台水平并保证平滑。

4. 裁判台的水平高度需保证裁判员的视线可以跟随运动员从起跳台边缘起飞至着陆区末端。裁判台还应设有主裁判、技术代表室及休息室等。

5. 需设置光电测速仪、风向风速测量仪、出发灯光信号仪及升降梯等装置。

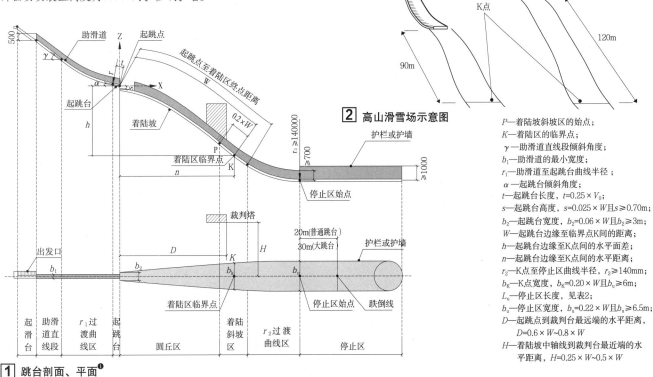

1 跳台剖面、平面 ❶

2 高山滑雪场示意图

P—着陆坡斜坡区的始点；
K—着陆区的临界点；
γ—助滑道直线段倾斜角度；
b_1—助滑道的最小宽度；
r_1—助滑道至起跳台曲线半径；
α—起跳台倾斜角度；
t—起跳台长度，$t = 0.25 \times V_0$；
s—起跳台高度，$s = 0.025 \times W$ 且 $s \geq 0.70m$；
b_2—起跳台宽度，$b_2 = 0.06 \times W$ 且 $b_2 \geq 3m$；
W—起跳台边缘至临界点 K 间的距离；
h—起跳台边缘到 K 点间的水平面差；
n—起跳台边缘到 K 点间的水平距离；
r_2—K 点至停止区曲线半径，$r_2 \geq 140mm$；
b_K—K 点宽度，$b_K = 0.20 \times W$ 且 $b_K \geq 6m$；
L_u—停止区长度，见表2；
b_u—停止区宽度，$b_u = 0.22 \times W$ 且 $b_u \geq 6.5m$；
D—起跳点到裁判台最远端的水平距离，$D = 0.6 \times W \sim 0.8 \times W$；
H—着陆坡中轴线到裁判台最近端的水平距离，$H = 0.25 \times W \sim 0.5 \times W$

❶ 改绘自《国家建筑标准设计图集：体育场地与设施（二）》13J933-2，2013：Q3.

冰雪运动设施 [12] 自由式滑雪场地·单板滑雪场地

自由式滑雪场地

自由式滑雪包括空中技巧、雪上技巧和趣味追逐。

空中技巧比赛中，运动员使用的滑雪板男子不短于1.90m，女子不短于1.80m。场地由起始区、助滑区、过渡区一、起跳区、着陆区、过渡区二、着陆坡和停止区组成。

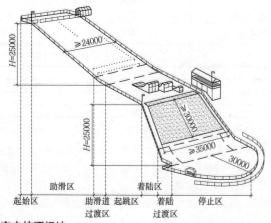

1 空中技巧场地

雪上技巧比赛表演时，运动员在设置一系列雪包的陡坡线路上进行回旋动作、空中动作以及滑降速度的比赛。雪上技巧场地长200~270m，宽15~25m，坡度为24°~32°。运动员使用的滑雪板男子不短于1.90m，女子不短于1.80m。

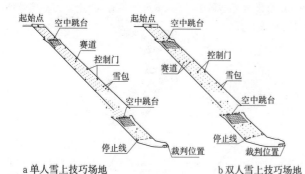

2 雪上技巧场地

趣味追逐为集体项目，很像高山滑雪当中的集体出发，也像是单板滑雪比赛中的越野赛，趣味追逐比赛滑道与普通滑雪道类似，平均坡度为12%~22%，长度约为900~1200m，起始点高差约为180~250m。

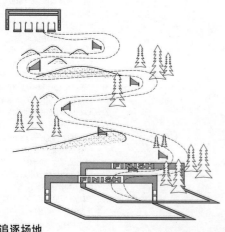

3 趣味追逐场地

单板滑雪场地

单板滑雪运动包括平行大回转、越野赛和U形池项目，各项运动场地要求不同。

平行大回转场地长936m，平均坡度18.21°，坡高290m。高度差为120~200m，三角旗门交替放置在左右，约有25个旗门，旗门间距至少8m。起点旗门（高1.10m，底座宽1.30m）的两个立柱高度不同，中间有一面三角旗。

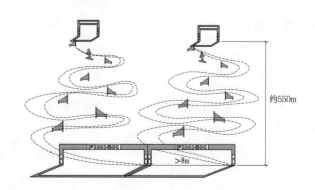

4 平行大回转场地

越野赛场地高度差为100~240m，平均坡度为14%~18%，路线长度为500~900m，赛道宽度约为40m，比赛用时约为40~70s。沿途分布着雪丘、跳跃点和急转弯。

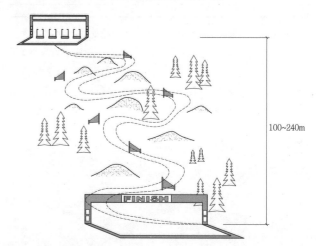

5 越野赛场地

U形池场地为U形滑道，长120m、宽15m、深3.5m，平均坡度为18°。裁判台位于滑道末端的轴线上。

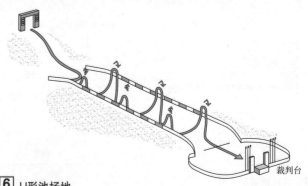

6 U形池场地

概述

1. 场地可划分为雪车、钢架雪车和雪橇共用雪车、雪橇运动场地，但各项比赛起始位置、赛道长度和高度、弯道数量均不同。

2. 雪车、雪橇运动场地是在自然山坡的基础上，利用天然冰块或土、石、水泥和钢木构筑，在冬季用水浇成的冰道。雪橇滑道分为自然与人工制冷两种类型。

3. 雪车、雪橇场地(主要在起点和终点)附设有运动员休息、测重、裁判、记者、管理、医务、水电设备、储藏等用房以及停车场和升降设施。在整条线路中还应设若干观察站，供监视线路用。沿线尚需必要的照明、计时和供水设备以及附建于一侧的维护保养道路。这条管理用通道也是观众观看比赛的立足之处。

设计要点

1. 雪车、雪橇滑道线路由多种几何线形组成，除直线外，还有左、右转弧线、U形、S形曲线等。初试线段应保持一定长度直线。

2. 为保证滑行安全，直行滑道的断面呈槽状。弯道断面随平面曲率的变化而变化，其基本构成为1/4椭圆，弯道外侧壁较高。滑道的纵横断面应用动力学原理进行计算与设计。

3. 滑道表面的冰层厚度应达到3~10cm。人工制冷冰道须在混凝土槽体内埋设制冷排管。

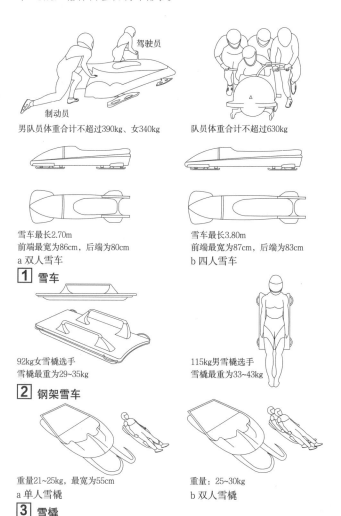

男队员体重合计不超过390kg、女340kg　队员体重合计不超过630kg

雪车最长2.70m　　　　　　雪车最长3.80m
前端最宽为86cm、后端为80cm　前端最宽为87cm、后端为83cm
a 双人雪车　　　　　　　　b 四人雪车

1 雪车

92kg女雪橇选手　　　　　115kg男雪橇选手
雪橇最重为29~35kg　　　雪橇最重为33~43kg

2 钢架雪车

重量21~25kg，最宽为55cm　重量：25~30kg
a 单人雪橇　　　　　　　　b 双人雪橇

3 雪橇

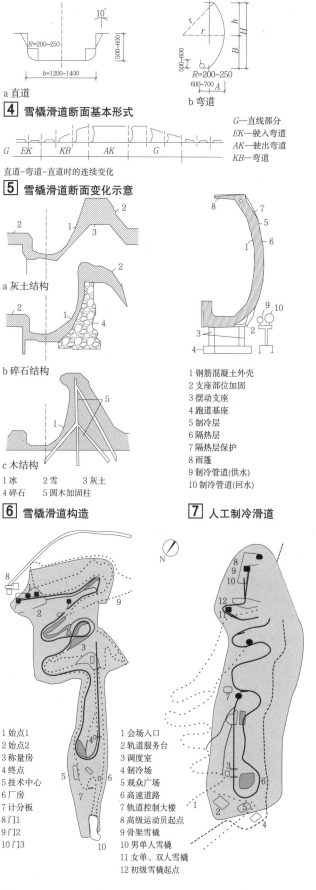

a 直道　　　　　　　　b 弯道

4 雪橇滑道断面基本形式

G—直线部分
EK—驶入弯道
AK—驶出弯道
KB—弯道

直道-弯道-直道时的连续变化

5 雪橇滑道断面变化示意

a 灰土结构
b 碎石结构
c 木结构

1 冰　2 雪　3 灰土
4 碎石　5 圆木加固柱

6 雪橇滑道构造

1 钢筋混凝土外壳
2 支座部位加固
3 摆动支座
4 跑道基座
5 制冷层
6 隔热层
7 隔热层保护
8 雨篷
9 制冷管道(供水)
10 制冷管道(回水)

7 人工制冷滑道

1 始点1
2 始点2
3 称量房
4 终点
5 技术中心
6 厂房
7 计分板
8 门1
9 门2
10 门3

1 会场入口
2 轨道服务台
3 调度室
4 制冷场
5 观众广场
6 高速道路
7 轨道控制大楼
8 高级运动员起点
9 骨架雪车
10 男单人雪车
11 女单、双人雪车
12 初级雪橇起点

8 雪车、雪橇场地实例

冰雪运动设施 [14] 登山索道·加热座椅

登山索道

为提高滑雪道利用效率，减轻滑雪者的劳动，常设登山索道。较高的山区、大型的滑雪场还利用多条索道连续运行。

按搭乘方式分类，登山索道可以分为以下3种：

1. 拖牵型：山坡比较规整时采用的简易提升设施；
2. 吊椅型：分单人、双人及多人等；
3. 缆车型：索道设施包括原动停留场、张紧停留场、中途乘降场和相应的监控室，以及各种服务管理用房等。

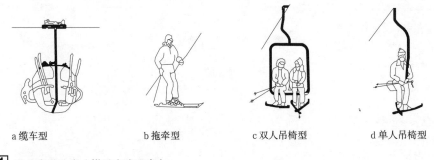

a 缆车型　　b 拖牵型　　c 双人吊椅型　　d 单人吊椅型

① 登山索道分类（搭乘方式示意）

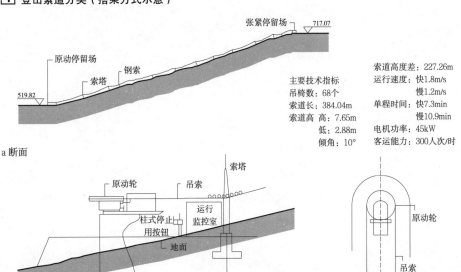

主要技术指标
吊椅数：68个
索道长：384.04m
索道高 高：7.65m
　　　　低：2.88m
倾角：10°

索道高度差：227.26m
运行速度：快1.8m/s
　　　　　慢1.2m/s
单程时间：快7.3min
　　　　　慢10.9min
电机功率：45kW
客运能力：300人次/时

a 断面

b 原动停留场立面

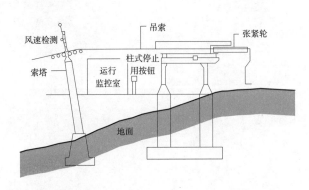

c 张紧停留场立面

② 登山索道设施实例：亚布力跳台滑雪场索道

加热座椅

1. 雪上运动比赛项目基本都在室外进行，寒冷气候下可考虑为观众席座椅设加热装置。

2. 座椅要求
   （1）FRP（玻璃钢）；
   （2）HDPE（高密度聚乙烯）吹塑；
   （3）浸渍苯酚树脂胶合板成型品。

3. 加热要点
   （1）安全性（避免低温烧伤）；
   （2）舒适性（谨慎调节以维持舒适温度）。

4. 加热座椅技术要求
   （1）加热方式
   电压：AC100V（通常），AC24V（特殊要求）
   容量：20~40W/座
   （2）温度控制
   安全舒适的温度范围：35℃~40℃，42℃以上易导致低温烧伤。
   （3）易于维修和服务的长期运行
   指示系统与故障检测，发生断线、温度传感器故障、温度控制继电器故障时LED指示灯熄灭。

5. 线路建设
   采用并联开关以控制不同部位的座席温度；线路的规划非常重要，且应在设计最初阶段确定布线方式等细节。

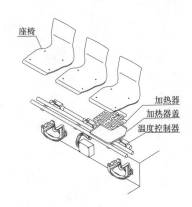

③ 加热座椅构造图

滑雪场实例 [15] 冰雪运动设施

亚布力滑雪场概况 表1

项目名称	数据
占地面积	22.55hm²
雪道总长度	40km
架空缆车总长度	10000m
雪道最大落差	540m
最高海拔	1374m
平均积雪厚度	28.26cm
积雪期	170天
滑雪期	120天
初、中、高级滑雪道	11条
高山滑雪道	9条
越野滑雪道	7条
滑雪缆车	6条

索道数据明细表（单位：m） 表2

名称	长度	高度差
竞赛指挥中心（高山索道）	1370	164
高山楼(鞍部索道)	2086	552.5
K125索道	825	298.3
高山楼（二锅盔索道）	1364.81	503
鞍部（大锅盔索道）	867	209.3
小回转索道	609	211.5
鞍部（二锅盔索道）	314	93.5
自由式、U形池索道	284	93.9
K90索道	736	231
高山楼（零点索道）	1665	367
零点（大锅盔山顶索道）	1723	371.2

索道种类及运力 表3

名称	种类	运力(人/h)
竞赛指挥中心（高山索道）	拖挂式箱椅混编	3000
高山楼（鞍部索道）	6人拖挂式吊箱	1000
高山楼（零点索道、零点）大锅盔山顶索道	固定抱索器单人索道	300
其他索道	固定抱索器双人索道	300

跳台滑雪场地数据 表4

线路名称	K125跳台场地	K90跳台场地
停止区长度	120m	100m
着陆区长度	125m	125m
助滑道坡度	35°	35°
过渡区长度	110m	110m
P点至K点距离	119.83m	107.73m
起跳点坡度	11°	11°
助滑道长度	120m	110m
过渡区坡度	32.5°	32.5°

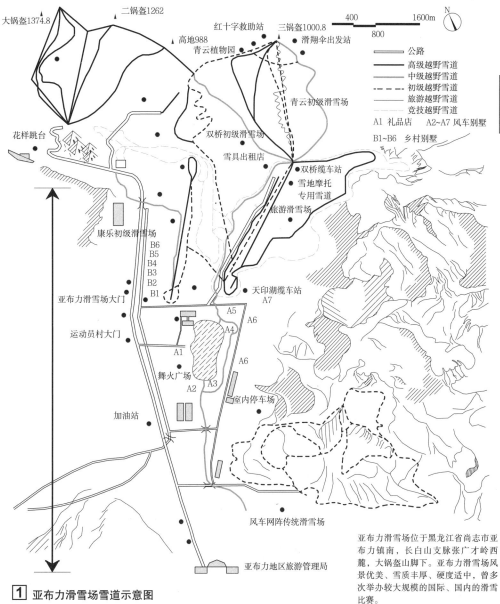

1 亚布力滑雪场雪道示意图

亚布力滑雪场位于黑龙江省尚志市亚布力镇南，长白山支脉张广才岭西麓，大锅盔山脚下。亚布力滑雪风景优美，雪质丰厚、硬度适中，曾多次举办较大规模的国际、国内的滑雪比赛。

越野滑雪场地数据（单位：m） 表5

线路名称	线路长度	雪道长度	类别	比赛标准	高度差	最大爬坡	累计爬坡	最低点	最高点
1.35km短距离越野场地	1350	6~15	D	COC	34	20	50	434	468
北2.5km越野场地	2515	6~15	E(D)	COC	43	38	89	436	479
南2.5km越野场地	2430	6~15	E(D)	COC	51	20	79	417	468
北3.75km越野场地	3900	6~15	E(D)	COC	56	50	134	436	492
南3.75km越野场地	3760	6~15	E(D)	COC	51	43	119	417	168
5km越野场地	4945	6~15	D	COC	62	—	168	417	479
7km越野场地	7600	6~15	D	COC	75	50	253	417	492

滑雪场地数据（单位：m） 表6

线路名称	线路长度	雪道长度	起点高度	终点高度	高度差	平均坡度	最大坡度	最小坡度	雪道位置
男子滑降场地	3066.4	50	1362.6	547.1	815.5	26.59	52.10	6.68	大锅盔
女子滑降场地A	2484.7	50	1363	647	716	28.82	52.10	8.84	大锅盔
超级大回转场地A	1804.2	50	1192	647	545	30.21	42.20	7.81	大锅盔
超级大回转场地B	1952.6	50	1362.6	763	599	30.71	55.36	9.65	大锅盔
大回转场地A	1385.5	50	1107	678	429	30.96	44.86	13.80	大锅盔
大回转场地B	1406.4	50	1210	763	447	31.78	47.53	13.29	大锅盔
大回转场地C	1220.2	60	1059.1	618.67	440.43	36.09	64.62	17.63	二锅盔
大回转场地D	1003.5	60	940	618	322	32.09	46.09	17.63	二锅盔
回转场地A	546.4	50	1193.7	998.6	196.1	35.71	42.68	20.89	大锅盔
回转场地B	554.9	60	1209.5	998.6	210.9	38.0	55.54	22.32	二锅盔
回转场地C	522	50	940	740	200	41.48	47.53	13.29	大锅盔

冰雪运动设施 [16] 滑雪场实例

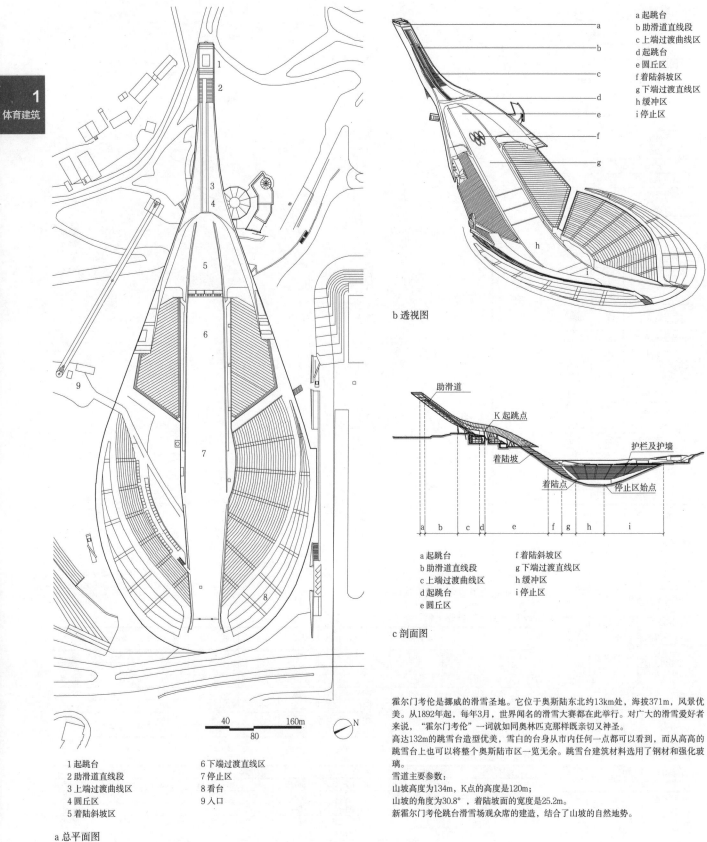

a 起跳台
b 助滑道直线段
c 上端过渡曲线区
d 起跳台
e 圆丘区
f 着陆斜坡区
g 下端过渡直线区
h 缓冲区
i 停止区

b 透视图

a 起跳台
b 助滑道直线段
c 上端过渡曲线区
d 起跳台
e 圆丘区
f 着陆斜坡区
g 下端过渡直线区
h 缓冲区
i 停止区

c 剖面图

1 起跳台
2 助滑道直线段
3 上端过渡曲线区
4 圆丘区
5 着陆斜坡区
6 下端过渡直线区
7 停止区
8 看台
9 入口

a 总平面图

霍尔门考伦是挪威的滑雪圣地。它位于奥斯陆东北约13km处，海拔371m，风景优美。从1892年起，每年3月，世界闻名的滑雪大赛都在此举行。对广大的滑雪爱好者来说，"霍尔门考伦"一词就如同奥林匹克那样既亲切又神圣。
高达132m的跳雪台造型优美，雪白的台身从市内任何一点都可以看到，而从高高的跳雪台上也可以将整个奥斯陆市区一览无余。跳雪台建筑材料选用了钢材和强化玻璃。
雪道主要参数：
山坡高度为134m，K点的高度是120m；
山坡的角度为30.8°，着陆坡面的宽度是25.2m。
新霍尔门考伦跳台滑雪场观众席的建造，结合了山坡的自然地势。

1 新霍尔门考伦跳台滑雪场

名称	地点	建设时间	设计单位
新霍尔门考伦跳台滑雪场	挪威，奥斯陆	2008~2010	JDS Architects

规划布局

1. 场地应位于可达性高、可视性强的地段。
2. 规划布局应尊重并合理利用周边环境,提高场地的环境质量和生态价值,达到经济性、生态性、安全性、美观性的目标。
3. 开发应考虑场馆自身的多功能使用,以及场外周边配套环境的综合开发,提高场馆的吸引力和使用率。

场馆分类

按建筑形式分为露天场地自行车场、局部有盖顶的半封闭场地自行车场、室内场地自行车馆。

设计要点

1. 露天场地自行车场的朝向主要考虑避免下午的阳光对车手及观众造成强影强光的影响,建议北半球的自行车场,其长轴方向大致为南北向,终点直道位于西面,同时通过景观等手段降低强风对场地活动的影响;室内场馆则主要通过机械设备提供均匀的照度和适宜的风速,以满足比赛要求。
2. 根据场地气候、赛事要求、投资预算等,选用合适的建筑形式、材料和建造方式。特别是赛道材料的选择和施工等方面均应满足精确性、耐久性、防水性要求 1 。
3. 应提供适当的照明及音响设备、防护设施,保证整个比赛过程在安全的环境下顺利进行。
4. 场馆应考虑赛时赛后的多功能综合使用,以吸引和容纳多种不同类型的活动;并结合活动座席等手段,提高场馆的灵活性和使用率。
5. 观众区的设计应根据场馆定位,设置不同级别的看台设施以及公共服务配套设施,以满足多种人群观演、餐饮、购物等公共服务需求。
6. 观众座席需要综合考虑赛道特点、视线要求和附属用房各方面因素,保证观众拥有良好的视觉条件和便捷的疏散条件。
7. 除提供更衣、沐浴、厕所、各类机房等基本辅助用房外,还必须提供专门的自行车存放空间及防盗措施,以及医疗急救、裁判、无线通信设备等用房,大型场馆还可配备影像播放系统用房、俱乐部及社团活动用房等。
8. 具体场地要求,应满足国际自行车联盟(英文简称UCI)的最新标准相关规定。

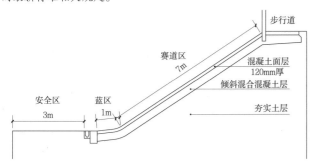

1 室外场混凝土赛道剖面结构

功能组成

主要的功能分区包括运动员活动区、场上工作区、观众区、后勤管理办公区及其他辅助用房等。

主要功能分区及要求　　　　　　　　　　　　　　　　表1

主要功能分区	具体要求
运动员活动区	包括比赛区和热身区。比赛区主要是赛道部分,热身区则设于内场
场上工作区	场地中央内场的主要部分,与热身区共用整个内场。其主要设备包括裁判设备和医疗设备
观众区	主要包括观众厅和观众座席两部分。观众厅提供常规公共服务设施,观众座席根据观看人群不同而划分分区设计
后勤管理办公区	主要为赛事管理和会议提供办公空间和相关设备用房。通常与场上工作区一并设计,或集中设在附属建筑中

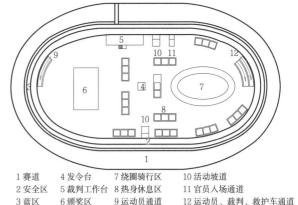

1 赛道　　4 发令台　　7 绕圈骑行区　　10 活动坡道
2 安全区　5 裁判工作台　8 热身休息区　11 官员入场通道
3 蓝区　　6 颁奖区　　9 运动员通道　　12 运动员、裁判、救护车通道

2 自行车场地平面示意图

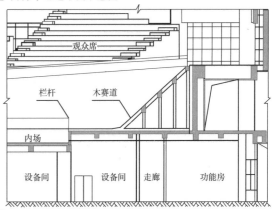

3 自行车赛道与内场剖面关系示意图

内场设计要点

1. 赛时,内场应设置独立的运动员、裁判及工作人员通道,贵宾设置独立通道,各种流线互不干扰。
2. 通常要求整个内场比安全区标高降低1.2m。在赛道安全区内沿应设置防护设施 3 。
3. 裁判设备:位于场地中央、靠近终点线处,并与之在一条直线的位置,必须为终点的裁判提供一个裁判台;在内场的中央部位、与追逐线成一线的地方,设置一个高于赛道水平面、面积为3~4m² 的发令台 2 。
4. 医疗设备:内场应设有医疗应急通道 2 及急救、医疗等相关用房。
5. 内场设计应平赛结合,考虑不同时段多功能使用。

自行车运动设施［2］场地自行车场馆／赛道

赛道种类

1. 按长度分：250m、285.714m、333.33m、400m、500m等。
2. 按材料分：木赛道、混凝土赛道、沥青赛道等。

赛道长度和对应的场地参考尺寸（单位：m） 表1

赛道长度	场地纵向长度	场地横向长度	内场尺寸
250	116	78	40×60
333.33	138	97	50×80
400	181	104	60×110

注：以上尺寸是假设在赛道外围设5m宽集散带，不考虑观众席下的经验尺寸。

赛道设计要点

1. 自行车场地分为4个级别，不同级别的场地决定场地可组织的比赛规模和水平，见表2。
2. 赛道坡度：直道及弯道处的倾斜度，取决于各单项比赛中的最大速度和弯道半径。对250m赛道，一般在13°~45°之间，具体以UCI最新标准为准，见1、2。
3. 赛道构成、尺寸要求：赛道主要由三部分构成，包括比赛区(赛道区)、蓝区、安全区。获得确认的1类和2类场地，其宽度不得小于7m；其他场地必须有最少5m的宽度，并与其场地长度成比例。蓝区与安全区总宽度在250m的场地不小于4m；在小于250m的场地至少要2.5m宽。在蓝区外延20cm处有5cm宽的黑线或白线为测量线。测量线外延70cm处有5cm宽的红线为快速骑行线1。
4. 赛道区：赛道由两个弯道连接两个平行的直道组成。进、出弯道的部分设计应逐渐过渡。
5. 蓝区：必须设置在沿赛道的内沿，其宽度不小于赛道区宽度的10%，它的表面必须使用与赛道区同样性质的涂层，在这个区域不得有广告字迹。对于室外自行车赛场，蓝区宽度多为1m。
6. 安全区：直接与蓝区内侧相接。
7. 赛道标识：赛道在涂料、颜色、画线方式1、广告等方面都有详细的规定，具体见表3。
8. 赛道材料：目前常见的赛道材料有木、混凝土、沥青、涂料。
9. 赛道设施要求：必须提供适当的照明设备、音响设施，场地外沿设围栏、赛道安全区内沿设护栏等防护设施，场地外围集散带及更衣淋浴、存储等相关辅助设施。

场地类别及尺寸要求 表2

场地类别	认可组织	比赛水平
1	国际自盟	精英世界锦标赛、奥运会
2	国际自盟	世界杯、洲际锦标赛、世界青年锦标赛
3	国际自盟	其他的国际比赛
4	国家协会	国家的比赛

1类和2类的场地必须满足指标 表3

跑道长度(m)	250	285.714	333.33	400
弯道半径(m)	19~25	22~28	25~35	28~50
宽度(m)	7~8	7~8	7~9	7~10
（计算出的最大安全速度范围要在85km/h至110km/h）				

注：其他场地设计必须保证最小安全速度不低于75km/h。

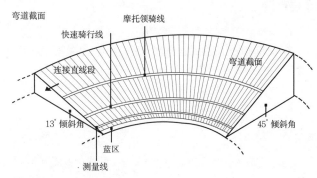

1 赛道弯道截面示意图

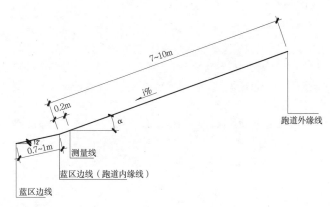

2 赛道剖面示意

赛道标识相关规定 表4

赛道标识	色彩及宽度规定	具体要求
基准线	—	赛道施工时参考的赛道底线
蓝区	天蓝色	位于基准线以下，沿赛道内沿设置；它表面的涂层与赛道具有有同样性质
测量线	宽度5cm的闭合线，黑色或白色（与场地颜色区分明显）	自跑道的内沿向外20cm处画线；每10m标距离数字，每5m作标记；测量线的测量应沿该线内沿进行
快速骑行线	宽度5cm的闭合红色线	自跑道内沿外90cm处画线，90cm的距离应测量至红线的外沿
摩托领骑线	宽度5cm的闭合蓝色线	在整个跑道宽度的三分之一处或（在较大的场地）沿跑道内沿2.5m处划线，这个距离应测量至蓝线的外沿
终点线	宽度4cm的黑色线	在其中一条直道即将结束、距离进入弯道至少几米的位置，原则上应位于主席台一侧；它由垂直于跑道的一条4cm宽的黑线标记，该黑线位于宽72cm的白带中部；跑道上的终点线必须延伸至赛道外边缘
200m俯冲线	宽度4cm的白色线	在终点线前200m处的贯穿整个跑道的白线，标明争先赛自此开始计时
追逐线	宽度4cm的红色线	在两条直道的中央，各划一条长度为跑道宽度一半的红线，与跑道垂直并准确地在一条直线上，为追逐赛的起、终点线
10m间距标记	宽度3cm的黑色线	10m间距应沿着测量线底部测量；长度：20cm（正好连接测量线与蓝区）
5m间距标记	黑色	5m间距应沿测量线底部测量；形式：一个3mm×3mm的黑色方块位于5m标记中心
赛道上的数字	黑色	位于每一条10m标记线的右侧；字高：180mm或150mm
广告	—	必须放置在摩托车领骑线以上，并在快速骑行线上50cm处至跑道外侧护栏外50cm处之间的纵向带状区域里；在进出200m俯冲线前后1m以内和从终点线前后3m以内不得放置广告；测量方法是自白线外沿量起

注：在跑道上，任何区分标志、线、广告或其他标志必须使用防滑的和附着力不老化的油漆或产品，涂层表面密度一致。

看台设计要点

1. 对于普通的露天场地自行车场或一般用于训练的场地：看台通常布置在场地长轴方向一侧的正中位置，场地周边一圈的地方作为站立观看的区域，观众区和比赛区域以赛道外围一圈护栏划分[1]。

2. 看台按观看人群的不同划分为：普通观众座席区、残疾人座席区、贵宾座席区以及媒体座席区[2]。

3. 看台设计应为观众提供良好的视觉条件。充分利用平行于长轴方向的空间布置尽量多的座席，过渡曲线段处适当布置部分座席，而弯道段基本不布置座席区[2]；控制俯视角度，不宜超过30°。

4. 看台视线设计的视点选择：场地自行车场馆的视点定在赛道测量线上方500mm处[3]。

5. 看台设计应为使用者提供便利的交通条件。通常在外围护栏之外设置一圈1.5m宽联系廊，主要供裁判及媒体使用。

辅助用房设计要点

1. 应设有更衣、淋浴、厕所用房，其规模由场地服务的人群规模以及赛事级别来决定。

2. 应设有医疗急救、公共播音系统的相关用房及设施。

3. 除普通存储空间外，场地自行车场馆必须考虑专门的自行车存放空间，以及防盗措施。

4. 适当配备商业用房，包括餐饮、酒吧、零售以及其他用于商业租赁形式的用房如会议用房、健身用房等。

5. 在可行的情况下，配备与自行车相关的俱乐部及社团活动用房，有利于完善场馆的经营和运作。

照明设计要点

1. 应提供适当的照明设备，保证安全性。

2. 照明系统除主电力系统外，必须有能够独立运转的电力应急照明系统作为补充，并至少能提供100lx、持续5分钟时间的有效照明。

3. 在没有观众的训练时，垂直光照至少在300lx的照度。在精英级世界锦标赛和奥运会的比赛时（在一类赛车场），要求照度至少为1400lx。在二类赛车场，至少达到1000lx的照度。在三类、四类赛车场，至少达到500lx的照度。

空调设计要点

1. 空调设计主要针对室内场馆。

2. 应综合考虑建筑特点、地理环境及气候因素等，采用合适的送风、回风方式[4]，保证室内合适的温度、湿度、风速，营造舒适、卫生、安全的环境。

3. 应结合赛事要求及赛后运营管理成本等方面进行节能设计。

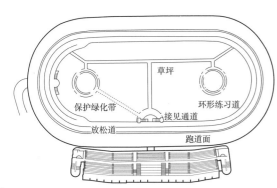

[1] 辽宁自行车赛场看台及跑道平面图

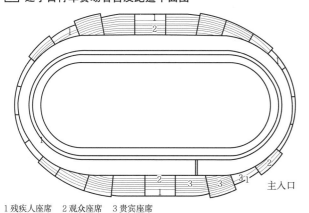

1 残疾人座席 2 观众座席 3 贵宾座席

[2] 美国ADT活动中心（自行车馆）座席平面布置图

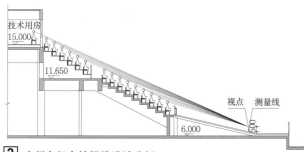

[3] 广州自行车馆视线设计分析

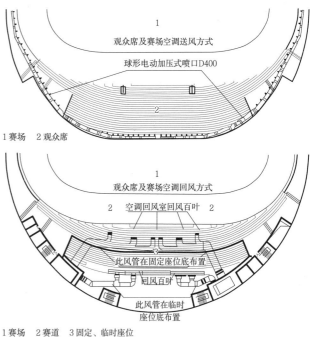

1 赛场 2 赛道 3 固定、临时座位

[4] 北京老山自行车馆空调设计

自行车运动设施 [4] 实例

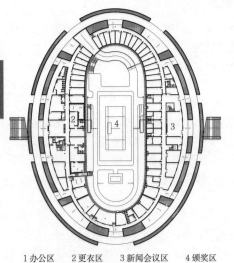
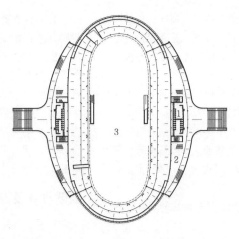

1 办公区　2 更衣区　3 新闻会议区　4 颁奖区
a 首层平面图

1 卫生间　2 休息平台　3 内场
b 二层平台及跑道下平面

1 休息区　2 嘉宾席　3 跑道　4 记者席
c 三层看台及跑道平面

1 广东龙岗国际自行车赛场

名称	建筑面积	设计时间	设计单位
广东龙岗国际自行车赛场	10899m²	2001	广东省建筑设计研究院

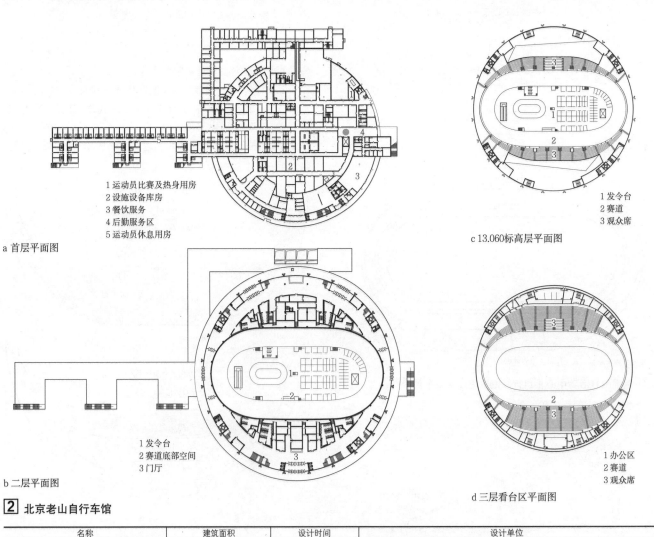

1 运动员比赛及热身用房
2 设施设备库房
3 餐饮服务
4 后勤服务区
5 运动员休息用房

a 首层平面图

1 发令台
2 赛道底部空间
3 门厅

b 二层平面图

1 发令台
2 赛道
3 观众席

c 13.060标高层平面图

1 办公区
2 赛道
3 观众席

d 三层看台区平面图

2 北京老山自行车馆

名称	建筑面积	设计时间	设计单位
北京老山自行车馆	32920m²	2004	广东省建筑设计研究院、中国航天建筑设计研究院（集团）

实例 [5] 自行车运动设施

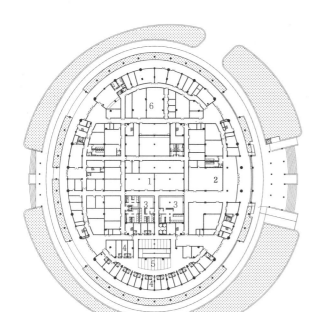

1 训练房　2 新闻发布中心　3 更衣
4 运动员休息区　5 自行车库　6 设备用房

a 首层平面图

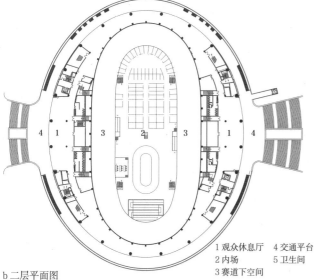

1 观众休息厅　4 交通平台
2 内场　　　　5 卫生间
3 赛道下空间

b 二层平面图

c 剖面图

d 东立面图

1 广州自行车馆

名称	建筑面积	设计时间	设计单位
广州自行车馆	26856m²	2008	广东省建筑设计研究院

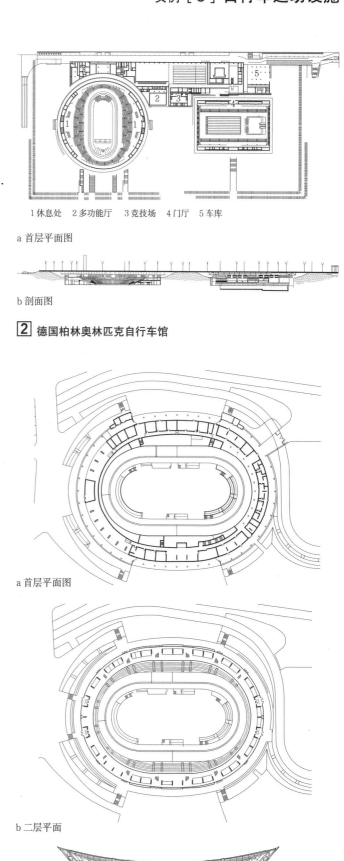

1 休息处　2 多功能厅　3 竞技场　4 门厅　5 车库

a 首层平面图

b 剖面图

2 德国柏林奥林匹克自行车馆

a 首层平面图

b 二层平面

c 剖面图

3 英国伦敦2012奥运会自行车馆

赛车运动设施 [1] 概述

概述

赛车运动指的是以风冷或水冷型内燃机、电动机为动力，四个或四个以上轮子在地面行驶，至少其中两个轮子作为转向的方向盘式机动车辆作为器材进行的国际和国内竞赛、训练、培训，以及带有竞技性质的汽车旅游、探险、娱乐和表演活动。

赛车比赛分类   表1

分类	定义	竞赛形式	著名赛事
封闭型比赛	指赛车在规定的封闭赛道内进行的比赛	场地类比赛 漂移打分赛 直线竞速赛	国际汽联一级方程式锦标赛、美国印地大赛车等
开放性比赛	指使用公众道路，部分封闭举办的汽车比赛	—	国际汽联世界拉力锦标赛、巴黎达喀尔越野赛等

赛车运动分类

1. 方程式赛（Formula）

属于方程式汽车比赛的项目有：F1、F-3000、F-3、亚洲方程式、无限方程式、福特方程式、雷诺方程式、卡丁车方程式等。

其中F1大赛专用赛道均为环形，每圈长度为3.8km，每场比赛距离为300～320km。为确保安全，赛道两旁一般铺设宽阔的草地或沙地，以便将赛道与观众隔开，同时也可作为赛车出道之后的缓冲区。

2. 拉力赛（Rally）

汽车拉力赛一般是从一地到另一地的长途比赛。赛程多分为几个路段，参赛者要在尽可能短的时间内完成比赛，然后根据遵守规则情况和所用时间和补充试验中的表现来判定胜负。

3. 耐久赛（GT）

比赛车辆分为旅行车和运动原型车两类，并根据发动机的工作容积分为若干级别。比赛中每车可设2～3名驾驶员，轮流驾驶。比赛一般进行8～12小时，以完成圈数的多少评定成绩。

4. 卡丁车运动（Karting）

卡丁车运动是汽车运动中的一个特殊类别，它不仅作为汽车场地竞赛的一个项目，同时也是一个大众休闲、健身娱乐的项目。

建筑选址

1. 规划交通便捷，能承受瞬间交通大流量；
2. 较低的土地开发成本和充足的发展空间；
3. 避开居民集中居住区；
4. 周边配套设施齐全；
5. 场地排水便捷；
6. 在满足使用以及安全的前提下，可以利用城市道路作为赛道。

赛车场交通车辆类别   表2

车辆类别	车辆类型
比赛车辆	各车队比赛专用车辆
工作车辆	安全车、救护车、清障车、消防车
私人车辆	私家车、自行车
公共车辆	轨道车辆、公交车辆、穿梭巴士

设计要点

1. 使用环保材料，避免对地下水和土层产生污染。严格油水分离、雨污水分流。需设计大的蓄水面积进行暂时存水，而后转化为地下水或中水。单独设立垃圾收集站，保证及时收集和暂存垃圾。

2. 进出赛场交通通过高速公路、国道和普通市政道路，设置轻轨、地铁和公交以方便大众进入赛车场。有条件区域可考虑从水路到达赛车场。赛场内可设置短驳交通并需留有足够的停车场地。

3. 赛车场需提供赛道以及各种相关的附属安全设施，以符合F1赛车和其他赛事的要求。包括设置与赛道平行的服务车道以及急救中心等。

赛道参数参考值   表3

赛道名称	上海国际赛车场	珠海国际赛车场	成都国际赛车场	鄂尔多斯国际赛车场	上海天马赛车场
赛道类型	F1赛道	F1赛道	二级赛道	二级赛道	F3赛道
主赛场区占地面积（km^2）	2.5	1.2	—	1.06	—
主赛道长度（km）	5.451	4.300	3.331	3.751	2.063
最长直道（m）	1175	900	830	638	—
平均宽度（m）	13～15	12～18	12～22	12～15	12～14
弯道数	16	14	14	18	14
平均允许时速（km/h）	205	—	—	—	—
最高允许时速（km/h）	327	300	280	296	—
维修间数	36	40	—	26	—
观众座位数	5万（固定）/15万（临时）	6万	—	1万	—

功能流线

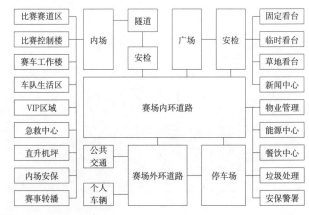

[1] 功能流线示意图

赛车运动设施场地和建筑   表4

赛车运动设施场地	赛车运动设施建筑
赛道（主赛道、连接赛道、特种赛道）	比赛工作楼（PIT）
缓冲区、服务车道	比赛控制中心
安全设施（护栏）	新闻中心
围场（运输车及宿营车停车处）	固定看台
观众场地（临时看台）	急救中心
绿化场地（绿地、水面）	行政管理中心
外围道路及停车场	场地固定卫生设施
赛场中构筑物（发令台、巡员站、观察哨、信号灯架、广告牌、大屏幕等）	其他附属建筑

比赛控制中心

主要包括比赛控制室和计时室,同时可为参与赛事的各个协会提供办公场地。

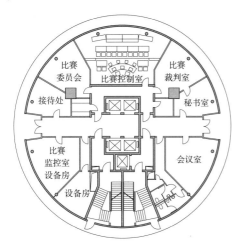

[1] 比赛控制楼一层平面(上海国际赛车场)

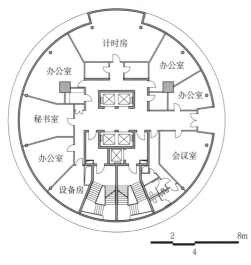

[2] 比赛控制楼二层平面(上海国际赛车场)

比赛工作楼(PIT)

一般位于比赛起始/终点处,面对看台,赛车全部在这里停留和等候比赛。

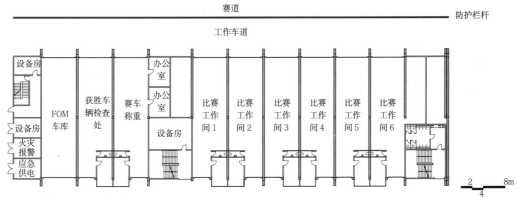

[3] 比赛工作楼局部平面(上海国际赛车场)

急救中心

主要功能是在事故发生后及时处理和抢救受伤的车手、工作人员和观众。

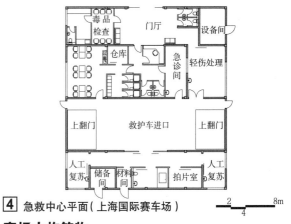

[4] 急救中心平面(上海国际赛车场)

赛场中构筑物

1. 发令台

发令台设在比赛工作楼前防护墙上首发车位与发令灯之间的位置,在这里由发令员发出比赛开始的命令。

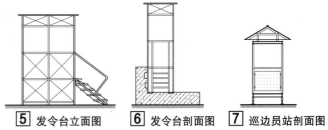

[5] 发令台立面图　[6] 发令台剖面图　[7] 巡边员站剖面图

2. 巡边员站

巡边员站的任务是与比赛指挥部保持直接联络,并以信号的形式向车手发出危险警告或其他有关比赛的信息。

3. 信号灯架

信号灯架为钢管搭建的悬臂梁或结构,悬空于起始/终点线,上面挂着信号灯。

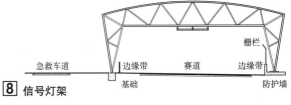

[8] 信号灯架

赛车运动设施 [3] 建筑·场地

赛场赛道

1. 比赛赛道
比赛中被使用的竞赛道路。整个赛道是弯道、直道和一些上下坡道的组合。赛道两侧用路肩围起来，边缘标记有助于车手辨认和调整其方向。

2. 缓冲区
根据各种不同速度，在防护栏后面布置沥青面层区作为缓冲区。

3. 连接道
所谓连接道，是指单个赛道段之间各种不同的道路连接，为比赛组织者提供了灵活的使用赛道的可能性。通过连接道可将赛道分割为多个较小的竞赛路段，每个竞赛路段又可以具有不同的长度。

4. 服务车道
在赛事进行期间，无论从赛道还是从缓冲区，必须保障能够随时随地搭救出故障的赛车，同时还不能造成赛道的阻塞和临时中断比赛的进行。

5. 赛道排水
当遇到雷雨天气时，赛道积水必须尽快排掉。在直道上，足够的横向和纵向斜坡度能够使得车道上的积水经路肩排到水沟和管道中，在所有其他区域(带路缘石和缓冲区的弯道)，设置多处收集雨水的水沟或者线型水槽。集水和排水经由多个集中的管网系统完成。

安全措施

1. 安全栅栏
安全栅栏可以有效地防止赛车碰撞时损坏的部件四处飞溅，以免赛道和缓冲区周围的人员受伤。

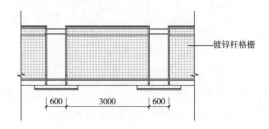

5 安全栅栏立面图

2. 赛道护栏
护栏的作用是吸收赛车的动能，这一部分动能从赛道上释放出来，经过缓冲区和砾石床后仍未完全消除。

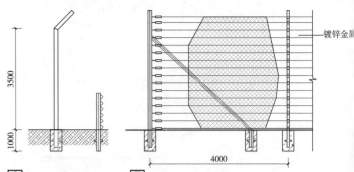

6 赛道护栏剖面图   7 赛道护栏立面图

3. 轮胎堆放
将轮胎堆放在赛道外围并在其上包一层橡胶带，其目的在于：当赛车失控沿垂直或平行于行驶方向滑出赛道时，经过缓冲区和砾石床后仍不能静止下来，堆放的轮胎便起到减振或阻尼的作用。

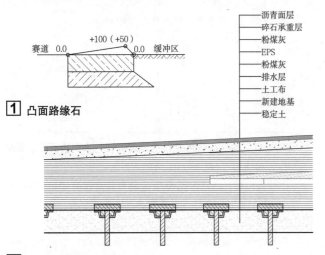

1 凸面路缘石

2 比赛赛道纵剖面（EPS填筑区）

3 比赛赛道横剖面

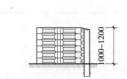

8 轮胎障碍物剖面图   9 轮胎障碍物平面图

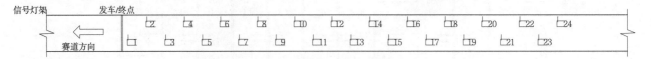

4 起跑位置画线布置

实例 [4] 赛车运动设施

实例

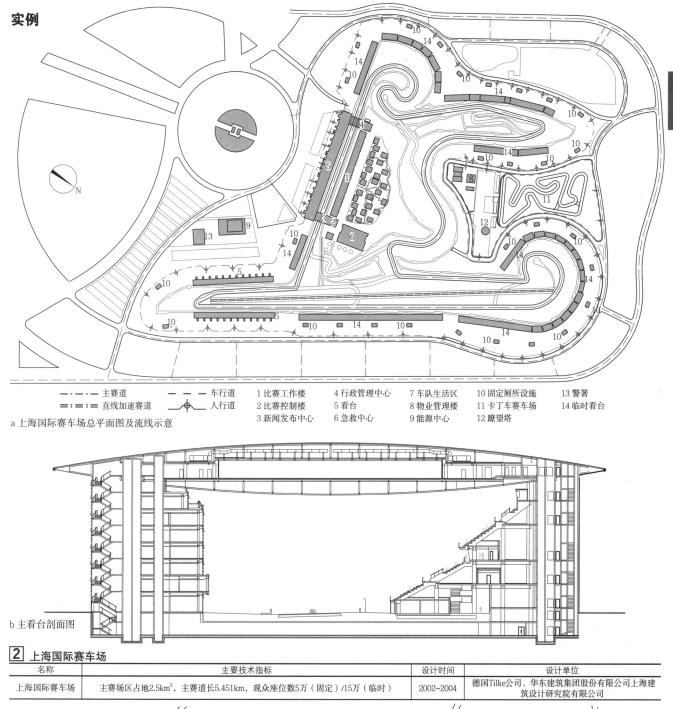

— · — · — 主赛道　　— — — 车行道　　1 比赛工作楼　　4 行政管理中心　　7 车队生活区　　10 固定厕所设施　　13 警署
═ · ═ · ═ 直线加速赛道　　⊕ 人行道　　2 比赛控制楼　　5 看台　　8 物业管理楼　　11 卡丁车赛车场　　14 临时看台
　　　　　　　　　　　　　　　　　　　3 新闻发布中心　　6 急救中心　　9 能源中心　　12 瞭望塔

a 上海国际赛车场总平面图及流线示意

b 主看台剖面图

2 上海国际赛车场

名称	主要技术指标	设计时间	设计单位
上海国际赛车场	主赛场区占地2.5km²，主赛道长5.451km，观众座位数5万（固定）/15万（临时）	2002~2004	德国Tilke公司、华东建筑集团股份有限公司上海建筑设计研究院有限公司

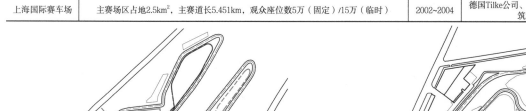

3 珠海国际赛车场

名称	主要技术指标	设计时间	设计单位
珠海国际赛车场	主赛道长4.3km	1996~1999	德国Tilke公司

4 上海天马赛车场

名称	主要技术指标	设计时间
上海天马赛车场	主赛道长2.06km	2002~2004

射击·射箭运动设施 [1] 射击场馆

概述

1. 射击场馆分为室内射击馆和室外射击场。根据使用枪支的不同，散弹枪、步枪、手枪、空气枪等分别在不同的射击场进行。

2. 比赛区域分为资格赛馆和决赛馆，场地分区包括裁判区、射击距离区和受弹区。资格赛馆包括50m步枪、手枪场地；25m手枪场地；10m气枪场地和10m移动靶场地。决赛馆包括资格赛各项目的决赛套用场地。决赛馆要求全封闭，资格赛馆中10m靶馆要求全封闭。

竞赛场地使用面积参考表　　　　　　　　　　　表1

区域	场地名称	裁判区使用面积	射击距离区使用面积	受弹区使用面积	通道使用面积
资格赛馆	50m场地	6×1.6×n	0	3.5×1.6×n	0
	25m场地	6×5×n+2×6×n	0	3.5×5×n+3.5×2×n	25×2×n
	10m场地	6×1.2×n	10×1.2×n	0.5×1.2×n	0
	移动靶场	6×8×n	10×8×n	3.5×8×n	0
决赛馆		6.5×26	50×26	3.5×26	50×6

注：1. 使用面积=分区长度×射击位置宽度×场地数量（n）；
　　2. 通道使用面积=通道数量×通道宽度（2m×6m）×射击距离区场地长度；
　　3. 表格引自《2008北京奥运会射击馆竞赛文件》。

设计要点

1. 选址应保证安全，并减少对居民的干扰，因此都选在比较僻静的郊区、有天然屏障的山区，或采取严密的安全及防护措施。新建靶场最好射向正北或东北向。

2. 射击场的长度主要根据射击距离而定，靶场宽度根据射击位置的数量决定。决赛套用场地射击位置间不设柱，射击距离区宽度大于26m。决赛套用场地的检查通道可兼作设备库房，宽度要求6m。

3. 射击场须设靶线和射击地线，二者互相平行。射击位置设在射击地线之后，并有防风雨、日晒的设施，上部屋顶净空高度不小于2.8m。射击位置应防止外界因素引起的振动。射击位置和靶位地面标高必须相同。

4. 资格赛馆50m步、手枪场地和25m手枪场地分别至少有45m和12.5m露天。10m气枪、10m移动靶和决赛套用靶场是室内靶场。射击距离区室外部分地面种植草坪，要求场地平整、排水顺畅。50m步枪、手枪场地，25m手枪场地四周考虑防雨水飞溅措施。

5. 25m手枪场地必须分段，每段设2组靶，用防护墙隔开。每段设一连接裁判区和受弹区的检查通道，宽约2m，通道屋面考虑天然采光。每个射击位置间设轻型透明材料屏风。

6. 为保证公平，各射击位置间距均等，射击位置之间尽量少设柱，柱平行于地线，断面尺寸尽量小。

7. 气枪靶场必须设于室内。室内靶场须达到所需的照明水平，但不能在射击位置和靶上产生眩光或阴影，靶后的背景应为不反光的中性色。室内靶场应考虑噪声处理。

8. 射击位置后应有足够的裁判工作区。观众区距射击地线至少5m，并用栏杆与射击位置和裁判区分开。

9. 枪弹库要求干燥、通风良好，并有严密的安保措施。

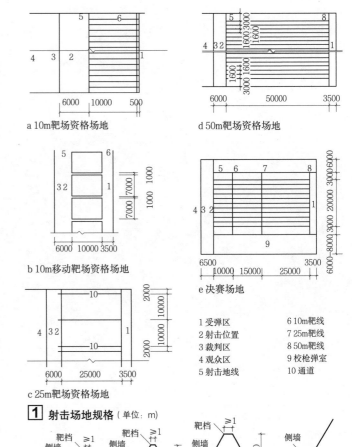

a 10m靶场资格场地　　　　d 50m靶场资格场地

b 10m移动靶场资格场地　　e 决赛场地

c 25m靶场资格场地

1 受弹区　　6 10m靶线
2 射击位置　7 25m靶线
3 裁判区　　8 50m靶线
4 观众区　　9 校枪室
5 射击地线　10 通道

1 射击场地规格（单位：m）

a 25m靶场　b 50m靶场　c 100m靶场　d 300m靶场

除利用天然山外，靶档可用土、砂袋、砖及混凝土等材料砌筑、天然山冈。

2 各种靶场靶档高度要求（单位：m）

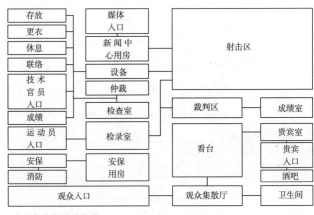

a 大型射击场馆功能分区

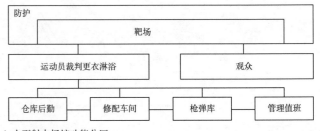

b 小型射击场馆功能分区

3 射击场馆功能关系

飞碟靶场

1. 靶场须设在平坦的开阔地面上，分多向靶场（矩形）和双向靶场（扇形）。

2. 多向靶场的抛靶机房必须保证其屋顶上面与射击位置的地面在同一高度。抛靶房内为20m×2m，高2~2.1m，内设15台抛靶机，每3台为一组，共5组（也可用一台自动抛靶机代替）。

3. 5个射击位置排为一直线，距抛靶房顶前沿15m，每个射位为1m×1m，其中心与各组抛靶机中间一台的中心重合。各射位要有防雨和遮阳设施，射位后3~4m处要留一条通道。

4. 双向靶场有高、低两个靶房，其中高靶房在左、低靶房在右，每个抛靶房装一台固定的抛靶机。

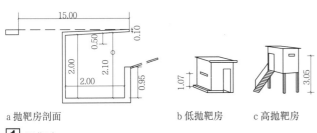

a 抛靶房剖面　　b 低抛靶房　　c 高抛靶房

1 抛靶房（单位：m）

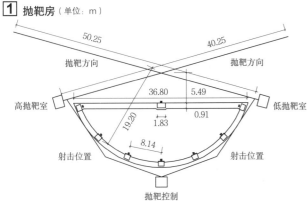

a 双向靶场平面示意

1 最小安全区 半径91.4m
2 落弹危险区 半径274.3m

b 双向靶场危险区　　a 多向靶场剖面示意　　b 多向靶场平面示意

2 双向飞碟靶场（单位：m）　　**3** 多向飞碟靶场（单位：m）

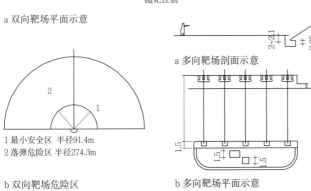

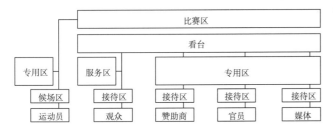

4 飞碟场馆功能分区

射箭场地

1. 一般为室外场地，要求平坦无障碍，发射方向由南向北，场地长130m，宽度可根据所设靶数和靶间距决定。男子和女子场地间距离一般至少5m，决赛时20m。

2. 靶位宽2.5m，决赛时宽5m，起射线后5m的区域为发射区，再后5m为候射区，各区间要用线画出。

3. 终点线(90m)后20~30m处和比赛场两侧、靶位的外沿至少10m处为危险区，应设明显标志，严禁通行。

4. 箭靶有方形和圆形两种，边长和直径不小于124cm，靶架用木料和竹制成，与地面垂线夹角15°。

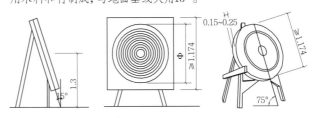

终点线外缘，虚线表示圆靶。　　90~60m射程，Φ=1.22m; 50~30m射程，Φ=0.80m

5 靶位器械（单位：m）

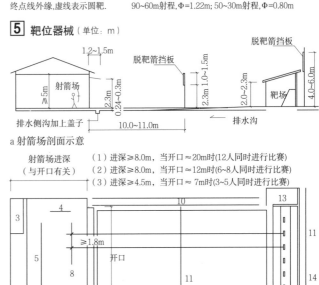

a 射箭场剖面示意

射箭场进深（与开口有关）
（1）进深≥8.0m，当开口≈20m时(12人同时进行比赛)
（2）进深≥8.0m，当开口≈12m时(6~8人同时进行比赛)
（3）进深≥4.5m，当开口≈7m时(3~5人同时进行比赛)

b 射箭场平面示意

3 用具库　8 射箭位　13 看靶所
4 固定席位　9 裁判席　14 安土
5 本座控制　10 取箭道　（靶与靶之间的部位）
6 箭道　11 脱靶箭挡板　15 上座
7 控制室　12 观众席　16 下座

6 射箭场地
注：引自《2008北京奥运会射击馆竞赛文件》。

7 射箭场地功能分区

射击·射箭运动设施 [3] 射击运动专业技术设施

安全设施

1. 射击馆室内安全设施主要包括比赛区人员活动安全区和防飞弹设施。人员活动安全区通常通过安全墙和安全堤，以及高差等措施达到保护的目的。

2. 防飞弹设施包括高空挡板和侧挡板等。防飞弹设施必须使用经批准的建筑材料，同时获得专家的鉴定和认可。

3. 50m步枪、手枪场地，25m手枪场地和决赛套用场地射击距离区上空，应垂直于射击方向设挡弹板。为确保安全，挡弹板数量、位置和垂直倾斜角度需根据弹道飞行轨迹确定。

4. 50m步枪、手枪场地2个边侧射击位置的射击距离区宽度应为3m。靶场两侧设挡弹围墙。

5. 为了安全，可在室外靶场周围建设围墙或在靶场纵深内分段设挡弹墙，靶线前设靶壕供示靶及裁判人员使用。

飞碟：为确保安全，可设置防弹壁，利用谷形斜面的自然地形等。

射箭：在箭道的上部设置脱靶箭挡板，以防误射。考虑到箭射出后的路线，最好把面向射击靶的右侧设为观众席，左面设为箭道。

消声设施

射击运动设施的消声减噪设计应该贯穿设计始终，必须满足相应的规范要求。射击馆室内的消声设施通常采用吸声材料配合构造做法来解决。室外射击场允许采用一些减噪设施即可。

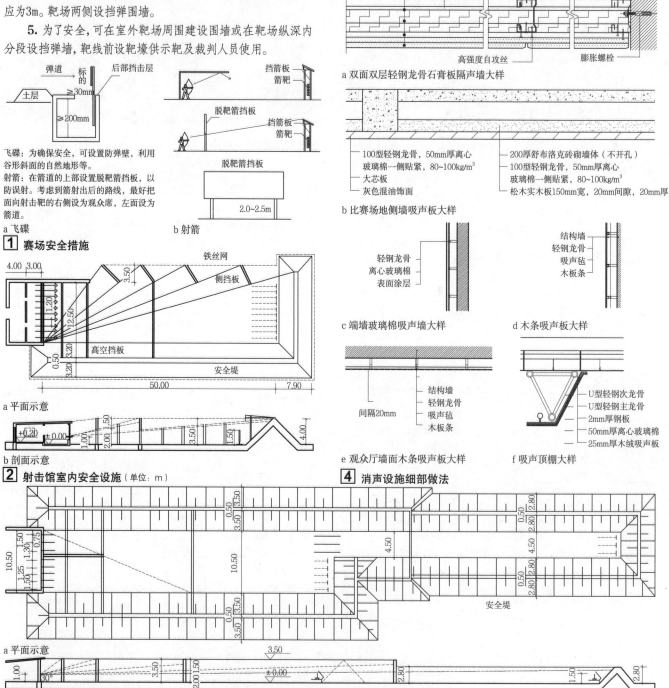

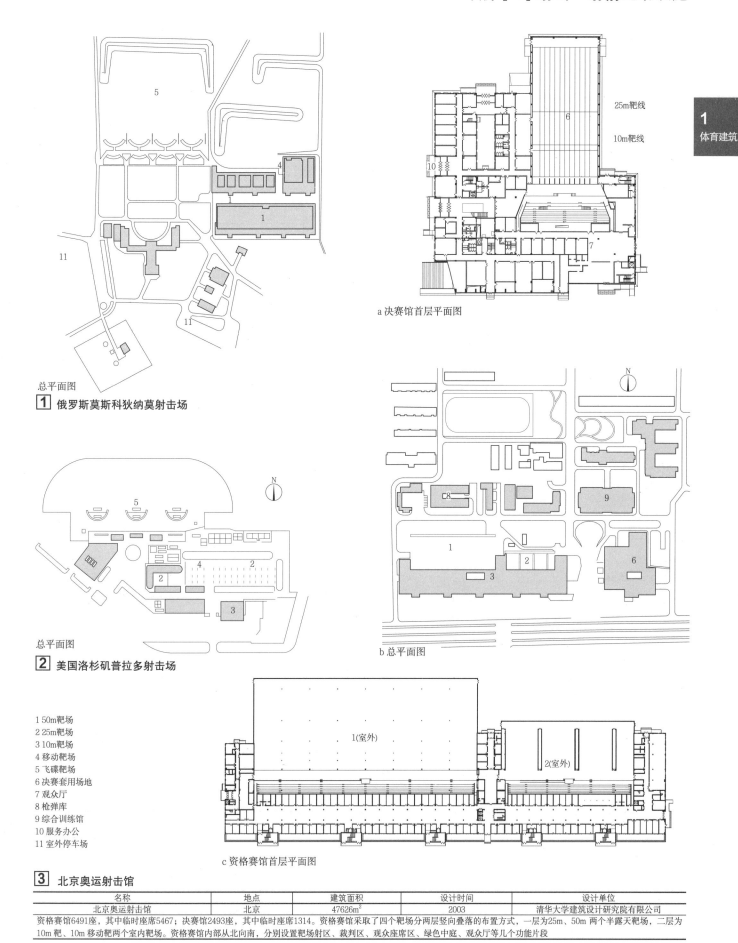

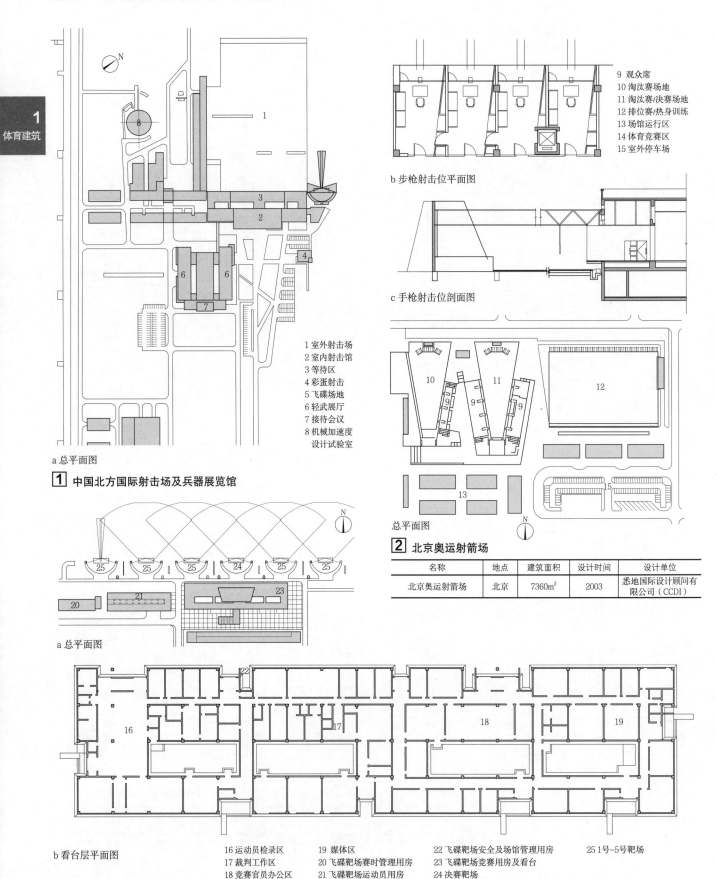

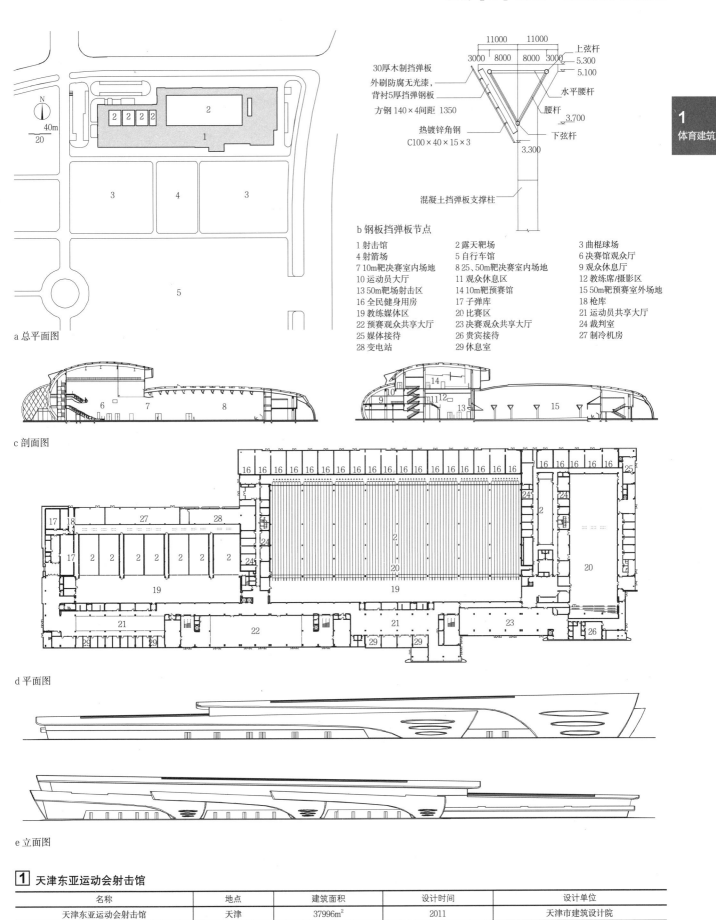

赛马·马术运动设施 [1] 概述·马术及赛马场地要求

概述

赛马·马术运动设施除比赛场地外，还包括看台、训练场、马厩、亮相区、停车场等比赛所需的其他设施，是使用设施的总称。

1 奥运马术场地要求

奥运会马术比赛包括3项赛事：盛装舞步骑术赛、障碍赛和综合全能马术赛（三日赛）。

1. 盛装舞步骑术赛，场地尺寸为60m×20m，砂质，周围设有0.3m高围栏，围栏与观众看台之间的距离不小于15m。

2. 障碍赛，场地尺寸为120m×100m，见[2]。草皮场地，周围设有0.3m高围栏，围栏与观众看台之间的距离不小于5m。摆放12～15道障碍和一道水障，障碍物的高度不得超过1.60m，伸展度不得超过2m。

3. 三日赛，也称"三项赛"或"综合全能马术比赛"。包括盛装舞步骑术赛、障碍赛和越野赛。其中越野赛路线利用自然环境，线路宽7～8m，分为4段：A段长15.4～18.7km，为道路和土路不设障碍；B段长3.105km，设8～10个栏架；C段长16.06～19.8km；D段长7.41～7.98km，最多设45个栏架，见[4]。

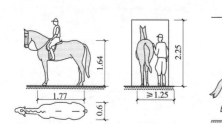

[1] 骑马空间要求（单位：m）

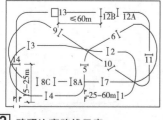

[2] 障碍比赛路线示意

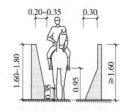

[3] 障碍赛空间要求（单位：m）

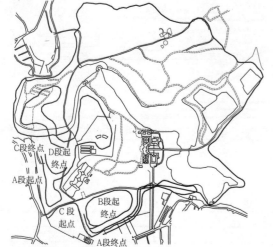

[4] 三日赛越野线路示意

速度赛马场地要求

赛场应设有平坦宽敞的跑道，沙道或草地跑道均可，国内赛马常按顺时针方向进行，跑道宽度应不少于18.3m，直道应不少于400m，转弯半径不应小于90m，护栏向跑道内侧倾斜60°～70°。

国内外赛马场尺寸汇总（单位：m）　　　　　　　　　　　表1

名称	主跑道（草道）长度/道宽	沙道长度/道宽	障碍赛（草道）长度/道宽
东京赛马场（日本）	2083/31～41	1899/25	1675/25
中山赛马场（日本）	外圈1840/24～32 内圈1667/20～32	1493/20～25	O字形1456 X字形447×424/20
南京赛马场	1850/35	1650/25	无
北京通顺赛马场	外圈2280 内圈2050	1850	无
迪拜马场	2400	1750（全天候绒毡层）	无

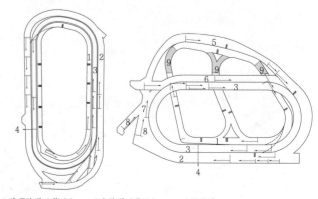

1 障碍跑道（草地）　2 主跑道（草地）　3 沙跑道
4 跑道终点　　　　5 主跑道外圈　　　6 主跑道内圈
7 外圈到内圈　　　8 外圈　　　　　　9 陡坡

[5] 东京赛马场跑道尺寸示意　　[6] 中山赛马场跑道尺寸示意

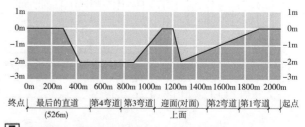

[7] 东京赛马场草道的剖面2083m（逆时针）

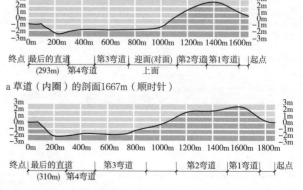

a 草道（内圈）的剖面1667m（顺时针）

b 草道（外圈）的剖面1840m（顺时针）

[8] 中山赛马场草道的剖面

马球比赛场地要求

国际标准的马球比赛为草场，赛场规格见 1。

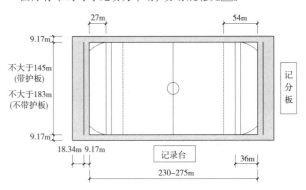

1 马球比赛场地

传统民族马上项目场地要求

中国传统的马上项目有速度赛马、走马、跑马射箭（或射击）、跑马捡哈达。走马场地与速度赛马场可共用；跑马射箭（或射击）和跑马捡哈达场地皆为平坦的自然草地、人工草坪或三合土场地，呈长方形，长250m、宽50m。

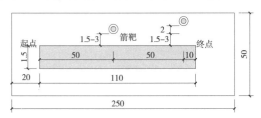

2 跑马射箭场地（单位：m）

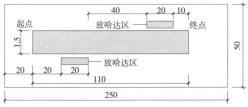

3 跑马捡哈达场地（单位：m）

马术及赛马项目流线及附属设施要求

1. 马术项目流线

马术比赛的运动员、马匹的分区和路线应与观众分开。一般布局分为比赛区、训练区和后勤区，各个区域设置独立的出入口。

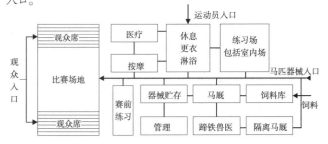

4 马术赛场平面关系

2. 速度赛马项目流线

赛马项目一般设置专门的马匹亮相圈和颁奖处，观众看台沿赛马道设置，一般为单侧看台。

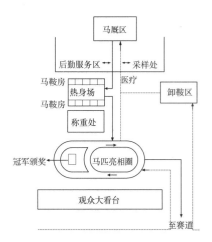

5 赛马项目流线

3. 看台区

马术项目看台可参照体育场看台要求，赛马场看台设置需考虑包厢，并考虑餐饮等设施。

6 某赛马场看台剖面

4. 马厩

要求通风良好、干燥而凉爽的室内环境。马厩尺寸按照国际马术联合会要求为3m×4m，顶棚不低于2.8m，墙地面要用便于清洗的材料，内设饮水槽和饲料槽。屋顶上夹层多用作干草库。

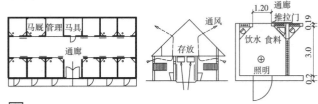

7 马厩平剖面图（单位：m）

5. 裁判室

速度赛马比赛中裁判室位于终点柱处，需保证足够的视野宽度。

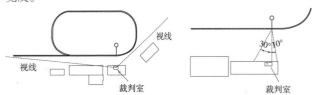

8 裁判室位置要求

赛马·马术运动设施 [3] 实例

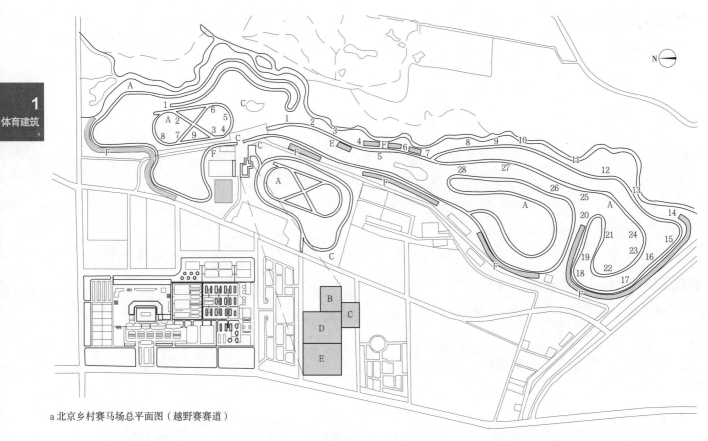

a 北京乡村赛马场总平面图（越野赛赛道）

A 竞赛区　　　　　　　B 运动员和随队官员区
C 竞赛管理区　　　　　D 贵宾区（奥林匹克大家庭和国际单项联合会）
E 媒体区　　　　　　　F 观众区

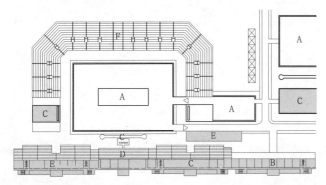

b 北京乡村赛马场二层平面（马术场地）

1 北京乡村赛马场

1 马球比赛场　2 停车区
3 马术训练场　4 观赛区
5 临时马围栏　6 表演区
7 马厩　　　　8 湖面

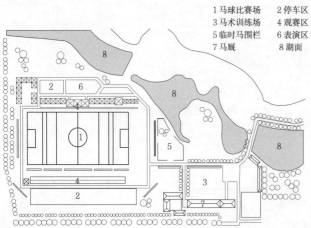

2 北京国际马球公开赛赛场

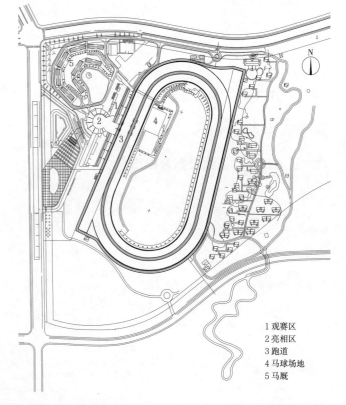

1 观赛区
2 亮相区
3 跑道
4 马球场地
5 马厩

3 南京国际赛马场

实例［4］赛马·马术运动设施

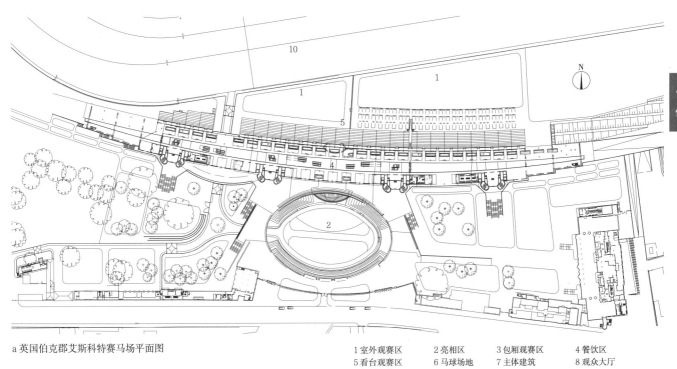

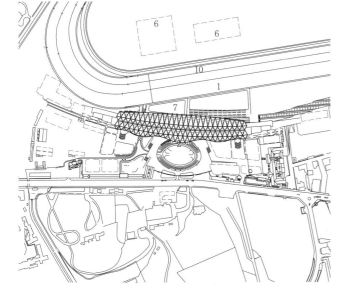

a 英国伯克郡艾斯科特赛马场平面图

1 室外观赛区　2 亮相区　3 包厢观赛区　4 餐饮区
5 看台观赛区　6 马球场地　7 主体建筑　8 观众大厅
9 地下车库　10 跑道

1 入口　2 广场　3 比赛场
4 热身　5 露天练习　6 室内练习
7 教练　8 宾馆　9 马厩
10 饲料　11 练习场

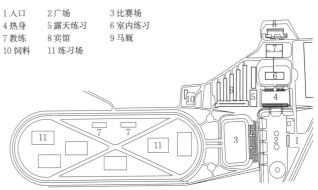

b 英国伯克郡艾斯科特赛马场总平面图

② 俄罗斯莫斯科皮采夫马术基地

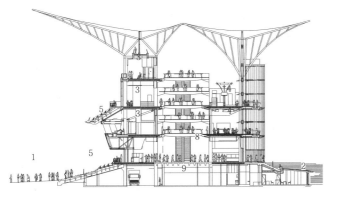

c 英国伯克郡艾斯科特赛马场剖面图

① 英国伯克郡艾斯科特赛马场

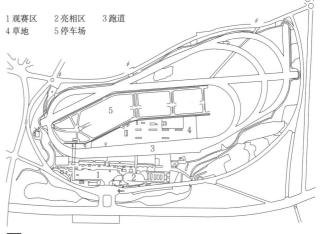

1 观赛区　2 亮相区　3 跑道
4 草地　5 停车场

③ 法国巴黎龙尚赛马场

极限运动设施 [1] 滑轮·滑板·极限单车

概述

广义的极限运动是对一些难度较高,且挑战性较大的各类运动项目的统称;狭义的极限运动是指各个大型极限运动会中包含的成型的项目,例如极限摩托车、极限轮滑等。

极限运动场一般由固定道具、场外区域以及附属设施等组成,固定道具是指用于比赛的道具设施,附属设施是指场地周边的安全围篱、选手休息室、选手席、观众席、卫生间及其他辅助用房等。

常见极限运动类型　　　　　　　　　　　　　　　　表1

项目分类	项目名称	项目分类	项目名称
陆上极限运动	轮滑	简称B3	水上极限运动	滑水
	滑板		冲浪
	极限单车		摩托艇
	极限摩托车/沙滩车		激流皮划艇
	攀岩	空中极限	蹦极
	跑酷		极限跳伞
	极限滑雪		滑翔伞

场地等级

根据国际极限运动场地规范,滑轮、滑板以及极限单车的运动场地可通用共享,它们一般分为A、B、C三个等级,各自具有不同的划分标准和场地要求。

场地等级划分　　　　　　　　　　　　　　　　　　表2

等级	划分标准	场地具体要求
A级	符合国际竞赛标准,可举办国际比赛	1.总面积应5000㎡以上; 2.应设置公园区、U形管区与景观广场,及1000人以上观众看台 3.A级场地道具设施需符合国际竞技标准,使用前应申请国际极限运动总会认证
B级	可举办一般性比赛,道具难度适中	1.总面积应1500㎡以上; 2.应设置公园区,面积在2500㎡以上的,可增设U形管练习区
C级	适合初学者使用	1.面积应大于200㎡以上,U形管区可不设置; 2.道具高度以不超过1.6m为原则

场地形式

轮滑、滑板和极限单车都需要特殊的场地来进行表演和比赛,其运动场地根据形状一般可分为U形槽、碗形池及公园区(也称街道区)等3类。

U形槽是由槽底直段和两侧弧面组成,根据U形槽的数量可分为单U形槽、双U形槽及多U形槽等;碗形池顾名思义,是将场地表面内凹,使之形成不同大小、形状及深度的各类碗状场地;公园区则是以斜坡、弧坡、金字塔、台阶、跳台、跳杆等各类道具单元为基础,经过灵活组合,最终形成丰富多样的极限运动场地。

场地构造

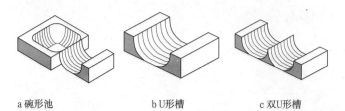

a 碗形池　　　　b U形槽　　　　c 双U形槽

1 U形槽和碗形池

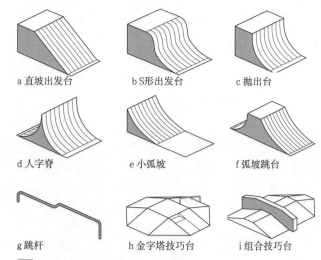

a 直坡出发台　　b S形出发台　　c 抛出台
d 人字脊　　　　e 小弧坡　　　　f 弧坡跳台
g 跳杆　　　　　h 金字塔技巧台　i 组合技巧台

2 场地道具单元示意

滑轮、滑板、极限单车的场地构造通常由龙骨、面板及各类收边、护边等组成,其施工质量应满足相关技术要求见3。

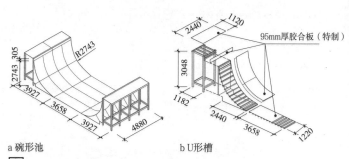

a 碗形池　　　　b U形槽

3 场地构造及节点示意

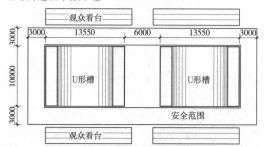

4 国家体育总局极限运动中心平面图

1 弧坡减速台　2 直坡减速台　3 抛出台　4 人字脊
5 金字塔技巧台　6 S形出发台　7 小弧坡　8 直坡出发台

5 国家体育总局极限运动中心平面图

概述

越野摩托车赛是摩托车运动与全地形赛车相结合的产物，一般可分为越野摩托车赛和超级越野摩托车赛（仅限二轮摩托车参赛）两大类。它们分别是在有自然障碍和人工障碍的复杂地形上进行，并在场地的具体要求上存在一定差异。

场地构成

越野摩托车的比赛场地一般由发车区、赛道、终点区、等待区、车辆保修场、观众区、竞赛管理区及其他辅助设施等组成。

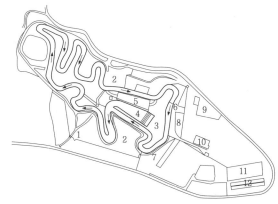

1 入口、票务 2 公众区 3 发车区 4 起点 5 加油道 6 终点
7 车辆保修场 8 贵宾区 9 竞赛管理区 10 卫生间 11 生活区 12 测试区

[1] 葡萄牙2012国际越野大赛场地

发车区

1. 发车区必须安装发车架，发车架数量应满足多名运动员同时参赛。在距发车架最后端直线距离3m处，需设置一障碍物，防止参赛车辆严重后移。发车区由发车架逐渐收拢至第一弯道（或第一障碍），且该区不设跳跃障碍。

2. 发车架立起垂直高度宜为500mm，与地平线呈80°夹角，前后锁定，发车架必须是逐个分开、不折叠的独立降落型。

等待区

在发车区后方应设置一个面积不小于50m²，有防雨设施的相对封闭的运动员等待区，以便赛前核实参赛人数、进行技术检查和运动员作赛前休息、准备。

车辆保修场

赛场还应设有停放、维修摩托车的车辆保修场，以及封闭的试车路线，以便运动员加油和调试车辆，并且有直达等待区的专用通道。

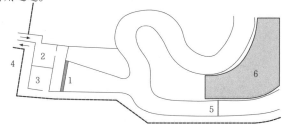

1 起点 2 休息区 3 封闭区 4 车辆保修场 5 终点 6 公共区

[2] 发车区、等待区及车辆保修场

赛道

1. 地质：赛道的质地最好是自然的松土、沙土，赛道不能通过深水地段，不能有硬石。混凝土、石砖路面禁止使用。

2. 长度（L）：对于越野赛而言，$1750 \leq L \leq 3000$m；对于超级越野赛而言，$L \geq 300$m（室内），$L \geq 500$m（室外）。

3. 宽度：二轮摩托车的赛道宽度≥5m，三轮摩托车的赛道宽度≥6m，且障碍的着地点应比起跳点至少宽1m以上。

4. 高度：赛道和赛道上方的障碍物垂直空间不小于3m。

5. 安全：在距赛道边缘3m处，应设观众隔离带，赛道之间距离不得小于3m，在危险地段设置草垛或轮胎等缓冲材料。

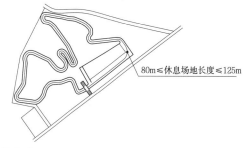

[3] 越野赛赛道

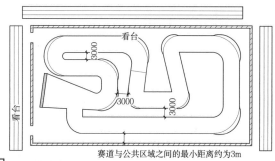

[4] 超级越野赛赛道

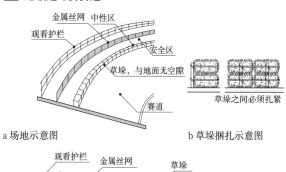

a 场地示意图 b 草垛捆扎示意图

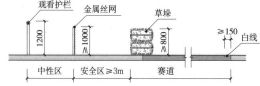

c 剖面示意图

[5] 赛道做法

竞赛管理区和辅助用房

在能够观察赛道全部情况的特定区域，还应设置控制台、计时记圈台、广播台、观察区、主席台等。除此以外，比赛场地还需设置颁奖区、成绩公告栏、新闻中心、医疗室、办公室等竞赛管理用房，以及维修、油库、卫生间等辅助用房。

极限运动设施 [3] 攀岩·极限滑雪·滑水

攀岩

1. 攀岩场地分类

攀岩场地是指能够满足人们攀岩比赛、运动训练、健身休闲等活动的场所，一般可分为人工岩壁和自然岩壁两大类。人工岩壁按照功能特性又可分为仿真型和竞技型两类。仿真型场地依据自然山体的形状进行取样并翻制而成，岩壁形式及材料仿真度较高，可以满足各类人群需求；竞技型场地采用高强度仿真复合材料的岩板制作而成，可以设计具有一定难度的攀爬路线，挑战性较强，适用于专业攀岩人士的竞技、训练需求。

[1] 攀岩场地示意

2. 攀岩场地构成

攀岩场地一般由岩壁、活动区及服务设施三部分组成，服务设施通常包括卫生间、淋浴室、更衣室、器械室及服务用房等。用于正式竞技比赛的攀岩场地，还需设置一定的技术管理用房，如广播室、会议室、医务室等。

3. 人工岩壁构造

人工岩壁主要由岩面支架、仿真岩面、攀岩点和安全装备等组成。岩面支架是人工岩壁的主体结构，目前多为钢结构。仿真岩面由多块岩板固定在岩面支架上组成，岩面材料应满足防水、防火及环保等多方面要求。攀岩点的制作材料和工艺与岩面相似，形状各异，由不锈钢螺栓固定在岩板上，作为活动者攀爬时双手的握点和脚的蹬点。安全装备主要为上端锚点和攀岩主绳。

所有国际竞技攀登委员会（ICC）核准的比赛必须在专为攀登比赛设计的人工岩壁举行，其垂直高度至少12m，宽度至少3m，且足以设计长度至少15m的攀爬路线。

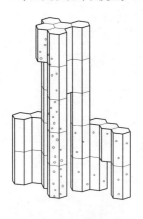 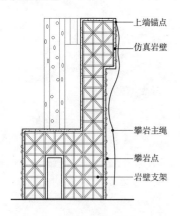

[2] 人工岩壁轴测示意　　[3] 人工岩壁构造示意

4. 场地、设施技术要求

攀岩场地及器材设施应满足一定的力学要求，以保证攀爬人员的生命安全。场地内需设置清晰、醒目的危险区警示标识和安全防护设施，且紧急疏散通道、公共指示标识、场所卫生环境、室内空气质量应符合国家相关规范要求。

极限滑雪

1. 极限滑雪分类

极限滑雪又称单板滑雪（Snowboard），它不同于冬季奥运会上的高山滑雪、自由滑雪及跳台滑雪等双板滑雪项目，单板滑雪可分为场地赛、越野赛及平行大回转等三类。

2. 场地赛场地

场地赛一般在单板滑雪公园进行，比赛场地基本为人工设施，同滑板运动类似，其场地通常也分为U形池、碗形池及组合赛道等。组合赛道根据起点和落点的空间高度变化可分为不同单元模式。

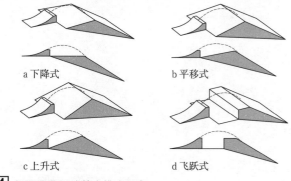

[4] 极限滑雪场地基本模式示意

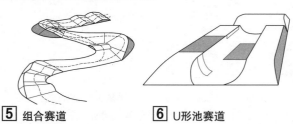

[5] 组合赛道　　[6] U形池赛道

3. 越野赛场地

越野赛场地通常为自然场所，高度差为10~40m，平均坡度为14°~18°，赛道长度为500~900m，宽度约为40m，沿途分布着雪丘、跳跃点和急转弯等障碍点。

4. 平行大回转场地

大回转场地高度差为120~200m，平均坡度为17°~22°，赛道长度每圈400~700m，宽度最少40m。大约25个三角旗门交替放置在赛道左右，旗门间距至少20~27m。

滑水

滑水运动是人在牵引船的作用下，在水面上完成各种表演或竞技动作。正式滑水项目主要分为花样滑水、跳跃滑水及回旋滑水三类。

花样滑水的比赛场地长175m，两端各有15m的准备区。跳跃滑水是运动员借助一个斜坡形的跳台在空中起跳，飞越距离远者为优胜者。回旋滑水场地长259m、宽23m，左右需分别设置3个浮标供运动员依次绕行。

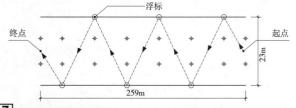

[7] 回旋滑水场地示意图

篮球场地

比赛、训练场地应选用体育运动木地板，休闲健身场地可选用体育运动木地板或合成材料。室外休闲健身场地可结合具体条件灵活采用合成材料、土质面层等。

比赛场地尺寸（单位：m） 表1

	长度	宽度	边线外缓冲区宽度	端线外缓冲区宽度	室内净高	备注
比赛场地	28	15	≥6	≥5	≥7	含比赛工作区
训练场地	28	15	≥2	≥2	≥7	
休闲健身场地	24~28	13~15	≥1.5	≥1.5	≥7	用于室外时地面排水坡度不大于0.5%

注：端线外缓冲区尺寸不包含篮球架尺寸。

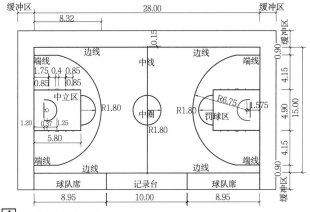

1 篮球场地平面图（单位：m）

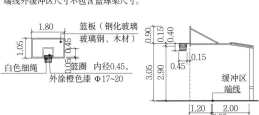 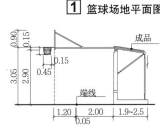 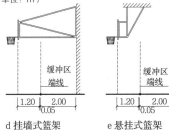

a 篮板和篮筐　　b 单柱固定式篮球架　　c 标准独立式篮架　　d 挂墙式篮架　　e 悬挂式篮架

2 篮球架示意图（单位：m）

排球场地

比赛场地宜选用体育运动木地板或合成材料面层。室外场地可结合具体条件灵活采用合成材料、土质面层等。

比赛场地的地面宜选用浅色。国际排联世界性比赛场地界线为白色。比赛场区和无障碍区分别为另外不同的颜色。

比赛场地尺寸（单位：m） 表2

	长度	宽度	边线外缓冲区宽度	端线外缓冲区宽度	室内净高	备注
国际排联世界性比赛场地	18	9	≥5	≥8	12.5	训练场地净高7m
成年世锦赛和奥运会比赛场地	18	9	≥6	≥9	12.5	训练场地净高7m
休闲健身场地	18	9	≥3	≥3	7	—

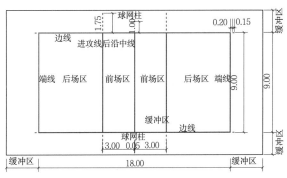

3 排球场地平面（单位：m）

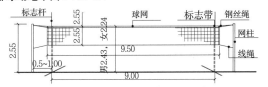

4 排球场地球柱、球网立面（单位：m）

室内足球场地

室内比赛、训练场地必须平坦、光滑，场地宜选用体育运动木地板或合成材料面层。

场地线1.5m以外设置挡网，挡网高度在6m以上。

比赛场地尺寸表（单位：m） 表3

	长度	宽度	边线外缓冲区宽度	室内净高
比赛场地	38~42	18~22	≥1.5	≥7
训练、休闲健身场地	25~42	15~25	≥1.5	≥7

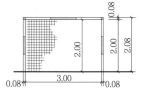

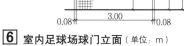

6 室内足球场球门立面（单位：m）

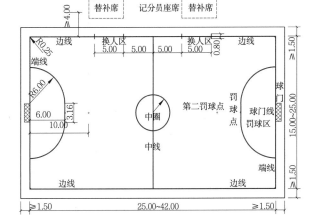

5 室内足球场地平面（单位：m）

室内运动场地 [2] 羽毛球·乒乓球·手球

羽毛球场地

室外场地基础厚度应根据当地气候条件和地质情况确定，应达到密实、坚固、稳定的要求。

室内羽毛球场地地面宜选用体育运动木地板、合成材料面层，地板表面颜色应选用浅色。

羽毛球室内场地内风速应小于0.2m/s。

网柱应垂直固定在场地边线的中点上，高1.55m。

羽毛球比赛场地尺寸表（单位：m） 表1

	长度	宽度	边线外缓冲区宽度	端线外缓冲区宽度	室内净高	两片场地间距
比赛场地	13.4	6.1	2.2	2.3	12	≥6
训练场地	13.4	6.1	≥2	≥2	9	≥2
休闲健身场地	13.4	6.1	≥1.2	≥1.5	9	≥0.9

乒乓球场地

比赛及训练场地应在室内；休闲健身场地宜为室内场地，如设室外应布置在避风的位置。

场地四周一般应为深颜色，观众席上的照明度应明显低于比赛区域的照明度，要避免眩光和未遮蔽窗户的自然光。

比赛场地面层应采用体育运动木地板或合成材料面层，地面材料颜色不宜太浅或反光强烈或打滑，材料反光和摩擦系数应符合比赛要求；训练场地面层标准宜与比赛场地相同。

乒乓球室内场地内风速应小于0.2m/s。

比赛及训练场地，球台四周应设置活动围挡，高度0.76m。成组布置球台且中间有过道时，过道净宽不小于1.00m。

休闲健身场地成组布置时，端部相邻的球台间用高≥0.76m的活动挡板隔开，长边相邻的球台间可不设挡板。

手球场地

室内地面宜采用体育专用木地板或合成材料面层。

球门位于各自球门线的中央。球门必须稳固地置于地面。球门内净空高2m、宽3m。

比赛场地球门后的安全挡网的位置应在球场端线后2~2.5m（热身和训练场地2m，比赛场地2.5m），宽度为24m，高度为8m；热身和训练场地球门后的安全挡网宽度为20m，高度为8m。

球门立柱的后沿应与球门线外沿齐平，球门立柱由一根横梁相连。球门立柱和横梁的截面为0.08m×0.08m，并由同样的材料制成（木质、轻金属或化学合成材料），颜色应采用与背景有明显区别的相间色带。

手球比赛场地尺寸（单位：m） 表3

	长度	宽度	边线外缓冲区宽度	端线外缓冲区宽度	室内净高	备注
7人制比赛场地	38~44	18~20	1	2	7或9	训练场地净高6m
室内专业场地	40	20	1	2	7或9	训练场地净高6m

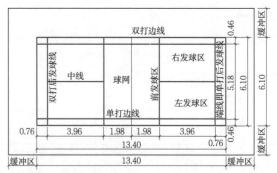

a 羽毛球场地平面（单位：m）

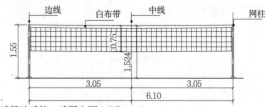

b 羽毛球场地球柱、球网立面（单位：m）

1 羽毛球场地尺寸

乒乓球比赛场地尺寸表（单位：m） 表2

	长度	宽度	边线外缓冲区宽度	端线外缓冲区宽度	室内净高
比赛场地	14	7	2.738	5.63	≥5.52
训练场地	12	6	2.238	4.63	≥5.52
休闲健身场地	—	—	≥2	≥2.5	≥3

a 乒乓球场地平面（单位：m）　　　b 乒乓球球桌（单位：m）

2 乒乓球场地尺寸

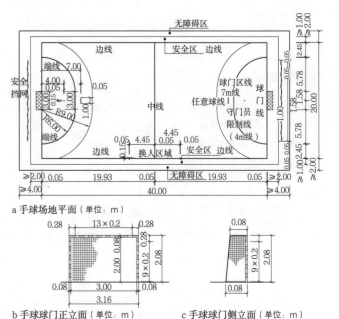

a 手球场地平面（单位：m）

b 手球球门正立面（单位：m）　　c 手球球门侧立面（单位：m）

3 手球场地尺寸

体操 [3] 室内运动场地

概述

体操比赛分为3个部分：竞技体操、艺术体操和蹦床。

体操比赛一般在体育馆内举行，地面一般为木质地板，上铺垫子，如设体操台，体操台高度一般为0.8m。

体操项目分类　　　　　　　　　　　　　　　表1

类别	男子	女子
体操（竞技体操）	自由体操、鞍马、吊环、跳马、双杠、单杠	跳马、高低杠、平衡木、自由体操
艺术体操	—	集体项目：相同器械、不同器械 个人项目：绳、圈、球、棒、带
蹦床	网上单人、网上双人	网上单人、网上双人

体操场地尺寸（单位：m）　　　　　　　　　表2

	长度	宽度	边线外缓冲区宽度	室内净高	备注
训练	—	—	2	6	场地尺寸没有限制，可根据训练项目灵活布置
国内比赛	40	25	2.5	6	—
国际比赛	56	26	>4	14	隔离挡板内不少于 40×70

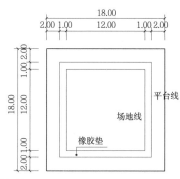

① 自由体操场地（单位：m）

② 跳马场地（单位：m）

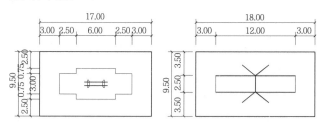

③ 双杠场地（单位：m）　　④ 单杠场地（单位：m）

 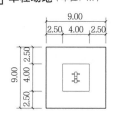

⑤ 吊环场地（单位：m）　　⑥ 鞍马场地（单位：m）

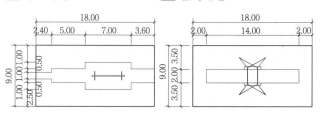

⑦ 平衡木场地（单位：m）　　⑧ 高低杠场地（单位：m）

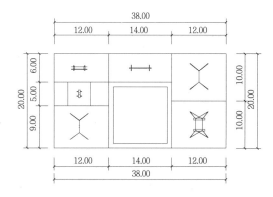

⑨ 体操训练场地布置示意图（单位：m）

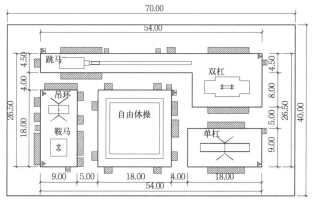

▨ 裁判席位　▶ 三面计分板

⑩ 男子体操比赛场地搭台布置示意图（单位：m）

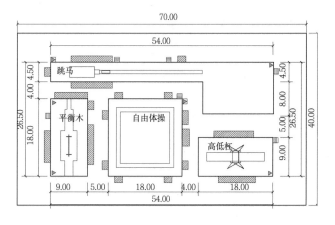

▨ 裁判席位　▶ 三面计分板

⑪ 女子体操比赛场地搭台布置示意图（单位：m）

室内运动场地 [4] 艺术体操·蹦床·武术

艺术体操场地

艺术体操有团体赛、个人全能赛和个人单项赛等形式。主要项目有绳操、球操、圈操、带操、棒操5项。

比赛场地为12m×12m的地毯场地。场地周围至少有1m宽的安全区，如比赛在台上进行，安全区的宽度应增加2m。两块场地之间的距离至少为2m。

场地上铺一层地毯，地毯下面有一层弹性适中的衬垫。

艺术体操场地尺寸（单位:m）　　　　　　　　　　　表1

	长度	宽度	边线外缓冲区宽度	室内净高	备注
训练	—	—	1	10	场地尺寸没有限制
国际比赛	50	30	2	15	至少有两块13×13的地毯场地

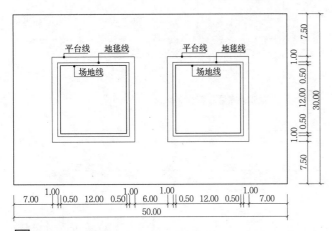

1 艺术体操比赛场地图（单位：m）

蹦床

蹦床包括同步蹦床、双人小蹦床、单跳。

蹦床比赛场地的空间高度不得低于15m，训练场地的空间高度不得低于10m。

蹦床的边框由金属制成，5.05m长、2.91m宽、1.155m高，床面的厚度仅为6mm。弹网用尼龙或其他相近韧性材料制成，网长4.280m、宽2.140m，周围用118个弹簧牵拉固定。在蹦床两边的边框上分别铺有垫子，具有保护作用。

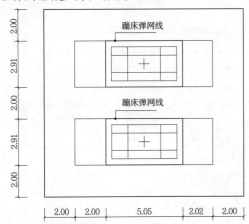

2 蹦床比赛场地图（单位：m）

武术场地

竞技武术主要以套路、散打为竞技主要内容。套路竞技内容有长拳、太极拳、南拳、剑术、刀术、枪术、棍术和其他拳术、其他器械、对练项目、集体项目等。散打竞技是按运动员体重分为11个级别进行的实战比赛。

比赛场地为平地，其上铺地毯或铺帆布的软垫。自边线向外2m以内设保护垫。

套路竞技武术场地尺寸（单位：m）　　　　　　　　表2

	长度	宽度	场地周围安全区宽度	室内净高	两个场地间距离
个人项目	14	8	2	8	≥6
集体项目	16	14	1	8	≥6
散手	8	8	2	—	—

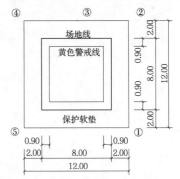

①②③④⑤为边裁判员席

3 散打竞技武术擂台场地图（单位：m）

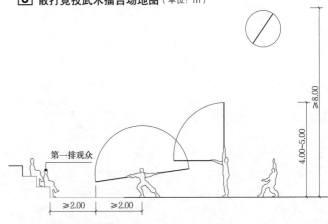

4 武术运动空间幅度（单位：m）

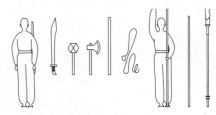

1. 左手持剑或抱刀，剑尖和刀尖不低于耳上端；
2. 棍的长度不低于运动员本人身高；
3. 枪的长度不低于本人站立直臂上举至中指尖；
4. 南刀以左手抱刀，刀尖不低于下颚。

5 常用比赛器械规格

击剑场地

击剑比赛项目有花剑、重剑和佩剑,每项均有个人赛和团体赛。

用于实战的场地称为剑道。3个剑种比赛剑道的规格是一样的。剑道的宽度为1.50~2m,长度为14m。以中心线为界。比赛开始时,双方运动员应各自位于中心线2m以外处,身后5m的剑道为其活动空间,双脚不得越过剑道的端线。

在端线前面2m处应做出明显标记。如有条件,可使用不同颜色的剑道加以区别,以便运动员更容易确定自己在剑道上所处的位置。

警告线从边线向场内划,两段各长0.3m。重剑和佩剑的警告线离中线5m,花剑的警告线离中线6m。

若用击剑台,击剑台的高度不应超过0.5m,包括场地的全部及其延伸部分1.5~2.0m。其延伸部分以外应有一定距离的斜坡。

场地表面必须平坦并成水平状态,不能有利于也不能不利于双方运动员中的任何一方;剑道应光线明亮,但光线不能只对一方有利。

举重场地

举重比赛分为两种举式,并按抓举、挺举的顺序进行。

举重台为正方形,边长4m。如果举重台周边的地板颜色与举重台的颜色相似或相同,则台边缘须用一条不同颜色的线标明,线的宽度至少为0.15m。

举重台高度不高于0.15m。

举重比赛须在举重台上进行,举重台可用木料、塑胶或其他坚固的材料制成,表面可覆盖防滑材料。若铺橡胶板,须保证台面平整。

国际比赛时,举重台放置于大台上,大台最小尺寸为10m×10m,高度必须小于1m。

非正式竞赛如无举重台,可在平硬场地上画出边长4m的正方形,供训练、教学用,四周画0.05m宽边线,不计入场地面积。

柔道

比赛场地面积最小为14m×14m,最大为16m×16m。场地必须是用榻榻米或类似榻榻米的材料铺设。颜色通常为绿色。观众席和比赛场地的距离不得小于3m。

比赛场地分为两个区域,区域之间应有一个约1m宽,通常为红色的危险区。危险区与比赛场地四周平行,并构成整个比赛场地的一部分。危险区以内并包括危险区称为比赛区,其面积最小为9m×9m,最大为10m×10m。危险区以外称为安全区,其宽度约3m(不能小于2.5m)。

在比赛区中央相距4m应分别标出0.25m长、0.06m宽的红色和白色标志,指出比赛者在比赛开始和比赛结束时的位置。当使用两个或两个以上相邻的比赛场地时,允许在两个场地之间共用一个不小于3m的安全区。

比赛场地必须设在有弹性的地板或台上。在比赛场地周围要保留一个不小于0.5m的空间。

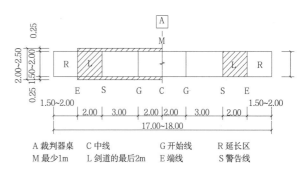

A 裁判员桌　　C 中线　　G 开始线　　R 延长区
M 最少1m　　L 剑道的最后2m　　E 端线　　S 警告线

对于电动花剑和重剑金属物必须覆盖整个剑道、延长区部分及颜色不同的其他区域。

1 决赛半决赛剑道(左)/普通剑道(右)(单位:m)

1 裁判器重复灯　2 运动员姓名及国籍　3 计时、计分显示屏

2 剑道立面示意图

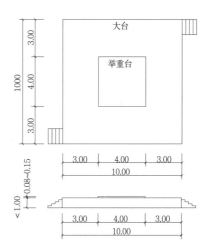

3 举重比赛场地图(单位:m)

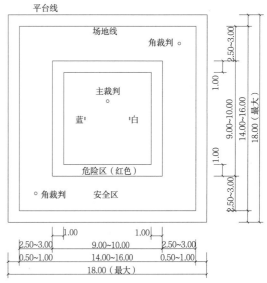

4 柔道比赛场地图(单位:m)

室内运动场地 [6] 拳击·摔跤·跆拳道

拳击场地

无论比赛是在室内或室外进行,比赛时气温不得低于18℃,比赛不能在雨中进行。

所有国际拳联批准的比赛,拳击台距离地面的高度为1m。其他比赛,拳击台距离地面或底座的高度在0.91~1.22m之间即可。

台面要垫毡制品、橡胶或其他具有同等弹性的材料,厚度为1.3~1.9cm的,再覆盖一张平展牢固的防滑帆布。所有材料均应覆盖整个台面。

拳击台设有3个台阶。红、蓝角各设1台阶,供参赛运动员及其助手使用;中立角设1台阶,供裁判员和临场医务监督人员使用。

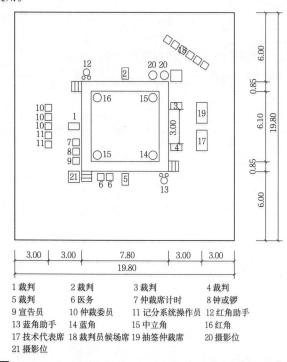

1 裁判　2 裁判　3 裁判　4 裁判
5 裁判　6 医务　7 仲裁席计时　8 钟与锣
9 宣告员　10 仲裁委员　11 记分系统操作员　12 红角助手
13 蓝角助手　14 蓝角　15 中立角　16 红角
17 技术代表席　18 裁判员候场席　19 抽签仲裁席　20 摄影位
21 摄影位

1 单拳台比赛场地布置图 (单位:m)

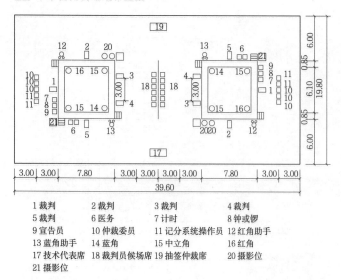

1 裁判　2 裁判　3 裁判　4 裁判
5 裁判　6 医务　7 计时　8 钟与锣
9 宣告员　10 仲裁委员　11 记分系统操作员　12 红角助手
13 蓝角助手　14 蓝角　15 中立角　16 红角
17 技术代表席　18 裁判员候场席　19 抽签仲裁席　20 摄影位
21 摄影位

2 双拳台比赛场地布置图 (单位:m)

摔跤场地

摔跤分为中国式与国际式,国际式又分为古典式摔跤和自由式摔跤。

中国式摔跤比赛场地:由硬度适当的海绵垫组成,表面覆盖革制盖单。

国际式摔跤比赛场地:比赛馆的规模应能放置3~4块标准比赛垫子,并附有赛前练习馆。比赛垫子放在搭制的台子上进行,其高度不得超过1.1m。垫子放在台子上,如果垫子以外的自由空间宽度未超过2m,则四周的边要搭成45°斜坡。垫子附近的地板上,要覆柔软物并细固定。垫子的厚度应根据使用材料的密度及弹性而定,可在4~6cm,某些较硬的合成垫子,可以使用盖布。

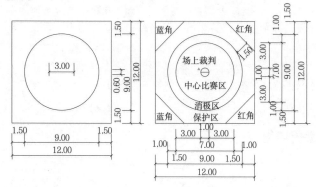

3 中国式摔跤比赛场地图 (单位:m)　**4** 国际式摔跤比赛场地图 (单位:m)

跆拳道

比赛场地是12m×12m的水平的、无障碍物的正方形场地。场地中央8m×8m的区域为比赛区,比赛区的外缘线称为边界线。边界线以外需铺设比赛垫,保护运动员的安全;尺寸大小可根据比赛的实际情况确定,宽度为1~2m。

场地的地面应为有弹性的垫子,厚约2cm。必要时比赛区可根据实际需置于一定高度的平台上。为保证运动员的安全,比赛场地边界线应有与地面夹角小于30°的斜坡。

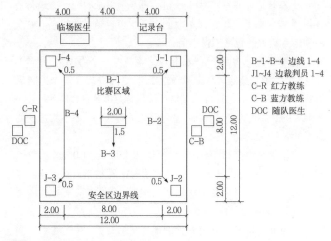

B-1~B-4 边线 1-4
J1~J4 边裁判员 1-4
C-R 红方教练
C-B 蓝方教练
DOC 随队医生

5 跆拳道比赛场地布置图 (单位:m)

保龄球场地

保龄球比赛分个人赛和多人赛。

球道和助走道必须用木质结构或国际保龄球联盟批准的材料组成。球道的前50m部分是落球区,需硬质木材,球道面板采用条形方木,一般厚0.1m。

球道长度:正规球道的全长从犯规线至后槽(不包括后台板)为19156mm,允许13mm的误差。即从犯规线到1号瓶的放瓶中点长18288mm,允许有13mm的误差。从1号瓶放瓶中点到后槽(不包括后台板)的距离为868mm。

球道宽度:球道的宽度在1041~1067mm之间,球道加上边沟的宽度应该在1524~1530mm之间。球道横向槽沟或高凸处,允许误差1mm。

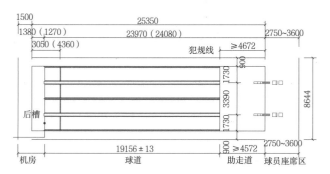

1 保龄球场地平面图

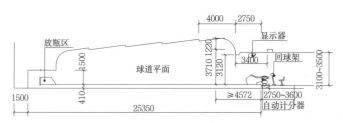

2 保龄球场地纵剖面图

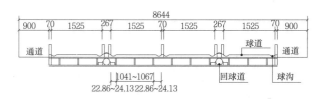

3 保龄球场地横剖面图

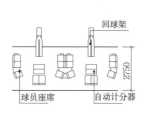 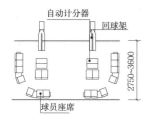

4 球员座席区平面布置图

台球场地

台球比赛分为:斯诺克台球比赛、九球比赛、十六彩球比赛、四球开伦台球、英式比利台球。

根据下述公式可求出放置一张球台的最小平面尺寸:
最小长度$L=LT+(2×C)$;最小宽度$B=BT+(2×C)$。

式中:LT—球台内边长度;
BT—球台内边宽度;
C—球杆长度加球杆活动的距离。

球杆击球活动距离为1.5m,球杆一般长约1.45m。

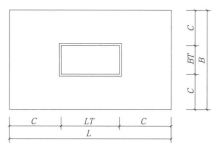

5 台球场地平面图

球台尺寸(单位:m)   表1

	斯诺克比赛	九球比赛	十六彩球比赛
台面规格	3569×1778	2540×1270	2540×1270
台面高度	851~876	800	800~850

壁球

壁球分为单打和双打。

壁球场地内的围护结构及设施应采取防撞击措施,地面采用木质地板。

壁球场地是一个封闭的室内长方形空间,分前后场,后场又分成左右两个半场。前墙高4.57m,内墙壁应采用实体墙,其厚度通常要达到0.2m。玻璃后墙高2.13m,应采用安全玻璃,中央开门。场地净空高度不低于5.6m。

场地尺寸(单位:m)   表2

	长度	宽度	净空高度
单打场地	9.75	6.40	5.60
双打场地	9.75	7.62	5.60

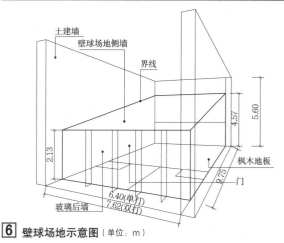

6 壁球场地示意图(单位:m)

专项运动场 [1] 专用足球场

概述

专用足球场是指由场地区、看台区、辅助用房及设施等部分组成，能够进行室外足球比赛的体育建筑。

场地区设计要点

1. 专用足球场地区包括比赛场地及其辅助区域。
2. 比赛场地尺寸为105m×68m，见 1 。
3. 辅助区域位于比赛场地外侧，包括比赛场地草坪延伸区、广告板、热身区等。辅助区域距场地边线≥8.5m，距端线≥10m，见 2 。
4. 草坪延伸区应延伸至广告板下。
5. 广告板高度应在0.9~1.0m之间，距边线、球门线≥5m，若球门线处广告板向角旗倾斜则距球门线可≥3m。
6. 热身区地面宜与比赛场地相同。但若比赛场地使用天然草坪，热身区可降低要求，使用最高质量的人造草坪。

1 标准足球比赛场地规格（单位：m）

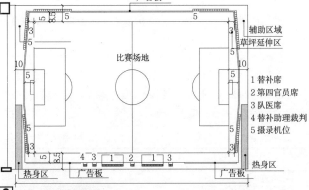

2 专业足球场地区（单位：m）

场地区入口通道

场地区入口应设置在西侧正对中线。入口处可设置坚固的可伸缩防护通道，并能接近比赛场地，防止意外事件发生，见 3 。条件允许时在入口通道内可设置洗鞋池。

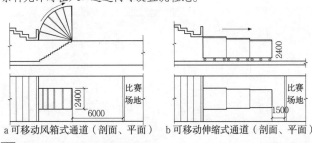

3 运动员入口通道参考图

场地区隔离措施

比赛场地区与观众席间应采取有效的隔离措施，保护球员不被观众侵扰，同时也不应阻挡观众视线。一般可采用提高首排座席、设置通行沟、架设屏障和围栏等方法 4 。

通行沟不应积水，确保疏散时可快速在其上架设移动桥。

屏障和围栏可为固定设施，也可为临时设施，确保疏散时屏障和围栏可折叠收起或在其上设有足够数量的逃生门。

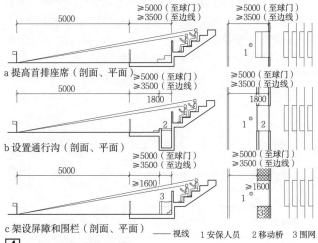

4 场地区隔离措施示意图

辅助用房及设施

1. 足球运动员休息室位于西侧主看台下，数量应≥2套，一般设置4套，每套面积≥250m²，见 5 ，每套用房设施见表1。
2. 足球裁判员休息室与场地入口邻近，共设2套。一套面积为29~40m²，可容纳5~7名裁判员；另一套面积为19m²，可容纳2名裁判员。每套用房设施见表1。
3. 室内热身区应靠近运动员休息室，共设2个，每支球队1个，每个热身区100m²。
4. 赛事管理办公室面积≥20m²。
5. 球童更衣室应靠近比赛场地设置，便于进出。男女各设1套，每套面积≥40m²。每套用房设施见表1。

运动员、裁判员、球童卫浴设施最小数量　　　表1

	淋浴（个）	大便器（个）	小便器（个）	洗手盆（个）	洗脚池（个）	洗鞋池（个）	电刮胡刀插座（个）	吹风机（个）
运动员	11	3	3	5（带镜子）	1	1	2	2
裁判员	2	1	1	1（带镜子）	—	1	1	1
球童	2	2	—	—	—	—	—	—

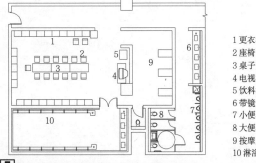

5 足球运动员更衣室淋浴区布置示意图

专用足球场 [2] 专项运动场

足球场地分类

足球场地分类 表1

		专业比赛		专业队训练		休闲健身						
人数		11人制	5人制	11人制	5人制	11人制	7人制	5人制		4人制		3人制	
场地尺寸	长度(m)	105	40	105	25~42	90~120	45~90	25~42		25~42		20~35	
	宽度(m)	68	20	68	15~25	45~90	45~60	15~25		15~25		12~21	
场地位置		室外	室内	室外	室内	室外	室外	室内	室外	室内	室外	室内	室外
室外草坪延伸区(m)		边线外≥5.0　球门线后≥6.0	—	≥2.0	—	≥2.0	≥1.5	≥1.5		≥1.5		≥1.5	
		端线外≥5.0　球门区后≥5.0（罚球区）											
室内场地净高(m)		—	≥8.0	—	≥8.0	—	—	≥8.0		≥8.0		≥8.0	
室外围网		有	球门后有网	有	—	有	有	—	有	—	有	—	有
球门尺寸	长度(m)	7.32	3.00	7.32	3.00	7.32	5.00	3.00		3.00		3.00	
	高度(m)	2.44	2.00	2.44	2.00	2.44	2.20	2.00		2.00		1.60	
各线线宽球门柱宽度横梁厚度(mm)		≤120	80	≤120	80	≤120	100	80		80		80	

注：1. 表中足球场地长宽有区间范围的，宜参考专业比赛11人制足球场地的比例，按长：宽≈1.5：1设置。
2. 室外足球场地四周围网高度不宜小于4m。
3. 建议在5人制、4人制、3人制足球场地外侧设置1.5m缓冲区。

视线设计

后排观众不应被广告牌和前排观众遮挡（表2、①）。

看台视点位置及视线升高差 表2

视点平面位置	视点距地面高度(m)	视线升高差C值(m/每排)	视线质量等级
边线端线（重点为角球点和球门处）	0	0.12	较高标准
		0.06	最低标准

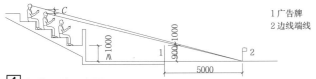

1 广告牌
2 边线端线

① 视线设计示意图（单位：mm）

专用足球场替补席

替补席共设两处，位于中线两侧，与边线平行，距比赛场地5m。两席与边线和中线距离相等，距场地中线与边线交点各≥5m。每席至少容纳23人，见②。

1 替补席
2 第四裁判席
3 队医席位
4 技术区
5 替补助理裁判

② 替补席示意图（单位：m）

实例

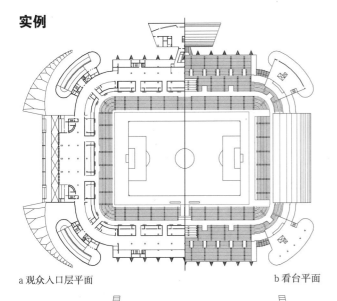

a 观众入口层平面　　b 看台平面
c 短轴剖面

③ 天津泰达足球场

名称	主要技术指标	建成时间	座席数
泰达足球场	建筑面积约70000m²	2009	35000

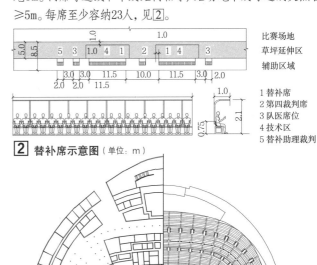

a 首层平面　　b 看台平面

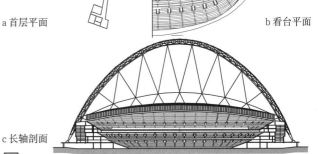

c 长轴剖面

④ 英国温布利体育场

名称	主要技术指标	建成时间	座席数
英国温布利体育场	建筑面积170000m²	2007	90000

专项运动场 [3] 网球场

场地规格

网球场地分单打、双打两种，一般采用双打场地（内含单打场地）。单打场地主打区为23.77m×8.23m，双打场地主打区为23.77m×10.97m。场地画线一般为白色或黄色，画线宽度包含在各区域的有效范围之内，端线宽度≤100mm，其他各线宽度为50~25mm。场地四周应设缓冲区。

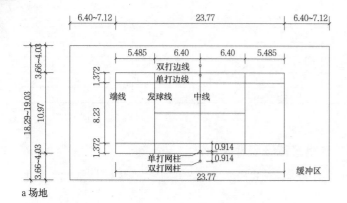

a 场地

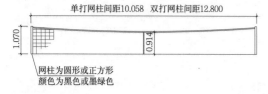

b 球网

注：1 场地缓冲区尺寸为边线外≥3.66m、端线外≥6.40m。
　　2 室内场地净高：中心不低于12.5m，场地外围地区最低高度为3.0m。

[1] 网球场地尺寸（单位：m）

设计要点

1. 场地朝向：长轴基本为南北向，偏角宜＜20°。
2. 场地地面：可选用合成材料、天然草坪、土质面层；地面应平整，有一定弹性；表面颜色应均匀，不应出现较大色差和反光。
3. 场地布置：可单块场地布置，也可2块、3块场地成组并联布置。
4. 场地排水：排水坡度≤0.5%。单片场地应采用向同一方向倾斜的单坡式排水，从边线到边线向同一方向倾斜的场地不应超过3块，从端线到端线向同一方向倾斜的场地不应超过1块。
5. 场地背景：不得使用白色、黄色等浅色（包括放置广告和其他物品）。

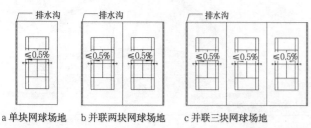

a 单块网球场地　　b 并联两块网球场地　　c 并联三块网球场地

[2] 场地排水示意图

场地设施

1. 球网：设在场地中央中心线的垂直处，顶部用白色网边布包缝，中央由布带垂直固定于地面。
2. 围网：室外网球场地应设置围网，高度不小于4.0m，网眼直径不大于44.5mm。
3. 比赛用场地的主席台、贵宾席、记者席的位置一般应在场地南端线后方。设计视点宜定在场地边线和端线地面处。

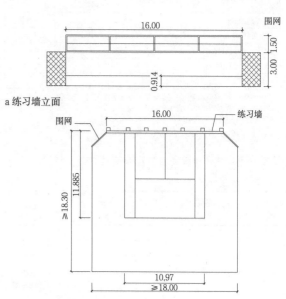

a 练习墙立面

b 练习场地平面

[3] 练习场地（单位：m）

[4] 网球拍和网球尺寸（单位：m）

实例

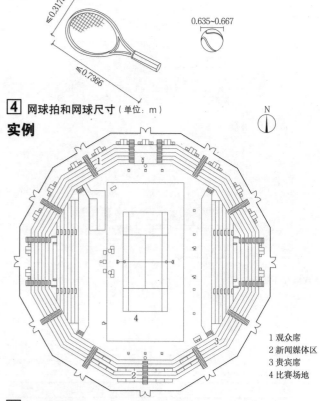

1 观众席
2 新闻媒体区
3 贵宾席
4 比赛场地

[5] 北京奥林匹克公园网球中心2号赛场

棒球场地规格

标准棒球场地是一个直角扇形区域，直角两边是区分界内和界外的边线。场地应分为内场和外场，布置投手区、本垒区、跑垒指导员区、击球员准备区、安全警示区以及跑垒限制线、比赛有效区线、本垒打线、草地线、边线、外场线等。场地上各线的宽度为127mm，线的宽度包含在各区域的有效范围之内⑥、⑦。

垒球场地规格

标准垒球场地是以本垒板尖角为圆心，一、三垒垒线为界线的直角扇形区域。针对女子、男子不同项目，场地尺寸有所不同。与棒球场地相比，垒球场地较小，投手区不作圆丘⑧。

垒球场地尺寸（单位：m） 表1

场地尺寸\项目	本垒打线半径R		垒间距离D1		本垒和二垒间距离D2		有效区域D3		投手距离D4	
	快投	慢投	快投	慢投	快投	慢投	快投	慢投	快投	慢投
女子	60.96	80.77	18.29	19.81	25.86	28.02	7.62	13.11	14.02	
男子	68.58	83.82					9.14	14.02	15.24	
青年女子	67.06	76.20					7.62	12.19	14.02	
青年男子	76.20	83.82					9.14	14.02		

场地设计要点

1. 场地朝向：比赛场地最佳朝向应该从本垒经过投手板面朝二垒的连线方向设定为东北方向。

2. 场地地面：面层宜用草坪地面或混合土地面，表面应平整，不得有障碍物；基础应密实、坚固、稳定。

3. 场地排水：场地应具有良好透水性，场地四周设排水沟，标准较高的场地宜设置地下渗水层及盲沟。投手区为高于本垒地面250mm的圆丘，投手板至本垒的地面坡度约2%，场地以长轴为分水线坡向四周，其坡度小于等于0.5%。

棒球、垒球场地设施

1. 棒球、垒球场地的本垒包垒板、投手板规格均相同。

2. 围网和后挡网：棒球、垒球场地应在本垒打线、比赛有效区线上及本垒后分别设置金属制成的围网和后挡网。围网高≥2.0m，均需采用柔性包裹处理；后挡网长度为以有效区宽度为半径的1/4圆周长，高度3.0~4.0m，两端与围网相接。

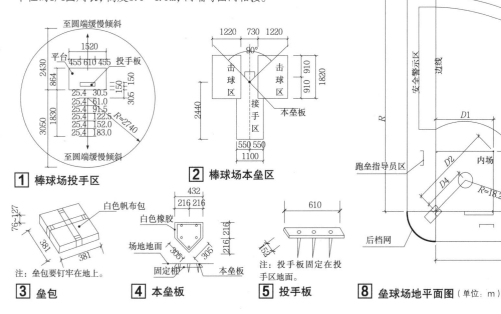

① 棒球场投手区 ② 棒球场本垒区 ③ 垒包 ④ 本垒板 ⑤ 投手板

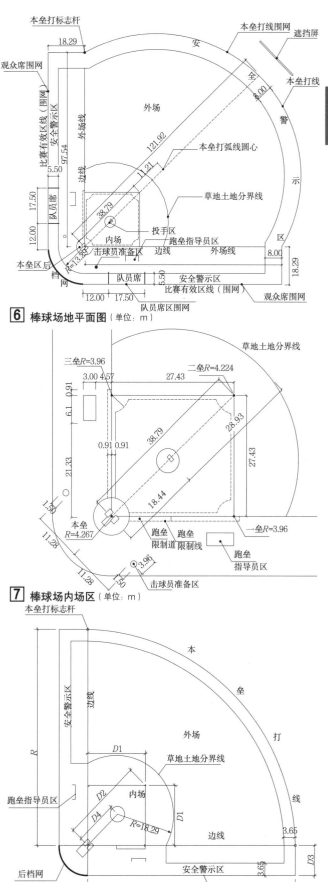

⑥ 棒球场地平面图（单位：m）

⑦ 棒球场内场区（单位：m）

⑧ 垒球场地平面图（单位：m）

专项运动场 [5] 橄榄球场·沙滩排球场

橄榄球场

橄榄球场地大小与足球场相近，地面亦为草地，因此橄榄球运动可在足球场上进行。

1. 英式橄榄球： 英式橄榄球可分为两大阵营——联合会式橄榄球(Rugby Union Football)和联盟式橄榄球(Rugby League Football)，一般意义上的英式橄榄球是指联合会式橄榄球。[1]中实线部分的场地画线必须为白色，线宽76mm(3英寸)并且画线宽度不包含在各区域的有效范围之内（即场地测量不包括线宽）。场地周围缓冲区宽度为6m。

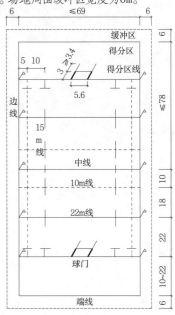

[1] 英式橄榄球场地（单位：m）

2. 美式橄榄球： 场地画线必须采用无毒材料，宽度为100mm（约4英寸），颜色最好为白色，场地有效范围应包括边线而不包括底线。

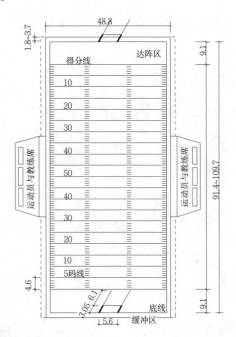

[2] 美式橄榄球场地（单位：m）

沙滩排球场

1. 场地规格为18.0m×9.0m；场地四周缓冲区宽3.0~5.0m；场地界线宽50~80mm，界线与沙滩的颜色需有明显的区别，并且由抗拉力材料的带子构成，界线宽度包含在场地各个区域之内。

2. 比赛场地应为长轴南北向，上空12.5m以内无障碍物。

3. 比赛场地沙子的颜色应介于黄色和白色之间，沙子厚度应不小于400mm，必须是经过筛选的松软细沙。

4. 沙滩排球的球网设在场地中央中心线的垂直上空。

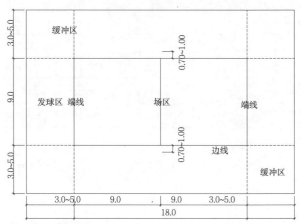

其中：比赛场地缓冲区宽5.0m，休闲健身场地缓冲区宽不小于3.0m。

[3] 沙滩排球场地（单位：m）

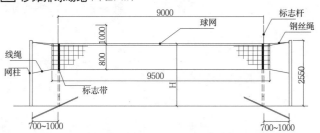

其中：1.H取值：一般男子为2.43m，女子为2.24m。也可根据不同年龄组调整：16岁以下 2.24m；14岁以下 2.12m；12岁以下2.00m。球网网眼直径100mm；
2. 标志杆具有韧性，一般由玻璃纤维或类似物料制成；
3. 网柱应平滑且使用非金属拉索固定在地面，高度应能够调整。

[4] 沙滩排球球网立面

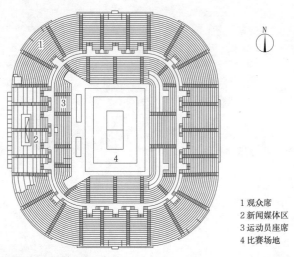

1 观众席
2 新闻媒体区
3 运动员座席
4 比赛场地

[5] 北京朝阳公园沙滩排球场

曲棍球场

1. 场地规格：比赛区为91.4m×55.0m；缓冲区范围为4.0~5.0m。场地画线宜为白色，线宽75mm，线宽包括在场地范围内。
2. 场地朝向：长轴基本为南北向。
3. 场地地面：宜采用人造草坪面层，要求平整，赛前需洒水。比赛区与缓冲区的人造草坪颜色应区分开，一般比赛区为绿色，缓冲区为红色。
4. 场地排水：一般采用排渗结合的排水方式，排水坡度宜为0.2%。场地四周设排水沟，沟内均匀设置沉沙井。
5. 护网和高网：场地四周应设护网，网高为1.0m；护网以外2m处设置高网，网高6.0m。护网、高网网眼不大于50mm。

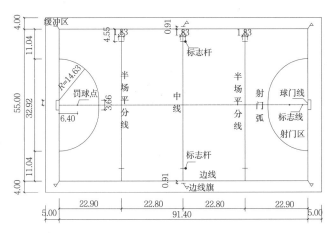

[1] 曲棍球场地（单位：m）

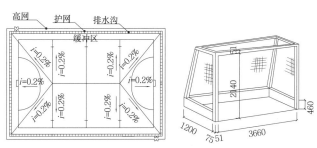

[2] 曲棍球场地排水示意图　[3] 曲棍球球门（单位：m）

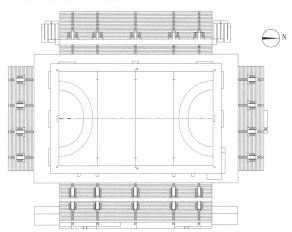

[4] 北京奥林匹克公园曲棍球场

门球场

1. 门球是以老年人为主要对象的活动项目，场地宜选在避风、向阳、安全的地段。
2. 比赛场地规格：长20.0~25.0m、宽15.0~20.0m。用于休闲健身的门球场地可适当缩小，最小尺寸为12.0m×8.0m。
3. 场地画线：颜色与地面要易于识别，画线宽度均包括在场地尺寸范围内。
4. 场地地面应密实、平整，面层材料可采用合成材料、人造草坪、沙土。

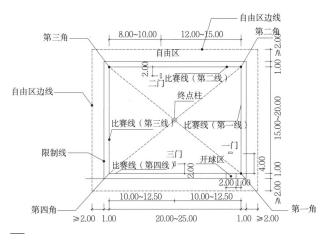

[5] 门球场地（单位：m）

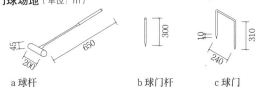

[6] 门球设施及用具

地掷球场

1. 场地规格：长24.0~26.5m，宽3.8~4.5m。
2. 场地画线：球场必须用有色材料标出横断线，不应影响场地的平整。在两侧的围板上也标出与横断线相应的垂直基准线。
3. 场地材料：室外场地面层宜选用沙土地或合成材料。
4. 场地设施

（1）球场四周应设木材或其他非金属材料制成的围板，围板高250mm。

（2）端板由固定板及活动围板组成，总高度为1.5m。固定板用木材或其他有弹性的非金属材料制成，可使球弹回；活动围板宜选用合成橡胶制成，可以摆动。

（3）场地与观众席间在围板外0.3m处应设1.0m高围网。

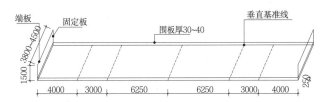

[7] 地掷球场地

专项运动场 [7] 高尔夫球场

标准球场

1. 球场选址：高尔夫球场宜选择交通便利、环境优美、绿化条件好、无污染的地段，球洞场地一般设在山地、树林、海边、河川、丘陵等地的草坪上。

2. 球场设施：高尔夫球场一般包括一系列大小不一、形状各异的球洞场地，以及练习场地、会馆、后勤服务、管理、停车场，也可附设居住设施、游泳池和娱乐设施等。

3. 球场规模：球场规模由球洞数量和球洞距离决定。标准球场，一般布置18个球洞场地，球场总面积65~75hm²。球场也可布置9个、27个、36个、45个等球洞场地。

4. 球场容量：通常一个球洞场地最多可同时容纳8人打球。9洞球场可容纳150~200人；18洞球场可容纳350~400人；36洞球场可容纳850~1000人。

5. 球洞场地：每个球洞场地均由发球区、球道、障碍区和果岭等部分组成。各球洞场地应依次顺序布置，首尾相接。

（1）发球区内为不同选手（职业、业余及男子、女子）设置远近不同的发球台，发球台面积一般为30~150m²，较周围高0.3~1.0m。发球区应高于四周地势，以利于雨天排水。

（2）球道长度在91~548m之间，宽度最小30m，一般为40~50m。球道区域内及边缘可设置沙坑、水塘等障碍。

（3）果岭为球洞所处区域，平面多近似圆形或椭圆形的自由形状，面积一般为500~700m²，上铺经过精心修剪的短草草坪。

6. 标准18洞球场：一般由4个短洞（3杆洞）、10个中洞（4杆洞）以及4个长洞（5杆洞）组成，标准杆为72杆。若地形特殊和土地面积大小等因素的差异，其标准杆亦可介于72杆加减3杆之间。短、中、长洞的距离规定如表1。

美国高尔夫球协会（USGA）最大、最小标准杆等级　　　表1

标准杆数	球道长度（m）	
	男	女
3	≤228	≤192
4	229~429	193~366
5	>430	367~526
6	—	>527

小型球场

在空间有限、地价昂贵、场地难以规划的地区，一些小型场地更为合适。

1. 9洞高尔夫球场：为标准18洞球场的一半，可扩展为18洞球场。

2. 特殊高尔夫球场：为9洞或18洞球场，其中标准杆3杆球洞场地与短4杆球洞场地的比例较高。此类球场可以和标准高尔夫球场并列设置。

3. 标准杆3杆球场：仅有短洞场地，每个球洞场地长度一般为90~180m。12hm²可布置一个此类9洞高尔夫球场。

4. 推杆练习场地：此类球洞场地长度通常不大于70m，内设练习果岭。

5. 挥杆练习场地：场地无固定的尺寸要求，长度一般在250~300m，宽度可根据发球台数量确定，一般在100~150m。场地宜采用天然草坪。发球台宜面朝北向或东北向，并列布置在场地一端。

会馆

标准高尔夫球场会馆应设于接近入门和停车场的地段，并与第1洞与第10洞的发球台、第9洞与第18洞的球洞区接近。

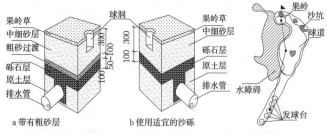

[1] 美国高尔夫球协会推荐的果岭构造示意图　　[2] 球洞场地示意图

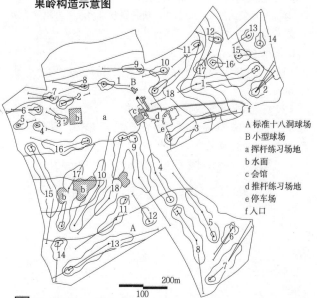

[3] 高尔夫球场布置示意图

A 标准十八洞球场
B 小型球场
a 挥杆练习场地
b 水面
c 会馆
d 推杆练习场地
e 停车场
f 入口

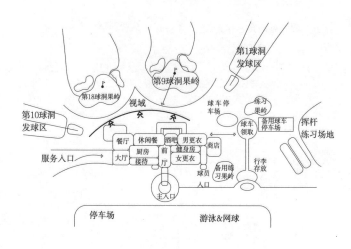

[4] 会馆与场地关系示意图

概述

比赛型迷你高尔夫球场一般均由18个不同形式的洞区按顺序排列而成。每个洞区均由发球区、球道、进洞区（目标圈）、障碍四部分组成。洞区的组成、尺寸、结构、材料以及形状都有统一的规定。其种类有德国型（MA）、基本型（MI）、特殊型（ST）、瑞典型（SW）、荷兰型（DF）等场地类型。

德国型迷你高尔夫

在所有比赛型迷你高尔夫中，德国型迷你高尔夫应用得最为广泛，也是世界迷你高尔夫联合会（WMF）指定的比赛型球场。

1. 洞区标准尺寸：洞区长6.25m，宽度0.90m，进洞区直径1.40m，发球区0.5m×0.4m。

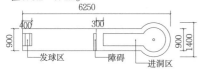

1 洞区组成及尺寸

2. 洞区构造：采用型钢骨架，其上装配15mm厚特殊水泥板或强力纤维板。洞区表面光滑、硬度大，球的滚动速度快。

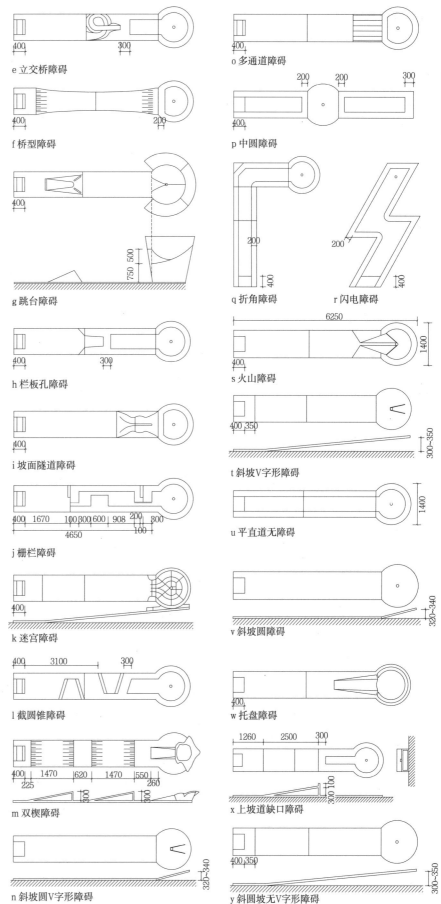

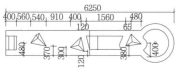

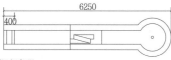

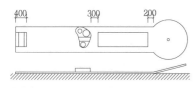

2 德国型迷你高尔夫洞区形式

专项运动场 [9] 铁人三项场地

比赛路线总体设计

比赛场地和路线为"三叶草"形式。其中主会场区位于三片叶子联合处，包含转换区、游泳出发区、终点区、主看台以及赛事运行所需的各功能区，游泳、自行车和跑步路线以主会场区域为中心展开。

主会场区

出发台一般有3种不同类型，按优先级别由高到低为：固定台（固定结构，可跳水出发）、漂浮台（可跳水出发）、沙滩出发平台（固定结构，前沿高0.2m）。

转换区宽度不得小于10m，出入口至少须6m宽。上车线与下车线距离最近的自行车架至少5m。

终点前冲刺通道，长度一般不少于100m，宽度不小于5m。媒体摄影台应在终点后15m处，一般为3~4级阶梯式，每阶长3~4m、宽1.5m、高60cm。

游泳路线

游泳路线距离为1500m；世界杯以上级别比赛，游泳路线应设计为2圈，第1圈1000m，第2圈500m。

游泳上水台：用于运动员在比赛中途和终点上浮台，可以是斜坡或者是台阶。宽度至少为5m。两侧应设有柱体，2.5m高为宜，以便于运动员识别。

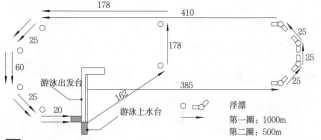

[2] 游泳路线示意图（单位：m）

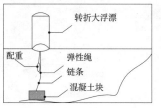 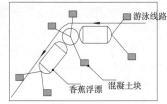

[3] 浮漂布置示意图

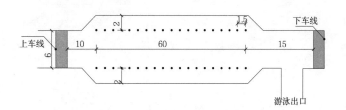

[1] 转换区示意图（单位：m）

[4] 上水台示意图（单位：m）

自行车路线

赛道宽度应达6m以上，必须完全封闭，不可交叉。如路线上有减速带或类似装置，则必须临时拆除或使用垫子、斜坡等覆盖。

[5] 减速带处理方式

跑步路线

赛道宽度至少为3m，须完全封闭，弯道应宽阔，路线不得交叉，应避免上台阶或类似危险地带。

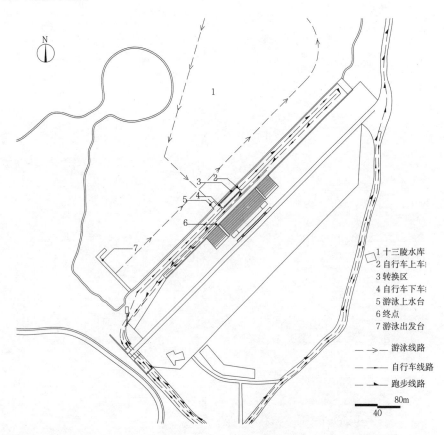

[6] 2008北京奥运会铁人三项主赛场

自然采光 [1] 体育场馆新技术

概述

1. 体育场馆应尽量用自然采光代替人工照明，降低运营成本，减少能源消耗。

2. 自然采光应作为场馆照明的有效辅助措施，在一定程度上满足竞技比赛、教学训练、休闲健身及日常维护管理的相关照明需求，如照度水平、光照均匀度等。

3. 自然采光在打破场馆空间封闭感的同时，还应尽量塑造优美的室内空间感受，满足运动员及观众的审美需求。

4. 自然采光应避免对比赛、训练造成不良影响，如眩光、照度过亮或光照不均匀等。

被动式自然采光

体育场馆自然采光分为被动式采光和主动式采光两大类。被动式采光是通过侧面或顶部窗户将自然光线直接引入室内。

1. 侧窗采光

侧窗采光根据窗户位置不同，可分为单侧、双侧、高窗和低窗采光等。不同采光类型，其优、缺点各有不同。

侧窗采光利弊分析　　　　　　　　　　　　　　　　表1

采光方式	单侧	双侧	低侧窗	高侧窗
剖面图示				
优点	易于实现	光线充足，均匀度较好，易实现	便于开启、清洁及维修管理	光线易于到达中间区域，均匀度较好
缺点	窗户一侧照度过高，均匀度不理想	无明显缺点	侧面亮、中间暗，易产生眩光	开启、清洁、维修管理相对不便

2. 顶部采光

顶部采光的光线自上而下，光照充足且均匀度较好，但是造价相对较高，且防水难于处理。根据采光形式的不同，顶部采光可分为点式采光、带式采光及面式采光3种类型。

顶部采光利弊分析　　　　　　　　　　　　　　　　表2

采光方式	点式采光	带式采光	面式采光
剖面图示			
优点	内部空间活跃，韵律感强；采光均匀，热效能较低	采光均匀，空间方向感强	采光面大，光线充足
缺点	窗户数量较多，施工相对复杂、繁琐	光带设置应避免眩光影响，无明显缺点	照度过大，会影响电视转播；热效能高，会增加空调负荷

主动式自然采光

主动式采光是通过对自然光线进行积极、有效的控制，使之满足相关照明需求。就目前而言，其采光方式主要包括反射板、光导管、光导纤维及棱镜组等。

1. 反射板：通过反射板装置将自然光线反射到室内需要采光的区域。此类方式能避免眩光影响，提高照明的均匀度。

2. 光导管：通过光导管将采集的自然光线传送至场馆内部空间。光导管一般分为采、导光和散光三部分。

3. 光导纤维：通过光导纤维将自然光送至场馆内部空间。

4. 棱镜组：通过一组棱镜将自然光线进行多次反射、透射后，送至场馆内部空间。

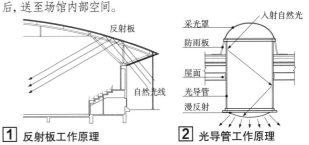

[1] 反射板工作原理　　　　[2] 光导管工作原理

避免负面效应的措施

体育场馆自然采光也会产生一定负面效应，它们通常包括眩光、光幕反射、局部过亮、局部过热及光线不稳定等几个方面，可通过以下几种方式进行有效避免。

1. 透光材料：可选用磨砂玻璃或透光薄膜等漫透射材料避免眩光影响，使室内光线更为柔和、均匀。

2. 采光位置：侧窗采光时，应合理控制窗户朝向、尺寸、高度及相互间距，避免眩光影响。

3. 采光形式：可对采光窗口形式进行合理设计，防止太阳直射，使光线更为均匀。

4. 遮阳构造：遮阳构造既可调节自然光线入射方向，又能反射部分热能，减少室内热负荷。

[3] 侧窗采光（东京辰巳国际游泳馆）

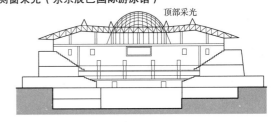

[4] 顶部采光（北京大学体育馆）

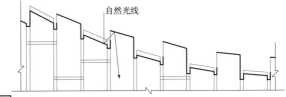

[5] 主动式采光（广州亚运会游泳馆）

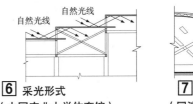

[6] 采光形式（中国农业大学体育馆）　　[7] 遮阳形式（同济大学游泳馆）

体育场馆新技术 [2] 自然通风·太阳能

自然通风

体育馆自然通风的作用主要体现在两个方面：一是利用自然通风控制室内空气品质；二是利用自然通风解决夏季或过渡季的热舒适性问题。

竞技性体育建筑，因必须采用机械通风设备，设计的重点是对机械通风进行优化，应用能量回收技术，降低能耗等策略。同时，考虑到竞赛使用需要，也应当进行自然通风设计。

健身型体育建筑，应首先考虑采取"自然风为主、机械通风为辅"的基本策略，以降低运营成本、提高场馆综合效益。

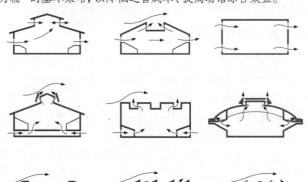

1 常见的自然通风方式

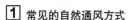

2 日本东京驹泽体育馆避免气流掺混的通风分析图

自然通风策略

1. 通风塔策略

通风塔是利用热压原理形成烟囱效应，从而形成拔风的效果。拔风效果与3个独立变量有关：进风口空气密度、排风口空气密度和垂直高差。

2. 季节调控策略

根据不同季节对自然通风的需求采取不同的措施。冬季应该在满足基本空气品质的基础上尽可能减少自然通风，其他季节需要加强自然通风。

3. 昼夜温差策略

利用昼、夜不同的环境条件，如在夏季的傍晚和夜间，室温高于室外，采取措施扩大自然通风量，带走体育建筑内部的热量，同时可降低建筑整体温度。

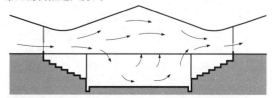

3 通风塔策略　　4 通风塔（悉尼国家体育场）

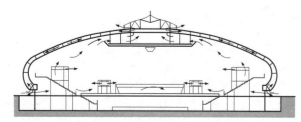

5 日本长野综合体育馆季节调控策略通风示意图

4. 能量交换体策略

根据室内的需要，在建筑物内部设置能量交换体，对自然风进行有目的的降温或者预热以实现节能目标。

能量交换体类型　　　　　　　　　　　　　　　　　表1

天然能量交换体	土壤、岩土、水体
人工能量交换体	地下室、地面、吊顶、墙体

5. 提前干预策略

提前干预是在呼应地方气候特征的基础上，利用水面、树林等建筑周边风环境条件，对进入室内的自然风进行提前干预，降低自然风的温度，增加空气中含氧量和负离子浓度，从而提高新风质量，对空气有持久的降温、加湿作用。

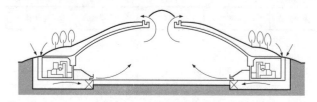

6 大阪市立中央体育馆利用风道进风屋顶排风

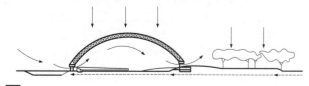

7 日本大馆树海体育馆通风提前干预措施

太阳能技术的应用

1. 太阳能光电技术

让太阳能光电板作为体育场的表皮，与整个建筑造型浑然一体。

2. 太阳能集热技术

含有游泳中心的体育馆可以采用太阳能热水系统供应游泳馆的淋浴用水等部分生活热水负荷，实现节能。太阳能不足时，可由市政热力或能源中心提供热水。

太阳能光电技术实例　　　　　　　　　　　　　　　　表2

名称	类型	数量	功率	温度
台湾高雄世界运动会体育场	太阳能电池板	8844块	110kW	—
瑞士伯尔尼体育场	太阳能电池板	7930块	1300kW	—
法国格勒诺布尔体育场	太阳能电池板（半透明光电板）	—	66kW	—
德国纽伦堡的易贷体育场	太阳能电池板	758块	140kW	—
美国佐治亚理工大学水上中心	太阳能集热器	2856块	342kW	赛时27.7℃ 平时25.5℃

移动屋盖 [3] 体育场馆新技术

概述

移动屋盖技术是在短时间内,部分或全部屋盖结构可以移动或开合的结构形式。它使体育场馆可以根据使用功能与天气情况在封闭与开敞之间进行灵活转换,满足全天候使用需求。

移动屋盖通常由活动屋盖、固定屋盖与驱动控制系统3部分构成。活动屋盖通过驱动控制系统可沿预定轨迹移动,从而达到屋面开合的目的。

分类

移动屋盖的活动形式一般分为轮轨移动(轮子在轨道上滑动)和导轨副移动。体育场馆空间尺度大、屋顶结构重,因此多采用轮轨移动。轮轨移动屋盖的常用驱动控制系统可分为自驱动、钢丝绳牵引、齿轮/齿条驱动、链条/链轮驱动4类,它们都有各自不同的工作原理和适用范围。

活动屋盖驱动形式分类　　　　　　　　　　　　　表1

驱动形式	自驱动	牵引索	齿轮/齿条	链轮/链条
构造原理	电动机安装于台车之上,通过电动机驱动车轮滑动	在台车或其他部位设置卷扬机,通过卷扬机缠绕钢丝绳牵引活动屋盖	电动机置于台车之上,通过电动机驱动齿轮在轨道上行走	电动机置于台车之上,通过电动机驱动链条在轨道的链条上行走
适用范围	适用于在水平面上移动的屋盖	适用于在平面或空间平行轨道上移动的屋盖	适用于下部结构刚度很大,轨道变形量很小的情况	适用于在平面或空间平行轨道上移动的屋盖

体育场馆移动屋盖的开合形式一般可分为平行移动、空间移动、组合移动、折叠膜及展开式桁架等几类。其中前三者主要适用于刚性屋盖,后两者则适用于柔性屋面材料。不同的体育场馆应根据自身建筑特征选择合理的屋盖移动形式。

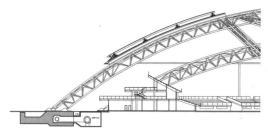

[1] 移动屋盖构成

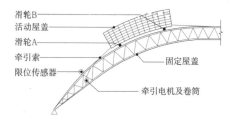

[2] 自驱动控制系统

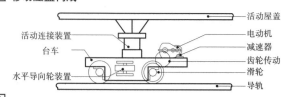

[3] 牵引索控制系统

平行移动

活动屋盖依托于活动屋面下部的轨道进行平行移动,按照移动的方向,可以分为水平移动及空间移动两大类。

1. 水平移动

水平移动式活动屋盖是在桥式起重技术上发展而来的可移动屋盖技术,轨道通常布置于水平面上,活动屋盖则可沿轨道做水平方向移动。

项目名称:日本海洋穹顶
开合时间:约10分钟
所在地点:日本宫崎市
建成时间:1993年
规模:跨度约110m,面积22726m²

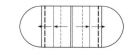

a 开合方式示意

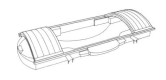 

b 开启状态　　　　　　c 闭合状态

[4] 日本海洋穹顶开合屋盖

空间移动

空间移动式可移动屋盖,其轨道为有坡度的弧线,可动屋盖部分沿轨道在空间范围内移动。

项目名称:南通市体育场
开合时间:约25分钟
所在地点:江苏省南通市
建成时间:2006年
规模:最大开口200m,屋面最大移动距离120m,高度55.8m

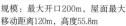

a 开合方式示意

 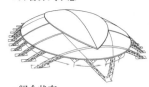

b 开启状态　　　　　　c 闭合状态

d 屋盖剖面示意

[5] 南通市体育场开合屋盖

项目名称:Shin-Amagi穹顶
开合时间:约10分钟
所在地点:日本静冈
建成时间:1997年
规模:建筑面积7523m²,开合面积3600m²,高度24m

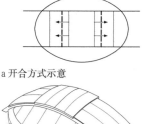

a 开合方式示意

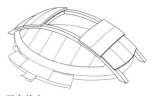 

b 开启状态　　　　　　c 闭合状态

[6] Shin-Amagi体育场穹顶开合屋盖

体育场馆新技术 [4] 移动屋盖

绕轴转动

建筑的可活动屋盖部分绕着建筑中竖直或者水平的轴进行转动，从而实现建筑屋盖的开启与关闭。

绕竖轴转动：活动屋盖的轨道在水平面上，其转动轴为竖直方向，活动屋盖绕竖直轴沿水平方向的转动。

项目名称：日本福冈体育场穹顶
开合时间：约20分钟
所在地点：日本福冈市
建成时间：1993年
规模：直径212.8m，高度84m

a 开合方式示意

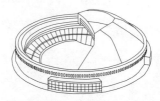
b 开启状态　　　　　c 闭合状态

[1] 福冈体育场穹顶开合屋盖

项目名称：米勒棒球场穹顶
开合时间：约10分钟
所在地点：美国威斯康星州
建成时间：2001年
规模：扇形平面边长180m

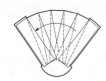
a 开合方式示意

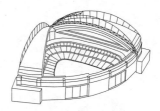
b 开启状态　　　　　c 闭合状态

[2] 美国米勒棒球场

组合方式

可动屋盖在开启及关闭过程中同时存在着移动和转动，可以获得更大的开启面积。

项目名称：加拿大天空穹顶
开合时间：约20分钟
所在地点：加拿大多伦多市
建成时间：1989年
规模：直径127m，开合面积31525m²，高度86m

a 开合方式示意

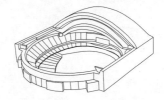
b 开启状态　　　　　c 闭合状态

[3] 加拿大天空穹顶

项目名称：上海旗忠森林体育城网球中心
开合时间：约7.5分钟
所在地点：上海市
建成时间：2005年
规模：8片花瓣状活动屋盖，单片最长71m，最宽46m，最高7m，开合面积约15000m²，建筑高度40m

a 开合方式示意

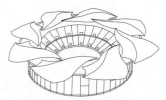
b 开启状态　　　　　c 闭合状态

[4] 上海旗忠森林体育城网球中心

折叠膜屋盖

可动屋盖采用柔性材料，利用不同的折叠原理将可动屋盖部分折叠或者卷起来，从而实现屋面的开启。

项目名称：蒙特利尔奥运会体育场
开合时间：约45分钟
所在地点：加拿大蒙特利尔
建成时间：1976年
规模：主体屋面305m×260m，膜面积18500m²，屋高53m

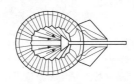
a 开合方式示意

b 开启状态　　　　　c 闭合状态

[5] 蒙特利尔奥运会体育场开合屋盖

可展开式桁架

屋面采用可展开式桁架，并覆以柔性材料屋面，依托于桁架自身的开合，实现屋盖的开启与关闭。

项目名称：美国瑞兰特体育场
开合时间：约10分钟
所在地点：美国得克萨斯州
建成时间：2002年
规模：两块巨型钢铰链的可开启屋面板，尺寸为73.2m×117.3m，可开启面积17884m²

a 开合方式示意

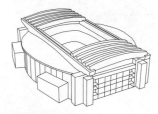
b 开启状态　　　　　c 闭合状态

[6] 美国瑞兰特体育场开合屋盖

概述 [1] 医疗服务体系

分类

我国卫生机构划分为医院、社区卫生服务中心（站）、卫生院、门诊部、诊所、医务室、村卫生室、急救中心（站）、采供血机构、专科疾病防治院（所、站）等。

我国卫生机构（组织）分类　　　　　　　　　　　　表1

A 医院		D 门诊部、诊所、医务室、村卫生室	
A1	A100 综合医院	D1 门诊部	D110 综合门诊部
A2 中医医院	A210 中医（综合医院）		D120 中医门诊部
	A220 中医专科医院		D121 中医（综合）门诊部
	A221 肛肠医院		D122 中医专科门诊部
	A222 骨伤医院（包括正骨医院）		D130 中西医结合门诊部
	A223 针灸医院		D140 民族医门诊部
	A224 按摩医院		D151 普通专科门诊部
	A229 其他专科医院		D152 口腔科门诊部
			D153 眼科门诊部
A3	A300 中西医结合医院		D154 医疗美容门诊部
			D155 精神卫生门诊部
			D159 其他专科门诊部
A4 民族医院	A411 蒙医院	D2 诊所	D211 普通诊所
	A412 藏医院		D212 中医诊所
	A413 维吾尔医院		D213 中西医结合诊所
	A414 傣医院		D214 民族医诊所
	A419 其他民族医院		D215 口腔诊所
			D216 医疗美容诊所
			D217 精神卫生诊所
			D229 其他诊所
A5 专科医院（不含中医专科医院）	A511 口腔医院(包括牙科医院)	D3	D300 卫生所（室）
	A512 眼科医院	D4	D400 医务室
	A513 耳鼻喉科医院(包括五官科医院)	D5	D500 中小学卫生保健所
	A514 肿瘤医院	D6	D600 村卫生室
	A515 心血管病医院	E 急救中心（站）	
	A516 胸科医院	E1	E100 急救中心
	A517 血液病医院	E2	E200 急救中心站
	A518 妇产（科）医院(包括妇婴(儿)医院)	E3	E300 急救站
	A519 儿童医院	F 采供血机构	
	A520 精神病医院(含20张床以上精神卫生中心)	F1 血站	F110 血液中心
	A521 传染病医院		F120 中心血站
	A522 皮肤病医院(包括性病医院)		F130 基层血站、中心血库
	A523 结核病医院	F2	F200 单采血浆站
	A524 麻风病医院	G 妇幼保健院（所、站、中心）	
	A525 职业病医院	G1	G100 妇幼保健院
	A526 骨科医院	G2	G200 妇幼保健所（包括妇女、儿童保健所）
	A527 康复医院		
	A528 整形外科医院(包括整容医院)	G3	G300 妇幼保健站(包括妇幼保健中心)
	A529 其他专科医院		
A6	A600 疗养院（不包括休养所）	G4	G400 生殖保健中心
A7 护理院（站）	A710 护理院		
	A720 护理站		
B 社区卫生服务中心（站）		H 专科疾病防治院（所、站）	
B1	B100 社区卫生服务中心	H1 专科疾病防治院	H111 传染病防治院
			H112 结核病防治院
			H113 职业病防治院
			H119 其他专科疾病防治院
B2	B200 社区卫生服务站	H2 专科疾病防治所（站、中心）	H211 口腔病防治所（站、中心）包括牙病防治所（站）
C 卫生院			H212 精神病防治所（站、中心）
C1	C100 街道卫生院		H213 皮肤病防治所（站、中心）包括性病防治所（站）
C2	C210 中心卫生院		H214 结核病防治所（站、中心）
	C220 乡卫生院		H215 麻风病防治所（站、中心）
			H216 职业病防治所（站、中心）
			H217 寄生虫病防治所（站、中心）
			H218 地方病防治所（站、中心）
			H219 血吸虫病防治所（站、中心）

注：摘自卫生机构（组织）分类与代码（WS218-2002）。

区域规划主要数据

1. 千人拥有床位指标

为满足区域的医疗服务需求配置相应的医疗设施床位数。县级以上城市：4~6床/千人，县级以下地区：2~4床/千人。

2. 平均住院天数

为提高医疗设施的服务效率，医疗机构应在保证医疗质量的前提下缩短病人住院天数，充分利用医疗资源。平均约6~10天。

3. 医疗服务半径

医疗机构的设置应选择合适的服务半径，使其服务对象能方便到达，得到及时诊断与治疗。居民至基层医疗服务机构步行或车行距离合理时间为15~30分钟。

4. 平均日门诊人次

依此确定门诊服务规模、接诊空间及配套功能用房面积。日均门诊人次与住院床位之比通常为3:1~4:1。

5. 平均日急诊人次

依此确定急诊急救服务规模及功能用房面积。

医疗服务体系

目前我国医疗服务体系采用二元制，即由城市医疗服务体系 1 与农村医疗服务体系 2 组成。

城镇化程度高的国家与地区多采用一元制即采用城乡一体化医疗服务体系 3 建构。随着城镇化水平提高，我国医疗服务体系正向一元制过渡。

此外，城镇还配套建立急救服务体系，配置急救车、急救直升机、急救舟等开展日常急救。

为应对公共突发卫生事件及开展边远地区机动医疗服务，建造列车医院、飞行医院、医疗船等移动医疗机构。

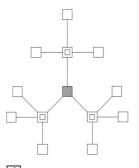

1 城市医疗服务体系

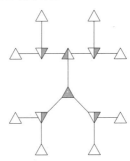

2 农村医疗服务体系

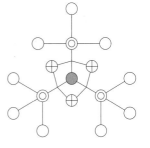

3 城乡一体化医疗服务体系

图例：
- ■ 省市级医院
- ● 教学医院
- □ 区级医院
- ◎ 地区医院
- □ 街道卫生所 社区医疗站
- ○ 社区卫生站
- ⊕ 急救中心
- ▲ 县级医院
- ▲ 乡镇中心卫生院
- ▽ 乡卫生院
- △ 村卫生院

医疗服务体系 [2] 设施规划·建设流程

医疗设施的规划

医疗机构区域规划应体现公平性、可及性、经济有效性。

1. 制定区域与城镇卫生服务体系规划

依人口规模、结构、疾病谱、医疗服务需求进行。由不同级别与类型的医疗设施组成并形成功能完善、分布合理的医疗服务体系。

2. 纳入城市乡镇发展规划

应符合当地城市乡镇发展规划要求，基层医疗服务机构应设置合理的服务半径，医疗机构建设选址应选择交通方便、地质构造稳定、地势较高不受洪水威胁地段。应远离易燃、易爆物品的生产和储存区及人群高度密集区域。

用地规模

医疗设施用地包含医疗业务、行政管理、教学科研、院内生活以及后勤保障等用房的建设。依照现行医院建设标准，用地规模是以床位数为基数进行测算及控制。应有效利用土地资源，合理安排医疗业务及配套建筑物、构筑物、道路广场、停车位、园林绿化等。

新设施规划原则

分区合理，流程科学，安全高效，绿色可持续，适当预留发展空间。

既有医疗设施的改扩建

1. 对既有用地条件作分析，包括院区内外交通、功能布局、流程、既有公共设施状况等。
2. 分析新增功能内容与面积、与既有条件的矛盾，提出解决措施。
3. 在不停诊、不停床的条件下制定出改扩建规划，做到新建与原有保留部分的有机组合。

医疗设施规划设计要素

1. 符合现代医疗服务模式与医学理念，配置先进适用的医疗技术装备。
2. 以人为本，营造良好的患者医疗环境与员工工作环境。
3. 构建安全医院，保证医院安全运行并满足日常及应急突发事件时医疗救治需求。
4. 绿色低碳、可持续发展。
5. 低投入、高产出、经济高效。

医疗设施建设流程

前期策划阶段应委托具有相应资质单位承担，编制项目建议书及可行性研究报告，并对医疗服务需求、设施规模、功能定位以及资金投入等内容开展充分调查研究与论证。

依据项目任务书由设计机构进行包括方案设计、初步设计、施工图设计在内的工程设计，并进一步由土建施工设备安装公司承担工程建设与安装任务。

医疗设施机构内配置的大型精密医疗设备以及生物净化、医疗气体等特殊工程由专业公司承担二次设计与施工，并需事先计划统筹安排。

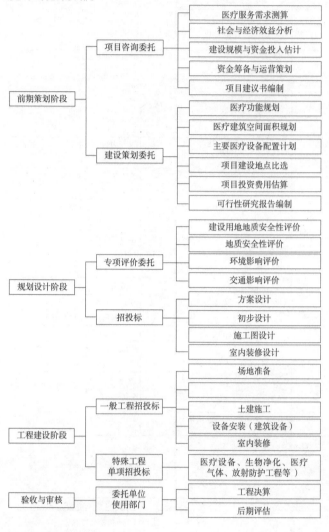

1 医疗设施建设流程

医疗设施的基本建设形态

表1

类型	图形	简述	优缺点
分散式		门诊医技住院及后勤等分幢建造，水平方向延展布置并以连廊相接	方便分期建设，组合灵活，易于布置园林景观，有利于组织自然通风与采光。但交通流线及工程管线长，占地面积大
集中式		门诊、医技、病房以及后勤部门集中布置，竖向发展形成建筑综合体	形体紧凑，交通流线短，占地面积小。不利于分期建设，交通流程组织较难。大进深布局时能耗较大
半集中式		采用以上两种布局的组合形态，通常由高层住院部及多层门诊、医技裙房组成	形体较灵活，易于组织交通。有利于分期建设及组织自然通风与采光，占地面积适中

概述

综合医院是医疗设施的主体,一般具备下列条件者为综合医院:

1. 设置有大内科、大外科、妇产科、儿科、五官科等5科以上专科。
2. 设置门诊部及24小时服务的急诊部和住院部。
3. 设有药剂、检验、放射等医技部门,配有相应的人员和设备。

分级

1. 我国医院按其功能、任务不同划分为一、二、三级:一级为基层小医院,二级为县区级医院,三级为综合性大医院。
2. 一级医院是直接为社区提供医疗、预防、康复、保健综合服务的基层医院,是初级卫生保健机构。
3. 二级医院是跨几个社区提供医疗卫生服务的地区性医院,是地区性医疗服务疾病预防的技术中心。
4. 三级医院是跨地区、省、市以及向全国范围提供医疗卫生服务的医院,是具有全面综合医疗、教学、培训、疾病预防、科学研究的机构。

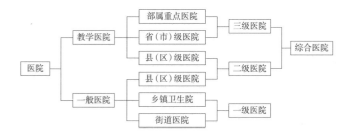

[1] 综合医院分级表

设计要点

1. 医院建筑设计应满足医疗功能的要求,创造人性化的就医环境,并使之有利于使用者的工作和患者的康复。
2. 医院建筑设计应达到以下要求:

功能分区合理,各种流线组织清晰;洁污、医患、人车等路线清楚,避免交叉感染;

建筑布局紧凑,交通便捷,方便管理,运行高效;

应留有发展或改、扩建余地,并作出拟发展或扩建规划;

对废弃物的处理应作出妥善的安排,并应符合有关环境保护法令、法规的规定;

职工住宅不得建在医疗区内,如用地毗连时应予分隔,另设出入口。

3. 医院建筑设计应满足安全性要求,包括医疗功能、流程与使用、建筑与环境安全、患者安全、减少院内感染等。
4. 医院建筑设计应充分考虑绿色节能,包括设计、建造与使用运营的全生命周期内的经济性;资源节约、环境友好的策略。
5. 医院建筑设计应保证医疗效率,通过精益流程管理,实现功能效率的提升。
6. 建筑及规划的弹性、适应性和可持续发展应予充分考虑。

功能组成

综合医院建设项目应由急诊部、门诊部、住院部、医技科室、保障系统、行政管理和院内生活用房等7项设施构成。

承担医学科研和教学任务的综合医院,尚应包括相应的科研和教学设施。

综合医院功能组 　　　　　　　　　　　　　　　　　　表1

序号	功能项	功能组成
1	门诊部	导医咨询、挂号处、收费处、取药处、门诊药房、门诊化验、门诊科室、感染门诊、门诊治疗、门诊输液、门诊手术、预防保健用房、社区卫生服务用房、日间医疗设施、体检用房、商业设施
2	急诊部	分诊、接诊、挂号处、收费处、取药处、急诊药房、化验、急诊用房、急救用房、EICU、急诊手术、输液、留院观察病房、功能检查用房、影像诊断检查用房
3	住院部	出入院办理、探视管理、住院药房、护理单元、重症监护单元、化疗病房、商业设施
4	医技科室	手术室、医学影像科、检验科、药剂科、功能检查科、病理科、中心供应、麻醉科、血库、介入治疗、放射治疗、核医学、生殖医学中心、内窥镜、理疗科、高压氧舱、血液透析
5	保障系统	机电设备机房、洗衣房、营养部、太平间、锅炉房、污水处理站、库房、垃圾站、停车空间、制剂室
6	行政管理	行政办公、图书室、档案、计算机房
7	院内生活	值班宿舍、倒班宿舍、职工餐厅、厨房、浴室、学生宿舍、进修医生宿舍
8	教学科研	教室、实验室、示教室、动物房

注:1. 单元化门诊诊区复合了部分医技科室的用房和设备。
2. 儿科及新生儿病区、产科及产房、传染科病区、烧伤病房、血液病房等内容见各专科医院章节。
3. 前7项内容为综合医院必须具有的内容。

人流、物流、信息流

综合医院包括人流、物流、信息流3大类功能流线。

不同类的人流、物流,再加上洁污分区、洁污分流的特殊要求,导致综合医院功能组合、流程组织的复杂性和特殊性。

综合医院人流、物流、信息流构成 　　　　　　　　　表2

类别	构成	分项	分项内容
人流构成	就诊人群	各类患者	门诊患者、急诊患者、住院患者、隔离患者
		亚健康人群	心理咨询人群、康复人群
		保健预检人群	保健咨询人群、体检人群、产科检查人群
	探视、访问人群	—	—
	陪护人群	—	—
	工作人员	医护、管理人员	医生、护士、医工、行政管理人员
		运行服务人员	物业管理、运行服务、维修人员、安保人员
	培训人员	—	学生、进修医生、培训生
	死亡患者	—	尸体
物流构成	文件档案	—	病历、诊断检验、检查报告、影像报告记录、票据与行政文件
	物品	洁净物品	无菌器材
		清洁物品	清洁敷料、清洁被服、清洁消耗品、食品供应、药品及输液品、血液制品
		污染物品	回收污染器材、用具;回收被服;回收餐具、空瓶;回收标本;敷料、医疗废弃物、生活厨余垃圾、体检样品
信息构成	管理信息	—	办公管理信息、医院统计信息、医疗管理信息、导医挂号管理信息、物品管理信息
	临床信息	—	临床信息管理、PACS系统、HIS系统、LIS系统、远程医疗系统、移动查房系统、电子病历系统、电子监护与远程监护
	支持与维护信息	—	楼宇自动化、数据库支持、停车管理安全监控

综合医院[2] 概述

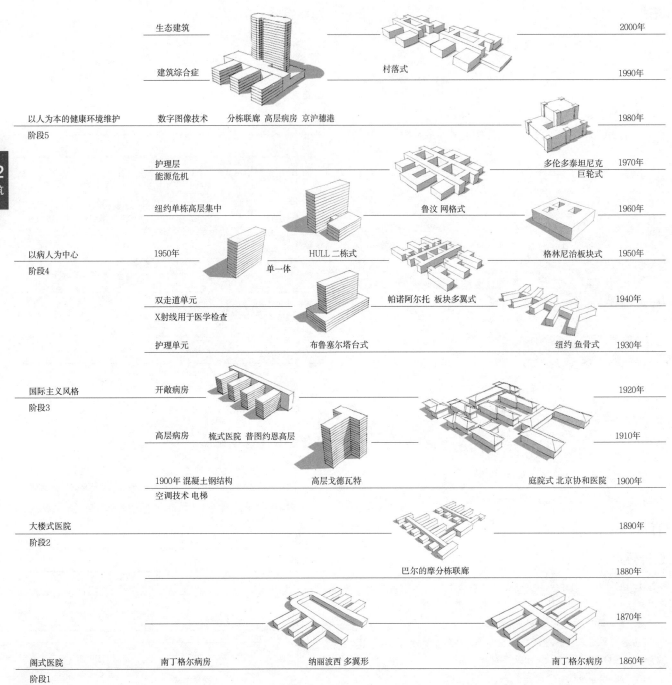

[1] 综合医院形态演进年表

循证设计

循证设计是在循证医学和环境心理学基础上诞生的一种设计方法，强调运用科学的研究方法和统计数据来证实建筑与环境对健康的实证效果和积极影响，对病人的治疗结果以及医护人员工作效率、医疗设备使用效率都会产生影响。基于循证设计的建筑设计不仅要考量建筑的空间平面布局，还要综合考量包括视觉环境、声环境、触觉环境、嗅觉环境等在内的可感知环境设计。

近期循证设计的研究内容包括：

1. 保障患者的治疗安全

通过流程设计、分区设计和环境设计以控制和减少医院内感染的发生概率，包括对空气感染的控制、医院接触感染的控制以及采用单人病室等方式。

2. 减少患者的心理应激反应

减少噪声，强调提供社会支持、社会交往和互助关系，充分接触自然环境。

3. 提高员工的工作效率

主张分散设置护士站，并将供应系统直接设于病区内，缩短护理流线的长度，以减少护士的时间消耗；加强护士和病人之间的直接沟通和互动。

概述 [3] 综合医院

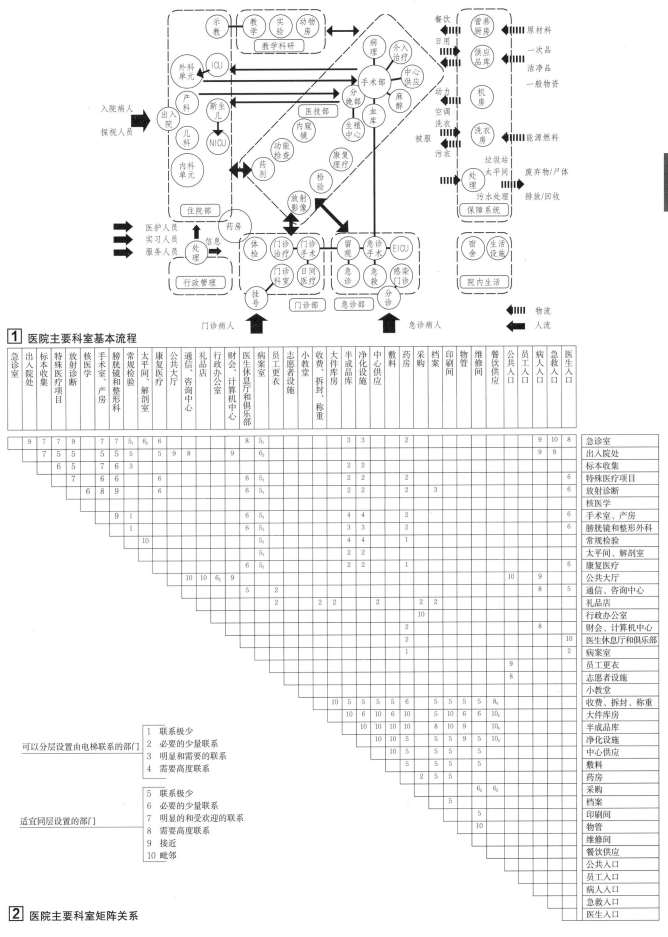

1 医院主要科室基本流程

2 医院主要科室矩阵关系

综合医院 [4] 设计参数

设计参数

1. 平均床位使用率=（实际占用总床日数/实际开放总床日数）×100%。

2. 总床位数=年收治病人×平均住院日/365×平均床位使用率。

3. 普通综合医院的日门（急）诊量与编制床位数的比值宜为3:1，也可按本地区相同规模医院前3年日门（急）诊量统计的平均数确定。大型的地区性或国家级综合医院诊床比往往达到5:1甚至更多。门急诊患者陪同人数考虑为日门急诊量的1.3~2倍。

4. 医疗工艺设计基础数据的测算参数见表1。

5. 综合医院的床均建筑面积指标，宜符合表2的规定。

医疗工艺设计基础数据测算参数表　　　　　　　　　表1

	房间（设备）	测算参数
1	门诊诊室	1间/50~60人次
2	护理单元	1个护理单元/35~42床
3	手术室	1间/50床（总床位）
		1间/25床（外科系统床位）
4	手术部复苏室床位	同手术室间数
5	ICU床位	2%~4%总床位数
6	心血管造影机	每台3~5例/日
7	X（DR）机	每台40~50人次/日
8	胃肠（透视机）	每台10~15例/日
9	胸部透视机	每台50~80人次/日
10	心电检诊	每台60~80人次/日
11	腹部B超机	每台40~60人次/日
12	心血管彩超机	每台15~20人次/日
13	十二指肠纤维内窥镜	每台10~15例/日

综合医院床均建筑面积表　　　　　　　　　　　　　表2

医院规模（床）	200~399	400~599	600~799	800~999	1000~1199	1200及以上
床均建筑面积（m²）	95	100	110	115	120	125

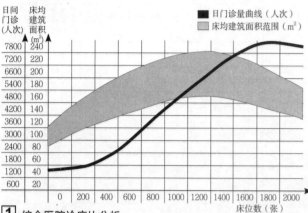

1 综合医院诊床比分析

国内外部分综合医院床均建筑面积表　　　　　　　　表3

医院名称	启用时间	建筑面积（万m²）	床位（床）	床均建筑面积（m²/床）
新加坡樟宜综合医院	1997	12	801	159
新加坡陈笃生医院	1999	13	1211	114
泰国康民医院	1997	9	554	163
香港东区尤德夫人那打素医院	1993	18	1750	107
香港北区医院	1997	6	618	105
佛山市第一人民医院	1998	12	1000	123
深圳中心医院	1999	7	800	95
北大国际医院	2011	42	1800	238
北京协和医院	2011	51	2700	189
首都医科大学附属天坛医院新址	2014	42	2000	211

注：北京协和医院含约400床VIP医疗区。

6. 综合医院建筑面积由急诊部、门诊部、住院部、医技科室、保障系统、行政管理和院内生活用房等7项设施组成，其各组成部分用房在总建筑面积中所占的比例，宜符合表4的规定。

综合医院7项设施面积比例表　　　　　　　　　　　表4

部门	各类用房占总建筑面积的比例（%）	
	200~799床	800床及以上
急诊部	3	4
门诊部	15	18
住院部	39	24
医技科室	27	44
保障系统	8	6
行政管理	4	2.5
院内生活	4	1.5

注：1. 数据参考：《综合医院建设标准》建标110-2008；
　　2. 使用中各类用房占总建筑面积比例可根据地区和医院的实际需要作适当调整。

7. 综合医院内预防保健用房的建筑面积，应按编制内每位预防保健工作人员20m²配置。

8. 承担医学科研任务的综合医院，应以副高及以上专业技术人员总数的70%为基数，按每人32m²的标准另行增加科研用房，并应根据需要按有关规定配套建设适度规模的中间实验动物室。

9. 国家级重点实验室按5000m²/个配置；部委级重点实验室按3000m²/个配置。

10. 医学院校的附属医院、教学医院和实习医院的教学用房配置，应符合表5的规定。

综合医院教学用房面积指标表　　　　　　　　　　　表5

医院分类	附属医院	教学医院	实习医院
面积指标（m²/人）	8~10	4	2.5

注：1. 数据参考：《综合医院建设标准》建标110-2008；
　　2. 学生的数量按上级主管部门核定的临床教学班或实习的人数确定。

11. 新建综合医院应优先考虑利用城市公共交通设施，并配套建设机动车和非机动车停车设施。机动车停车数量应不少于65辆/万m²，并可按建设项目所在地区的有关规定的高限执行，有条件的地区可按1辆/床的标准进行配置。

12. 综合医院的建设用地，包括急诊部、门诊部、住院部、医技科室、保障系统、行政管理和院内生活用房等7项设施的建设用地、道路用地、绿化用地、堆晒用地（用于燃煤堆放与洗涤物品的晾晒）和医疗废物与日产垃圾的存放、处置用地。床均建设用地指标应符合表6规定。

综合医院床均用地面积表　　　　　　　　　　　　　表6

建设规模（床）	200~300	400~500	600~700	800~900	1000及以上
用地指标（m²/床）	117	115	113	111	109

注：1. 数据参考：《综合医院建设标准》建标110-2008；
　　2. 当规定的指标确实不能满足需要时，可按不超过11m²/床指标增加用地面积，用于预防保健、单列项目用房的建设和医院的发展用地。

13. 承担医学科研任务的综合医院，应按副高及以上专业技术人员总数的70%为基数，按每人30m²，承担教学任务的综合医院应按每位学生30m²，在床均用地面积指标以外，另行增加科研和教学设施的建设用地。

14. 新建综合医院机动车和非机动车停车场的用地面积，应在床均用地面积指标以外，按当地的有关规定确定。

15. 新建综合医院的绿地率不应低于35%；改建、扩建综合医院的绿地率不应低于30%。

建筑设计要求

综合医院的设计应满足国家现行相关规范,要点如下:

1. 病人使用的疏散楼梯至少应有1部为天然采光和自然通风的楼梯。
2. 主楼梯宽度不得小于1.65m,踏步宽度不得小于0.28m,高度不得大于0.16m。主楼梯的平台深度,不宜小于2m。
3. 病房楼的疏散楼梯间,不论层数多少,均应为封闭式楼梯间;高层病房楼应为防烟楼梯间。
4. 二层医疗用房宜设电梯,三层及三层以上的医疗用房应设电梯,且不得少于2台;供患者使用的电梯和污物梯,应采用病床梯;医院住院部宜增设供医护人员专用的客梯、送餐和污物专用货梯;电梯井道不应与有安静要求的用房贴邻。
5. 电梯候梯厅的深度应满足表1要求。
6. 每层电梯间宜设前室,由走道通向前室的门,应为向疏散方向开启的乙级防火门。
7. 防火分区内的病房、产房、手术部、精密贵重医疗设备用房等,均应采用耐火极限不低于2.00h的不燃烧体与其他部分隔开。
8. 每个防火分区,一个防火分区内的每个楼层,其安全出口的数量应经计算确定,且不应少于2个。
9. 一、二级建筑物安全出口的疏散距离应满足表2的要求。
10. 高层建筑走道净宽,应按通过人数每100人不小于1m计;高层建筑首层疏散外门总宽度,应按人数最多的一层每100人不小于1m计;首层疏散外门及走道净宽不应小于表3规定。
11. 半数以上的病房应能获得冬至日不小于2h的日照标准。

电梯候梯厅深度表 表1

	布置方式	候梯厅深度
病床电梯	单台	≥1.5B
	多台单侧排列	≥1.5B*
	多台双侧排列	≥相对电梯B*之和

注:1. 数据摘自《民用建筑设计通则》GB 50352-2005;
2. B为轿厢深度,B*为电梯群中最大轿厢深度。

建筑物安全出口的疏散距离(单位:m) 表2

建筑类型		房间门至最近的外部出口或疏散楼梯间的最大距离	
		位于两个安全出口之间的房间	位于袋形走道两侧或尽端的房间
高层建筑	病房部分	24	12
	其他部分	30	15
多层建筑		35	20

注:1. 数据摘自《建筑设计防火规范》GB 50016-2014;
2. 建筑物内全部设置自动喷水灭火系统时,其疏散距离可按上表的规定增加25%。

建筑物安全出口的疏散距离(单位:m) 表3

建筑类别	首层疏散门、首层疏散外门净宽	走道净宽	
		单面布房	双面布房
高层医疗建筑	1.3	1.4	1.5

注:数据出自《建筑设计防火规范》GB 50016-2014。

采光及日照要求

综合医院各类用房应充分利用自然光创造良好环境。

医院建筑采光标准值 表4

采光等级	房间名称	侧面采光		顶部采光	
		采光系数最低值 Cmin(%)	室内天然光临界照度田(lx)	采光系数最低值 Cmin(%)	室内天然光临界照度(lx)
III	诊室、药房、治疗室、化验室	2	100	—	—
IV	候诊室、挂号处、综合大厅、病房、医生办公室(护士室)	1	50	1.5	75
V	走道、楼梯间、卫生间	0.5	25	—	—

国内外医院建筑采光标准 表5

房间名称	日本		英国	前苏联	综合医院建筑设计规范	建筑采光设计标准	
	采光系数(%)	窗地面积比(Ac/Ad)	采光系数(%)	采光系数(%)	窗地面积比(Ac/Ad)	采光系数最低值Cmin(%)	窗地面积比(Ac/Ad)
药房	—	—	3	—	—	2	1/5
检查室	1.5	1/6	—	—	1/6	—	—
候诊室	1	1/7	2	0.5	1/7	—	1/7
病房	1.5	1/7	—	—	1/7	—	—
诊室	2	1/6	—	1.0	1/6	—	1/5
治疗室	—	—	—	0.5	—	—	—

噪声控制要求

医院内诊断、治疗、住院条件的质量很大程度取决于噪声干扰的影响程度,控制室内噪声是医院内环境设计中一项重要内容。

1. 医院建筑噪声控制的一般规定

依照我国现行《民用建筑隔声设计规范》GB 50118-2010规范,将医院室内噪声等级划分为特殊与一至三级,设置室内允许噪声级、空气声隔声标准、撞击声隔声标准。

2. 隔声减噪设计措施

对于结构整体性较强的民用建筑,应对附着于墙体和楼板的传声源部件,采取防止结构声传播的措施。

有噪声和振动的设备用房应采取隔声、隔振和吸声的措施,并应对设备和管道采取减振、消声处理;平面布置中,不宜将有噪声和振动的设备用房设在主要用房的直接上层或贴邻布置,当其设在同一楼层时,应分区布置。

安静要求较高的房间内设置吊顶时,应将隔墙砌至梁、板底面;采用轻质隔墙时,其隔声性能应符合有关隔声标准的规定。

3. 医院建筑噪声控制要求应符合表6~表8的规定。

室内允许噪声级 表6

房间名称	允许噪声级(A声级,dB)		
	一级	二级	三级
病房、医务人员休息室	≤40	≤45	≤50
门诊、检查室	≤55	≤55	≤60
手术室	≤45	≤45	≤50
听力测听室	≤25	≤25	≤30
医生办公室、护士办公室	≤50	≤55	≤55

注:数据摘自《民用建筑隔声设计规范》GB 50118-2010。

空气声隔声标准 表7

围护结构部位	允许噪声级(A声级,dB)		
	一级	二级	三级
病房与病房之间	≤45	≤40	≤35
病房与产生噪声房间之间	≤50	≤50	≤45
手术室与病房之间	≤50	≤50	≤40
手术室与产生噪声房间之间	≤50	≤50	≤45
听力测听室围护结构、护士办公室	≤50	≤50	≤50

注:数据摘自《民用建筑隔声设计规范》GB 50118-2010。

撞击声隔声标准 表8

楼板部位	计权标准化撞击声压级(dB)		
	一级	二级	三级
病房与病房之间	≤65	≤75	≤75
手术室与病房之间	—	≤75	≤75
听力测听室上部	≤65	≤65	≤65

注:数据摘自《民用建筑隔声设计规范》GB 50118-2010。

综合医院 [6] 电梯设置

概述

医院是人流量较大的公共建筑，应根据日门诊量、床位数、医护人员数量、洁污分流、物品运送等要求确定合理的电梯数量。

门诊楼电梯数量设置

1. 统计特征值

包括五分钟乘客集中率和舒适度评价指标两项指标，五分钟乘客集中率$CE_a=4.58\%$，舒适度评价指标见表1。

2. 计算过程见表2。
3. 数量配置速查表见表3。

舒适度评价指标表　　　　　　　　　　　　　　　　表1

平均间隙时间AI(s)	评价	平均行程时间AP(s)	评价
0~60	理想	0~70	良好
60~100	良好	70~100	较好
100~200	一般	100以上	较差
200~250	较差		
250以上	较差		

电梯数量计算过程表　　　　　　　　　　　　　　　　表2

步骤		备注
1确定电梯的服务方式		n：电梯服务楼层数；r：预计乘客总人数（当乘客梯与病床梯的配置比例为1:2时单台平均值≈14.7人）
其中	每班梯预计停站数F	
2计算电梯运行周期RTT（s）		r：同上；K：轿厢出入口宽度修正系数（取值范围0.70~1.00）；td：电梯开门单元时间（取值范围4~6秒）。H：轿厢在一个周期内单边运行总高度；Ve：轿厢额定速度；αρ/ατ：平均加/减速度（近似取αρ=ατ=0.8m/s²）
其中	乘客出入总时间Tp（s）	
	开关门总时间Td（s）	
	轿厢行车总时间Tr（s）	
3计算电梯台数N		N：电梯台数取整；r：同上。Q*：电梯总使用基数（设自动扶梯情况下取0.95×日门诊量，不设自动扶梯情况下取2.26×日门诊量）；CE_a：电梯五分钟乘客集中率（4.58%）
其中	一台电梯五分钟输送能力P	
	高峰时段五分钟乘客数CE_1	
4配置效果检验		
其中	平均间隙时间AI（s）	
	平均行程时间AP（s）	

数量配置速查表　　　　　　　　　　　　　　　　表3

日门诊量（人/次）	设自动扶梯				不设自动扶梯			
台数层数	3	4	5	6	3	4	5	6	7

日门诊量（人/次）	3	4	5	6	3	4	5	6	7
1000	1	—	—	—	3	—	—	—	—
2000	2	3	3	—	6	7	8	—	—
3000	3	4	5	4	9	10	11	12	13
4000	4	5	5	6	12	13	14	16	18
5000	5	6	7	7	8	14	16	18	20	22
6000	6	7	8	8	9	17	19	22	24	26
7000	7	8	9	10	11	19	22	25	27	30
8000	8	10	11	10	12	22	25	28	30	35
9000	10	10	12	13	14	25	28	32	35	38
10000	10	12	12	14	15	28	31	35	37	43
15000	15	18	20	21	23	41	47	52	58	64
20000	23	25	28	30	31	55	62	70	77	85
25000	29	32	35	38	39	68	78	87	97	107

注：1. 基本条件：地下设两层，平均层高4.8m，电梯额定速度1.5m/s，乘客与病床梯数量比为1:2，乘客梯额定人数13人，病床梯额定人数21人，电梯出入口宽度1000mm。

2. 数据摘自 [1]龙灏，张玛璐，马丽. 大型综合医院门急诊楼竖向交通系统设计策略初探. 建筑学报，2016（2）：56-60；[2]龙灏，丁玎. 高层住院楼电梯配置与设计方法. 建筑学报，2009（9）：92-94.

高层住院楼电梯数量设置

1. 统计特征值

包括五分钟乘客集中率和舒适度评价指标两项指标，五分钟乘客集中率$CE_a=8.4\%$，舒适度评价指标见表4。

2. 计算过程见表5。
3. 数量配置速查表见表6。

舒适度评价指标表　　　　　　　　　　　　　　　表4

平均间隙时间AI(s)	评价	平均行程时间AP(s)	评价
0~60	理想	0~90	良好
60~100	良好	90~100	较好
100~150	一般	110以上	较差
150~200	较差		
200以上	较差		

电梯数量计算过程表　　　　　　　　　　　　　　　表5

步骤	备注
1.确定电梯的服务方式 其中 每班梯预计停站数F	n：出发层除外的区间内服务楼层数；ru/rd：升/降方向预计乘客总人数（当乘客梯与病床梯的配置比例为1:1时单台平均值ru=10.2，rd=6.8）
2.计算电梯运行周期RTT（s）	基本步骤同门诊楼电梯，其中：r = ru+rd
3.计算电梯台数N	基本步骤同门诊楼电梯，其中：r同上；Q*=2.9×床位数；CE_a=8.4%
4.配置效果检验	基本步骤同门诊楼电梯

高层住院楼单、双层隔层服务电梯数量速查表　　　　　表6

层数\台数\床位	单、双层隔层服务									
	12	14	16	18	20	22	24	26	28	30
400	4	5	5	—	—	—	—	—	—	—
500	5	6	6	7	7	—	—	—	—	—
600	6	7	7	7	8	8	—	—	—	—
700	7	8	8	8	9	9	10	10	—	—
800	8	9	9	10	10	11	11	11	12	—
900	9	10	11	11	12	12	13	13	13	—
1000	10	11	11	12	13	13	14	15	15	14
1100	11	12	12	13	13	14	15	15	15	16
1200	12	13	13	14	14	15	16	16	16	17
1300	13	14	14	15	15	17	17	17	17	19
1400	14	15	15	16	17	18	18	19	19	20
1500	—	16	16	17	18	19	19	20	21	21

高层住院楼高、低区分段各层服务电梯数量速查表　　　表7

层数\台数\床位	高、低区分段各层服务									
	12	14	16	18	20	22	24	26	28	30
400	4	5	6	—	—	—	—	—	—	—
500	6	6	6	7	7	—	—	—	—	—
600	6	7	8	8	8	8	—	—	—	—
700	7	8	8	8	8	9	9	9	10	—
800	8	9	9	10	10	11	11	11	11	11
900	10	10	10	11	11	12	12	12	12	13
1000	10	11	12	12	13	13	13	14	14	14
1100	12	12	13	14	14	14	14	15	15	15
1200	12	13	14	14	15	15	15	16	16	16
1300	14	14	14	15	15	17	17	17	17	17
1400	14	15	17	17	17	17	18	19	19	19
1500	—	15	17	17	17	19	19	20	20	20

注：1. 基本条件：平均层高3.7~3.9m，在高标准配置要求下，不含货梯及消防电梯，乘客梯与病床梯的数量比为1:1，乘客梯额定人数为13人，病床梯额定人数为21人。

2. 数据摘自 [1]龙灏，张玛璐，马丽. 大型综合医院门急诊楼竖向交通系统设计策略初探. 建筑学报，2016（2）：56-60；[2]龙灏，丁玎. 高层住院楼电梯配置与设计方法. 建筑学报，2009（9）：92-94.

概述

生物洁净用房即洁净室空气中悬浮微生物控制在规定值内的限定空间。一般采用空气调节系统配置粗效、中效、高效过滤器对空气中尘粒（生物微粒）进行过滤，组织形成有组织的气流并达到一定换气次数，对限定空间内的空气悬浮微粒浓度和悬浮微生物浓度、温度、湿度、压力、噪声进行控制。以空态或静态条件下的细菌浓度和空气洁净度分级。由于主要是控制细菌，又称无菌洁净室。世界上第一个无菌手术室是1956年在美国墨西哥州的巴顿纪念医院建成的。

医院中的生物洁净用房　　　　　　　　　　　表1

房间名称	工作内容
手术室	整形外科、心和脑外科、内脏器官移植手术
产房	产妇分娩
中心供应	无菌品存放
无菌病房	急性白血病、骨髓移植、严重烧伤、免疫不良、内脏器官移植、呼吸器官疾病、性残废、患者住院治疗等
准无菌病房	新生婴儿、早产婴儿、重症监护
实验室	生物实验室、无菌实验室实验
动物饲养室	培养医学、药学实验动物饲养
药房	大型输液室及医院自带配药部门

注：综合医院洁净用房的分级标准（空态或静态）见《综合医院建筑设计规范》GB 51039-2014.

洁净度等级　　　　　　　　　　　　　　　　表2

洁净度等级	每立方米（每升）空气中≥0.5μm的微粒数	每立方米（每升）空气中≥5μm的微粒数	备注
5	≤3500（3.5）	0	相当于原100级
6	≤35200（35.2）	293（0.3）	相当于原1000级
7	≤352000（352）	2930（3）	相当于原10000级
8	≤3520000（3520）	29300（29）	相当于原100000级
8.5	≤11120000（11120）	92500（93）	相当于原30万级

注：数据摘自《医院洁净手术部建筑技术标准》GB 50333-2013。

洁净手术室用房的分级标准　　　　　　　　表3

洁净用房等级	沉降法（浮游法）细菌最大平均浓度		空气洁净度等级		参考手术
	手术区	周边区	手术区	周边区	
I	0.2cfu/30min·Φ90皿（5cfu/m³）	0.4cfu/30min·Φ90皿（10cfu/m³）	5	6	假体植入、某些大型器官移植、手术部位感染可能直接危及生命及生活质量等手术
II	0.75cfu/30min·Φ90皿（25cfu/m³）	1.5cfu/30min·Φ90皿（50cfu/m³）	6	7	涉及深部组织及生命主要器官的大型手术
III	2cfu/30min·Φ90皿（75cfu/m³）	4cfu/30min·Φ90皿（150cfu/m³）	7	8	其他外科手术
IV	6cfu/30min·Φ90皿		8.5		感染和重度污染手术

注：1. 浮游法的细菌最大平均浓度采用括号内数值。细菌浓度是直接所测的结果，不是沉降法和浮游法相互换算的结果。
2. 眼科专用手术室周边区洁净级别比手术区的可低2级。

洁净辅助用房的分级标准　　　　　　　　　表4

洁净用房等级	沉降法细菌最大平均浓度	空气洁净度等级
I	局部集中送风区域：0.2cfu/30min·Φ90皿；其他区域：0.4cfu/30min·Φ90皿	局部5级，其他区域6级
II	1.5cfu/30min·Φ90皿	7级
III	4cfu/30min·Φ90皿	8级
IV	6cfu/30min·Φ90皿	8.5级

注：1. 细菌浓度是直接所测的结果，不是沉降法和浮游法相互换算的结果。
2. 气流方式参考：许钟麟.空气洁净技术原理（第四版）.上海：同济大学出版社，2013。

气流方式

洁净室按气流状态来区分，主要分为乱流（非单向流）洁净室、单向流洁净室（早年叫层流洁净室）和辐流洁净室。单向流洁净室又分为垂直单向流和水平单向流。

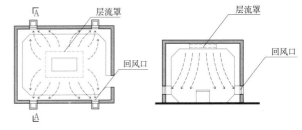

a 垂直层流平面示意图　　　b 垂直层流A-A剖面示意图

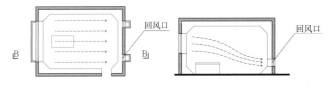

c 水平层流平面示意图　　　d 水平层流B-B剖面示意图

[1] 气流方式示意图

空气净化处理

各空气洁净度等级的空气净化处理均应采用粗效、中效、高效空气过滤器三级过滤。8级（含）以下空气处理可采用亚高效空气过滤器代替高效空气过滤器。

空气过滤器的规格性能　　　　　　　　　　表5

性能类别	代号	迎面风速（m/s）	额定风量下的效率E（%）		额定风量下的初阻力（Pa）
亚高效	YG	1.0	粒径≥0.5μm	99.9＞E≥95	≤120
高中效	GZ	1.5		95＞E≥70	≤100
中效1	Z1	2.0		70＞E≥60	≤80
中效2	Z2			60＞E≥40	
中效3	Z3			40＞E≥20	
粗效1	C1	2.5	粒径≥2.0μm	E≥50	≤50
粗效2	C2			50＞E≥20	
粗效3	C3		标准人工尘计重效率	E≥50	
粗效4	C4			50＞E≥10	

注：1. 数据摘自《空气过滤器》GB/T 14295-2008。
2. 当效率测量结果同时满足表中两个类别时，按较高类别评定。

高效空气过滤器性能　　　　　　　　　　　表6

类别	额定风量下的钠焰法效率（%）	20%额定风量下的钠焰法效率（%）	额定风量下的初阻力（Pa）
A	99.9	无要求	≤190
B	99.99	*99.99	≤220
C	99.999	99.999	≤250

注：1. 数据摘自《空气过滤器》GB/T 14295-2008；
2. 若用户提出其所需B类过滤器不需检漏，则可按用户要求不检测20%额定风量下的效率。

无障碍设计

综合医院建筑无障碍设计内容参见《建筑设计资料集》（第三版）第8分册"无障碍设计"专题。

综合医院 [8] 前期策划与场地设计

规模设定

1. 综合医院的规模确定应依据以下几点确定：
（1）区域医疗卫生规划、城市总体规划和医疗机构设置规划；
（2）依据所在地区的经济发展水平、现有卫生资源和医疗保健服务的需求状况进行综合测算；
（3）充分利用现有资源，避免重复或过度集中建设；
（4）遵循立足当前、考虑发展、适度超前的原则；

2. 综合医院的规模设定的基本参数为总床位数和日门急诊量（人次数）。

3. 根据服务人口规模及变化、疾病谱变化作出发展预测。

医院建设策划

无论新建或扩建项目，应依据医疗业务总体发展规划和建设总体规划。

医院建设策划应包含以下内容：

1. 对建设目的、目标、重点和战略地位的形势评估，项目发展的需要和资金来源。
2. 对临床需求的量化分析，与现有的功能设施共享的可能性和运行效率判断等可操作性评估。
3. 评估区位和规模，分析场所的作用条件因素。
4. 医院功能脉络的符合度分析，包括医院人流、物流分析，新设施和技术的运用计划；水平交通和垂直交通规划分析，临时设施和措施设定条件。
5. 市政设施和能源供应条件。
6. 对现有设施（包括设备和家具）清单分析，以确定升级和改造的程度和策略。
7. 对未来需求作分析判断，进行院区功能分区和流程的容量评估，做出规划的弹性。
8. 投资分析与分期实施策略，未来建设对日常运营的影响。
9. 制定一个符合医院长期发展的院区用地计划，以符合功能更新和容量需求。
10. 新建医院的总体规划应充分考虑医院建筑的发展及分期建设的可能性，采用适当的组合体系，有计划地预留出发展用地。

场地选址原则

1. 综合医院选址应符合当地城镇规划、区域卫生规划和环保评估的要求。充分考虑医疗工作的特殊性质，按照公共卫生方面的有关要求，协调好与周边环境的关系。
2. 场址选择应符合下列要求：
（1）交通方便，宜面临两条或两条以上城市道路。
（2）便于利用城市基础设施，便于院内部分服务的社会化。
（3）环境安静，远离污染源。
（4）地形宜规整，工程水文地质条件较好。
（5）应远离易燃易爆物品的生产存储区，远离高压线及其设施，避免强电磁场干扰。
（6）不应邻近少年儿童活动密集场所。
（7）不应污染影响城市其他区域。

环境设计

医疗环境已成为现代心理社会生物医学模式的重要内容，对病人对疾病的预防治疗和康复都有积极的作用。

1. 应充分利用地形、防护间距和其他空地布置绿化，并应有供病人康复活动的专用绿地。
2. 应对绿化、景观、建筑内外空间和室内外标识导向系统等作综合性处理。
3. 在儿科用房及其入口附近，宜采取符合儿童生理和心理特点的环境设计。
4. 病房的前后间距应满足日照要求，并有良好朝向和景观，且不宜小于12m，并应符合当地的相关规定。

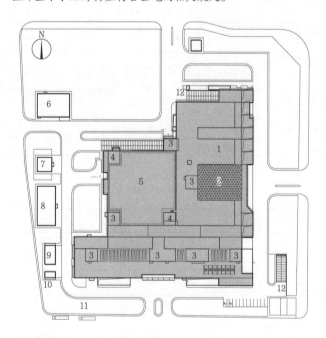

1 门诊医技病房楼　2 普门诊大厅玻璃顶　3 电梯机房　4 楼梯间
5 屋顶绿化　6 高压氧舱　7 污水站　8 锅炉房
9 液氧站　10 地源泵房　11 绿地　12 地库出入口

[1] 朝阳区垂杨柳医院总平面图

交通及停车

1. 院区内道路应满足消防的要求，避免迂回曲折，并应设有导向标识。
2. 为适应机动车辆的增长趋势，总平面设计时应妥善解决停车场地的设置，合理安排急救车、出租车、自驾车停靠点，处理好地下车库出入口的交通关系，做好院内车辆交通管理。
3. 在门诊部、急诊部、住院部等入口附近应设置地面车辆停放场地。
4. 大型综合医院应处理好与公共交通站点的衔接。

管线布置

1. 充分利用市政基础设施，以节约投资。
2. 完善合理的管网布局，以保证各种系统的正常运行。
3. 为医院将来的发展和改造预留条件。

急诊部 [9] 综合医院

概述

1. 遵循现代急救医学快速、准确,方便抢救病人的理念。急诊部应设在医院建筑群中患者和急救车辆方便到达的部位,并自成一区,单独设置出入口。避免其他交通流线的交叉干扰。

门前应有顺畅的出入交通流线和宽敞的停车区域。应有防雨遮棚,并方便轮椅、推车的进出。如考虑设直升机停机坪,应符合航空起降条件,并与急诊部有快捷的通道。

2. 应重视对突发性公共卫生事件和安全事件的应对。在院区交通组织上考虑应急预案,开展抢救任务时保证多辆救护车辆能同时停靠在急救区域,尽量减少对正常急诊业务的影响。

3. 在空间布局上,可考虑将入口大厅改为大空间的抢救场所,组织成多个临时抢救单元,提高抢救效率。宜考虑在急诊部相关区域布置医疗气体、水、电等接口,提供医疗救护条件。宽敞的入口大厅便于就地急救,满足发生意外灾害事故时开展大批量伤员的救治需要。

用房组成
表1

功能分区	房间名称
急救区	抢救室、急诊手术室、急诊监护室、紧急处置室、洗胃室、抢救大厅
急诊区	诊查室、治疗室、清创室、换药室
医技区	挂号室、病历室、药房、收费室;化验室、X线诊断室、功能检查室
共用部分	接诊分诊、护士站、输液室、观察室、值班更衣室;污洗室、杂物贮藏室、厕所;推床、轮椅等停放空间;安全保卫值班室等
说明	1.急诊部输液室由治疗间和输液间组成,应配供氧及吸引终端; 2.急诊部门厅兼作分诊时,其面积不宜小于24m²; 3.抢救室应直通门厅,有条件的宜直通急救车停车位;面积不应小于每床30m²,门的净宽不应小于1.30m; 4.急诊部宜设抢救监护室。平行排列的观察床净距不应小于1.20m,床沿与墙面的净距不应小于1m,应配置氧气、吸引等医疗气体的接口管道; 5.观察室应设单独出口,入口应设缓冲区。根据需要设隔离观察室或单元,应具备就地消毒设施

4. 急诊部应与关联度高的医技科室如手术部、ICU、检验科、CT、MRI、DSA等医学影像部门有便捷的联系。并应当为急诊患者转入住院治疗设计便捷路线。

门诊和大部分医技部门将于夜间停诊,而急诊部需24小时提供连续服务,应对医院建筑不同部门、不同时段运行时的安全保卫、运营管理、能源供应等统筹考虑。

5. 大型机构可按急症轻重的不同程度划分为危重区(抢救室、手术室、ICU等)、次紧急区(观察室、观察病房等)及普通急诊区。配置必要关键抢救用医学影像诊断用设备、X光机、化验等乃至CT、DSA等设施,形成专用医技核心区,其余各区围绕其布置。不同分区之间应有高效便捷的医患联系通道,方便患者,提高医护人员工作效率。

设计应为危重患者提供绿色通道,使其能在最简短时间内,以最短捷的路线直送抢救区。可根据需要分别设置急救入口门厅和急诊入口门厅,两厅之间相互连通,可以方便地实现突发情况下的空间扩展。

6. 为避免交叉感染,设计时应细分各种人流,合理安排医疗流程和配置候诊空间。

综合医院急诊部建筑面积指标(单位:m²)
表2

规模 部门	200床	300床	400床	500床	600床	700床	800床	900床	1000床
急诊部	480	720	996	1245	1548	1806	2112	2376	2700

注:本表摘自《综合医院建设标准》建标110-2008。

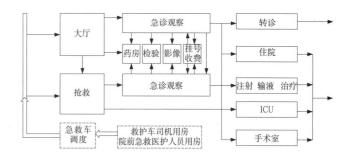

1 功能流程关系图

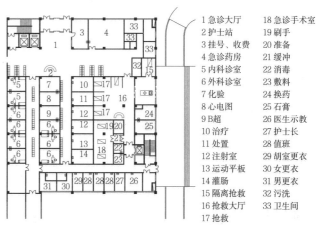

1 急诊大厅　　18 急诊手术室
2 护士站　　　19 刷手
3 挂号、收费　20 准备
4 急诊药房　　21 缓冲
5 内科诊室　　22 消毒
6 外科诊室　　23 敷料
7 化验　　　　24 换药
8 心电图　　　25 石膏
9 B超　　　　 26 医生示教
10 治疗　　　 27 护士长
11 处置　　　 28 值班
12 注射室　　 29 胡室更衣
13 运动平板　 30 女更衣
14 灌肠　　　 31 男更衣
15 隔离诊救　 32 污洗
16 抢救大厅　 33 卫生间
17 抢救

2 某医院急诊部平面

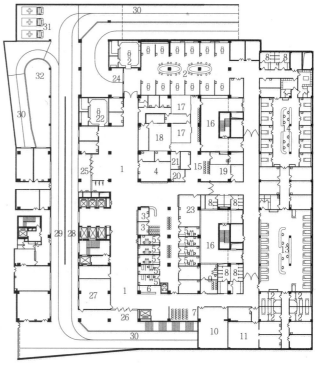

1 急诊医疗大厅　　2 急诊抢救室　　3 收费挂号　　4 急诊药房
5 诊室　　　　　　6 急诊问讯　　　7 家属候诊　　8 卫生间
9 隔离诊室 候诊　10 急诊病案　　 11 会诊　　　 12 观察
13 留观厅　　　　14 ICU　　　　　 15 候诊　　　 16 室外花园
17 X光　　　　　 18 DSA　　　　　 19 CT机房　　 20 放射登记
21 B超　　　　　 22 急诊手术　　　23 毒物鉴定 化验　24 急救入口
25 急诊车流入口　26 急诊人流入口　27 消防控制中心　28 急救车道
29 小汽车道　　　30 坡道　　　　　31 急救车停放　　32 花池

3 北京朝阳医院急诊部平面

综合医院 [10] 发热门诊

概述

发热门诊是医院专门设立的，用于排查疑似传染病人，诊断治疗发热患者的专用诊区。

设计要求

1. 发热门诊宜独立设置，若因用地紧张，可设于医院综合楼内，但需独立成区设置，设集中空调系统时应独立设置。
2. 功能布局应按照"三区二通道"设置，即清洁区、半污染区、污染区，清洁通道、污染通道，各区不应交叉。
3. 发热门诊分为呼吸道传染门诊和消化道感染门诊，应分区设置，需使两种病患人流不交叉，避免交叉感染。在条件允许的情况下分别设计不同出入口。

用房组成　　　　　　　　　　　　　　　　　　　　　表1

功能分区	房间名称
公共服务	门厅、挂号收费、药房、卫生间
诊查用房	诊室、治疗、化验、输液、X光室
留观用房	观察室
办公用房	医护更衣、办公、值班、卫生间

功能流程

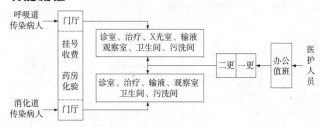

1 发热门诊功能流程

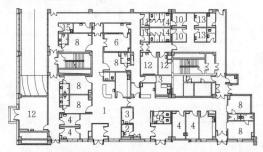

2 北京协和医院传染科

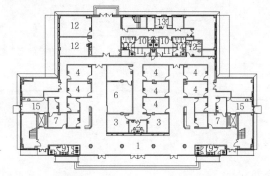

3 兴化市人民医院感染楼

1 门厅	2 挂号、收费	3 药房、检验	4 诊室	5 治疗
6 X光室	7 输液	8 观察室	9 卫生间	10 一更
11 二更	12 办公室	13 值班室	14 淋浴	15 污洗

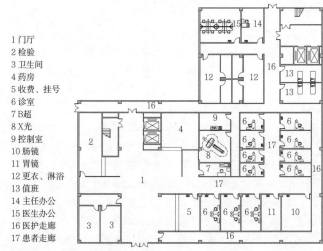

1 门厅
2 检验
3 卫生间
4 药房
5 收费、挂号
6 诊室
7 B超
8 X光
9 控制室
10 肠镜
11 胃镜
12 更衣、淋浴
13 值班
14 主任办公
15 医生办公
16 医护走廊
17 患者走廊

4 某医院发热门诊首层平面图

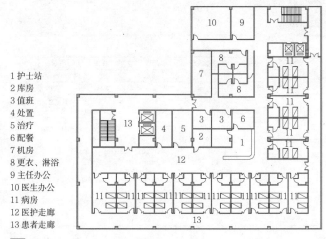

1 护士站
2 库房
3 值班
4 处置
5 治疗
6 配餐
7 机房
8 更衣、淋浴
9 主任办公
10 医生办公
11 病房
12 医护走廊
13 患者走廊

5 某医院发热门诊二层平面图

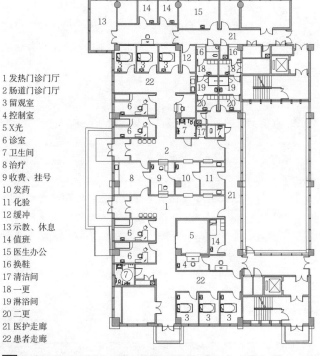

1 发热门诊厅
2 肠道门诊厅
3 留观室
4 控制室
5 X光
6 诊室
7 卫生间
8 治疗
9 收费、挂号
10 发药
11 化验
12 缓冲
13 示教、休息
14 值班
15 医生办公
16 换鞋
17 清洁间
18 一更
19 淋浴间
20 二更
21 医护走廊
22 患者走廊

6 山西医科大学第二医院南院区发热门诊

设计参数

1. 门诊部的规模的确定决定于一天内门诊患者数,以平均日门诊量来表示。

门诊每日总人次,除根据服务地区的居民数、居民年平均就诊次数,以及服务地点、地段的特点,用下列公式表示:

每日门诊总人次 = $\dfrac{\text{居民区居民数} \times \text{居民年平均就诊次数}}{\text{年工作日}}$

(一般7~10次)

2. 综合医院的日门(急)诊量与编制床位数比值宜为3:1,也可按本地区相同规模(床位)医院前三年日(急)诊量统计的平均数确定,国外比例为1.5~3:1。

如果门诊量与床位数比值超过3:1,考虑相应加大门诊部的规模。

主要用房

门诊部用房根据流程及功能要求,概括为四类用房:

1. 公共部分用房:门厅、挂号厅、挂号处、问讯、预诊、分诊、收费、门诊药房、候诊厅、门诊办公、公共卫生间。
2. 各科诊区:各科诊室、治疗室、处置室、外科换药室、外科创伤处置室。
3. 门诊检查、治疗用房:门诊检验、门诊采血、门诊输液、注射。
4. 门诊中心治疗:门诊注射室等及配套用房。

基本参数

1. 门诊大厅

大厅面积的计算公式如下:

大厅面积=(门诊总人次)×(高峰时间门诊部患者人流百分比×患者在挂号取药厅停留人数)×2m²。

根据调查统计高峰时患者人次约为全日门诊总人次的30%。

2. 候诊厅的面积

成人=分科人次×30%×(60%~70%)×1.5m²

儿童=分科人次×30%×(60%~70%)×2.0m²

3. 各科诊室数量

(1) $\dfrac{\text{居民区居民数} \times \text{居民年平均就诊次数(一般7~10次)}}{\text{年工作日}} \times \dfrac{2}{3}$

(2) 也可按日平均门诊诊疗人次/(50人次~60人次)测算。

4. 各科门诊占门诊量比例

各科门诊量应根据医院统计数据确定,当无统计数据时,可按表1、表2确定。

每科门诊量占总门诊量比例 表1

科别	占门诊总量比率	科别	占门诊总量比率
外科	28%	儿科	8%
内科	25%	耳鼻喉、眼科	10%
妇科	15%	中医	5%
产科	3%	其他	6%

注:可参照《综合医院建筑设计规范》GB 51039-2014并报有关部门核实批准。

每名门诊医师每小时门诊工作量 表2

科别	各科平均	外科	皮肤科	妇产科	眼科	耳鼻喉科	传染科	结核科	内科	小儿科	中医科	口腔科
门诊人次	5	7			6					5		3

注:1. 医学院校附属医院每名门诊医师每小时门诊工作量各科平均为4名。
2. 每名门诊医师每小时工作量,外科包括门诊小手术在内;眼、耳鼻喉科包括内眼检查、验光和门诊小手术在内。
3. 以上工作量是对一般门诊的要求,遇有疑难、重症和复杂的检查,不受此限。根据《综合医院建筑设计规范》GB 1039-2014并报有关部门核实批准。

设计要点

1. 门诊部应设在靠近医院交通入口处,与急诊与医技用房邻近。
2. 门诊部各类病人流量较大,为避免交叉感染,有条件时,可单独设置儿科出入口及妇产科出入口。
3. 在门诊入口附近应设置足够的车辆停放场地,如无条件在入口广场设置停车场,也可设置地下停车场。
4. 门诊主要出入口处,必须有机动车停靠的平台及雨篷,应设置无障碍出入口。
5. 门诊用房,应充分利用自然采光。
6. 各科室诊区布局,为减少交叉感染机会,应尽可能采用分区尽端式布局。
7. 门诊部建筑层数不宜过多,以4~5层为宜。各科室诊区按人流量的大小和患者情况安排楼层。内科、外科、儿科等宜安排在低层,而耳鼻喉、口腔、眼科、皮肤科等可以设在较高楼层。
8. 门诊各科室的位置应从门厅开始设导向图标。
9. 感染疾病门诊应单独成区布置,有条件的宜独立设置单独出入口,并应单独设化验、放射检查、卫生间等,以避免交叉感染。

工作流程

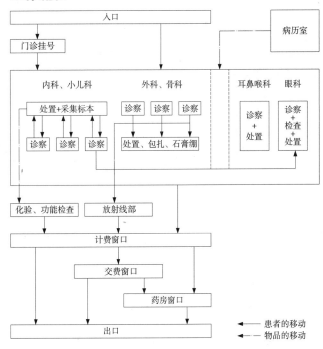

1 患者和物品的流线

综合医院 [12] 门诊部

入口大厅

门诊部是医院中人流量最为集中的地方，必须注意人流的组织和等候空间的布局。入口大厅要有良好的通风、充足的光线。

交通流线要迅速顺畅便捷，避免人流迂回往返、候诊区与交通区要分开。

分厅式——将挂号、取药、化验、交费等分设在两个以上的门厅内。

一厅式——将挂号、取药、化验、交费等均设在入口门厅内。

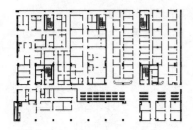
a 将挂号、取药分厅设置

b 将挂号、取药分厅设置

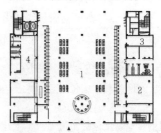
挂号、取药共享入口门厅

1 门厅 2 挂号 3 收费 4 药房

1 分厅式门厅布置示例　　**2** 一厅式门厅布置示例

诊区组合方式

诊区组合方式分为廊式、厅式、厅廊式。

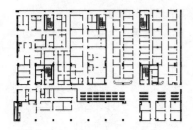
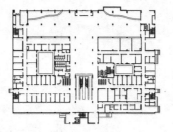
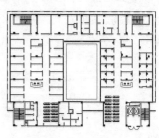

3 廊式组合　　**4** 厅式组合　　**5** 厅廊式组合

候诊

分为一次候诊和二次候诊。

一次候诊：设病人候诊区，叫号后直接进入诊室。

二次候诊：病人先在候诊外廊或者分科候诊室等候，然后再进入走廊二次候诊。有利于分散门诊人流，秩序井然，传呼方便。

1. 廊式候诊

（1）中走廊候诊。走廊宽度单面排椅2.7m上，双面排椅3.0m以上。

（2）走廊局部加宽候诊。

（3）单面走廊候诊。走廊宽度为2.4m以上（包括封闭式与开敞式）。

（4）宽廊候诊：走廊宽度增加至4.8m以上。分次候诊时，一次候诊为中走廊，二次候诊设诊室前端处。

2. 厅式候诊

一次候诊时设候诊厅，中走廊、走廊宽度2.1m以上。分次候诊时，二次候诊在走廊（包括中走廊、单走廊）。

3. 厅廊结合候诊

一次候诊为诊区端部候诊厅，二次候诊在诊室前端。

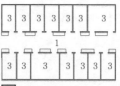
6 中走廊候诊

7 走廊局部加宽

8 单面走廊候诊

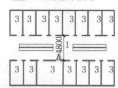
9 宽廊候诊

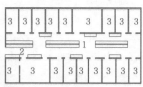
10 廊式二次候诊

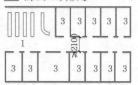
11 厅式候诊

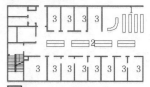
12 厅式二次候诊

13 厅廊结合候诊

1—一次候诊　2—二次候诊　3—诊室

各科诊区布置形式

1 诊室
2 治疗
3 等候

a 诊区、治疗区混合型

1 病患走廊
2 医护走廊
3 共用走廊

a 医患分流型

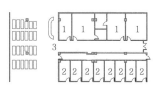

b 诊区、治疗区分区型

b 医患局部分流型

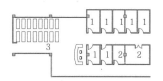

c 治疗区分区共享型

c 医患混合型

1 诊区治疗区组合形式　　**2** 医患流线组织形式

内科

1. 内科患者较多,约占门诊部全日门诊人次的20%~25%,因此要注意组织好人流。

2. 内科诊室宜靠近门诊化验室、门诊注射室、放射诊断室、功能诊断及内窥镜等室。

3. 诊室尺度以3~3.3m开间,4.5m进深为宜。双人诊室使用面积不应小于12m²。单人诊室使用面积不应小于8m²。

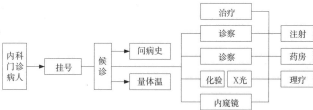

3 内科门诊疗流程

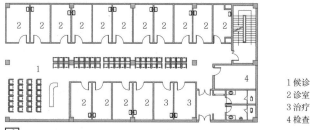

1 候诊
2 诊室
3 治疗
4 检查

4 内科门诊诊室布置

外科

1. 外科病人往往行动受限,如可能可设在一层,要求邻近医学影像科。并设外科换药室、洗涤消毒室。

2. 外科门诊手术室可与急诊手术合用。大型医院最好独立成区设置。

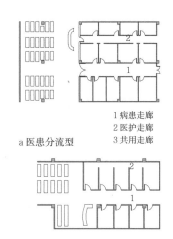

5 外科门诊流程

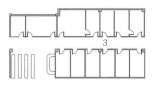

1 候诊
2 诊室
3 治疗
4 石膏
5 换药

6 外科诊室布置

耳鼻喉科

1. 耳鼻喉科诊室开展一般检查及治疗;另外设有特殊检查室进行测照、测听、前庭功能检查、内镜检查等。

2. 耳鼻喉科诊室设备配置复杂,每例诊断患者使用过的器械都要进行洗涤和消毒。诊区要求附设洗涤消毒间。

妇科、产科、儿科、口腔科分别见医疗建筑相关专科医院章节。

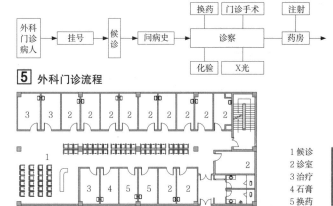

7 耳鼻喉科门诊流程

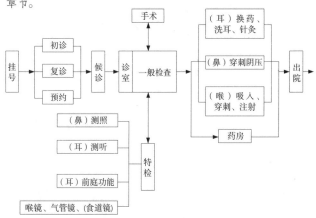

1 简易处理　7 治疗
2 普通诊室　8 内镜室
3 专家诊室　9 等离子刀
4 变态反应　10 前庭功能
　治疗室　　11 电生理
5 VIP诊室　12 测听室
6 鼾症　　　13 鼻阻力检测

8 耳鼻喉科门诊诊室布置

诊室布置形式

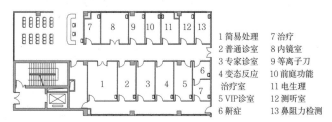

1 诊桌　2 病人椅　3 诊床　4 手盆　5 垃圾桶　A 诊室　B 检查

9 单人诊室　　**10** 双人诊室　　**11** 检查、诊室组合

综合医院 [14] 生殖医学中心

概述

生殖医学中心是开展人工辅助生殖技术的医疗部门,包括人工授精和体外受精—胚胎移植(IVF-EI)及其衍生技术工作的场所。其中人工授精包括供精人工授精(AIH、AID)、宫腔内人工授精(IUI)、直接阴道内受精(IVI)。

设计要求

1. 生殖医学中心一般作为妇产科的一个分支,也可于妇产科之外成为一个独立的科室,宜自成一区。

2. 建筑空间宜轻快舒展、空间适度宽松、色彩柔和,使患者感到宽慰和温暖,环境安静,配置家具应避免锐角、眩光和冷硬,候诊厅室内设计及布置不可太过严肃整齐,以免引起情绪紧张,室内装饰避免出现父母、儿童、肥胖等题材,以免患者触景生情,引起伤感。

3. 室内装修材料应无毒、无味,不产生有害物质,避免受精卵的变异或死亡。

4. 受精卵在强光照射下易被杀死,胚胎实验室的墙面宜设亮度可调式灯具,其安装的最低点1.80m以上,采用嵌入式不受限制。

5. 胚胎实验室靠外窗设置时要采取遮阳措施。

6. 取卵室、移植室、胚胎实验室等应满足生物净化要求。

| 诊察区 | 手术试验区 | 术后留观区 | 医护工作区 |

1 基本分区

用房组成 表1

功能分区	房间名称
门诊诊断用房	诊断室、检查室、咨询室、护士站、注射、抽血、样本采集、取精室、精液化验室、候诊等
手术实验用房	胚胎学实验室、取卵室、移植室、手术室、取精室、精液处置室、术后恢复室、细胞培养、冷冻室、试剂库、耗材库、荧光显微镜、更衣室、药品库、敷料间、污物间
留观用房	病房、护士站、处置室、治疗室、抢救室、值班室、更衣室、医生办公室等
管理办公用房	接待、病历、收费、财务、医办、护办等

工作流程

前期的常规诊断→患者取精/取卵的准备→取精/取卵的医生工作准备→取精/取卵的准备工作→精子/卵子的处理工作(精液处置、分析、筛选、冷冻、储存等)→胚胎试验阶段(即将待实验的精子注入带实验的卵子内部,最终形式的受精卵,受精卵再发育为胚胎的过程)→将成熟的胚胎细胞植入子宫内的工作→将备用的胚胎冷冻、储存工作→复检工作(确定患者是否已经受孕,若没受孕将进行下一步工作)→将患者的备用胚胎解冻、分析、筛选后再植入子宫内直至受孕→受孕后的跟踪检查工作。

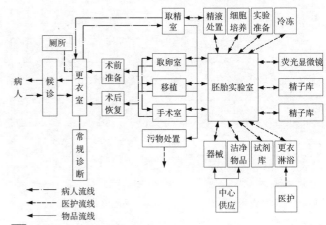

2 生殖医学中心工作流程

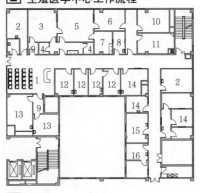

3 河北省人民医院生殖中心

1 候诊
2 办公
3 取卵室
4 更衣
5 体外受精实验室
6 胚胎移植时
7 精液处理室
8 取精
9 缓冲
10 人工授精实验室
11 人工授精室
12 诊室
13 B超
14 实验室
15 阅片
16 切片、细胞培养

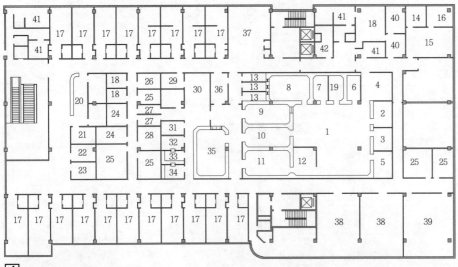

4 北京大学第三医院生殖中心

1 胚胎实验室
2 实验准备
3 耗材库
4 冷冻
5 荧光显微镜
6 试剂库
7 细胞培养
8 精液处置
9 取卵室
10 移植室
11 污染手术室
12 污染实验室
13 取精室
14 胚胎库
15 精子库、卵子库
16 PGD
17 病房
18 更衣
19 PCR
20 护士站
21 处置室
22 抢救室
23 妇科检查
24 值班
25 办公
26 咨询室
27 二次更衣
28 教研室
29 谈话
30 麻醉准备
31 药品库
32 敷料间
33 消毒
34 打包
35 腔镜手术室
36 缓冲
37 等候区
38 日间病房
39 讨论教室
40 储藏室
41 卫生间
42 污物暂存

日间医疗设施 [15] 综合医院

概述

日间医疗是近几年为降低医疗支出、提高医疗设施有效利用率而推出的一种新型医疗模式，为其配套服务的设施即为日间医疗设施。日间医疗设施是可为患者及家属提供各种非长期住院诊疗及信息、健康教育的机构或部门，其服务时间大多在日间，也可根据具体情况扩展到晚间和节假日的某些时段。

类型

日间医疗设施可以是日间医院也可以是附设在医院的日间医疗部。

日间医院通常单独设置。国外较多的小型私立医院和诊所、国内社区医院也较多采用此种类型。独立设置的日间医院可分为专科类和综合类。专科类如：外科、肿瘤科、眼科、精神病科、老年专科、儿科、康复科 [1]。此类日间医院通常包含门诊、日间病房，并根据专科的特点配备必要的医技科室如日间手术室、康复设施、治疗设施等。各科门诊、医技用房要求参见"综合医院"其他章节。

日间医疗部通常设于大型专科和综合医院内部，包括日间手术、日间治疗及日间病房。可共享医院的医疗资源如门诊、急诊、各类检验设施、治疗设施、康复设施等。日间医疗部根据医院的需求和规模，可以在院区内单独设置，见 [1]，也可居于医院综合医疗体的一角或整层，见 [2]。

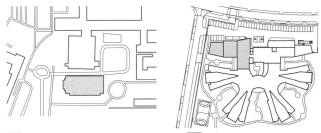

[1] 香港伊丽莎白医院日间医疗中心　[2] 法国某青少年康复医院

日间手术

随着微创手术和麻醉技术的发展，越来越多的手术适合日间手术的模式。一般情况下病人在非住院的情况下完成术前各类检查，手术当天入院、术后观察一段时间，当天即可出院，居家护理。也有当天完成住院、检查、手术、术后观察，24小时内出院的做法。目前国内较多设置的门诊手术属于日间手术类型。

不同方式的日间医疗流程和对建筑的需求基本一致 [3]、[4]。日间手术通常需要设置洁净手术室，洁净等级根据手术类型需要确定。

日间手术部一般可分为单独设置的日间医院内的手术部 [5]，和设置在大型或专科医院内部与洁净手术部合并设置、统一管理的日间手术中心 [6] 或门诊手术部。

日间手术配备的复苏床位的数量可根据手术类型和需求设置，并配备负压、麻醉、监护以及急救设备。

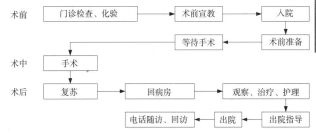

[3] 日间手术流程

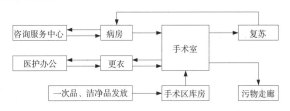

[4] 日间手术功能用房及医疗流程

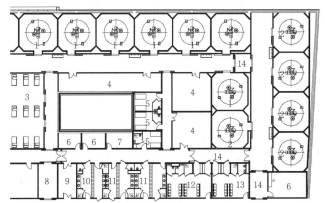

1 10万级手术室　2 日间手术室　3 麻醉准备　4 洁净品库　5 值班室
6 医生办公　7 休息室　8 普通手术换床　9 器材通道　10 男更衣
11 女更衣　12 女候诊更衣　13 男候诊更衣　14 缓冲

[5] 烟台山医院日间手术

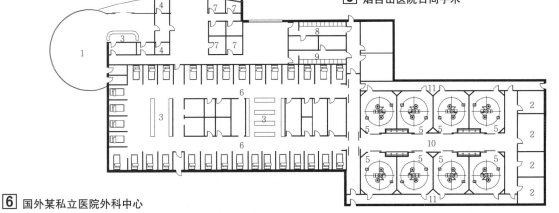

[6] 国外某私立医院外科中心

1 等候
2 库房
3 护士站
4 诊室
5 日间手术
6 术前/术后
7 医生办公
8 男更衣淋浴
9 女更衣淋浴
10 洁净走廊
11 清洁走廊

综合医院 [16] 日间医疗设施

日间病房

日间病房主要为来院的病人提供日间治疗后恢复以及其他治疗、康复等服务。

日间病房服务对象包括日间手术后需做短期观察和休息的病人；需入院日常治疗、观察的病人，如血透、肿瘤治疗、康复期的精神病人等；急诊治疗后需作短期观察和简单治疗的病人；需特别或全面检查的病人；急需住院治疗前临时周转的病人等。

根据日间病房的服务对象和服务内容，可设置不同类型的日间病房，日间病房内的设施配置也不同。具体要求参见"综合医院"的其他章节。日间病房的布置相对灵活、简单，可设置开放的观察病房，也可设置三床、双床、单床病房。病房内可设置座椅、躺椅和病床。

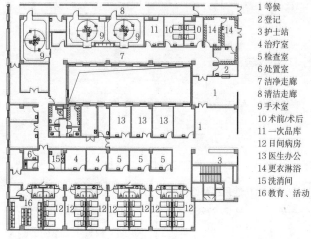

1 等候　2 登记　3 护士站　4 治疗室　5 检查室　6 处置室　7 洁净走廊　8 清洁走廊　9 手术室　10 术前/术后　11 一次品库　12 日间病房　13 医生办公　14 更衣淋浴　15 洗消间　16 教育、活动

1 天津滨海医院日间手术部

3 北京朝阳医院日间手术部

4 北大人民医院北院区日间病房

5 法国某青少年康复医院日间康复

1 行政办公与治疗　2 日间接待　3 活动室　4 水疗治疗　5 住院单元　6 厨房与后勤　7 天井　8 露台

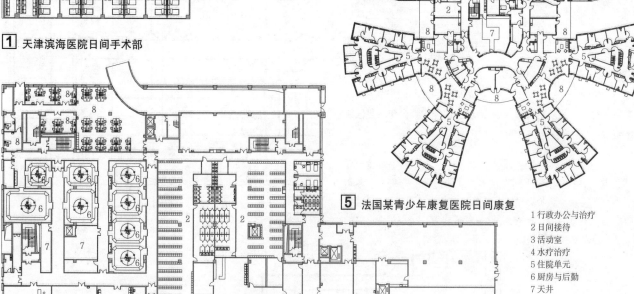

1 家属等候　2 医生更衣、淋浴、卫生间　3 等候　4 病人更衣　5 术后休息　6 手术室　7 库房　8 医生办公室

2 北京协和医院门诊手术部

概述

医技科室是指运用专门的诊疗技术和设备,协同临床科诊断和治疗疾病的医疗技术科室。按工作性质和任务分为诊断、治疗、供应等不同科室。主要包括:放射影像、介入治疗、超声、功能检查、内窥镜、手术(门诊手术)、消毒供应、麻醉科、输血科(血库)、病理科、检验科、药剂科、高压氧科、放疗、核医学、营养部等。

设计要点

1. 医技科室在布局上应考虑方便门(急)诊及住院患者,宜相对集中设置。超大型医院、医疗中心可采取适当分散或分散与集中相结合的方式。

2. 应针对医技科室进行工艺设计,根据科室特点做洁污分区与分流设计,科学合理地安排科室的内部、外部工作流程。科室设计宜考虑便于改建及适当预留发展空间。

3. 医技科室宜采用尽端布置方式,各科室自成一区。直接为患者服务的部门考虑医患分区、分流设计。

4. 医技科室对室内环境(温湿度、通风空调、射线防护、电磁波屏蔽等)有不同要求。医技科室对室内装修也有特殊要求,具体参考有关使用需求及《综合医院建筑设计规范》。手术室、产房、放射科、功能检查科、检验科、有关实验室等用房应设置空调和通风设施。洁净手术部空气净化设施应符合《医院洁净手术部建设标准》。

5. 大型医疗设备对室内净高、楼地面荷载、接地、配电、安装运输等有不同要求。

6. 医技科室对消防设计、事故应急等方面有特殊的要求。

科室特点

1. 各医技科室均围绕临床面向全院,服务临床诊疗科室。

2. 各医技科室有自身的专业特点,具有相对独立性,要求按工作流程布局,空间面积、环境等符合不同科室专业需求。

3. 借助专用仪器设备和专门技术开展业务工作,为患者诊断治疗提供客观依据。

4. 各医技科室诊疗仪器设备多,更新周期短,要求条件高。

科室规模设置

1. 根据《综合医院建设标准》,综合医院的医技科室约占总建筑面积的27%,具体可根据医院的实际需求作适当调整。各科室的面积应根据实际需求(包括患者检查/治疗人数、设备每日使用人次、工作人员配置等因素)进行设置。

2. 一般医疗设备的配置,应根据医院的不同功能、专科特长和所承担医疗保健工作任务,参照有关基本医疗装备配置标准的规定执行。当无相关数据时,可参考《综合医院建筑设计规范》中有关医疗工艺设计参数。

3. 大型医用设备的配置,应按《大型医用设备配置与使用管理办法》和《全国乙类大型医用设备配置规划指导意见》的规定执行。配置大型医用设备必须符合区域卫生规划的原则,充分兼顾技术的先进性、适宜性和可及性,实现区域卫生资源共享。

4. 磁共振成像装置、X线计算机体层摄影装置、核医学、高压氧舱、血液透析机等大型医疗设备以及中、西药制剂室等设施,应按照地区卫生事业发展规划的安排并根据医院的技术水平和实际需要合理设置,用房面积单独计算。单列项目中,大型医疗设备的数量可参照日检查人数等参数计算确定;再依据单台设备建筑面积指标计算所需建筑面积。综合医院单列项目房屋建筑面积指标参见表1。

综合医院单列项目房屋建筑面积指标(单位:m²)   表1

项目名称		单列项目房屋建筑面积
医用磁共振成像设备(MRI)		310
正电子发射型电子计算机断层扫描仪(PET)		300
X线电子计算机断层扫描装置(CT)		260
数字减影血管造影X线机		310
血液透析室(10床)		400
体外震波碎石机室		120
洁净病房(4床)		300
高压氧舱	小型(1~2人)	170
	中型(8~12人)	400
	大型(18~20人)	600
直线加速器		470
核医学(含ECT)		600
核医学治疗病房(6床)		230
钴60治疗机		710
矫形支具与假肢制作室		120
制剂室		按《医疗机构制剂配制质量管理规范》执行

注:1. 本表所列大型设备机房均为单台面积指标(含辅助用房面积)。
2. 本表未包括的大型医疗设备,可按实际需要确定面积。

  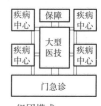

a 王字模式   b (织网形)网格模式   c 组团模式

1 医技科室布局方式

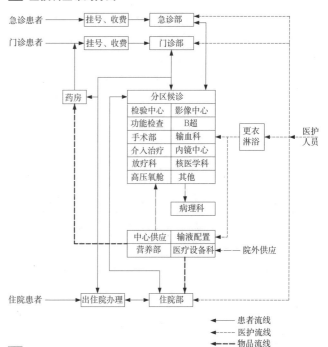

2 医技科室工艺流程

概述

影像科又名放射科，是医院重要的辅助检查科室，其影像设备是不断更新的主要包括普通X线拍片、计算机X线摄影系统（CR）、直接数字化X线摄影系统(DR)、计算机断层扫描（CT）、数字减影血管造影(DSA)、磁共振成像(MRI)、胃肠造影等诊断治疗设备。大型综合医院里的DSA可以放置在手术部位，也可以结合医疗服务需求独立设置。

影像科用房组成　　　　　　　　　　　　　　　　　　　　　表1

功能分区	房间名称
患者走廊及候诊区	供门诊、急诊患者和住院患者检查、等候，包括登记、更衣淋浴、接待、准备（注射）、抢救观察、卫生间、平车存放等用房
医生走廊及医辅区	供医辅人员内部联系的通道，以及内部医疗、教学、管理和更衣、卫浴、库房、机修等用房
诊断医疗区	包括各种诊断机房、暗室、诊室、计算机或数据处理以及患者更衣、准备、钡餐专厕等辅助措施

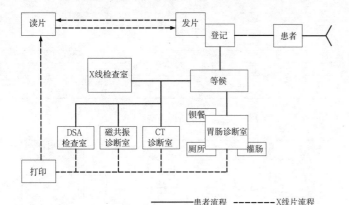

1 放射影像工作流程

设计要求

1. 位置应便于门诊、急诊和住院患者共同使用。放射影像设备重量较大，最好设在底层，应考虑设备更新进出通道和方便平车进入。

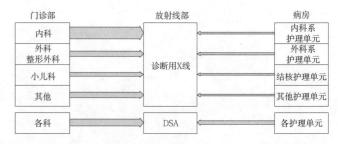

2 门诊、住院使用放射部门比率示意图

2. 有条件时，宜采用患者通道与医护人员通道分开的布置方式。

3. 有较强放射能量设备的放射室应放在科室的尽端或自成一区，独立设置。

4. 检查室均要有足够的面积，以安置不同型号的机器，包括机器底座、球管、立柱、地轨、地沟、诊察床、操纵台、高压变压器等。还应考虑就诊者的更衣面积和平车的回转面积。根据国家辐射防护标准，X光检查室面积不小于24m²，检查室的放射防护需符合2.0mm铅当量；CT扫描室面积不小于30m²。

5. 宜设置数字化设备PACS机房。

6. 有放射线防护要求的房间，应有足够的防护厚度，辐射防护必须咨询当地卫生防疫部门并遵从《医用X射线诊断卫生防护要求》GBZ 130。

7. 应保证大型影像设备的电压稳定与电量充裕。

影像设备环境要求

常用影像设备环境条件技术参数参考表　　　　　　　　　　　　　　　　　　　　　　　　　　　　　　　　　　　表2

设备类型		设备重量(kg)	推荐机房尺寸			温度(℃)	湿度	电源要求(V)	接地线	运输通道(宽×高)(m)	电缆沟(宽×深)(cm)	特殊要求
			检查室	操作间	设备间							
X线机	DR	1000	6.0×5.4	2.0×2.0×2.5	—	15~35	30%~70%	380±10%	等电位2Ω以下	走道2.3，门宽1.5	15×15	
	乳腺摄影	500	5.4×4.5	—	—	15~35	30%~75%	220±10%	—	1.8×2.1	—	
胃肠造影		1200	5.8×4.5×3.0	2.0×2.0×2.5	—	18~30	30%~75%	380±10%	等电位2Ω以下	2.5×1.0×1.9	15×15	
CT		5000	6.0×5.0×2.8	3.0×4.5×2.8	3.0×2.2×2.8	18~26	30%~60%	380±10%	等电位2Ω以下	走道2.9门宽1.8	20×20	
MRI		10000	7.5×5.3×3.6	3.0×4.0×2.8	3.0×6.0×2.8	15~21	30%~60%	380±10%	等电位2Ω以下	洞口2.8×2.8	20×20	高压电缆和电梯、电动马达、汽车车道等远离磁体中心10m以上
介入治疗DSA		6000	7.5×6.0×3.2	15m²	15m²	22~26	30%~70%	380/400±10%	等电位2Ω以下	走道2.3门宽1.5	20×20	其他要求可参考手术室规划

注：1. 建议每台设备（特别是大型设备）均从配电站拉专线至机房配电柜。为了保证电源内阻达到设备要求，电缆线径足够大，如果机房距配电站100m内，一般设备建议铺设95mm²×4+pE的电缆，MR需要铺设150mm²×4+pE的电缆。空调、照明等辅助设备不能接入设备专线，应单独铺设辅助电缆。

2. 检查室需要做电缆沟，尺寸约为20cm×20cm，电缆沟上设置盖板。机房一般要求下沉20cm(包括梁)，设计时要考虑回填材料的重量。MR机房结构层一般需要下沉不小于30cm。

3. 影像科机房要求24小时保持恒定的温度和湿度，MR需要独立的小型中央恒温恒湿空调。

4. 部分设备的机房需要设备间安装辅助设备，设备间预留上下水，室外预留水冷机组的安装位置，并考虑排风散热。

5. 设备机房内不能设置喷淋系统，采用气体灭火或其他消防方式。

6. MR机房内还要铺设电磁波屏蔽层，射频屏蔽约11kg/m²×6个面(荷重约2000kg左右)，磁屏蔽荷重约6000kg左右，对机房和设备室的承重要充分考虑并不适当放大。设计时要考虑运输通道的尺寸和通道的承重。

7. 两台MR机房应保持相应距离，确保两台磁共振设备的3G线没有交叉。MR场地要尽量远离不下振动源：停车场、公路、地铁、火车、水泵、大型电机等，并对振动条件有一定限制或采取隔振措施。

8. MR机房内不能穿越任何管线(消防管道，空调管道和电线都需要避让)。

9. 层高大于4m，特别是有悬吊装置的影像设备，要确保室内净高满足设备安装要求。

10. 观察窗参考尺寸(宽×高)1.5m×0.9m，最小不小于1.2m×0.8m，窗台离楼地面0.8m；X线机、胃肠造影、CT、DSA等采用铅玻璃防护观察窗，MRI机房采用铜板网防护观察窗。

11. 此表仅供设计参考，设备用房尺寸、高度应以实际选用的设备厂家要求为准，并由专业防护厂家进行防护设计。

科室布局

1. 单廊式：患者和医生共用一条走廊，适用于小规模影像科。
2. 双廊式：患者和医生分设不同通道进入放射诊断室。
3. 多廊式：患者和医生分设不同通道，并按照设备类型分设不同区域，适用于大规模影像中心。

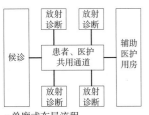
a 单廊式布局流程

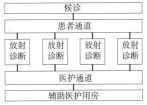
b 双廊式布局流程

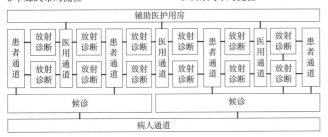
c 多廊式布局流程

1 科室布局流程

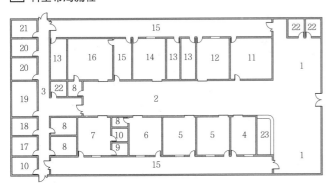

2 放射影像科典型布局平面图一

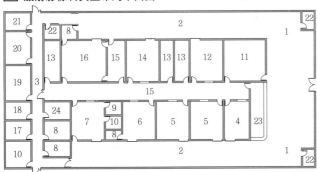

3 放射影像科典型布局平面图二

1—次候诊区	2 二次候诊区	3 工作人员通道	4 DR拍片（胸片）
5 DR拍片（多功能）	6 乳腺DR	7 胃肠DR	8 更衣室
9 调钡室	10 洗手间	11 阅片、登记、打印室	12 多层CT
13 设备间	14 超高速多层CT	15 控制室/操作廊	16 MR检查室
17 仓库	18 技师办公室	19 会议室	20 医生
21 主任	22 厕所	23 护士站	24 值班室

诊断X射线机

X射线机是利用X射线进行医学诊断的设备，根据用途及成像原理分为一般X射线机、胃肠造影、数字造影、CT、DSA等。

房间尺寸要求表　　　　　　　　　　　　　　　　　表1

房间名称	尺寸
检查室推荐净尺寸(长×宽×高)	6.0m×5.4m×2.9m
患者及设备出入门推荐净尺寸(宽×高)	1.2m×2.1m
观察窗参考尺寸(宽×高)	1.5m×0.8m
观察窗底边距地面	0.8m
操作间最小净尺寸(长×宽×高)	2.0m×2.0m×2.5m
操作间门推荐净尺寸(宽×高)	0.9m×2.0m

1. 诊断X射线机根据应用场合不同，主要包括：模拟X射线机、DR、CR、乳腺X线摄影、口腔X线摄影、泌尿X线机、胃肠X线机、X射线骨密度仪等。
2. 设备重量及尺寸见表2。
3. 场地要求：地面要求水平，架扫描床固定位置处地下必须保证有150mm水泥层，且无钢筋等避免影响螺栓固定。
4. 空调、洗片机、照明及电源插座等用电线路必须与设备系统用电线路分开，根据所需设备的负荷单独供电；需设置设备专用PE线(保护接地线)；接地电阻要符合相关要求，必须做好设备场所等电位联结；必须远离静磁场1高斯线以外；不要将设备布局于变压器、大容量配电房、高压线、大功率电机等附近，以避免产生的强交流磁场影响设备的工作性能。
5. 根据《医用X射线诊断放射防护要求》GB Z130，X射线机检查室的放射防护需符合相关要求；检查室需安装X射线警示标志及设备使用中警示灯。

设备重量及尺寸表　　　　　　　　　　　　　　　　表2

部件	重量（kg）	尺寸（长×宽×高：mm）
扫描床	400～600	2200×900×520 (~820)
系统柜	300～400	900×700×1200
胸片架	300～400	800×600×2200

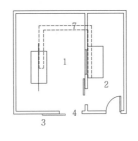
a X射线机房平面一

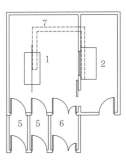
b X射线机房平面二

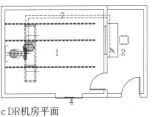
c DR机房平面

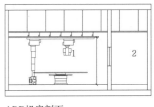
d DR机房剖面

1 检查室　2 操作间　3 候诊区　4 患者入口　5 更衣　6 门斗　7 电缆沟

4 机房布置示意图

CT-电子计算机X射线断层扫描仪

CT是对不同角度的X射线透射传输数据进行计算机重建，生成人体的横截面图像，从而用于医学诊断的X射线系统。适用于头部和全身体层扫描，形成横断面图像和三维图像供临床诊断。

房间尺寸要求表（单位：m） 表1

房间名称	尺寸
检查室推荐净尺寸（长×宽×高）	7.5×6.0×3.2
病人及设备出入门最小净尺寸（宽×高）	1.2×2.1
与设备出入门相邻的最小走廊宽度	2.5
观察铅玻璃窗推荐尺寸（宽×高）	1.5×0.8
窗底边距地面	0.8
操作间推荐净尺寸（长×宽×高）	2.8×6.0×3.0
操作间门推荐最小净尺寸（宽×高）	1.0×2.0
设备间推荐净尺寸（长×宽×高）	2.4×6.0×3.0
设备间门最小净尺寸（宽×高）	1.0×2.1

1. 需专线供电，电缆沟尺寸通常为0.2m×0.15m（宽×深）；设置设备专用PE线（保护接地线），接地电阻小于2欧姆，且必须采用与供电电缆等截面的多股铜芯线。

2. 基础承重按照5t考虑；位置选择要远离可能的振动源。

3. 检查室和操作间必须处于静磁场1高斯、交变磁场0.01高斯以外的地方；扫描机架和控制台距离电源分配柜不得小于1.5m，不可将设备布局于变压器、大容量配电房、高压线、大功率电机等附近，以避免产生的强交流磁场影响设备的工作性能。

4. 检查室需设X射线警示标志及设备使用中的警示灯；应确保安装场地满足电气设备的正常工作环境。

5. 扫描间和操作间及操作间和设备间之间设电缆沟联系，电缆沟尺寸通常为0.2m×0.5m（宽×深）。

6. 扫描机架下方应有110mm混凝土层，以便螺栓固定。

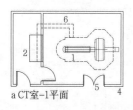
a CT室-1平面

b CT室-1剖面

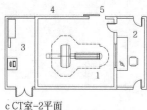
c CT室-2平面

d CT室-2剖面

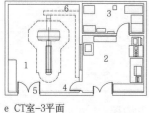
e CT室-3平面

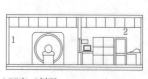
f CT室-3剖面

1 检查室　2 操作间　3 设备间　4 候诊区　5 病人进入　6 电缆沟

1 CT机房布置示意图

DSA-数字减影心血管造影仪

DSA是将透过人体后已衰减未造影图像增强，并扫描存储作为基准图像，注入造影剂后拍摄的图像与基准图像相减，仅留下含有造影剂的血管造影。用于对心、脑血管和周围血管等进行造影检查和介入治疗。

房间尺寸要求表（单位：m） 表2

房间名称	尺寸
检查室推荐净尺寸（长×宽×高）	6.0×5.0×2.8
患者及设备出入门推荐尺寸（宽×高）	1.3×2.1
与设备出入门相邻走廊的推荐宽度	2.5
观察窗参考尺寸（宽×高）	1.5×0.8
窗底边距地面	0.8
操作间推荐净尺寸（长×宽×高）	3.0×4.5×2.8
操作间门推荐净尺寸（宽×高）	1.0×2.0
设备间推荐净尺寸（长×宽×高）	3.0×2.2×2.8

1. 房间位置要求与急诊部、手术部、CCU有便捷联系，洁净区、非洁净区应分开设置。

2. 房间尺寸要求必须配备的用房：DSA机房、操作间；设备间、洗手准备、无菌物品、治疗；更衣、厕所。根据需要配备的用房：办公、会诊、值班、护士站、资料室。

3. 设备重量约为5t。

4. 检查室和操作间必须处于静磁场1高斯线以外的地方；设备间必须处于静磁场3高斯线以外的地方；不要将设备布局于变压器、大容量配电房、高压线、大功率电机等附近，以避免产生的强交流磁场影响设备的工作性能；辐射防护必须咨询当地防疫部门并遵从相关法规。

5. 检查室安装X射线警示标志及设备使用中的警示灯；应确保安装场地满足电气设备的正常工作环境。

6. 扫描间和操作间及操作间和设备间之间设电缆沟联系，电缆沟尺寸通常为（宽×深）0.3m×0.2m。

a DSA室-1平面

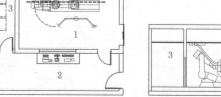
b DSA室-1剖面

c DSA室-2平面

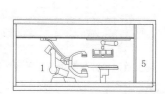
d DSA室-2剖面

1 检查室　2 操作间　3 设备间　4 准备、洗手室　5 设备室　6 前室

2 DSA机房布置示意图

MRI-核磁共振成像仪

MRI是一种生物磁自旋成像技术的医学设备。它是利用原子核自旋运动的特点,在外加磁场内,经射频脉冲刺激后产生信号,用探测器检测并输入计算机,处理后转换成视频图像用以辅助诊断。

房间尺寸要求表(单位:m)　　　　　　　　　表1

房间名称	尺寸
磁体间推荐净尺寸(长×宽×高)	7.5×5.3×3.6
磁体间门最小净尺寸(宽×高)	1.2×2.1
观察窗推荐尺寸(宽×高)	1.6×0.8
窗底边距地面	0.8
操作间推荐净尺寸(长×宽×高)	3.0×4.0×2.8
操作间门推荐净尺寸(宽×高)	1.0×2.1
设备间推荐净尺寸(长×宽×高)	3.0×6.0×2.8
设备间门推荐净尺寸(宽×高)	1.2×2.1

1. 根据磁场强度,核磁共振设备分为0.35T、1.5T、3.0T等类别。

2. 磁体的强磁场与周围环境中的大型移动金属物体可产生相互影响,通常离磁体中心点一定距离内不得有电梯、汽车等大型运动金属物体,具体限制参见表2。

物体距离磁体中心点的最小间距(单位:m)　　　表2

物体	与磁体中心点的最小间距
火车	100
电梯	13
卡车、公共汽车	13
小汽车、小型货车、救护车	11
交流电源线	5
移动金属物体<181kg	3

3. 建设场地应尽量避开电磁波和磁场干扰的场所。近距离的铁磁质物质会影响MR磁场的均匀性,因此离磁体中心点2m内的所有铁磁质物质及重量等数据都必须提交给设备公司工程师以作评估。

4. 振动会影响MR的图像质量,要尽量远离振动源。

5. 若附近有磁共振设备,要确保两台磁共振设备的3G线没有交叉。

6. 磁体间楼板荷载按照10t/m²吨考虑,螺栓固定位置处必须保证有200mm厚的、标号不小于C20的素混凝土层。

7. 为了达到高清晰的图像质量,磁体间需要进行射频屏蔽以阻止外界射频源的干扰。磁体间要求六面体铜板屏蔽,并设电磁屏蔽防护门。

8. 因磁体间不得有空调机组,需安装上送风、上回风口中心点至少1.5m以上,以确保空调进风不会直吹到磁体上;设备一旦投入使用,任何时候空调不得停机。

9. 因射频屏蔽工程的需要,磁体间地面通常处理为-300mm水平(含承重基座、防水处理),待射频屏蔽工程结束后,扫描间再回填至±0mm水平。

10. 必须考虑设备的运输路径和路径的承重要求以确保所有设备能顺利运抵安装现场。

11. 电气管线、通风管道进入机房需要做电磁波过滤装置。

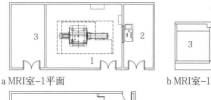
a MRI室-1平面

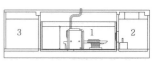
b MRI室-1剖面

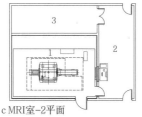
c MRI室-2平面

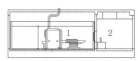
d MRI室-2剖面

1 磁体间　2 操作间　3 设备间

1 机房布置示意图

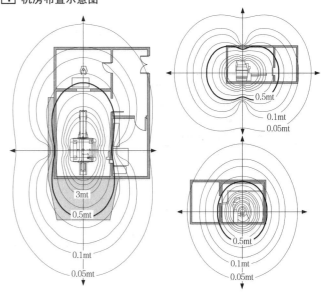

由于0.5mT磁力线已覆盖MR检查室之外,为避免其对佩带心脏起搏器及其他对磁场敏感的电子设备的干扰,应将此范围划作限制进入区域。

2 机房磁力线分布示意图

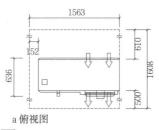
a 俯视图

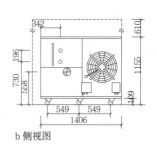
b 侧视图

3 室外冷水机维修空间示意图

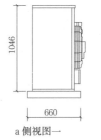
a 侧视图一

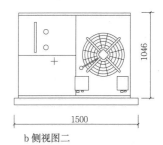
b 侧视图二

4 室外冷水机固定平台示意图

综合医院 [22] 医技科室 / 放射影像科

胃肠造影机

胃肠造影机包括普通胃肠造影机和数字胃肠造影机。

胃肠钡餐造影即消化道钡剂造影，是指用硫酸钡作为造影剂，在X线照射下显示消化道有无病变的一种检查方法。数字胃肠机是直接将X线光子通过电子暗盒转换为数字化图像，是一种广义上的直接数字化X线摄影。胃肠造影是指各种常规的X线透视，特别是高分辨率和内镜超声进行查检胃肠道疾病。

1. 建设场地应尽量避开电磁波和磁场干扰的场所。
2. 胃肠检查室应设置调钡处和专用厕所。
3. 系统电源要求专线供电，空调、洗片机、照明及电源插座等用电必须与本系统用电分开，根据所需设备的负荷单独供电。
4. 扫描床下应预留200mm混凝土层，便于螺栓固定。

房间尺寸要求表（单位：mm） 表1

房间名称	尺寸
检查室推荐净尺寸（长×宽×高）	5.8×4.5×3
病人及设备出入门最小净尺寸（宽×高）	1.2×2.1
观察窗参考尺寸（宽×高）	1.2×0.8
观察窗底边距地面	0.8
操作间最小净尺寸（长×宽×高）	2.0×2.0×2.5
操作间门推荐净尺寸（宽×高）	0.9×2.0

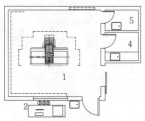
a 胃肠造影机房-1平面

b 胃肠造影机房-1剖面

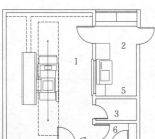
c 胃肠造影机房-2平面

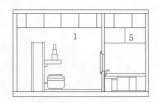
d 胃肠造影机房-2剖面

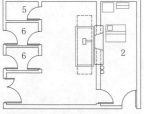
e 胃肠造影机房-3平面

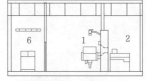
f 胃肠造影机房-3剖面

1 检查室 2 操作间 3 设备间 4 调钡处 5 卫生间 6 更衣室

1 机房布置示意图

实例

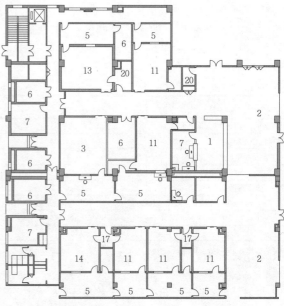

2 天津医院放射影像科平面（含MRI、CT机房）

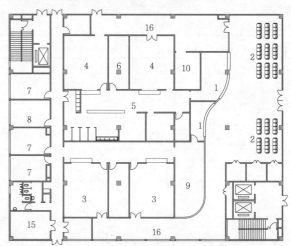

3 济宁市第一人民医院高新区分院门诊医技综合楼 MRI/DSA平面图

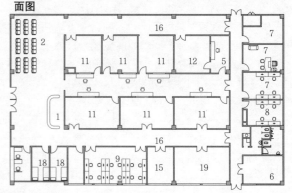

4 济宁市第一人民医院高新区分院普通放射科平面

1 护士站/登记	2 等候	3 MRI	4 DSA
5 控制室/操作	6 机房/设备间	7 医护办公室	8 技工
9 阅片	10 观察/恢复	11 X光室/DR	12 乳腺机
13 CT	14 胃肠造影	15 PACS	16 患者走廊
17 准备	18 值班	19 会议/会诊	20 更衣

实例

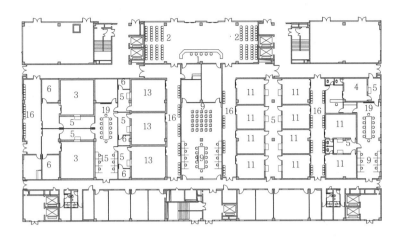

1 香港大学深圳医院影像科平面

2 昆明医学院第一附属医院呈贡新区医院 MRI、CT 机房平面

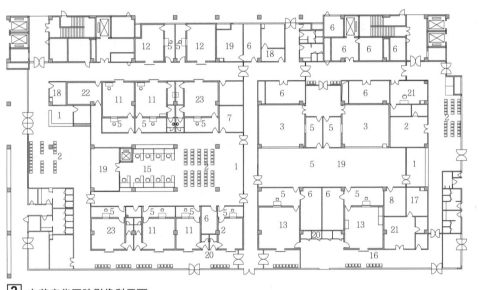

3 东莞康华医院影像科平面

1 护士站/登记
2 等候
3 MRI
4 DSA
5 控制室/操作
6 机房/设备间
7 医护办公室
8 技工
9 阅片
10 观察/恢复
11 X光室/DR
12 乳腺机
13 CT
14 胃肠造影
15 PACS
16 患者走廊
17 准备
18 值班
19 会议/会诊
20 更衣
21 抢救
22 CR
23 数字胃肠
24 垃圾站

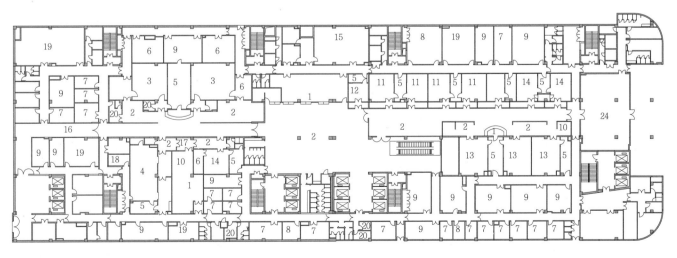

4 北京协和医院东院区改扩建工程放射影像科平面图

综合医院 [24] 医技科室/检验科

概述

检验科是利用物理、化学、生物学等方法，借助多种检测和科研设备，对人体的血液、尿便及各种体液标本进行检验和测定，并开具检验报告的部门，从而揭示致病因素、阐明机体功能情况，为诊断治疗提供客观依据。

按检验工作内容分类　　　　　　　　　　　　　　表1

工作名称	内容
化学分析	包括各种常规的人工和自动生化测试、尿样测试、毒理分析等
血液学分析	通过人工或自动分析仪器以及一些特殊的设备进行血液学和凝结学分析，以确定血液中各种细胞的种类、数量和活动表现
微生物学分析	通过微生物学、病毒学、寄生虫学、真菌学、结核病学以及其他一些生物学的研究分析，鉴别并量化体内各种微生物的情况
免疫学分析	通过免疫测定和其他特殊的化学、血液学分析研究人体免疫系统的特征和表现

用房组成　　　　　　　　　　　　　　　　　　　表2

分区	用房
普通检验区	临床检验室（血液、尿便分开）、大空间的自动分析仪区、免疫荧光室
微生物、真菌、病毒检验区	真菌培养、接种、仪器、鉴定、分析、PCR分析、（HIV）病毒分析、鉴定
辅助用房	水处理间、UPS间、污染间、消毒间
储藏室	库房、冷冻室、冷藏室
医生办公区	男女更衣室、男女值班室、主任室、会议室（示教室）、资料室

注：微生物、真菌、病毒检验区的各功能组内房间之内设传递窗，应相对独立封闭，便于紧急情况下的应急处理。

功能流程

检验科的工作区分为标本采集区（血液、尿便、体液等）和化验室两大部分。二者可分可合，如果合在一起，区域也相对独立。标本采集区（取样中心）收集血液、尿便、体液及其他特殊的样品，需便于门诊病人的寻找。一般在有急诊的医院中，在急诊区域设小型常规检查的化验室，便于夜间病人使用。

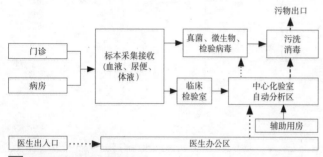

1 检验科流线关系示意图

设计要求

1. 标本接收处到检验科的各个区域应有直接的联系，化学分析和血液学分析的化验量大，空间布局上应离标本接收中心最近，微生物化验区在工作区的远端相对独立。采用物流传输系统可有效提高化验样品的传输效率。

2. 检验科的各个工作区宜采用开放式大空间，使用方便，并且具有较强的适应性。在微生物学、真菌学、寄生虫学、结核病学及病毒学化验区，应配置通风橱（柜）等设备，采用严格的通风措施，以排除各种可能的污染病菌和化学试剂类有生物毒性的物质，分别形成封闭成独立的房间。血液取样中心（取血室）前应有较大的等候区。

3. 大多数自动化分析仪都要有专用的液体管道、电气、温湿度以及隔振的特殊要求。大多数设备需要稳定的电源及电话、互联网传输设备。很多化验设备需要纯水供应，通常采用逆渗透系统制取。

4. 室内地面、墙面、工作台面以及检验单元的装修设计中要注意防腐蚀材料的使用，整个检验区域都应采用抑菌及易清洁的装修处理。细菌室应设专用洗涤设施，不能与其他洗涤设施混用。

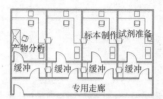

2 PCR实验室平面

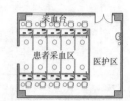

3 血液取样中心（采血室）平面

1 自动分析室　2 采血中心　3 VIP采血　4 病房标本接收　5 体液样本　6 免疫荧光室　7 细胞室　8 血清室　9 流式细胞　10 细胞培养　11 样本准备　12 细胞遗传　13 空调机房　14 微量元素室　15 清洗　16 污物暂存　17 消毒　18 结核室　19 缓冲　20 操作间　21 培养室　22 真菌　23 仪器　24 等候库　25 资料室　26 常温试剂耗材库　27 示教室　28 菌藏种阳性标本保存室　29 化学危险品保存室　30 标本冷库　31 试剂冷库　32 UPS　33 HIV污染区　34 半污染区　35 清洁区　36 水处理　37 办公　38 一更　39 二更　40 医办　41 PCR　42 HIV　43 实验区　44 值班　45 办公　46 文档　47 主任办公室　48 实验（无铅）　49 冷库　50 存储　51 细菌准备区　52 脑血流　53 心电　54 医生办公　55 平板　56 动态血压　57 动态心电　58 护士站　59 候诊　60 尿便　61 维修　62 通风机房　63 血站　64 化验单录人　65 肿瘤存库　66 免疫　67 特定蛋白　68 化学发光　69 化学药品　70 暗室　71 库房　72 副主任办公　73 踏车实验　74 HIV RCP　75 细菌

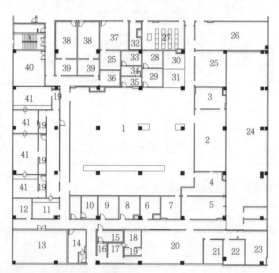

4 苏州科技城医院检验科平面

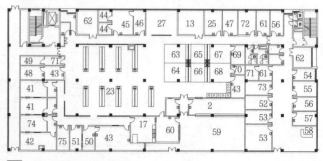

5 河北省人民医院检验科

功能检查科／医技科室 ［25］综合医院

概述

借助各种传感器对人体的活动水平进行量化测定检查。检查内容包括超声波检查（B超、彩超）、心电图、动态心电图、彩色多普勒、肺功能室、运动平板试验、24小时动态血压检查、脑电图室等。

门诊患者在诊察过程中进行检查的比例相对较大，部门宜设在医技部中靠近门诊部的区域，为了方便少数住院患者的检查，出入口和通道宽度的设计要顾及病床的运送。

不同医院视其规模大小与要求选择相应功能检查项目，有的小型医院仅有一般的心电图机、基础代谢测定机、超声机等几种。

心电图室

心电图测定是测定和记录心脏活动产生的电生理信号，要求在安静状态下进行。

1 心电图检查室配置图

2 运动平板室

运动平板室

在安装扶手的皮带机上让患者进行步行运动，测定此时的心电图。该室最小尺寸为3m×4m左右。

动态心电图室

放置动态心电图解析机、装载用的椅子或诊察台、心电仪的收纳架等。将心电图室的一角用帘隔开即可。

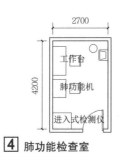
3 动态心电室

肺功能检查室

肺功能检查的主要内容是测定肺活量。以门诊患者为主，接受手术的住院患者也是测定对象。

在使用肺活量计时，技师需要向患者发出指令，因而会妨碍睡眠脑电波的测定。所以要尽量地远离脑电波室。

脑电图室

测定脑神经发生的微弱生物电流的检查，会受到外界电波的影响。需要在脑电图室进行电波屏蔽。

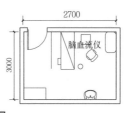
5 脑血流室平面图

6 脑电图检查室平面图

超声波检查室

也称超声室。除了消化系统的腹部超声波、循环系统的心脏超声波（心超声）之外，也用于妇产科和泌尿科。

检查室除了检查机器之外还设置诊察台和自动显影机；由于心脏超声波要进行录像拍摄，所以还需要AV架。此外，为了容易观看检查器，还要设置遮光帘和身边的照明开关。

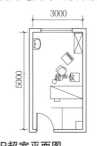
7 B超室平面图

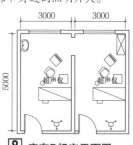
8 穿套B超室平面图

1 B超　2 彩超　3 超声介入治疗　4 心电图　5 TCD　6 脑电图　7 肺功能
8 红外乳腺　9 备用　10 值班　11 主任　12 更衣淋浴　13 护士　14 库房
15 办公　16 空调机房　17 示教室　18 污洗间　19 候诊　20 超声　21 登记
22 准备　23 检查　24 运动平板　25 动态心电　26 肌电　27 介入治疗

9 天津市第五中心医院功能检查科

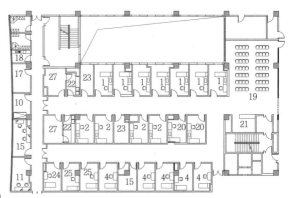
10 天津滨海新区医院功能检查科

167

综合医院 [26] 医技科室 / 内窥镜部

概述

1. 内窥镜部是利用内窥镜伸入到人体器官内部对其内部腔体进行检查和治疗，综合性诊疗机构一般设有胃镜、肠镜、十二指肠镜、气管镜、超声内镜等相关治疗项目。内窥镜的应用有效地降低了病人采用X光检查和进行外科手术治疗的概率。

2. 内窥镜利用配有镜头和光源的细长柔性管经各种管道进入人体，观察人体内部状况。部分内窥镜同时具备治疗的功能，如膀胱镜、胃镜、直肠镜等。内窥镜按其发展及成像构造分类，可大体分为3大类：硬管式内镜、光学纤维（软管式）内镜和电子内镜。

内窥镜功类别 表1

上消化道内镜	下消化道内镜	呼吸系统内镜	胆道内镜	腹腔镜	泌尿系统内镜	妇科内镜	血管内镜	关节内镜
喉镜；食道镜；胃镜；十二指肠镜	小肠镜；结肠镜；直肠镜	支气管镜；胸腔镜；纵隔镜	胆道镜；ERCP	腹腔镜	膀胱镜；输尿管镜；肾镜	阴道镜；宫腔镜	血管内腔镜	关节腔镜

内窥镜部用房组成 表2

分区	用房
病人等候区	候诊、护士站、更衣、厕所
术前准备/术后恢复区	术前准备、术后恢复、麻醉库房、麻醉工作室
治疗诊断区	内窥镜操作间（下消化道检查应设置卫生间、灌肠室、ERCP需设置控制室及设备机房）、内窥镜消毒间、镜库及辅料库房等
医护工作区	医护人员更衣、厕所、值班室、办公及示教室
污物处置	洗消间、污物间

功能流程

1. 内镜检查一般没有净化要求，通常医院将各系统、各类型的内窥镜检查室和辅助用房集中设置，成立专门的内窥镜中心以发挥人员和设备的作用。另外也可以结合医院专科特点（如妇科、泌尿科），将部分内窥镜检查室设置于各个科室内。

2. 内窥镜部门需同时满足门诊和住院患者的使用，宜设在门诊与住院部之间的位置自成一区，适当靠近门诊区。住院部设置通往内窥镜部门的便捷通道。

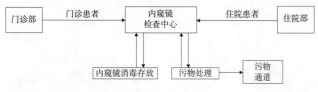

1 内窥镜部外部流程

设计要求

1. 内窥镜部的核心工作区是内窥镜检查室，一般检查室内配有光纤光源、影像显示器、监视仪和计算机设备等，可根据需要设置氧气接口。内窥镜消毒和储存区域应临近检查室布置。

2. 准备区应设置病人更衣室，考虑病人私密性。为提高工作效率和床位使用效率，可将准备区与恢复区合二为一，同时需设置护士站统一管理。

3. 检查室和准备与恢复区应采用抗菌、易清洗和吸声的材料。

4. 主要房间尺寸见表3。

主要房间尺寸（单位：m） 表3

房间	建议尺寸	备注
普通检查室	长5.1，宽4.2，高2.7	最小尺寸因不同机型而异，请参照实际产品尺寸
ERCP检查室	长7.2，宽5.4，高3.0	
控制室	长6，宽3.5，高3.4	
设备室	长4.5，宽3.5，高3	

注：ERCP检查室涉及X光技术，需要采取防护措施，且需经国家相关部门审核，房间顶棚和墙壁设计应满足设备侧挂、悬吊的荷载要求，地面需考虑电缆的埋线，设备摆放应便于控制室内医生观察。

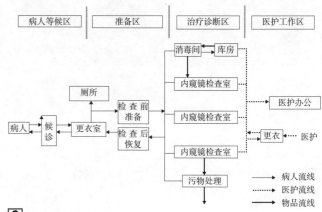

2 内窥镜部内部流程

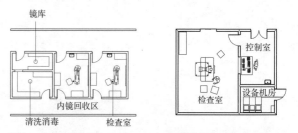

3 内窥镜检查室　　**4** ERCP检查室

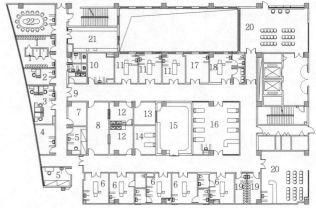

1 更淋　2 主任办公　3 办公　4 资料室　5 值班　6 消化内镜　7 库房
8 镜库　9 消洗间　10 器械室　11 呼吸内镜　12 消毒　13 控制　14 术后恢复
15 ERCP　16 准备苏醒　17 胶囊内镜　18 VIP内镜　19 患者更衣　20 等候
21 医生休息区/开水间　22 会议/示教

5 天津滨海新区医院内窥镜部

概述

1. 介入治疗宜靠近急诊及心内科，是在医学影像诊断设备的引导下，利用穿刺针、导管及其他介入器材获取病理进行诊断、治疗和的过程。其核心是以微小的创伤获得与外科手术相似或更好的治疗效果。

2. 功能分类

介入诊断：指利用数字减影血管造影（DSA）计算机处理数字化的影像信息，以消除骨骼和软组织影像，使血管清晰显示诊断的技术；

介入治疗：在数字减影血管造影（DSA）的引导下对病灶局部进行治疗，也可利用某些超声设备进行介入治疗。

介入科用房组成　　　　　　　　　　　　　　　　表1

分区	用房
接待区	家属等候、登记室、厕所
准备恢复区	换床间、男女更衣间、术前准备、术后恢复、麻醉室
导管区	导管室（心血管造影DSA室）、控制、设备机房、导管库、无菌物品、铅衣存放、一次性物品、药品库、器械库
医护工作区	医护人员换鞋、更衣、值班室、办公、阅片和示教室
污物处理	洗涤消毒间、污洗间、污物库房

功能流线

介入治疗科应自成一区，且与住院部、急诊、重症监护、手术部和中心供应室有便捷的联系。

其部分治疗环境类似于手术室，洁净区、清洁区分区布置。医护人员通过换鞋更衣进入洁净工作区，导管室、辅料、洁净品库房等均位于洁净区。特殊情况下也可将导管室和手术部安排在一起，但介入部分宜独立成区。

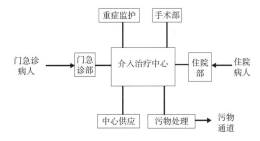

[1] 介入治疗科外部流程

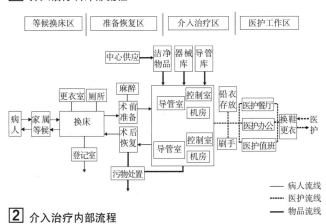

[2] 介入治疗内部流程

设计要求

1. 术前准备与术后恢复可设置在同一区域内，以提高管理人员和设备的使用效率。

2. 导管室应采用硬吊顶，材料应抗菌和易清洗。因涉及X光放射技术需要采取射线防护措施，且需经国家相关部门审核。在墙面和顶棚有设备固定要求，设计应满足设备侧挂、悬吊的荷载要求，地面需考虑电缆的埋线。导管室设备布置应便于控制室内医生观察。

介入治疗主要房间尺寸（单位：m）　　　　　　　表2

房间	建议尺寸	备注
导管室	长8.4，宽7.2，高3.4	最小尺寸因不同机型而异
操作室	长6，宽3.5，高3.4	
设备室	长4.5，宽3.5，高3	

3. 机房平剖面

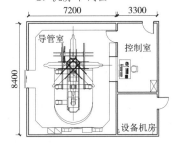

[3] 导管室（DSA）平面图

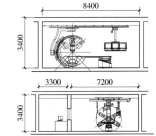

[4] 导管室（DSA）剖面图

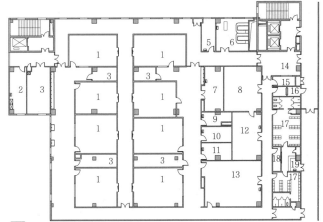

[5] 河南省人民医院介入治疗中心

[6] 解放军总医院介入治疗中心

1 DSA　2 消洗间　3 机房　4 控制室　5 办公　6 准备/苏醒　7 导管储存　8 示教　9 无菌室　10 一次品库　11 穿刺准备间　12 会议室　13 餐厅　14 换床　15 登记　16 谈话　17 更衣　18 发物　19 换鞋　20 磁导航系统　21 贵宾室　22 换床　23 配送室　24 一次性用品　25 无菌敷料　26 药品　27 设备　28 值班　29 仪器　30 微机室　31 干洗片室　32 档案室　33 术前等候

综合医院 [28] 医技科室 / 手术部

概述

手术部是医院中对病人进行手术治疗的中心部门，由全院各科室综合使用，并与相关检查、治疗、供应等科室紧密联合运行。

根据内部流程关系，手术部主要分为3大区，患者准备区、手术区及医护辅助区，见表1。

用房组成　　　　　　　　　　　　　　　　　　　　　　表1

分区		用房
患者准备区	必备用房	换床、准备、登记
	根据需要配备的用房	家属等候室、谈话室、家属卫生间
手术区	必备用房	标准手术室、刷手、护士站、无菌敷料室、一次性用品室、复苏、消毒器械储藏室、麻醉器械储藏室、消毒室、清洗室、污物间、库房、推车存放处
	根据需要配备的用房	特殊手术室、手术准备室、术后监护室、石膏室、冷冻切片室、麻醉室、中心控制室
医护辅助区	必备用房	手术器械快速消毒灭菌室、换鞋区、男女更衣室、男女浴厕、库房、交班室、男女值班室、医生办公室、主任办公室
	根据需要配备的用房	医生休息室、会诊室、麻醉医生办公室、麻醉休息室、示教室

注：手术区用房分术前、术后两个区域。术前包括刷手、护士站、无菌敷料室、消毒器械储藏室、一次性用品室、麻醉室、复苏室；术后包括消毒室、清洗室、污物室等。

功能流程

手术部一般位于医院内靠近住院部的位置，根据医院的规模不同可将门诊手术、日间手术与住院手术设在一处，也可以分设在各自相邻区域，独立使用。除中心手术以外，还有各个不同部门的专用手术室，如眼科、妇产科、口腔科、门诊综合手术、急诊手术等，可设在各自的部门区域里。

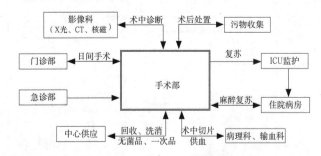

1 手术部外部流程

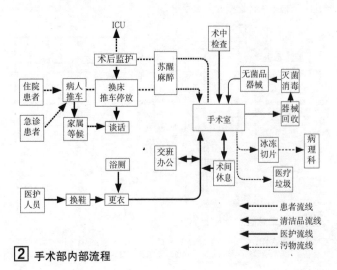

2 手术部内部流程

布局类型

手术部平面布局形成多种布局类型，基于对洁、污区域管理和控制的方式，不同布局根据洁污分区对人流、物流进出手术室确定医疗流程。

根据洁污区域管理划分　　　　　　　　　　　　　　　　表2

	类型	特点
洁污共区	单走廊式	应用与小型手术部，门诊手术室等
洁污分区	洁净供应区式	洁净供应单设通道，其他共用通道
	污物回收廊式	污物回收单设通道（清洁通道），其他共用通道

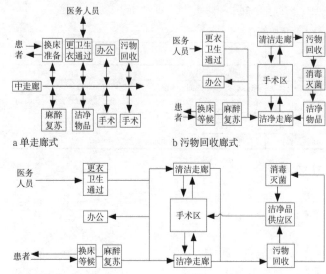

a 单走廊式　　　　b 污物回收廊式

c 洁净供应区式

3 布局类型示意图

1 手术室　2 污物室　3 消毒室　4 器械　5 无菌品　6 麻醉　7 复苏
8 术前等候　9 谈话　10 家属等候　11 换床　12 值班　13 办公　14 交班
15 控制　16 库房　17 登记　18 更淋　19 换鞋　20 清洗室
21 清洁品供应区　22 污物回收　23 休息　24 前厅　25 二次换鞋
26 洁净走廊　27 清洁走廊　28 走廊

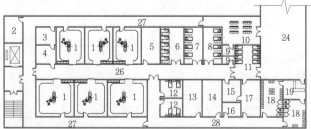

4 污物回收廊式（清洁走廊）

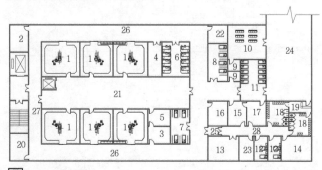

5 洁净供应区式

设计原则与要求

1. 手术部规模以手术室数量确定,与医院总床位数相关。其中综合医院每50~60床一间(非门诊手术室标准),外科病房每25~30床一间。
2. 手术部的工作区域有严格的洁污分区,基本原则是从手术部入口处向内部的洁净程度逐级递增。
3. 不宜设于首层。设在顶层时应对屋盖的隔热、保温、防水等采取严格措施。
4. 宜自成一区。方便联系相关部门,与急诊部、住院病房以及中心供应室、输血科、病理科和重症监护室(ICU)在布局上相互靠近布置。
5. 平面布置应符合功能流程和洁污分区要求。宜采用大空间布局,便于布局调整及设备更新。
6. 入口处应设卫生通过区,病人与医护人员分通道进入。换鞋处应设防止洁污交叉的措施,宜有推床的洁污转换措施。
7. 手术区内应避免内部突出物,所有阴阳转角宜做转角,地面应选用不易积垢、耐洗刷材料。

门诊手术室

门诊手术室是设在外科、皮肤科、耳鼻喉科和眼科等门诊区域,患者无需住院的一般性手术室。门诊手术室应配置等候室、更衣室、准备室、恢复室等,以及相应的医护更衣室、刷手间。

门诊手术室一般设在门诊区域内或与门诊相邻的位置,当在中心手术部设置时应另设单独出入口。

门诊手术室也应进行洁污分区分流,但是否设置净化空调环境视医院需求确定。

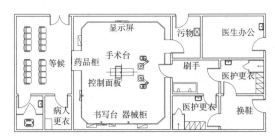

1 门诊手术布置示例

手术室设计要求

1. 根据手术类型确定手术室规格及内部设施的数量。
2. 满足空气净化、清洁要求,室内手术间应采用光洁材料,应采用八角形或圆角形墙面,考虑减少细菌滋生的环境。
3. 特殊手术室需考虑防护屏蔽及设备进出口方式。
4. 刷手池数量为每间手术室2个,应采用嵌墙式或独立式。
5. 刷手池开关与手术室门开关均应为感应式或肘触式。
6. 手术示教系统(教学医院)的摄像头位置应满足观察手术室全景与手术操作过程,一般在房间顶棚角部、无影灯上各安放一个。
7. 除移动式设备外,手术室配套的观片灯、器械柜、写字板、显示屏等均应采用平面嵌墙式,避免在房间内有突出物。

a 标准手术室单间　　b 组合配套仪器库(有特殊仪器使用的手术)

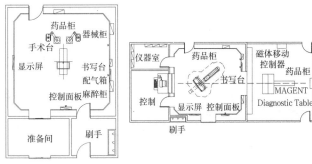

c 带准备间的标准手术室　　d 特殊手术室(术中CT或核磁)
(提高手术周转效率)

2 手术室布置示例

手术室规格(单位:m)　　　　　　　　　　　表3

手术室	长×宽×高
特大手术室	8.0×7.0×3.3
大手术室	7.2×6.3×3.0
中手术室	6.6×5.7×3.0
小手术室	6.0×5.0×3.0

注:1. 以上手术室尺寸均为标准尺寸,根据手术类别及需要选择相应的手术室。
2. 手术室空调风向方式为3种:垂直层流式、水平层流式、紊流式,均需要在吊顶及侧墙内安装空调管道与送、排风口。

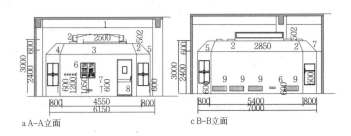

a A—A立面　　　　　　c B—B立面

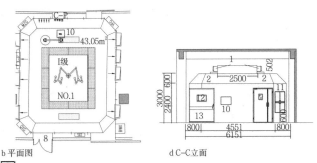

b 平面图　　　　　　d C—C立面

3 手术室房间布置示例

1 高效过滤器　2 灯盘　3 六联控制箱　4 麻醉柜、药品柜　5 医气终端　6 接地端子
7 保温箱　8 手动门　9 回风口　10 书写台　11 器械柜　12 观察窗　13 自动门

综合医院 [30] 医技科室／手术部

实例

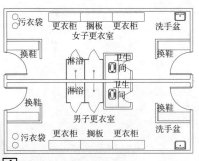

1 医护人员卫生通过示例

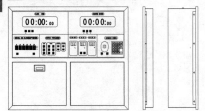

a DP-多功能控制箱

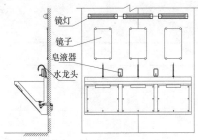

b BXSZ-洗手池

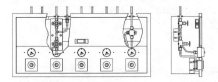

c G2-医用气体控制箱

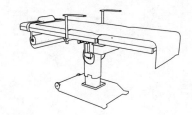

d 手术台

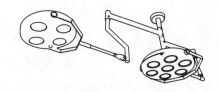

e 无影灯

2 手术室主要设备图示

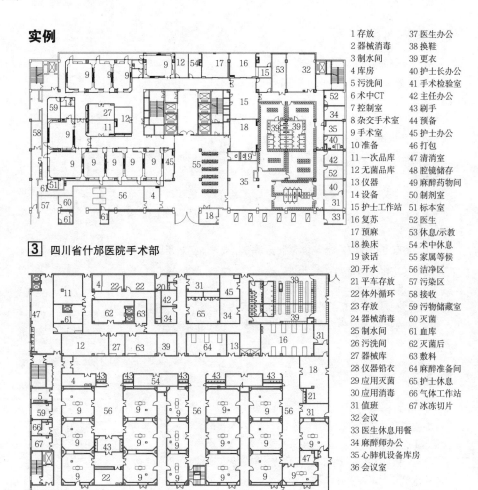

1 存放	37 医生办公
2 器械消毒	38 换鞋
3 制水间	39 更衣
4 库房	40 护士长办公
5 污洗间	41 手术检验室
6 术中CT	42 主任办公
7 控制室	43 刷手
8 杂交手术室	44 预备
9 手术室	45 护士办公
10 准备	46 打包
11 一次品库	47 清消室
12 无菌品库	48 腔镜储存
13 仪器	49 麻醉药物间
14 设备	50 制剂室
15 护士工作站	51 标本室
16 复苏	52 医生
17 预麻	53 休息/示教
18 换床	54 术中休息
19 谈话	55 家属等候
20 开水	56 洁净区
21 平车存放	57 污染区
22 体外循环	58 接收
23 存放	59 污物储藏室
24 器械消毒	60 灭菌
25 制水间	61 血库
26 污洗间	62 灭菌后
27 器械库	63 敷料
28 仪器铅衣	64 麻醉准备间
29 应用灭菌	65 护士休息
30 应用消毒	66 气体工作站
31 值班	67 冰冻切片
32 会议	
33 医生休息用餐	
34 麻醉师办公	
35 心肺机设备库房	
36 会议室	

3 四川省什邡医院手术部

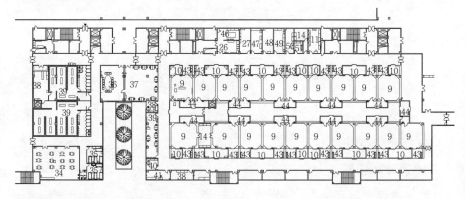

4 北大医院医院手术部

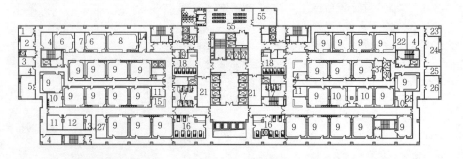

5 广东省东莞市康华医院手术部

6 河南省宏力医院手术部

概述

透析室是为患有慢性晚期肾衰竭或急性肾衰竭的病人提供肾功能补偿治疗的场所,该治疗包括血液透析或腹膜透析,以血液透析为主。

用房分区 表1

功能分区	房间名称
准备区	患者换鞋与更衣、医护换鞋与更衣
治疗区	透析室、隔离透析室、治疗室
辅助区	复洗、污物、配液、水处理、库房
医护区	办公、更衣、值班、厕所、会议、资料

设计要求

1. 一般设在门诊区域内,也可设置于住院区域内。

2. 治疗室(病室)一般以大房间为主,可根据需要配以若干单床间或多床间病室,对甲肝、乙肝患者及传染病等患者,宜设隔离透析治疗室和隔离洗涤池,应设观察窗。

3. 流线设计应将病人及医护人员的流线分开,并保证医护人员能够不间断地观测到病人。

4. 透析床与透析椅之间的净距不得小于1.2m,通道净距不得小于1.3m。

5. 透析治疗时间一次2~6小时,且多由家属陪同前来,需考虑该空间环境的舒适性、娱乐性及必要的等候空间。

6. 透析室应尽可能多采用自然照明,并避免眩光或产生视疲劳。室内装修综合运用色彩、光线和材料等,帮助病人确立方向感,避免压抑。材料选用防水耐用,便于保养。

7. 满足透析设备对空间、管道、维护等方面的要求,风口的布置应避免气流对病人直吹。

8. 透析用水必须进行软化水处理,市政用水经离子交换等处理后方可使用。

功能流程

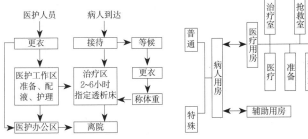

① 工作流程　② 透析室内部工作流程

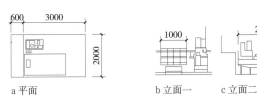

③ 透析床及其间距

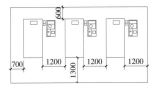

④ 透析床布置示意图

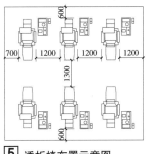

⑤ 透析椅布置示意图

实例

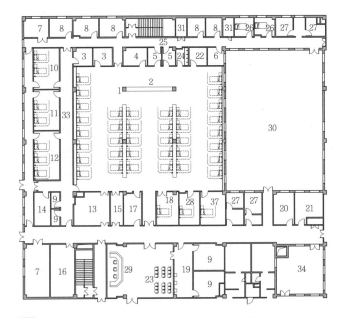

⑥ 北京密云县医院透析室平面

⑦ 北京友谊医院新建门诊楼透析室平面

1 透析间　2 护士站　3 治疗室　4 换药室　5 医生更衣　6 配餐　7 机房　8 办公
9 病人更衣　10 梅毒　11 丙肝　12 乙肝　13 水处理　14 处置室　15 复洗间
16 耗材室　17 透析液　18 抢救间　19 抢救室　20 配液室　21 化验室　22 被服库
23 等候　24 洗手　25 污物通道　26 值班　27 卫生间　28 单间
29 接待　30 天井　31 管井　32 污洗间　33 隔离区　34 休息平台　35 储藏
36 员工休息　37 检查室　38 称重间　39 楼梯间　40 电梯间　41 工作间　42 器械清洁

综合医院 [32] 医技科室 / 病理科

概述

病理科是医院中进行病理诊断的科室，主要任务是在医疗过程中通过活体组织检查、脱落和细针穿刺细胞学检查以及尸体剖检，为临床提供明确的病理诊断，确定疾病的性质，查明死亡原因。

工作内容分类　　　　　　　　　　　　　　　　　　表1

工作名称	内容
普通组织分析	通过对身体组织的标本进行各类物理检查，以确定其基本状态以及疾病发展的程度
冰冻切片分析	对组织和细胞进行初步快速并且细致的检查。一般将标本制成薄薄的切片，将组织冰冻后，在显微镜下对标本进行分析（通常会在手术过程中，对病人的组织样品进行分析）
显微解剖分析	由医师在显微镜下对组织进行分析处理
细胞学分析	通过对血液和其他体液进行分析处理，确定血细胞的组成情况
尸体解剖	通过对尸体的解剖检查，确定其死亡原因。尸体解剖宜和太平间合建，与停尸室宜有内门相通。教学医院的尸体解剖间应有观察设施

用房组成　　　　　　　　　　　　　　　　　　　　表2

工作区	收件、冷冻、取材（切片）、制片、染色、特殊染色、免疫染色、免疫组化、TCT、分子病理、诊断室、PCR分析、病理解剖
医护区	医护人员更衣、厕所、值班室、办公及示教室
污物处理区	消毒间、污物间、污洗室

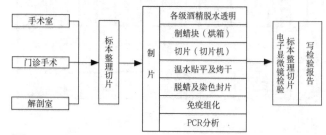

1 病理科功能流程示意图

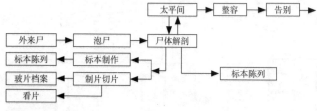

2 尸检解剖流程

设计要求

1. 大型医院宜单独设置，与手术部设有便捷的联系通道，切片样本可以由专门的人员或物流通道直接送到病理科进行化验，同时兼顾门诊、病房的标本接收需求。

2. 手术室邻近处可设快速冷冻切片，再将标本传送至病理科作分析。

3. 室内地面、操作台面以及洗涤池等均应采用易清洗、耐腐蚀的材料。

4. 病理科使用大量采用有毒有刺激性气味的制剂，房间应有专门采光通风设施，部分标本制作是在通风柜内进行。

5. 病理科标本、切片、蜡块和阳性涂片一般需要保存15年以上，要设置足够的标本库。标本库内的标本可以采用密集柜的形式存放，并考虑楼地面荷载。

6. 取材台与解剖台的一端应安装水池，另一端应有冲洗装置。解剖台应在距水池0.70m处设泄水口，且两侧均可操作。

7. 电子显微镜作为病理科的精密观测设备，要求防震、防尘，并提供恒温恒湿的工作环境。

实例

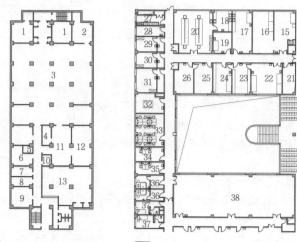

3 中日友好医院病理科　　4 天津市第五中心医院病理科

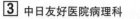

5 日本神户市民医院临床检验室（检验科与病理科合并设置）

6 苏州科技城医院病理科　　7 河北省人民医院病理科

1 太平间　2 设备　3 敞间　4 准备浴室　5 照相　6 标本存列　7 教学
8 医生　9 讨论　10 冷藏　11 解剖室　12 标本存放　13 病理检验　14 厕所
15 冷冻　16 取材　17 免疫组化　18 细胞培养　19 TCT　20 分子病理
21 收件　22 染色室　23 制片室　24 特殊染色　25 细胞学室　26 诊断室
27 污洗　28 基因库　29 试剂准备　30 标本提取　31 扩增及产物分析
32 多头镜　33 医师办公室　34 医师办公室　35 主任　36 更衣　37 值班
38 资料库　39 输血部　40 准备　41 暗室　42 电镜室　43 器材室
44 紧急检查　45 灭菌室　46 培基室　47 缓冲　48 真菌检查　49 一般细菌
50 结核　51 调整室　52 天秤室　53 药库　54 细菌整理　55 免疫
56 血清　57 采尿室　58 采血室　59 PCR　60 实验室　61 空调机房
62 库房　63 示教室　64 读片会议室　65 冰箱标本库房　66 标本处理
67 细胞切片　68 污洗　69 检查　70 穿刺　71 办公　72 标本制作
73 洗消　74 组织处理　75 染色包埋、切片　76 冰冻切片　77 信息资料室
78 试剂库　79 病理库房　80 蜡块存储　81 内镜储藏室　82 苏醒　83 内镜准备

概述

输血科（血库），负责医院用血的计划申报，提供临床患者手术用血及治疗用血，并为患者输血做配血工作。常规工作有：鉴定血型、输血检查和交叉配血、血栓弹力图等，以及开展其他实验室检查、诊断新生儿溶血和其他溶血检测等。

设计要点

1. 位置应远离污染源，并尽可能邻近手术部，不得设在产生放射线的用房的上层或下层，并不得与之贴邻。
2. 房间配置：储血室、配血室、实验室、发血室等功能间，以及办公室、洗涤、库房等。
3. 布局按照工作流程分室分区，应有清洁区、半清洁区和污染区，各室或各区域有明显的标识。血液贮存、发放处和输血治疗应设在清洁区，血液检验和处置设在污染区，办公室等设在半清洁区。
4. 通风、防潮设施，通信、给排水、消防等设施应符合有关规定；应具备双路供电并连接应急发电设施，保证不间断。

设置原则

三级综合医院、年用血量大于5000单位的三级专科医院和二级综合医院应设置独立建制的输血科；未设置输血科的二级及以上医院设立独立的血库。二级以下医院由检验科负责开展临床输血业务，并参照血库标准进行建设管理。

人员的设置：输血科（血库）的规模可根据医院床位数或医院年用血量及救治患者对象来决定。一般情况下，工作人员与床位之比为1：100~1：150。

设置标准 表1

	输血科面积	血库面积
北京	300m²—年用血量≥1.2万单位	60m²
	100m²—年用血量≤1.2万单位	
湖北、江苏	200m²—年用血量≥1.0万单位	80m²
山东	≥200m²—三甲医院	80m²
四川	150m²—三甲，100m²—三乙，70m²—二甲	二乙—40m²

房间配置表 表2

房间	输血科	血库
血液处置室	●	
血液贮存室	●	●
配血室	●	●
发血室	●	●
输血治疗室	●	
血型血清学实验室	●	●
教学示教室（承担临床输血技术人员培训任务的医院）	●	
洗涤室	●	●
库房	●	●
值班室/工作人员办公室	●	●
资料档案室	●	●
生活区(卫生间、休息、更衣场所和设施)	●	●

房间面积分配表（单位：m²） 表3

房间	面积
配血室	20
实验室	30
储血室	20
治疗室	30
办公室	20
值班室	10
其他用房	20

输血科仪器设备表 表4

2~6℃储血专用冰箱	传真机
-20℃储血浆低温冰箱	恒温水浴箱
2~8℃试剂储存专用冰箱	血细胞分离机
2~8℃标本储存专用冰箱	血液低温操作台
全（半）自动配血系统	无菌接驳机
专用血浆解冻箱（溶浆机）	生物安全柜
血型血清学专用离心机	专用取血箱
普通血标本离心机	显微镜
计算机及信息管理系统	电子秤
血小板恒温振荡保存箱	高频热合机

融浆机参数表 表5

存水量	95kg±5%
循环能力	>35kg/min
控温范围	室温~60℃
控温精度	±0.2℃
加热功率	4000W
最大化浆量	24袋（50ml/袋~200ml/袋）
自动解冻时间	10~15分钟
外形尺寸	430mm×480mm×640mm

2~8℃试剂储存专用冰箱参数 表6

有效容积	62升
调节范围	2~8℃
额定电压	220V-240V
额定频率	85Hz
制冷功率	85W
外形尺寸	430mm×480×640mm
内部尺寸	345mm×390mm×540mm

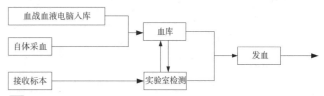

1 工作流程

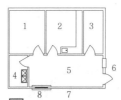

2 血库平面示意

1 血库　2 配血　3 更衣值班
4 洗涤室　5 发血室　6 对外发血
7 洁净手术部　8 向手术部发血

3 输血科平面示意一

1 等候
2 发血、接收、收血
3 消毒隔离洗涤
4 储藏室
5 值班
6 卫生间
7 档案
8 办公
9 血浆储存室
10 血液过滤实验室（洁净）
11 血液过滤实验室（过滤）
12 血型参比实验室
13 血型鉴定、交叉配血实验室

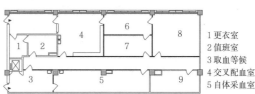

4 输血科平面示意二

1 更衣室　6 血液处理室
2 值班　7 滤血、分血室
3 取血等候　8 储血室
4 交叉配血室　9 资料储存室
5 自体采血室

综合医院 [34] 医技科室 / 药剂科

概述

药剂科是药房和制剂室的总称，一般可分为中药和西药两大部分。分为调剂、制剂、补剂等3大部门。药库是医院分类储存各种药品的用房。

药剂科负责医院的药品供应工作，同时开展药物不良反应监测、参与临床合理用药与接收药物咨询、承担院内制剂申报与生产、药物研究等相关内容的研究工作。

用房组成

药剂科用房组成　　　　　　　　　　　　　　　表1

功能分区	房间名称	
配备的基本用房	门诊药房	发药、调剂、药房（中药、中成药、西药）
	住院药房	摆药、发药、药房（针剂、片剂）
	一级药品库	验货区、阴凉库、冷库、一级药品库、贵重药品库
	配液中心	中转库、排药区、审核区、核对区、普通配置室、抗生素配置室、一次更衣、二次更衣、洗涤、发放
辅助用房	办公、更衣、值班、卫生间	

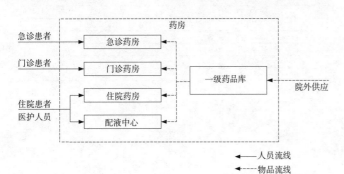

1 药房工作流程

设计要点

1. 门诊、急诊药房与住院部药房可分别设置，或整合在一起但分区域设置。门诊、急诊药房根据规模可分别设置中、西药房。

2. 药库和中药煎药处应单独设置房间。

3. 药库应避免阳光直射，保持室内干燥和良好的通风防止霉变。

4. 需要隔离的科室（如儿科和各传染病科）宜设单独发药处，或设隔离取药窗口。

5. 配液中心宜设置在人流量较小的区域，独立成区；普通配置与抗生素配置应各自独立，满足相应的净化要求，并设立独立的净化机房。

6. 贵重药品、剧毒药、麻醉药、限量药的库房，以及易燃、易爆药物的贮藏处应有安全措施，门的宽度应满足运输车的出入要求。

7. 温湿度控制
   (1) 常温库：0~30℃；
   (2) 阴凉库：≤20℃；
   (3) 低温库（冰箱）：2~8℃；
   (4) 正常相对湿度：35%~75%。

8. 发药窗口中距不应小于1.20m，如配置物流系统发送药剂成品，发药窗口数量可以减少。

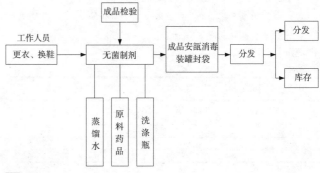

3 西药制剂流程

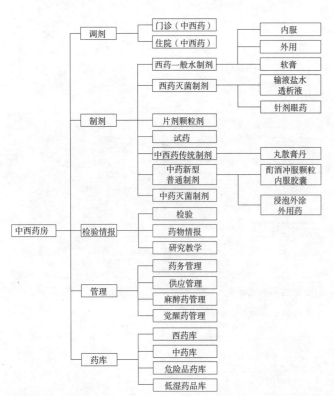

2 药房内部工作流程

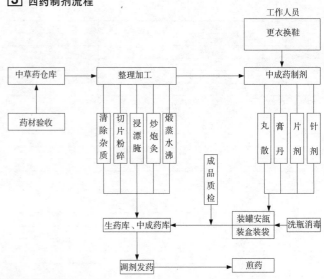

4 中药制剂流程

药剂科布置示意

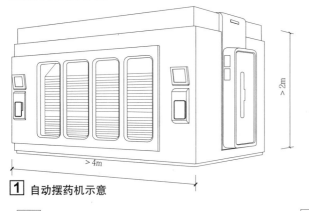

1 自动摆药机示意

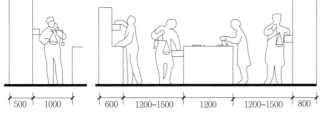

2 人工配中草药最小尺寸示意

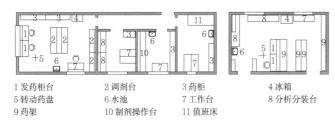

1 发药柜台　　2 调剂台　　3 药柜　　4 冰箱
5 转动药盘　　6 水池　　　7 工作台　8 分析分装台
9 药架　　　　10 制剂操作台　11 值班床

3 中小型药房平面布置示例

1 油膏搅拌机　　2 油膏装瓶机

4 普通制剂室仪器设备布置示例

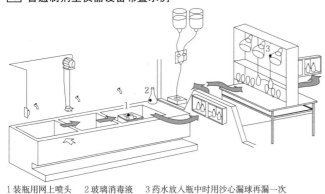

1 装瓶用网上喷头　2 玻璃消毒液　3 药水放入瓶中时用沙心漏球再漏一次

5 灭菌制剂室仪器设备布置示例

实例

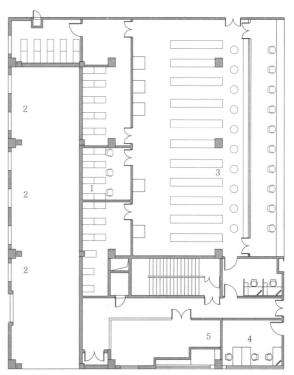

1 药库　2 小药库　3 发药　4 办公　5 前室

6 北京大学第一医院门诊药房平面

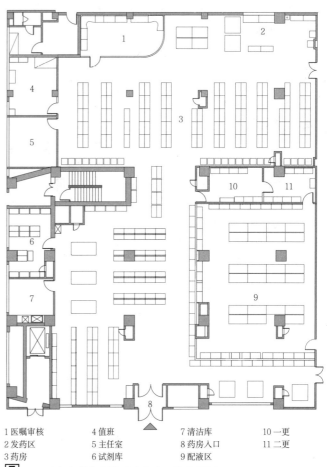

1 医嘱审核　4 值班　　7 清洁库　10 一更
2 发药区　　5 主任室　8 药房入口　11 二更
3 药房　　　6 试剂库　9 配液区

7 301医院内科病房楼配液中心、药房平面

综合医院 [36] 医技科室 / 中心供应室

概述

中心供应室属医院的后勤供应部门，承担各科室所有重复使用的治疗机械、器具和物品回收清洗消毒、灭菌以及无菌物品供应功能。

中心供应室的工作内容与医院的许多诊断、检查、治疗部门密切相关，尤其是手术部，是医院感染预防与控制的重要区域。

用房组成   表1

分区	类型	用房
工作区	去污区（污染区）	污物接收、分类、清洗、污物存放、纯水制备间、器械清洗、污车清洗
	检查包装及灭菌室（清洁区）	敷料库、敷料打包、器械检查包装、器械打包、灭菌、低温打包、低温灭菌、蒸汽发生间、质检、洁具间
	无菌物品存放区	无菌品库、一次性用品库、拆包间、洁车存放、物品发放
辅助区	辅助生活区	换鞋、更衣室、浴厕、值班室、休息室、办公室、护士长办公室、示教室会议室、信息室、缓冲间

外部流程

按中心供应的日需求量排序，由多到少依次为中心手术部、门诊、普通病房、门诊手术、重症监护、产科分娩、内窥镜等部门。其中手术部约占中心供应部门总供应量的50%，且手术器械敷料对消毒灭菌的要求更加严格。中心消毒供应室宜邻近手术部，与之同层或邻层布置，并有专用的水平或垂直通道相连，进行回收与供应。

手术部根据工作量及管理要求可在手术部内单设独立的小型消毒灭菌间，进行手术器械的专门消毒灭菌。

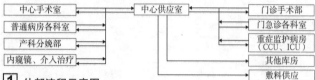

1 外部流程示意图

内部流程

依据医院感染的预防与控制，中心供应的工作区应遵循洁污分区分流，污染区、清洁区、无菌区严格分区，采用单向流程布置，由污染区—清洁区—无菌区设置物品操作流程，物品由污到洁不交叉、不逆流。空气流向由洁到污，去污区保持相对负压，检查、包装及灭菌保持相对正压。

中心供应室的污物接收与无菌品发放不应设在临近位置，避免洁污区域混杂和路线交叉。

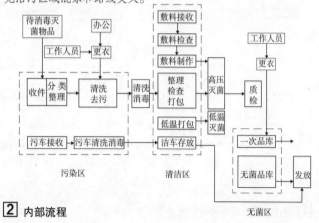

2 内部流程

设计要求

1. 中心供应室宜设在便于供应的位置，并邻近洁净物品供应需量最大的部门（手术部）。

2. 要求周围环境清洁、无污染源、区域相对独立，室内通风采光良好。不宜建在地下室或半地下室。

3. 去污区与检查、包装及灭菌室应设洁、污物品传递通道，并单独设人员出入缓冲间。

4. 缓冲间应设洗手设施，采用非手接触式水龙头开关。无菌物品存放区内不应设洗水池。

5. 无菌区室为净化区域，与其他非净化区相通时应设缓冲间。

6. 敷料接收应有专门区域。敷料制作及打包时易产生粉尘，应单独设置独立的房间。

7. 工作人员由各自进入污染区、清洁区、无菌区时应分别设计污更、洁更、无更及每个区域之间设缓冲间。

8. 工作区域的顶棚、墙壁应无裂隙、不落尘，便于清洗和消毒。地面与墙面踢脚线及所有转角均应为圆角设计；电源插座应采用防水安全性措施；地面应防滑、易清洗、耐腐蚀；地漏应采用防返溢式；污水应集中至医院污水处理系统。

实例

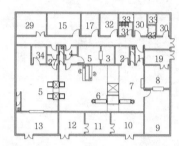

3 小型中心供应室平面布局

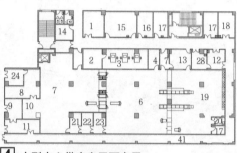

4 中型中心供应室平面布局

5 天津滨海新区医院中心供应区平面

1 缓冲
2 敷料检查
3 敷料包装
4 制水间
5 去除污染区
6 检查包装区
7 无菌物品存放
8 一次性物品仓库
9 一次性物品存放
10 发放厅
11 洁车存放
12 污车清洗
13 收件厅
14 库房
15 会议
16 值班
17 休息
18 污物暂存
19 分类清洗
20 洁具清洗
21 低温存放
22 低温灭菌
23 低温打包
24 拖包
25 质检
26 回收厅
27 缓冲
28 小车清洗
29 机房
30 更衣
31 处置室
32 办公
33 卫生间
34 器械
35 等候/洁车存放
36 辅料制作
37 辅料库
38 清洗去污区
39 排风机房
40 空调机房
41 探视廊/污物廊

概述

高压氧科是在医院中利用吸入高压氧治疗临床各科疾病的科室。高压氧舱是一种人工控制高气压环境的密封设备,根据一次治疗的人数分为小、中、大三种类型。

高压氧舱类型　　　　　　　　　　　　　　　　表1

类型	适用人数	科室建筑面积（m²）
小型	1~2人	170
中型	8~12人	400
大型	18~20人	600

高压氧舱的舱体有过渡舱、治疗舱和手术舱3种。小型舱可不设过渡舱,治疗舱分为立式和卧式;大中型舱根据舱室、舱门的数量可分为三舱三室七门、两舱两室四门、一舱二室四门、一舱二室三门、一舱二室二门等五种类型。此外,还有婴儿舱、加压舱等。

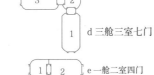

1 过渡舱　2 治疗舱　3 手术舱

1 高压氧舱舱体类型示意图

设计要点

1. 高压氧舱宜置于独立建筑中或贴邻其他建筑。由于其舱体体积较大,为便于运输安装,一般沿建筑外墙放置,并考虑运输通道。

2. 高压氧舱因舱体较重,一般设于建筑的底层。墙体须预留安装洞口。

3. 各用房设计要求

（1）氧舱间设计

氧舱间内设高压氧舱体、控制台。

根据设备不同,有的高压氧舱舱体安装前需要在地面预留一定的安装深度。舱体须设结构基础承重。

控制台下须预留楼板洞,以便于与舱体的各类管线相联系。氧舱间与其他房间之间的分隔墙、楼板及门窗须满足防火规范的要求。

（2）辅助间设计

候诊厅面积可按每人2m²设置,人数按照氧舱额定人数的2倍考虑。

诊室按照单人诊室设置即可,一般为8~12m²。小型高压氧舱可不考虑诊室。

（3）机房设计

机房一般包括空压站、储气罐间、氧气间等。如使用医院主供氧系统,可不设氧气间。

空压站内装修考虑吸声、隔声处理,设备基础考虑减振构造。

机房与其他房间之间的分隔墙、楼板及门窗须满足防火规范的要求。

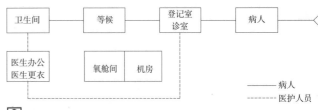

2 高压氧科工作流程

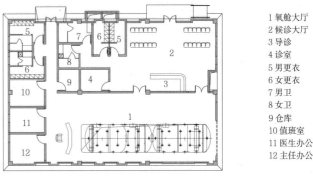

3 惠州市人民医院高压氧科平面

1 氧舱大厅　2 候诊大厅　3 导诊　4 诊室　5 男更衣　6 女更衣　7 男卫　8 女卫　9 仓库　10 值班室　11 医生办公　12 主任办公

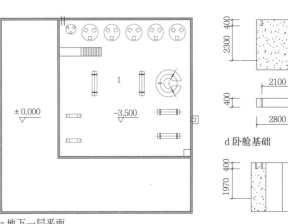

a 地下一层平面

d 卧舱基础

e 立舱基础

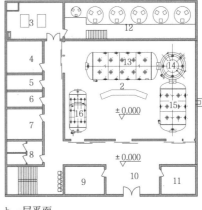

b 一层平面

c 剖面图

4 某医院高压氧科平面

1 氧舱地下室　2 氧舱大厅　3 机房　4 供气值班室　5 男更衣　6 女更衣　7 办公　8 卫生间　9 接诊室　10 候诊大厅　11 接待室　12 储气间　13 16人氧舱　14 4人氧舱　15 10人氧舱　16 减压舱

综合医院 [38] 住院部 / 概述

概述

住院部主要包括出入院处、住院药房及各科住院护理单元。

出入院处用房组成

必须配备的用房：出入院大厅、手续办理柜台、收费办理柜台。办理柜台应考虑夜间患者、医保、新农合患者的需要，并宜提供必要的自助服务功能。

1. 根据需要配备的用房：商务中心、花店、食品与日用品店、理发室、出入院卫生处理、餐厅、银行ATM机。

2. 出入院处一般应位于住院部的首层，应具备良好的室外交通条件，便于患者快捷到达与离院。出入院处与护理单元应设有直接便捷的交通联系，且要有较宽裕的空间便于陪同人员接送患者，并提供必要的等候、休息空间及书写条件。应具备良好的通风采光条件。

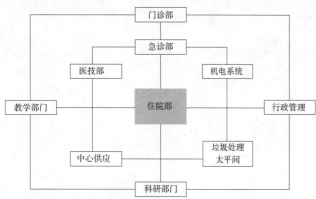

1 住院部与医院其他部门功能关系

工作流程

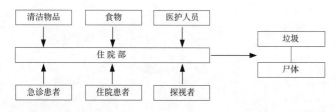

2 住院部工作流程

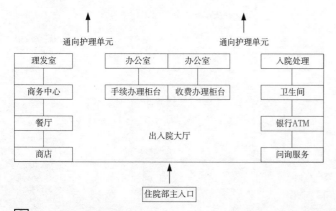

3 出入院处主要功能构成

出入院实例

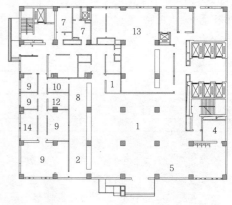

4 出入院处实例一

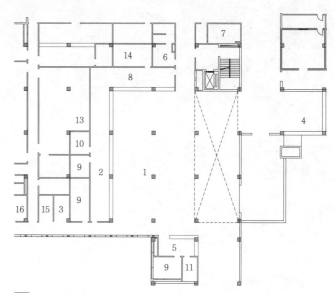

5 出入院处实例二

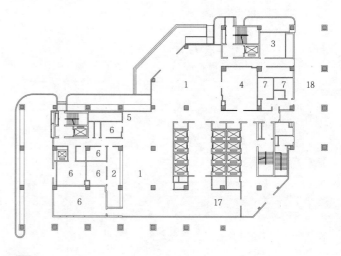

6 出入院处实例三

1 大厅　　2 手续办理柜台　　3 商务中心　　4 商店　　5 问询　　6 接诊室
7 卫生间　　8 收费办理柜台　　9 办公室　　10 财务　　11 银行ATM机
12 值班室　　13 住院药房　　14 病案室　　15 理发店　　16 花店　　17 餐厅
18 室外花园

用房组成

1. 必须配备的用房：病房、抢救室、病人卫生间、洗浴用房、护士站、治疗室、处置室、医生办公室、值班室、医护人员卫生间、洗浴用房、主任办公室、库房、污洗间、配餐间、开水间。

2. 根据需要配备的用房：科室特殊需要的检查治疗用房、重点护理病房、病人活动室、晾晒间、示教室、专家办公室。科室设置不同，需要配备的用房各不相同，护理单元常见科室设置参见表1。

3. 满足消防要求的用房：避难间。《建筑设计防火规范》GB 50016-2014规定，避难间设置应在规模、服务半径、消防设施配置上符合相应规定。

护理单元常见科室设置　　　　　　　表1

一级或二级科室	类别
内科	心血管科
	血液科
	呼吸科
	消化科
	内分泌与代谢科
	肾病科
	风湿病科
	神经内科
外科	普外科
	骨外科
	泌尿外科
	胸心外科
	神经外科
	整形科
	烧伤科
妇产科	妇科
	产科
儿科	—
老年科	—
精神科	—
皮肤病科	—
五官科	眼科
	耳鼻咽喉科
	口腔科
肿瘤科	—
康复理疗科	—
中医科	—
中西医结合科	—
传染病科	呼吸道
	肝类
	胃肠消化道
	艾滋病
特需病房	—
重症监护室（ICU）	外科监护室（SICU）
	内科监护室（MICU）
	心血管监护室（CCU）
	儿科监护室（PICU）
	新生儿科监护室（NICU）

注：本表列出综合医院中常见护理单元功能类型，实际会根据医院具体情况有所不同。

工作流程

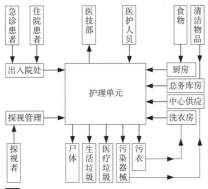

1 护理单元工作流程

设计要点

1. 一般护理单元宜设置35~50床，特需护理单元床位可根据具体情况适当减少。病房应以3~6床间为主，辅以少量2人间、单间或套间。

2. 护理单元内应合理划分病人住院区、检查治疗区及医护办公区，应有明确的污物处理、暂存及运输通道。

3. 病房应位于护理单元内朝向、采光、通风条件最好的位置，护士站位置应居中布置，保证最好的护理视野及最短的护理半径。

4. 一般情况下，两层及以上的住院部应考虑设置电梯，应设置专用污物电梯。条件许可前提下，人员使用电梯可按患者及探视者、医护人员等分组设置，可单独设置洁净物品、药品电梯，宜设置专用送餐电梯。

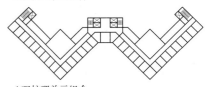

1 病房
2 护士站
3 治疗用房
4 医护人员用房
5 后勤用房

2 护理单元功能布局

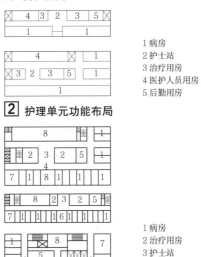

1 病房
2 治疗用房
3 护士站
4 走廊
5 后勤用房
6 特殊护理用房
7 病人活动室
8 医护办公区

3 独立护理单元平面示意

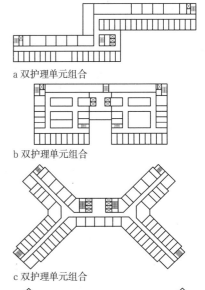

a 双护理单元组合

b 双护理单元组合

c 双护理单元组合

d 双护理单元组合

e 三护理单元组合

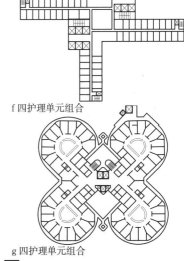

f 四护理单元组合

g 四护理单元组合

4 护理单元组合形式

综合医院 [40] 住院部 / 护理单元组合实例

实例

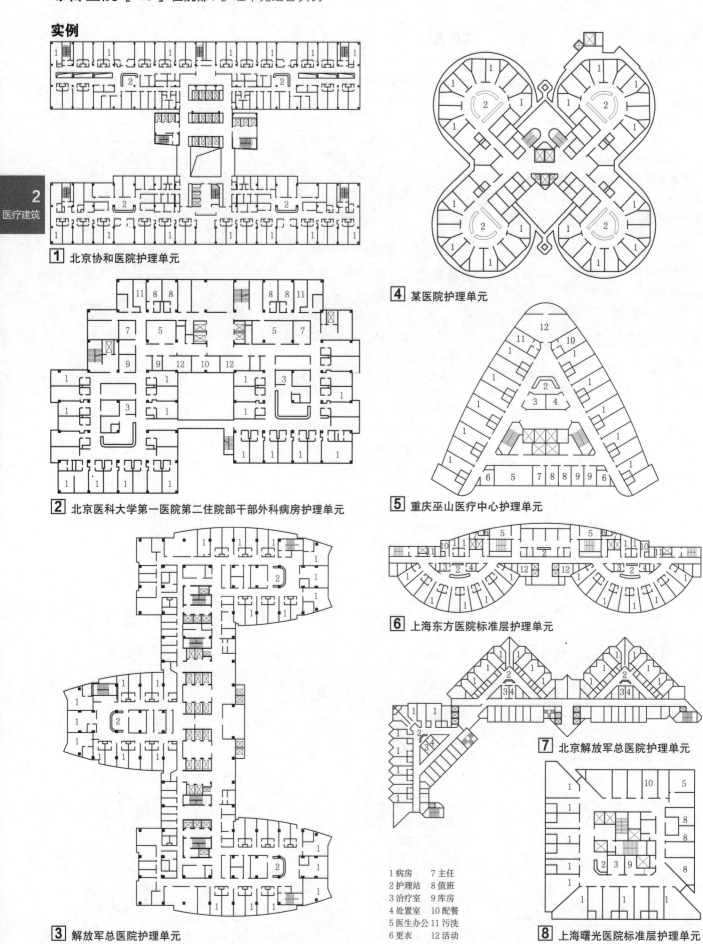

1 北京协和医院护理单元
2 北京医科大学第一医院第二住院部干部外科病房护理单元
3 解放军总医院护理单元
4 某医院护理单元
5 重庆巫山医疗中心护理单元
6 上海东方医院标准层护理单元
7 北京解放军总医院护理单元
8 上海曙光医院标准层护理单元

1 病房　7 主任
2 护理站　8 值班
3 治疗室　9 库房
4 处置室　10 配餐
5 医生办公　11 污洗
6 更衣　12 活动

设计要点

1. 病房外通行推床走道净宽不应小于2.40m。
2. 病区内病房以多床间为主，结合实际需要适当设置单床间，3床及以下病房宜设卫生间。
3. 病床应平行于采光窗排列，单排不宜超过3床，双排不宜超过6床。
4. 单排病床通道宽度不应小于1.10m，双排病床通道宽度不应小于1.40m，平行两床的床间距不应小于0.80m，靠墙病床的床沿与墙面的间距不应小于0.60m。
5. 病房门应直接开向走道，净宽不应小于1.10m，病房门上应设观察窗。
6. 病房内宜设置供氧、吸引、紧急呼叫、供电、网络等保障系统。
7. 结合病床设置遮帘吊柜，宜设置输液吊钩。
8. 病房内卫生间应设置助拉手及紧急呼叫、输液吊钩等设施。

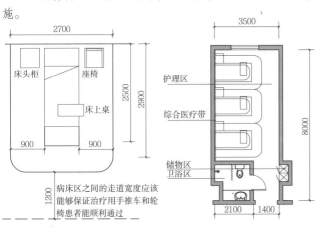

1 病床周边空间布局　　2 病房功能分区

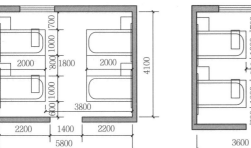
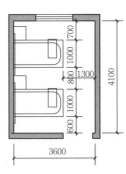

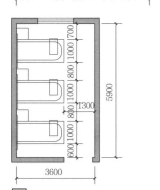
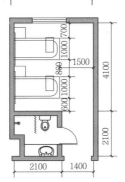

3 病房的最小尺寸

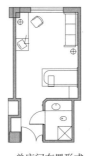 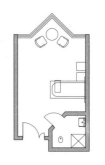 

a 单床间布置形式

 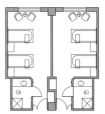 

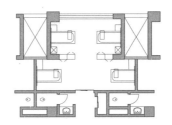 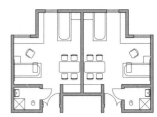

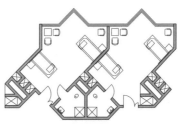 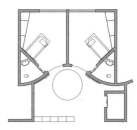

b 双床间布置形式

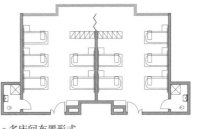 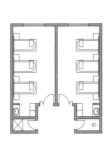

c 多床间布置形式

4 病室布置示例

综合医院 [42] 住院部 / 重症监护护理单元

概述

重症监护护理单元是收治各类重症患者并进行集中监测和强化治疗的一种特殊医疗空间，主要收治多脏器功能衰竭患者，按收治科别可细分为心血管监护病房（CCU）、颅脑监护病房（SCU）、肾脏监护病房（KCU）、呼吸系统监护病房（RCU）、神经外科监护病房（NCU）、新生儿监护病房（NICU）、儿科监护病房（PICU）等。

1 ICU工作流程

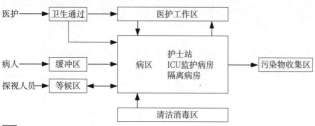

2 ICU功能分区

3 ICU医护流线

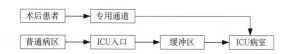

4 ICU患者流线

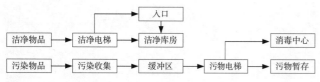

5 ICU物流流线

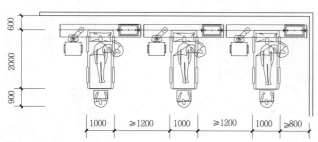

6 ICU病床通舱式布置方式

设计要点

1. 位置：重症监护病房（ICU）宜与手术部、急诊部、放射诊断部就近布置，并有快捷联系；心血管监护病房（CCU）宜与急诊部、介入治疗部就近布置，并有快捷联系。
2. 规模：ICU病床数量一般按医院总病床位的2%或手术台数的1.5~2.0倍考虑为宜。在一个ICU单元内，床位数以12~15张为宜，超过15张床位宜按照病人类别分设ICU。
3. ICU功能分区、房间组成、清洁分区详见表1。
4. 病床：监护病床的床间净距不应小于1.20m。监护单元每床不小于12m²。
5. 护士站应在适中位置，视线通畅，便于观察病人，应设开敞式工作台。护士站设有中心监护仪、室内空气监控仪、病理柜、洗手池等。

功能分区、房间组成、清洁分区　　　　　　　　　　表1

入口处以外	入口及卫生通过间	清洁准备区	相关辅助用房	中心监控区		污物
家属等候	接待室探视廊道	换鞋更衣室浴厕	敷料制作洗消室储藏室	医生办公休息室值班室	治疗室配药室仪器室	护士站监护病房	隔离病房	洗消间污物收集
非清洁区	半清洁区		清洁区			无菌区	污染区

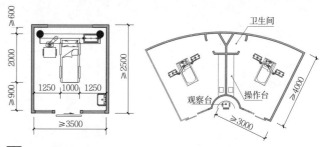

7 ICU病床隔离式布置方式

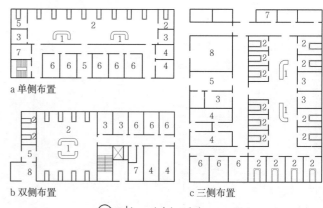

a 单侧布置　　　　　　　　　　　c 三侧布置

b 双侧布置

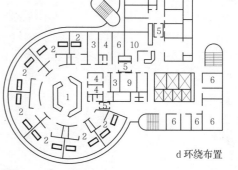

1 护士站
2 监护病房
3 治疗用房
4 卫生通过
5 缓冲间
6 医护用房
7 污物洗消
8 家属等候
9 物品传递
10 配餐

d 环绕布置

8 ICU病房布置方式

重症监护护理单元 / 住院部 [43] 综合医院

平面布置示例

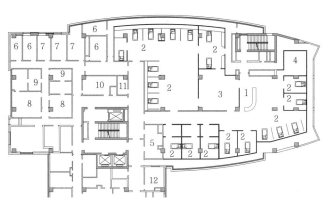

1 解放军总医院ICU

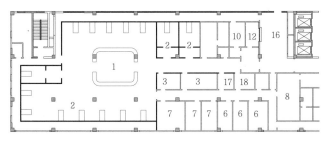

2 北京协和医院ICU

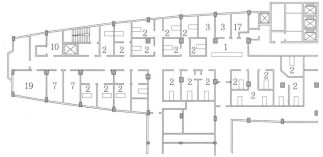

3 天津泰达医院ICU

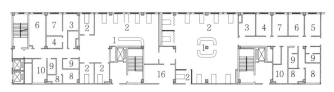

5 北京医科大学第一医院第二住院部干部外科病房ICU

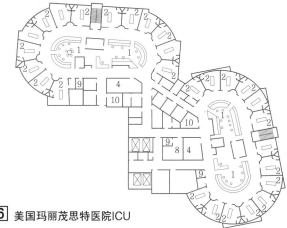

6 美国玛丽茂思特医院ICU

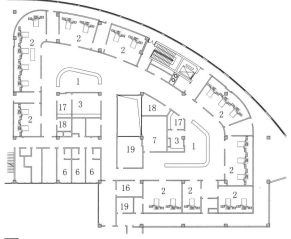

7 昆明医学院第一附属医院呈贡新区医院ICU

8 湘雅医院NICU

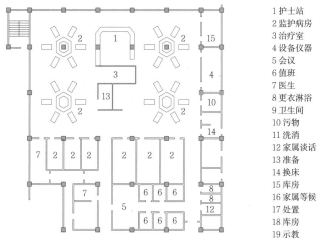

4 日本某医院ICU

1 护士站
2 监护病房
3 治疗室
4 设备仪器
5 会议
6 值班
7 医生
8 更衣淋浴
9 卫生间
10 污物
11 洗消
12 家属谈话
13 准备
14 换床
15 库房
16 家属等候
17 处置
18 库房
19 示教

1 护士站
2 新生儿监护室
3 早产儿监护室
4 恢复室
5 治疗
6 配药
7 配奶
8 洗消
9 污物
10 设备仪器
11 库房
12 办公
13 更衣
14 卫生间
15 洗澡
16 隔离监护
17 母婴同室
18 会议
19 值班
20 接待
21 母乳喂养

9 北京协和医院NICU

综合医院 [44] 临终关怀设施

概述

临终关怀是指对生存时间有限（6个月或更少）的患者进行适当的医院或家庭的医疗及护理，通过维持和安抚患者生理、心理状况，从而减轻患者疾病的痛苦、延缓疾病发展、体现人性关怀的医疗护理部门。

常见临终关怀机构的设置模式　　　　　　　　　　　　表1

临终关怀机构类别	属性
独立临终关怀机构	指不隶属于任何医疗护理或其他医疗保健服务机构的临终关怀服务基地
附设的临终关怀机构	指在医院、护理院、养老院、社区保健站、家庭卫生保健服务中心机构内设置的临终关怀区、临终关怀病房、临终关怀单元（病室或病床）或附属临终关怀院
家庭型临终关怀机构	患者居家，由患者家属提供基本的日常照护，并由临终关怀机构组织提供常规的患者和家属所需的各种临终关怀服务

设计要点

1. 临终关怀病房宜单独成楼或布置于综合医院的病房楼内自成独立病区。当无法满足上述条件时，宜设置在普通病区的尽端。

2. 临终关怀病区的入口（临终患者）、出口（死亡患者）、出入电梯应分别设置。当独立成楼时，患者入口出口、工作人员入口应独立设置，患者出口宜设置在建筑物相对隐蔽的位置。

3. 护理单元中病房、走道、活动室等患者进出的场所，室内装饰宜采用绿色、蓝色等明度较高并有利于患者心情平静的色彩。

4. 病房一般为设置独立卫生间的两人病房和单人特需病房，条件紧张时也可采用3人间。病房内配置综合治疗带、软椅、电视、衣柜、微波炉等设施。

5. 为减少患者独自洗浴的安全风险，宜在公共区域设置集中淋浴间取代病房卫生间内设洗浴设备。建议配置全自动洗浴床等设备，有条件时可配置电动天轨病人移送装置。

6. 抢救室需配置常规监护仪器和施救设备，但原则上一般不考虑进行创伤性措施，因此抢救室面积及设备配置可适当缩减。

临终关怀医疗设施房间组成表　　　　　　　　　　　　表2

功能分区		房间名称
医疗用房	诊察用房	常规诊室（如内科、外科等）、心理诊室、疼痛诊室、姑息诊室
	检查用房	超声、心电等基本医技检查设备
	治疗用房	治疗室、处置室、抢救室等
患者及家属用房	患者用房	病房、配餐室、活动室、就餐室、阅读室（宣教室）、活动空间、告别室等
	家属用房	休息室、公共卫生间等
工作人员用房	医生用房	心理、姑息治疗、疼痛、麻醉等相关医生及营养师办公室、值班室、卫生间（医护共用）、淋浴间（医护共用）
	护士用房	办公室、值班室等
	护工用房	值班室
外部人员用房		志愿者、牧师等人员休息室及准备室（视需求设置）

注：1. 以上房间分类及名称为综合医院中单独设置临终关怀病房楼时的基本配置要求。
2. 当在病房楼内设置临终关怀护理单元时可根据实际情况减少诊断及检查用房。
3. 宜将工作人员生活区与工作区、病房区相对独立布置，同时也应兼顾护理流程的短捷、顺畅。
4. 应尽量将临终关怀护理单元的用房配置接近于普通病房，弱化其对患者心理产生的负面影响。
5. 可为有宗教信仰的患者配置必要的神职人员用房。

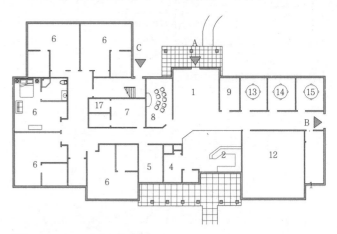

2 国外某独立临终关怀设施

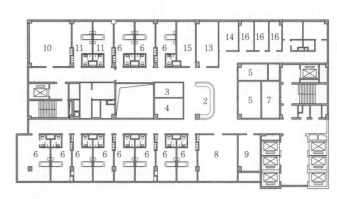

3 国内某住院楼附设临终关怀设施

1 入口门厅　　　2 护士台　　　3 处置室　　　4 治疗室
5 诊室、检查室　6 康宁病房　　7 备餐间　　　8 活动室、宣教室
9 餐厅　　　　　10 家庭室　　　11 临终关怀室　12 告别室
13 医生用房　　　14 护士用房　　15 护工用房　　16 值班室
17 污物、洗消　　A 患者入口　　B 患者"出口"　C 医护工作人员入口

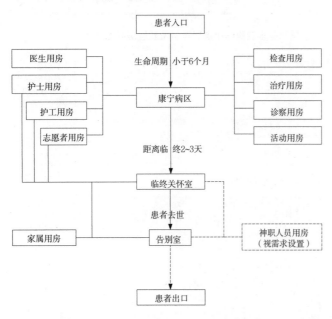

1 工作流程

概述

营养厨房宜设置在与病房联系紧密、运送和采购不受气候干扰以及出入方便的地方，医院餐饮供应可分为为病人服务的营养厨房和为员工服务的职工食堂及厨房，二者加工区可合设也可以完全分开。

营养食堂位置设置　　　　　　　　　　　　　表1

	独立设置	整合布置
说明	相对独立建筑，以地上或地下走廊与住院部沟通	与住院部统一设置在同一建筑里，具体位置可以在地下一层或底层。部分地区可以考虑设置在顶层
图示		
图例	■ 营养食堂　▨ 连廊	□ 病房　▨ 垂直交通餐梯

用房组成　　　　　　　　　　　　　　　　　表2

存储区	检斤处	用于原料入店、验货、质量点验、数量清点、货源入账、分类入库、出库记账等
	冷藏库	用于长期保存或对温度有要求的原料，分为冷冻与冷藏两种库型
	库房	用于存放待用的蔬菜、米面、调料、备品的房间
粗加工区	粗加工间	用于原料初步加工处理，较大的粗加工间还可以设置肉类、海鲜、蔬菜等分类的加工区
	垃圾间	收集剩余食物，加工废物，内设带盖的垃圾桶，室内宜设冲洗装置
菜肴加工区	热菜配菜区	将净菜进行主料、配料改刀、配分、配伍操作。主要设备是切配操作台和水池等
	热菜烹调区	将切配好的菜肴主料、配料，进行煎、炒、烹、炸、煮、烤等熟制处理
	凉菜加工间	负责凉菜熟制、改刀装盘、水果盘的切配装配及出品等工作
主食加工区		完成米面、点心的成型和熟制等工序
备餐与售卖区	备餐间	负责备餐，完善出餐和传餐安排
	售饭间	直接展示、出售成品的区域
	垃圾间	收集加工废物，内设带盖的垃圾桶，室内宜设冲洗装置
餐具清洗消毒区	—	负责餐具回收、洗碗、消毒、餐具传送归位

设计要点

1. 平面布局应根据食品卫生的要求，做到生熟分开，流水操作。同时在通风、给排水、电气等方面满足食品加工卫生要求。

2. 按照食品加工工艺结合平面布局，设计排热、排气、排油烟、排污水等技术措施。

3. 营养食堂操作间和制作间的净高不应低于3m。

4. 各加工间应处理好通风排风，防止油烟气味对医院其他功能区域的污染。

5. 辅助用房如营养科办公用房，工作人员更衣、卫生间、淋浴等，应合理安排，统一设置。

面积标准

根据住院部病人就餐人数确定，设立对外餐厅时按实际情况确定。职工食堂按医护人员用餐人数及需求确定。

构造及材料要求

1. 墙面采用面砖等耐擦洗、耐撞击的材料，并设防水层。

面积标准　　　　　　　　　　　　　　　　表3

分项	人均面积（m²）	规模（人数）					
		200	400	600	800	1000	1000以上
厨房	0.6~0.8	120~160	240~320	360~480	480~640	600~800	注3
辅助	0.30~0.34	60~68	120~136	180~202	240~273	300~340	注3
公用交通	0.12~0.20	24~40	48~80	72~120	96~160	120~200	注3

注：1. 厨房指包括食品粗加工、洗涤、配菜、烹制、烘烤、冷菜、面点制作等所需面积。
2. 辅助指更衣室、休息室、办公室、仓库、卫生间，还有与生产紧密相关的煤气表房、餐具库等。
3. 1000人以上可依插入法适当增加。

厨房工作区域面积　　　　　　　　　　　　表4

生产区域	面积比例（%）
粗加工区	23
洗涤、配菜区	32
烹制、烘烤区	14
主食制作区	15
冷菜制作区	8
出品区	8

2. 地面可用马赛克或防滑地砖等耐磨、防水材料铺设。为了便于清洁，设置有盖地沟，并向集水坑找坡。

3. 屋顶或吊顶采用防潮、防水材料，并设排烟气装置。

4. 橱柜、加工工作台及水池均应采用无毒、光滑易洁的材料，各阴角均做成弧形。

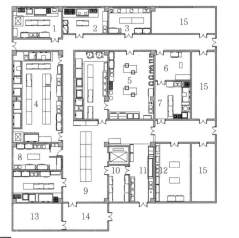

1 VIP厨房　2 流食厨房　3 肉类加工间　4 主厨房　5 主加工间　6 清真加工间　7 清真厨房　8 冷荤间　9 备餐间　10 消毒间　11 洗碗间　12 果蔬类加工间　13 餐车清洗间　14 发送　15 库房

1 营养食堂示例一

1 蔬菜加工　2 肉加工　3 副食库　4 鼻饲间　5 粮库　6 分餐间　7 冷菜间　8 副食加工间　9 杂品库　10 面点加工　11 洗碗间　12 冷冻库　13 冷藏库　14 办公室　15 西餐热加工

2 营养食堂示例二

综合医院 [46] 锅炉房

概述

主要为供暖及生活热水提供热源，并为洗衣房、厨房、中心供应室等提供蒸汽。按照燃料分为柴油锅炉、燃气锅炉、燃煤锅炉，可采用蒸汽或热水锅炉生产热水与蒸汽。

锅炉房设置条件　　　　　　　　　　　　　　　表1

设置锅炉房	不设置锅炉房
有市政热力的地区，设锅炉，满足无市政热力期间医院的热力需求	在某些地区，市政蒸汽条件好，采用双蒸汽源供汽，可保证医院无间断供应。为节省初步投资及重复建设，可以不设锅炉房
非采暖地区，只设蒸汽锅炉，满足医院蒸汽需求，并作为生活热水热源	非采暖地区的医院，没有市政热源，可采用地源热泵或者空气源热泵作为主热源。用电蒸汽发生器作为蒸汽源。可以不设锅炉房
设置蒸汽锅炉、热水锅炉，蒸汽供给洗衣房、厨房、中心供应等；热水作为供暖及生活热水热源	—
只设热水锅炉。医院蒸汽需求量较小，用电蒸汽发生器满足	—

规划与选址

锅炉房宜为独立的建筑物，当需要和其他建筑物相连或设置在其内部时，严禁设在人员密集场所和重要部门的上面、下面、贴邻和主要通道的两旁，并满足消防设施规范要求。

1. 应靠近热负荷比较集中的地区。
2. 应位于地质条件较好的地区。
3. 应便于引出管道，室外管道的铺设应技术上可行，经济上合理。
4. 燃料锅炉房位置应便于燃料和灰渣的贮运、排除，煤、灰运输通道应避开人流密集区。
5. 合理选择位置减少烟尘和有害气体对病房区域和周围医疗区的影响。全年运行的锅炉房宜位于病房区域和医疗区的全年最小频率风向的上风侧；季节性运行的锅炉房宜位于该季节盛行风向的下风侧。

基本用房及规范要求　　　　　　　　　　　　　表2

房间名称	耐火等级	建筑类别	抗震要求	特殊要求
锅炉间、水处理间、值班室、控制室	二级	丁类生产厂房	遵循当地抗震烈度，锅炉房的建筑物、构筑物，以及对锅炉选择和管道设计，应采取抗震措施	蒸汽锅炉额定蒸发量小于或等于4t/h，热水锅炉额定出力小于或等于2.8MW时，锅炉间建筑不应低于三级耐火等级；值班室、水处理间与锅炉间之间应设置防火墙及防火门窗
油箱间、油泵间、油加热间	二级	丙类生产厂房		布置在锅炉房辅助间内时，应设置防火墙与其他房间隔开
燃气调压间	二级	甲类生产厂房		与锅炉房贴邻的调压间应设置防火墙与锅炉房隔开，其门窗应向外开启并不应直接通向锅炉房，地面应采不发火花地坪

1　锅炉房平面示例一
1 锅炉间　2 控制室　3 值班室
4 水处理间　5 燃气计量间

2　锅炉房平面示例二
1 锅炉间　2 控制室　3 值班室
4 水处理间　5 燃气计量间　6 化验间

规模要求

1. 应根据设计容量和全年负荷峰期锅炉机组的工况来确定锅炉房容量及锅炉台数。
2. 应能满足热负荷变化的需要。
3. 应能保证锅炉检修期间，医院耗能的最低要求。
4. 总台数满足新建不超过5台，扩建不超过7台的要求。

设计要点

1. 应预留设备搬运件的进出洞口，预留洞口可与门窗或非承重墙结合考虑。
2. 钢筋混凝土烟囱和砖烟道的混凝土底板等内表面，计算温度高于100℃的部位应采取防火隔温措施。
3. 锅炉房内振动较大的设备应采取隔振措施。
4. 设备吊装孔、灰渣池及高位平台周围应设置防护栏杆。
5. 外窗应有利于自然通风和采光，开窗面积应满足通风、泄压和采光的要求。
6. 锅炉房和其他建筑物相邻时，其相邻的墙应为防火墙。
7. 油泵房的地面应有防油措施，有酸、碱侵蚀的水处理间地面、地沟、混凝土水箱和水池等，应有防酸、碱措施。
8. 蒸汽锅炉额定蒸发量为1~20t/h、热水锅炉额定出力为0.7~14MW的锅炉房，其辅助间和生活间宜贴邻锅炉间一侧。蒸汽锅炉额定蒸发量为35~65t/h、热水锅炉额定出力为29~58MW锅炉房，其辅助间和生活间可单独布置。
9. 单层布置的锅炉房出入口不应少于2个，当炉前走道总长度不大于12m，且锅炉房面积不大于200m²时，其出入口可设1个。多层布置的锅炉房各层的出入口不应少于2个。
10. 应设凝结水回收装置。

消防要求

1. 锅炉房应用无门窗洞口的耐火极限不低于2.00h的隔墙、耐火极限不低于1.50h的楼板与其他部位隔开，锅炉房通往其他房间的门应为甲级防火门。地下、半地下以及首层锅炉房外墙开口部位的上方应该设宽度不小于1.00m的不燃烧体的防火挑檐。
2. 燃油锅炉房中的日用油箱应该设置在单独的房间内，日用油箱间应用耐火极限不低于2.00h的隔墙，耐火极限不低于1.50h的楼板，与锅炉房的其他部位隔开，日用油箱间的门应为自动关闭的甲级防火门，并应设有挡油设施。另外，日用油箱的容积不应大于1.00m³。
3. 燃气锅炉房应设有防爆泄压设施，泄压面积不应小于锅炉房建筑面积的10%，且泄压口应避开人员密集的场所以及安全疏散楼梯间。
4. 锅炉房应该设事故排风系统，排风量按不小于12次/h设计。地下、半地下锅炉房的机械送排风系统应独立设置。

消声除尘要求

锅炉运行时可能产生粉尘、烟气及噪声，应按照相关设计规范满足环境保护相关规定。

概述

医院垃圾包括由医疗活动产生的医疗垃圾，也包括病人、家属以及医务人员日常生活造成的生活垃圾。

医院垃圾的处理包括分类、收集、暂存、运送及终结处理。站房要远离医疗区、食品加工区。医疗垃圾和生活垃圾存放区要分开设置。

医疗垃圾分类　　　　　　　　　　　　　　　　　表1

项目	数值
感染性废物	携带病原微生物具有引发感染性疾病传播危险的医疗废物。包括被病人血液、体液、排泄物污染的物品，传染病病人产生的垃圾等
病理性废物	诊疗过程中产生的人体废弃物和医学试验动物尸体，包括手术中产生的废弃人体组织、病理切片后废弃的人体组织、病理蜡块等
损伤性废物	能够刺伤或割伤人体的废弃的医用锐器，包括医用针、解剖刀、手术刀、玻璃试管等
药物性废物	过期、淘汰、变质或被污染的废弃药品，包括废弃的一般性药品、废弃的细胞毒性药物和遗传毒性药物等
化学性废物	具有毒性、腐蚀性、易燃易爆性的废弃化学物品，如废弃的化学试剂、化学消毒剂、汞血压计、汞温度计等

同位素室产生带有放射元素的检查示踪剂和废弃注射器等废物，放射科使用的胶片、定影剂、显影剂等，应严格按国家规定的有害化学品及放射性法规进行处理。

本着就地分类的原则，医疗垃圾应与生活垃圾分别处置。医疗垃圾的产生者应将不同医疗废弃物进行严格的分类，装入不同颜色有明显警示标识的包装袋或容器内，由专人定期收集运送至规定地点暂存后外运处置。

功能流程

医院垃圾转运包括生活垃圾和医疗垃圾的分类、收集、转和暂存。医疗垃圾转运站（暂存库）必须与生活垃圾转运站分开。

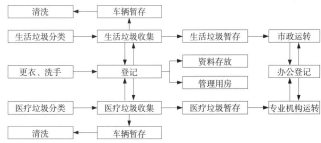

[1] 垃圾处理流程

建设要求

医疗垃圾转运站（暂存库）必须与生活垃圾转运站分开，并且应设有明显的区域性标识。

1. 远离医疗区、食品加工区、人员活动区，应考虑方便医疗废物运送及运送推车、车辆的出入。
2. 有严密的封闭措施，设专（兼）职人员管理，防止非工作人员接触医疗废物。
3. 有防鼠、防蚊蝇、防蟑螂的安全措施。
4. 防止渗漏和雨水冲刷。
5. 易于清洁和消毒。
6. 避免阳光直射。
7. 设有明显的医疗废物警示标识。

医疗垃圾处理方式　　　　　　　　　　　　　　　表2

高温焚烧法	适用于各种传染性医疗废物。在高温火焰的作用下，焚烧设备内的医疗废物经过烘干、引燃、焚烧3个阶段将其转化成残渣和气体，医疗废物中的传染源和有害物质在焚烧过程中可以被有效破坏
压力蒸汽灭菌法	适用于受污染的工作服、注射器、敷料、微生物培养基等的消毒，但是不适宜处理病理性垃圾，并且不适宜处理药物和化学垃圾处理
化学消毒法	适合处理液体医疗废物和病理方面的垃圾，用于那些无法通过加热或润湿进行消毒灭菌的医疗废物的处理。将破碎后的医疗废物与一定浓度的消毒剂混合作用，并保证其与消毒剂有足够的接触面积和时间，有机物在消毒过程中被分解，微生物被杀灭
电磁波灭菌法	电磁波灭菌法包括微波和无线电波两种方法。经电磁波处理的医疗废物可以作为生活垃圾进行卫生填埋
等离子体法	可以将医疗废物变成玻璃状固体或炉渣，残留物可直接进行最终填埋处置。可适用为任何形式医疗废物，无有害物质排放，潜在热能可回收利用
干热粉碎灭菌法	将物品置于干热灭菌柜、隧道灭菌器等设备中，利用干热空气达到杀灭微生物的目的
高温热解焚烧法	将医疗废物有机成分在无氧或贫氧的条件下加热，用热能使化合物的化合键断裂，使大分子的有机物转变为可燃性气体、液体燃料和焦炭的过程

设计要点

1. 转运站应满足垃圾转运工艺及配套设备的安装、拆换与维护的要求。
2. 转运站宜为全封闭独立房间，保证垃圾转运作业对污染实施有效控制或在相对密闭的状态下进行。压缩式转运站净高不低于5m，桶装式转运站净高不低于4m。
3. 垃圾转运车间应安装便于启闭的卷帘闸门，门宽不低于4m，垃圾房和库房设置宽度不小于1.8m双开防火门。
4. 转运站地面（楼面）的设计，应满足防滑防腐的要求，并且便于清洁，顶板应做耐水腻子并做防霉处理。
5. 转运站宜采用侧窗天然采光。设置高空排放排气道及排风扇。
6. 转运站前面的场地应满足垃圾车回车半径。场地通行道路的结构形式及建造质量应满足配套服务的垃圾运输车辆的荷载要求和车辆通行要求。
7. 转运站都应有必要措施保证临时停电时能继续其垃圾转运功能。内部设置电源箱、照明及排气扇。
8. 转运站的室内外场地都应平整并保持必要的坡度，以避免滞留积水；转运车间内应按垃圾填装设备布局要求设置垃圾渗沥液导排沟管，以便及时疏排污水。转运车间应设置积污坑井。卷帘门处设置排水沟，水箅子有足够承载能力，并在室内设置取水、拖布池等用水点。
9. 垃圾站室内应设置排气、除臭装置。北方地区垃圾站内应设置防冻设施。

1 值班室
2 控制室
3 库房
4 垃圾集装箱洞口
5 化验室
6 加药间
7 储药间
8 医疗垃圾站
9 普通垃圾投放口
10 卫生间

[2] 垃圾处理站实例

综合医院 [48] 洗衣房・污水处理站

洗衣房概述

一般设在地下室或辅助用房内，若规模较大可独立设置。生产加工时产生蒸汽、高温及设备振动噪声，应采取措施，减少对医疗用房的干扰。

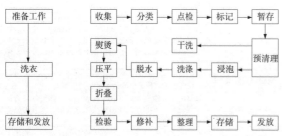

1 洗衣房加工流程

基本房间列表　　　　　　　　　　　　　　　　　表1

洗衣车间	配置洗衣设备进行洗涤、脱水、烘干、烫平、压平、干洗、熨烫、折叠、整理等操作
辅助用房	办公用房
	生活用房（卫生间、存衣室等）
	库房（包含衣被、床单、工作服等、织品保管、肥皂和洗涤剂等材料仓库）及缝纫、修补
	水处理间、配电室等

设计要点

1. 洗衣房的位置应尽量靠近衣物织品收集和发送都方便的地点。洗衣房消耗动力较大，因此距锅炉房、变电室、水泵房等不宜太远。

2. 洗衣房应有两个独立出入口，分别用于污衣入口及净衣出口，以免污净交叉。

3. 建筑层高应考虑能设置天窗或高侧窗，采光面积大于1/4。净高宜大于3.6m，以方便安装进、排风管等设备。

4. 洗衣房湿度大、温度高，应有机械通风设施。能源供应管路按设备布局要求安排。

5. 保证洗衣房内流程畅通。根据洗衣流程、功能来设置不同的区域，内通道要宽敞，其走向应与洗衣流程相适应，通道的宽度要大于布草车的宽度，一般在1.5m以上。

6. 墙面及顶棚应是防水防潮材料，墙面宜采用耐水乳胶漆或瓷砖。

7. 地面一般要求防水处理，应选择防滑、强度高、易清洁的地面砖，并有足够的排水暗沟。

技术参数　　　　　　　　　　　　　　　　　　表2

项目	数值	单位
面积	0.4~0.5	m²/床
相对湿度	80	%
设计温度	10~15	度
照明	150	lx
用水量	40~60	L/Kg
蒸汽用量	0.5~0.65	kg/床

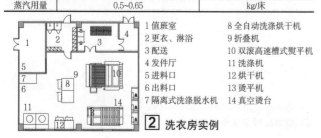

1 值班室　　2 更衣、淋浴　　3 配送　　4 发件厅　　5 进料口　　6 出料口　　7 隔离式洗涤脱水机　　8 全自动洗涤烘干机　　9 折叠机　　10 双滚高速槽式熨平机　　11 洗涤机　　12 烘干机　　13 烫平机　　14 真空烫台

2 洗衣房实例

污水处理站概述

医院污水含有病原体、重金属、消毒剂、有机溶剂、酸、碱以及放射性等的污水，其中核医学产生的放射性污水应分开单独处理。

位置选择应根据医院总体规划、排出口位置、环境卫生要求、风向、工程地质及维护管理和运输因素等确定。宜设在医院建筑物当地夏季主导风向的下风向的地段。

不同级别的处理要求　　　　　　　　　　　　　表3

处理方式	要求
加强处理效果的一级处理工艺	综合医院（不带传染病房）污水处理可采用"预处理→一级强化处理→消毒"的工艺。通过混凝沉淀（过滤）去除携带病毒、病菌的颗粒物，提高消毒效果并降低消毒剂的用量
二级处理工艺	二级处理工艺流程为"调节池→生物氧化→接触消毒"。医院污水通过化粪池进入调节池。调节池内污水经提升后进入好氧池进行生物处理，好氧池出水进入接触池消毒，出水排放达标
简易生化处理工艺	简易生化处理工艺的流程为"沼气净化池→消毒"。沼气净化池分为固液分离区、厌氧滤池和沉淀过滤区

不同医院的处理要求　　　　　　　　　　　　　表4

医院类别	处理要求
传染病医院	二级处理，并进行预消毒处理
县及县以上医院所处理出水排入自然水体	二级处理
综合医院排入城市下水道并且下游设有二级污水处理厂	推荐采用二级处理，对采用一级处理工艺的必须加强处理效果
经济不发达地区的小型综合医院	通过采用简易生化处理作为过渡处理措施，之后逐步实现二级处理或加强处理效果的一级处理

放射性废水处理

放射性废水应设置单独的收集系统，含放射性的生活污水和试验冲洗废水应分开收集，收集放射性废水的管道应采用耐腐蚀的特种管道，一般为不锈钢管道或塑料管。

放射性试验冲洗废水可直接排入衰变池，粪便生活污水应经过化粪池或污水处理池净化后再排入衰变池。

衰变池根据床位和水量设计或选用。衰变池可采用间歇式或连续式。间歇式衰变池采用多格式间歇排放；连续式衰变池池内设导流墙，采用推流式排放。

站房、处理池设计要求

1. 污水处理过程中会对池壁等产生较强的腐蚀性，在接触池池壁、池底和内顶板都必须做好耐酸性处理。所有构筑物均要求防渗处理。

2. 在寒冷地区，处理构筑物应有防冻措施。当采暖时，处理构筑物室内温度可按5℃设计；加药间、检验室和值班室等的室内温度可按15℃设计。

3. 污水处理站排水一般宜采用重力流排放，必要时可设排水泵站。

4. 根据医院的规模和具体条件，处理站应设值班、化验用房、配电控制室及联系电话等设施。

1 调节池　　2 密闭格栅罩　　3 接触消毒池　　4 脱氯槽　　5 接触生化池　　6 鼓风机间　　7 废气处理间　　8 消毒设备间　　9 消毒原料库　　10 化验值班室　　11 配电控制间

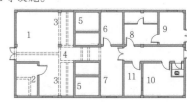

3 污水处理站实例

概述

医用气体包含医用压缩空气、器械(用)压缩空气、医用合成压缩空气、医用真空、医用氧气、医用氮气、医用二氧化碳、医用氧化亚氮、医用氦气、医用氩气等。

主要医疗房间使用医用气体种类 表1

房间名称	基本配置	可选择配置
手术室(含外科手术室)	医用空气、器械空气、氮气、医用真空、氧气、氧化亚氮	二氧化碳
普通病房	氧气	医用空气、医用真空、氧化亚氮、氧化亚氮和氧气混合气
重症监护病房、新生儿监护病房、LDRP	医用空气、医用真空、氧气	氧化亚氮、氧化亚氮和氧气混合气、氮气和氧气
腹腔检查	医用空气、医用真空、氧气、氧化亚氮	器械空气、氮气、二氧化碳
牙科	牙科空气、牙科真空	氧气、氧化亚氮和氧气混合气

注:参考《医用气体工程技术规范》GB 50751-2012。

储存库房要求

1. 医用气体的储存应设置有专用仓库。
2. 医用气体储存库不能设在地下或半地下建筑内。
3. 医用气体储存库耐火等级不应低于二级。如与其他建筑、构筑物毗连,其毗连的墙应是不设门、窗、洞口的防火墙,并应设有直通室外的门。其围护结构上的门窗应向外开启,并不得用木质、塑钢等可燃材料制作。
4. 医用气体储存库内气瓶应按品种各自分实瓶区、空瓶区布置,并设立明显的区域标记,同时应有防止瓶倒的措施。
5. 医用气体储存库内不得有地沟、暗道,仓库内应通风、干燥,瓶库的窗玻璃可采用毛玻璃,严禁明火。
6. 医用气体储存库防雷应符合建筑防雷设计规定,冲击接地电阻值不应大于30Ω。医用氧气、医用氧化亚氮储存间电气应防爆。
7. 医用气体储存库应保证通风良好。

医用气体终端安装要求

1. 气体终端组件的安装高度应距离地面900~1600mm之间,终端组件中心距墙或隔断应大于200mm。
2. 横排布置的终端组件,相邻终端组件的中心距宜为80~150mm且等距离分布。
3. 医用供应设备安装高度应确保所有气体终端组件高度,距离地面900~1600mm。
4. 医用悬吊供应设备的安装高度应确保其离地面距离最小时,设备上的医用气体终端组件高度距离地面900~1600mm。

医用气体站房间技术要求 表2

医疗气体种类	位置要求
医用氧气、医用分子筛(PSA)制氧机供应源、医用气体储存库、输氧量超过60m³/h医用气体汇流排间	独立单层建筑物,耐火等级不能低于二级。如与其他建筑、构筑物毗连,其毗连的墙应为耐火极限不能低于1.5h无门、窗、洞的防火墙,该址至少设有一个直通室外的门。其围护结构的门窗应向外开启,禁用木质、塑钢等材料制作
输氧量不超过60m³/h医用氧气汇流排间	不低于三级耐火等级建筑内的靠外墙处,并应采用耐火极级不能低于1.5h的墙和丙级防火门,与建筑物的其他部分隔开。其围护结构的门窗应向外开启,禁用木质、塑钢等材料制作
医用氧气汇流排间	不应与医用空气压缩机、真空系统或医用分子筛制氧机设在同一房间内
压缩机进气口	室外进气口离本建筑物的门、窗、进排气口或其他开口的距离应大于3m,且高于室外地面5m

医用气体系统及站房

医用气体包括:氧气系统、压缩空气系统、真空吸引系统、氮气系统、二氧化碳系统、麻醉废气排放系统等。其中麻醉废气对人体有伤害,需高空排放。

站房包括:氧气站、压缩空气机房、真空机房等。

系统分类及机房 表3

系统类别	站房名称	设备名称	设置要求
氧气系统	氧气站	液氧储罐、蒸发器、汇流排、减压阀等	1. 宜设置在室外专用区域; 2. 液氧储罐靠近道路; 3. 防火、防雷
压缩空气系统	压缩空气机房	空压机、干燥机、储气罐、减压阀、配电柜等	1. 净高宜>3.0m; 2. 防振、隔噪、通风
真空系统	真空机房	真空机、真空储罐、除菌过滤器、配电柜等	1. 净高宜>3.0m; 2. 防振、隔噪、通风; 3. 机房及排气口设在主导风的下风向
氮气、二氧化碳系统	医用气体储瓶间	应急备用氧气瓶、汇流排和其他医用气体储瓶、汇流排	1. 净高宜>3.0m; 2. 防爆、通风; 3. 便于钢瓶运输

医用液氧储罐与各类建筑物、构筑物的最小间距 表4

建筑物、构筑物名称	最小间距	
	液氧总储量 ≤20t	液氧总储量 ≥20t
医院实围墙	1.5	3.0
公共人行道	3.0	5.0
无门窗的建筑物		
有门窗的建筑物		
变电所、停车场、办公楼、棚屋等	5.0	8.0
排水沟、坑、暗渠		
通风口、地下系统开口、压缩机吸气口		
架空可燃气体管道、燃气吹扫管、少量可燃物		
大多于4吨LPG储罐	7.5	7.5
公共集会场所	10.0	15.0
铁路	10.0	15.0
生命支持区域(包括楼内距离)		
木结构建筑	15.0	15.0
4吨以上LPG储罐、DN50以上燃气管道法兰		
一般架空电力线	≥1.5倍电缆高度	

1 液氧站实例

1 液氧站
2 卫生间
3 值班室
4 汇流排

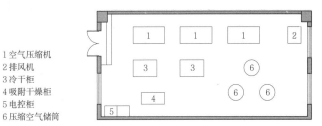

2 空气压缩机房平面示例

1 空气压缩机
2 排风机
3 冷干柜
4 吸附干燥柜
5 电控柜
6 压缩空气储筒

综合医院 [50] 实例

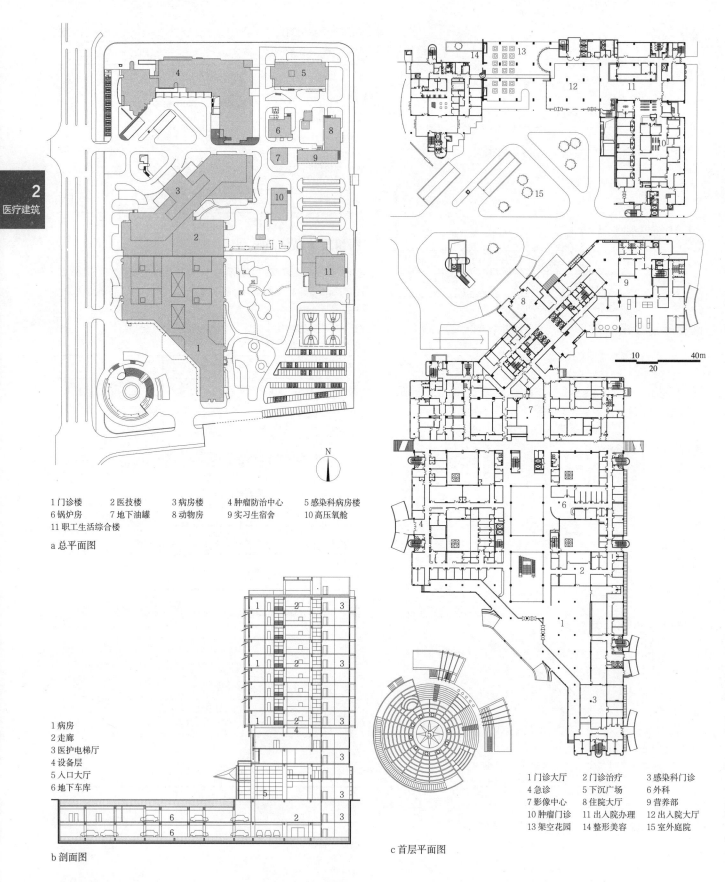

1 门诊楼　　2 医技楼　　3 病房楼　　4 肿瘤防治中心　　5 感染科病房楼
6 锅炉房　　7 地下油罐　　8 动物房　　9 实习生宿舍　　10 高压氧舱
11 职工生活综合楼

a 总平面图

1 病房
2 走廊
3 医护电梯厅
4 设备层
5 入口大厅
6 地下车库

b 剖面图

1 门诊大厅　　2 门诊治疗　　3 感染科门诊
4 急诊　　　　5 下沉广场　　6 外科
7 影像中心　　8 住院大厅　　9 营养部
10 肿瘤门诊　 11 出入院办理　12 出入院大厅
13 架空花园　 14 整形美容　　15 室外庭院

c 首层平面图

1 佛山第一人民医院

医院名称	床位数（床）	占地面积（m²）	建筑面积（m²）	主要建筑物层数（层）	设计时间	设计单位
佛山第一人民医院	1600	10.44万	26.66万	19	1995~2005	中国中元国际工程有限公司

实例 [51] 综合医院

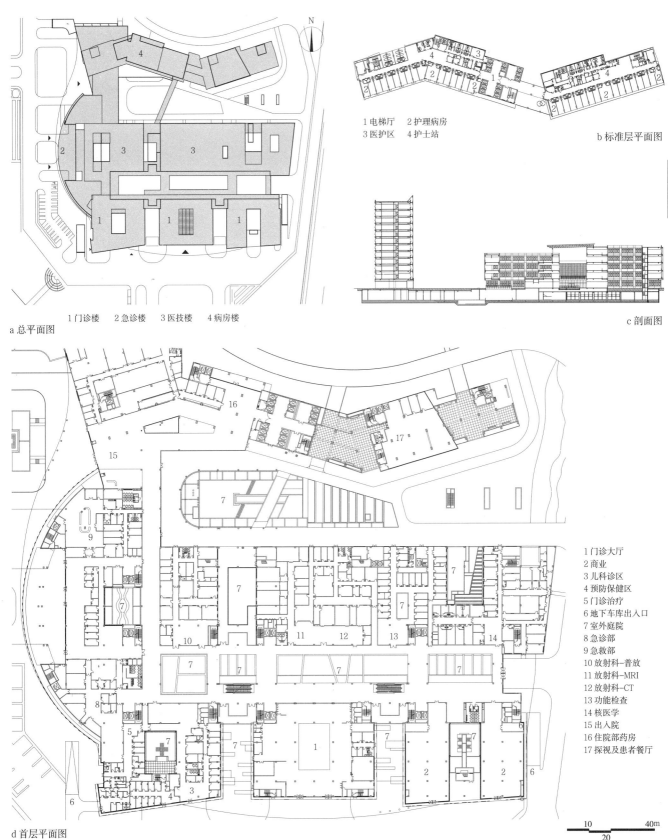

1 电梯厅　2 护理病房
3 医护区　4 护士站

b 标准层平面图

1 门诊楼　2 急诊楼　3 医技楼　4 病房楼

a 总平面图

c 剖面图

1 门诊大厅
2 商业
3 儿科诊区
4 预防保健区
5 门诊治疗
6 地下车库出入口
7 室外庭院
8 急诊部
9 急救部
10 放射科-普放
11 放射科-MRI
12 放射科-CT
13 功能检查
14 核医学
15 出入院
16 住院部药房
17 探视及患者餐厅

d 首层平面图

1 昆明医学院第一附属医院呈贡新区医院一期综合医疗楼

医院名称	床位数（床）	占地面积（m²）	建筑面积（m²）	主要建筑物层数（层）	设计时间	设计单位
昆明医学院第一附属医院呈贡新区医院一期综合医疗楼	1000	36.3万	37.7万	12	2009~2013	中国中元国际工程有限公司

综合医院 [52] 实例

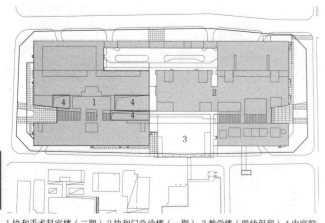

a 总平面图

1 协和手术科室楼（二期） 2 协和门急诊楼（一期） 3 教学楼（现状保留） 4 内庭院

b 立面图

1 门诊大厅　2 门诊药房　3 挂号收费　4 外科门诊　5 感染隔离门急诊
6 急救急诊　7 手术部办公　8 手术部更淋　9 手术室　10 原北配楼
11 住院超声　12 病区药房　13 住院办理　14 医保部　15 护理单元

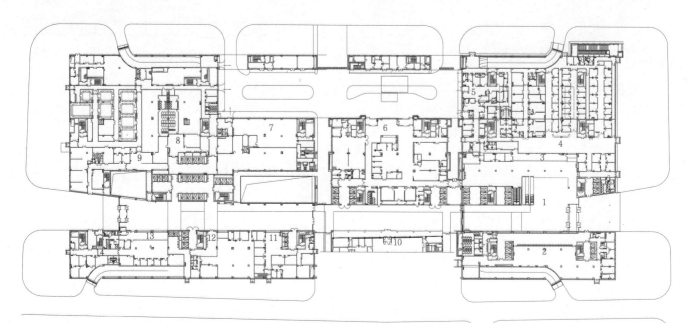

c 首层平面图

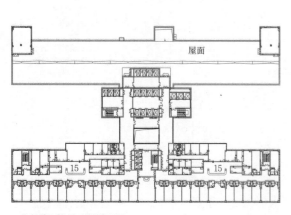

d 手术科室楼标准层平面图

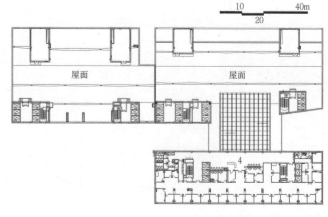

e 门急诊楼专家门诊标准层平面图

1 北京协和医院门急诊楼及手术科室楼改扩建工程

医院名称	床位数（床）	占地面积（m²）	建筑面积（m²）	主要建筑物层数（层）	设计时间	设计单位
北京协和医院门急诊楼及手术科室楼改扩建工程	900	4.49	22.5万	1~11	2006~2012	中国中元国际工程有限公司

实例 [53] 综合医院

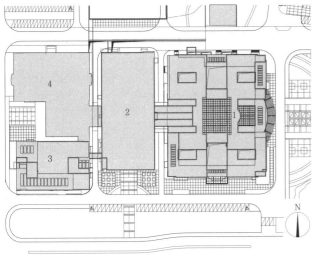

1 门诊大厅　　2 挂号大厅　　3 配镜大厅
4 出入院大厅　5 检验大厅　　6 实验医学中心
7 急诊大厅　　8 药房　　　　9 医技大厅
10 放射/影像科 11 洗涤供应中心 12 二期车库

1 门急诊楼　2 医技楼　3 住院楼　4 二期工程
a 总平面图

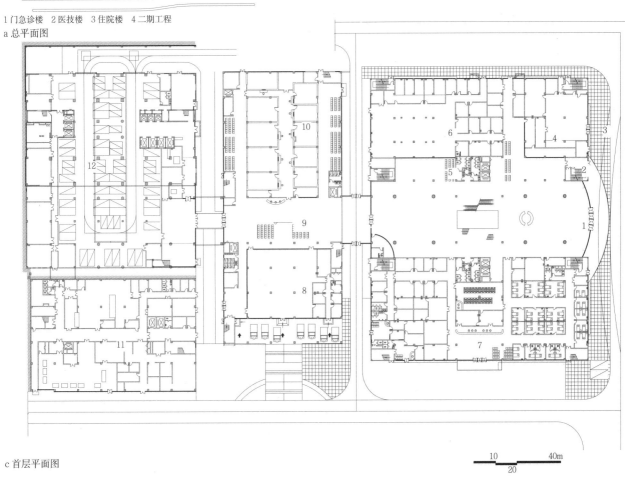

c 首层平面图

d 剖面图

1 重庆医科大学附属大学城医院

医院名称	床位数（床）	占地面积（m²）	建筑面积（m²）	主要建筑物层数（层）	设计时间	设计单位
重庆医科大学附属大学城医院	1500	136.36亩	87090	1~6	2008~2012	重庆大学建筑设计研究院有限公司

综合医院 [54] 实例

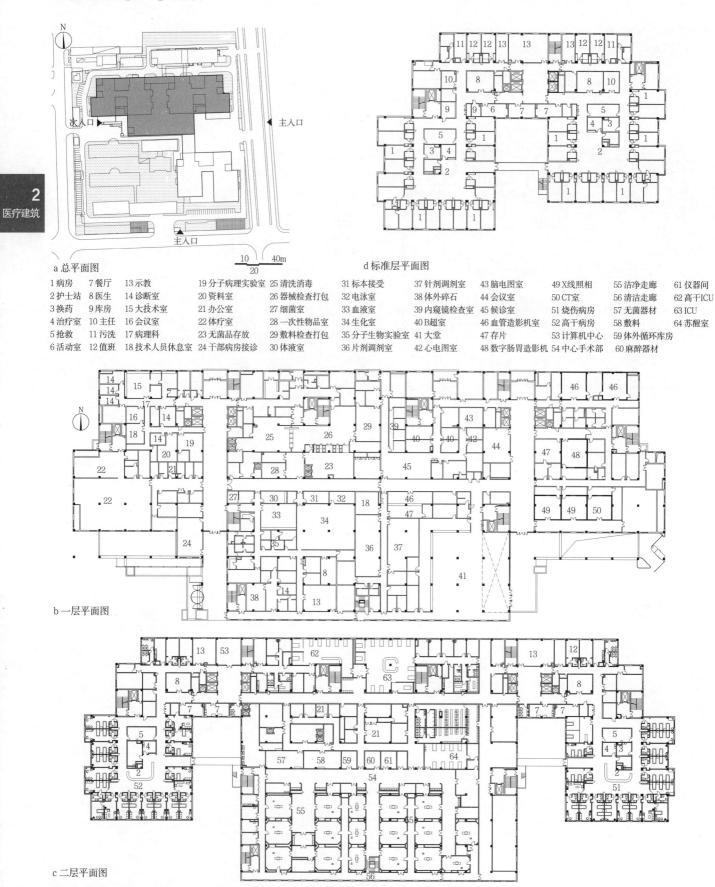

a 总平面图
d 标准层平面图
b 一层平面图
c 二层平面图

1 病房　7 餐厅　13 示教　19 分子病理实验室　25 清洗消毒　31 标本接受　37 针剂调剂室　43 脑电图室　49 X线照相　55 洁净走廊　61 仪器间
2 护士站　8 医生　14 诊断室　20 资料室　26 器械检查打包　32 电泳室　38 体外碎石　44 会议室　50 CT室　56 清洁走廊　62 高干ICU
3 换药　9 库房　15 大技术室　21 办公室　27 细菌室　33 血液室　39 内窥镜检查室　45 候诊室　51 烧伤病房　57 无菌器材　63 ICU
4 治疗室　10 主任　16 会议室　22 体疗室　28 一次性物品室　34 生化室　40 B超室　46 血管造影机室　52 高干病房　58 敷料　64 苏醒室
5 抢救　11 污洗　17 病理科　23 无菌品存放　29 敷料检查打包　35 分子生物实验室　41 大堂　47 存片　53 计算机中心　59 体外循环库房
6 活动室　12 值班　18 技术人员休息室　24 干部病房接诊　30 体液室　36 片剂调剂室　42 心电图室　48 数字肠胃造影机　54 中心手术部　60 麻醉器材

1 北京大学第一医院干部外科病房楼

医院名称	床位数（床）	占地面积（m²）	建筑面积（m²）	主要建筑物层数（层）	设计时间	设计单位
北京大学第一医院干部外科病房楼	531	44000	62185	6	2008~2012	中国中元国际工程有限公司

实例 [55] 综合医院

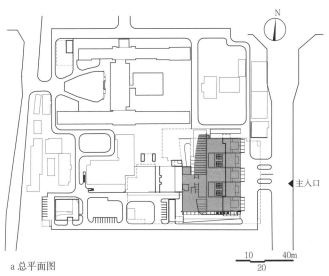

a 总平面图

1 门诊主入口 2 儿科主入口 3 门诊大厅 4 门诊中庭 5 挂号 6 病案 7 中药 8 西药
9 收费 10 药库 11 心脏中心（心内、心外、血管外科） 12 呼吸中心（呼吸科、胸外科）
13 辅助检查 14 超声影像科 15 门诊主通道 16 脑病中心（神内、神外、第二神外）
17 内分泌科 18 骨科 19 理疗康复科 20 医保办公室 21 登记 22 发药 23 贵重药
24 中草药 25 中成药 26 财务 27 卫生间 28 办公室 29 统计编码 30 更衣室
31 上空 32 休息厅 33 通道 34 空调机房 35 诊室 36 检查 37 医生办公室
38 清洁间 39 淋浴间 40 候诊 41 专家诊室 42 肺功能室 43 意志反应实验室
44 处置 45 呼吸康复室 46 心电 47 心电图报告室 48 更衣值班室 49 经颅多普勒TCD
50 脑电 51 脑地形图 52 肌电 53 动态心 54 尿динамику 55 平板 56 倾斜实验
57 资料室 58 主任室 59 彩超超声介入 60 B超 61 热成像 62 新风机房
63 综合医疗槽治疗 64 会诊 65 分诊 66 内分泌咨询门诊 67 备用 68 推拿按摩
69 高频电疗 70 红外线 71 洗消室 72 PDS间 73 激光理疗 74 体疗

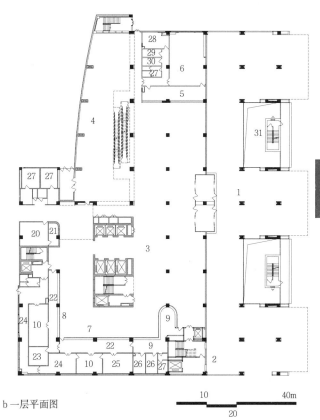

b 一层平面图

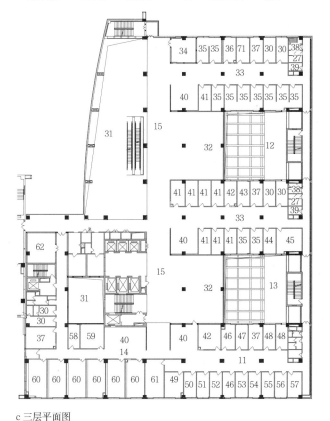

c 三层平面图

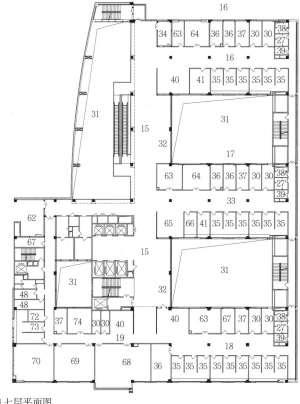

d 七层平面图

1 北京朝阳医院改扩建一期工程

医院名称	床位数（床）	占地面积（m²）	建筑面积（m²）	主要建筑物层数（层）	设计时间	设计单位
北京朝阳医院改扩建一期工程	1300	5.07万	8.49万	10	2002~2007	中国中元国际工程有限公司

197

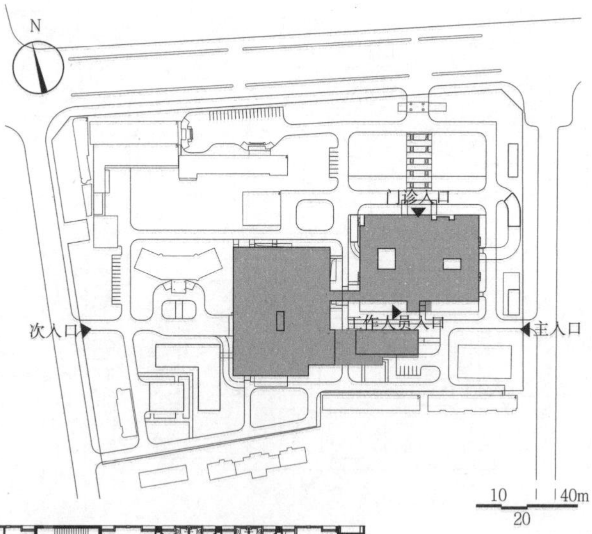

综合医院 [56] 实例

a 总平面图

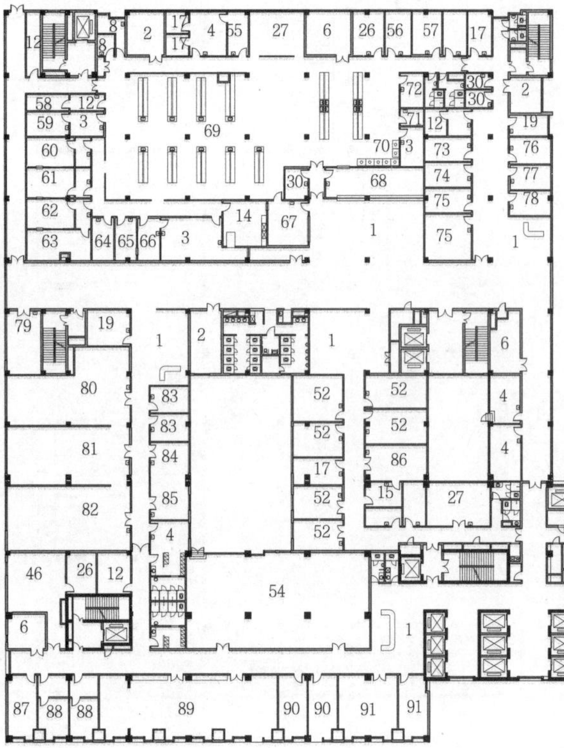

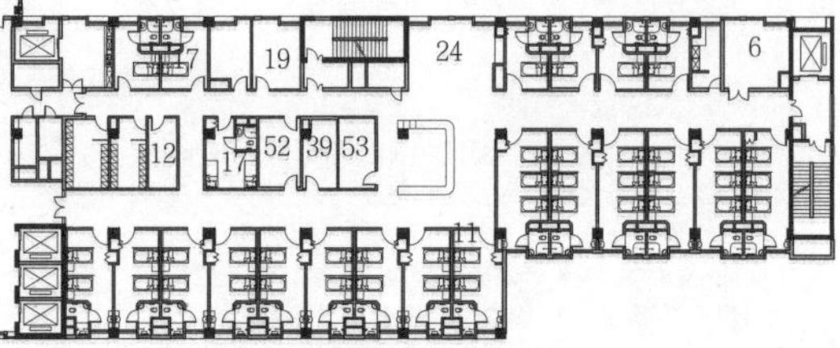

b 二层平面图

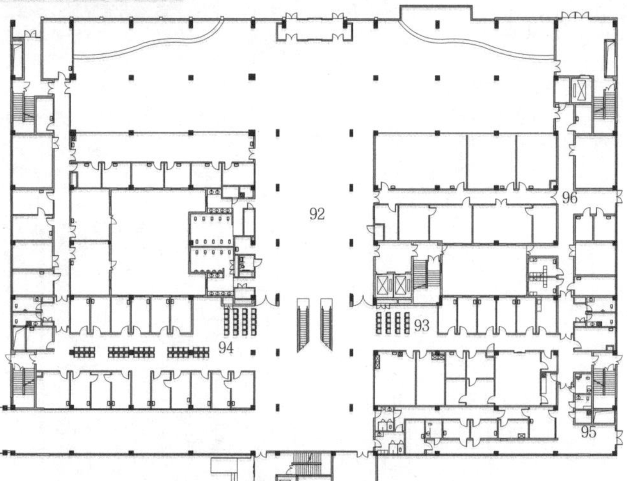

c 一层平面图

1 候诊　2 通风机房　3 实验
4 办公　5 水冷机房　6 空调机房
7 办公值班　8 更衣淋浴　9 控制廊
10 X光　11 CT　12 库房
13 打包　14 洗消间　15 准备
16 DSA　17 值班　18 护士办公室
19 医生办公室　　20 阅片
21 存片　22 登记　23 家属等候
24 活动室　　25 数字图像处理
26 资料　27 示教　28 出入院
29 医保办　30 更衣　31 室外庭院
32 MRI　33 控制　34 设备间
35 门厅　36 花店　37 商务中心
38 银行　39 处置　40 物业
41 二级库　42 TPN毒药
43 摆药　44 等候区 45 贵重药库
46 培训　47 电脑主机房
48 消防控制室　49 信息中心
50 电话弱电　51 电话强电
52 检查　53 治疗
54 运动疗法　55 急诊收件　56 主任　57 副主任　58 冷库　59 实验（无铅）　60 RCP实验
61 RCP处理　62 HIV RCP　63 HIV　64 细菌　65 细菌准备区　66 存储　67 尿便　68 抽血
69 仪器区　70 标本准备　71 暗室　72 化学药品　73 踏车实验　74 脑血流　75 心电
76 平板　77 动态血压　78 动态心电　79 肌电　80 理疗　81 中频　82 高频　83 诊室
84 光疗　85 热疗　86 介入　87 学会　88 言语　89 作业　90 按摩　91 针灸　92 大厅
93 骨科　94 普外　95 肠道　96 药房

1 河北省人民医院

医院名称	床位数（床）	占地面积（m²）	建筑面积（m²）	主要建筑物层数（层）	设计时间	设计单位
河北省人民医院	890	122407	126026	16	2003~2007	中国中元国际工程有限公司

实例［57］综合医院

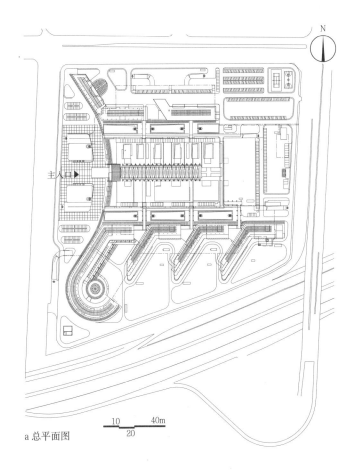

a 总平面图

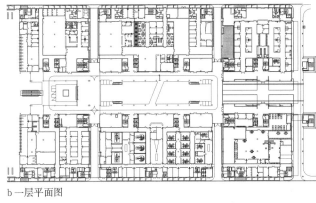

b 一层平面图

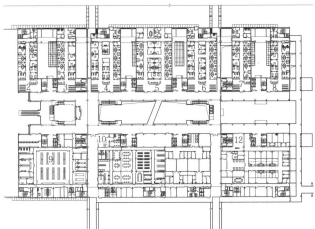

c 二层平面图

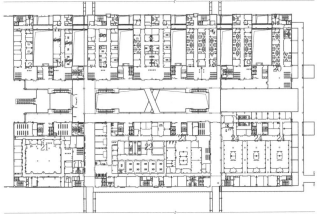

d 三层平面图

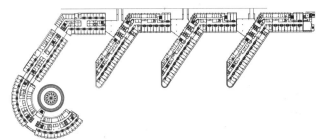

1 门诊医技　　　 2 胸外科门诊　　　3 呼吸科门诊　　　4 骨科门诊
5 心血管中心门诊　6 神经脑血管门诊　7 消化中心门诊　　8 肿瘤中心门诊
9 临床医学检验中心 10 血液供应部　　 11 病理科　　　　 12 腔镜诊疗中心
13 泌尿肾脏门诊　 14 计划生育中心　 15 产科医学中心门诊
16 妇科疾病中心　 17 心理咨询门诊　 18 美容美发门诊　 19 内分泌/血液科门诊
20 物理康复治疗　 21 血液净化中心　 22 产科/产房手术室
23 新生儿病区/NICU　24 ICU监护室

e 病房平面图

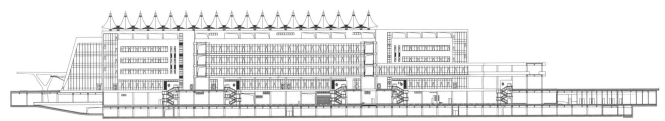

f 剖面图

1 深圳市滨海医院建设工程

医院名称	床位数（床）	占地面积（m²）	建筑面积（m²）	主要建筑物层数（层）	设计时间	设计单位
深圳市滨海医院建设工程	2000	192002	352478	7	2007~2011	深圳市建筑设计研究总院有限公司

综合医院 [58] 实例

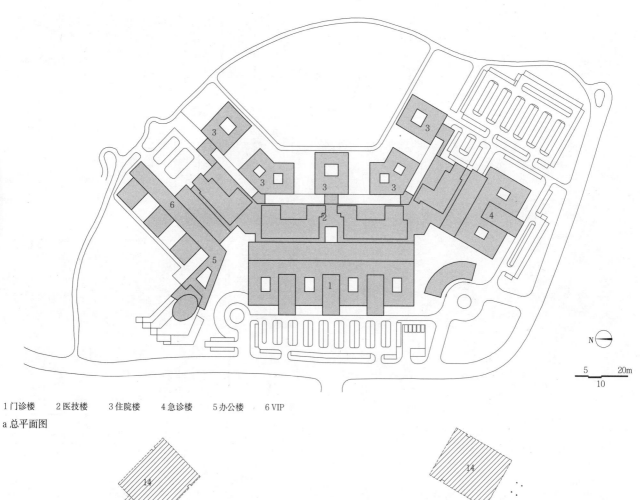

1 门诊楼　2 医技楼　3 住院楼　4 急诊楼　5 办公楼　6 VIP

a 总平面图

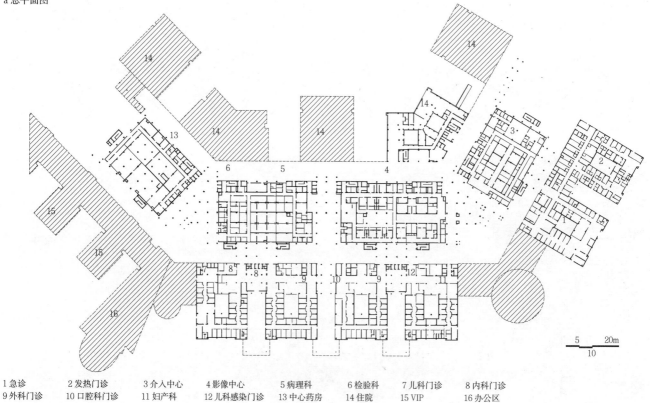

1 急诊　　　2 发热门诊　　3 介入中心　　4 影像中心　　5 病理科　　6 检验科　　7 儿科门诊　　8 内科门诊
9 外科门诊　10 口腔科门诊　11 妇产科　　12 儿科感染门诊　13 中心药房　14 住院　　15 VIP　　16 办公区

b 首层平面图

1 广东省东莞市康华医院

医院名称	床位数（床）	占地面积（m²）	建筑面积（m²）	主要建筑物层数（层）	设计时间	设计单位
广东省东莞市康华医院	1500	375800	296970	3	2002~2006	广东华方工程设计有限公司

康华医院是一所集医疗、保健、康复、科研教学为一体的大型民营医院。利用地形及原生态景观，力求创立一座密切结合环境，体现人、建筑与自然和谐共融的生态型的现代医院。充分利用自然条件，达到节能、低耗，减少对人工气候的依赖。

实例 [59] 综合医院

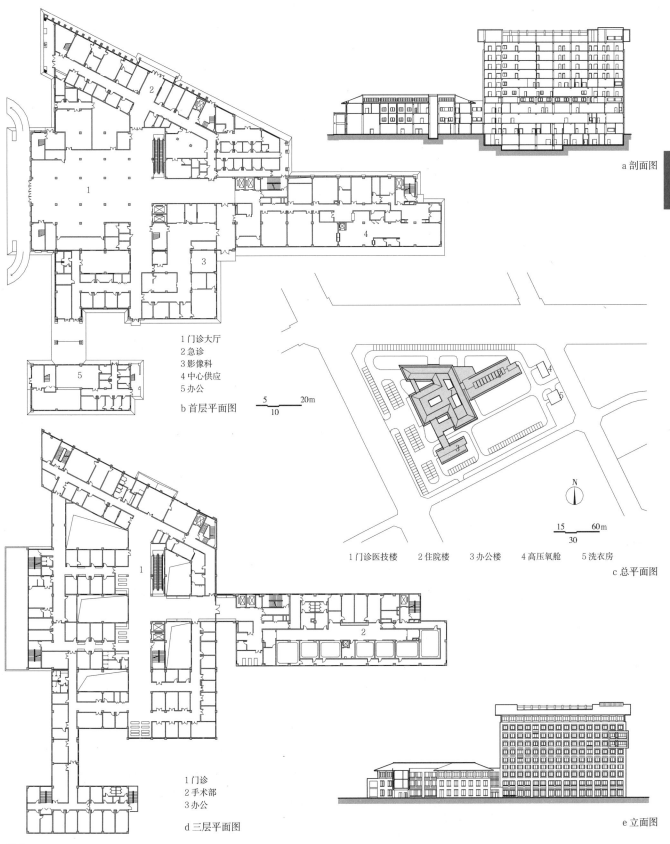

a 剖面图

1 门诊大厅
2 急诊
3 影像科
4 中心供应
5 办公

b 首层平面图

1 门诊医技楼　2 住院楼　3 办公楼　4 高压氧舱　5 洗衣房

c 总平面图

1 门诊
2 手术部
3 办公

d 三层平面图

e 立面图

1 北川羌族自治县人民医院

医院名称	床位数（床）	占地面积（m²）	建筑面积（m²）	主要建筑物层数（层）	设计时间	设计单位
北川羌族自治县人民医院	209	26500	23978	9	2009~2010	中国建筑标准设计研究院有限公司

该项目涵盖门诊部、急诊部、手术部、住院部、后勤部及地下机房等多种功能。从城市设计角度出发，考虑两条城市主干道的景观。西侧开设主要出入口，门诊楼沿西侧道路布置，北侧设急诊部分，门诊医技楼3层，住院楼9层，南北向布置。内部采用鱼骨式布局，以纵横两条医疗街为主线，串联门诊、医技、病房。

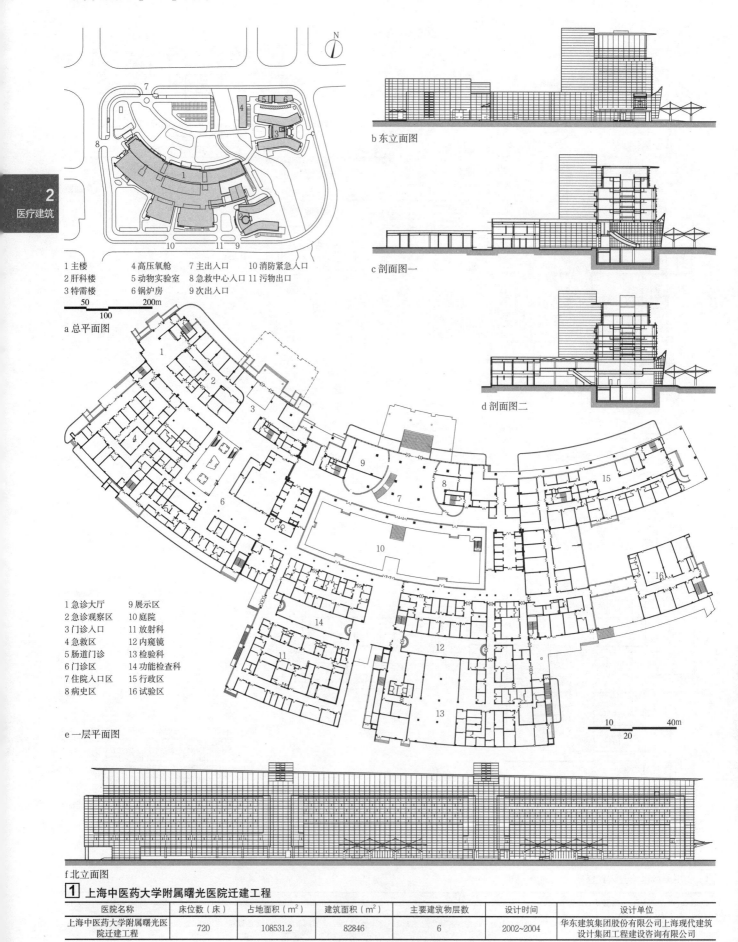

基本概念 [1] 急救中心

概念

急救中心为提供院前院内急救服务的医疗机构，主要开展急危重症患者的急救服务、紧急医疗救援、医疗转诊、急救网络建设与管理、急救知识普及与培训等服务。

急救种类分为：疾病急救、运动急救、中毒急救、野外急救、灾难急救等。

急救流程分为院前急救和院内急救两部分。院前急救包括指挥调度、患者的现场救护及安全运送。以救护运输工具为中心，主要有急救车、急救直升机、急救船。院内急救负责患者入院后的抢救、监护、治疗。

根据在急救中承担的工作范畴，我国的急救中心可分为"独立型"与"依托型"。"独立型"是指急救中心独立于医院外，承担院前急救（部分仅承担指挥调度）或院前、院内急救；"依托型"指急救中心设在医院内，依托医院完成院前、院内急救。

国外的急救模式与国内有所不同，有些国家将急救与消防、警所等相结合，采用"消防联动型"急救模式，将急救电话与报警电话统一，例如英国、美国等。

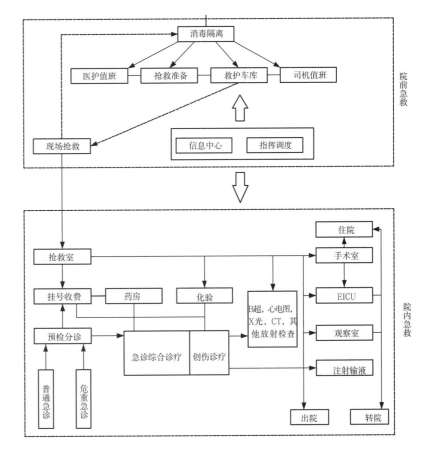

[1] 功能流程

急救中心类型 表1

类型	独立型			依托型
	指挥调度型	院前急救型	院前加院内急救型	
图示	指挥调度/急救中心	指挥调度 院前急救/急救中心	院前急救 指挥调度 院内急救/急救中心	综合医院 院内急救 指挥调度 院前急救/急救中心
功能设置	仅设指挥调度	设指挥调度、救护车库。根据急救中心分级设救护培训	设指挥调度、救护车库、培训中心、院内急救	设指挥调度、救护车库、培训中心
运作方式	统一受理呼救，统一指挥调度急救车，但急救车及人员依托医院管理	承担指挥调度，日常医疗服务，紧急医疗支援、急救网络管理、急救知识普及与救护培训功能。独立的院前急救机构，和医院分开设置。院内急救由不同的医院承担	具有独立完整的全部急救服务。承担指挥调度、现场抢救和途中医疗监护等院前急救。还提供院内急救，设EICU一体化、创伤中心、抢救手术室和急救病房，为患者提供一站式无中转急救医疗服务的独立急救医院	依托于某大型综合医院而建，院前急救独立成区。院内急救依托综合医院内设的急诊科、ICU、手术中心、医技科等
特点	基地选择灵活，功能单一。不配置大量急救车，对交通要求低	功能单一，自成院前急救运营体系，独立于医院之外	自身功能独立完整，建设投入较大，运营成本高	充分利用综合医院的医疗资源，投资小、运营成本低，和医院间联系紧密
实例	广州急救中心	上海急救中心	沈阳急救中心	重庆市急救医疗中心

注：急救中心的模式类型依所属城市或区域急救网络模式确定。

急救中心 [2] 院前急救

院前急救网络

城市的院前急救网络由急救中心、急救分中心和急救站等机构组成。

特大型城市可分为急救中心、急救分中心、急救站三级急救网络，大中型城市可分为急救中心、急救站二级急救网络，中小城镇可仅设急救中心（站）及急救分站。每个地、市应设一个急救中心，宜独立设置。

院前急救网络应根据当地服务人口数量、当地经济发展水平、服务半径、地理位置等因素合理确定，每5~10万人配备1辆，救护车平均急救反应时间应小于10~15分钟。一般宜按18~50km²设一个分中心或急救站，其服务半径约为3~5km，人口密集的地区，服务半径可适当减小。

院前急救机构规模分类参考指标　　　　　　　　　表1

建设规模（按救护车数量分）	5辆及以下	10辆	20辆	30辆	40辆	50辆	60辆
用地面积（m²）	566.7~1062.5	933.3~1750	1433.3~2687.5	1966.7~3687.5	2466.7~4625	2966.7~5562.5	3466.7~6500
建筑面积（m²）	850	1400	2150	2950	3700	4450	5200

注：1. 如上分类面积针对独立型的急救中心和急救站，非独立建制的急救分中心和急救站可参照执行。
2. 表中所列面积为最低指标要求。
3. 中间规模的急救中心面积可采用插入法计算。
4. 60辆以上规模的急救中心，建筑面积按每10辆增加750m²计算。
5. 本表不包括培训用房建筑面积。培训用房建筑面积根据培训规模、培训学员数量等确定。

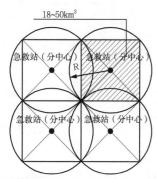

图中阴影面积为18~50km²面积，黑点为急救站或分中心的布点位置。服务半径R为3~5km的急救站或急救分中心所能够完全覆盖的服务区域，即为18~50km²面积。

1 急救半径分析

院前急救功能用房　　　　　　　　　　表2

功能类型	必须配置用房	选择配置用房	急救站	急救分中心	急救中心
后勤保障	中心供应消毒间、人员消毒间、物资仓库、设备维修车间、医疗垃圾存放间	职工食堂、餐厅	√	√	√
业务用房	值班室、行政办公、综合用房	设备科、基建科、人事保卫科、科研用房、电脑室、接待室、会议室、陈列室、档案室	√	√	√
指挥调度	调度大厅、多功能指挥会议室、程控交换机无线机房、配线室、暗室、投影室、机房	更衣室、休息室、厕所、观摩台、资料室			√
车库	车库、车辆洗消间、车辆维修车间	驾驶员更衣、厕所、休息室	这些功能设置应根据实际需求配备，有条件可设置直升机停机坪		
隔离	医护人员消毒间、车辆消毒间、物品消毒间	物资仓库、设备维修车间、值班室、休息室、餐厅			
培训	创伤、复苏、危重症示教室、大教室、电化设备控制室	体能训练室、教员休息室、图书室、书库、期刊室、厕所、学院宿舍、餐厅			

注：独立设置的指挥调度型急救中心可根据功能需要参考本表设置。

设计要点

1. 选址应考虑交通便利、地形规整，工程和水文地质条件较好的地段，应避开污染源和易燃易爆物的生产、贮存场所，并应避免强电磁场干扰用地。急救站宜设在人口较为集中的地区。

2. 基地宜面临两条道路，急救车出入口不应少于两处。应设有独立成环的双环通道。出入口应直接与城市道路连接。

3. 急救中心建设应具备应对各类突发事件紧急医疗救援和重大活动医疗救援保障的能力。指挥调度用房宜设在建筑物的顶层，必须保证安全性，在突发事件、自然灾害时能正常运行。

4. 救护车车库包括车道的室内净高，宜大于3.2m。车库设在地下室时，宜设两个出入口。

5. 隔离用房应设在基地内常年主导风向的下风侧并靠近出入口，并应保持与周围建筑的间距。严格划分清洁区和污染区，并设缓冲区，避免交叉混杂。

6. 急救指挥中心应配置与其功能和规模相适应的有线通信系统、无线集群系统、计算机系统、闭路电视监控系统、本区域电子地图和卫星定位系统、114数据库信息系统等。

7. 急救站用房应设置车库、工作人员办公室、值班室、休息室。根据规模和需要可靠近车库设置物资库。

8. 建筑的平面布局、结构形式和机电设计宜为后续发展、改造预留条件。

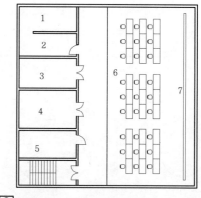

1 更衣室
2 休息室
3 程控交换机无线机房
4 总机房
5 配线室
6 调度大厅
7 电子大屏幕

2 某指挥大厅下层平面示例

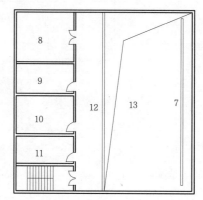

8 多功能指挥会议室
9 暗室
10 投影室
11 资料室
12 观摩台
13 调度大厅上空

3 某指挥大厅上层平面示例

概述

院内急救由独立设置的急救医院或各类医院急诊科承担。

医院急诊科实行24小时开放，应当具备与医院级别、功能和任务相适应的场所、设施、设备、药品和技术力量，以保障急救工作及时有效开展。

二级及以上医院设急诊科。县级以上综合医院和床位数≤300张的其他医院急诊科应与普通门诊分开，自成体系，设单独出入口和隔离诊室。

由于急诊科功能的特殊性，在医院功能布局中需要考虑急诊与门诊、医技功能区的有效关联。通过合理的位置规划，实现部分医疗资源的共享。

独立急救医院或各类医院急诊科面积指标可参照相应医院建设指标相关数据。

设计要点

1. 急诊应位置明显，有便利的对外交通和通信联系，考虑救护车的易达性。如设直升机停机坪，应与急救有快捷的到达通道。

2. 急诊在医院隔离分区上属极高危险区域，应独立设置或独立成区，设独立出入口。入口应当通畅且满足急救车通行、停靠及回车需要。有条件的可分设普通急诊患者、危重病患者和急救专用入口。

3. 需考虑对突发性公共卫生事件和安全事件的应对。室外有较多车辆停放空间。如有需要可设置清洗消毒区，供有化学、核辐射等沾染的车辆进行喷洒消毒使用。室内利用适当位置的公共空间，为意外情况所致大量伤患提供紧急救助。

4. 急诊在功能布局上分为急救区、急诊诊疗区、急诊留观区、医技检查区、公共服务区，布局应科学合理，紧凑高效，以减少院内交叉感染，缩短抢救距离。宜设感染患者隔离措施。

5. 急诊内不单设医技检查设备时，和影像部应联系便捷，并考虑24小时运营管理的方便。同时应与医院手术室、重症监护室等部门有便捷的联系通道。

6. 应设置醒目的路标和标识，方便引导患者就诊。门厅附近设置存放推床、轮椅的空间。门厅、通道、柱应设防护措施，防止担架、推床、轮椅等的碰撞。

7. 急诊急救24小时运营，宜与其他区域分隔。其作为医院里的易感染科室，应采用独立的空调系统，建议使用100%的新风，不使用循环风。诊室、抢救室采用高换气次数。

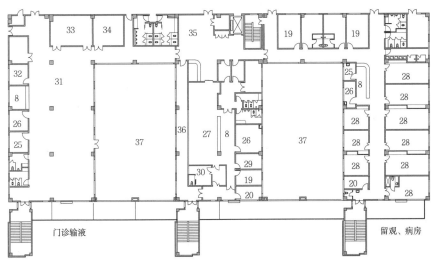

1 某医院急诊二层平面图

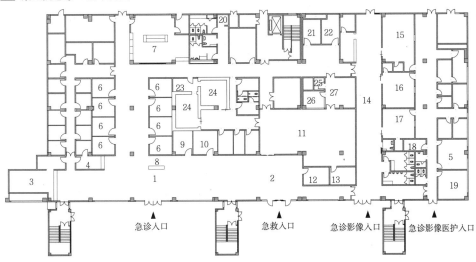

2 某医院急诊一层平面图

1 急诊大厅
2 急救大厅
3 药房
4 挂号收费
5 写报告处
6 诊室
7 检验
8 护士站
9 换药
10 清创
11 抢救
12 注射
13 洗胃
14 候诊区
15 CT
16 DR
17 透视
18 洗涤
19 医师办公室
20 洗污室
21 心电图室
22 B超
23 污物
24 手术室
25 处置
26 治疗室
27 EICU
28 留观病房
29 护士办公
30 隔离
31 输液大厅
32 药品准备
33 儿科输液
34 注射
35 等候
36 探视廊
37 屋顶花园

急救中心 [4] 院内急救

抢救室

抢救室应直通门厅,有条件时宜直通急救车停车位,面积应不小于每床30m²,门的净宽应不小于1.10m。应配置氧气、吸引等医疗气体的设备管道。

大空间抢救厅,可按需分隔为多个独立抢救单元。每床净使用面积不少于12m²。

抢救监护室(EICU)

抢救监护室内平行排列的观察床净距应不小于1.20m、有吊帘分隔者应不小于1.40m,床沿与墙面的净距应不小于1m。应配置氧气、吸引等医疗气体的设备管道。

观察室

观察床数量根据医院承担的医疗任务和急诊病人量确定。急诊患者留观时间原则上不超过72小时。观察室独立成区,应设单独出入口,入口设缓冲区域及就地消毒设施。根据需要设隔离观察室或单元时,应具备就地消毒措施。平行排列的观察床净距应不小于1.20m、有吊帘分隔者应不小于1.40m,床沿与墙面的净距应不小于1.00m。

国外急诊

采用标准化、灵活性、多适应、通用性的房间布局,多分为普通诊疗区、危重抢救区。设中心工作站,位于急诊的中心区,使医护人员对各区域情况有直接的视线控制和短捷的联系。

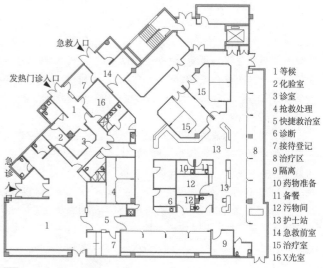

1 某医院急诊平面图

1 等候　2 化验室　3 诊室　4 抢救处理　5 快捷救治室　6 诊断　7 接待登记　8 治疗　9 隔离　10 药物准备　11 备餐　12 污物间　13 护士站　14 急救前室　15 治疗室　16 X光室

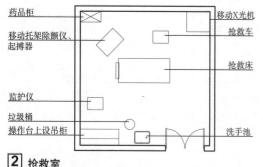

2 抢救室

3 洗胃室

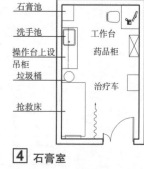

4 石膏室

急诊功能区域及用房　　表1

区域名称	空间分类	房间名称	功能说明	区域名称	空间分类	房间名称	功能说明	
急诊/急救大厅	公共区域	预检分诊/接诊	了解病情,初步判断,按不同病种、不同病情合理安排进入相对应的诊疗区	急救区	危重区	抢救室	每床设氧气、真空吸引等医疗气体	
		挂号/收费	—			器械准备	—	
		急诊药房	与门诊药房合并设置时,应设独立窗口			紧急处置室	可按需分设有菌、无菌两间	三级综合医院和有条件的二级综合医院应设
		门厅	根据医院规模,急诊、急诊门厅可合并或分开设置;急诊部门厅兼做分诊时,其面积不宜小于24m²			急诊手术室	半污染急救手术室,包括手术间、无菌用品储存、消毒刷手、更衣卫浴、设备库	
急诊区	普通诊疗区	护士站/患者候诊间/家属等候间	位置明显,易于病人到达			EICU监护室	根据医院规模,选择配置	
		诊室/隔离诊查室	含:外科、内科、儿科、妇科、五官科,配备非手触式开关的流动水洗手设施或配备速干手消毒剂			救护车辆核生化清洗区	设在急诊门外,有化学、核辐射沾染的车辆进行喷洒消毒。根据医院规模,选择配置	
		联合会诊室	可完成急诊区的教学、会诊使用			洗胃室	—	
急诊医技区	共享检查治疗区	治疗处置室/清创室/换药室	进行导尿、换药和拆线等操作	留观区	次危重区	观察室	设氧气、真空吸引等医疗气体	
		石膏室				配液室	内可附设超净台,供配液使用	
		急诊化验	临近公共卫生间,收取样本就近送检			治疗处置室		
		B超/心电图				护士站	位置明显,到达各留观病房的服务半径短捷	
		X光放射	根据医院规模,选择配置			医生谈话室	医生会诊及和病患家属交流处	
		CT/MRI	根据医院规模,选择配置			值班/更衣		
		注射/取血室	皮试、抽血、注射等操作	保障区	辅助区	设备储存间	放置便携式B超、内窥镜等设备	
		输液	可与门诊输液合并,内含配液室。应设供氧终端			污洗室/医生厕所/病人厕所	—	

院前急救实例 [5] 急救中心

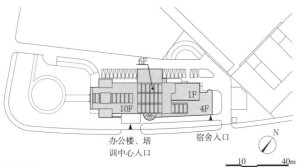
a 总平面图

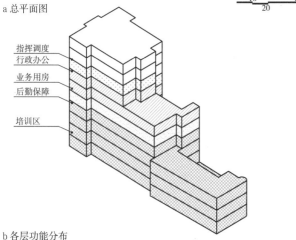
b 各层功能分布

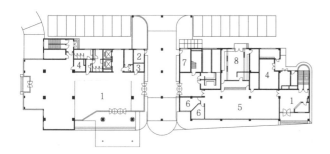
1 门厅 2 保安消防控制 3 配线间 4 空调机房 5 餐厅 6 小餐厅 7 垃圾收集间 8 厨房
c 一层平面图

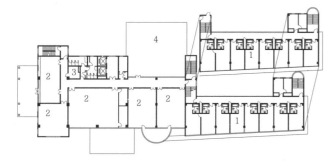
1 学员宿舍 2 教室 3 空调机房 4 屋顶花园
d 三层平面图

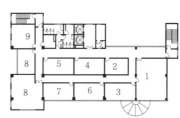
1 电话设备机房
2 设备科
3 医疗设备修理间
4 车辆急修人员值班室
5 通信设备维修室
6 后勤技工间
7 办公室
8 机动人员值班室
9 突发事故值班室

e 五层平面图

1 调度厅
2 电子大屏幕
3 机房、TIM室、程控交换机无线机房
4 休息室
5 更衣室

f 九层平面图

1 突发性重大事故协调会议室
2 重大事故领导值班室、总指挥室、总值班室、观摩台
3 调度厅上空

g 十层平面图

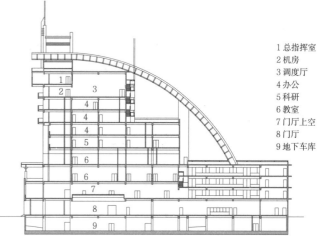
1 总指挥室
2 机房
3 调度厅
4 办公
5 科研
6 教室
7 门厅上空
8 门厅
9 地下车库

h 剖面图

1 上海医疗急救中心

名称	主要技术指标	建设时间	设计单位	
上海医疗急救中心	建筑面积10000m²	1999	华东建筑集团股份有限公司 上海建筑设计研究院有限公司	上海医疗急救中心负责中心城区院前急救工作和全市性应急保障任务，紧急状态下统一指挥、调度全市院前急救资源，是独立设置的市级院前急救中心。中心承担全市院前急救培训、宿舍区、培训区与日常急救工作区分区设置

急救中心 [6] 院前急救实例

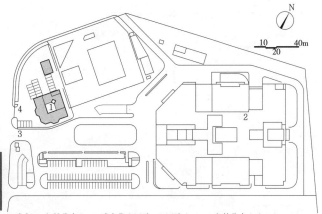

1 浦东120急救分中心 2 浦东华山医院 3 医院入口 4 急救分中心入口

a 总平面图

1 门厅 2 门卫值班 3 天井 4 会议室 5 厨房 6 驾驶员室
7 休息 8 药品库 9 急救室 10 车管室 11 总务科 12 汽车修理间
13 油库材料 14 更衣兼工具间 15 停车

b 一层平面图

1 会议室
2 办公室
3 调度室
4 指挥室
5 调度员休息室
6 财务
7 天井上空

c 二层平面图

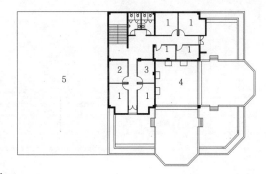

1 办公
2 接待
3 总值班室
4 天井上空
5 屋面

d 三层平面图

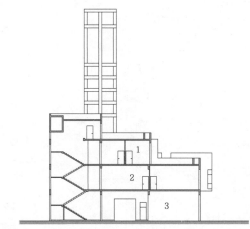

1 接待 2 办公室 3 停车

e 剖面图

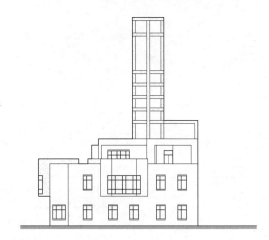

f 南立面图

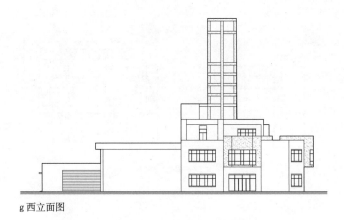

g 西立面图

1 上海浦东新区120急救分中心

名称	主要技术指标	救护车数量（辆）	建设时间	设计单位	
上海浦东新区120急救分中心	建筑面积1930m²	12	2004	华东建筑集团股份有限公司 上海建筑设计研究院有限公司	上海浦东新区120急救分中心设置于浦东华山医院附近，为区级急救分中心

院内急救实例 [7] 急救中心

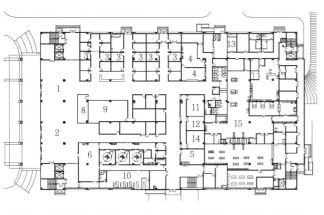

1 急诊大厅　2 急救大厅　3 诊室　4 生化检验　5 内窥镜　6 抢救室　7 手术室
8 挂号　9 急诊药库　10 EICU　11 CT　12 DR　13 办公室　14 X光
15 中心供应

a 一层平面图

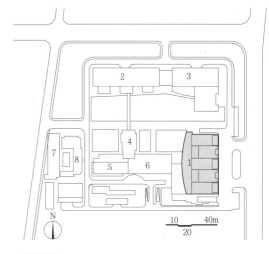

1 门急诊楼　2 内科综合楼　3 外科综合楼　4 医技楼　5 现状病房楼　6 扩建病房楼　7 综合楼　8 高压氧舱

a 总平面图

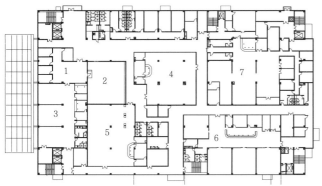

1 儿科急诊　2 庭院　3 儿童输液　4 一区输液　5 二区输液　6 留观区　7 血液透析中心

b 二层平面图

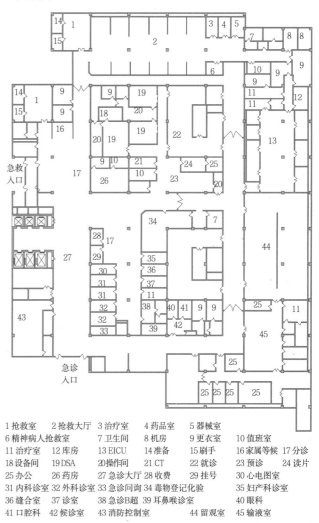

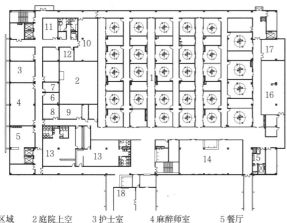

1 手术区域　2 庭院上空　3 护士室　4 麻醉师室　5 餐厅
6 麻醉主任室　7 护士长室　8 麻醉器械室　9 手术医生休息室　10 手术电视总控室
11 医生值班室　12 护士值班室　13 医生更衣室　14 术后恢复　15 清洁供应
16 手术器械　17 敷料间　18 家属等候区

c 三层平面图

1 抢救室　2 抢救大厅　3 治疗室　4 药品室　5 器械室
6 精神病人抢救室　7 卫生间　8 机房　9 更衣室　10 值班室
11 治疗室　12 库房　13 EICU　14 准备　15 刷手　16 家属等候　17 分诊
18 设备间　19 DSA　20 操作间　21 CT　22 就诊　23 预诊　24 读片
25 办公　26 药房　27 急诊大厅　28 收费　29 挂号　30 心电图室
31 内科诊室　32 外科诊室　33 急诊问询　34 毒物登记化验　35 妇产科诊室
36 缝合室　37 诊室　38 急诊B超　39 耳鼻喉诊室　40 眼科
41 口腔科　42 候诊室　43 消防控制室　44 留观室　45 输液室

b 地下一层平面图（局部）

1 无锡市人民医院急救中心

名称	急救中心面积（m²）	医院床位数	建设时间	设计单位
无锡市人民医院急救中心	急诊部面积约5000	1900床	2009	华东建筑集团股份有限公司上海建筑设计研究院有限公司

无锡市人民医院总建筑面积为32000m²。急救中心为3层独立建筑，并设连廊与住院楼相连接，三层手术中心为医院综合部手术中心。

2 北京朝阳医院急诊部

名称	急救中心面积（m²）	医院床位数	建设时间	设计单位
北京朝阳医院急诊部	5000	1300床	2007	中国中元国际工程有限公司

北京朝阳医院门急诊及病房楼建筑面积8.4万m²。急诊部设于地下一层，车流可直接通至地下急诊主入口，人流可以通过室内交通到达，分为极危重、次紧急及普通急诊3个区域，呈"日"字形分布

急救中心 [8] 院内急救实例

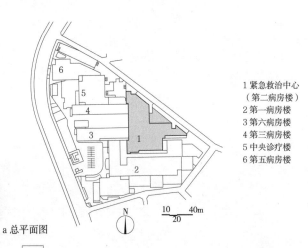

1 紧急救治中心（第二病房楼）
2 第一病房楼
3 第六病房楼
4 第三病房楼
5 中央诊疗楼
6 第五病房楼

a 总平面图

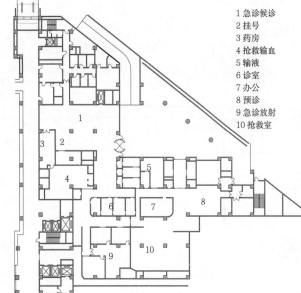

1 急诊候诊
2 挂号
3 药房
4 抢救输血
5 输液
6 诊室
7 办公
8 预诊
9 急诊放射
10 抢救室

b 一层平面图

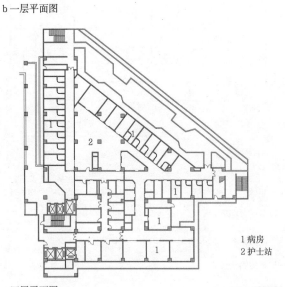

1 病房
2 护士站

c 四层平面图

1 日本名古屋第二红十字医院紧急救治中心

名称	急救中心面积（m²）	急救床位数	建设时间	设计单位
日本名古屋第二红十字医院紧急救治中心	21425	100床	2001	日本山下设计

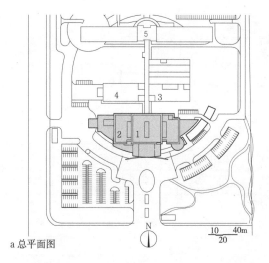

1 门诊楼
2 急诊楼
3 医技中心
4 体检中心
5 住院部

a 总平面图

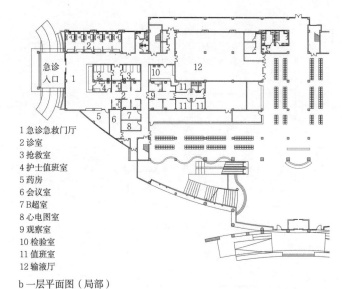

1 急诊急救门厅
2 诊室
3 抢救室
4 护士值班室
5 药房
6 会议室
7 B超室
8 心电图室
9 观察室
10 检验室
11 值班室
12 输液厅

b 一层平面图（局部）

2 上海交通大学医学院附属苏州九龙医院急诊部

名称	急救中心面积（m²）	医院床位数	建设时间	设计单位
上海交通大学医学院附属九龙医院急诊部	1300	650床	2005	华东建筑集团股份有限公司上海建筑设计研究院有限公司

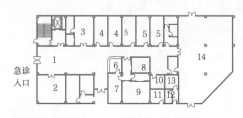

1 急诊急救门厅
2 抢救室
3 清创手术室
4 急诊诊室
5 留观室
6 挂号收费
7 急诊病房
8 B超室
9 CT室
10 处置室
11 办公室
12 注射室
13 配液室
14 输液厅

一层平面图（局部）

3 福建中医药大学附属第三人民医院急诊部

名称	急救中心面积（m²）	医院床位数	建设时间	设计单位
福建中医药大学附属第三人民医院急诊部	1100	300床	2011	福建省建筑设计研究院

基本概念 [1] 肿瘤医院

概述

肿瘤医院是从事肿瘤病种诊断治疗的专业医疗机构。根据规模和功能不同，分为二级和三级肿瘤医院。并根据技术水平、质量水平、管理水平高低及必要设施设置，划分为甲、乙、丙等。其医疗机构类别属专科医院。

针对肿瘤的主要治疗手段为：外科手术治疗、化学治疗、各类放射性治疗。其他如物理治疗、生物基因治疗及中医药治疗等多作为综合治疗的一部分而联合应用。

肿瘤医院分级表　　　　　　　　　　　　　　　　　　　表1

二级肿瘤医院	向含有多个社区的地区提供以医疗为主，兼顾预防、保健和康复医疗服务，并承担一定教学和科研任务的地区性医疗机构。依据当地《医疗机构设置规划》设置
三级肿瘤医院	以提供高水平肿瘤专科医疗服务为主，兼顾肿瘤预防、保健和康复服务并承担相应高等医学院校教学和科研任务的国家高层次医疗机构；是省或全国的医疗、预防、教学和科研相结合的技术中心。依据省级《医疗机构设置规划》设置
综合性医院肿瘤科	根据区域卫生规划，由上级卫生行政部门指定二级以上综合医院设置

肿瘤医院临床科室设置表　　　　　　　　　　　　　　表2

等级	临床科室设置
二级肿瘤医院	一级专业科室6个：肿瘤内科、肿瘤外科、妇瘤科、放射治疗科、麻醉科、中西医结合科；应有二级专科；重点专科应有1个以上，每重点专科有15张以上病床
三级肿瘤医院	一级专业科室6个：肿瘤内科、肿瘤外科、妇瘤科、放射治疗科、麻醉科、中西医结合科；外科二级专业科室不少于2个；重点专科应有1个以上，每重点专科有20张以上病床，应设重症加强监护病房
综合性医院肿瘤科	科室病床>20张；具备综合治疗必备条件（医疗设备、人员、防护要求）

主要用房组成表　　　　　　　　　　　　　　　　　　表3

临床科室	肿瘤外科：头部、乳腺、胸外、胃及软组织、大肠、泌尿、胰腺肝胆等 肿瘤内科、妇瘤科、放射治疗科、麻醉科、中西医结合科
医技科室	放射科、医学检验科、病理科、核医学科、药剂科等
技术服务科室	中心实验室、血库、中心供应室、静脉配置中心、营养科、太平间等
其他	手术室、病房区、行政管理、教学、生活等

设计要求

1. 肿瘤医院在选址、总平面布局及平面布置的基本设计要求与综合医院基本相同，在急诊急救功能上较为弱化。相关内容可参见综合医院相关章节。

2. 放射诊疗科是肿瘤医院最重要的检查科室。应布置于医院的核心位置，与门诊、急诊和住院部应保持密切的联系和便捷的通道。

3. 针对肿瘤病人体弱的特点，应重点关注无障碍设计，并充分考虑陪护人员的等候区域设计。

4. 针对肿瘤治疗过程中有电离辐射屏蔽及药物毒性防护等要求，在肿瘤检查及治疗的科室布局中应尽量采用病人通道与医护人员通道分开的布置方式。

5. 根据《放射诊疗管理规定》，放射诊疗工作按照诊疗风险和技术难易程度分为放射治疗、核医学、介入放射学和X射线影像诊断四类。有电离辐射防护要求的房间，应在房间各面设置经防护计算确定的合适厚度的防护材料，以保证该区域外部人员所受剂量在允许范围内及各类设备的安全使用。射线防护设计应符合《医用X射线诊断卫生防护标准》相关规定。

6. X射线影像诊断是指利用X射线的穿透等性质取得人体内器官与组织的影像信息，以诊断疾病的技术。放射影像诊断宜成区布置，应考虑就医流程的合理方便及后区医生工作站及影像处理的统一管理；肠胃检查室应设调钡处和专用厕所；设备扫描机房应考虑病人推车进入。

7. 医疗设备机房应有足够的面积安置医疗设备，应考虑就诊者的更衣面积和担架的回转面积。根据《医用X射线诊断卫生防护标准》，医用诊断X射线机房面积应不小于$24m^2$。

8. 不同厂家的设备机房有一定差异，应尽早确定医疗设备的具体品牌和型号，以落实建筑功能布局及运输路线。

9. 大型医用设备按高低阶梯分型为科学研究型、临床科研型和临床实用型三类。大型医疗设备配置与医院发展应遵循经济性、适用性、适度考虑发展的原则。

10. 应考虑按每百万人配置2~3台远距离放疗设备或按国家相关标准。

11. 应按照《医院建设标准》落实大型医用设备建筑面积指标。

肿瘤医院主要医用设备一览表　　表4

按投资分类 按用途分类	大型医用设备		非大型医用设备
	甲类	乙类	
诊断设备	正电子发射计算机断层扫描仪（PET/CT）	X线电子计算机断层扫描装置（CT） 医用磁共振成像设备（MRI） 800mA以上数字减影血管造影X线机（DSA） 单光子发射型电子计算机断层扫描仪（SPECT）	非大型X射线诊断设备（普通X线拍片机、计算机X线摄影系统CR、直接数字化X线摄影系统DR、乳腺机、胃肠机等）、功能诊查设备、超声诊断设备、非大型医用核素设备、内窥镜设备、实验检验分析设备、五官科检查设备及病理诊断设备
治疗设备	伽马射线立体定位治疗系统（伽马刀） 医用电子回旋加速治疗系统（MM50） 质子治疗系统及首次配置单价在500万元以上的设备	医用电子直线加速器（LA）	病房护理及医院通用设备、手术设备、非大型医用射线治疗设备、非大型医用核素治疗设备、理疗康复设备、激光设备、低温冷冻设备、体外循环设备、急救设备、中医治疗设备及其他治疗设备
辅助设备	消毒灭菌设备、各类手术辅助设备、中心吸引及供氧系统、机电设备、药房设备器具、血库设备、医用数据处理设备、医用摄影录像设备、防疫防护卫生装备与材料等		

注：1.参考《全国卫生系统医疗器械仪器设备分类与代码》WS/T 118-1999及国家对大型医用设备的相关政策规定。
2.影响建筑布局的主要医用设备用粗体字显示。
3.放射检查内容详见综合医院相关章节。

肿瘤医院 [2] 放射治疗

概述

放射治疗是利用电离辐射的生物效应治疗肿瘤等疾病的技术。

放疗科基本设备与用房　　　　表1

设备类型	后装机、钴60机、直线加速器、γ刀、深部X线治疗、MM50、质子重离子系统等
主要功能房间	放射治疗机房、控制室；治疗计划室、模拟定位室、物理室（模具间）；模具存放；候诊、护士站、诊室、医办、厕所、更衣（医患分设）、污洗间、固体废弃物存放间等
设计重点	放射治疗宜成区布置，避免与其他区域的人/物流线混淆；设备一般重量较大，宜布置在底层，同时考虑推车进入

放疗科主要医用设备表　　　　表2

设备类型	功能介绍	设计要点
医用电子回旋加速治疗系统（MM50）	采用循环式加速产生MV级射线的肿瘤定向放射治疗仪。其最高射线强度可达50MV，高于直线加速器的15MV射线，其工作原理与直线加速器基本一致，在屏蔽措施和安全措施上有相似性	产生的束流可供多个放射治疗室使用，可用于配置在大型放疗中心
伽马射线立体定位治疗系统（伽马刀）	立体定向伽马射线放射治疗系统，是一种精确放疗技术。一般分为头部伽马刀、体部伽马刀，放射源采用钴60。（注：钴60治疗机以单个钴60为放射源，为早期主流放射治疗设备，具有相对稳定不变的放射线能量）	—
质子重离子系统及其他	利用质子（重离子）加速以后的巨大能量穿透人体组织，到达并杀灭肿瘤细胞而达到治疗目的；具有能量高、穿透力强、保护正常细胞组织及杀灭放疗抗性肿瘤细胞等优点	发生及应用工艺要求非常复杂，该系统的建设是巨大的综合工程
医用电子直线加速器（LA）	一种用来对肿瘤进行放射治疗的粒子加速器装置。目前使用最多的是电子直线加速器，广泛用于各类肿瘤的术前术后治疗	—
深部X线治疗机	通常是指管电压在180～400kV的X线机，其产生的X线强度及穿透能力均较大，可作为60钴治疗机和加速器高能X线治疗的辅助手段，补充浅层部位剂量的不足	—
后装机	即近距离放射治疗机，预置治疗容器于治疗部位，遥控将放射源准确安全地输送到容器内进行放射治疗。可避免放置治疗容器过程中医务人员受放射源辐射	—

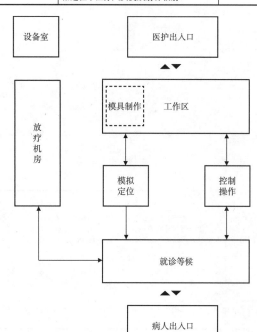

1 工作流程

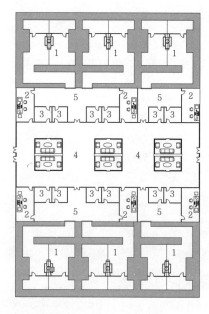

1 直线加速器
2 控制室
3 更衣
4 一次候诊
5 二次候诊

2 放疗科典型平面图

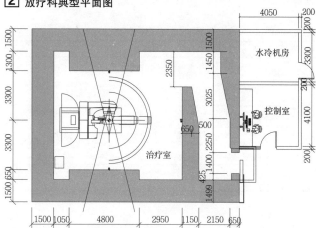

a 医用直线加速器房间平面图

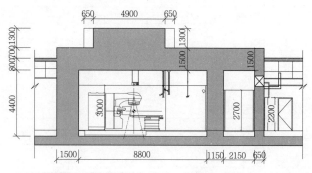

b 医用直线加速器房间剖面图

3 医用直线加速器房间平面、剖面图

直线加速器机房建议基建数据（单位：m）　　　表3

	开间×进深	备注
主机房	8.80×6.40×3.00(h)；结构高度4.00m	六面墙体防护处理；迷道不小于2m宽
控制室	3.00×4.00×2.80(h)；	活动吊顶
主机房门	不小于1.40×2.10（净尺寸）	防辐射专业门窗
控制室门	0.90×2.10	—
设备室	3.00×4.00×2.80(h)；	考虑室外机组位置

典型设备平面

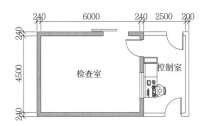

[1] 深部X线治疗机典型平面图

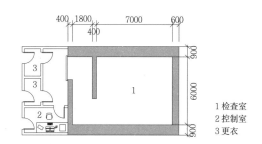

[2] 伽马cγ刀机房典型平面图

1 检查室　2 控制室　3 更衣

质子和重离子放疗系统

质子重离子放疗技术是目前国际肿瘤治疗的高端技术，具有精度高、疗程短、疗效好等特点。它集成了高能物理、加速器制造、自动控制、计算机等新技术，应用于肿瘤的影像成像、放疗计划设计、实施和质量控制，使肿瘤放疗的精确性达到当今最高水平。

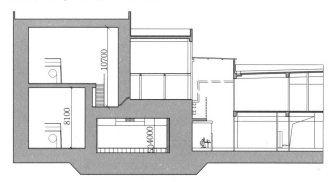

a 质子和重离子放疗系统剖面示意一

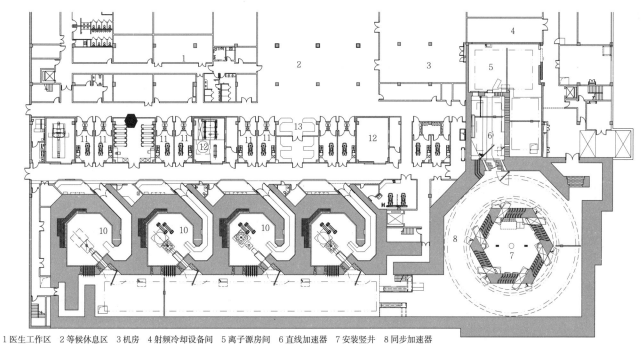

1 医生工作区　2 等候休息区　3 机房　4 射频冷却设备间　5 离子源房间　6 直线加速器　7 安装竖井　8 同步加速器　9 高能束流传输系统　10 治疗房　11 病人固定室　12 CT检查室　13 护士站

b 质子和重离子放疗系统平面示意

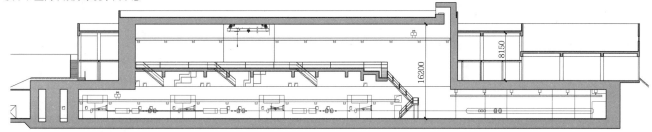

c 质子和重离子放疗系统剖面示意二

[3] 质子和重离子放疗系统用房

肿瘤医院 [4] 核医学科

概述

核医学是利用放射性同位素诊断或治疗疾病或进行医学研究的技术。

核医学科基本设备与用房　　　　　　　　　　　　　　　表1

设备类型及治疗类型	PET-CT、SPECT-CT、PET-MR、ECT、回旋加速器（制药）、γ相机影像诊断机、骨密度测量仪；籽粒插植治疗、放射性药物治疗等
主要功能房间	主设备机房、控制室、设备间、观片室、登记存片室、病人更衣室、候诊处（放射性及非放射性分开）、休息室、注射室、诊室、办公室等；制药区：回旋加速器机房、药房、配药房、质量控制室、清洁区、气瓶室、办公室和仓库等；条件允许的情况下，可设置核病房，位置宜靠近核医学区或单独成区
设计重点	应成区布置，考虑后区医生工作站及影像处理中心布置，设备扫描机房应考虑病人推车进入；影像设备常与回旋加速器制药区接近，或单独设置放射性药物进出流线；需区分放射区及非放射区、病人区及医护区、放射药品及普通物品流线等多项流程关系；区域位置应在总体规划中处下风向位置，并与周围其他区域保持一定防护距离。放射性废水须单独设置衰减池，做防护处理

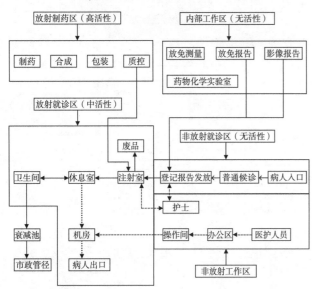

1 工作流程

核医学科主要医用设备　　　　　　　　　　　　　　　表2

设备类型	功能介绍	设计要点
PET-CT	PET是全电子发射计算机断层显像，以正电子核素标记人体代谢物为显像剂。PET-CT是整合PET及CT组合成完整的显像系统，可同时获得CT解剖图像及PET功能代谢图像。目前最常用的PET显像剂为18F标记的FDG(氟化脱氧葡萄糖)	平面布局需要密切契合工作流程
SPECT-CT	SPECT-CT为单光子发射计算机断层扫描。常用的放射性药物有碘123、锝99、氪133、铊201、氟18	
回旋加速器（制药）	回旋加速器为放射性同位素供给系统，生产正电子放射同位素以及一系列化学复合物，广泛用于核医学药物生产	
γ相机影像诊断机	最常用的核医学成像设备	
骨密度测量仪	利用X射线扫描测量，评估骨骼的密度图像的诊断	

1 候诊区　　　　2 诊室　　　　3 VIP诊室/接待室　　4 VIP注射前候诊室
5 洗手间　　　　6 护士工作站　7 药品分装计量　　　　8 治疗区
9 注射室　　　　10 洗涤室　　　11 固体废物存放室　　12 检查后休息室
13 注射后候诊室　14 医更厕　　　15 会议室　　　　　　16 阅片室
17 主任办公室　　18 设备间　　　19 控制室　　　　　　20 PET/CT室
21 医生办公室　　22 储藏室　　　23 辅助设备室　　　　（PET/MR室）

2 PET中心典型平面布局图

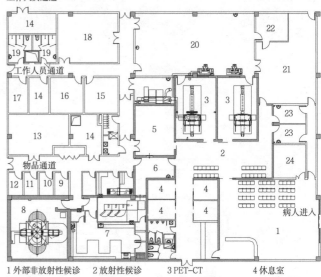

1 外部非放射性候诊　2 放射性候诊　　3 PET-CT　　　　　4 休息室
5 单光子标记室　　　6 注射室　　　　7 正电子药物合成室　8 回旋加速器
9 电源室　　　　　　10 衰变室　　　　11 空压室　　　　　12 气体室
13 净化机房　　　　　14 设备机房　　　15 试剂原料室　　　16 药物化学室
17 资料室　　　　　　18 医师技师办公室 19 医更厕　　　　　20 影像放免报告/
21 放免测量/放免操作　22 标本处理　　　23 问诊　　　　　　核医学影像控制
24 休息室　　　　　　　　　　　　　　　　　　　　　　　　处理大厅

3 某医院核医学科平面图

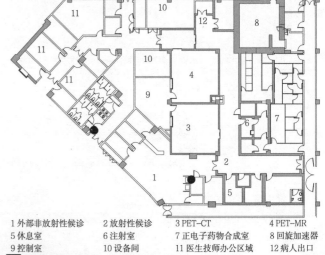

1 外部非放射性候诊　2 放射性候诊　3 PET-CT　　　　　　4 PET-MR
5 休息室　　　　　　6 注射室　　　7 正电子药物合成室　　8 回旋加速器
9 控制室　　　　　　10 设备间　　　11 医生技师办公区域　12 病人出口

4 某医院核医学科平面图

核医学科 [5] 肿瘤医院

典型设备与布置

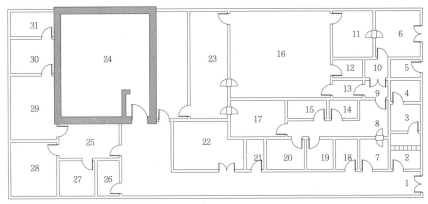

1 工作人员通道　2 换鞋　3 一更　4 二更　5 等候　6 院外付运　7 轻外包　8 周转
9 手消　10 紧急淋浴　11 院内付运　12 库房　13 缓冲　14 洗衣　15 洁具
16 质控实验　17 配液　18 储藏　19 清洗　20 灭菌　21 洗手间　22 净化空调机组
23 热室　24 回旋加速器机房　25 控制室　26 更衣　27 资料室　28 医生办公室
29 辅助设备间　30 气瓶室　31 氢气防爆

1 回旋加速器制药区典型平面布局

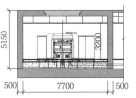

a 回旋加速器典型平面图

b 回旋加速器典型剖面图

2 回旋加速器典型平面、剖面图

部分厂家核医学科典型设备型号机房尺寸（单位：m）　表1

		西门子	飞利浦	GE	备注
PET-CT	检查室	8.50×6.00	7.40×4.40	8.40×5.00	检查室六面墙体防护处理；检查室门窗为防辐射专业门窗；应做活动吊顶便于检修；墙地面装修应便于清洗和消毒
	操作室	6.00×4.00	4.40×2.50	3.00×5.00	
	设备室	4.00×3.00			
	净高	大于2.40	大于2.60	2.80	
SPECT-CT	检查室	5.50×4.50	6.00×4.50	6.50×5.00	
	操作室	4.50×4.00	4.50×3.00	5.00×3.00	
	净高	大于2.40	大于2.75	2.80	
回旋加速器	机房	7.00×7.30	—	7.50×7.00	制药区应为净化区，严格设置工作流程
	控制站	1.80×1.80	—	3.00×3.00	
	净高	工作高度3.34，吊顶3.00	—	4.00	

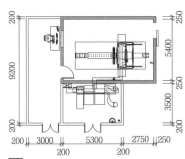

3 PET-CT/SPET-CT典型平面图

某医院医用设备配置功能参数表　表2

序号	设备类型	设备重量	电源要求	层高(m)	推荐机房尺寸(m) 控制室	扫描室	设备间	环境要求 控制室	扫描室	设备间	安全接地	运输通道(m)	室外水冷机组(距离)	特殊要求
1	MR/1.5T	磁体7000kg，11kg/㎡屏蔽	125kVA	3.7以上	6.0×3.0	7.0×6.0	6.0×3.0	15℃~30℃ 40%~80%	18℃~24℃ 40%~60%	15℃~30℃ 40%~80%	等电位 1Ω以下	墙洞尺寸 2.8×2.8	需要(30m内)	高压电缆和电梯，汽车远离磁体中心10m以上
2	DSA/单球管	482kg(床)+962kg(C臂)	100kVA	3.7以上	6.0×3.0	8.0×7.0	6.0×3.0	20℃~24℃ 30%~60%	20℃~24℃ 30%~60%	20℃~24℃ 30%~60%	等电位 1Ω以下	2.3走道×1.5门宽	不需要	其他要求按手术室规划
3	PET/CT	1030kg(PET)+2000kg(CT)+726kg(床)	130kVA	3.5以上	6.0×3.0	7.5×6.0	6.0×3.0	19℃~25℃ 35%~70%	20℃~24℃ 35%~70%	16℃~27℃ 30%~60%	等电位 1Ω以下	2.3走道×1.5门宽	需要(30m内)	规划应取得政府部门的审批
4	回旋加速器	约40t，最大单件重量为10t	35kVA	4以上	6.0×3.0	8.0×7.5	6.0×3.0	22℃~24℃ 35%~50%	18℃~24℃ 45%~55%	—	等电位 1Ω以下	3.5×3.5	需要(30m内)	
5	乳腺DR	360kg(主机)	10kVA	3.0	3.0×3.0	4.5×4.0	需要更衣室	24℃~26℃ 30%~60%	18℃~26℃ 20%~75%		等电位 1Ω以下	2.3走道×1.5门宽	不需要	
6	动态平板胃肠机	1320kg(床)+322kg(天轨)	80kVA	3.5	4.0×3.0	6.0×5.0	—	20℃~24℃ 30%~60%	18℃~28℃ 20%~75%		等电位 1Ω以下	2.3走道×1.5门宽	不需要	
7	X光/DR(两台)	3600kg(床)+322kg(天轨)	80kVA	3.5	4.0×3.0	5.3×5.0	—	20℃~24℃ 30%~60%	18℃~28℃ 20%~75%		等电位 1Ω以下	2.3走道×1.5门宽	不需要	
8	多层CT(128)	2300kg(机架)+500kg(床)	125kVA	3.5	6.0×3.0	6.5×6.0	6.0×3.0	22℃~26℃ 30%~60%	22℃~26℃ 30%~60%	15℃~35℃ 15%~75%	等电位 1Ω以下	2.6走道×1.5门宽	需要(30m内)	可以预留墙洞
9	ECT	1848kg(机架)+228kg(床)	3kVA	3.5	5.0×3.0	5.5×5.0	—	22℃~26℃ 30%~60%	22℃~26℃ 30%~60%	15℃~35℃ 15%~75%	等电位 1Ω以下	2.3走道×1.5门宽	需要(30m内)	规划应取得政府部门的审批
10	放疗系统	9t(加速器)+2t(CT)	200kVA	3.5	6.0×3.0	8.5×7.0	5.0×3.0	22℃~26℃ 30%~60%	22℃~26℃ 30%~60%	20℃~24℃ 30%~60%	等电位 0.5Ω以下	2.0×2.0	需要(30m内)	规划应取得政府部门的审批

肿瘤医院 [6] 辐射屏蔽防护

概述

辐射是指能量以电磁波或粒子的形式向外扩散,分为电离辐射或非电离辐射。一般所称辐射指电离辐射。

放射源按潜在危害程度从高到低分为Ⅰ、Ⅱ、Ⅲ、Ⅳ、Ⅴ类。射线装置分为Ⅰ类、Ⅱ类、Ⅲ类。

辐射既可能是放射性辐射源,如放射性同位素;也可能是非放射性辐射源,如各种电力辐射发生器(如X光机和粒子发生器)运行时发生辐射,电力切断时辐射停止。

屏蔽设计的目的是为了防止辐射伤害,确保放射源及放射装置安全性,保证屏蔽体性能稳定完整,防止屏蔽外设备被活化。

设计要点

屏蔽设计主要内容是确定屏蔽要求,选取屏蔽材料和方案,进行屏蔽计算确定屏蔽厚度。

屏蔽材料需要有以下特点:密度较大,一定含氢量,活化放射性小,良好抗辐照性能,一定机械强度,较大导热系数,较好热稳定性,易于制造维修。

1. 需要进行射线屏蔽设计的医用设备种类:

甲类大型医用设备:正电子发射计算机断层扫描仪(PET/CT)、伽马射线立体定位治疗系统、医用电子回旋加速治疗系统(MM50)、质子治疗系统等;

乙类大型医用设备:X线电子计算机断层扫描装置(CT)、800毫安以上数字减影血管造影x线机(DSA)、单光子发射型电子计算机断层扫描仪(SPECT)、医用电子直线加速器(LA)等。

其他大型及普通医用设备:普通X线机、CR、DR、乳腺机、胃肠机、DSA,后装机、钴60机、深部X线治疗、回旋加速器(制药)等。

医用磁共振成像设备(MRI)属于乙类大型医用设备,需要进行电磁屏蔽设计。

2. 辐射屏蔽设计的计算:有关医用设备的屏蔽计算均应由专业单位专项完成。

3. 医用设备辐射屏蔽防护构造

根据《医用诊断X射线机卫生防护标准》,机房中射线束朝向的墙壁应有2mm铅当量的防护厚度(主防护),其他侧墙壁和天棚(多层建筑)应有1mm铅当量的防护厚度(副防护)。透视机房的墙壁均有1mm铅当量的防护厚度。除墙壁防护外,门窗、通风口、穿线孔、冲片箱、观察窗等都要有防护措施。

一般24cm厚的实心砖墙只要灰浆饱满不留缝隙即可达到2mm铅当量,空心砖或砖缝灰浆不饱满时不能达到2mm铅当量。由于实心粘土砖的禁用及各类设备差异较大,须选择合适的材料并经专业防护计算确定材料厚度。

辐射监控主要有个人剂量监测、工作场所监测和环境监测。

4. 放射性废物处置

放射性废物以固体放射性废物为主,根据废物可焚性分为可焚与不可焚废物。废物积累到一定程度,经剂量检测确认满足放射性物质运输要求,由专职单位转移到放射性废物库贮存。

放射性废水须进行储存冷却测量,在证明满足标准后按规定要求排放。

放射性废气须在放射性水平降低到可直排的水平后由集中排出口排出。

5. 辐射屏蔽的材料选择见表1~5。

辐射分类表 表1

辐射分类	定义	例
电离辐射	指能量较高使物质发生电离作用的辐射	粒子辐射:如α、β、中子辐射等 波的辐射:γ射线和X射线等
非电离辐射	指能量较低无法电离物质的辐射	如太阳光、红外线、微波、无线电波、雷达波等

常用的防护材料列表 表2

透明材料	防辐射有机玻璃(含铅有机玻璃);铅玻璃
不透明材料	含硼聚乙烯板、石蜡砖、铅板、钢板、硫酸钡砂浆、硫酸钡板、合金材料、玻璃钢类复合材料、铅橡胶、铅塑料、铜板、混凝土等

不同射线对应屏蔽材料表 表3

射线类型	常用屏蔽材料
X射线,γ射线	高Z材料:铅、铁、钨、铀 建筑材料:混凝土、砖、去离子水
中子	含氢材料:水、石蜡、混凝土、聚乙烯 含硼材料:碳化硼铝、含硼聚乙烯
α射线	低Z材料:纸、铝箔、有机玻璃
β射线	高低Z材料:铝、有机玻璃、混凝土、铅
P(质子)	钽、钚等

注:高Z材料为高原子序数材料;低Z材料为低原子序数材料。

防护材料比铅当量表1 表4

射线能量(KVP)	铅(mm)	混凝土(2.4g/cm³)	混凝土砖(2.05g/cm³)	含钡混凝土(3.2g/cm³)	含钡混凝土(2.7g/cm³)	砖(1.6g/cm³)
75	1.0	80	85	15	—	175
150	2.5	210	220	28	52	290
200	4.0	220	245	60	100	330
300	9.0	240	275	105	150	425
400	15.0	260	290	140	185	450
γ射线	50	240	270	200	225	—
γ射线	100	480	540	400	450	—

防护材料比铅当量表2 表5

防护材料	比铅当量mmPb/mm材料
铅橡胶	0.2~0.3
铅玻璃	0.17~0.30
含铅有机玻璃	0.01~0.04
填充型安全玻璃(半流体复合物)	0.07~0.09
橡胶类复合防护材料 软质(做个人防护用品)	0.15~0.25
橡胶类复合防护材料 硬质(做屏蔽板)	0.30~0.50
玻璃钢类复合防护材料	0.15~0.20
建筑用防护材料(防护涂料、防护砖及防护大理石)	0.1~0.3

注:1. X射线线质:80~120kV 2.5mmAl所列比铅当量数值为该种防护材料常用型号数值;
2. 本表摘自《X射线防护材料屏蔽性能及检验方法》。

常用的评价指标

$$年开机利用率 = \frac{设备年检查人次 \times 人均占机时间}{日均开机时间 \times 年实际开机天数}$$

$$年时间利用率 = \frac{设备年检查人次 \times 人均占机时间}{年可能开机天数}$$

$$年能力利用率 = \frac{设备年检查人次}{日最大工作量 \times 年可能开机天数}$$

$$年有效利用率 = \frac{年利用时数 \times 检出阳性率}{年标准利用时数}$$

管理状况指标：设备额定工作时数、自设备到货至开始使用日数、设备完好率、年停机日数。

服务量指标：年检查人次、日均检查人次、人均占机时间、年均开机天数、日均开机时间。

简易计算方法

1. 统计医院全年每百人检测率；
2. 核实单套设备每日可工作量；
3. 按医院门诊量计算设备每日总工作量；
4. 根据设备每日总工作量与单套设备每日工作量，计算需配置设备数量。

某设备供应厂家部分设备日工作量统计　　　　　表1

CT	100人次（造影）
MR	45人次（造影）
DR	120~150人次
胃肠	10人次

化学治疗、介入治疗、物理治疗及其他

1. 化学治疗

化疗是利用化学抗肿瘤药物治疗恶性肿瘤的主要手段。实际应用中常分为门诊化疗及住院化疗。门诊化疗常与静脉配置中心位置相邻，以方便药物制作及取用。该部分内容可参见综合医院相关章节。

2. 介入治疗

介入放射学是指在医学影像系统监视引导下，经皮针穿刺或引入导管做抽吸注射、引流或对管腔、血管等做成型、灌注、栓塞等，以诊断与治疗疾病的技术。如DSA介入放射诊疗、X光机、CT、B超等设备引导下介入放射诊疗等。

整个导管室周围环境应达到无菌要求设计，并且在周围设置必要的辅助用房（如准备室、导管室和消毒室等）。临床辅助设备包括激光成像仪及洗片机、高压注射器等。

3. 物理治疗及其他

热疗是通过加热治疗肿瘤的一种物理方法，利用相关物理能量产生的热效应杀灭肿瘤细胞，达到破坏肿瘤细胞同时较少损伤正常组织的一种方法。

生物、基因、中医药疗法，多作为辅助应用或尚待发展，临床上多与化疗药物联合应用。

放射性核素敷贴治疗，是核医学应用最早、最普遍的治疗方法之一，应用放射性核素对表浅病变进行外照射治疗。

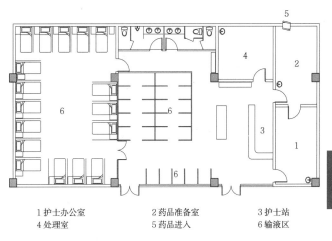

1 护士办公室　　2 药品准备室　　3 护士站
4 处理室　　　　5 药品进入　　　6 输液区

1 某肿瘤医院门诊化疗中心平面图

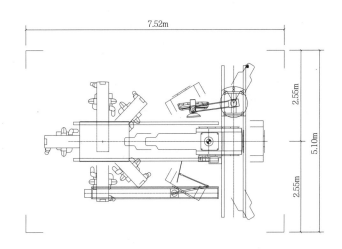

2 典型DSA介入治疗设备所需平面尺寸

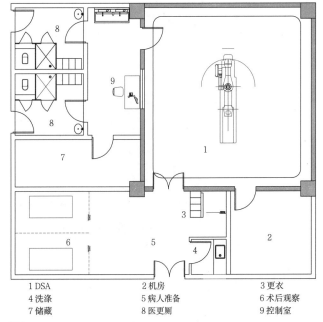

1 DSA　　　　2 机房　　　　　3 更衣
4 洗涤　　　　5 病人准备　　　6 术后观察
7 储藏　　　　8 医更厕　　　　9 控制室

3 某医院介入治疗平面图

肿瘤医院 [8] 实例

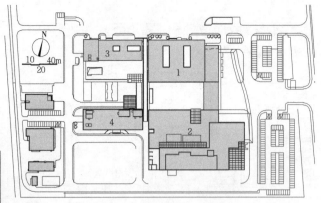

1 门诊楼　2 质子重离子放疗区　3 行政楼　4 病房楼
a 总平面图

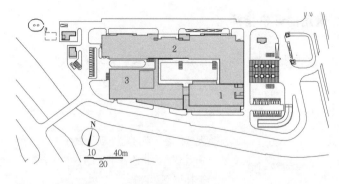

1 门诊楼　2 病房楼　3 医技部
a 核心医疗区总平面图

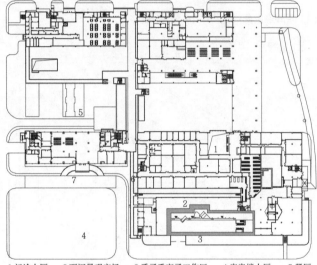

1 门诊大厅　2 下沉景观广场　3 质子重离子工作区　4 病房楼大厅　5 餐厅
6 连廊　7 景观花园
b 一层平面图

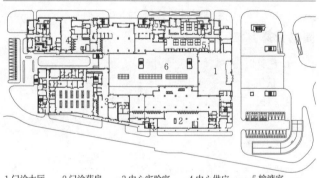

1 门诊大厅　2 门诊药房　3 中心实验室　4 中心供应　5 输液室
6 绿化庭院
b 核心医疗区一层平面图

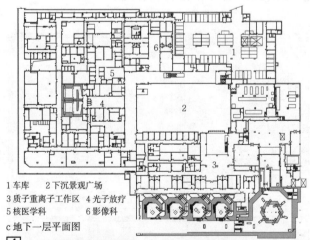

1 车库　2 下沉景观广场
3 质子重离子工作区　4 光子放疗
5 核医学科　6 影像科
c 地下一层平面图

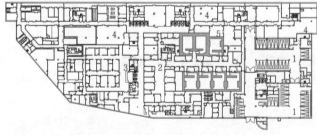

1 机械车库　2 放疗科　3 放射科　4 设备机房　5 药品库
c 核心医疗区地下一层平面图

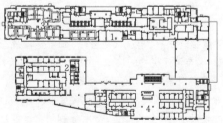

1 手术室　2 功能检查　3 内镜中心　4 门诊
d 核心医疗区二层平面图

1 上海市质子重离子医院

名称	主要技术指标	设计时间	设计单位
上海市质子重离子医院	建筑面积52857m², 总床位数220床	2007~2013	华东建筑集团股份有限公司 上海建筑设计研究院有限公司

上海市质子重离子医院是一所提供质子、重离子放疗的现代化放射肿瘤学治疗和研究机构。设计方案考虑放疗系统的工艺要求，贯彻安全第一的原则，采取相对集中的布局，预留扩建用地。
建筑布局确立东西向的景观主轴及南北向发展主轴，主要四大功能区组成核心医疗区，充分利用地下空间。各区以南北向为主要朝向，以获得良好日照和通风。空间组织注重环境创造，以达到对病人疾病治疗、生活服务、心理安抚的目的。

2 复旦大学附属肿瘤医院

名称	主要技术指标	设计时间	设计单位
复旦大学附属肿瘤医院	建筑面积95469m², 总床位数600床	2011~2016	华东建筑集团股份有限公司 上海建筑设计研究院有限公司

复旦大学附属肿瘤医院总体布局为住院部设在北侧，门诊医技部设在南侧。中间有入口大厅连通。医技部作为医院的核心，布置在门诊区的西侧和住院区的楼下。医技部2层设连廊与西区行政科研楼和生活保障楼连通。
入口大厅布置在基地的东侧，紧邻康新公路。入口大厅后退道路，使建筑与道路间留下一个前景广场，有利于景观绿化的布置和人员的疏散。入口大厅也可以连通门诊医技部、住院部。

概述

目前我国不设一级妇产医院，二级妇产医院床位总数为50~200床，三级妇产医院床位总数在200床以上。根据床位规模共分为50床、100床、200床、300床、400床、500床以上（包括500床）6类。

设计要点

1. 总体布局可参照"综合医院[8]前期策划与场地设计"相关部分。
2. 孕妇为健康人群，其就诊出入口最好与其他就诊患者分开设置。
3. 室外场地应有必要的休息设施供孕妇使用。

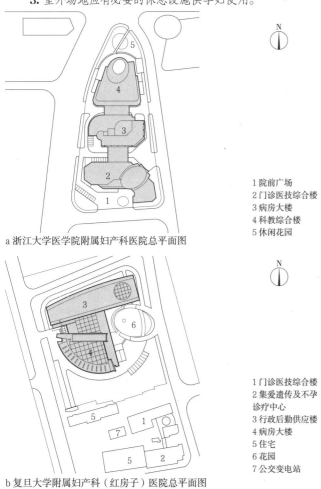

a 浙江大学医学院附属妇产科医院总平面图

1 院前广场
2 门诊医技综合楼
3 病房大楼
4 科教综合楼
5 休闲花园

1 门诊医技综合楼
2 集爱遗传及不孕诊疗中心
3 行政后勤供应楼
4 病房大楼
5 住宅
6 花园
7 公交变电站

b 复旦大学附属妇产科（红房子）医院总平面图

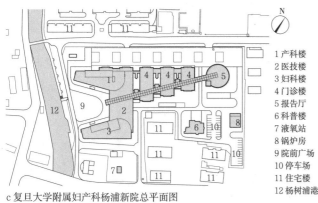

1 产科楼
2 医技楼
3 妇科楼
4 门诊楼
5 报告厅
6 科普楼
7 液氧站
8 锅炉房
9 院前广场
10 停车场
11 住宅楼
12 杨树浦港

c 复旦大学附属妇产科杨浦新院总平面图

[1] 国内妇产医院总平面图

流程关系

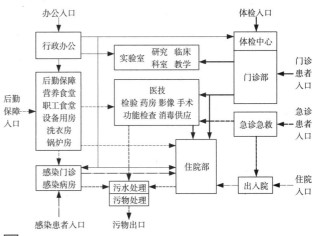

[2] 功能流程关系图

基本数据

妇产医院建筑用地指标　　　　　　　　　　　　　表1

建设规模	床位（床）	50	100	200	300	400	500及以上
	日门诊量（人次）	210	350	700	1050	1400	1750
	用地指数（m²/床）	120~140	115~135	110~130	105~125	100~120	95~115

注：1. 建设规模大于50而又介于表列两者之间时，可用插入法取值；
2. 人口密度大、用地紧张地区宜采用下限；
3. 表中数据参考《中医医院建设标准》建标106-2008。

妇产医院建筑面积指标　　　　　　　　　　　　　表2

建设规模	床位（床）	50	100	200	300	400	500及以上
	日门诊量（人次）	210	350	700	1050	1400	1750
	面积指数（m²/床）	69~72	72~75	75~78	78~80	80~84	84~87

注：表中数据参考《中医医院建设标准》建标106-2008。

妇产医院各类用房占总建筑面积的比例（单位：%）　　表3

部门\比例\床位	50床	100床	200床	300床	400床	500床及以上
急诊部	3.1	3.2	3.2	3.2	3.2	3.3
门诊部	16.7	17.5	18.2	18.5	18.5	19.0
住院部	29.2	30.5	33.0	34.5	35.5	35.7
医技部	19.7	17.5	17.0	16.6	16.0	16.0
药剂科室	13.5	12.1	9.4	8.5	8.3	8.0
保障系统	10.4	10.4	10.4	10.0	9.8	9.0
行政管理	3.7	3.8	3.8	3.7	3.7	3.8
院内生活	3.7	5.0	5.0	5.0	5.0	5.2

注：表中数据参考《中医医院建设标准》建标106-2008。

数据与参数

1. 日门急诊量与编制床位数的比值宜为4:1~5:1。门急诊患者陪同人数考虑为日门急诊量的2~3倍。

2. 诊室数量

$$各科诊室数量 = \frac{医院全日门诊总人次 \times 该科分科人次比}{每位医师半日接诊人数} \times \frac{2}{3}$$

3. 护理单元床位设置：每一护理单元设35~50张病床，以不超过45床为宜，产科护理单元以30~35床为宜。

4. OICU床位数：按总床位数的2%~8%设置，以3%~5%为宜，单间病房面积≥18m²，三级医院病房宜设置负压监护室。

5. NICU床位数：按婴儿床的2%~4%，最多可达5%。

6. 各科室用房采光、日照、噪声标准参照"综合医院[5]建筑设计、采光、隔声规范要求"相关部分。

妇产医院 [2] 急诊部·门诊部

设计要点

1. 急诊部设计要点

（1）急诊部的主要布局形式及主要功能空间可参照"综合医院[9]急诊部"相关部分。

（2）急诊部在有条件的情况下应设置急救产房或直通产房与手术室的便捷通道。

2. 门诊部设计要点

门诊科室是指由候诊、诊室、检查室、治疗室、辅助用房等组成的医疗单元。具体可参照"综合医院[11]~[13]门诊部"相关部分。

各科室设计要点 表1

科室	设计要点
妇科	1.妇科主要由诊室、隔离诊室、细胞检验、冲洗室、洗消室、检查室、宫腔镜室、阴道镜室、治疗室、专用卫生间等房间组成。一般情况下诊室应与检查室相邻布置或者合二为一，便于医生检查； 2.检查室内的诊察床位应三面临空布置，与诊室合并设置时应有布帘或隔断分开； 3.靠近候诊区宜设宣教室
产科	1.产科主要是对产妇进行产前、产后的检查以及计划生育小手术等，其就诊者不属于一般性的病患； 2.产科主要由产前检查、化验、诊室、人工流产、术后休息、治疗室、专用卫生间等房间组成，可在科室内部设置宫腔镜室，便于检查； 3.产科病人行动不便，诊区最好在首层或低层设置，宜设单独出入口； 4.检查室内的诊察床位应三面临空布置，与诊室合并设置时应有布帘或隔断分开； 5.产科与妇科门诊宜分开，二者的卫生间也宜分开设置； 6.靠近候诊区宜设宣教室
计划生育科	1.计划生育科是针对生育时期的选择、妊娠的预防及非意愿妊娠处理的科室； 2.房间主要有诊室、检查室、宫腔镜室、阴道镜室、人流手术室和休息室等
生殖医学科	参照"综合医院[14]生殖医学中心"部分
遗传诊断科	1.遗传诊断科主要是从事围产医学监测、优生优育、出生缺陷监测及遗传病监测任务的科室； 2.遗传诊断科主要由诊室、检验室、检查用房等房间组成
乳腺科	1.乳腺科主要是治疗与女性乳房相关疾病的科室； 2.诊区主要有诊室、彩超室、活检室、乳腺导管镜室、X线钼靶摄片及立体定位系统等

基本数据

妇产医院门诊部建筑面积指标 表2

规模（床）	50	100	200	300	400	500及以上
门诊部（m²）	738~790	1455~1550	3460~3680	5175~5495	6800~7220	8500以上

流程关系

根据患者就诊行为的先后顺序划分为：分诊、挂号、候诊、就诊、检查、治疗、取药。

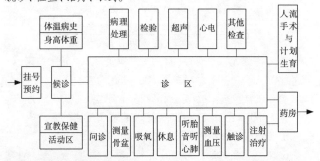

1 门诊就诊流程关系图

主要用房

主要用房 表3

部门	科室组成
门诊科室	妇科、产科、乳腺科、生殖中心、生殖内分泌科、内科、外科、肿瘤科、中医妇科、妇女保健科等
医技科室	日间手术、门诊化验、功能检查、B超、彩超等
公用科室	挂号、收费、结账、取药、门诊办公、综合大厅、非医疗服务设施等

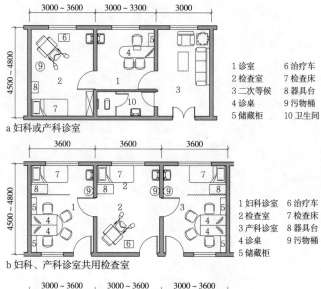

a 妇科或产科诊室

1 诊室　　6 治疗车
2 检查室　7 检查床
3 二次等候　8 器具台
4 诊桌　　9 污物桶
5 储藏柜　10 卫生间

b 妇科、产科诊室共用检查室

1 妇科诊室　6 治疗车
2 检查室　　7 检查床
3 产科诊室　8 器具台
4 诊桌　　　9 污物桶
5 储藏柜

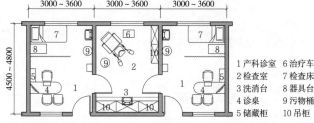

c 产科诊室共用检查室

1 产科诊室　6 治疗车
2 检查室　　7 检查床
3 洗消台　　8 器具台
4 诊桌　　　9 污物桶
5 储藏柜　　10 吊柜

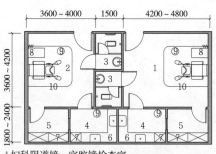

d 妇科阴道镜、宫腔镜检查室

1 阴道镜室　6 洗消台
2 宫腔镜室　7 物品柜
3 卫生间　　8 器具台
4 洗消室　　9 污物桶
5 储藏室　　10 挂帘

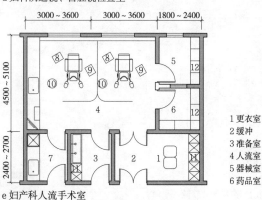

e 妇产科人流手术室

1 更衣室　　7 污洗间
2 缓冲　　　8 器具台
3 准备室　　9 治疗车
4 人流室　　10 污物桶
5 器械室　　11 更衣室
6 药品室　　12 储藏柜

2 妇产科诊室与检查室主要房间示意

门诊部 [3] 妇产医院

诊区布局形式

妇产科医院门诊诊区布局形式应以方便就诊人员、流程明晰、营造温馨医疗空间为原则，基本布局形式有以下两种：

1. 根据诊查区、治疗区、检查区关系进行划分。
2. 根据医患流线的组织关系进行划分。

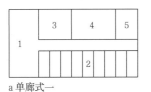  

a 单廊式一　　　b 单廊式二　　　c 双廊式

1 候诊区　2 诊查区　3 检查区　4 治疗区　5 手术区

1 根据诊查区、治疗区、检查区关系布置划分

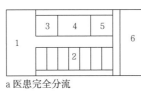  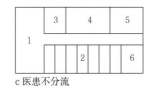

a 医患完全分流　　b 医患局部分流　　c 医患不分流

1 候诊区　2 诊查区　3 检查区　4 治疗区　5 手术区　6 医辅区

2 根据医患流线组织关系划分

实例

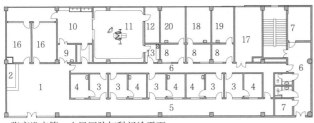

a 张家港市第一人民医院妇科门诊平面

b 安徽医科大学第四附属医院妇科门诊平面

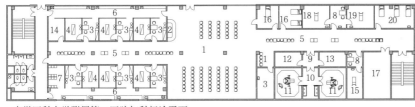

c 安徽医科大学附属第二医院妇科门诊平面

1 等候	2 护士站	3 诊室
4 检查室	5 病患通道	6 医护通道
7 更衣室	8 登记	9 术前登记室
10 术前准备间	11 流产手术室	12 洁品库房
13 洗涤消毒室	14 医生休息室	15 阴道冲洗
16 术后休息	17 空调机房	18 宫腔镜室
19 阴道镜室	20 治疗室	21 B超检查室

3 妇科门诊科室平面图

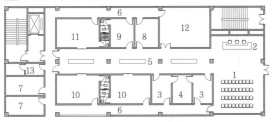

a 安徽省国际妇女儿童医学中心计划生育科平面

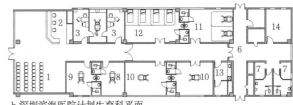

b 深圳滨海医院计划生育科平面

1 等候　2 护士站　3 诊室　4 检查室　5 病患通道
6 医护通道　7 更衣室　8 阴道镜室　9 宫腔镜室　10 人流手术室
11 药流手术室　12 休息室　13 污洗污物　14 医生休息

4 计划生育科室平面图

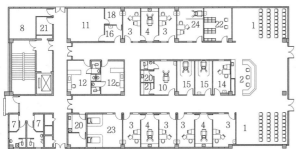

a 深圳滨海医院产科门诊平面

b 安徽医科大学第四附属医院产科门诊平面

1 等候	2 护士站	3 诊室	4 检查室	5 病患通道	6 医护通道
7 更衣室	8 休息室	9 INST室	10 宫腔镜室	11 产前手术室	12 B超室
13 宣教室	14 抽血室	15 治疗室	16 医生更衣	17 刷手	18 处置室
19 仪器室	20 清洗室	21 清洁库房	22 药房	23 胎心监护	24 产前咨询

5 产科门诊科室平面图

妇产医院 [4] 住院部 / 基本内容

设计要点

住院部主要包括出入院办理、中心药房与护理单元3部分。

普通科室护理单元设计要点参照综合医院护理单元部分，产科护理单元设计有其特殊性：

1. 产科护理单元由产休部、分娩部和婴儿部组成，三者既严格分开，又联系方便。
2. 产科护理单元在设计时必须考虑产休部与分娩部就近联系，其位置应有利于布置分娩部和新生儿监护室，以保证产休护理单元的完整性。
3. 产科护理单元的标准床位数应低于普通科室护理单元，宜控制在30~35床。

流程关系

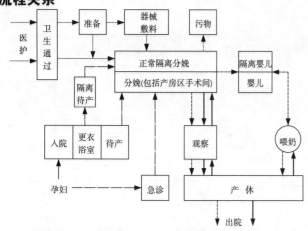

1 产科护理单元流程关系图

主要用房与设备

主要用房　　　　　　　　　　　　　　　　　　　　　表1

科室	部门	房间组成
产科住院部	产休部	普通病房、隔离病房、病人卫生间、洗浴用房、护士站、治疗室、处置室、医生办公室、值班室、医护人员卫生间、洗浴间、主任办公室、库房、污洗间、配餐间、开水间等
	分娩部	正常分娩室、难产室、隔离分娩室、待产室、隔离待产室、男女卫生通过间、刷手间、污洗间、库房、医辅用房等
	婴儿部	新生儿室、早产儿室、新生儿隔离室、配乳室、哺乳室、奶瓶消毒室、洗婴室、隔离洗婴室、护士站、医生办公室、污洗间等

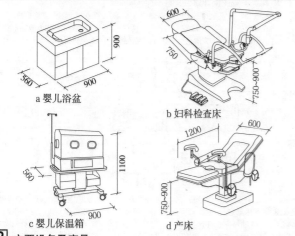

2 主要设备及家具

基本数据

医疗用房基本数据　　　　　　　　　　　　　　　　　表2

用房	温度（℃）	湿度（%）	照度（lx）	特殊要求
产科病房	22~26	55%~65%	75~100	—
产房	24~26℃	55%~65%	100~200	设无菌辅料、器械柜、药品柜、手术器械台、手术照明灯、婴儿磅秤、吸引器、氧气等装置，空气洁净度按100000级要求，采用隔声设计
新生儿室	24~26℃	55%~65%	50~100	设工作台、柜橱、器械柜、吸引器、氧气、灭蚊器、吸尘器及空气消毒等装置
早生儿	28~30℃	55%~65%	50~100	设保温箱4~6个，有无菌隔离要求
医辅用房	18~20℃	60%~70%	75~100	—

注：1.《综合医院建筑设计规范》GB 51039-2014；
　　2. 参考罗运湖. 现代医院建筑设计. 北京：中国建筑工业出版社，2008。

功能关系

婴儿室与产休室的组合方式　　　　　　　　　　　　表3

母婴同室		母亲与婴儿同居一室，婴儿床放在母亲床侧，便于就近喂奶、照料。母婴室最多设两张床位，最好设家庭式包房
母婴邻室		产休室与婴儿室相邻布置，相互连通，婴儿室有独立出入口，并附设婴儿浴室、包扎台等
母婴分组		婴儿室及附属用房设在产休单元的核心部位，产休室分组围绕婴儿室布置
母婴分离		即传统的布置方法，在产休和分娩之间集中设置婴儿部，三者之间既相互联系又相互独立，各有尽端，婴儿室贴邻哺乳间，由护士专门护理

注：1. 1产休室；　2婴儿室；　3分娩室。
　　2. 参考罗运湖. 现代医院建筑设计. 北京：中国建筑工业出版社，2008。

a 母婴同室平面

b 母婴邻室平面

1 产休室
2 婴儿室
3 护理站
4 卫生间
5 洗婴处

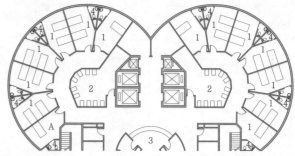

c 母婴分组平面

3 婴儿室与产休室的组合示例

设计要点

分娩部是产科病房区重要组成部分之一，其主要设计要点如下：

1. 组成：由正常分娩室、难产室、隔离分娩室、待产室、隔离待产室、男女卫生通过间、刷手间、污洗间、医生办公室、护士办公室、医生值班室、护士值班室、会议示教室等组成。
2. 位置：与婴儿部、产休部临近，最好同层布置。
3. 产床数量：一间分娩室最好设一张产床，最多可设两张产床，分娩床与产科床位之比为1:15~1:20。
4. 分娩床与待产床之比为1:2~1:3。
5. 产科床位与婴儿床之比为1:1。
6. 难产室布局、设备与正常分娩室相同。
7. 隔离分娩室布局、设备与正常分娩室相同，其入口应与正常分娩室的入口分开，并设置缓冲空间。
8. 待产室应靠近分娩室与护士站，便于观察，及时移送。待产室以1~3床为宜，也可大空间设置，便于助产士观察，需设置卫生间。
9. 分娩室平面净尺寸宜为4.20m×5.00m，剖腹产手术室平面净尺寸宜为4.80m×5.40m。
10. 进入分娩区的入口应设缓冲，医护人员入口应设换鞋、卫生通过室和浴厕。

流程关系

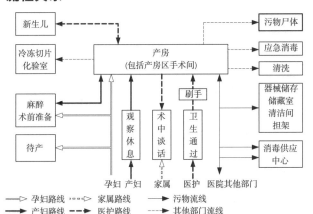

[1] 产房功能区流程关系图

主要用房

主要用房　　　　　　　　　　　　　　　　　　　　　表1

科室	区域	科室组成
分娩部	分娩区	正常分娩室、待产室（带卫生间）、隔离分娩室、隔离待产室、刷手间、麻醉工作室、恢复室、无菌库房、一次性物品库、器械室、药品室、护士站、治疗室、处置室、配餐间等
	医辅区	卫生通过室、医生办公室、主任办公室、护士长办公室、男女值班室、医生休息室、会议室、换鞋间、更衣室、储藏室、洗浴室、污洗室、餐厅等
	家属区	护士站、家属等候厅、谈话间等

实例

[2] 产房平面图
1 产房　2 产床

[3] 产休综合用房平面图
1 产休区　2 产床　3 卫生间　4 设备间

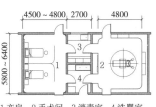

1 产房　2 手术间　3 消毒室　4 洗婴室

[4] 普通产房附带手术间局部平面图

1 待产　2 产休区　3 卫生间　4 婴儿室

[5] 家庭产房局部平面图

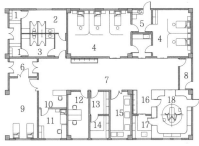

1 换鞋　　10 护士
2 女卫生通过　11 办公值班
3 男卫生通过　12 医生办公
4 产房　　13 一次性物
5 污洗　　14 器械
6 换床　　15 洗婴
7 清洁区　16 刷手
8 缓冲　　17 消毒器具
9 苏醒后恢复　18 手术室

[6] 分娩区局部平面图

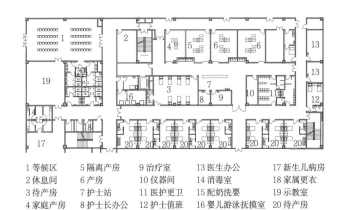

1 等候区　5 隔离产房　9 治疗室　13 医生办公　17 新生儿病房
2 休息间　6 产房　　10 仪器间　14 消毒室　　18 家属更衣
3 待产房　7 护士站　11 医护更卫　15 配奶洗婴　19 示教室
4 家庭产房　8 护士长办公　12 护士值班　16 婴儿游泳抚摸室　20 待产房

[7] 安徽医科大学第二附属医院分娩部平面图

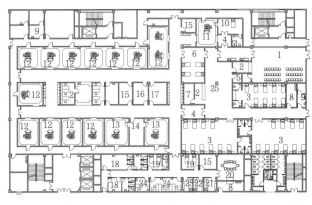

1 等候厅　6 恢复观察　11 隔离分娩室　16 敷料　　21 医生值班室
2 护士站　7 治疗配药　12 产室　　17 设备仪器　22 麻醉医生室
3 待产室　8 配餐　　13 急诊剖宫产室　18 医护更卫　23 麻醉护士室
4 缓冲　　9 污物污洗　14 麻醉工作室　19 护士值班　24 医生办公室
5 协谈　　10 隔离待产室　15 洁品物品库房　20 示教餐厅　25 产前活动区

[8] 安徽省国际妇女儿童医学中心分娩部平面图

妇产医院 [6] 住院部／新生儿重症监护病房

设计要点

1. 收治对象：出生至28天的婴儿。
2. 新生儿重症监护病房应为独立病区，位置应近分娩室，并临近手术室。
3. 可分为3个区域：加强护理区（抢救区）、中间护理区（相对清洁的恢复区）、感染区。
4. 加强护理区床位宜设置4～6张，主张集中式安排。另设1～2间隔离病区供特殊使用。
5. 所有床位都应设置全套监护设备，如暖箱或辐射保暖床、监护仪、呼吸机、负压吸引器、测氧仪、输液泵、复苏用具等。
6. 中间护理区为恢复区，危重新生儿经抢救好转后转入本区继续治疗和恢复。
7. 监护病区的护士站应能观察到所有新生儿的病床区域。
8. 配乳室与奶具消毒室不得与护士室混用。
9. 空气调节系统应单独设置，应配置空气净化层流设备，病区室内光线应充足，温度以24℃～26℃，湿度以55%～60%为宜。
10. 婴儿室朝向宜朝南，每间应设观察窗，并应具有防鼠、防蚊蝇等措施。洗婴池应贴近婴儿室，并应有防止蒸汽窜入婴儿室的措施。
11. 应设置感应式洗手设施和手部消毒装置。
12. 其他要求参考综合医院ICU部分进行设计。

流程关系

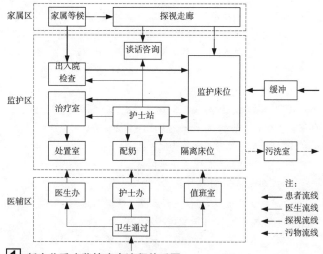

1 新生儿重症监护病房流程关系图

主要用房

主要用房　　　　　　　　　　　　　　　　　　　表1

科室	区域	科室组成
新生儿重症监护室	监护区	监护床位、护士站、治疗室、处置室、配奶室、洗婴室、器械室、药品室
	医辅区	卫生通过室、医生办公室、主任办公室、护士长办公室、男女值班室、医生休息室、会议室、更衣室、储藏室、洗浴室、污洗室
	家属区	家属等候室、哺乳室、家属探视更衣、家属探视走廊

实例

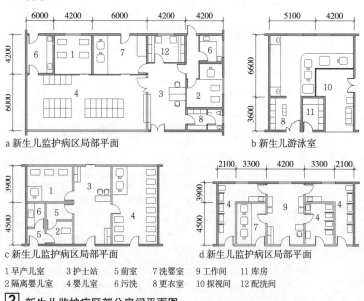

a 新生儿监护病区局部平面　　b 新生儿游泳室

c 新生儿监护病区局部平面　　d 新生儿监护病区局部平面

1 早产儿室　　3 护士站　　5 前室　　7 洗婴室　　9 工作间　　11 库房
2 隔离婴儿室　4 婴儿室　　6 污洗　　8 更衣室　　10 探视间　12 配洗间

2 新生儿监护病区部分房间平面图

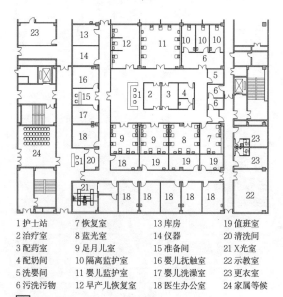

1 护士站　　7 恢复室　　13 库房　　　19 值班室
2 治疗室　　8 蓝光室　　14 仪器　　　20 清洗室
3 配药室　　9 足月儿室　15 准备间　　21 X光室
4 配奶间　　10 隔离监护室 16 婴儿抚触室 22 示教室
5 洗婴间　　11 婴儿监护室 17 婴儿洗澡室 23 更衣室
6 污洗污物　12 早产儿恢复室 18 医生办公室 24 家属等候

3 安徽医科大学第四附属医院NICU平面图

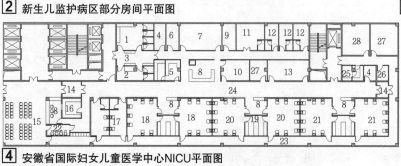

4 安徽省国际妇女儿童医学中心NICU平面图

1 女更衣室　8 护士站　　15 等候室　　22 哺乳室
2 男更衣室　9 主任办公　16 出入院检查 23 污物走廊
3 换鞋　　　10 医疗配药　17 隔离监护室 24 洁净走廊
4 库房　　　11 护士休息　18 早产儿室　25 污物污洗
5 配奶　　　12 医生值班　19 洗婴室　　26 护工休息
6 护长办公　13 会议示教　20 重症监护室 27 避难间
7 医生办公　14 缓冲　　　21 新生儿室　28 新风机房

护理单元 / 住院部 [7] 妇产医院

实例

1 病者梯　　13 值班室
2 护士站　　14 更衣室
3 洁品库　　15 会议示教
4 被服房　　16 护士长办公
5 治疗室　　17 主任办公
6 处置室　　18 医生办公
7 换药室　　19 谈话室
8 套间病房　20 配餐开水
9 单人病房　21 婴儿洗澡
10 抢救室　 22 阳台
11 治疗室　 23 污物电梯
12 污洗间　 24 设备机房

a 苏州市第九人民医院妇科护理单元平面

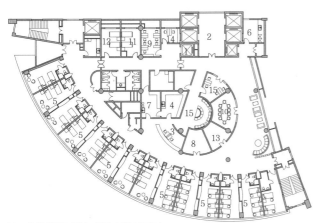

b 复旦大学附属医院妇科护理单元平面

1 医生梯　　4 治疗配药　　7 处置　　　10 会议示教　　13 活动室
2 病人梯　　5 产休病房　　8 洗婴室　　11 医生值班　　14 主任办公
3 护士站　　6 配餐/配奶　 9 医生办公　12 护士值班　　15 护士办公

c 深圳市宝荷医院妇科护理单元平面

1 医生梯　　5 配药室　　9 配餐间　　13 护士值班　　17 空中花园
2 病人梯　　6 洁品库　　10 被服间　 14 医生值班　　18 主任办公
3 护士站　　7 抢救室　　11 检查室　 15 二线值班　　19 医生办公
4 治疗室　　8 妇科病房　12 污洗间　 16 护士长办公　20 会议示教

1 妇科护理单元平面图

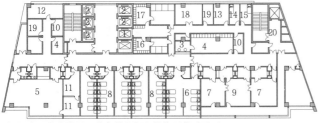

a 福州中医学院附属医院产科和新生儿护理单元平面

1 医生梯　　5 新生儿室　　9 手术室　　13 会议示教　　17 女更衣
2 病人梯　　6 待产室　　　10 处置室　　14 医生值班　　18 护士办公
3 护士站　　7 产房　　　　11 洗婴室　　15 护士值班　　19 库房
4 治疗配药　8 产科病房　　12 医生办公　16 男更衣　　　20 污梯

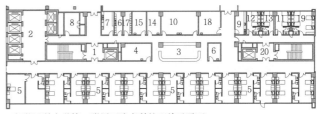

b 安徽医科大学第二附属医院产科护理单元平面

1 手术梯　　5 产休病房　　9 处置室　　13 二线值班　　17 女更衣室
2 病人梯　　6 抢救室　　　10 医生办公　14 主任办公　　18 会议示教
3 护士站　　7 配药室　　　11 医生值班　15 护士长办公　19 护士值班
4 治疗室　　8 被服间　　　12 一线值班　16 男更衣室　　20 污物电梯

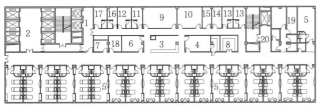

c 安徽省国际妇女儿童医学中心产科护理单元平面

1 医生梯　　5 产休病房　　9 医生办公　　13 二线值班　　17 女更衣室
2 病人梯　　6 抢救室　　　10 会议示教　　14 主任办公　　18 洁品库房
3 护士站　　7 配餐室　　　11 医生值班　　15 护士长办公　19 晾衣间
4 治疗　　　8 洗婴室　　　12 护士值班　　16 男更衣室　　20 污物电梯

d 昆山市第一人民医院开发区分院产科护理单元平面

1 医生梯　　5 待产室　　　9 处置室　　　13 护士长办公　17 活动室
2 病人梯　　6 产房　　　　10 医生办公　　14 男更衣室　　18 污物通廊
3 护士站　　7 产休病房　　11 医生值班　　15 女更衣室　　19 污物电梯
4 治疗室　　8 抢救室　　　12 护士值班　　16 洁品库房　　20 污物污洗

2 产科护理单元平面图

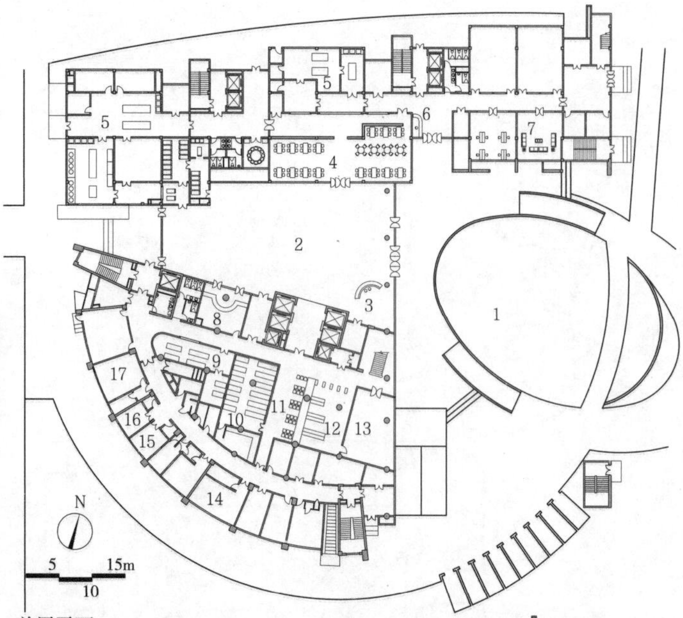

妇产医院 [8] 实例

a 首层平面
1 红园
2 入院大厅
3 总服务台
4 餐厅
5 营养厨房
6 行政门厅
7 接待中心
8 出入院登记
9 中心药房
10 病案中心
11 等候处
12 便利店
13 阅览室
14 X光室
15 钼靶室
16 骨密度
17 CT室

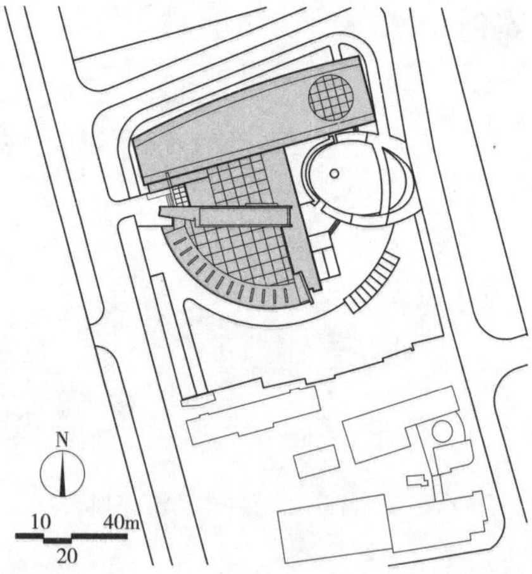

b 总平面

c 二层平面 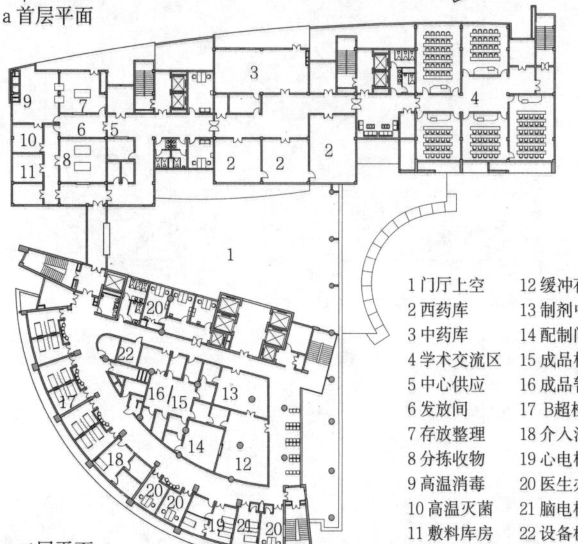
1 门厅上空
2 西药库
3 中药库
4 学术交流区
5 中心供应
6 发放间
7 存放整理
8 分拣收物
9 高温消毒
10 高温灭菌
11 敷料库房
12 缓冲存储库
13 制剂中心
14 配制间
15 成品核对区
16 成品暂存区
17 B超检查室
18 介入治疗室
19 心电检查室
20 医生办公室
21 脑电检查室
22 设备机房

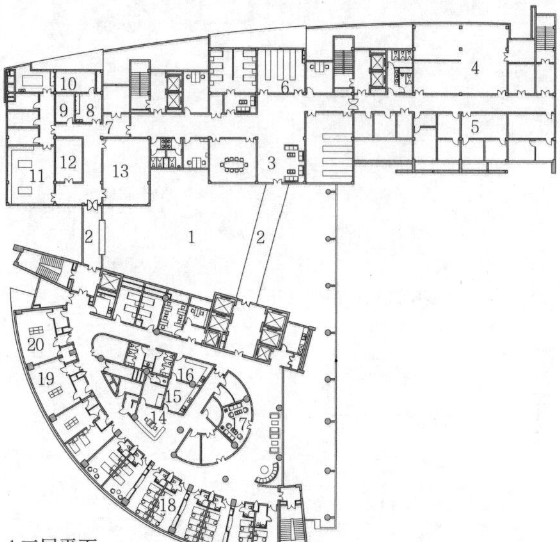

d 三层平面
1 门厅上空 2 连桥 3 等候 4 体液分析 5 血库
6 标本陈列 7 检验科 8 生化实验 9 细胞培养 10 标本库
11 巨检室 12 免疫组化 13 分子生物 14 护士站 15 治疗室
16 处置 17 宣教 18 待产室 19 清宫 20 门诊手术

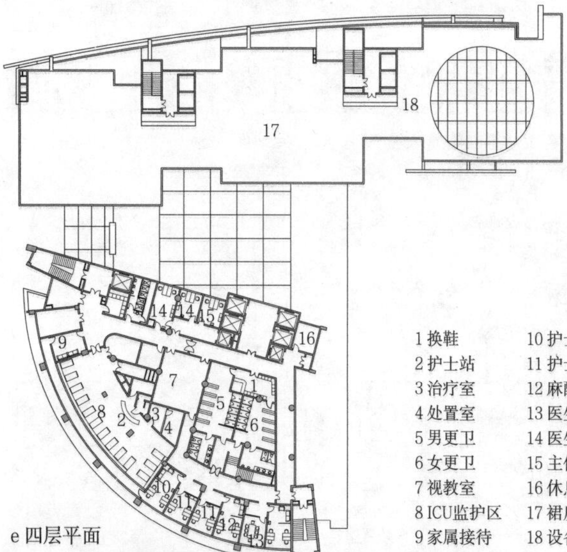

e 四层平面
1 换鞋
2 护士站
3 治疗室
4 处置室
5 男更卫
6 女更卫
7 视教室
8 ICU监护室
9 家属接待
10 护士办公
11 护士值班
12 麻醉工作室
13 医生值班
14 医生办公
15 主任办公
16 休息餐厅
17 裙房屋面
18 设备平台

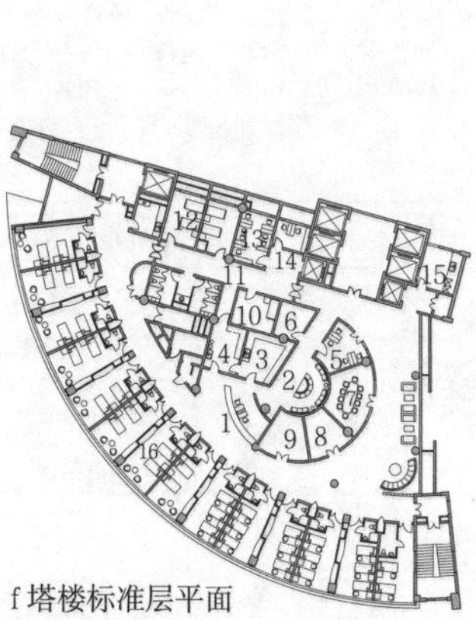

f 塔楼标准层平面
1 护士站 9 婴儿沐浴
2 护士休息 10 检查室
3 治疗 11 医生办公区
4 处置室 12 医生值班
5 护士办公 13 医生办公
6 护士值班 14 主任办公
7 示教室 15 配餐
8 活动室 16 待产室

1 复旦大学附属妇产科医院（红房子医院）

妇产医院名称	床位数（床）	占地面积（m²）	建筑面积（m²）	主要建筑物层数（层）	设计时间	设计单位
复旦大学附属妇产科医院（红房子医院）	200床	13555	34816	地下1层、地上15层	2003	华东建筑集团股份有限公司华东建筑设计研究总院

实例 [9] 妇产医院

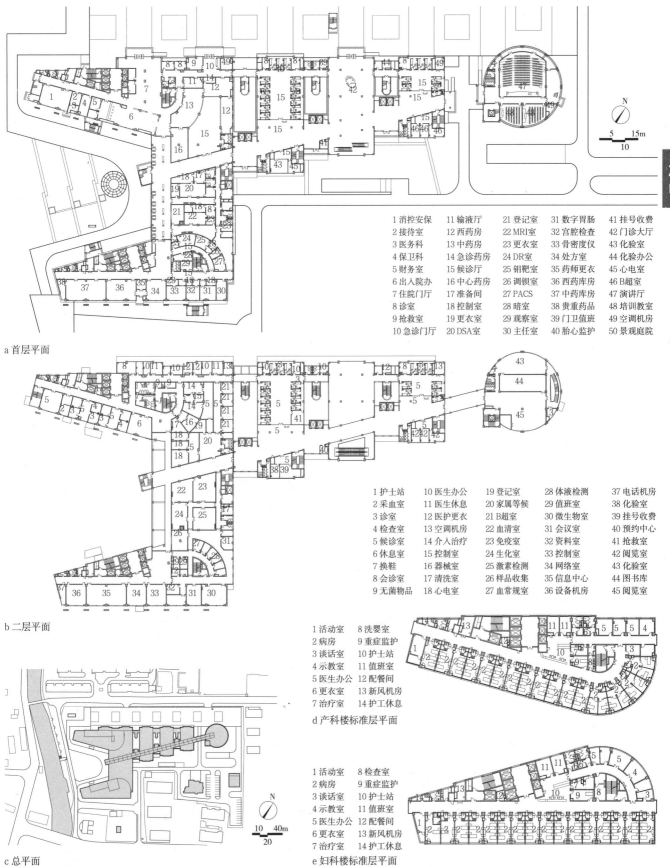

a 首层平面

1 消控安保	11 输液厅	21 登记室	31 数字胃肠	41 挂号收费
2 接待室	12 西药房	22 MRI室	32 宫腔检查	42 门诊大厅
3 医务科	13 中药房	23 更衣室	33 骨密度仪	43 化验室
4 保卫科	14 急诊药房	24 DR室	34 处方室	44 化验办公
5 财务室	15 候诊厅	25 钼靶室	35 药师更衣	45 心电室
6 出入院办	16 中心药房	26 调钡室	36 西药库房	46 B超室
7 住院门厅	17 准备间	27 PACS	37 中药库房	47 演讲厅
8 诊室	18 控制室	28 暗室	38 贵重药品	48 培训教室
9 抢救室	19 更衣室	29 观察室	39 门卫值班	49 空调机房
10 急诊门厅	20 DSA室	30 主任室	40 胎心监护	50 景观庭院

b 二层平面

1 护士站	10 医生办公	19 登记室	28 体液检测	37 电话机房
2 采血室	11 医生休息	20 家属等候	29 值班室	38 化验室
3 诊室	12 医护更衣	21 B超室	30 微生物室	39 挂号收费
4 检查室	13 空调机房	22 血清室	31 会议室	40 预约中心
5 候诊室	14 介入治疗	23 免疫室	32 资料室	41 抢救室
6 休息室	15 控制室	24 生化室	33 控制室	42 阅览室
7 换鞋	16 器械室	25 激素检测	34 网络室	43 化验室
8 会诊室	17 清洗室	26 样品收集	35 信息中心	44 图书库
9 无菌物品	18 心电室	27 血常规室	36 设备机房	45 阅览室

c 总平面

d 产科楼标准层平面

1 活动室	8 洗婴室
2 病房	9 重症监护
3 谈话室	10 护士站
4 示教室	11 值班室
5 医生办公	12 配餐间
6 更衣室	13 新风机房
7 治疗室	14 护工休息

e 妇科楼标准层平面

1 活动室	8 检查室
2 病房	9 重症监护
3 谈话室	10 护士站
4 示教室	11 值班室
5 医生办公	12 配餐间
6 更衣室	13 新风机房
7 治疗室	14 护工休息

1 复旦大学附属妇产科医院杨浦新院

妇产医院名称	床位数（床）	占地面积（m²）	建筑面积（m²）	主要建筑物层数（层）	设计时间	设计单位
复旦大学附属妇产科医院杨浦新院	450床	33333	61624	地下1层、地上12层	2005	华东建筑集团股份有限公司华东建筑设计研究总院

儿童医院 [1] 基本概念

概述

儿童医院一般指专门诊治新生至14（或18）周岁以下的少年儿童各类疾病、开展儿童预防保健等工作的综合性专科类医疗机构。

分类

按照儿童医院的建设规模、功能设置不同，可划分为一级、二级和三级儿童医院。

根据医治疾病种类和服务范围以及承担的医疗科研任务的不同，还可细分为儿童综合性医院和儿童专科医院，以及近年来比较常见的集妇产科和儿科为一体的妇女儿童合建的专科医院（或称妇女儿童医院）。

儿童医院等级划分表　　　　　　　　　　　表1

等级	床位总数（张）	必须设置的临床科室	必须设置的医技科室
一级儿童医院	20~49	急诊科、内科、预防保健科	药房、化验室、X光室、消毒供应室
二级儿童医院	50~199	急诊室、内科、外科、五官科、口腔科、预防保健科	药剂科、检验科、放射科、手术室、病理科、消毒供应室、病案统计室
三级儿童医院	200以上	急诊科、内科、外科、耳鼻喉科、口腔科、眼科、皮肤科、感染科、麻醉科、中医科、预防保健科	药剂科、检验科、放射科、功能检查科、手术室、病理科、血库、消毒供应室、病案室、营养部

注：依据《医疗机构基本标准（试行）》（1994.09.02发布）。

各类儿童医院床均建筑面积参考统计资料　　表2

等级	规模（床）	床均建筑面积（m²/床）	相关医院建设参考标准（设置床位和床均建筑面积）
一级儿童医院	20~49	宜大于60	广州市越秀区儿童医院（33床）
二级儿童医院	50~199	60~80	西藏自治区阜康妇女儿童医院（120床，57.23m²/床）
			成都市儿童医院（153床，78.52m²/床）
			甘肃省儿童医院（200床，75.79m²/床）
三级儿童医院	200~499	100~120	内蒙古妇女儿童医院（300床，105.26m²/床）
			苏州大学附属儿童医院（362床，124.31m²/床）
			宁夏儿童医院（500床，98m²/床）
	500~799	120~130	上海交通大学附属儿童医院普陀新院（550床，131.82m²/床）
			复旦大学附属儿科医院（闵行新院）（600床，133.33m²/床）
			乌鲁木齐儿童医院（650床，123.08m²/床）
	800以上	120~150	首都医科大学附属北京儿童医院（970床，123.71m²/床）
			青岛妇女儿童医疗保健中心（1100床，122.73m²/床）
			郑州市儿童医院（东区）（1200床，150m²/床）

注：儿童医院作为综合性专科类医院，由急诊部、门诊部、医技科室、住院部、保障系统、行政管理、院内生活等7项设施组成，目前尚无建设标准来确定其床位占地面积和床均建筑面积指标，建议参照《综合医院建设标准》建标110-2008进行设计。

设计要求

1. 儿童医院规划建设需结合医院今后的发展，可一次规划、分步实施。建筑设计要充分体现安全性、舒适性和经济性的设计原则。总平面布置和功能分区设置基本同综合医院设计。

2. 儿童医院在建筑及景观环境设计中，应重视无障碍设计，方便医患和家属通行，为病患提供一个良好的、安全的康复环境。植物应配植考虑季节色彩与形态搭配，避免异味、有毒、有刺以及过敏性植物。

3. 室内设计包括色彩、图画、标识等，应符合儿童特点，提供适合儿童治疗和公共活动空间及游玩场所。

4. 诊室、检查室、等候区域需考虑增加病患和家属等候的座位。

5. 床位数和最高日门诊量之比一般为1:5~1:10不等。考虑少年儿童生长发育的特点合理设置成人病床与儿童病床。单人间或特需病房的病床一般宜选用成人病床。

6. 在门急诊、病房等公共卫生间内按1:5~1:6的比例设置幼儿专用的小便器、坐便器、洗手池等设施；或可在公共女厕所间内增设男性幼儿的小便器等设施。标准护理单元内应考虑儿童助浴间的设置。

7. 门、急诊部和医技部，宜每层设置不少于1处母婴室，可单独设置或结合专用无障碍或无性别洗手间设置。

8. 儿童能到达的区域内，墙体转角与家具应设计成圆角或加装防撞护角等安全构造。

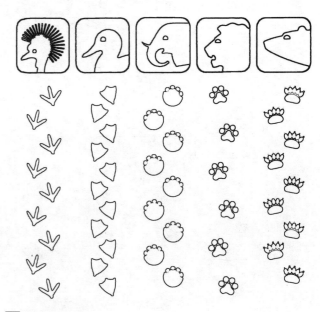

[1] 楼层走道指引

[2] 标识牌

急诊部 [2] 儿童医院

设计要点

急诊部的主要区域设计除参照综合医院急诊部设计外，还需增加以下内容：

1. 急诊区与急救区宜分开设置，出入口宜相对独立。
2. 发热门诊主要由呼吸道门诊与肠道感染门诊组成，应分区设置避免交叉感染。功能布局应采用"三区二通道"，即清洁区、半污染区、污染区、清洁通道、污染通道，各区不应交叉。
3. 预检、筛查处。
4. 输液室设陪护椅，并相应增加陪护面积。

实例

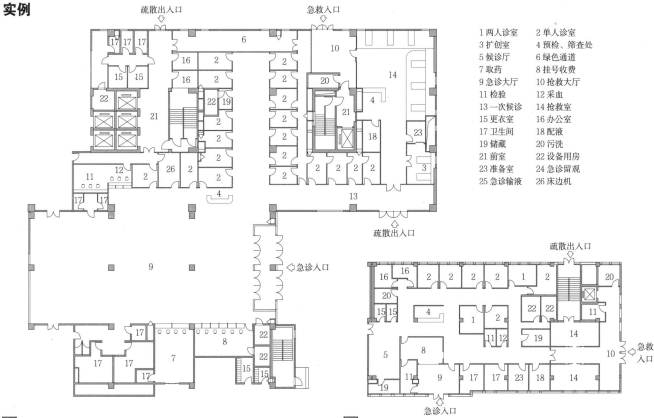

1 两人诊室　2 单人诊室
3 扩创室　4 预检、筛查处
5 候诊厅　6 绿色通道
7 取药　8 挂号收费
9 急诊大厅　10 抢救大厅
11 检验　12 采血
13 一次候诊　14 抢救室
15 更衣室　16 办公室
17 卫生间　18 配液
19 储藏　20 污洗
21 前室　22 设备用房
23 准备室　24 急诊留观
25 急诊输液　26 床边机

① 上海市儿童医院普陀新院急诊部

② 上海儿童医学中心急诊部

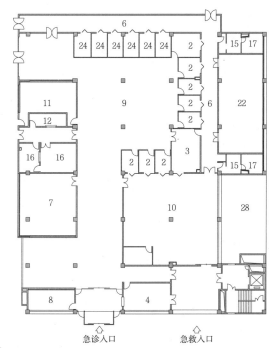

③ 上海儿科医院闵行新院急诊部

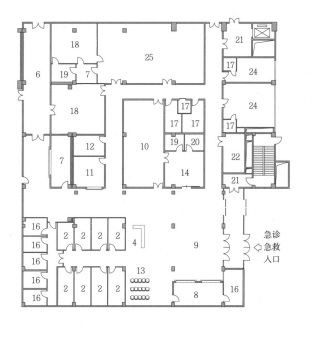

④ 青岛市妇女儿童医疗保健中心急诊部

儿童医院 [3] 门诊部

设计要点

门诊部设计除参照综合医院门诊部设计外，还需增加以下内容：

1. 需有较宽敞的等候区。
2. 考虑集中设置儿童活动区域和小商店。
3. 公共卫生间内应设一定比例的儿童用洁具，如小便斗、坐便器、洗手池等。
4. 宜设置母婴哺乳室、母婴照顾台。
5. 母婴哺乳室的基本设施：
   (1) 室内净面积 $5\sim6m^2$。
   (2) 设置洗手台、卫生洁具。
   (3) 设置婴儿护理台或婴儿座椅（可固定于墙上）。
   (4) 宜设成人用简易更衣台（可固定于墙上）。
   (5) 宜采用自动推拉门，门外应设开启信息显示装置。

门诊部诊疗区实例

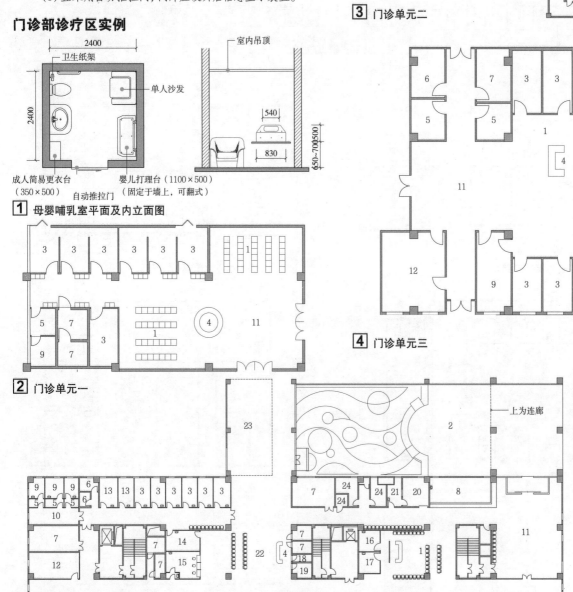

1 母婴哺乳室平面及内立面图
2 门诊单元一
3 门诊单元二
4 门诊单元三
5 门诊单元四

1 候诊区
2 儿童活动区
3 单人诊室（因具体情况而定诊室类型）
4 导医
5 医生更衣
6 医生浴厕
7 设备用房
8 挂号取药
9 门诊办公
10 医护专用通道
11 候诊大厅
12 输液/注射
13 办公室
14 超声
15 检验
16 测定
17 治疗室
18 储藏
19 茶水间
20 DR
21 操作室
22 等候区
23 儿童活动区
24 卫生间

住院部 [4] 儿童医院

设计要点

住院部的主要区域设计除参照综合医院住院部设计外，还需增加以下内容：

1. 住院部包括普通病房区、重症监护区，有条件的可设感染单元等。
2. 应预留陪护床，并相应增加陪护面积。
3. 应设儿童活动室，宜设母子淋浴室。

病房单元实例

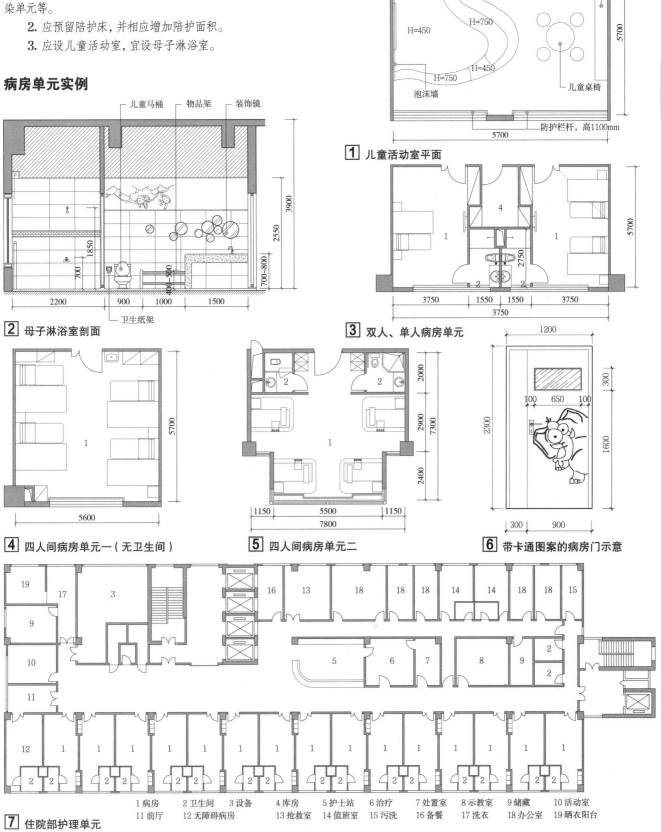

[1] 儿童活动室平面
[2] 母子淋浴室剖面
[3] 双人、单人病房单元
[4] 四人间病房单元一（无卫生间）
[5] 四人间病房单元二
[6] 带卡通图案的病房门示意
[7] 住院部护理单元

1 病房　2 卫生间　3 设备　4 库房　5 护士站　6 治疗　7 处置室　8 示教室　9 储藏　10 活动室
11 前厅　12 无障碍病房　13 抢救室　14 值班室　15 污洗　16 备餐　17 洗衣　18 办公室　19 晒衣阳台

儿童医院 [5] 感染科

门诊和病房设计要点

儿童感染科设计原则，除了执行《传染病医院建筑设计规范》外，还需考虑以下几点：

1. 儿童传染病与季节有关，为防止传染病流行期患病儿童对其他病孩的感染，在感染科设计中应考虑设置功能相对独立的呼吸道发热门（急）诊、肠道门诊等，并与普通门（急）诊隔离，应设醒目标志。

2. 感染科专用门诊的各功能用房应具备良好的灵活性和可扩展性，做到可分可合。

3. 医院感染科门诊内部应严格设置防护分区，严格区分人流、物流的清洁与污染路线流程，采取安全隔离设施，严防交叉感染。

4. 感染科专用门诊和住院部应设有污染、半污染、清洁区等三部分，三区划分明确，相互无交叉，并有醒目标志。

门诊与住院单元实例

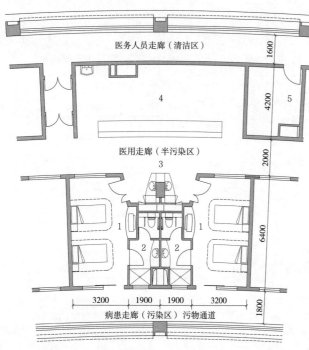

1 病房 2 卫生间 3 入口前室区 4 护士站 5 医生休息室

1 病房单元

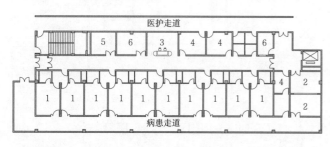

1 病房 2 探视间 3 登记及问询 4 更衣室 5 观察室 6 办公室

2 住院单元

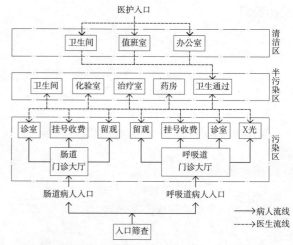

3 门诊推荐功能配置及流线

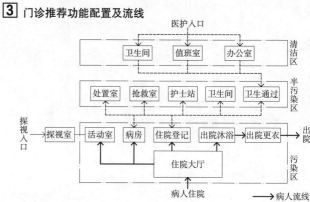

4 住院推荐功能配置及流线

1 更衣室 2 卫生间 3 单人诊室 4 挂号取药 5 观察室 6 污洗 7 办公室 8 检验 9 留观室 10 医护走廊

5 门诊单元一

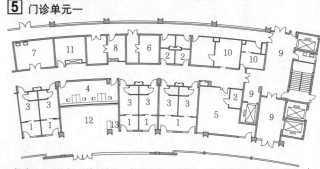

1 候诊区 2 卫生间 3 单人诊室 4 挂号取药 5 观察室 6 设备用房 7 办公室 8 配药 9 电梯厅 10 医生更衣浴厕 11 注射室 12 候诊大厅 13 登记及问询

6 门诊单元二

儿童重症监护室（PICU/CICU） [6] 儿童医院

设计要点

1. 收治对象：出生后29天~14岁（或18岁）。
2. 区域相对独立，应临近手术室。区域内部通道应流线简短、便捷。
3. 床位数量（按医院等级和实际情况）：以该ICU服务床位数或医院病床总数的2%~5%为宜。
4. 每个管理单元以8~12张床位为宜，每床建筑面积15~20m²。每个管理单元最少配备一个单间病房，面积为18~25m²，并需考虑配备负压隔离病房1~2间。
5. 参考床位数与医师、护士之比。医师人数：床位数≥0.8:1~1:1，护士人数：床位数≥1:2~1:3。
6. 辅助用房与病房面积之比应≥1.5:1。
7. 空气调节系统应单独设置，应设置空气净化层流设备。
8. 应设置装配感应式洗手设施和手部消毒装置。单间每床一套，开放式床共至少每2床一套。
9. 设计需提供便利的观察条件，如观察窗等。
10. 内部装饰材料需无尘、耐腐蚀、防潮防霉、防静电、易清洁，并满足防火要求。地面、隔墙、顶棚等部位应采用吸声减噪材料。室内选色以暖色为宜。
11. 其他参照综合医院"住院部[42]~[43]重症监护护理单元"设计。

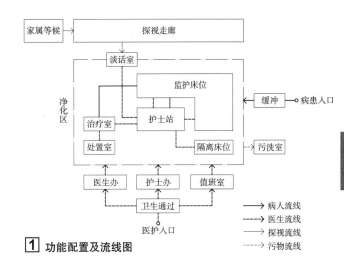

1 功能配置及流线图

实例

1 缓冲	2 治疗室	3 特别监护	4 护士台
5 设备用房	6 储藏	7 卫生间	8 值班室
9 污物打包间	10 器械室	11 药品室	12 更衣室
13 办公	14 医护走廊	15 配电间	16 协谈室
17 换车	18 污物倾倒	19 值班室	20 血气室
21 探视	22 会议室	23 洗浴室	24 被服

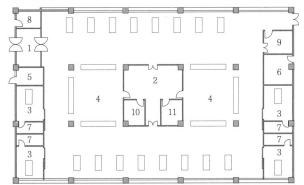

2 上海儿科医院闵行新院PICU

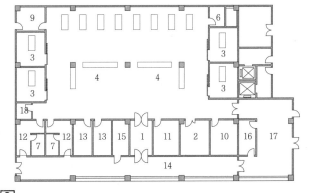

3 上海儿科医院闵行新院CICU

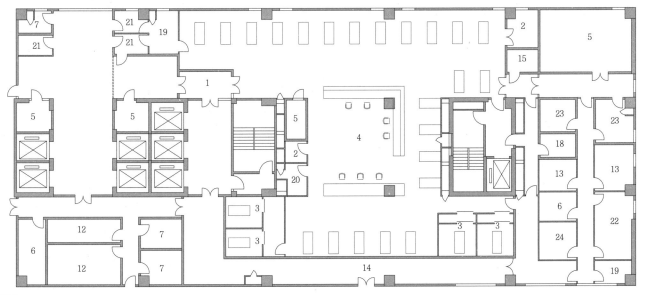

4 上海市儿童医院普陀新院PICU

儿童医院 [7] 新生儿监护病房（NICU）

功能配置

监护区：监护床位（可以设置单人床位）、护士站、治疗室、处置室、配奶室、洗婴室、器械室、药品室；

清洁区：卫生通过、办公室（包括医生办公室、主任办公室、护士长办公室）、值班室（可男女分别设置）、医生休息室、会议室、更衣室、储藏室、洗浴室、哺乳室、污洗室；

家属区：家属等候区、家属探视走廊（可不设置，在家属等候区设置视频探视系统）。

设计要点

1. 收治对象：危重新生儿病患。
2. 区域应独立，以邻近新生儿室、产房、手术室、急诊室为宜。室内光线应充足且有层流装置，温度以24~26℃、湿度以55%~60%为宜。感染性患儿和非感染性患儿分区放置，分类隔离。
3. NICU病区分为加强护理区（设置床位4~6张，集中式安排。另设1~2间隔离单间供特殊使用）、中间护理区（恢复区）两部分，另设辅助房间（包括医、护办公室、治疗室、仪器室、家属接待室等）。
4. NICU每床占有面积6~6.5m^2，床间距≥1m。
5. 参考床位数与医师、护士之比。
   医师人数：床位数≥0.5:1，
   护士人数：床位数≥1.5:1。
6. 室内墙顶壁光滑；防滑地面；装饰材料易消毒；设置双层玻璃窗。
7. 早产儿病房应设置空气净化层流设备，室内温度宜控制在24~28℃，保持60%~65%的相对湿度。
8. 应设置装配感应式洗手设施和手部消毒装置；刷手设施与床位数配置合理。
9. 病房内应选用可调节灯光亮度的灯具，建立24小时光照循环。
10. 病房内应选用可调节灯光亮度的灯具，建立24小时光照循环。
11. 所有床位需要设置全套监护设备，如暖箱或辐射保暖床、监护仪、呼吸机、负压吸引器、测氧仪、输液泵、附属用具等。

实例

[1] 上海儿童医学中心NICU

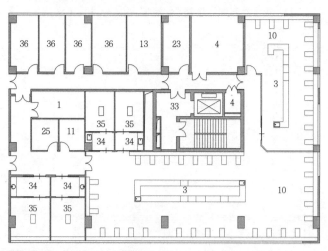

[2] 青岛妇女儿童医疗保健中心NICU

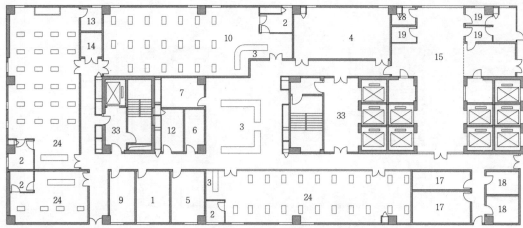

[3] 上海市儿童医院普陀新院NICU及新生儿病房

1 治疗室　2 婴儿洗浴
3 护士台　4 设备用房
5 哺婴室　6 被服间
7 库房　　8 护士办公
9 污洗室　10 新生儿护理区
11 药储藏　12 检查室
13 储藏室　14 设备管井
15 家属等候　16 医生办公
17 更衣室　18 卫生间
19 探视　　20 清洁物储藏
21 准备室　22 公务员
23 污物打包间　24 新生儿病房
25 器械室　26 主任办公室
27 麻醉品储藏　28 冷藏
29 静脉注射储存与发放　30 静脉注射净化与洗瓶
31 营养室　32 会议室
33 电梯厅　34 缓冲
35 特别监护　36 值班室

设计要点和基本功能配置要求

1. 儿童康复科门诊根据实际规模和需求，也可并入儿童保健科。

2. 儿童康复科门诊主要收治神经科、骨科、心理康复咨询等患儿。康复诊疗活动主要由疾病诊断与康复评定、临床治疗、康复治疗等组成。

3. 儿童康复科应独立设置门诊和治疗区。其门诊和治疗室面积及床位数，可根据医院等级和规模进行合理配置。

4. 儿童康复科门诊至少应设诊室1间；评估室1间；运动康复室1间，净面积≥100m²；语言训练室1间，仪器康复室1间，净面积≥150m²。

5. 儿童心理卫生门诊至少应设诊室2间，心理行为、智力测查室各1间，治疗室2间。净面积≥60m²。

6. 儿童康复科的就医环境应便利、舒适、整洁、温馨。

实例

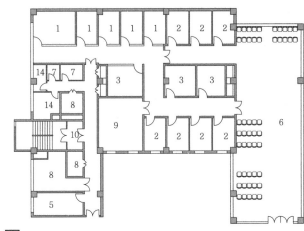

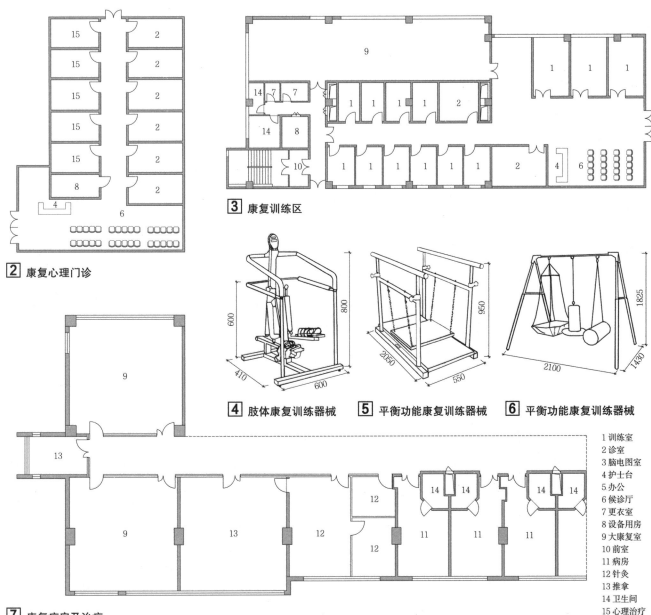

1 训练室　2 诊室　3 脑电图室　4 护士台　5 办公　6 候诊厅　7 更衣室　8 设备用房　9 大康复室　10 前室　11 病房　12 针灸　13 推拿　14 卫生间　15 心理治疗

儿童医院 [9] 儿童保健科

设计要点和基本功能配置要求

1. 儿童保健对象为0~6岁儿童。
2. 儿童保健科宜单独设立出入口，并与其他就诊的患病儿童路线分开。
3. 儿童保健门诊用房应相对独立分区、流向合理、符合儿童特点；应设分诊区和候诊区，总面积≥100m²；儿童健康检查门诊不少于2间；管理用房，每间≥15m²。

儿童保健科专业门诊用房设置分类　　　　　　　　表1

门诊用房名称	房间净面积（m²）	门诊用房应配置房间			
		诊室数量	检查室数量（间）	治疗室数量（间）	其他
儿童生长发育门诊	大于40m²	2	—	1	测量室1间
儿童营养门诊	大于30m²	1	—	—	营养指导示教室1间、监测评估室1间
儿童心理卫生门诊	大于60m²	2	—	2	心理行为、智力测查室各1间
眼保健门诊	大于50m²	1	1	1	验光室1间
听力保健门诊	大于40m²	1	1	1	—
口腔保健门诊	大于40m²	共1大间	—	—	辅助用房2间
健康教育室	大于20m²	—	—	—	健康教育室1间

实例

1 诊室　　2 儿童生长发育门诊　　3 儿童营养门诊　　4 儿童心理卫生门诊
5 眼保健门诊　　6 听力保健门诊　　7 口腔保健门诊　　8 健康教育室
9 体检测评　　10 保健室　　11 候诊　　12 康复治疗
13 办公　　14 设备用房　　15 卫生间　　16 咨询处
17 采血

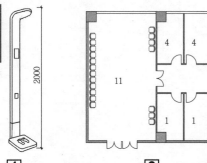

[1] 幼儿身高测重器　　[2] 上海市儿童医院普陀新院儿保科

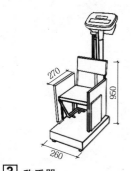

[3] 称重器

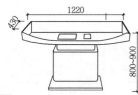

[4] 婴儿身高测重器　　[5] 上海儿科医院闵行新院儿保科

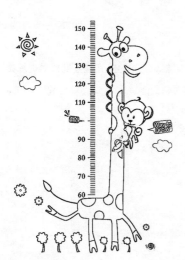

[6] 儿童身高尺示意　　[7] 青岛妇女儿童医疗保健中心儿保科

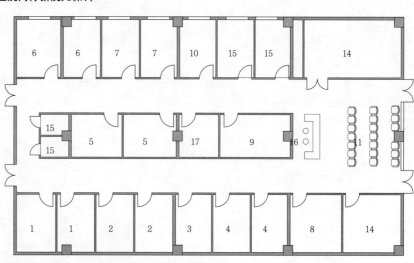

实例 [10] 儿童医院

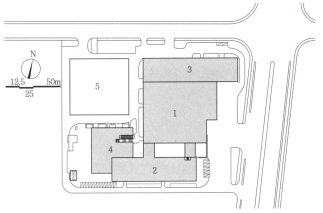

1 门急诊及医技楼 2 特需门诊楼 3 病房楼 4 室内庭院 5 某妇婴保健院
a 总平面图

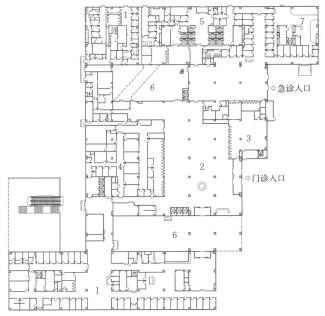

1 门诊区 2 门诊大厅 3 药房 4 放射治疗 5 办公 6 室外庭院 7 急救
b 一层平面图

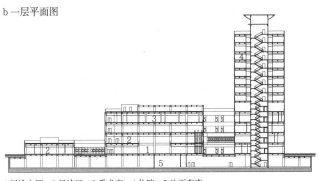

1 门诊大厅 2 门诊区 3 手术室 4 住院 5 地下车库
c 剖面图

1 上海市儿童医院普陀新院

名称	主要技术指标	设计时间	设计单位
上海市儿童医院普陀新院	建筑面积72500m²,总床位数550床	2011	华东建筑集团股份有限公司上海建筑设计研究院有限公司

项目以基地东侧院区主入口为中轴线，分成南、北两侧的住院康复区以及主体诊疗区，中轴线处以交通核心疏散通道为联系纽带，一南(1F)一北(13F)大楼围合中间4~5F诊疗医技综合楼，形成一高层组合体建筑，南楼、北楼与中心建筑之间的两个天井式内庭院组合成形态清晰的规划结构，体现了生态式建筑空间

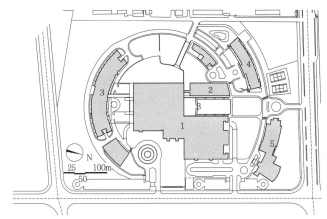

1 门急诊及医技楼 2 儿研所 3 病房楼 4 传染病房楼 5 行政教育楼
a 总平面图

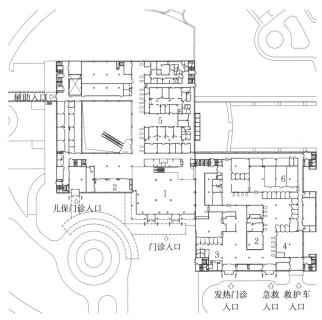

1 门诊大厅 2 药房 3 门诊区 4 急诊区 5 放射科 6 观察室
b 一层平面图

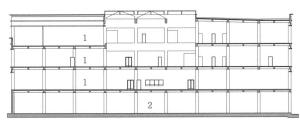

1 门诊区 2 地下车库
c 剖面图

2 上海儿科医院闵行新院

名称	主要技术指标	设计时间	设计单位
上海儿科医院闵行新院	建筑面积78328m²,一期床位数450床	2001	华东建筑集团股份有限公司上海建筑设计研究院有限公司

各建筑单体分别以医疗区或非医疗区组团，围绕医技楼这个圆心呈放射状布置。门急诊与医技楼组合成一规整的建筑单体，位于基地中部，放射状服务与联系周边各单体建筑。月牙状大弧形的住院部位于基地南侧，面向人工河最佳景观，以以玻璃长廊连接医技区。传染门诊与病房位于基地西北隅，相对隔离，自成一区

老年医院 [1] 概述·场地设计

概述

老年人根据其实际生活自理能力划分为自助、介助和介护3个阶段。老年医院应按照介助老年人的体能心态需求进行设计。按病床数量分为50、100、200、300、400、500床以上（包括500床）6类。

基本数据

建设用地指标　　　　　　　　　　　　　　　　　表1

建设规模	床位	50床	100床	200床	300床	400床	500床及以上
	日门诊量（人次）	210	400	800	1350	2000	2750
	用地面积（m^2/床）	125～145	120～140	116～135	110～130	105～125	100～120

注：1. 数据参考《综合医院建设标准》建标110-2008。
　　2. 建设规模大于50床而又介于表列两者之间时，可用插入法取值。
　　3. 人口密度较大，用地紧张地区宜采用下限。

建筑面积指标　　　　　　　　　　　　　　　　　表2

建设规模	床位	50床	100床	200床	300床	400床	500床及以上
	日门诊量（人次）	210	400	800	1350	2000	2750
	建筑面积（m^2/床）	80～85	82～87	84～89	86～91	88～93	90～95

注：1. 数据参考《综合医院建设标准》建标110-2008。
　　2. 建设规模大于50床而又介于表列两者之间时，可用插入法取值。
　　3. 人口密度较大，用地紧张地区宜采用下限。

各类用房占总建筑面积的比例　　　　　　　　　　表3

部门＼床位	50床	100床	200床	300床	400床	500床及以上
急诊部	5.1	3.4	3.9	3.9	3.5	3.3
门诊部	19.7	18.9	21.9	21.3	20.5	20.0
住院部	25.7	27.4	31.4	32.0	33.5	32.8
医技科室	19.7	17.5	14.2	14.0	14.6	15.2
药剂科室	12.0	10.6	7.4	8.2	7.2	6.7
保障系统	10.4	13.1	10.9	9.6	9.2	8.9
行政管理	3.7	3.6	4.3	4.5	4.8	5.6
院内生活	3.7	5.5	6.0	6.5	6.7	7.5

注：1. 数据参考《综合医院建设标准》建标110-2008。

与医疗工艺设计相关的数据与参数

1. 日门诊量与编制床位数的比值约为4:1～5:1，门诊急诊患者陪同人数考虑为日门诊急诊量的2～3倍。

2. 科室数量

各科室数量 = $\dfrac{\text{医院全日门诊总人次} \times \text{该科分科人次比} \times 2/3}{\text{每医师半日接诊人数}}$

3. 护理单元床位设置：每一护理单元宜设35～45张病床，由于老人的护理量较大，以不超过40床为佳。

4. ICU床位数：一般医院通常按总床位的2%～8%，老年医院危重病患者较多，以5%～8%为宜。单间病房面积≥$18m^2$，规模较大时宜设置负压监护室。

5. 老年人常用体态数据见 2 、 3 。

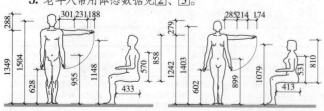

1 老年男性人体尺寸　　2 老年女性人体尺寸

设计要点

1. 老年医院建设应符合城乡建设总体规划的要求。

2. 选址宜设在洁净、开阔、安静、方便，风景优美，日光充足，通风良好，具有预防和治疗疾病条件且有一定发展余地的区域。

3. 宜选择交通便捷，电气、给排水等市政条件良好的区域。

4. 老年人的听觉、视觉、嗅觉、记忆和行走能力退化，所以在空间布局上需提高其导向性，尽可能缩短行走路程，提高空间紧凑性。

5. 应有完善的无障碍设计以保证老年人的安全。老年人腿部力量不足，平衡能力差，在公共空间内应注重辅助设施的设计。

6. 提高空间视觉上的可达性，并应能满足使用轮椅和助步器的需求。开放性活动空间应满足视线的通达，便于老年患者使用。

7. 应有活动场地。

8. 应有简洁、明确的标识系统。

9. 病房应有良好的朝向和开阔的视野。

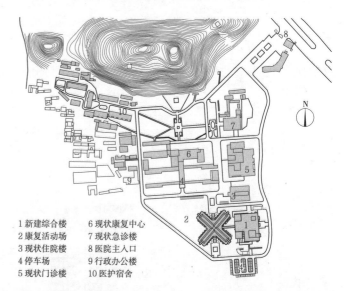

1 新建综合楼　　6 现状康复中心
2 康复活动场　　7 现状急诊楼
3 现状住院楼　　8 医院主入口
4 停车场　　　　9 行政办公楼
5 现状门诊楼　　10 医护宿舍

3 北京老年医院总平面图

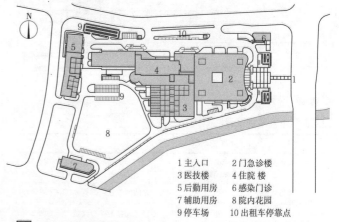

1 主入口　　　　2 门急诊楼
3 医技楼　　　　4 住院楼
5 后勤用房　　　6 感染门诊
7 辅助用房　　　8 院内花园
9 停车场　　　　10 出租车停靠点

4 浙江老年医院总平面图

设计要点

1. 门急诊部

门急诊部参照"综合医院[9]急诊部~[13]门诊部"相关部分,供老年人使用的空间参照第8分册无障碍设计专题相关部分。

2. 室内空间无障碍设计

(1)医院内老年人能够到达使用的空间区域均应进行无障碍设计。

(2)与其他类型建筑相同的部位,例如走廊、电梯等,可参照相关部分,本章节仅对老年医院门急诊部、医技部、住院部的室内空间部分做以说明。

3. 候药厅、候诊厅

(1)应有明晰的标识系统。

(2)等候座椅间间距应大于800mm。

(3)候药厅站位取药柜台、候诊厅、护士站站位柜台高度按900~1000mm设计,座位(取药)柜台高度可按700mm设计,柜台下的高度为650mm,进深450mm,见 1 。

(4)候药厅、候诊厅应设有电子显示屏、电子语音提示系统。

(5)候药厅、候诊厅应设有轮椅使用者专用的座位、候诊位。

4. 医技部

医技部参照综合医院医技部的部分,供老年人使用的空间需按第8分册无障碍设计专题相关部分设计。

5. 挂号收费厅

(1)空间区域内应有明晰的视觉标识系统。

(2)等候空间应有座位,座位间间距应大于800mm。

(3)挂号收费站位柜台高度按900~1000mm设计,座位柜台高度可按700mm设计,柜台下的高度为650mm,进深450mm。

(4)空间区域内应设有电子显示屏、电子语音提示系统,提供智能化的人工服务。

6. 诊室

(1)诊室门的有效宽度为900mm以上,方便轮椅进出。

(2)门口外墙750~850mm处设置扶手,扶手端部应有盲文标识。

(3)室内诊疗桌高700mm左右,下部进450mm。

(4)诊室内有轮椅掉转方向的直径为1500mm的空间,见 2 。

7. 住院部

(1)临近医技部,便于患者进行检查、治疗。

(2)入口处应有完善的交通出入通道。

(3)营造温馨、亲切、舒适的就医环境。

(4)完善的无障碍设计。

(5)建立简洁、明确的标识系统。

(6)宜布置在多层或小高层建筑中。

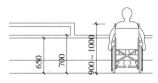

1 取药柜台示意图

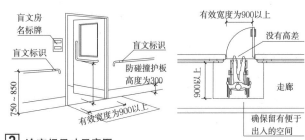

2 诊室门尺寸示意图

实例

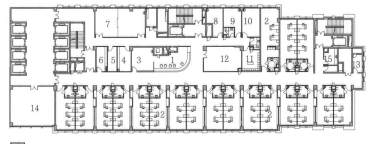

3 浙江省老年医疗中心护理单元平面图

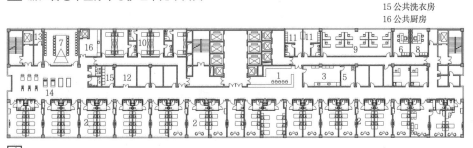

4 安徽省立医院老年医学康复中心护理单元平面图

1 护士站
2 病房
3 治疗
4 配药
5 处置
6 护长办
7 示教会议
8 主任办公
9 医生办公
10 值班室
11 更衣
12 中心浴室
13 晾衣间
14 康复活动室
15 公共洗衣房
16 公共厨房

住院部主要用房

1. 住院部主要包含出入院办理、中心药房、护理单元3部分。

2. 出入院办理的设计要求参照"综合医院[38]住院处/概述"相关部分。

3. 病房主要包括普通护理病区、康复病区、卒中病区、痴呆病区、临终关怀病区以及康复活动区域。

4. 护理单元通常包括病房、护士站、医护工作生活用房、治疗用房、病人活动室等。

5. 康复活动区域设计要求参照康复设施相关部分。

老年医院 [3] 住院部

住院部主要病区设计要点

1. 康复病区

(1) 充分考虑老年人的心理变化和心理障碍情况，各康复治疗区都应有较宽敞的活动空间，在可能情况下尽量模拟家庭的空间氛围。

(2) 充分考虑应对意外事故的防范能力，要重视和周密设计便捷、安全、可靠的紧急疏散路线和方式。

2. 卒中病区

卒中病区是为脑卒中患者提供药物治疗、肢体康复、语言训练、心理康复和健康教育的治疗区域。依据收治的患者和管理模式的不同可以分为4类：

(1) 急性卒中单元：收治急性期的患者，早期5~7天出院，在这种卒中单元模式中强调重症监护。

(2) 康复卒中单元：收治7天以后的患者，重点是康复治疗。

(3) 综合卒中单元：联合急性和康复卒中单元，收治急性患者，也提供数周的康复治疗。

(4) 移动卒中单元：不设特定治疗区域。

3. 痴呆病区

老年痴呆症病区通常可根据治疗阶段进一步细分为老年痴呆症治疗病区与老年痴呆症疗养病区。前者的治疗工作量大于后者，一般认为良好的环境及细心的护理有助于延缓患者的痴呆程度。

(1) 适宜病人的环境：控制外界的刺激，创造熟悉的环境，建立辅助支持系统。

(2) 建立认知训练场。

(3) 特殊医辅用房的环境：设置由神经病理、神经放射、神经心理、神经电生理、神经生化室、康复治疗室、社区服务科等组成的相关治疗护理系统。

4. 临终关怀病区

临终关怀病区设计要点参照"综合医院[44]临终关怀医疗设施"相关部分。

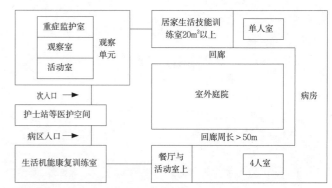

[2] 光爱老年痴呆治疗区功能关系图

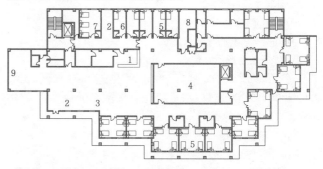

1 护士站　2 活动室　3 餐厅　4 庭院　5 病房　6 重症监护室
7 观察室　8 居家生活技能训练室　9 生活技能康复训练室

[3] 光爱医院老年痴呆治疗区平面图

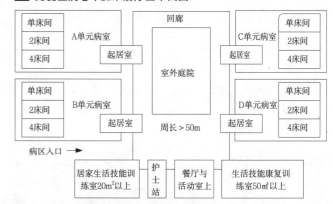

[4] 某医院老年痴呆症疗养区功能关系图

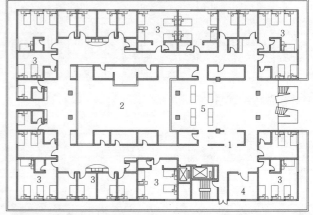

1 护士站　2 内庭院　3 老年痴呆病房　4 居家生活技能训练
5 活动室兼餐厅兼生活技能康复训练室

[5] 某医院老年痴呆症疗养区平面

1 病房　2 康复大厅　3 护士办公　4 治疗室
5 医生办公　6 ICU 监护区　7 公用卫生间

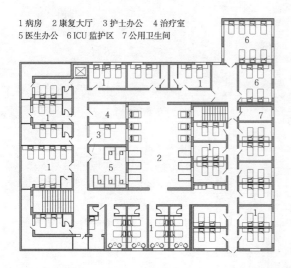

[1] 北京老年医院卒中单元

实例 [4] 老年医院

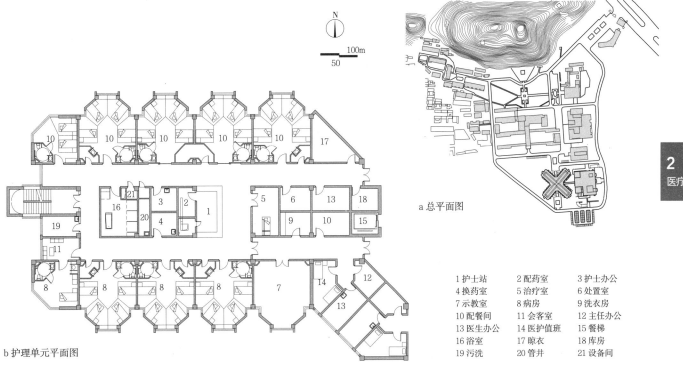

a 总平面图

b 护理单元平面图

1 护士站　2 配药室　3 护士办公
4 换药室　5 治疗室　6 处置室
7 示教室　8 病房　　9 洗衣房
10 配餐间　11 会客室　12 主任办公
13 医生办公 14 医护值班 15 餐梯
16 浴室　　17 晾衣　　18 库房
19 污洗　　20 管井　　21 设备间

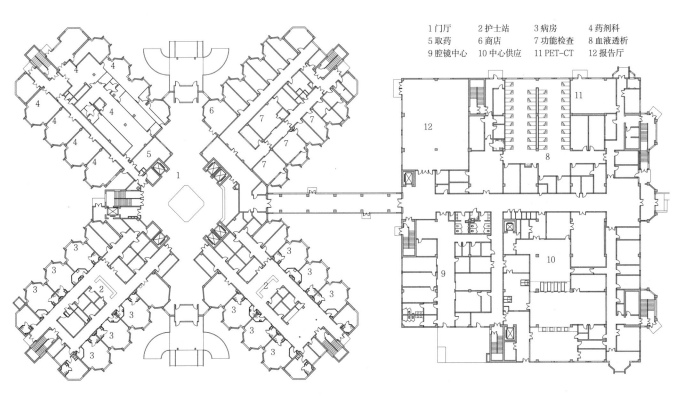

1 门厅　　2 护士站　3 病房　　4 药剂科
5 取药　　6 商店　　7 功能检查 8 血液透析
9 腔镜中心 10 中心供应 11 PET-CT 12 报告厅

c 一层平面图

1 北京老年医院医疗综合楼平面图

名称	建筑面积（m²）	占地面积（m²）	床位数（床）	主要建筑物层数（层）	设计时间	设计单位
北京老年医院医疗综合楼	36642	163200	400	地下1层、地上5层	2011	清华大学建筑设计研究院有限公司

老年医院 [5] 实例

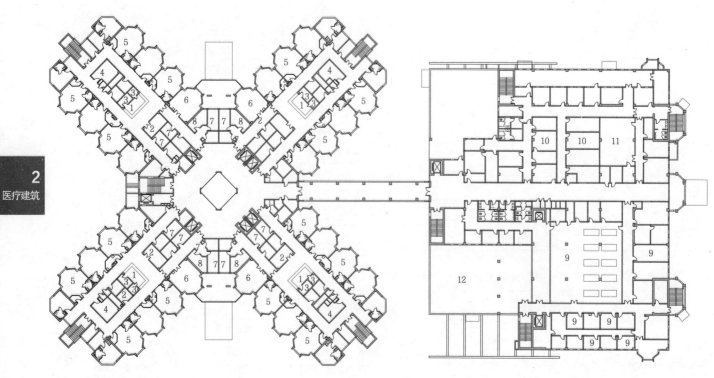

1 护士站　2 治疗室　3 处置室　4 淋浴室　5 普通病房　6 视频示教　7 医生办公　8 医生值班　9 中心检验　10 院办与教学　11 会议室　12 计算机中心

a 二层平面图

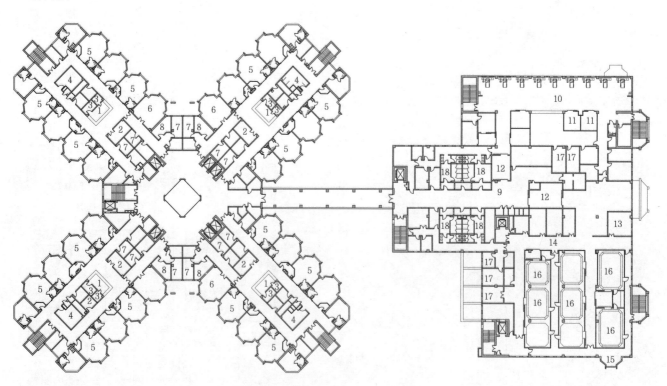

1 护士站　2 治疗室　3 处置换药　4 淋浴室　5 普通病房　6 视频示教　7 办公室　8 医护值班　9 家属等候　10 ICU监护
11 隔离监护　12 换床间　13 恢复间　14 洁净走廊　15 污物走廊　16 手术室　17 医护办公　18 卫生通过

b 三层平面图

1 北京老年医院医疗综合楼平面图

名称	建筑面积（m²）	占地面积（m²）	床位数（床）	主要建筑物层数（层）	设计时间	设计单位
北京老年医院医疗综合楼	36642	163200	400	地下1层、地上5层	2011	清华大学建筑设计研究院有限公司

实例 [6] 老年医院

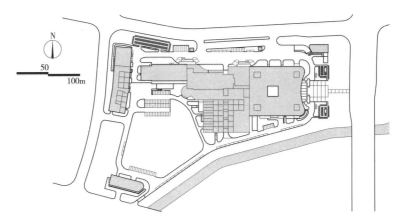

a 总平面图

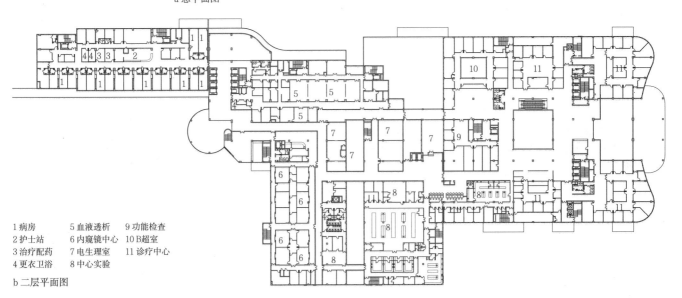

1 病房　　　5 血液透析　　9 功能检查
2 护士站　　6 内窥镜中心　10 B超室
3 治疗配药　7 电生理室　　11 诊疗中心
4 更衣卫浴　8 中心实验

b 二层平面图

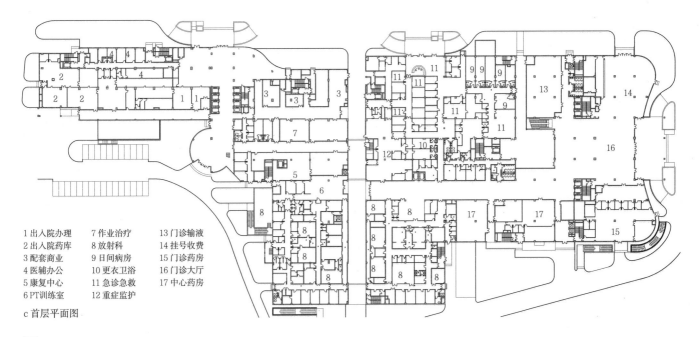

1 出入院办理　7 作业治疗　　13 门诊输液
2 出入院药库　8 放射科　　　14 挂号收费
3 配套商业　　9 日间病房　　15 门诊药房
4 医辅办公　　10 更衣卫浴　　16 门诊大厅
5 康复中心　　11 急诊急救　　17 中心药房
6 PT训练室　　12 重症监护

c 首层平面图

1 浙江省老年医疗中心平面图

名称	建筑面积（m²）	占地面积（m²）	床位数（床）	主要建筑物层数（层）	设计时间	设计单位
浙江省老年医疗中心	135260	66600	1000	地下2层、地上14层	2012	浙江中设工程设计有限公司

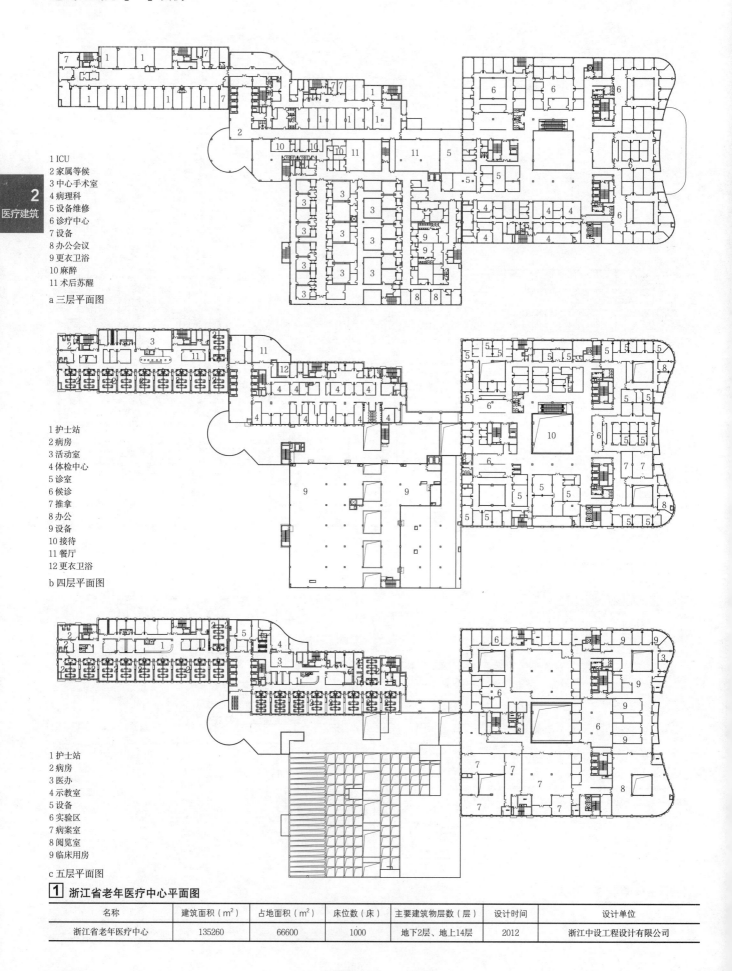

基本概念 [1] 康复设施

康复及康复设施的定义

康复指对身心障碍者（疾病、事故、灾害、高龄、先天等原因）进行的综合治疗或训练，最大限度地恢复或维持其身心功能，提高其生活自理能力并帮助其顺利回归家庭与社会为目标。广义的康复包括医学康复、心理康复、社会康复、职业康复及教育康复，而狭义的康复仅指医学康复。

康复设施一般泛指提供康复服务的各类机构，其设置标准因各国国情而异。当前我国的康复设施主要包括综合医院的康复科、康复专科医院以及社区卫生服务中心。

康复的阶段

为了在改善康复效果的同时能提高医护效率，目前发达国家普遍将康复划分为急性期、恢复期及维持期等3个阶段，以适应不同康复人群的需要。

急性期康复（acute rehabilitation）主要面向急性病患者、手术后患者以及事故受伤人员。在症状发作初期，治疗疾病的过程中即适时介入急性期康复作业，旨在预防废用综合征并促使患者早期离床。

恢复期康复（recovery rehabilitation）主要面向长期住院患者，旨在通过恢复患者的日常生活活动（ADL）能力来促进其顺利回归家庭与社会。

维持期康复（community-based rehabilitation）主要面向在宅的老人或慢性病患者。通过设置各类访问康复设施或通院康复设施为他们提供多种形式的在宅或短期入院康复服务，旨在维持或尽量改善他们的身体机能与生活能力。

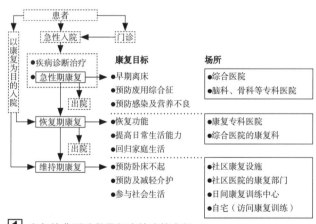

[1] 康复的典型阶段及相应的建筑空间

康复及康复设施的发展趋势

1. 为缩短住院期间，急性期康复日益受到重视；另外，随着老龄化的加剧，预计维持期康复所占比重也将逐渐增大。
2. 伴随生活方式的改变，循环器官康复越来越重要。
3. 康复手段从过去的单一疗法向集成了药物疗法、食物疗法、运动疗法以及教育疗法的综合疗法转变；康复方式也从较消极的"恢复身心机能"向更积极的"排除潜在危险因素"转变。
4. 康复设施的规划与设计不仅要满足当前康复作业的要求以及康复患者的生活需要，还需具备一定的灵活性以适应康复医学的快速发展。

康复治疗流程

首先对患者进行功能评定，在此基础上确立合适的康复目标并制定可行的康复方案，然后再选择合适的康复疗法，并预测康复效果。康复治疗方法包括：物理疗法、作业疗法、言语疗法、心理疗法以及中医疗法。通常经过一段时期的康复治疗后，还要视患者的身心状况再次进行功能评定。

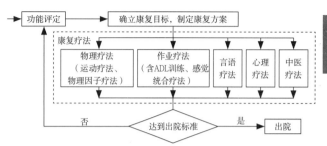

[2] 康复治疗流程

功能评定

功能评定指通过测试与分析全面准确地把握患者的病状、身心机能、日常生活活动（ADL）能力以及参与社会生活的能力，据此对患者产生障碍原因及当前障碍程度进行的综合评定。

康复评定内容一览　　　　　　　　　　　　　表1

类型	项目	内容	方式
运动功能评定	肌力	主动运动时的肌肉力量	专用设备测试
	肌张力	静息状态下肌肉组织的张力状态是否异常	
	关节活动范围	肢体伸展、转动等活动时关节可达的最大活动范围	
	平衡性	—	
	协调性	—	
	等速肌力	肢体进行等速运动时肌肉产生的力量	
	步态	步行时的运动姿态	
	心肺功能*	运动过程中的心肺活动指标（如耗氧量）	
感觉评定	浅感觉*	触觉、听觉等基本感觉	提问测试
	深感觉*	位置判断、方向判断等较复杂的感觉	
言语功能评定		语言功能障碍的性质、类型、程度及原因	卡片提问
认知评定		记忆力、注意力、思维能力、推理能力等	专用设备测试
吞咽评定		吞咽障碍	饮水、吞咽与肌电图测试
心理评定		心理过程、人格特征及自我认知等	量表提问专用仪器测试
职业评定		手指精细功能等影响职业行为的能力	工伤康复设备测试

注：*除心肺功能评定与感觉评定外，其他功能评定项目均可与相应的康复训练共用相同的设备。

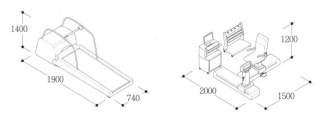

[3] 心肺功能测试设备　　　　[4] 等速肌力测试训练设备

康复设施 [2] 物理疗法 / 运动疗法

物理疗法

物理疗法（Physical Therapy，简称PT）分为运动疗法与物理因子疗法（理疗）两大类。运动疗法指对患者进行各种徒手或利用器械的运动训练，目的是恢复他们的起床、站立、步行等基本运动功能，从而改善生活质量。物理因子疗法指借助于声、光、电等物理因子的作用来达到促进血液循环、缓解疼痛、减轻浮肿等效果。

运动疗法室

设计要点：
1. 室内应具有足够的亮度；
2. 墙面应设置大面积的镜子，以便矫正姿势；
3. 墙面应布置足够数量的电源插座；
4. 地面宜平整耐磨，墙面宜采用吸声且耐撞击的材料。

1 运动疗法室

2 PT训练床

3 按摩床

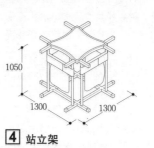

4 站立架

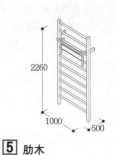

5 肋木

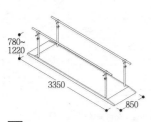

6 平衡杠

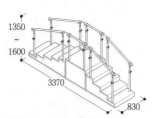

7 训练用扶梯

8 减重步态训练器

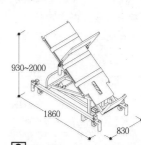

9 直立床

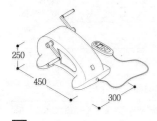

10 上肢运动器

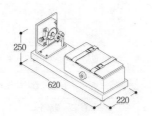

11 腕关节旋转训练器

12 肘关节牵引训练椅

13 肩关节旋转训练器

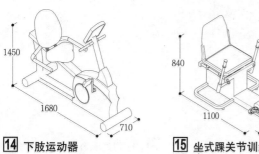

14 下肢运动器

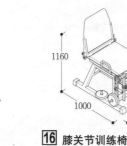

15 坐式踝关节训练椅

16 膝关节训练椅

17 重锤式髋关节训练椅

物理因子疗法·水疗 / 物理疗法 [3] 康复设施

物理因子疗法（理疗）

按照物理因子的类别，物理因子疗法可分为电疗、热疗、冷疗、光疗、力学疗法以及水疗等几类。

电疗法主要通过电气刺激的方式来获得康复效果。其中高频电疗室应单独设置以防干扰其他人员或设备。

热疗法（温热疗法）的主要方式包括热传导及热辐射。除湿热毛巾与热蜡外，也可使用红外线理疗仪、微波理疗仪以及超声波理疗仪等设备。

冷疗法（寒冷疗法）指利用冰袋或低温治疗仪对患部进行寒冷刺激来减轻浮肿并缓解疼痛的疗法。

光疗法指利用红外线、紫外线或激光作用于患部的疗法。

力学疗法泛指用各种牵引装置或按摩器来获得牵引或按摩效果的疗法。

水疗

水疗指在一定温度、压力及溶质含量的水中洗浴来获得温热效果，同时辅以气泡及涡流以分别获得气泡按摩效果及涡流按摩效果。

水疗浴缸是最常见的水疗设备，部分大型水疗中心设置水疗池。除了温热与按摩效果外，水疗池与水中步行训练浴缸还可利用水的浮力开展水中运动训练。

水疗中心的设计要点：
1. 合理布置与水处理相关的设备用房；
2. 合理设置搬运卧位及坐位患者进出水疗设备的装置；
3. 做好地面防滑措施；
4. 水疗池底宜设灯带。

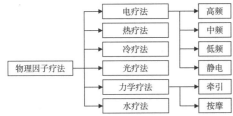

1 物理因子疗法分类

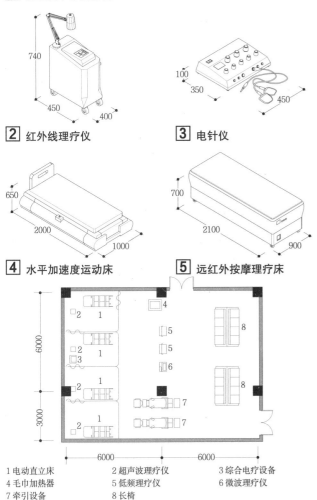

2 红外线理疗仪　　3 电针仪

4 水平加速度运动床　　5 远红外按摩理疗床

1 电动直立床　　2 超声波理疗仪　　3 综合电疗设备
4 毛巾加热器　　5 低频理疗仪　　6 微波理疗仪
7 牵引设备　　8 长椅

6 物理因子疗法室平面图❶

❶ [日] SAKAIMEDリハビリテーション机器カタログ, 2014.

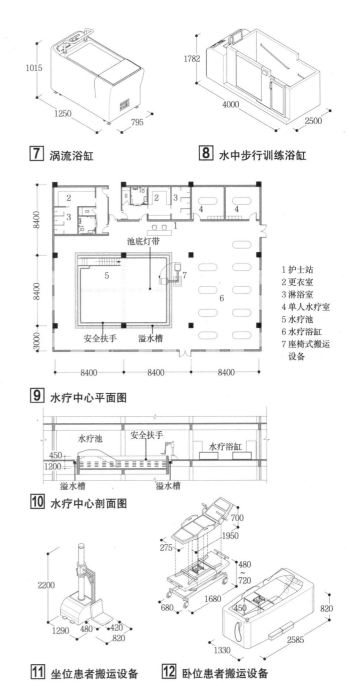

7 涡流浴缸　　8 水中步行训练浴缸

1 护士站
2 更衣室
3 淋浴室
4 单人水疗室
5 水疗池
6 水疗浴缸
7 座椅式搬运设备

9 水疗中心平面图

10 水疗中心剖面图

11 坐位患者搬运设备　　12 卧位患者搬运设备

康复设施 [4] 作业疗法 / 日常生活活动训练

作业疗法

作业疗法(Occupational Therapy,简称OT)泛指通过作业活动促进患者康复的疗法,包括一般作业疗法、日常生活活动训练以及感觉统合疗法等。

不同于运动疗法主要通过反复进行简单的动作来恢复患部的基本动作功能(如关节的自由弯曲),作业疗法旨在通过各种具体的作业任务,恢复障碍者综合应用基本动作和完成某项工作的能力以及适应社会的能力。具体训练项目包括日常生活活动(ADL)训练、手工艺(如折纸、编织、木工、陶艺等)、艺术(如书法、绘画等)、娱乐活动(如扑克、棋类等)、体育项目(如散步、体操等)等。

对于身体障碍者,作业疗法的重点在于恢复和提高上肢功能。对于精神障碍者来说,作业疗法的重点是改善患者的精神状态;通过完成一定的作业任务,还有助于培育精神障碍者健康的人际关系,以增强参与社会生活的能力。

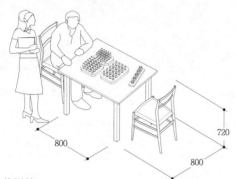

1 手功能训练

2 书法绘画室

利用计算机生成的虚拟现实环境,并通过各种传感设备将患者置入该环境中,可实现患者与虚拟环境的互动,从而引导患者完成某项特定的动作。

3 虚拟场景训练

❶[日]SAKAIMEDリハビリテーション機器カタログ, 2014.

日常生活活动(ADL)训练

日常生活活动(Activies of Daily Living,简称ADL)指就餐、盥洗、梳妆、更衣、行走、就寝、如厕、入浴等生活自理行为,以及烹饪、清扫等基本生活技能。ADL训练的目的在于恢复因生病或受伤而丧失的日常生活活动的能力。

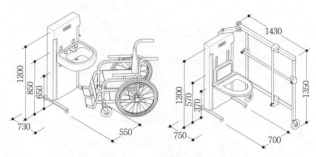

4 ADL训练用洗脸池　　**5** ADL训练用卫生间

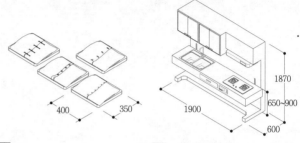

6 穿衣板　　**7** ADL训练用厨房

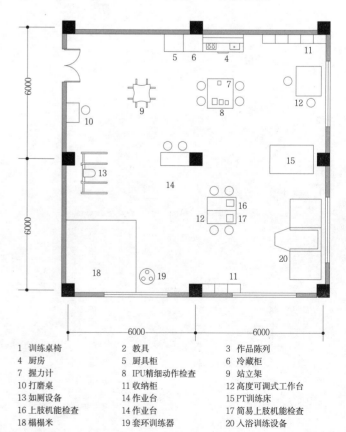

1 训练桌椅	2 教具	3 作品陈列
4 厨房	5 厨具柜	6 冷藏柜
7 握力计	8 IPU精细动作检查	9 站立架
10 打磨桌	11 收纳柜	12 高度可调式工作台
13 如厕设备	14 作业台	15 PT训练床
16 上肢机能检查	14 作业台	17 简易上肢机能检查
18 榻榻米	19 套环训练器	20 入浴训练设备

8 ADL训练室平面图❶

感觉统合疗法

学习障碍、多动症、自闭症等儿童障碍与无法顺利统合各类感觉有关,而参与波波球、蹦床、摇摆床、平衡木等游戏有助于患儿康复。采用上述游戏的疗法就称为感觉统合疗法。该疗法的优点是障碍儿童在轻松欢快的游戏中,既可以有效增强各感管的敏锐度,还能充分发挥主动性来提高统合视觉、听觉、触觉、本体觉、平衡觉等各种感觉的能力,从而有利于上述各类障碍的康复。由于该疗法无法在通常的学校及家庭环境中顺利展开,因而需要设置专用的感觉统合疗法训练室。

感觉统合疗法训练室的设计要点:

1. 为避免干扰他人,训练室宜独立设置,且宜采取各种降噪隔声措施;

2. 房间宜按矩形布置,且面积不宜小于120m²,净高不宜低于3m;

3. 为方便悬挂摇摆床及固定蹦床训练者,宜在顶棚上设置具有一定行列数的金属架,其间隔宜为800~900mm;

4. 顶灯宜嵌入吊顶内以免受损。

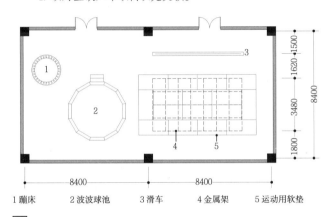

1 蹦床　2 波波球池　3 滑车　4 金属架　5 运动用软垫

1 感觉统合治疗室平面图

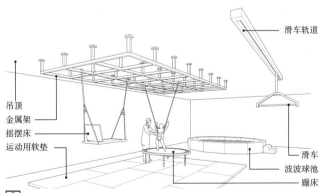

2 感觉统合疗法室透视图

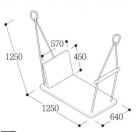

3 摇摆床

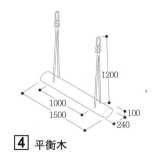

4 平衡木

言语疗法

言语疗法指专业人员针对失语症、构音障碍、吞咽障碍、口吃、儿童语言发育迟缓进行的语言训练,目标是尽可能恢复障碍者的听、说及交际能力。

言语治疗室须采取隔声措施,并便于轮椅患者或步行器患者进出。治疗室的使用面积不宜过小,其中单人治疗室不宜小于8m²,小组治疗室不宜小于16m²。

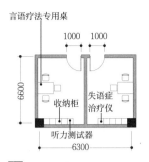

5 言语疗法室

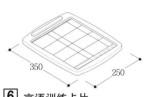

6 言语训练卡片

7 言语认知评测训练设备

心理疗法

心理疗法指通过对话或心理暗示等手段(非物理或化学手段)来改善患者的认知、情绪和行为并增进其精神健康的疗法。康复科心理疗法的内容通常包括以下两个方面:

1. 对于因事故或疾病而产生忧郁、不安、烦躁易怒、记忆障碍等精神症状的患者,宜重点进行心理咨询或心理疏导。

2. 对于因头部外伤或脑卒中等疾病造成脑部受损,并进而导致理解力、判断力、记忆力、注意力和集中力等智力水平显著下降的患者,应在充分评估的基础上展开相应的智力训练。

心理疗法室的位置选择及平面设计必须充分保证患者的隐私。与一般诊室不同,心理疗法室内的家具布置应便于医生与患者间展开气氛轻松的交流与互动(如布置较舒适的沙发座椅)。对于以特定频率的声音为重要治疗手段的音响心理疗法室,则需配备音响或虚拟环境系统等设备。

中医疗法

中医疗法主要包括推拿、针灸、牵引、拔火罐、药浴、熏蒸等传统的中医康复疗法。

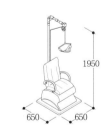

9 颈椎牵引治疗仪

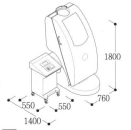

8 中药熏蒸治疗器

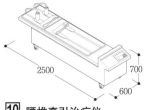

10 腰椎牵引治疗仪

康复设施 [6] 综合医院康复科

急性期康复设备及空间

对于运动器官、脑血管、心血管等疾病，若在急性期治疗过程中或手术后及时开展急性期康复训练，可有效预防废用综合征。废用综合征指由于机体长时间不能活动而导致的肌肉萎缩、关节僵硬等继发障碍。

急性期康复初期首先要保持手足的正确位置并借助于设备或人力使之被动运动。病情稳定后，宜开展坐姿训练与吞咽训练。如果患者已可离床，即可开展行走及ADL训练。

骨科、神经科、心血管科等病区内均宜展开急性期康复训练。为此，这些病区的病床周边应预留足够的空间以便使用急性期康复设备，卫生间宜便于展开ADL训练，走廊两边应设扶手且走廊应有足够的宽度来展开行走训练。

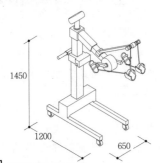

[1] 下肢CPM训练器

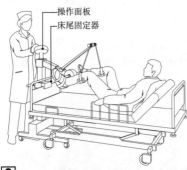

[2] 下肢CPM训练器在床边使用示意图

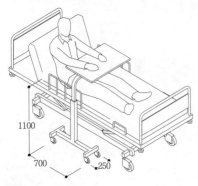

[3] 坐姿训练桌

综合医院的康复科

综合医院的康复科既为住院患者提供急性期康复训练，也为出院患者提供恢复期康复训练。康复重点因医院而异，例如湘雅医院康复科主要提供心脑血管康复，上海第六人民医院康复科主要提供骨科康复。

a 康复科房间功能布局示意图　　b 康复科在五层平面图中的位置

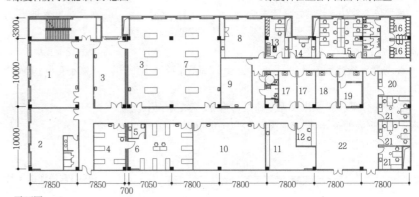

c 平面图

[4] 湘雅医院康复科

1 运动疗法室　　2 水疗室　　3 机能训练　　4 高频理疗室
5 厨房　　6 理疗室　　7 PT训练　　8 示教室
9 康复师办公室　　10 心血管康复　　11 推拿　　12 护士站
13 主任办公室　　14 护士长室　　15 医师办公室　　16 更衣室
17 假肢矫形中心　　18 神经功能评定　　19 肌电图室　　20 心肺功能测试
21 诊室　　22 等候区　　23 准备室　　24 屏蔽室
25 交班会议综合办公室　　26 更衣室　　27 步态分析室　　28 言语疗法室
29 测压室　　30 牵引及中医疗法室　　31 骨科康复研究室　　32 功能评定室
33 科研教研室　　34 挂号收费　　35 库房　　36 配电室

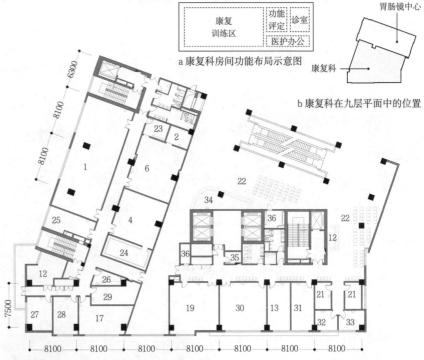

a 康复科房间功能布局示意图

b 康复科在九层平面中的位置

c 平面图

[5] 上海第六人民医院康复科

康复医院概述 [7] 康复设施

康复医院分类

国内外典型康复医院

表1

类型/特征		服务	实例	病床数	床均面积（m²）	假肢中心	邻近综合医院
国内	卫生部门主管	康复医疗	江苏省昆山市康复医院	204	103.92		
			四川大学华西医院温江区康复分院	340	188.67	○	
	残联主管	残联救助项目	四川省八一康复中心	500	102.00		
			山东省临沂市康复中心	900	108.87		
			湖南省长沙市湘雅博爱康复医院	420	76.19	○	
国外	恢复期康复	恢复期康复	[美] Laguna Honda Rehabilitation Center	120	58.07		
			[德] Allgemeines Krankenhaus St. Georg	34	297.56		○
		脑血管	[日] 岩手县立康复医院	100	82.49		○
			[日] 千叶县船桥市立康复医院	200	70.79		○
			[日] 东京都初台康复医院	173	75.41		
		脊髓损伤	[瑞] Rehab Basel	92	248.80		
		儿童、青少年康复	[荷] Rehabilitation Centre Groot Klimmendaal	60	233.33		
	复合型	恢复期与维持期康复	[日] 福冈县北九州市小仓康复医院	198	152.49		
			[美] Washington State Veteran's Center	240	61.94		
	军队	重度伤残、烧伤、截肢	[美] Center for the Intrepid—National Armed Forces Physical Rehabilitation Center	(170)	35.52	○	○

国内康复医院

我国康复医院的等级按规模分为一级、二级与三级。二级与三级康复医院多采用"大专科、小综合"的模式，其综合部门的科室设置及病床规模通常与社区卫生服务中心相近。

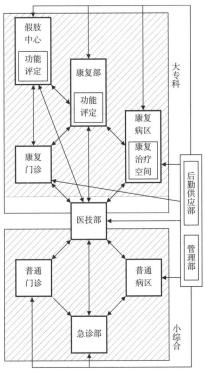

1 康复医院的部门构成

我国康复医院科室设置标准

表2

等级	二级康复医院	三级康复医院
病床数	100~299	300以上
床均建筑面积	≥85m²/床	≥95m²/床
床均使用面积	≥6m²	≥6m²
治疗区总面积	≥800m²	≥3000m²
须设置的临床科室	内科 外科 重症监护室 骨关节康复科 神经康复科 儿童康复科 老年康复科 听力视力康复科 疼痛康复科 →其中3个科室	内科 外科 重症监护室 骨与关节康复科 神经康复科 儿童康复科 老年康复科 听力视力康复科 疼痛康复科 脊髓损伤康复科 心肺康复科 烧伤康复科 →其中6个科室
须设置的治疗科室	物理疗法室 作业疗法室 言语疗法室 传统康复疗法室	物理疗法室 作业疗法室 言语疗法室 传统康复疗法室 康复工程室 心理康复室 水疗室
须设置的评定科室	运动平衡功能评定 认知功能评定 言语吞咽功能评定 日常生活能力评定 神经电生理检查 听力视力检查 →其中5个科室	运动平衡功能评定 认知功能评定 言语吞咽功能评定 日常生活能力评定 神经电生理检查 听力视力检查 心理评定 心肺功能检查 职业能力评定 →其中7个科室
须设置的医技科室	放射科，超声科 检验科 药剂科 消毒供应室	医学影像科 检验科 药剂科 消毒供应室 营养科 门诊手术室

注：引自《康复医院基本标准》，2012.

主要设施标准

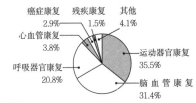

2 2011年日本京都府居民的康复类型 ❶

运动器官康复设施标准

表3

	甲级	乙级	丙级
康复对象疾病	上下肢复合损伤、脊髓损伤与肌肉骨骼损伤急性发作的手术后患者、慢性关节炎症疾病、日常生活能力低下		
训练室面积	≥100m²		≥45m²
康复器械	各种测量用器具（角度计、握力计等）、血压计、平衡杠、姿势矫正镜、各种轮椅、各种步行辅助工具等		各种步行辅助工具、各种测量用器具、训练组合垫、牙科椅、沙袋等

脑血管康复设施标准

表4

	甲级	乙级	丙级
康复对象疾病	急性脑梗、脑出血、脑肿瘤、脊髓损伤、中枢神经系统疾病、多发性神经炎等神经系统疾病、帕金森病、听觉语言功能损伤、构音障碍、日常生活能力及语言表达能力退化		
训练室面积	≥160m²		≥100m²
康复器械	各种步行辅助工具、训练组合垫、牙科椅、沙袋、各种测量用器具（角度计、握力计等）、血压计、平衡杠、倾斜台、姿势矫正镜、各种轮椅、各种化妆用具、家务用具、各种日常生活设备等		各种步行辅助工具、训练组合垫、牙科椅、沙袋、各种测量用器具（角度计、握力计等）

呼吸康复设施标准

表5

	甲级	乙级
康复对象疾病	急性肺炎、术后呼吸系统肿瘤、胸部外伤、慢性呼吸系统疾病、呼吸能力下降、食管癌、胃癌、与呼吸相关的癌症术后训练	
训练室面积	≥100m²	≥45m²
康复器械	呼吸功能检查机、血液检查机等	

心脏康复设施标准

表6

	甲级	乙级
康复对象疾病	急性心血管疾病发作术后患者、慢性心脏衰竭、外周动脉闭塞、呼吸困难、生活能力下降	
训练室面积	≥30m²	
康复器械	氧气供给装置、除颤器、心电图、测力计、血压计、急救手推车、医用运动负载试验装置	
其他	1.所在医院的循环器科或心血管外科为重点科室； 2.所在医院或合作医院可完成紧急手术或紧急血管造影检查； 3.所在医院或合作医院须设有急救中心及ICU	

注：引自 [日] 基本诊疗料的施设基准[S]，2010.

❶ http://www.pref.kyoto.jp/rehabili/

康复设施 [8] 低视力康复·儿童康复

中国残联主管的康复医院

中国残疾人联合会（简称残联）主管的康复医院主要提供面向残疾人的低视力康复、听力语言康复、肢体残疾康复、精神病康复、麻风畸残康复以及社区康复等康复救助项目。残联主管的康复医院一般同时提供成人及儿童康复服务，但残疾儿童康复始终是残联康复救助的重点。

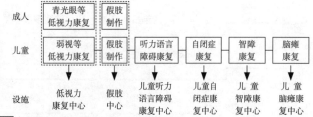

1 残联救助项目的主要类型

低视力康复

低视力康复的目标是利用残存视力来提高低视力者的生活自理能力及独立生活能力。

1. 低视力康复的主要内容：
   （1）练习使用盲杖与导盲犬的方法；
   （2）练习利用光线明暗进行定向的步行方法；
   （3）练习在介助者帮助下的步行方法；
   （4）训练借助于放大镜、读书软件、点字触读及手写等手段进行信息交流的方法；
   （5）ADL训练、手工艺训练、按摩等职业训练。

2. 低视力康复中心的设计要点：
   （1）平面布局应避免尽端式走廊，走道转角应为90°；
   （2）设置低视力者专用的盲文标识或盲道；
   （3）宜设置声音疏散指示系统；
   （4）宜种植不同花期的植物，来帮助低视力者通过嗅觉感知四季变化；
   （5）宜单独设置低视力者步行训练室；
   （6）利用医院的室内外环境作为步行训练场地时，宜设置必要的安全措施。

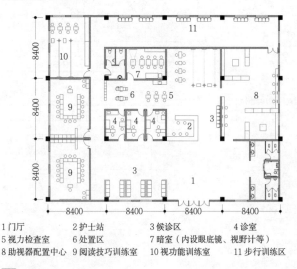

1 门厅　　　　2 护士站　　　　3 候诊区　　　　4 诊室
5 视力检查室　6 处置区　　　　7 暗室（内设眼底镜、视野计等）
8 助视器配置中心　9 阅读技巧训练室　10 视功能训练室　11 步行训练区

2 低视力康复门诊平面图

儿童康复概述

儿童康复的主要目标：①使先天障碍儿童的成长发育接近正常儿童；②适时展开康复治疗，尽量减轻因疾病或外伤造成的后天障碍。下表列出了儿童康复的主要类型及相应的康复设施。

儿童康复设施的设计要点：
1. 地面铺装应符合相关的安全标准并采取地面防滑措施；
2. 家具陈设与训练设备应符合儿童尺度；
3. 宜合理设置训练场景，帮助儿童长时间进行康复训练。

儿童康复的主要类型及相应的康复设施　　　表1

康复类型	康复设施
低视力	触觉听觉训练室、视知觉训练室、运动疗法室、ADL训练室
听力语言障碍	听力检查室、听力检查准备室、听觉训练室、言语疗法室、ADL训练室
残疾、病弱	运动疗法室、言语疗法室、水疗室、ADL训练室
脑瘫、自闭症、智力障碍	运动疗法室、言语疗法室、水疗室、ADL训练室、感觉统合疗法室

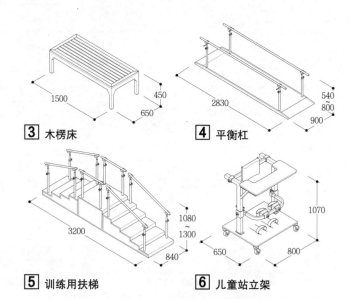

3 木楞床　　　　**4** 平衡杠

5 训练用扶梯　　**6** 儿童站立架

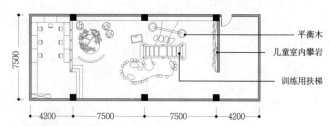

7 配有场景的运动疗法室平面图

8 平衡木

9 康复训练用扶梯

儿童听力语言障碍康复中心

听力语言康复包括听觉康复、言语矫治及语言教育3部分。多数听力障碍儿童具有不同程度的残余听力,可利用助听器听清发音。深度聋或全聋儿童则可通过植入人工耳蜗来重建听觉通路。通过有针对性的康复、矫治与训练,可帮助他们有效提高听力水平,进而获得一定的语言沟通能力。

1 儿童听力语言康复中心二层平面图

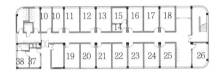

2 儿童听力语言康复中心一层平面图

儿童自闭症·智障康复中心

儿童自闭症又名孤独症,表现为孤独离群,难以与他人交流。智力发育障碍儿童的智力水平以及生活、运动、学习、劳动等能力均远低于正常儿童。患有自闭症的儿童通常也伴有智力发育障碍。目前这两种疾病均难以根治,因而康复的主要目标是减轻其生活及交流方面的障碍。

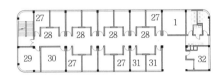

3 智障、孤独症康复中心二层平面图

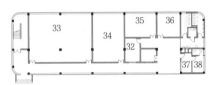

4 智障、孤独症康复中心一层平面图

1 美术工作室	2 幼儿阅览室	
5 项目工作室	6 办公室	
9 感官训练室	10 耳模制作室	
13 耳声发射	14 控制室	
17 人工耳蜗调试室	18 助听器及观察室	
21 言语矫治评估室	22 启聪工作室	
25 心理咨询	26 挂号	
29 多感官训练室	30 教具陈列室	
33 感觉统合疗法室	34 奥尔夫训练室	
37 晨检室	38 留观室	
41 更衣室	42 ADL训练室	
45 器械训练	46 康复示教室	
49 引导式教育训练室	50 母子同训室	
3 幼儿科学操作室	4 幼儿建构室	
7 家庭模拟室	8 蒙氏活动室	
11 鼻流量监测工作室	12 脑干室	
15 测听室	16 助听室	
19 构音语音工作室	20 嗓音疾病检测室	
23 认知能力工作室	24 学习能力评估	
27 康复治疗室	28 观察区	
31 情景模拟训练室	32 单训室	
35 个人工作室	36 生活辅导	
39 统一教具室	40 家长指导室	
43 音乐疗法室	44 步态分析	
47 运动疗法室	48 儿童作业疗法室	
51 语言个别化治疗室	52 储藏室	

儿童脑瘫康复中心

脑瘫指儿童在出生前后所引发的脑损伤或脑发育异常导致的中枢性运动障碍。脑瘫康复的目标是避免发生继发性关节畸形或软组织挛缩,尽量推迟或避免手术治疗,并最大限度地改善脑瘫儿童的身体机能。除常规疗法外,脑瘫康复疗法还包括引导式教育疗法、多感官训练及音乐疗法等。

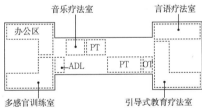

5 儿童脑瘫康复中心功能布局示意图

6 儿童脑瘫康复中心平面图

儿童引导式教育疗法室

引导式教育疗法旨在通过引导式教育来调动患儿的自主性,并激发他们参与康复训练的兴趣,从而提高康复效果。该疗法综合运用了运动、语言、智力开发、社会交往及行为矫正等多种疗法,可促进语言发育迟缓、自闭症、智障及脑瘫儿童的全面康复。

1. 该疗法特征

(1)康复指导小组由运动疗法师、言语疗法师、心理疗法师等共同组成,采用集体指导的方式;

(2)患儿人数宜控制在9~15名内,以促进交流与互动;

(3)患儿宜与家长组成亲子组合,共同参与康复训练;

(4)训练过程中宜伴有背景音乐。

2. 设计要点

(1)使用面积不宜小于60m²;

(2)须同时满足运动、言语等多种疗法的需求。

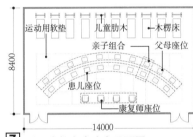

7 引导式教育疗法室平面图

儿童多感官训练室

儿童在多感官训练室中不仅可同时体验视、听、嗅、触等多种感官刺激,还可通过遥控设备调整室内的声、光、味等环境,从而有效提高儿童感知能力。

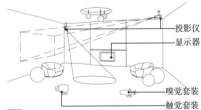

8 多感官训练室透视图

音乐疗法室　场景模拟训练室

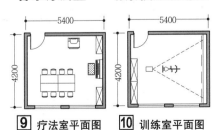

9 疗法室平面图　　10 训练室平面图

康复设施 [10] 康复病室

普通康复病室

1. 为了便于展开床边的康复训练，多床康复病室的床均使用面积（不含卫生间）不宜小于8m²。病床的一侧宜留出一定的距离（约1.45m），以便患者在护理人员协助下顺利换乘轮椅。

2. 由于患者的住院时间较长，病室内的收纳容量应酌情增加。

3. 病床两侧的扶手应有足够的强度，以防患者用力过大时扶手受损。

4. 病床（含床垫）高度不应超过450mm，以方便患者下床。

5. 为方便轮椅患者使用，康复病区应配备带扶手的薄型洗面池。

偏瘫患者用康复病室

偏瘫患者的单侧肢体存在运动障碍，如厕、入浴等日常行为仅能使用健康侧的肢体，移动也须借助轮椅。因而宜分别为左、右偏瘫患者设计病室。

1. 病床临空侧应为患者的健康侧，以保证患者下床时健康侧的下肢先落地。为保证安全，病床另一侧应靠墙。

2. 患者如厕时需用健康侧的手握住L形抓杆，脱衣时需用健康侧倚靠墙面以保持稳定，因而坐便器一侧应靠墙且须设L形抓杆。右侧偏瘫患者应使用左侧靠墙的坐便器，左侧偏瘫患者反之。

3. 如厕患者的偏瘫侧应为护理人员和轮椅预留足够的空间。

卧床患者用康复病室

对于卧床不起的患者，病室内须安装轨道式移动设备，以便将患者搬运至洗面台、坐便器、浴缸等场所。因此轨道应具有足够的强度及刚度。

为便于患者随时进行减重步行训练，康复病区的走廊顶部也宜设置轨道。此时走廊净宽不宜小于3m。

⑨ 康复病室内的轨道

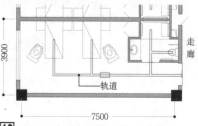

⑩ 病室内移送患者的轨道布置图

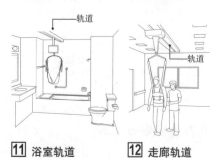

⑪ 浴室轨道　　⑫ 走廊轨道

康复病区的浴室

1. 为获得较大的浴室面积且便于管理，康复病区的浴室宜集中设置。

2. 除为能自理的患者设置一般的洗浴设备外，浴室内还须为介助患者及卧床不起患者设置专用洗浴设备。

3. 行动不便的患者可利用浴缸自行洗浴，但设置浴缸时须考虑患者的偏瘫方位。左侧靠墙的浴缸供右侧偏瘫患者使用，反之亦然。

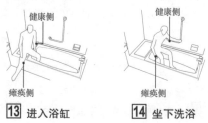

⑬ 进入浴缸　　⑭ 坐下洗浴

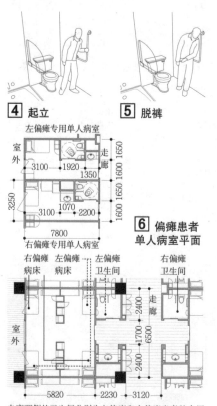

④ 起立　　⑤ 脱裤

⑥ 偏瘫患者单人病室平面

⑦ 偏瘫患者用四床病室平面

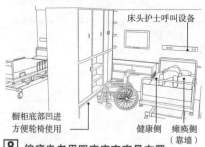

⑧ 偏瘫患者用四床病室家具布置

① 康复患者用病床

② 骨科康复患者用病床

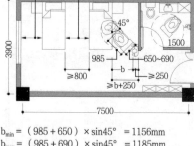

$b_{min} = (985 + 650) \times \sin 45° = 1156mm$
$b_{max} = (985 + 690) \times \sin 45° = 1185mm$
护理人员侧身通过时，所需最小净宽为250mm；病床边缘到墙边的距离不宜小于1435mm。

③ 康复两床病室平面图

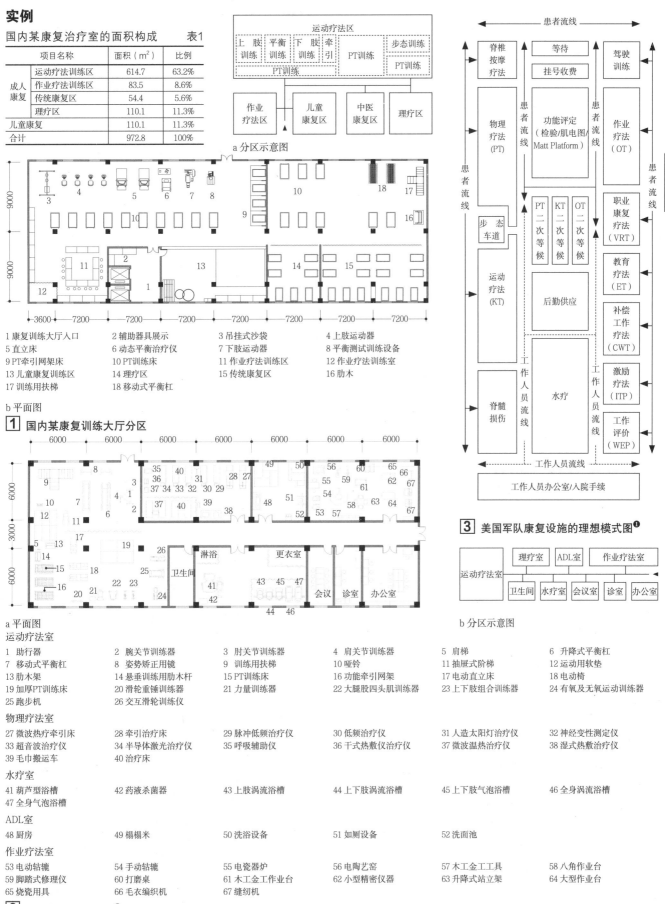

康复设施 [12] 老年康复治疗室·心脏康复治疗室

老年康复治疗室

随着年龄的增加与身体机能的衰退,除原有障碍可能继续加重外,老年障碍者还容易增添因跌倒、心脑血管疾病、慢性肺病、糖尿病等导致的二次障碍。即老年障碍的显著特征是障碍的重度化与复杂化。因此,老年康复的重点是通过适量的恢复训练与维持训练改善或维持患者身体机能。

老年康复治疗室的特征是,理疗区的面积相对较大,而运动疗法区的面积相对较小。

心脏康复治疗室

心脏康复的主要对象是心脏手术后患者及慢性心脏病患者。散步、慢跑、太极拳、乒乓球等舒缓的运动有益于心脏康复。此外,帮助患者养成健康的生活方式也非常重要。

心脏康复治疗室一般包括有氧运动区、抗阻力训练区、体操区以及步行道。为防止康复训练中发生意外,还应设置休息区与急救区,且急救区应设在入口附近。

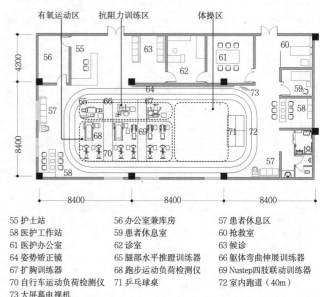

55 护士站　　　　　　56 办公室兼库房　　　　57 患者休息区
58 医护工作站　　　　59 患者休息室　　　　　60 抢救室
61 医护办公室　　　　62 诊室　　　　　　　　63 候诊
64 姿势矫正镜　　　　65 腿部水平推蹬训练器　66 躯体弯曲伸展训练器
67 扩胸训练器　　　　68 跑步运动负荷检测仪　69 Nustep四肢联动训练器
70 自行车运动负荷检测仪　71 乒乓球桌　　　　　72 室内跑道(40m)
73 大屏幕电视机

4 心脏康复治疗室

康复治疗室中的心脏康复治疗区

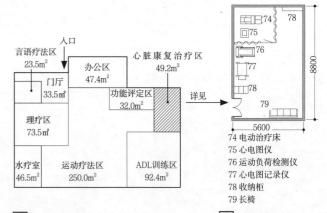

74 电动治疗床
75 心电图仪
76 运动负荷检测仪
77 心电图记录仪
78 收纳柜
79 长椅

5 心脏康复治疗区的位置❷　　**6** 心脏康复治疗区

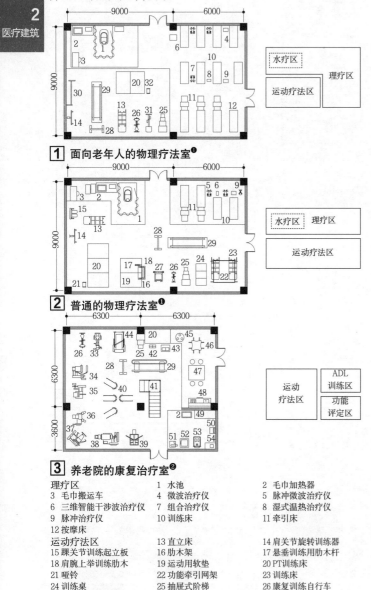

1 面向老年人的物理疗法室❶

2 普通的物理疗法室❶

3 养老院的康复治疗室❷

理疗区
1 水池　　　　　　　　2 毛巾加热器
3 毛巾搬运车　　　　　4 微波治疗仪　　　　　5 脉冲微波治疗仪
6 三维智能干涉波治疗仪　7 组合治疗仪　　　　　8 湿式温热治疗仪
9 脉冲治疗仪　　　　　10 训练床　　　　　　　11 牵引床
12 按摩床
运动疗法区　　　　　　13 直立床　　　　　　　14 肩关节旋转训练器
15 踝关节训练起立板　　16 肋木架　　　　　　　17 悬垂训练用肋木杆
18 肩腕上举训练肋木　　19 运动用软垫　　　　　20 PT训练床
21 哑铃　　　　　　　　22 功能牵引网架　　　　23 训练床
24 训练桌　　　　　　　25 抽屉式阶梯　　　　　26 康复训练自行车
27 股四头肌训练器　　　28 跨　　　　　　　　　29 平衡杠
30 滑雪吊环训练仪　　　31 脚踏式下肢训练仪　　32 物品搬运车
33 上下肢组合训练器　　34 腿部训练器　　　　　35 躯体训练器
36 髋关节训练仪　　　　37 扩胸训练器　　　　　38 水平腿压训练器
39 蝴蝶仪训练器　　　　40 旋转健身杆　　　　　41 训练用阶梯
42 平衡板　　　　　　　43 移动抓杆训练器　　　44 减重步态训练器
ADL训练区
47 高度可调式作业台　　48 厨房
功能评定区
49 电动训练床　　　　　50 微波治疗仪　　　　　51 全自动血压计
52 轮椅体重计　　　　　53 脂肪分析仪　　　　　54 口腔功能测定器

老年人利用频率较高的康复设备　　　　　　　　　　　　　　表1

	目的	设备
1	四肢及躯干的活动与伸展	PT训练床、电动训练床
2	起立、步行	直立床、镜(姿势矫正用)、步行训练用台阶、平衡杠
3	扩大关节可动范围	肩关节旋转训练器、滑轮吊环训练仪
4	增强筋骨力量	成套哑铃、负重训练用绑带、弹力阻尼训练器
5	增强心肺持久力	康复训练用自行车(可测量运动负荷心电图)
6	日常动作训练	训练用浴室设备、训练用坐便器、训练用厨房、手功能训练器

❶ [日] 野口哲英, 中田利夫. 高齢化・介護福祉のためのヘルスケア施設づくりの実際. 東京: 鹿島出版会, 2001.
❷ [日] SAKAIMEDリハビリテーション機器カタログ2013-14.

注:引自[日]シルバーサービス振興会.老人保健福祉施設建設マニュアル——計画・設計から運営・管理まで.改訂版.東京:中央法規出版,2001.

假肢矫形中心 [13] 康复设施

概述

康复医院的假肢矫形中心的主要任务是为患者定制假肢或矫形装置，并提供相关的训练服务。

假肢矫形中心一般分为就诊区与制作区，就诊区包括门厅、候诊厅、评定检查室、矫形师诊室、假肢展示厅、试戴室及训练室等；制作区包括原材料库房、石膏修型室、树脂成型室、打磨室、缝纫室、装配车间、成品库房及办公室等；就诊区与制作区共用取型室。

设计要点

1. 假肢矫形中心宜设在地上一层；
2. 就诊区与制作区应分别设有独立的出入口；
3. 取型室旁应设置淋浴间，以便患者取型后清洁；
4. 石膏修型室应采取防尘措施，且操作台周边地面应局部下沉并架设金属格栅，以便收集制作过程中产生的大量石膏碎屑；
5. 由于制作过程中常产生有毒气体，树脂成型室应安装排风设备。此外，树脂成型室还应与石膏修型室及试戴室联系方便；
6. 打磨室应采取减振防噪措施，以减少对周边环境的干扰；
7. 由于假肢及矫形成品常有浓烈的气味，成品库房应有良好的通风。

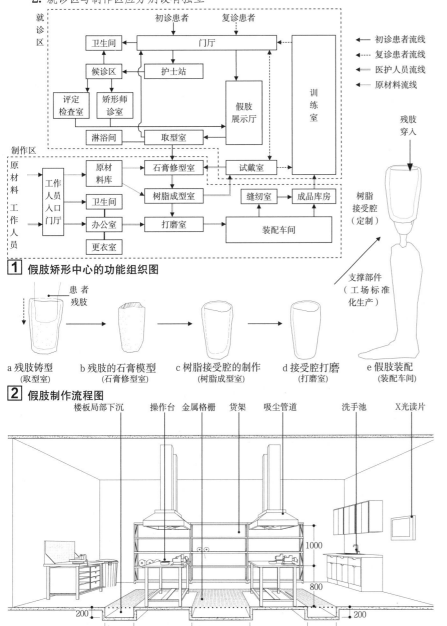

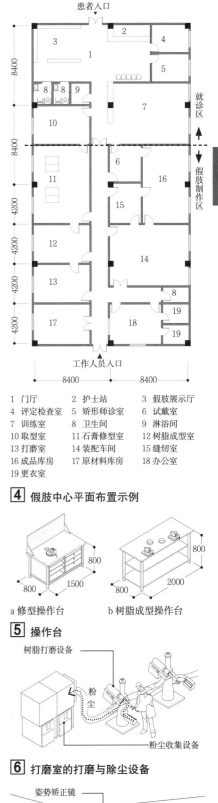

1 门厅　2 护士站　3 假肢展示厅　4 评定检查室　5 矫形师诊室　6 试戴室　7 训练室　8 卫生间　9 淋浴间　10 取型室　11 石膏修型室　12 树脂成型室　13 打磨室　14 装配车间　15 缝纫室　16 成品库房　17 原材料库房　18 办公室　19 更衣室

[4] 假肢中心平面布置示例

[5] 操作台

[6] 打磨室的打磨与除尘设备

[7] 训练室

[1] 假肢矫形中心的功能组织图

[2] 假肢制作流程图

[3] 石膏修型室

257

康复设施 [14] 国内康复医院实例

1 康复综合楼	2 车库	3 高压氧中心	4 污水处理站
5 地下水处理	6 后勤值班	7 康复活动场地	8 活动室
9 四床室	10 六床室	11 治疗室	12 室外训练区
13 值班室	14 机房	15 护士站	16 示教室
17 更衣室	18 两床室	19 污物电梯	20 水疗室
21 蜡疗室	22 磁疗室	23 等速肌力室	24 心肺功能测评
25 冲击波	26 高级电疗	27 PT评定室	28 管理
29 康复门诊	30 OT评定室	31 多感治疗室	32 虚拟现实训练
33 手工艺室	34 书画室	35 言语治疗室	36 三维步态分析
37 针灸室	38 职业评定训练	39 电工木工	40 压力衣
41 尿流动力	42 储藏室	43 办公室	44 洗衣晾晒
45 ADL训练室	46 救护车	47 停车场	48 备用
49 中频区	50 声疗区	51 光疗区	52 PT办公
53 低频区	54 平衡训练区	55 骨科PT	56 神经PT
57 下肢机器人	58 机械运动	59 全身OT	60 全身机器人
61 下肢OT	62 ERGOS	63 计算机辅助区	64 OT办公
65 热敷	66 淋浴	67 取暖区	68 成品库房
69 假肢训练大厅	70 假肢展示销售	71 成型室	72 修型室
73 评定检查室	74 服务台	75 制作车间	76 打磨室

a 华西医院温江区康复分院总平面图

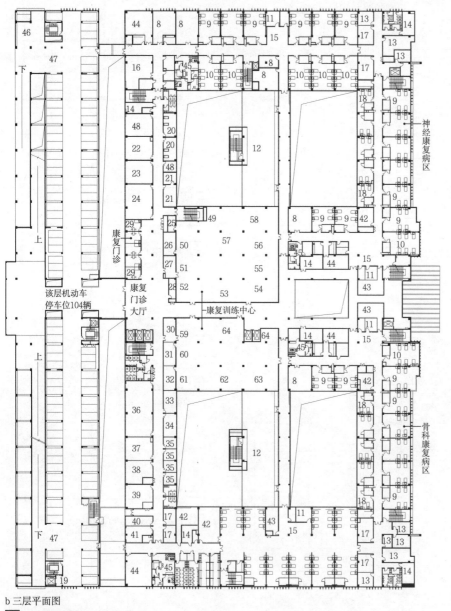

b 三层平面图

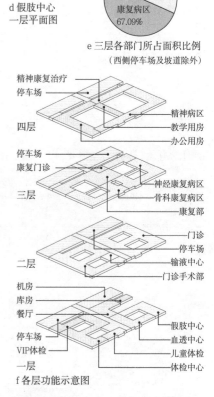

c 康复功能的同层化设计

d 假肢中心一层平面图

e 三层各部门所占面积比例
（西侧停车场及坡道除外）

f 各层功能示意图

1 华西医院温江区康复分院

医院名称	主要技术指标	设计时间	设计单位	
华西医院温江区康复分院	建筑面积64128m²，340床	2011	中国建筑西南设计研究院有限公司	该康复医院由卫生部门主管。主要提供神经科及骨科的康复医疗服务。特色：康复门诊、康复部及康复病区同层设置，车库坡道直通康复门诊大厅，屋顶花园可用作室外康复训练场地

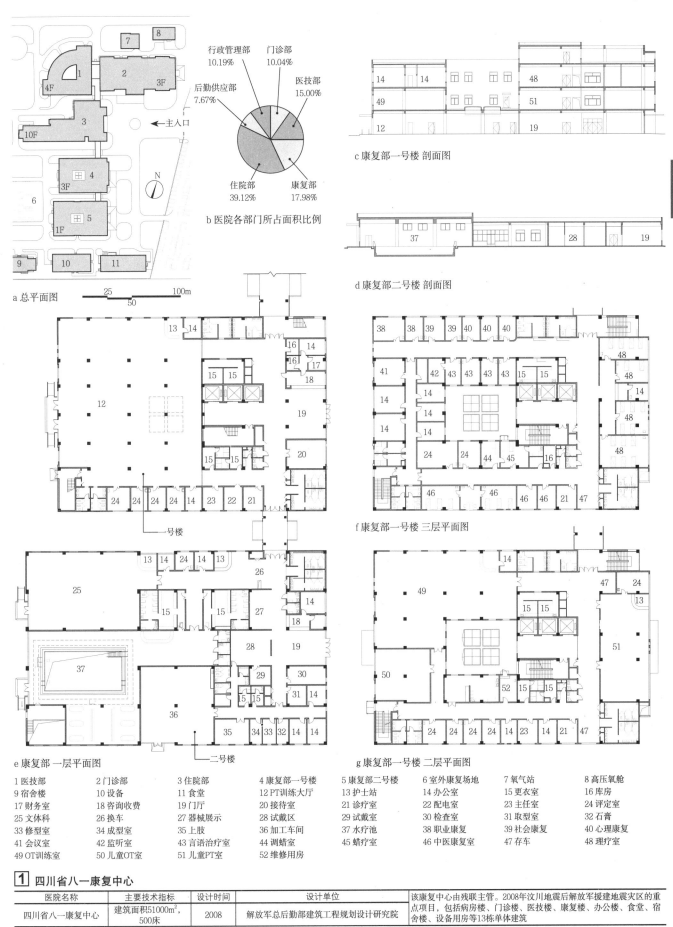

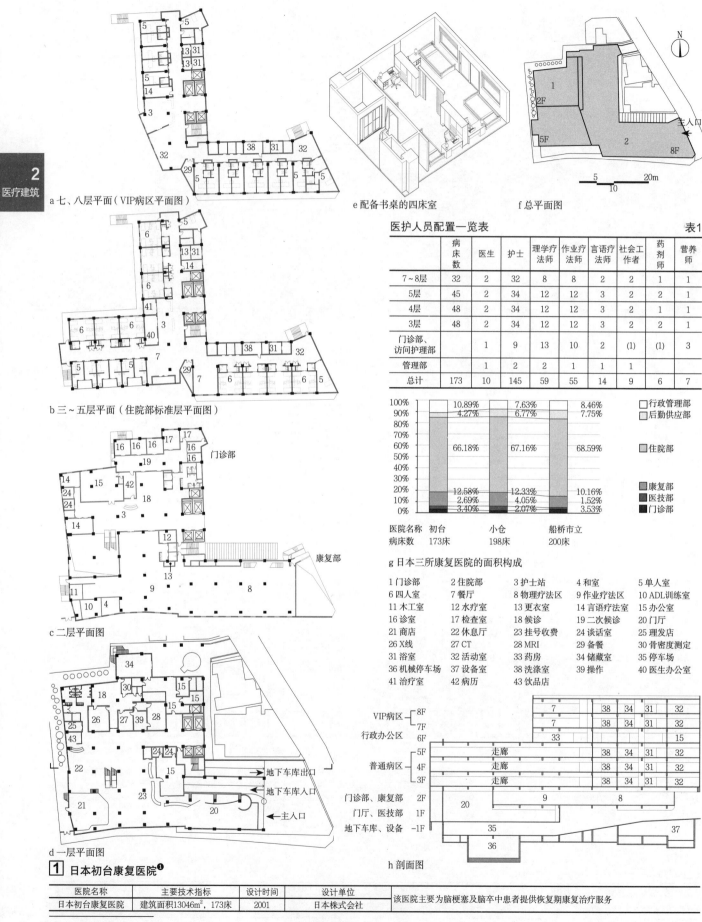

国外军队康复医院实例 [17] 康复设施

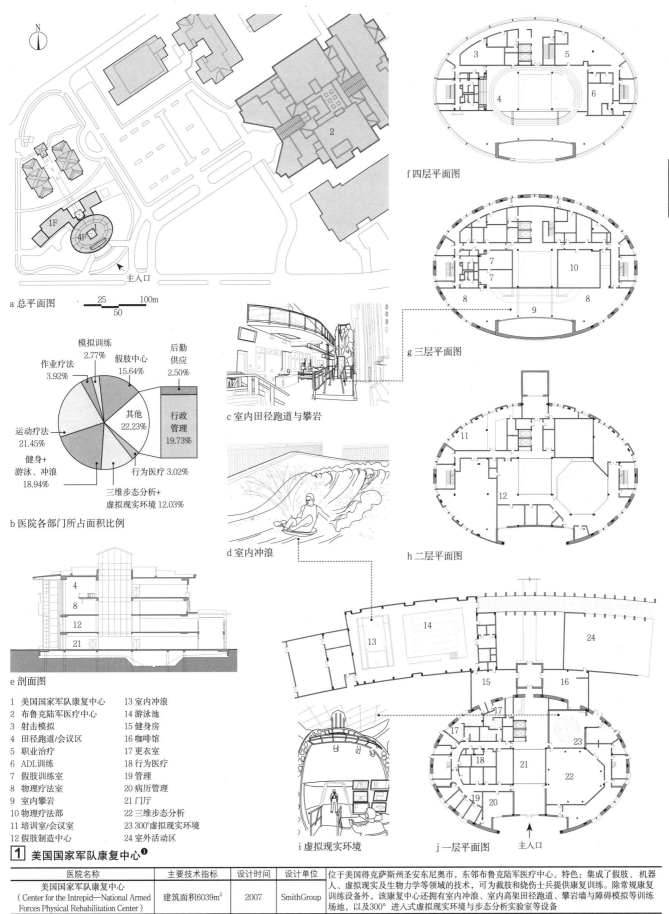

a 总平面图
b 医院各部门所占面积比例
c 室内田径跑道与攀岩
d 室内冲浪
e 剖面图
f 四层平面图
g 三层平面图
h 二层平面图
i 虚拟现实环境
j 一层平面图

1 美国国家军队康复中心
2 布鲁克陆军医疗中心
3 射击模拟
4 田径跑道/会议区
5 职业治疗
6 ADL训练
7 假肢训练室
8 物理疗法室
9 室内攀岩
10 物理疗法部
11 培训室/会议室
12 假肢制造中心
13 室内冲浪
14 游泳池
15 健身房
16 咖啡馆
17 更衣室
18 行为医疗
19 管理
20 病历管理
21 门厅
22 三维步态分析
23 300°虚拟现实环境
24 室外活动区

1 美国国家军队康复中心[❶]

医院名称	主要技术指标	设计时间	设计单位	
美国国家军队康复中心 (Center for the Intrepid—National Armed Forces Physical Rehabilitation Center)	建筑面积6039m²	2007	SmithGroup	位于美国得克萨斯州圣安东尼奥市,东邻布鲁克陆军医疗中心。特色:集成了假肢、机器人、虚拟现实及生物力学等领域的技术,可为截肢和烧伤士兵提供康复训练。除常规康复训练设备外,该康复中心还拥有室内冲浪、室内高架田径跑道、攀岩墙与障碍模拟等训练场地,以及300°进入式虚拟现实环境与步态分析实验室等设备

❶ Stephen Verderber. Innovations in Hospital Architecture. New York: Routledge, 2010.

精神病医院 [1] 基本概念

精神疾病及其主要特征

在自然环境急剧变化以及社会压力持续增加的背景下，精神疾病日渐成为威胁人类健康的最主要疾病之一。常见的精神疾病主要包括精神分裂症、痴呆症（含血管性认知障碍与老年性认知障碍）、抑郁症以及物质（酒精、毒品等）依赖症等。

精神疾病的主要特征：(1) 迄今对病理缺乏统一的认识；(2) 仅靠药物难以取得良好的治疗效果，治疗过程中需综合运用多种疗法；(3) 精神病医院建筑空间的多样性与层次性有助于促进精神病患者的康复。

精神疾病的治疗方法

精神疾病的治疗方法大致分为身体疗法、心理疗法及生活疗法3类。身体疗法指通过药物、电休克、光疗、磁刺激等手段对身体进行治疗。心理疗法既包括由医护人员利用语言或心理暗示来减轻或解除患者症状的疗法；也包括由若干名症状相近的患者组成特定小组，小组成员间通过语言交流的方式获得疗效的小组疗法。生活疗法从训练患者的洗漱、入浴、如厕等日常生活技能入手，旨在提高患者的生活自理能力及适应社会的能力。前两类疗法对建筑空间的要求相对不高，但生活疗法包含日常生活训练、运动疗法、作业疗法、娱乐疗法等众多科目，需要较大规模的空间及专用的设备。

[1] 精神疾病的治疗方法

精神病医院的构成

精神病医院宜由住院部、门诊部、医技部、后勤供应部、管理部、生活疗法部及社会支援部构成。其中，生活疗法部不仅针对患者的运动功能及认知能力进行康复训练，还兼具通过生活疗法治疗精神疾病的功能，因而在精神病医院中占重要地位。

日本的统计资料显示：除社会支援部外，精神病医院的住院部约占总建筑面积的54%，生活疗法部约占15%，门诊部约占4%，医技部约占7%，后勤供应部约占11%，管理部约占9%。

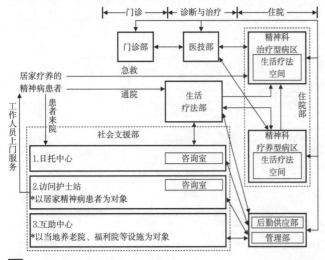

[2] 精神病医院的构成

精神病医院的分类

我国精神病医院按照病床规模分为一级精神病医院、二级精神病医院和三级精神病医院。

精神病医院的设置指标　　　　　　　　　　　　　　　表1

等级	一级精神病医院	二级精神病医院	三级精神病医院
病床数	20~69床	70~299床	300床以上
床均建筑面积	≥35m²	≥40m²	≥45m²
床均使用面积	≥4m²	≥4.5m²	≥5m²
室外活动场地平均面积	≥2m²	≥3m²	≥5m²
临床科室的最低标准	精神科门诊、精神科病区、预防保健室	精神科门诊(内含急诊室、心理咨询室)、精神科病区、作业疗法室、娱乐疗法室、预防保健室	精神科门诊（含急诊、心理咨询）、4个以上精神科病区、精神医学鉴定室、心理测定室、作业疗法室、娱乐疗法室、康复科
医技科室的最低标准	药房、化验室、X光室、消毒供应室	药房、化验室、X光室、消毒供应室、心电图室、脑电图室、情报资料室、病案室	药剂科、检验科、放射科、消毒供应室、心电图室、脑电图室、超声波室、情报资料室、病案室和3个以上的研究室

注：引自《医疗机构基本标准（试行）》，卫医发(1994)第30号。

分散式布局

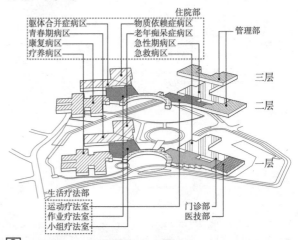

[3] 日本福冈县立精神医疗中心(300床)

集中式布局

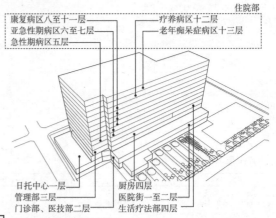

[4] 日本小阪医院(537床)

门诊部·医技部 [2] 精神病医院

门诊部与医技部

由于日门诊量较少,为兼顾医疗效率与舒适度,宜将门诊部与医技部设在同一楼层,并将挂号收费处、诊室及护士治疗室设在中心位置,以便事务人员及护士进行事务或护理工作的同时协助医生诊断;医技部、药房宜布置在周边,并分散设置等候空间,门诊患者沿走廊一周即可完成挂号、就诊、检查、取药、收费等一系列手续。

社会支援部

为满足当地非住院精神病患者的需求,精神病医院中宜设置社会支援部。社会支援部通常包括日托中心、访问护士站及互助中心等机构。日托中心主要为患者提供日间护理服务;访问护士站可派遣护理人员提供上门服务;互助中心为地的养老院、福利院等设施提供精神医疗支援。

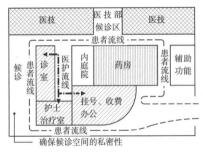

a 门诊部与医技部的同层化示意图

[1] 日本浅井医院

a 门诊部、医技部功能模式示意图

c 医院街

小阪医院二层平面采用了同层化的设计手法,特色:
(1)候诊区入口具有隐蔽性,可保障患者隐私;
(2)中心位置处设置内庭院,有助于改善医护人员的工作环境。
小阪医院的公共空间由医院街、交流广场与庭院构成。其中,医院街借鉴了商业街的设计手法,周边设理发店、超市及茶座,进入其中没有置身精神病医院的感受。
主入口左侧的室内地坪抬高了300mm,形成了相对独立的交流广场,有助于患者尽快适应正常的社会生活。

[2] 日本小阪医院

❶❷❸ 依据医院方提供的资料绘制。

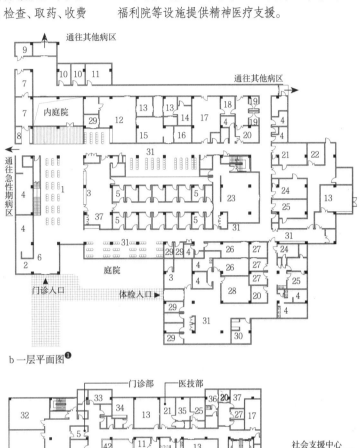

b 一层平面图❶

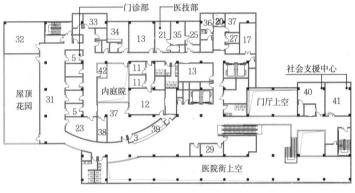

b 二层平面图❷

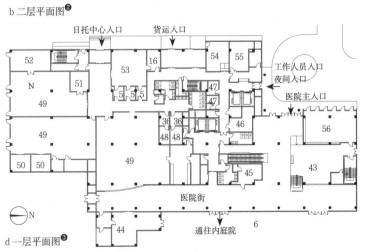

d 一层平面图❸

1 门诊大厅
2 轮椅存放处
3 挂号收费
4 卫生间
5 诊室
6 门厅
7 资料室
8 自动售卖机
9 保安
10 太平间
11 消毒
12 药库
13 库房
14 无菌室
15 DI室
16 主任室
17 检验科
18 讨论室
19 脑波
20 心电图
21 CT室
22 会议室
23 护士治疗室
24 X-P室
25 X-TV室
26 内视镜
27 B超
28 身体计测
29 咨询
30 餐厅
31 等候区
32 设备间
33 心理疗法室
34 准备间
35 操作室
36 更衣室
37 办公室
38 病历室
39 取药
40 访问护士站
41 互助中心
42 吸烟
43 交流广场
44 超市
45 理发店
46 空调机房
47 值班室
48 浴室
49 日托活动室
50 和室
51 小组疗法
52 多功能室
53 日托办公区
54 垃圾存放
55 消防中心
56 谈话室

精神病医院 [3] 住院部

住院部

为改善医疗效果并提高医疗效率，精神病医院的住院部宜按治疗阶段及疾病种类进行病区划分。

基于治疗阶段的病区划分

以精神分裂症为代表的精神病患者的入院疗程分为急性期、亚急性期、康复期及疗养期4个典型阶段，相应的病区划分为急性期病区、亚急性期病区、康复病区及疗养病区。

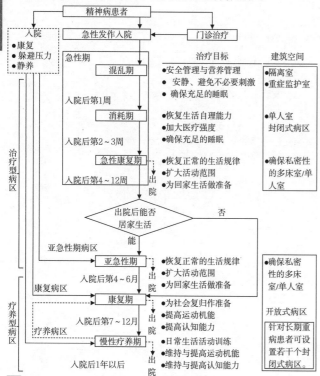

1 精神病治疗的四个典型阶段及所需建筑空间

治疗特殊精神疾病的专门病区

除精神分裂症患者外，精神病住院患者还包括老年痴呆症、儿童·青春期疾病、抑郁症、物质依赖症及躯体合并症患者。为提高医疗服务及环境的针对性，宜设置专门病区。

住院部的病区构成

通常精神病医院宜按照4个典型阶段设置病区，然后依据医院自身条件及当地疾病谱增设1~2种特殊疾病的专门病区。

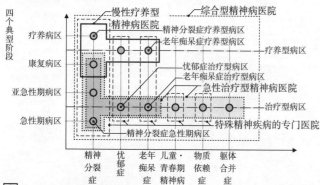

2 住院部的病区构成示意图

❶❷❸ 依据医院方提供的资料绘制。

急性期病区

急性期病区的治疗方针是集中医疗资源对患者进行高密度治疗，目标是短时期内取得最佳疗效。但由于急性期患者发病时容易引发身体并发症，因此有必要设置配有抢救和监视设备的重症监护室。此外，为限制患者自由出入，急性期病区宜采用封闭式管理。急性期阶段可细分为混乱期、消耗期及急性康复期。混乱期患者宜安置在隔离室，消耗期患者宜安置在单人室，而急性康复期患者可安置在具有一定私密性的多床室。

1 活动室
2 卫生间
3 浴室
4 更衣室
5 洗衣房
6 重症监护室
7 隔离室
8 护士站
9 休息室
10 医疗器械室
11 急救室
12 餐厅
13 治疗室
14 诊室
15 库房
16 吸烟室
17 备餐
18 谈话室
19 内天井
20 办公室
21 空调
22 污洗
23 讨论室

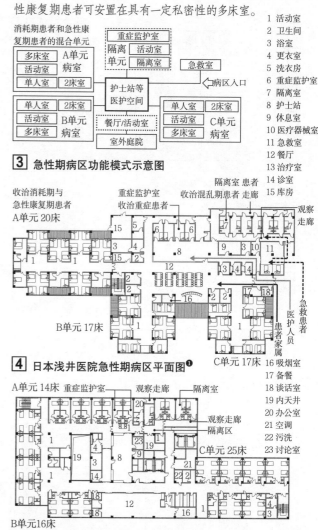

3 急性期病区功能模式示意图

4 日本浅井医院急性期病区平面图❶

5 日本小阪医院急性期病区平面图❷

隔离室

隔离室用来安置混乱期重症患者，须既安全又牢固。隔离室宜临近护士站设置，若干间隔离室可组成相对独立的隔离区。

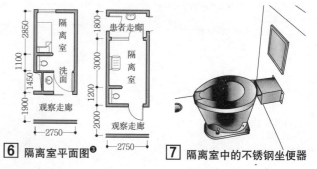

6 隔离室平面图❸   7 隔离室中的不锈钢坐便器

住院部 [4] 精神病医院

亚急性期病区

亚急性病区主要面向完成了急性期治疗且症状趋于安定的患者。如[1]所示，亚急性期病区与急性期病区的平面布局方式相近，但不需设急救室；此外，为避免部分患者病情反复，仍需设少量隔离室及重症监护室。

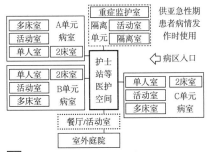

[1] 亚急性期病区的功能模式示意图

康复病区

康复病区主要面向有后遗症或慢性精神病患者。相对于急性期与亚急性期病区，康复病区的医疗需求已明显减少。病区的平面布局可根据医院的护理资源与护理模式设置。

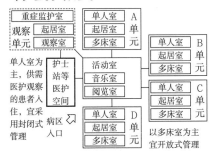

[2] 康复病区的功能模式示意图

疗养病区

疗养病区主要面向慢性精神病患者，由医护人员对患者进行日常生活训练，帮助他们尽量恢复行走、穿衣、饮食、排泄、洗浴等基本生活能力，从而提高生活质量。

[3] 疗养病区的功能模式图

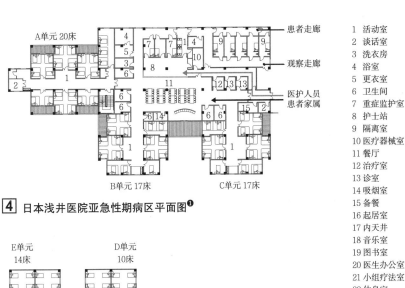

[4] 日本浅井医院亚急性期病区平面图 ❶

[5] 日本福冈县立精神医疗中心康复病区平面图 ❷

[6] 日本望丘医院康复病区平面图 ❸

[7] 护理站（Care Station）平面详图

[8] 护理站的功能

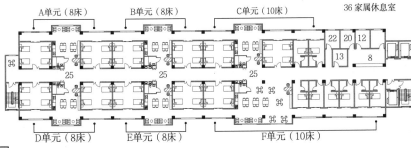

[9] 疗养型医院的平面模式图 ❹

1 活动室
2 谈话室
3 洗衣房
4 浴室
5 更衣室
6 卫生间
7 重症监护室
8 护士站
9 隔离室
10 医疗器械室
11 餐厅
12 治疗室
13 诊室
14 吸烟室
15 备餐
16 起居室
17 内天井
18 音乐室
19 图书室
20 医生办公室
21 小组疗法室
22 休息室
23 观察室
24 生活技能康复训练室
25 护理站
26 橱柜
27 洗漱
28 走廊
29 餐桌
30 书柜
31 阳台
32 起居室
33 家庭式卫生间
34 家庭式厨房
35 日常生活动作（ADL）训练区
36 家属休息室

❶ 依据医院方提供的资料绘制。
❷ 日本建筑学会.建筑设计资料集成(福利医疗篇).徐煜辉译.天津：天津大学出版社,2005.
❸ [日] 日本医疗福祉建筑协会.保健·医疗·福祉施设建筑情报シート集.2003:90-95.
❹ [日] 日本医疗福祉建筑协会.塩原病院整备改筑计划プロポーザルコンペ应募提案集.2004.

精神病医院 [5] 住院部

抑郁症病区

抑郁症病区收治抑郁症、神经衰弱等与精神压力相关疾病的患者。病区的设计首先要确保让患者感到安全、私密；其次，与精神分裂症相反，抑郁症病区宜采用形式各异的交往空间以增进患者与他人的交流。病室及活动室等场所宜用曲线和明快的色彩来刺激患者的感官，并使患者易于感知日夜交替与季节变化。

抑郁症病区宜按照患者病情设置重症监护单元、封闭式单元及开放式单元。

1 抑郁症病区的功能模式

2 日本不知火医院压力缓解中心的抑郁症病区平面图❶

儿童·青春期病区

患者的年龄、疾病特征、心理状况及学习要求与成人有较大差异，故应设置专门病区。

病区通常设置隔离单元、封闭式单元及开放式单元来分别应对混乱期、急性期及疗养期患者。该类病区的特色：(1) 护士站宜居中设置，面向开放式单元的一侧宜采用开放的形式以增进医患交流，而面向封闭式单元的一侧宜采用封闭的形式以保证医护人员的安全；(2) 宜将活动室分隔成若干个空间，供不同年龄段的患者使用；(3) 应设置学习室、音乐室、阅览室等用房；(4) 封闭式单元中宜设置活动室。

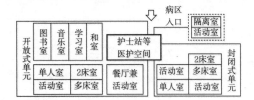

3 儿童·青春期病区的功能模式示意图

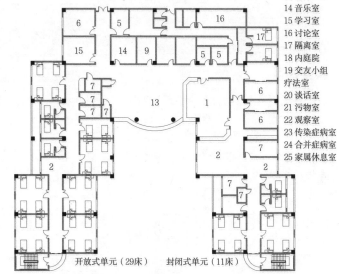

4 日本新潟县立精神医疗中心儿童·青春期病区平面图❷

物质依赖症病区

物质依赖症泛指吸毒、酗酒等因患者长期滥用某种物质成瘾而导致的身心障碍。为避免患者间的冲突，该病区的规模宜控制在20~30床。病区内隔离室及单人室用于收治渴望期患者；多床室用于收治恢复期患者。另外，病区内宜设置活动室、相谈室及交友小组疗法室，以促进患者交流。为防止患者私自购买毒品或含酒精饮料等物品，物质依赖症病区应采用封闭式管理。

躯体合并症病区

我国精神病患者中患有躯体合并症的比例超过了50%。为此，精神病医院宜按照医院自身条件及当地医疗需求设置独立的躯体合并症病区。

为避免因病区规模过小而带来的管理与医护效率的下降，日本福冈县立精神医疗中心将此病区设置为"L"形，护士站位于交点处，两翼则分别为相对独立的物质依赖单元与躯体合并症单元，共计55床。

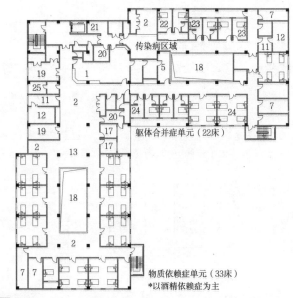

5 日本福冈县立精神医疗中心物质依赖与躯体合并症平面图❸

1 护士站
2 活动室
3 阳台
4 重症监护室
5 诊室
6 和室
7 卫生间
8 治疗室
9 图书室
10 心理检查
11 更衣室
12 浴室
13 餐厅
14 音乐室
15 学习室
16 讨论室
17 隔离室
18 内庭院
19 交友小组疗法室
20 谈话室
21 污物室
22 观察室
23 传染病室
24 合并症病区
25 家属休息室

---

❶ [日] 建筑思潮研究所.建築設計資料38——精神医療·保健施設.東京:株式会社建築資料研究社, 2003.
❷ [日] 日本医療福祉建築協会.保健·医療·福祉施設建築情報シート集. 2005:134-137.
❸ 日本建築学会.建築設計資料集成(福利医療篇).徐煜辉译.天津:天津大学出版社, 2005.

实例［6］精神病医院

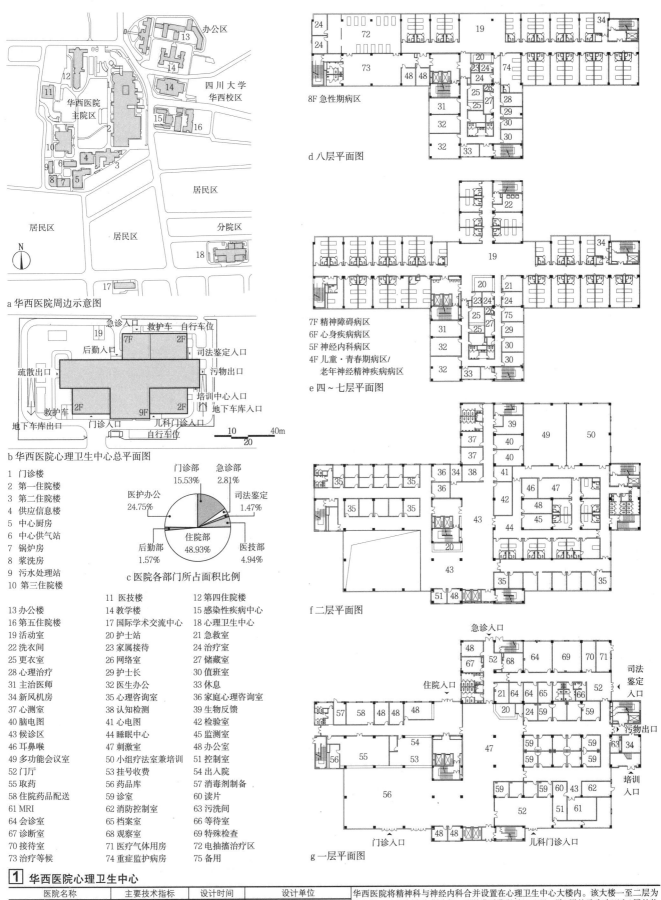

a 华西医院周边示意图
b 华西医院心理卫生中心总平面图
c 医院各部门所占面积比例
d 八层平面图
e 四～七层平面图
8F 急性期病区
7F 精神障碍病区
6F 心身疾病病区
5F 神经内科病区
4F 儿童·青春期病区/老年神经精神疾病病区
f 二层平面图
g 一层平面图

1 门诊楼
2 第一住院楼
3 第二住院楼
4 供应信息楼
5 中心厨房
6 中心供气站
7 锅炉房
8 浆洗房
9 污水处理站
10 第三住院楼
11 医技楼
12 第四住院楼
13 办公楼
14 教学楼
15 感染性疾病中心
16 第五住院楼
17 国际学术交流中心
18 心理卫生中心
19 活动室
20 护士站
21 急救室
22 洗衣间
23 家属接待
24 治疗室
25 更衣室
26 网络室
27 储藏室
28 心理治疗
29 护士长
30 值班室
31 主治医师
32 医生办公
33 休息
34 新风机房
35 心理咨询室
36 家庭心理咨询室
37 心测室
38 认知检测
39 生物反馈
40 脑电图
41 心电图
42 检验室
43 候诊区
44 睡眠中心
45 监测室
46 耳鼻喉
47 刺激室
48 办公室
49 多功能会议室
50 小组疗法室兼培训
51 控制室
52 门厅
53 挂号收费
54 出入院
55 取药
56 药品库
57 消毒剂制备
58 住院药品配送
59 诊室
60 读片
61 MRI
62 消防控制室
63 污洗间
64 会诊室
65 档案室
66 等待室
67 诊断室
68 观察室
69 特殊检查
70 接待室
71 医疗气体用房
72 电抽搐治疗区
73 治疗等候
74 重症监护病房
75 备用

1 华西医院心理卫生中心

医院名称	主要技术指标	设计时间	设计单位	
华西医院心理卫生中心	建筑面积51000m², 310床	2006	中国建筑西南设计研究院有限公司	华西医院将精神科与神经内科合并设置在心理卫生中心大楼内。该大楼一至二层为门诊部，三至九层为住院部，平均住院期间为18.7天。除8层的重症病区和9层的物质依赖症病区采用封闭式管理外，其余各层均为60床左右的开放式病区

精神病医院 [7] 实例

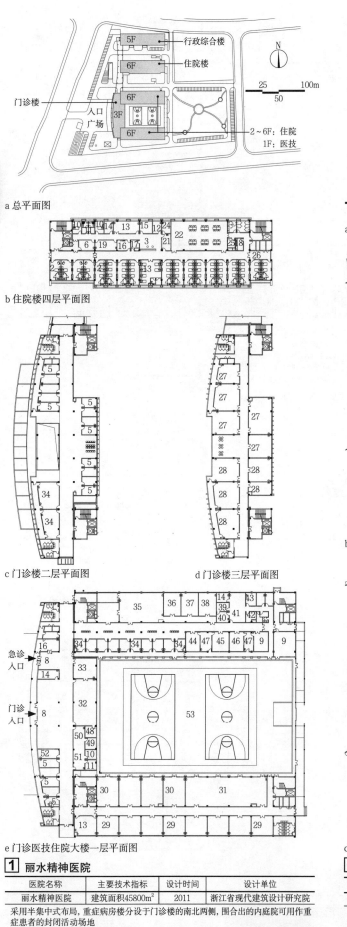

a 总平面图
b 住院楼四层平面图
c 门诊楼二层平面图
d 门诊楼三层平面图
e 门诊医技住院大楼一层平面图

1 丽水精神医院

医院名称	主要技术指标	设计时间	设计单位
丽水精神医院	建筑面积45800m²	2011	浙江省现代建筑设计研究院

采用半集中式布局，重症病房楼分设于门诊楼的南北两侧，围合出的内庭院可用作重症患者的封闭活动场地

[1] http://rrurl.cn/5mRj6P

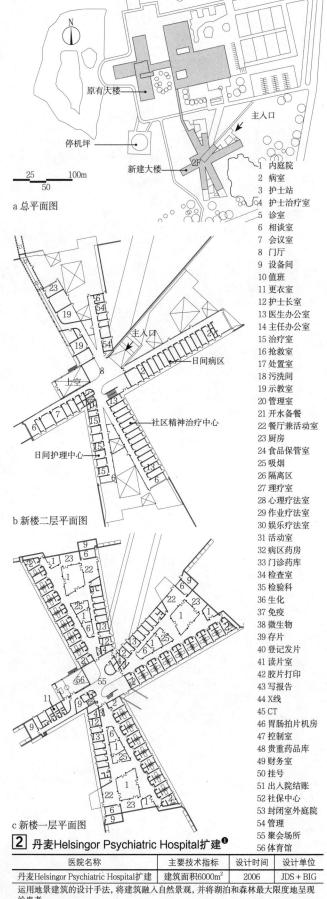

a 总平面图
b 新楼二层平面图
c 新楼一层平面图

1 内庭院
2 病室
3 护士站
4 护士治疗室
5 诊室
6 相谈室
7 会议室
8 门厅
9 设备间
10 值班
11 更衣室
12 护士长室
13 医生办公室
14 主任办公室
15 治疗室
16 抢救室
17 处置室
18 污洗间
19 示教室
20 管理室
21 开水备餐
22 餐厅兼活动室
23 厨房
24 食品保管室
25 吸烟
26 隔离区
27 理疗室
28 心理疗法室
29 作业疗法室
30 娱乐疗法室
31 活动室
32 病区药房
33 门诊药库
34 检查室
35 检验科
36 生化
37 免疫
38 微生物
39 存片
40 登记发片
41 读片室
42 胶片打印
43 写报告
44 X线
45 CT
46 胃肠拍片机房
47 控制室
48 贵重药品库
49 财务室
50 挂号
51 出入院结账
52 社保中心
53 封闭室外庭院
54 管理
55 聚会场所
56 体育馆

2 丹麦Helsingor Psychiatric Hospital扩建[1]

医院名称	主要技术指标	设计时间	设计单位
丹麦Helsingor Psychiatric Hospital扩建	建筑面积6000m²	2006	JDS + BIG

运用地景建筑的设计手法，将建筑融入自然景观，将湖泊和森林最大限度地呈现给患者

实例 [8] 精神病医院

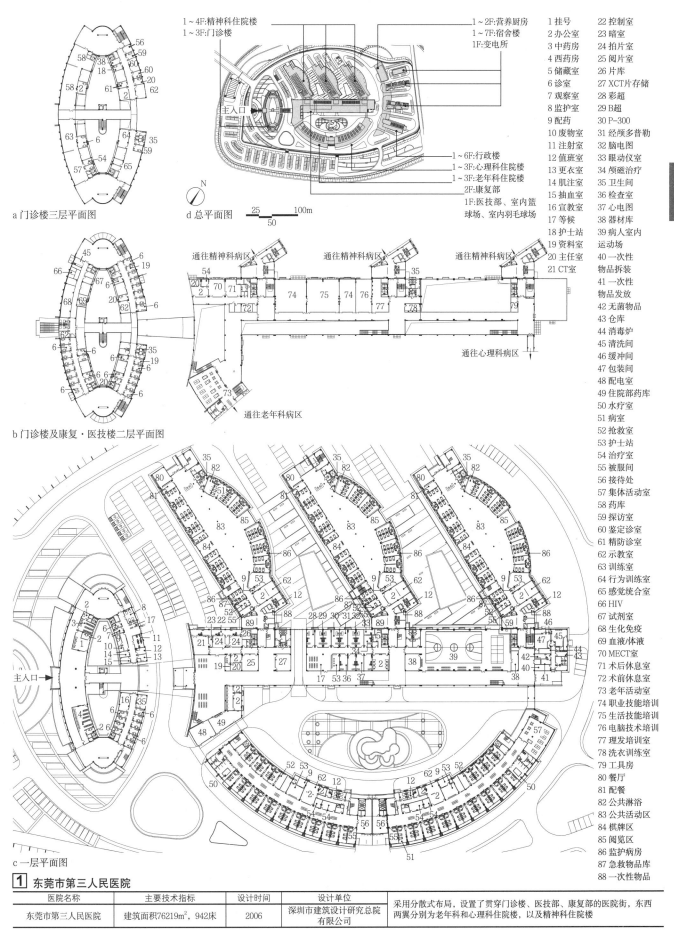

1 东莞市第三人民医院

医院名称	主要技术指标	设计时间	设计单位	采用分散式布局，设置了贯穿门诊楼、医技部、康复部的医院街，东西两翼分别为老年科和心理科住院楼，以及精神科住院楼
东莞市第三人民医院	建筑面积76219m²，942床	2006	深圳市建筑设计研究总院有限公司	

精神病医院 [9] 实例

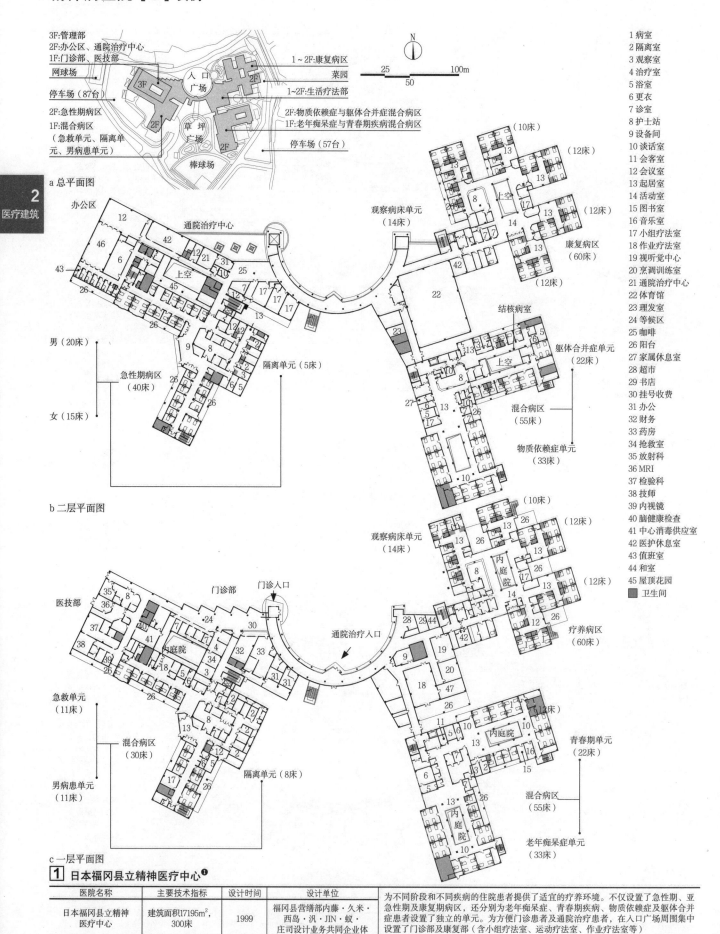

a 总平面图
b 二层平面图
c 一层平面图

1 病室
2 隔离室
3 观察室
4 治疗室
5 浴室
6 更衣
7 诊室
8 护士站
9 设备间
10 谈话室
11 会客室
12 会议室
13 起居室
14 活动室
15 图书室
16 音乐室
17 小组疗法室
18 作业疗法室
19 视听觉中心
20 烹调训练室
21 通院治疗中心
22 体育馆
23 理发室
24 等候区
25 咖啡
26 阳台
27 家属休息室
28 超市
29 书店
30 挂号收费
31 办公
32 财务
33 药房
34 抢救室
35 放射科
36 MRI
37 检验科
38 技师
39 内视镜
40 脑健康检查
41 中心消毒供应室
42 医护休息室
43 值班室
44 和室
45 屋顶花园
■ 卫生间

1 日本福冈县立精神医疗中心❶

医院名称	主要技术指标	设计时间	设计单位	
日本福冈县立精神医疗中心	建筑面积17195m², 300床	1999	福冈县营缮部内藤·久米·西岛·汎·JIN·蚁·庄司设计业务共同企业体	为不同阶段和不同疾病的住院患者提供了适宜的疗养环境。不仅设置了急性期、亚急性期及康复期病区，还分别为老年痴呆症、青春期疾病、物质依赖症及躯体合并症患者设置了独立的单元。为方便门诊患者及通院治疗患者，在入口广场周围集中设置了门诊部及康复部（含小组疗法室、运动疗法室、作业疗法室等）。

❶[日]日本医疗福祉建筑协会.保健·医疗·福祉施设建筑情报シート集.2003:177-180.

概述 [1] 传染病医院

概述

为收治法定传染病的专科诊疗机构。包括消化道传染病、呼吸道传染病以及肝炎、艾滋病等其他传染病。

医院设置门诊部、医技部、24小时服务的急诊部和住院部。

总体布置要求

1. 传染病医院中的功能及洁污分区明确，流线组织科学合理。
2. 传染病医院院区出入口不少于2处。
3. 传染病医院应按照规划与交通部门要求配置停车位。
4. 结合传染病医院用地条件进行绿化规划。
5. 对涉及污染环境的污物（含医疗废弃物、污废水等）进行环境安全规划。
6. 传染病医院出入口附近布置急救车冲洗消毒场地。
7. 在传染病医院的门诊、急诊、急救和住院主要出入口处，要求设置带雨棚的机动车停靠处，设缓坡或坡道，满足无障碍要求。
8. 传染病医院中，二层的医疗用房宜设电梯，三层及三层以上的医疗用房应设电梯，且不得少于2台。当病房楼高度超过24m时，应单设专用污物梯。
9. 150床以下传染病医院或病区，受条件限制无法设置电梯时可考虑设置输送病人及物品的坡道，坡度应按无障碍要求设计，并采用防滑措施。
10. 传染病医院中的门诊、急诊和病房，宜充分利用自然通风和天然采光。
11. 传染病医院病人使用的公用卫生间均应设前室，且宜采用不设门扇的迷宫式前室，应采用非手动开关龙头的洗手盆和脚踏式或感应式自动冲水大便器。

用地与建筑指标

传染病医院建设用地指标表　　表1

建设规模（床位数）	150床	250床	400床	400床
建筑面积指标（m²/床）	130	125	120	120

注：1. 表中指标为传染病医院7项基本建设内容所需的最低用地指标。当规定的指标确实不能满足需要时，可按不超过11m²/床指标增加用地面积，用于传染病预防检测、科学研究用房建设及满足突发公共卫生事件应急时期紧急扩展用地的需要。
2. 表中指标包括必要的卫生隔离用地。

传染病医院建筑面积指标　　表2

建设规模（床位数）	150床	250床	400床	>400床
建筑面积指标（m²/床）	80~82	~80	78~80	78

注：1. 表中所列指标是保证医院正常运转的最低建筑面积指标。
2. 具体项目可根据收治的传染病医院等级，收治患者传染病类别，根据需要和可能并报有关部门核实批准。

功能流程

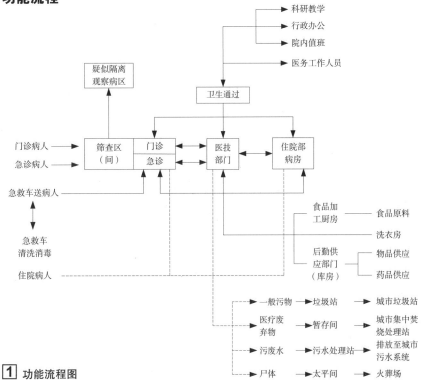

[1] 功能流程图

综合医院传染病区

综合医院内传染病区在医院内独立设置时应将各类传染病的门诊、医技检查、住院部合并设置为一栋建筑。与院区内其他部门合建时应独立成区，设独立入口。

传染病区与院内外其他建筑应设等于或大于20m的卫生防护间距，一般不预留安排扩展用地。

传染病区的布置应严格区分呼吸道传染病与非呼吸道传染病，洁污分区明确，流线科学合理。传染病区应分设患者、医务人员、洁品、污物专用出入口和通道，各出入口应设有醒目标志。

传染病区的污水处理和医疗废弃物处理应单独设置。传染病区的污废水应进行单独消毒、灭菌处理后排入医院总排水系统。

传染病医院各类用房占建筑面积的比例（%）　　表3

门、急诊部	11
住院部	45
医技科室	17
保障系统	15
行政管理	6
院内生活	6

注：1. 使用中可根据地区和医院的实际需要适当调整。
2. 医疗区内一般不安排生活设施，如确实需要，应在医疗区外就近安排。
3. 传染病医院与综合医院相比，门诊量与急诊量较小，但要求面积、空间适当加大。医技部门一般结合专业需求配置，考虑平战结合时可参照综合性医院调整。

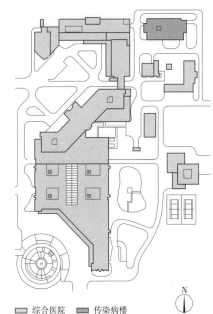

[2] 综合医院传染病区示例

传染病医院 [2] 门诊医技部

设计要求

1. 门诊部的出入口应靠近院区的主要出入口。
2. 可以在门诊部靠近入口处设置接诊区，亦可与急诊部合并设立。
3. 应按不同传染病种分设不同门诊区域。
   一般可设消化道、肝炎、呼吸道门诊，根据当地疫情，亦可加设艾滋病及其他杂症门诊、发热门诊等。
   不同类传染病门诊科室应设分科候诊、诊室等各科应自成一区，相对独立。
4. 平面布局应将病人等候就诊区与医务人员诊断工作区分开。应为医务人员设置卫生通过间，其位置应布置在医务人员进出诊断工作区的入口部。
5. 接诊、筛查区应单独设置医务人员卫生通过室。
6. 如在综合医院内设传染病区时，应在急诊部入口处设置筛查区（间），并在其毗邻处设置隔离观察区或隔离病室。
7. 应为患者设快速抢救，方便及时就诊。
8. 隔离观察病区或病室应全部按1床间安排，其床位规模由当地卫生主管部门、疾病控制中心根据公共卫生突发事件应急救治体系建设规划配置。
9. 呼吸道传染病人使用的一般影像检查室可分开独立设置，与其他传染病人共同使用的大型影像检查室宜为各检查室设2~3间更衣小间，并设置1间带有负压通风设施的核查间。
10. 大型传染病医院的放射检查室可采用病患者与医务工作人员分别使用不同通道的复廊式布局。
11. 手术部应设置负压手术间，间数按当地卫生防治规划确定。
12. 重症监护室应设置负压隔离室，间数按当地卫生防治规划确定。

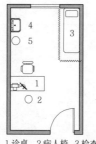

1 诊桌　2 病人椅　3 检查床
4 洗手池　5 污物桶

[2] 单人通用诊室（筛查诊室）

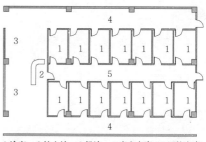

1 诊室　2 护士站　3 候诊　4 病患走廊　5 医护走廊

[3] 诊区布置形式

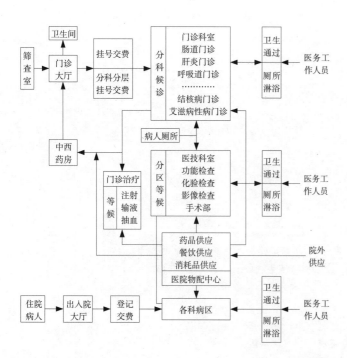

[1] 门诊医技流程

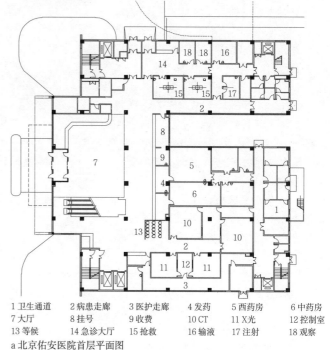

1 卫生通道　2 病患走廊　3 医护走廊　4 发药　5 西药房　6 中药房
7 大厅　8 挂号　9 收费　10 CT　11 X光　12 控制室
13 等候　14 急诊大厅　15 抢救　16 输液　17 注射　18 观察

a 北京佑安医院首层平面图

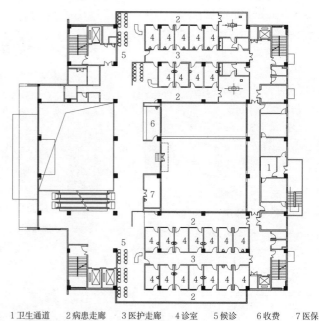

1 卫生通道　2 病患走廊　3 医护走廊　4 诊室　5 候诊　6 收费　7 医保

b 北京佑安医院二层平面图

[4] 传染病医院实例

住院部 [3] 传染病医院

设计要求

1. 应按不同病种分区设置，通常设呼吸道传染病护理单元和消化道传染病护理单元。每个护理单元（病区）设置32~42床位，不同传染病种患者应分被安排在不同病房，构成不同护理单元，不得混合安排。如规模较小合设时应作合理分隔。每个护理单元可根据不同传染病种分设1床间、2床间或多床间，各病室均应附设卫生间。

2. 住院部出入口处可以单独设置出入院设大厅、出入院办理登记处、交费结账窗口、医保办公室、病人住院接诊处、病人出院更衣处、财务会计室、工作人员更衣厕所。

3. 护理单元应按传染病隔离要求分设病患者使用通道，包括垂直交通楼电梯，病患者由专用通道进入病室。医务工作人员使用另外垂直交通楼电梯及走廊进入工作区，医务工作人员进出工作区口部应按卫生要求设置卫生通过室。

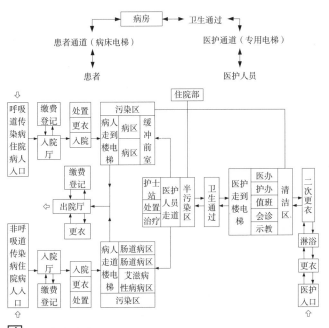

[1] 住院部功能流程

传染病区标准护理单元，采用三区三廊的模式，即分清洁区、半清洁区、污染区，在各区间设卫生间隔通过。走廊也根据3种功能分区相应地分为清洁走廊、半清洁走廊、污染走廊。

[2] 分区示意图

在病区中，物品、病人与医护人员流线严格分隔。物品只从清洁区向污染区单向流动。

护理单元备餐间分成相邻洁污独立小间，相互之间设传递窗，实现洁污分流。

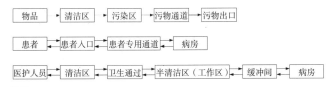

[3] 人流及物流流线

病房平面形式

1. 烈性呼吸道感染病房

烈性传染病室与走廊间应设有双门密闭式传递窗，病室与走廊间设缓冲过渡小间，将门错开布置避免气流倒灌，缓冲间内应设非手动式龙头刷手池，供医务人员进出病室刷手用，并设污物桶收集一次性废弃物。

1 医护走廊　　2 缓冲间　　3 卫生间　　4 呼吸道感染病房
5 刷手　　6 传递窗　　7 患者走廊

[1] 烈性呼吸道感染病房平面示例

2. 非呼吸道感染病房

非呼吸道感染病室与走廊间不需要设缓冲小室，医务人员可直接从医护走廊进入病室。入口处应设医务人员用非手动龙头洗手盆。

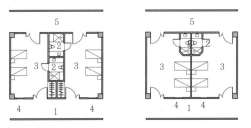

1 医护走廊　　2 卫生间　　3 非呼吸道感染病房　　4 传递窗　　5 患者走廊

[2] 非呼吸道感染病房平面示例

3. 负压病房

在特大型传染病医院可设置1~2个负压病房的护理单元，考虑正负压转换，平时与应急时期相结合，在中型医院中，可在其中ICU病区内设置2~4间负压监护室。

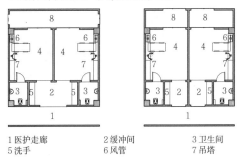

1 医护走廊　　2 缓冲间　　3 卫生间　　4 负压病房
5 洗手　　6 风管　　7 吊塔　　8 患者走廊

[3] 负压病房平面示例

实例 [5] 传染病医院

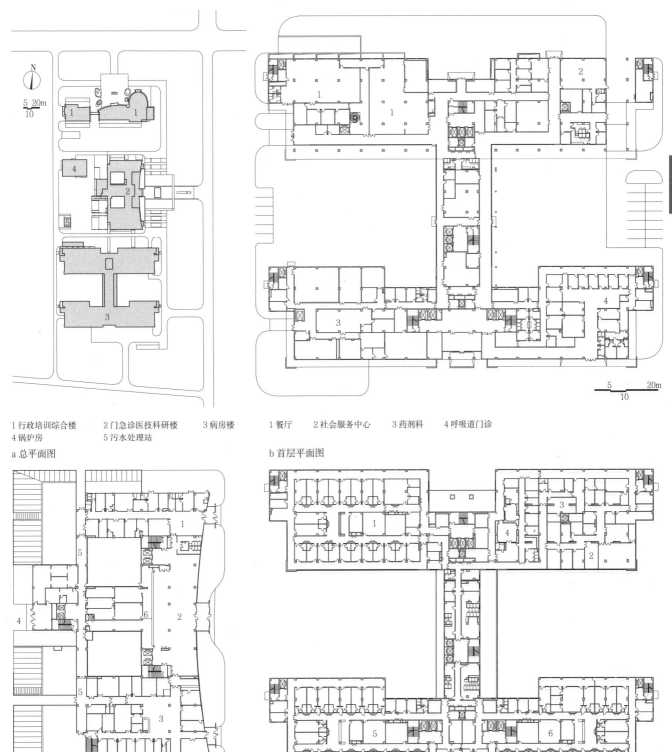

1 行政培训综合楼　2 门急诊医技科研楼　3 病房楼
4 锅炉房　5 污水处理站

a 总平面图

1 餐厅　2 社会服务中心　3 药剂科　4 呼吸道门诊

b 首层平面图

1 急诊、筛查　2 门诊大厅　3 性病艾滋病诊区
4 医护人员入口　5 医护人员通道　6 药房、发药

c 门急诊医技科研楼首层平面图

1 产科病房　2 病理科　3 输血科　4 产房　5 妇科病房　6 儿科病房

d 病房二层平面图

1 北京地坛医院

医院名称	床位数（床）	占地面积（m²）	建筑面积（m²）	主要建筑物层数（层）	设计时间	设计单位
北京地坛医院	500	89670	73750	4	2005~2009	中国中元国际工程有限公司

根据传染病医院的特点在建筑总体平面布局及竖向布置上明确功能分区，各部门均明确洁污分区与流线。非医疗区与医疗区主体建筑之间设20m以上隔离绿化带，满足防护隔离的同时也为医院的持续发展提供空间

传染病医院 [6] 实例

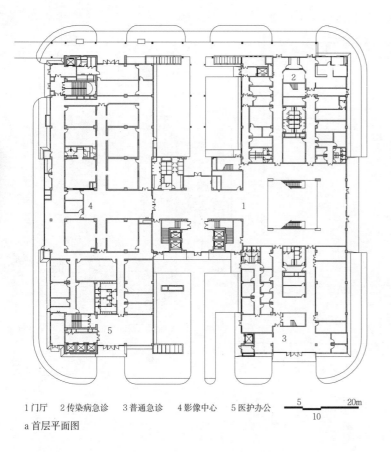

1 门厅　2 传染病急诊　3 普通急诊　4 影像中心　5 医护办公

a 首层平面图

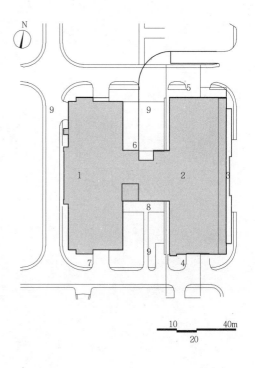

1 科研医技楼　2 门诊楼　3 门诊入口
4 急诊入口　5 发热门诊入口　6 住院病人入口
7 科研入口　8 医生入口　9 污物出口

b 总平面图

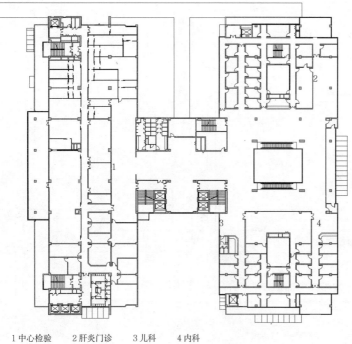

1 中心检验　2 肝炎门诊　3 儿科　4 内科

c 二层平面图

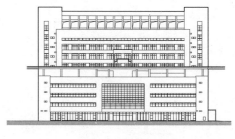

d 立面图

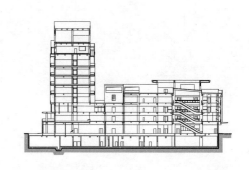

e 剖面图

1 深圳市第三人民医院

医院名称	床位数（床）	占地面积（m²）	建筑面积（m²）	主要建筑物层数（层）	设计时间	设计单位
深圳市第三人民医院	500	100005	83399	9	2006~2010	深圳市建筑设计研究总院有限公司

规划理念是以控制为核心，以科学合理的宏观流程为主线，整合全院功能分区。强调医院各功能区域感染控制的稳定性、适应性；以人为本——为病人、家属、工人、护工、技术人员、医生和管理人员提供优良的室内外空间环境。同时塑造崭新的建筑形象——时代性、地域性与经济性、实用性的有机结合

概述

1. 眼科医疗机构基本可以分为3类：综合医院内的眼科、眼科专科诊所和诊疗中心、眼科医院。

2. 眼科医院由门诊、急诊、医技、住院、后勤供应、行政管理几个部分组成，承担眼科各类疾病和创伤诊断治疗，开展保健美容综合治疗。

3. 综合医院的眼科——以综合医院为依托设置，可根据医院需求设门诊、住院病房，除特殊的专科检查、治疗外，与其他科共用医院的设备和场所。

4. 眼科诊所和专科治疗中心——以单一或某些类别眼科疾病的诊断治疗的小规模机构，如近视矫正、激光治疗近视、小儿眼科、白内障及青光眼等专科，医疗设施配置针对性强，一般以日间运行为主，没有或者仅设少量住院床位。

基本要求与流程

1. 眼科疾病为专一特定部位的综合型疾病种类，因此眼科医院的基本功能构成与综合性医院相同，根据专科诊疗需求进行相应的调整。

2. 眼科疾病以慢性为主、急性较少，门诊治疗居多、少量患者需要进行住院检查和治疗。因此门诊部比重较大，急诊、住院比重较小。

3. 眼科疾病根据性质可细分为不同的亚专科，诊断和治疗方式各不相同，因此可形成分别的专科治疗中心独立或联合的运行模式。

4. 眼科疾病的诊断、治疗设备较多，大多为小型光学设备，可在门诊诊室、检查室、治疗室内进行检查治疗，一些检查室要求在暗室内操作，此处应按要求设遮光布帘。眼科诊室的机电供应设置应符合特定功能的需求。

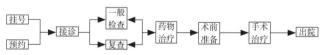

1 门诊流程

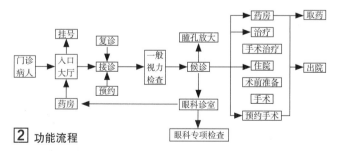

2 功能流程

眼科医院的分级和配置要求　　　　表1

	一级医院	二级医院	三级医院
规模（病床数）	5床	10床以上	20床以上
科室设置	1.不单设，并在五官科内；2.单设，包括门诊、换药、检查、手术和门诊与换药合用，不设眼科病房	1.不单设，并在五官科内和病房内；2.单设，包括门诊、换药、检查、手术、治疗，设独立的眼科病房	设眼科专科，包括独立的验光、换药、检查、治疗、专科手术室，设独立的眼科病房

眼科医院的分级和配置要求　　　　续表

	一级医院	二级医院	三级医院
人员配置	五官科形式：1名医师与1名护士；单设眼科：3名医师，医护比1:1以上	五官科形式：每床0.4名医师、0.5名护士；单设眼科：5名医师，每床0.5名护士	8名医师以上，每床0.5名医师，每增加10床，增加5名医师
专科设备	视力表、眼压计、裂隙灯、直接检眼镜/带状光检眼镜、色觉检查表、眼科用球后注射针、泪道冲洗针、睫毛拔除镊、手术床、手术灯、常规外眼手术器械等	除一级要求设备外，视野计、眼科用A/B超声诊断仪、读片灯、验光仪、角膜曲率计、荧光眼底造影机、视网膜激光凝光设备、视网膜冷冻眼科手术显微镜、显微手术器械、眼内电磁铁等	除二级要求设备外，间接检眼镜、房角镜、三面镜、角膜内皮细胞计数仪、眼科超声生物显微镜（UBM）、眼科电生理仪、光学相干断层扫描仪(OCT)、角膜地形图仪、YAG激光仪、氩离子激光机、白内障超声乳化机、玻璃体切割机等

眼科医院主要医疗功能及要求　　　　表2

分区	医疗功能	设置要求	备注
候诊区	视力检查	初诊可设在候诊区的开放空间，在诊室内可进行复查	检查视距5~6m，用镜子折光可减半距离
	滴药散瞳	设在候诊区内相对独立的位置，或与检查、治疗相邻	座椅适合滴药，无障碍环境
诊疗区	诊室	以单人诊室为主，不需做视力检查的诊室可压缩面积	光线柔和均匀，避免强光直射
	检查暗室	进行眼底检查、斜视、复视检查，长度大于6m	靠近诊室或与诊室组合布置
	验光	用于配镜验光，需检查视力	小隔间并排布置，也可与检查暗室合并
	视野	检查视野范围，房间尺寸2m×3m以上	暗室形式，有可调节的人工照明
	激光治疗	检查视野范围，房间尺寸3m×3m	房间设对激光辐射的防护与警示，有可调节的人工照明
	电生理	检查、诊断多种眼病疾病，可设为多功能检查室	暗室形式，有可调节的人工照明
	配镜	开放式空间，包括展示、试戴、配制区，独立实验区	光线明亮充足，可检查视力和佩戴效果
治疗区	治疗室	换药治疗，可兼作门诊小手术室	与诊室相邻
	手术室（非激光）	设在门诊区或手术中心内，面积4m×5m，配套、准备室、休息区	手术室有无菌要求
	激光手术室	手术室面积4m×5m以上，配有小实验室和恢复室	需要无菌、恒温恒湿环境

眼科医院的功能分区与用房　　　　表3

分区	功能部分	科室与功能房间	备注
医疗区	门诊部	视力检查、斜视、小儿眼科、青光眼科、白内障科、玻璃体视网膜疾病科、眼表疾病科、眼外伤科、眼眶眼整形科、中西医结合眼科	部分检查与诊断在同一房间内进行，设备管线需配置齐全；某些房间尺寸需满足专科检查的要求
	急诊部	眼外伤抢救室、急性青光眼、视网膜病诊室	急诊部与手术部宜有直接联系，以便于抢救
	医技部	验光配镜、影像科、检验科、功能检查、手术部、病理科、药剂科、专科治疗中心（白内障、青光眼、准分子激光屈光手术、眼部美容、弱势力康复）等	一般医技科室规模较小，设在各部门合用的位置，专科中心可以与各自门诊结合，形成独立完整的部门
	住院部	设置同综合医院，病房以两人间或单人间为主，根据需要设抢救间、监护病房等	眼科住院多为手术前准备阶段，住院时间短，床位数较少，病区内的无障碍设施应齐全便利
辅助供应区		中心供应室、设备机房、营养厨房	辅助供应部门的使用量较小，可与相关医疗功能科室整合布置。在当地规定允许的情况下可由区域外包统一提供供应服务
行政办公区		行政办公、图书资料	—

眼科与眼科医院 [2] 设计要求

设计要点

1. 眼科疾病的患者中老年、儿童相对较多，需考虑充足的陪同看护空间。
2. 眼科疾病患者视力减弱，室内外空间应设无障碍，并设置明显易辨的标识系统。
3. 眼科诊室的光线应柔和均匀，避免眩光和强光直射。
4. 眼科检查多使用暗室，不同诊室可合设，并设遮光窗或遮光窗帘。
5. 眼科手术室的无菌要求比较高，当门诊设手术室时，宜设在门诊专科区域内，设在中心手术部内的眼科手术室宜专用。
6. 眼科的手术治疗有一部分采用日间手术或预约手术的方式，应设有相应的等候接待区和恢复区。

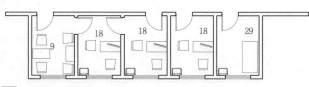

3 眼科诊室平面图

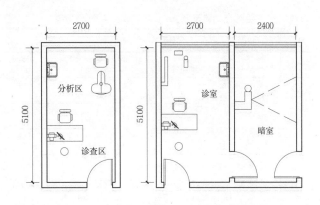

1 眼科诊室平面布置图一　　2 眼科诊室平面布置图二

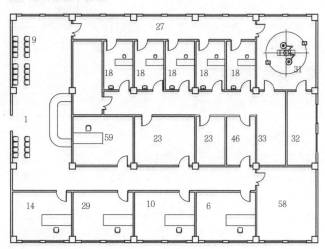

4 某医院眼科门诊实例

1 候诊厅	2 护士台	3 专家诊室	4 特诊室	5 示教室	6 视野室	7 角膜内皮镜室	8 视网膜电流室	9 视力检查室	10 激光治疗室
11 眼底照相室	12 洗像暗室	13 图像分析室	14 眼压描记室	15 超声检查室	16 超声生物显微镜室	17 前室	18 诊室	19 杂物间	20 更衣室
21 茶室	22 儿童活动场地	23 暗室	24 儿科诊室	25 低视力诊室	26 弱视训练	27 二次候诊廊	28 手术等候区	29 治疗室	30 办公室
31 手术室	32 消毒	33 刷手	34 2床	35 备餐间	36 活动室	37 3床	38 4床	39 检查室	40 收件消毒
41 客厅	42 病房	43 住院医生办公室	44 护士办公室	45 换药室	46 主治医生办公室	47 检查室	48 库房	49 换鞋	50 污洗间
51 值班室	52 日间手术等候区	53 贵宾等候室	54 医生办公室	55 麻醉室	56 术后休息	57 无菌敷料	58 电生理室	59 验光	

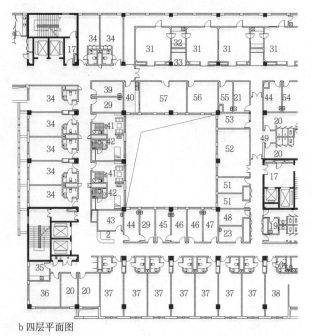

a 二层平面图　　b 四层平面图

5 北医三院眼科中心实例

概述 [1] 口腔医院

概述

口腔专科医院由门诊、急诊、医技、住院、后勤供应、行政管理几个部分组成，主要开展口腔内外科治疗、口腔美容修复、口腔健康咨询与口腔保健等服务。

根据我国1994年《医疗机构基本标准（试行）》，口腔专科医院分为二级和三级两个级别，我国不设一级口腔医院。

1. 口腔医院的大多数治疗都在门诊进行，住院率较低，因此住院部所占比重较小。
2. 口腔专科医院对各流线分流的要求相对综合医院来说较低，但对于口腔器械灭菌及操作卫生要求高，医院需拥有完善的感染控制管理制度、措施和消毒灭菌设备。
3. 口腔医院门诊治疗室对管线设备要求较高。

分级规模与分区流线

分级及要求　　　　　表1

类别		二级口腔医院	三级口腔医院
医院规模		牙科治疗椅20~59台，住院床位总数15~49张	牙科治疗椅60台以上，住院床位总数50张以上
科室设置	临床科室	至少设有口腔内科、口腔颌面外科、口腔修复科、口腔预防保健组、口腔急诊室	至少设有口腔内科、口腔颌面外科、口腔修复科、口腔正畸科、口腔预防保健科、口腔急诊室
	医技科室	至少设药剂科、检验科、放射科、消毒供应室、病案室	至少设有药剂科、检验科、放射科、病理科、消毒供应室、病案室、营养室
人员配备		每牙椅（床）至少配备1.03名卫生技术人员	每牙椅（床）至少配备1.03名卫生技术人员
建筑指标		每牙科治疗椅建筑面积不少于30m²；诊室每牙科治疗椅净使用面积不少于6m²；每床建筑面积不少于45m²；病房每床净使用面积不少于6m²	每牙科治疗椅建筑面积不少于40m²；诊室每牙科治疗椅净使用面积不少于6m²；每床建筑面积不少于60m²；病房每床净使用面积不少于6m²
设备要求	基本设备	给氧装置、呼吸机、心电图机、电动吸引器、抢救床、麻醉机、多功能口腔综合治疗台、涡轮机、光敏固化灯、银汞搅拌机、高频铸造机、中频铸造机、超声洁治器、显微镜、火焰光度计、分析天平、生化分析仪、血球计数仪、离心机、电冰箱、X光机、X光洗片机、敷料柜、器械柜、高压灭菌设备、煮沸消毒锅、紫外线灯、洗衣机等	除二级口腔医院要求的设备外，还应配置心脏除颤器、心电监护仪、手术床、麻醉监护仪、高频电刀、配套微型骨锯、光固化烤塑机、铸造与烤瓷设备、口腔体腔摄片机、断层摄片机、超声波治疗器、激光器、肌松弛仪、肌电图仪、颌力测试仪、显微镜、分析天平、紫外线分光光度计、酶标分析仪、尿分析仪、血气分析仪、恒温培养箱、电冰箱、离心机、冷冻切片机、石蜡切片机、敷料柜、器械柜、高压灭菌设备、煮沸消毒锅、蒸馏器、下收下送密封车、水净化过滤装置等
	单元设备	与二级综合医院相同	与二级综合医院相同
	门诊每椅单元设备	牙科治疗椅、手术灯、痰盂、器械盘、电动吸引器、低速牙科切割装置、高速牙科切割装置、三用枪、口腔检查器械、病历书写柜、医师座椅等	与二级口腔专科医院相同

注：本表摘自卫生部《医疗机构基本标准（试行）》，卫医发（1994）第30号。

部分口腔专科医院规模　　　　　表2

医院名称	级别	建筑面积（m²）	椅位（台）	床位（床）	日门急诊量（人次）
北京大学口腔医院	三级甲等	约54000（本部）	455	120	3400
佛山市口腔医院	二级甲等	6000（本部）	70	—	800
平顶山市口腔医院	二级乙等	6915	68	50	238

各功能面积比例（单位：%）　　　　　表3

医院名称	门诊（含医技）	急诊	住院	后勤供应	行政管理	教学
北京大学口腔医院	38.7	21.6	25.8	8	1.6	24.3
平顶山市口腔医院	62.7	1.0	24.2	不单列	12.1	—

功能分区　　　　　表4

分区	功能部分	科室与功能房间	备注
医疗区	门诊部	口腔颌面外科、口腔修复科、口腔正畸科、口腔种植科、牙体牙髓科、牙周科、儿童牙科、中医黏膜科、综合治疗科、特诊科、关节科、激光诊科、口腔预防科、注射室等	大部治疗都在门诊部进行，管线设备复杂。每个科室需设配套设置洗涤消毒间
	急诊部	包括急诊科、急救科。小型口腔医院可设急诊室	口腔颌面部各类急诊疾患的诊治
	医技部	理疗科、病理科、超声科、检验科、口腔放射科、手术室等	主要服务于门诊部，可合设。医技设备尺度较小，对建筑空间要求不高
	住院部	基本设置同综合医院	治疗需留院康复与观察的患者，如舌癌患者、唇裂、腭裂、下颌骨折等手术患者
技术供应服务区		中心（消毒）供应室、营养厨房、洗衣房、焚毁炉、设备用房等	口腔科器械重复使用率高，除了消毒中心之外，还应给每个科室设配套设置洗涤消毒间
行政区		行政办公室、资料室等	—
教学区		教室、实验室、学员宿舍等	教学医院设置

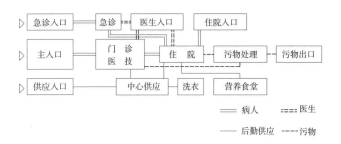

[1] 基本流线

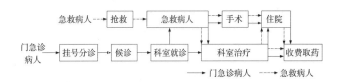

[2] 患者就诊流线

口腔医院 [2] 口腔科

科室设置与组成

口腔科原为五官科的一部分，二级综合医院可单设口腔科，三级综合医院应单设口腔科。

口腔科一般由以下功能组成：

1. 口腔外科：拔牙、唇颊系带修整、唇腭裂、颌面部肿瘤、创伤、炎症、种植牙等。

2. 口腔内科：龋病、牙髓病变、根尖周病、隐裂、牙周疾病、黏膜疾病等。

3. 口腔修复：嵌体、铸造金属全冠、烤瓷全冠、钛合金烤瓷、黄金烤瓷、贵金属桩核、纯钛烤瓷、隐形义齿、铸造可摘局部义齿等方式的牙体牙列缺失的修复。

4. 口腔正畸：各种牙列不齐的矫治。如牙齿排列不齐、上下牙弓关系异常、上下颌骨位置异常等。

除以上诊疗功能以外，口腔科候诊区（室）一般应配备主要负责接待、咨询、导医、病历管理等功能的护士服务台，配套良好的休息等候区以及配有化妆台的卫生间，供患者治疗完成后洗手、化妆

主要功能房间及设计要点　　　　　　　　　　　　表1

名称	房间组成	功能	面积	采光	设备	要点
诊室	诊疗室、口腔室、休息室	诊察治疗	单间：13m²~18m²；开放空间：5~6台治疗椅，每椅工作面积约9m²，椅中距≥1.8m，椅中心距墙≥1.2m	光线充足，避免阳光直射，采用接近天然光色、显色性好的光源	牙科治疗椅、手术灯、低速牙科切割装置、桌椅、口腔检查器械、洗手池等	牙椅下预留正压、负压、强电、显示电缆、接地、上水、下水条件，暗管在距外墙800mm的一条直线上铺设500mm宽带检修盖板的倒槽板作为地板，供作各种管线敷设之用
牙片室	X光室、暗室、操作室	拍摄牙片	X光室面积约15m²，暗室面积约5m²	无需自然采光	牙科、体层平展、腔内X光机（尺度较小）	X光室需做辐射保护，门上留铅玻璃观察窗
技工室	焊接室、单体制作室	加工义齿	视设备和规模而定，20m²以上为宜	避免阳光直射，采用显色性好的光源	技工台、铸造机、排风机、冰箱、焊接炉、烤瓷炉等	义齿加工时易产生粉尘和噪声，因此房间对排风有特殊要求
医生用房	更衣室、办公室、资料室	医生使用	视人数和规模而定			

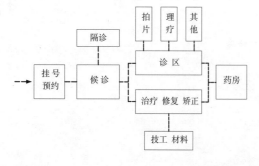

1 诊疗流线

设计要点

1. 科室规模：至少设有牙科治疗椅4台。

2. 功能设置：能开展口腔内科、口腔外科和口腔修复科的大部分诊治工作，可分设专业组。有专人负责药剂、化验（在检验中心除外）、放射、消毒供应等工作。

3. 人员配备：每牙椅（床）至少配备1.03名卫生技术人员；牙椅超过4台的，每增设4台至少增加1名医师。

4. 建筑指标：每牙科治疗椅建筑面积不少于30m²；诊室每牙科治疗椅使用面积不少于6m²。

5. 设备要求：

（1）基本设备：电动吸引器、显微镜、X光牙片机、银汞搅拌器、光敏固化灯、超声洁治器、铸造机、紫外线灯、高压灭菌设备等；

（2）每诊椅单元设备：牙科治疗椅、手术灯、痰盂、器械盘、低速牙科切割装置、座椅书桌、口腔检查器械等；中高速牙科切割装置不少于牙科治疗椅总数的1/2；

（3）有与开展的诊疗科目相应的其他设备。

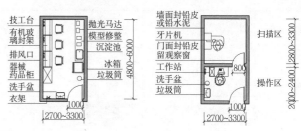

2 技工室、牙片室布置平面图

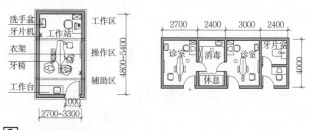

3 单间诊室布置平面图

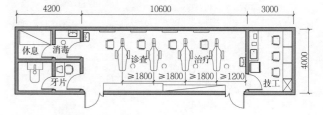

4 大空间诊室布置平面图

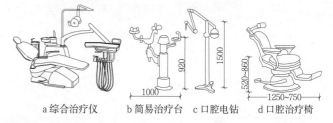

5 口腔科设备

实例 [3] 口腔医院

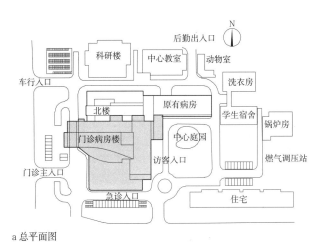
a 总平面图

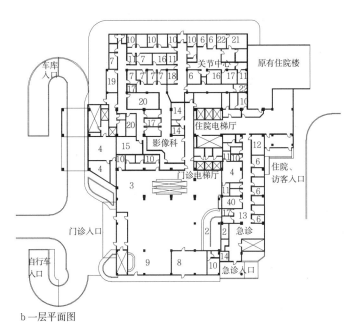
b 一层平面图

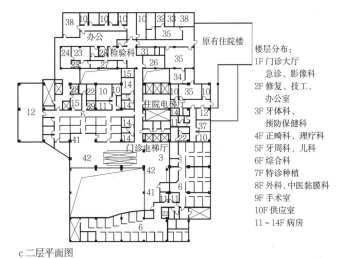
c 二层平面图

1 北京大学口腔医院门诊病房楼（改扩建）

名称	主要技术指标	设计时间	设计单位
北京大学口腔医院门诊病房楼	项目规模120床，建筑面积34260m²，建筑层数14/-2F	2009	台湾许常吉建筑事务所、圣帝国际建筑设计公司

楼层分布：
1F 门诊大厅、急诊、影像科
2F 修复、技工、办公室
3F 牙体科、预防保健科
4F 正畸科、理疗科
5F 牙周科、儿科
6F 综合科
7F 特诊种植
8F 外科、中医黏膜科
9F 手术室
10F 供应室
11～14F 病房

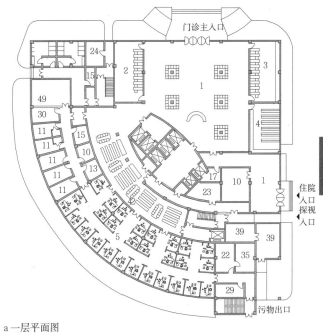
a 一层平面图

b 二层平面图

1 大厅	2 挂号	3 收费	4 药库	5 综合门诊
6 诊疗室	7 检查室	8 商店	9 咖啡	10 办公
11 更衣	12 空调机房	13 护士站	14 卫生间	15 库房
16 CT	17 X光	18 B超	19 看片室	20 洗片室
21 手术室	22 准备间	23 生化免疫	24 HIV实验	25 缓冲间
26 注射室	27 洁净区	28 临检	29 消毒	30 电脑室
31 抽血	32 烧结	33 打磨	34 喷砂	35 技工室
36 细菌	37 会议室	38 教学室	39 污物	40 抢救室
41 登记	42 等候	43 病房	44 活动室	45 治疗室
46 处置室	47 配餐	48 会议室		

2 上海第二医科大学附属第九医院口腔整复组织工程综合楼

名称	主要技术指标	设计时间	设计单位
上海第二医科大学附属第九医院口腔整复组织工程综合楼	项目规模350床，建筑面积38140m²，建筑层数20/-1F	2003	上海市卫生建筑设计研究院有限公司

口腔医院 [4] 实例

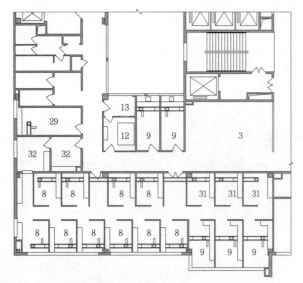

1 北京朝阳医院口腔科

名称	主要技术指标	设计时间	设计单位
北京朝阳医院口腔科	医院规模1410床，科室建筑面积493m²，科室规模：年门诊量11万余人次，病床数6张，治疗椅40台	2002	中国中元国际工程有限公司

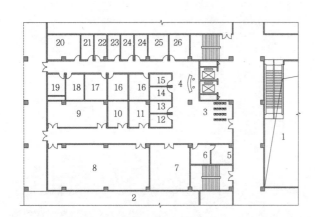

2 安徽医科大学第二附属医院口腔科

名称	主要技术指标	设计时间	设计单位
安徽医科大学第二附属医院口腔科	医院规模1200床，科室建筑面积901m²	2004	深圳市建筑设计研究总院有限公司

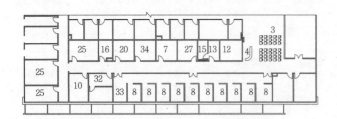

3 福建医科大学附属第二医院东海分院口腔科

名称	主要技术指标	设计时间	设计单位
福建医科大学附属第二医院东海分院口腔科	医院规模1300床，科室建筑面积598m²	2007	中国中元国际工程有限公司

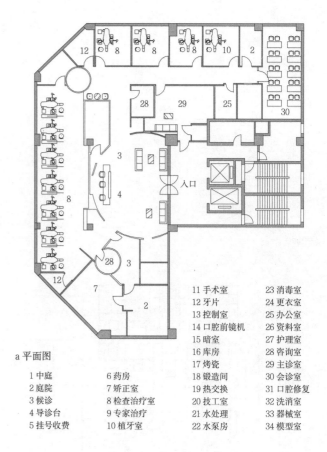

a 平面图

1 中庭　　6 药房　　11 手术室　　23 消毒室
2 庭院　　7 矫正室　12 牙片　　　24 更衣室
3 候诊　　8 检查治疗室　13 控制室　25 办公室
4 导诊台　9 专家治疗　14 口腔前镜机　26 资料室
5 挂号收费　10 植牙室　15 暗室　　27 护理室
　　　　　　　　　　　16 库房　　28 咨询室
　　　　　　　　　　　17 烤瓷　　29 主诊室
　　　　　　　　　　　18 锻造间　30 会诊室
　　　　　　　　　　　19 热交换　31 口腔修复
　　　　　　　　　　　20 技工室　32 洗消室
　　　　　　　　　　　21 水处理　33 器械室
　　　　　　　　　　　22 水泵房　34 模型室

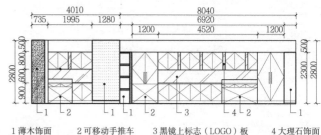

1 薄木饰面　2 可移动手推车　3 黑镜上标志（LOGO）板　4 大理石饰面

b 检查室立面图

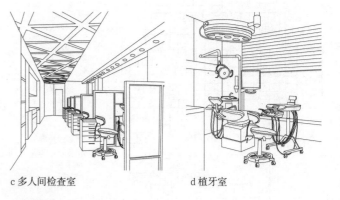

c 多人间检查室　　　　d 植牙室

4 韩国e-DAUM口腔诊所

名称	主要技术指标	设计师
e-DAUM口腔诊所[韩]	建筑面积410m²	李恩灵、金珠燕

经过与客户的共同探讨，设计师在方案中采用可提供更高级服务的"微型旅馆"，设计的构想、功能性元素的应用、外部装饰材料均围绕着该主题展开。诊疗室将电脑系统置入隐藏式隔墙，并巧妙设计移动式橱柜，使业务处理更为便捷

概述·规划要点 [1] 体检中心

独立体检中心

独立体检机构，按投资主体可分为民营独立体检机构与国营独立体检机构；按功能类型可分为健康检查型体检机构和疗养休闲型体检机构。健康检查型体检机构一般建筑面积应≥400m²，有独立体检及候检场所，设置内、外、妇、五官、检验科、影像科等检查科室，具备体检检查和健康管理的功能，卫生技术人员与医疗设备应符合相关要求；疗养休闲型体检机构多以疗养或康乐设施为依托，就近利用景观资源，设置集休闲、体检为一体的养生保健综合服务

医院附属体检中心

医院附属体检中心是当前我国体检机构的主要组成部分。体检中心不仅是医院的一个科室分支，同时也是促进全民健康教育、建立保健服务网络、优化医院服务质量的重要设施。

规划要点

1. 合理分布
结合综合医院级别及地区需求，合理规划不同规模等级的体检中心，并与小型体检站、卫生院健康站形成合理的辐射关系。

2. 科学决策
在可行性研究阶段应对体检中心的建设规模有科学的评测，并决定体检中心的经营策略。

3. 流线顺畅
在医院院区或医疗综合体内合理规划体检中心分区及其路径，使其识别性高、可达性强。

4. 便利安全
体检中心服务对象作为健康人群，其流线尽应可能避免与医院就诊病患人流及后勤污物流线交叉，避免在医院被病菌感染，保证安全。

体检中心分类 表1

名称	实例	主要服务范围	设计特点
国营独立体检中心	北京市体检中心、长宁公共卫生中心、体检中心	个人体检、单位体检、入校体检、入伍体检、婚前体检、出国体检等	在其选址规划、医疗专业方面的建筑设计和空间设计上，建筑师的参与足以对其使用起到主导作用
民营独立体检中心	北京美兆健康体检中心、上海慈铭体检中心	个人体检、单位体检等	多采用连锁经营模式，租赁普通办公楼作为体检场所，在室内设计阶段对空间进行二次分隔与设计
医院附属体检中心	安徽省立医院体检中心、南京同仁医院体检中心、苏州九龙医院体检中心	个人体检、单位体检、入校入伍体检、婚前体检、出国体检、病案等	作为医院的有机部分进行建设，建筑师在选址规划、医疗专业方面的建筑和空间设计上起主导作用

医院附属体检中心规划类型 表2

类型	独栋复合型	独栋单一型	独立分支型	科室分支型
图示	医疗区；体检、康乐、休闲	医疗区；体检中心	医疗区：住院、医技、门诊、体检	体检；门诊
规划条件	医院规模大、品质高，群众基础广，有足够的运转经济能力，用地宽裕，交通便利，地处商圈或风景区附近	医院规模大，品质高，群众基础广，有足够的运转经济能力，用地宽裕、交通便利	有一定的品牌基础，有较充足的用地和技术设备条件，在门诊楼设置体检中心的医院	暂无充足用地或技术设备条件，在门诊楼设置体检中心的医院
优点	结合疗养、健身、休闲等医院效益产业形成复合型保健中心，有独立出入口和交通系统，防止交叉感染。可独立对外营业，有助于形成医院品牌	有独立出入口和交通系统，防止交叉感染。设置位置灵活，可独立对外营业，有助于形成医院品牌	有独立出入口，有效防止交叉感染。可独立对外营业。是当前我国综合医院体检中心主要采用的方式之一	节约土地，运营成本低，充分利用现有技术条件，风险低。是当前我国综合医院体检中心主要采用的方式之一
缺点	前期投入大、占地面积大	占地面积大，土地利用率低	占地面积较大	易造成交叉感染，不便独立营业
设置要点	应在详细调查的基础上进行周详策划。要有效利用土地和社会资源，进行多产业综合开发。可考虑分期建设和投入使用	尽可能有效利用土地和医院现有资源。可考虑结合商业或康乐设施；在医院建设和发展的过程中，可对旧建筑进行改造，成为其体检中心	做好人车分流以及与其他病患的分流。场地规划设计中最好有独立路径与城市道路相接，有明显的主入口。在与住院楼联系便捷的情况下可结合康复科进行设计	尽可能避免与其他病患人流交叉，可考虑使用独立的垂直交通体系，最好在接地层有单独出入口。若场地为坡地，可考虑结合场地高差设置独立出入口。在平面上要自成一区，且不宜与医技部共用设备
示意	入住体检客房/VIP病区/餐厅；体检中心、名医馆、门厅、资料室	1体检中心 2烧伤楼 3内科楼 4药械楼 5外科楼 6感染科 7门急诊大楼 8教学楼 9科技中心	住院楼；医技楼；体检中心；门急诊楼	医生区；口腔科；体检中心；交通；核医学；血库
实例	浙江大学医学院附属第二医院国际保健中心体检部	重庆西南医院体检中心	苏州九龙医院体检中心	江西中寰红谷滩医院体检中心

体检中心 [2] 功能流程·设计要点

功能流程

体检服务可分为普通个人体检、团体体检、特殊体检（如病理体检、婚检等）3类。依据体检流程，体检项目分为餐前和餐后两大类。

体检项目　　　　　　　　　　　　　　　　　　　　　　表1

项目分类	体检项目
餐前项目	空腹血糖、餐前B超、上消化道造影、腹部X光、尿常规、肠镜、胃镜等
餐后项目 临床体检项目	身高体重、体能测试、内科、外科、耳鼻喉科、口腔科、妇科、眼科等
餐后项目 功能体检项目	胸部X线、乳腺红外、骨密度、心电图、脑电图、肌电图、B超、彩超、血常规、眼压测量、电测听、动态心压、肝功能、眼底数码照相、激素检查、核素显像、肺功能检查、内窥镜（肠胃镜除外）、肿瘤标志物等

设计要点

1. 体检流线应简捷，顺应普通体检流程并形成体检环路。餐前项目完成后应设餐厅。

2. 普通诊室面积约为 $8\sim15m^2$ 较为适用，医技用房设计应与设备使用条件相宜。体检中心宜考虑设置预留房间。

3. 体检通道上的二次候诊是体检中心的主要候检空间，应将体检通道扩大。团体体检人流量大，应有宽畅等候厅。

4. 男女体检区应分开；若条件不允许，外科、内科、B超、心电图男女应分科，并将妇科体检独立设置。

5. 采血室附近宜设抢救室，卫生间附近宜设标本收集处。

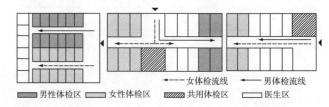

■男性体检区　■女性体检区　▨共用体检区　□医生区

3 不同性别体检分区

实例

4 苏州九龙医院体检中心

5 南京同仁医院体检中心

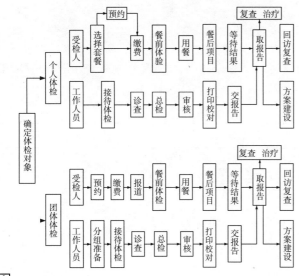

1 体检流程

功能分区　　　　　　　　　　　　　　　　　　　　表2

功能分区	内容
体检区	餐前体检区（约占体检区面积40%）
体检区	餐后体检区（约占体检区面积60%）
休息接待区	门厅、等候大厅、接待处、结算处、休息室、咨询室、餐厅、走廊等
医生区	接待室、资料信息中心、办公室、更衣室、护士休息室、财务出纳、清洗室等

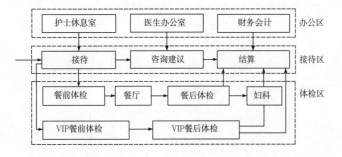

2 功能分区与流线

6 安徽省立医院体检中心

1 大厅
2 二次候诊
3 男内科
4 女内科
5 男外科
6 眼科
7 五官科
8 口腔科
9 女外科
10 妇科
11 X光
12 胸透
13 服务接待
14 B超
15 心电图
16 采血
17 采尿
18 餐厅
19 办公室
20 会议室
21 安全监控室
22 空调机房
23 计算机房
24 休息室
25 卫生间
26 污洗室
27 一般项目
28 内科
29 外科
30 值班室
31 VIP诊室
32 检验科
33 电声理

概述

中医医院的用房组成、用房之间的功能要求与综合医院相类似。中医医院的建设应强调中西医并重的卫生工作方针，根据医院实际情况合理配置中药制剂室、中医传统疗法中心等项目，突出中医重点科室。中医医院结构布局应在中医药管理部门的指导和协调下进行。

等级划分

中西医结合医院按医院规模等指标分为二级，中医医院按医院规模等指标分为三级。床位、科室设置、面积指标见表1、表2。

中西医结合医院等级划分 表1

等级	床位	科室设置	面积
二级	100~349	1.临床科室：设有6个以上中西医结合一级临床科室 2.医技科室：至少设有药剂科、检验科、放射科、病理科、消毒供应室	每床建筑面积不少于40m²
三级	>350	1.临床科室：至少设有急诊科、内科、外科、妇产科、儿科、耳鼻喉科、口腔科、眼科、皮肤科、针灸科、麻醉科、预防保健科 2.医技科室：至少设有药剂科、放射科、检验科、病理科、血库、消毒供应室、病案室、营养部和相应的临床功能检查科室 3.设立中西医结合专科或专病研究所（室）	每床建筑面积不少于45m²

中医医院等级划分 表2

等级	床位	科室设置	面积
一级	20~79	至少设有3个中医一级临床科室和药房、化验室、X光室	每床建筑面积不少于30m²
二级	80~299	1.临床科室：至少设中医内科、外科等5个以上中医一级临床科室 2.医技科室：至少设有药剂科、检验科、放射科等医技科室	每床建筑面积不少于35m²
三级	>300	1.临床科室：至少设急诊科、内科、外科、妇产科、儿科、针灸科、骨伤科、肛肠科、皮肤科、眼科、推拿科、耳鼻喉科； 2.医技科室：至少设有药剂科、检验科、放射科、病理科、消毒供应室、营养部和相应的临床功能检查科室	每床建筑面积不少于30m²

面积指标

1. 中医医院总建筑面积根据医院的总床位数确定，床均建筑面积见表3。
2. 中医医院用房由急诊部、门诊部、住院部、医技科室、药剂科室等基本用房及保障系统、行政管理、院内生活等服务用房组成，各功能用房的组成内容及占总建筑面积的比例见表4、表5。
3. 中药制剂室、中医传统疗法中心单列项目用房建筑面积指标可参照表6。
4. 中医医院大型医疗设备单列项目用房建筑面积参照《综合医院建设标准》执行。
5. 中医医院50%以上的病房应有良好的日照，门诊部、急诊部和病房应充分利用自然通风和天然采光。
6. 中医医院的诊疗用房和病房，宜保持适宜的室内温度和湿度，对空气洁净度有特殊要求的医疗用房，应设空气净化装置。

中医医院建筑面积指标 表3

建筑规模	床位数（床）	60	100	200	300	400	500
	日门/急诊人次	210	350	700	1050	1400	1750
	建筑面积（m²/床）	69~72	72~75	75~78	78~80	80~84	84~87

注：1. 根据中医医院建设规模、所在地区、结构类型、设计要求等情况选择上限或下限。
2. 大于500床的中医医院建设，参照500床建设标准执行（下同）。
3. 当日门（急）诊人次与病床数之比值与本建设标准取用值相差较大时，可按每日门（急）诊人次平均2m²调整门（急）诊部与其他功能用房建筑面积的比例关系。

中医医院各功能用房组成内容 表4

功能用房	组成内容
急诊部	内科诊室、外科诊室、妇（产）科诊室、儿科诊室、骨科诊室、中医诊疗室、留观室、抢救室、输液室、治疗室、医护休息室、办公室、护士站、收费室、挂号室、药房、化验室、放射室等
门诊部	1.内科诊室、外科诊室、妇（产）科诊室、儿科诊室、皮肤诊室、眼科诊室、耳鼻咽喉诊室、口腔诊室、肿瘤诊室、骨伤科诊室、肛肠诊室、针灸诊室、老年病诊室、推拿诊疗室、康复诊室、门诊治疗室、中心输液室、中医换药室、体检中心； 2.感染性疾病科（诊室、挂号、收费、化验、放射、药房）
住院部	入院处、住院病房、产房等
医技科室	检验科、血库、放射科、功能检查室、内窥镜室、手术室、病理科、营养部（含营养食堂）、医疗设备科、中心供氧站、核医学科、介入室、核磁共振室、办公室、休息室等
药剂科室	中药饮片库房、西药库房、中药调剂室、西药调剂室、临方炮制室、中成药库房、中成药调剂室、周转库、门诊药房、住院药房、中药煎药室、办公室、休息室等
保障系统	锅炉房、配电室、太平间、洗衣房、总务库房、通信机房、设备机房、传达室、室外厕所、总务修理、污水处理房、垃圾处置房、汽车库、自行车库
行政管理	办公室、计算机房、中医示范教学培训室、图书室、档案室等
院内生活	职工食堂、浴室、单身宿舍、小卖部等

中医医院各功能用房占建筑面积的比例（单位：%） 表5

床位数 功能用房	60	100	200	300	400	500
急诊部	3.1	3.2	3.2	3.2	3.2	3.3
门诊部	16.7	17.5	18.2	18.5	18.5	19.0
住院部	29.2	30.5	33.0	34.5	35.5	35.7
医技科室	19.7	17.5	17.0	16.6	16.0	16.0
药剂科室	13.5	12.1	9.4	8.5	8.3	8.0
保障系统	10.4	10.4	10.4	10.0	9.8	9.0
行政管理	3.7	3.8	3.8	3.7	3.7	3.8
院内生活	3.7	5.0	5.0	5.0	5.0	5.2

注：1. 使用中，各种功能用房占总建筑面积的比例可根据不同地区和中医医院的实际需要作适当调整；
2. 药剂科室未含中药制剂室。

中医医院单列项目用房建筑面积指标（单位：m²） 表6

项目名称	建筑规模（床位数）	100	200	300	400	500
中药制剂室		小型 500~600		中型 800~1200		大型 2000~2500
中医传统疗法中心（针灸治疗室、熏蒸治疗室、灸疗法室、足疗区、按摩室、候诊室、医护办公室等中医传统治疗室及其他辅助用房）		350		500		650

中医医院 [2] 门诊部

设计要点

1. 门诊部规模应根据医院日接诊人数确定，并与中医医院基本用房与辅助用房的面积相协调。医院日接诊人数可按床位数的3.5倍估算；门诊诊室数量根据每位医生10分钟接诊一位患者进行计算，门诊量较小科室可酌情调整。

2. 门诊部各类病人流量大，为避免交叉感染，除设置主要出入口外，针对不同功能分区可分设若干单独出入口。

3. 门诊部患者多行动不便，科室宜设置在一、二层。

4. 中医教学以观摩传授为主，诊室面积应适当加大。

5. 针灸、推拿等中医诊疗室，宜配置室内温控设施，保持适宜的室内温度和湿度，诊室的布置应注意保护患者隐私。

诊室

1. 诊室的平面布局应该满足医师会诊的基本需求，保证相应的采光通风条件。

2. 根据科室规模选择适宜的布局形式。

3. 有特殊需要的科室，可以将诊室和治疗室合并。

a 单人诊室　　b 双人诊室　　c 组合诊室1　　d 组合诊室2

[1] 诊室布置示意图

康复治疗室

1. 康复治疗包括物理疗法、作业疗法、言语疗法、心理疗法、中医疗法和康复工程。

2. 康复治疗室宜具有良好的自然通风采光。房间以大空间为宜，方便康复器材的分区摆放。

[2] 康复诊疗室布置示意图及康复器械

推拿诊疗室

1. 推拿是医师用手在人体上按经络、穴位，用推、拿、提、捏、揉等手法进行治疗。

2. 推拿诊疗室和治疗室尽量合并布置；室内宜设置空调，保持适宜的温、湿度；推拿床之间设置隔断，保护患者隐私。

3. 大空间内平行布置推拿床，医师数和床位数之比在1/5~1/3。

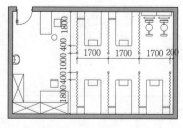

[3] 推拿室布置示意图及推拿床

针灸诊疗室

1. 针灸是医者把毫针按一定穴位刺入患者体内，运用捻转与提插等针刺手法进行治疗，或将燃烧着的艾绒按一定穴位熏灼皮肤，利用热的刺激来治疗疾病。

2. 治疗室宜设置隔间，每隔间内床位数以不超过6床为宜，方便医师进行针灸操作。

3. 针灸过程要求适宜的室内温度和湿度，治疗室应配备空调。

4. 针灸过程患者需要赤身进行，床位间应加设隔断以保护患者隐私。

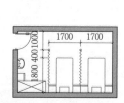
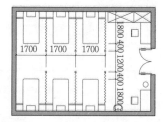

[4] 针灸诊疗室布置图

治未病

中医治未病主要包括"未病先防、既病防变、愈后防复"三大主题。诊治流程、诊室要求与一般门诊类似。

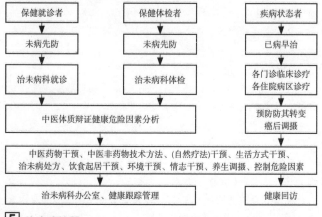

[5] 治未病流程

概述

中医医院药剂科应当按照国家有关规定,提供中药饮片调剂、中成药调剂和中药饮片煎煮等服务。

[1] 药剂科流程图

中药饮片调剂室

1. 中药饮片调剂室的面积三级医院不低于100m²,二级医院不低于80m²。
2. 中药饮片调剂室应远离各种污染源,房间应宽敞、明亮,有防尘、防蚊、防蝇、防虫、防鼠等措施,地面、墙面、屋顶应当平整、洁净、无污染、易清洁。
3. 中药饮片调剂室应设置有效的通风、除尘、防积水以及消防等设施。
4. 中药饮片调剂室室外下水道必须畅通良好,室内下水道应有可靠的液封装置。
5. 中药饮片调剂室内周转库宜设置独立的电梯直通中药库,便于药品的运输。
6. 中药饮片调剂室可与周转库结合设置,分为3部分:
   前台——负责收方发药;
   药架——存放一至两天的小包装中草药;
   周转库——中药库房运进的中药拆包暂存。
7. 中药饮片调剂室内药架间距应考虑方便配药小车的推行。

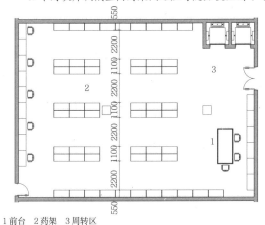

1 前台　2 药架　3 周转区

[2] 某中医医院中药饮片调剂室平面图

中药饮片库

1. 应远离各种污染源,应有防尘、防蚊、防蝇、防虫、防鼠等措施,配置有效的通风、除尘、防积水以及消防等设施,有条件的应设置空气净化设施。室外下水道必须畅通良好,室内下水管道应有可靠的防倒灌液封装置。
2. 中药饮片库的面积应能保证医院3~5天的库存用量。
3. 宜设置单独的货运入口及电梯。
4. 中药饮片库药箱之间的走道应保持足够的宽度,便于药物的运输。

煎药室

1. 煎药室应当远离各种污染源,煎药室工作区和生活区应分开,工作区内应当设有储存、准备、煮洗、清洁等功能区。
2. 煎药室应当宽敞、明亮,地面、墙面、屋顶应当平整、洁净、无污染、易清洁,应当有有效的通风、除尘、防积水以及消防等设施,各种管道、灯具、风口以及其他设施应当易清洁。

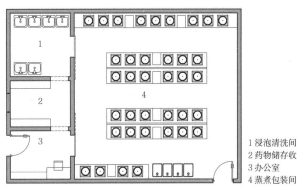

1 浸泡清洗间　2 药物储存收发室　3 办公室　4 蒸煮包装间

[3] 某中医医院煎药室平面图

中药制剂

1. 中药制剂的内容包括片剂、注射剂、气雾剂、丸剂、散剂、膏剂等。
2. 根据制剂种类的不同一般分为外用制剂室、内服制剂室、液体制剂室、固体制剂室。
3. 中药制剂室有一定的灭菌要求,人员出入均需要消毒更衣,药剂加工区必须提供无菌环境,房间通过洁净走廊连接。
4. 中药制剂加工间主要包括清洗间、烘干间、粉碎间等,根据制作过程合理配置相应功能房间。
5. 中药制剂的包装主要包括扎口、装盒、装瓶、贴签等程序,不同类别制剂室的包装间可以共用。
6. 辅助用房一般包括洗衣房、拣洗间、灭菌间、药检室等,完成制剂辅助工作。
7. 中药制剂附设的洗衣房面积依据制剂室规模而定,室内应配备烘干设置。
8. 药检室宜临近成品制剂出入口,方便成品制剂的检查和运输。

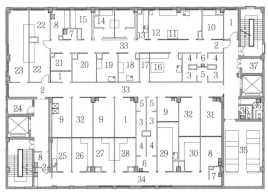

1 脱外包　2 安全门　3 脱外衣　4 穿工作服　5 换鞋　6 消毒手　7 清洁　8 清洗　9 准备　10 暂存　11 烘箱　12 制粒　13 总混　14 薄膜包衣　15 存放　16 制粒　17 设备室　18 压片　19 填充　20 特包装品　21 内包材料　22 内包装　23 外包装　24 办公室　25 膏霜配制　26 膏剂配制　27 硬膏配制　28 包装材料　29 液剂配制　30 液剂分装　31 粗洗　32 贴签　33 走道　34 洁净内走道　35 空调机房　36 厕所　37 配电

[4] 某中医医院制剂室平面图

中医医院 [4] 实例

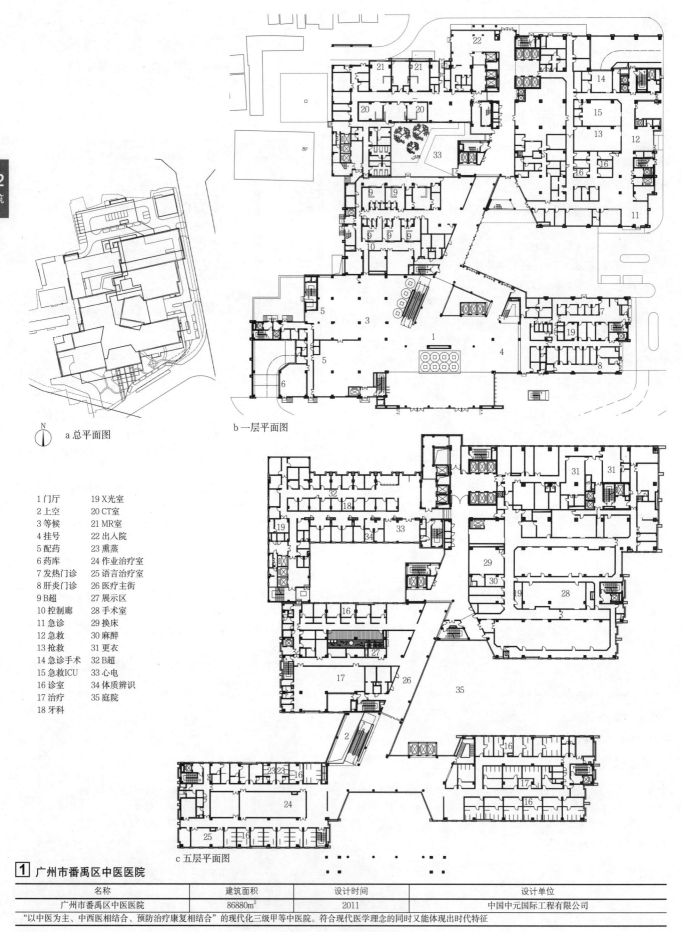

a 总平面图
b 一层平面图
c 五层平面图

1 门厅　　19 X光室
2 上空　　20 CT室
3 等候　　21 MR室
4 挂号　　22 出入院
5 配药　　23 熏蒸
6 药库　　24 作业治疗室
7 发热门诊　25 语言治疗室
8 肝炎门诊　26 医疗主街
9 B超　　27 展示区
10 控制廊　28 手术室
11 急诊　　29 换床
12 急救　　30 麻醉
13 抢救　　31 更衣
14 急诊手术　32 B超
15 急救ICU　33 心电
16 诊室　　34 体质辨识
17 治疗　　35 庭院
18 牙科

1 广州市番禺区中医医院

名称	建筑面积	设计时间	设计单位
广州市番禺区中医医院	86880m²	2011	中国中元国际工程有限公司

"以中医为主、中西医相结合、预防治疗康复相结合"的现代化三级甲等中医院。符合现代医学理念的同时又能体现出时代特征

实例 [5] 中医医院

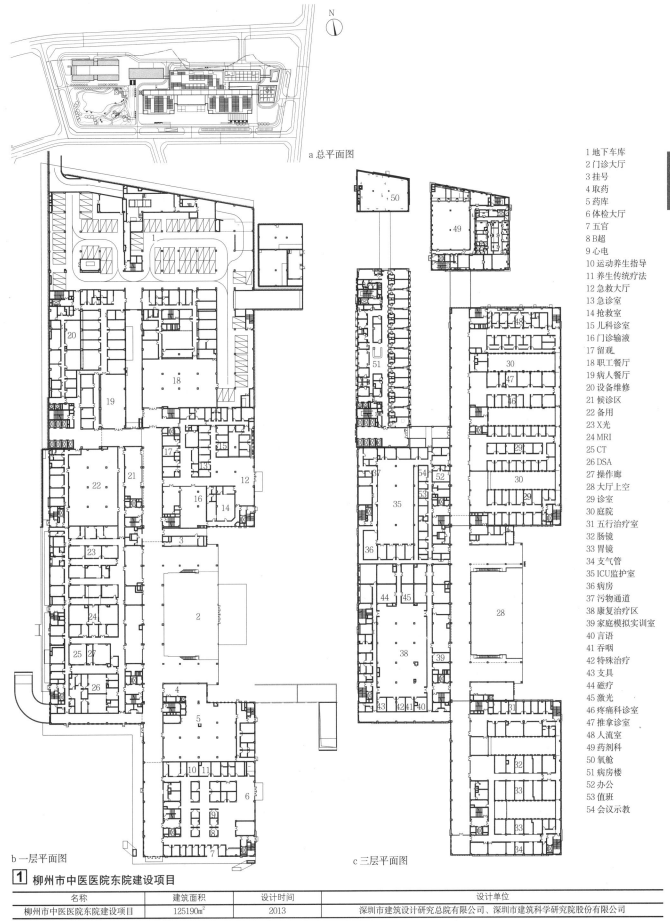

a 总平面图
b 一层平面图
c 三层平面图

1 地下车库
2 门诊大厅
3 挂号
4 取药
5 药库
6 体检大厅
7 五官
8 B超
9 心电
10 运动养生指导
11 养生传统疗法
12 急救大厅
13 急诊室
14 抢救室
15 儿科诊室
16 门诊输液
17 留观
18 职工餐厅
19 病人餐厅
20 设备维修
21 候诊区
22 备用
23 X光
24 MRI
25 CT
26 DSA
27 操作廊
28 大厅上空
29 诊室
30 庭院
31 五行治疗室
32 肠镜
33 胃镜
34 支气管
35 ICU监护室
36 病房
37 污物通道
38 康复治疗区
39 家庭模拟实训室
40 言语
41 吞咽
42 特殊治疗
43 支具
44 磁疗
45 激光
46 疼痛科诊室
47 推拿诊室
48 人流室
49 药剂科
50 氧舱
51 病房楼
52 办公
53 值班
54 会议示教

1 柳州市中医医院东院建设项目

名称	建筑面积	设计时间	设计单位
柳州市中医医院东院建设项目	125190m²	2013	深圳市建筑设计研究总院有限公司、深圳市建筑科学研究院股份有限公司

实例［7］中医医院

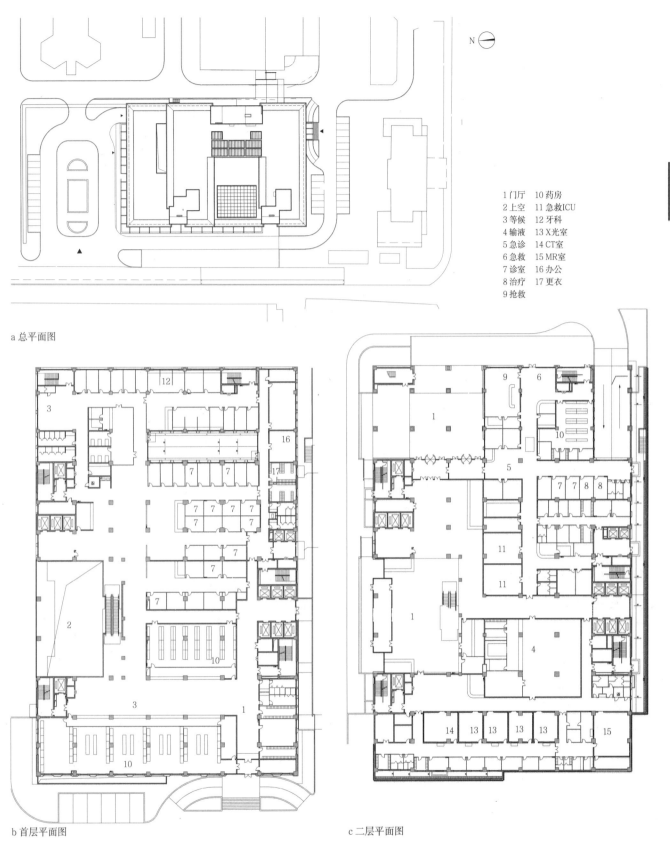

1 门厅　10 药房
2 上空　11 急救ICU
3 等候　12 牙科
4 输液　13 X光室
5 急诊　14 CT室
6 急救　15 MR室
7 诊室　16 办公
8 治疗　17 更衣
9 抢救

a 总平面图

b 首层平面图　　　c 二层平面图

[1] 山东省中医医院国家中医临床研究基地

名称	建筑面积	设计时间	设计单位
山东省中医医院国家中医临床研究基地综合楼	50300m²	2009	山东同圆设计集团有限公司

山东省中医医院国家临床研究基地综合楼是集门诊、医技、病房功能为一体的医疗建筑。设计床位数500张，日门诊量3000人次。利用地势，实现入院和门诊人群分流。水平交通沿"医院街"展开，医患分开

职业病医院 [1] 设计要点

概述

职业病医院除了承担相应职业病的诊断、治疗及防治外,一般同时担负普通综合医院的功能。职业病的诊疗由相应的职业病科室完成,医疗流程与其他科室相类似。职业病诊疗所需医技、后勤供应等内容与医院其他科室共享。

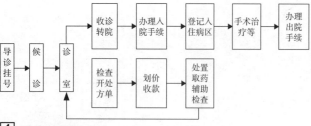

[1] 职业病就诊流程

职业中毒科

职业中毒诊断的实验室检查所需医技内容包括毒物测定、毒物代谢产物的测定、生物化学改变和细胞形态学改变、排毒试验、激发试验、皮肤斑贴试验等。此外,也可能需要其他的普通医技内容,如:X线、CT摄影、心电、B超等,检查心、肺、肝、骨骼的改变,电生理检查观察心、脑肌肉的生理功能状态等。

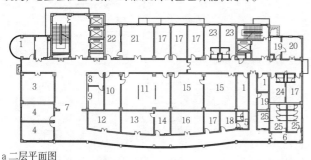

a 二层平面图

b 三层平面图

c 五层平面图

1 储藏　2 细胞　3 仪器　4 B超　5 浴厕　6 准备
7 候诊　8 登记　9 资料　10 检查　11 内窥镜　12 心电图
13 脑电图　14 动态心电　15 电脑房　16 彩超　17 医办　18 值班
19 清洗　20 消毒　21 X光　22 控制室　23 更衣　24 主任
25 厕所　26 会议室　27 缓冲　28 发血　29 储血　30 配血
31 接收　32 自身输血　33 全自动化处理　34 门禁　35 报告室　36 生化室
37 免疫室　38 无菌室　39 培养基室　40 净化机房　41 微生物试验台　42 污物通道
43 菌种库　44 结核菌实验台　45 P2实验室　46 涂片　47 读片　48 灭菌柜
49 紧急冲洗　50 实验　51 免疫　52 HIV室　53 TCSPOT　54 PCR实验
55 试剂准备　56 样品制备　57 核酸扩增　58 产物分析

[2] 设有中毒科医院医技楼平面图

尘肺科

尘肺病检查所需医技内容除常规检查、肺功能、生化、免疫学外,X光片作为最主要的检查手段,使用频率最高。

尘肺病的治疗方法除药物治疗及肺移植外,可采用大容量肺灌洗。大容量肺灌洗术是指在全身麻醉状态下,利用双腔管进行肺灌洗术,属于手术治疗的一种,应在洁净手术室中进行。

肺移植手术宜选择两间相邻的百级层流手术间,一间用于修整供肺,一间用于移植。

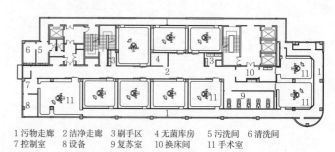

1 污物走廊　2 洁净走廊　3 刷手区　4 无菌库房　5 污洗间　6 清洗间
7 控制室　8 设备　9 复苏室　10 换床间　11 手术室

[3] 设有尘肺科医院手术室平面图

1 清洗　2 隔离单人间　3 MK前室　4 配餐　5 单人间　6 ICU大厅
7 治疗　8 发药　9 无菌库房　10 家属等候　11 更衣　12 值班
13 肺移植病房　14 护士值班　15 主任　16 洽谈　17 医生值班　18 换鞋
19 男更衣　20 女更衣　21 二次换鞋

[4] 设有尘肺科医院ICU平面图

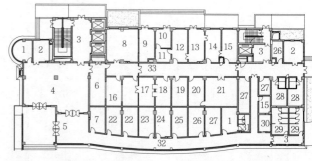

1 值班　2 新风机房　3 前室　4 门厅　5 候诊
6 领取　7 血气　8 一次性物品存放　9 一次性物品处理　10 分类
11 毁形　12 浸泡煮沸　13 收集　14 煮沸　15 清洗
16 投除　17 无菌存放　18 消毒　19 储存　20 手套制备
21 包装间　22 体积　23 总肺功能　24 运动肺功能　25 区域肺功能
26 医办　27 储藏　28 更衣　29 厕所　30 无障碍厕所
31 厕浴　32 功能检查　33 中心供应

[5] 设有尘肺科医院功能检查平面图

职业性皮肤病科

职业性皮肤病是指劳动者在劳动中以化学、物理、生物等职业性有害因素为发病主要原因的皮肤及其附属器官疾病。

职业性皮肤病检查所需的基本医技内容包括血液、尿液检验或影像学检查。辅助医技内容包括贴布试验、皮肤生理检查、皮肤血流测试及微血管显微侦测等,少数可能需做病理切片。

实例 [2] 职业病医院

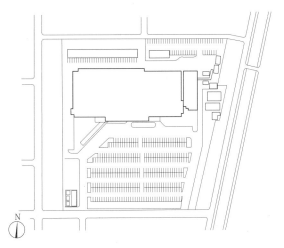

1 细菌检查　2 MR　3 神经科　4 病理室　5 资料室　6 庭院
7 脑波　8 解剖　9 尿检　10 采血　11 内科　12 心脏外科
13 财务　14 会议　15 门诊管理　16 医生办公　17 护士长室　18 图书室
19 预防医疗　20 诊疗　21 集中讲座　22 神经内科　23 问询　24 医疗信息
25 眼科　26 外科　27 皮肤外科　28 耳鼻喉科　29 睡眠疗法　30 儿科
31 医生办公　32 更衣　33 病历室　34 制药室　35 工作人员　36 医务科
37 厨房　38 食堂　39 小商店　40 挂号收费　41 等候大厅　42 配药室
43 休息　44 食品库　45 业务交流　46 夜诊　47 急救处置　48 恢复室
49 脑外科　50 内窥镜　51 消化内科　52 理发室　53 洗涤　54 冷藏室
55 太平间　56 标本　57 MRI　58 CT　59 XTV　60 X光
61 血管造影　62 读片　63 操作室　64 整形外科　65 泌尿科

2 医疗建筑

a 总平面图

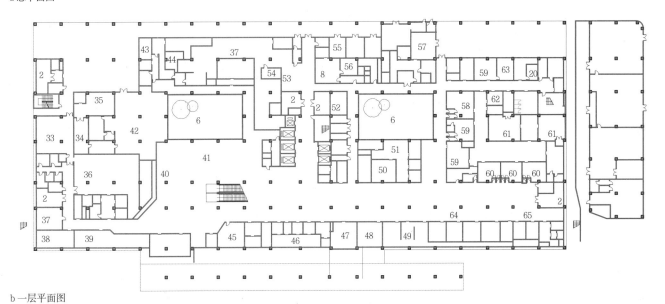

b 一层平面图

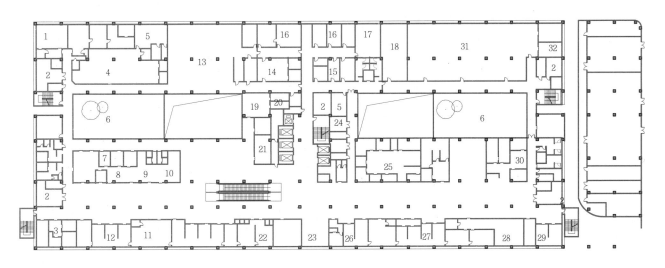

c 二层平面图

1 日本浜松职业病医院

名称	占地面积	建筑面积	床位数	科室数
日本浜松职业病医院	32373m²	21709m²	300床	18科室

293

职业病医院 [3] 实例

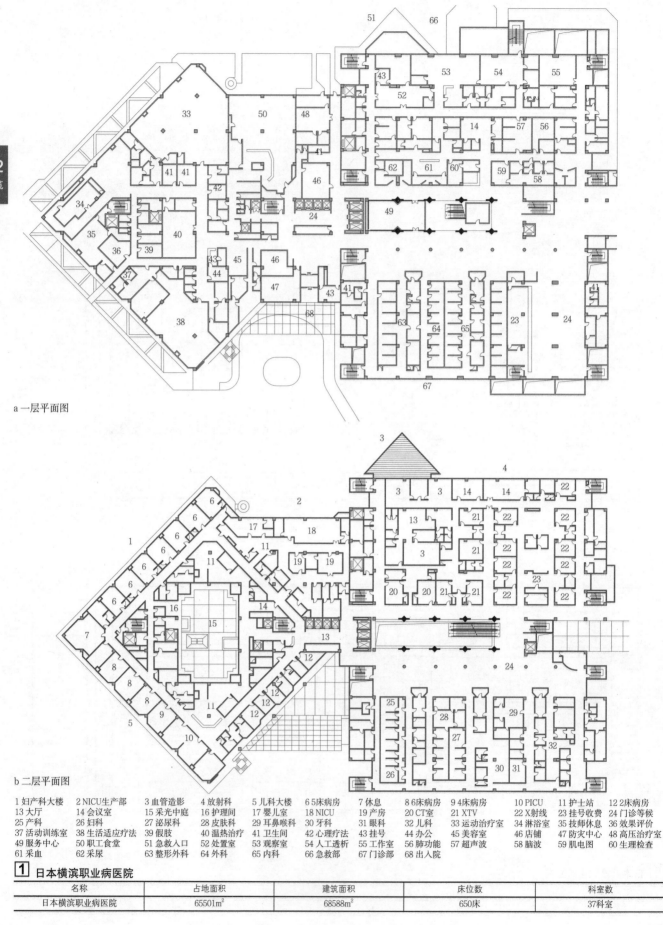

a 一层平面图

b 二层平面图

1 妇产科大楼　2 NICU生产部　3 血管造影　4 放射科　5 儿科大楼　6 5床病房　7 休息　8 6床病房　9 4床病房　10 PICU　11 护士站　12 2床病房
13 大厅　14 会议室　15 采光中庭　16 护理间　17 婴儿室　18 NICU　19 产房　20 CT室　21 XTV　22 X射线　23 挂号收费　24 门诊等候
25 产科　26 妇科　27 泌尿科　28 皮肤科　29 耳鼻喉科　30 牙科　31 眼科　32 儿科　33 运动治疗室　34 淋浴室　35 技师休息　36 效果评价
37 活动训练室　38 生活适应疗法　39 假肢　40 温热治疗　41 卫生间　42 心理疗法　43 挂号　44 办公　45 美容室　46 店铺　47 防灾中心　48 高压治疗室
49 服务中心　50 职工食堂　51 急救入口　52 处置室　53 观察室　54 人工透析　55 工作室　56 肺功能　57 超声波　58 脑波　59 肌电图　60 生理检查
61 采血　62 采尿　63 整形外科　64 外科　65 内科　66 急救部　67 门诊部　68 出入院

1 日本横滨职业病医院

名称	占地面积	建筑面积	床位数	科室数
日本横滨职业病医院	65501m²	68588m²	650床	37科室

设计要点 [1] 整形美容医院

概述

1. 整形美容是指运用手术、药物、医疗器械以及其他医学技术方法，对人的容貌和人体各部位形态进行的修复与再塑，进而增强人体外在美感为目的的科学性、技术性与艺术性极强的医学科学。

2. 整形美容项目主要包括眼部、鼻部、面部、唇部、口腔、除皱、毛发、整形、胸部、减肥、妇科整形等。

3. 整形美容医疗目前一般在大型综合医院的整形外科和专业从事整形美容业务的整形美容医院进行。

整形外科

1. 整形外科是外科的分支，治疗范围主要包括皮肤、肌肉及骨骼等创伤和疾病、先天性和后天性组织或器官的缺陷和畸形。整形外科治疗包括修复和再造两个内容。

2. 整形外科各类病人多有组织缺陷或畸形，为避免其他病人的侧目，诊室及治疗室宜设置单独的出入口和专属患者通道，分科候诊。

3. 整形外科门诊部可单独设置门诊手术室，以方便进行小型手术。手术需要较高的卫生环境，要求在无菌环境下操作，病人、污物及工作人员通道分开，手术室应按洁净手术部标准设置。

4. 门诊宜为单人小诊室，可按标准诊室考虑，便于不同科室之间共享。

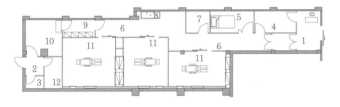

1 患者入口　2 医护入口　3 卫生间　4 污物暂存　5 苏醒　6 洁净走道
7 无菌存放　8 洗手　9 更衣　10 医生办公　11 手术室　12 淋浴

[1] 某医院整形科门诊手术室

整形美容

1. 整形美容的方法主要是通过手术的形式，与普通整形不同的是，它的主要目的是为了美容。

2. 整形美容手术项目与整形外科类似，需在清洁无菌环境下进行，手术室设置与整形外科要求相类似。

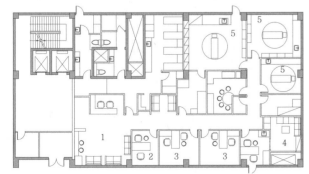

1 门厅　2 咨询室　3 诊疗室　4 主任室　5 手术室

[2] 整形美容平面示意

皮肤美容

1. 皮肤美容主要是利用药物或医疗器械改善皮肤的质地，调整皮肤的功能与结构，提高心理素质，达到维护、改善、修复和再塑人体皮肤之健美，增进人的生命活力美感。

2. 皮肤美容项目主要包括激光祛斑、嫩肤美白、激光除皱、纹绣、纹身、激光祛痣、激光脱毛、激光祛痘、美容护理等。

a 二层平面图

1 候诊区
2 主任室
3 护肤室
4 更衣室
5 美体室

b 三层平面图

[3] 护肤诊所平面示意

微创整形

1. 微创美容项目主要包括针灸祛痘、胶原蛋白、玻尿酸、微针美塑、穴位埋线、肉毒素等。

2. 微创美容的针灸室环境要求同中医院的针灸室。注射项目可在门诊手术室内进行，也可单独在注射室内进行。

口腔美容

1. 口腔美容是针对牙齿的美容项目，主要包括牙齿矫正、牙齿美白、牙齿修复、牙齿治疗等。

2. 口腔美容的环境要求同口腔科相类似。

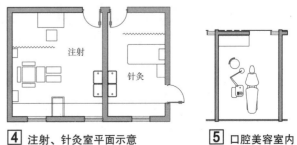

[4] 注射、针灸室平面示意　　[5] 口腔美容室内

整形美容医院 [2] 实例

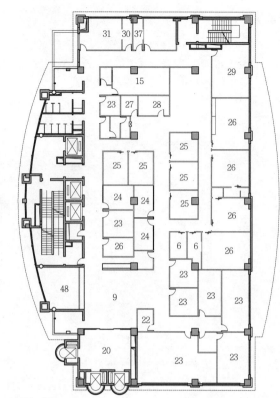

a 三层平面图

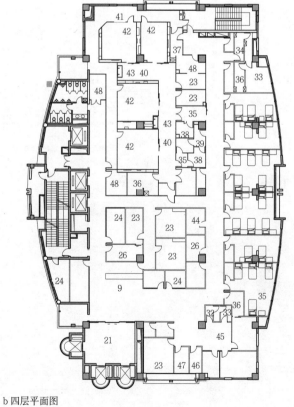

b 四层平面图

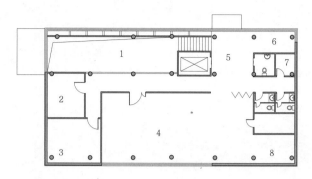

a 二层平面图

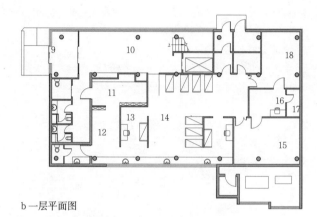

b 一层平面图

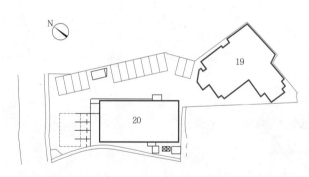

c 总平面图

1 中空	2 院长室	3 职工休息室	4 康复训练室
5 大厅	6 化妆室	7 浴室	8 水疗
9 门厅	10 等候室	11 挂号收费	12 病历胶片库
13 诊察室	14 处理室	15 X光室	16 操作
17 暗室	18 骨密度测定	19 住院部	20 门诊部
21 电梯厅	22 药房	23 办公室	24 咨询室
25 激光室	26 治疗室	27 心电图	28 洗头
29 员工餐厅	30 洗衣	31 污水处理	32 清洗
33 消毒	34 打包	35 缓冲	36 无菌物品
37 污物处理	38 更衣	39 更鞋	40 洁净走道
41 污物走道	42 手术室	43 洗手	44 抢救
45 口腔科	46 牙片机	47 全景机	48 机房

1 上海原辰医疗美容医院

名称	建筑面积	设计时间	设计单位
上海原辰医疗美容医院	2530m²	2011	浙江省建筑设计研究院

利用原有建筑改建而成，包括皮肤美容、整形美容、口腔美容等门诊及手术、住院等功能

2 日本楠原整形外科医院

名称	建筑面积	设计时间	设计单位
日本楠原整形外科医院	550m²	1999	岛田治男建筑设计事务所

社区卫生服务中心 [1] 基层医院

概述

基层医院包括城市区域社区卫生服务中心、站、街道医院及农村乡镇卫生院。有的地区还在县级医院与乡镇卫生院间设置乡镇中心卫生院，由中心卫生院统管若干乡镇卫生院，承担技术支持任务。随着城镇化的加快以及医疗服务体系的发展，医疗服务体系建设正向城镇一体化转变。

规模

1. 社区卫生服务中心按服务人口数量确定建设规模。
2. 社区卫生服务站服务人口宜为0.8~1万人，建筑面积宜为150~220m²。

社区卫生服务中心房屋建筑面积指标　　　　表2

规模 \ 服务人口	3~5万人（含5万人）	5~7万人（含7万人）	7~10万人（含10万人）
建筑面积指标（m²/床）	1400	1700	2000

注：1. 社区卫生服务站不设床位；
　　2. 设置床位的社区卫生服务中心，按每床不超过30m²增加建筑面积。配置X线机的社区卫生服务中心，按每台不超过100m²增加建筑面积。

选址

社区卫生服务中心选择应满足以下要求：
1. 方便群众，交通便利。
2. 具有较好的工程地质条件和水文地质条件，避开山洪、泥石流等灾害风险地段，环境安静、远离污染源。
3. 远离易燃、易爆物品的生产和贮存区、高压线路及其设施。
4. 宜设置在居住区内相对中心区域，结合居住区公共服务设施设置。

设计要求

1. 功能分区合理，建筑布局紧凑，管理方便，减少能耗。流程科学，洁污流线清楚。
2. 根据不同地区的气象条件，合理确定建筑物的朝向，充分利用自然通风与自然采光，为患者和医护人员提供良好的医疗和工作环境。
3. 社区卫生服务中心宜为相对独立的多层建筑，如设在其他建筑内，应为相对独立区域的首层或带有首层的连续楼层，且不宜超过4层。社区卫生服务站宜设在首层。
4. 污物的运送宜设置单独出口。
5. 社区卫生服务中心及站医疗用房层数为2层时宜设电梯，3层以上应设电梯。
6. 保障系统在院区内独立成区，靠近后勤辅助出入口。

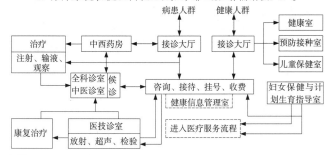

[1] 功能流程图

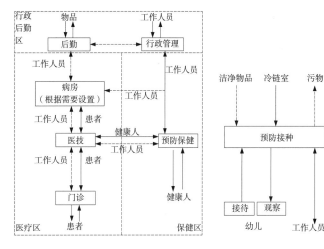

[2] 功能分区与流程　　[3] 预防接种流程

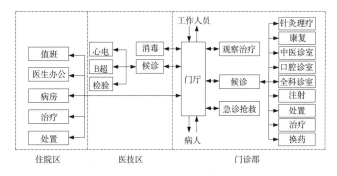

[4] 医院基本流程

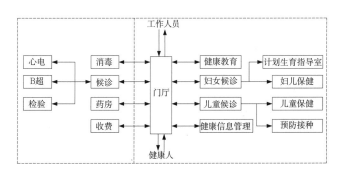

[5] 预防保健工作流程

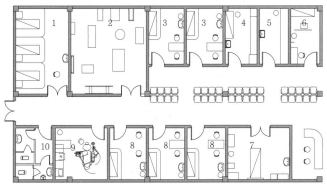

1 针灸 2 康复 3 中医/诊室 4 处置 5 治疗 6 注射 7 抢救室 8 诊室 9 牙科诊室 10 卫生间

[6] 临床科室平面示意

基层医院 [2] 社区卫生服务中心

功能单元平面

1 登记室
2 预防接种
3 观察室
4 冷链室

1 预防接种室功能组合示意

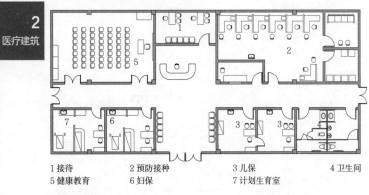

1 接待　　2 预防接种　　3 儿保　　4 卫生间
5 健康教育　6 妇保　　　7 计划生育室

2 预防保健科室平面示意

a 全科诊室　　b 口腔诊室　　c 注射室

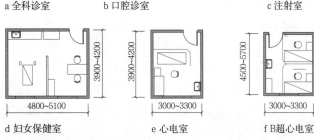

d 妇女保健室　e 心电室　　f B超心电室

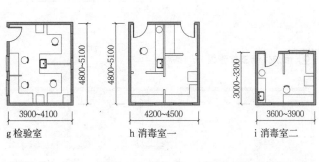

g 检验室　　h 消毒室一　　i 消毒室二

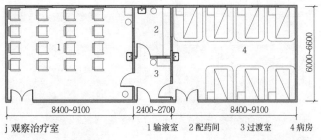

j 观察治疗室　1 输液室　2 配药间　3 过渡室　4 病房

3 功能用房单元平面示意

实例

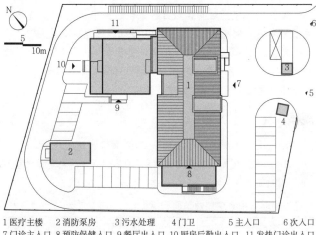

1 医疗主楼　2 消防泵房　3 污水处理　4 门卫　5 主入口　6 次入口
7 门诊主入口　8 预防保健入口　9 餐厅出入口　10 厨房后勤出入口　11 发热门诊出入口

a 总平面图

1 门厅　　2 挂号　　3 中西药房
4 注射　　5 输液　　6 清创治疗
7 急诊　　8 X线机　9 儿科
10 检验　 11 B超　　12 卫生间
13 门卫　 14 配电　 15 发热门诊
16 腹泻　 17 负压吸引 18 氧气汇流排
19 洗切　 20 操作　 21 备餐
22 餐厅　 23 浆洗　 24 洗涤消毒
25 会议　 26 合作医疗 27 财务
28 院长　 29 预防接种 30 健康教育
31 计生指导 32 儿童保健 33 网络
34 中医　 35 内科　 36 外科
37 妇产科 38 康复治疗

b 一层平面图
c 二层平面图

4 都江堰市幸福社区服务中心

概述

乡镇卫生院按功能分为一般卫生院和中心卫生院；按床位规模分为无床、1~20床和21~99床卫生院3种类型。

乡镇卫生院房屋建筑面积指标　　　　　　　　　　　表1

名称	无床	1~20床	21~99床
核定单位	m²/院	m²/院	m²/床
建筑面积(m²)	200~300	300~1100	55~50

注：1. 乡镇卫生院基本面积指标应根据当地实际情况和业务工作需要在上下限范围内取值。建筑面积指标中不含职工生活用房。
2.《乡镇卫生院建设标准》中，对一般卫生院和中心卫生院的规模分类、服务内容采取"先按服务人口定床位规模，后按床位规模定建设规模"。

场地选择

乡镇卫生院建设场地的选择，要满足合理的服务半径，要求形成农村三级医疗预防保健网络，并结合地理地形、人口密度、乡镇总体规划等因素综合考虑。

1. 院址应适当靠近乡镇政府办公所在地，宜与当地的集贸市场和群众聚集住地靠近。
2. 新建卫生院要尽可能选择地势较高、地形平坦、没有地质病害的地段。丘陵地区应充分考虑坡地利用及排水、山洪。
3. 充分利用既有供排水系统、供电和通信线路及城镇道路等基础设施。应选择交通方便，环境安静，无烟尘污染、噪声场地，远离垃圾污水处理等设施，宜靠近居住集中区的下风位置。与中小学校及少年儿童活动密集场所应有一定距离。
4. 应远离易燃、易爆物品的生产和贮存区，远离高压线及其设施。

总平面实例

设计要求

应满足功能分区合理，洁污路线清晰，布局紧凑，交通便捷，管理方便的要求。

最少应设人流和物流两个出入口，较小规模乡镇卫生院也根据实际情况设一个出入口，如设季节性传染病诊治，则需设单独主入口。

用房组成　　　　　　　　　　　　　　　　　　　　表2

类型	预防保健和合作医疗管理	医疗			行政后勤保障
		门诊	医技	住院	
无床	1.预防保健 2.妇幼保健 3.多功能会议 4.合作医疗管理	1.挂号收费、值班 2.急诊抢救 3.综合诊室 4.换药处置、治疗 5.妇产科及其检查 6.中医 7.注射 8.观察治疗 9.中、西药房	1.化验 2.X射线 3.心电图、B超 4.供应	—	1.管理办公室 2.备用库房 3.茶浴炉房 4.室内外厕所 5.污水处理
1~20床	同上	同上，另据需要增加相关诊室和诊疗室等	同上	1.简易病房 2.手术 3.产房	同上，另增加洗衣房、厕浴室、营养灶、备用电源等
21~49床	同上	同上，另据需要增加感染门诊等	同上	1.病房 2.手术 3.产房	同上，另增电机、配电房、汽车库、太平间、茶浴炉改锅炉房等
50~99床	同上	同上	同上，另加内窥镜、脑电图等	同上	同上

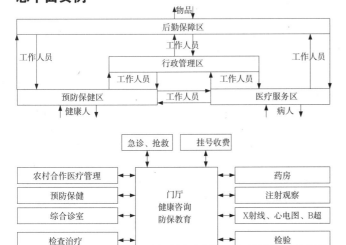

[1] 基本功能分区及功能流程图

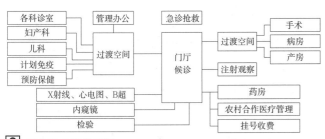

[2] 卫生院功能关系图

1 主楼　　2 附属用房　　3 主出入口　　4 次出入口　　5 菜地　　6 林地

[3] 青海明和县联合卫生院总平面图

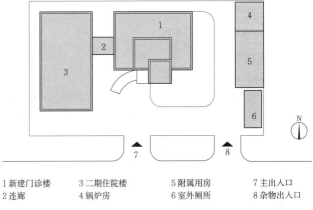

1 新建门诊楼　　3 二期住院楼　　5 附属用房　　7 主出入口
2 连廊　　　　　4 锅炉房　　　　6 室外厕所　　8 杂物出入口

[4] 山西榆社两河口乡卫生院总平面图

基层医院 [4] 乡镇卫生院

乡镇中心卫生院实例

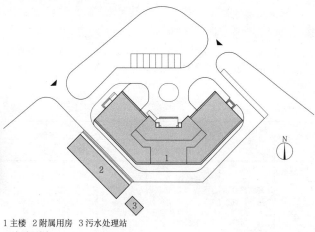

1 主楼　2 附属用房　3 污水处理站
a 总平面图

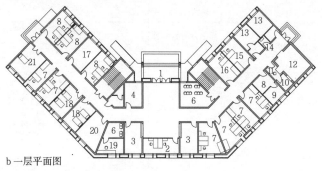

b 一层平面图

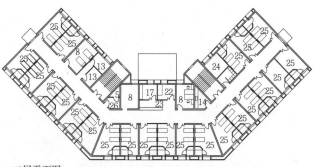

c 二层平面图

1 入口大厅	2 挂号收费	3 药房	4 值班	5 配电	6 候诊区
7 诊室	8 办公	9 存片	10 暗室	11 控制室	12 X光室
13 卫生间	14 开水间	15 B超	16 心电图	17 治疗室	18 观察室
19 化验室	20 消毒供应室	21 抢救室	22 处置室	23 护士站	24 更衣
25 病房	26 库房				

1 四川省什邡市元石镇卫生院

乡镇卫生院实例

1 候诊大厅兼多功能会议厅　7 注射观察区
2 药房（兼挂号收费）　　　8 诊台
3 妇幼保健兼检验室　　　　9 治疗处置区
4 消毒供应　　　　　　　　10 卫生间
5 产房　　　　　　　　　　11 坡道
6 妇科检查

3 山西榆社两河口乡卫生院平面图

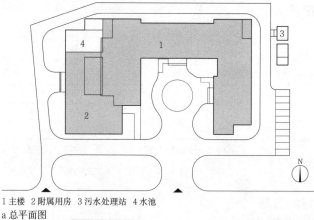

1 主楼　2 附属用房　3 污水处理站　4 水池
a 总平面图

b 一层平面图

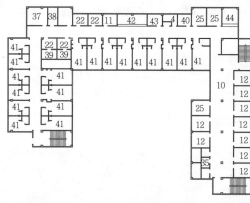

c 三层平面图

1 入口大厅	2 挂号收费	3 药房	4 库房	5 检验
6 存片	7 洗片	8 X光室	9 控制室	10 候诊
11 治疗	12 诊室	13 牵引、康复	14 泵房	15 太平间
16 值班室	17 厨房	18 洗衣房	19 配电室	20 油箱间
21 柴油发电机房	22 更衣	23 过滤	24 发放	25 办公
26 无菌	27 消毒	28 清洗分类	29 接收	30 肠道
31 呼吸	32 B超室	33 心电图	34 观察室	35 污物间
36 内科	37 会议	38 污洗	39 淋浴	40 备餐 开水
41 病房	42 护士台	43 处置室	44 接待室	

2 四川省什邡市灵杰镇卫生院

1 大厅　　　11 药房
2 候诊　　　12 化验室
3 急诊　　　13 B超室
4 诊室　　　14 X线诊断室
5 防保室　　15 餐厅
6 注射　　　16 麻醉、消毒室
7 淋浴　　　17 手术室
8 卫生间　　18 护士站
9 诊断室　　19 病房
10 妇检室　 20 休息厅

4 青海明和县联合卫生院平面图

基本概念·人员运输设施 [1] 医院的技术保障设施

概述

医院功能分区繁多，空间需求多样、内部流线复杂；需要安全高效的技术保障设施。

医院的技术保障设施包括人员运输设施、物流运输设施、给水排水、消防及污水处理设施、医用气体系统、医院蒸汽系统、采暖通风及空气调节、电气、智能化系统等。

人员运输设施

医院人员组成及运输设施　　　　　　　　　　　　　表1

医院人员组成		运输设施
健康人流	医护人员	客梯、自动扶梯等
	患者家属	客梯、自动扶梯等
非健康人流	普通病患	病床梯、自动扶梯等
	传染病患	病床梯等
	行动不便的病患	病床梯、天轨移位系统等

客梯

医院客梯按使用性质可分为医护专用梯、探视客人用梯等，要求同普通客梯；医护专用梯也可采用病床梯。

自动扶梯

扶梯宽度采用2~3股人流，不宜采用单股人流。梯速不宜过快，宜采用0.5m/s。扶梯两端平段需大于2400mm。其他同普通扶梯。

病床梯

用于运送病床（含病人）及医疗设备的电梯，其特点是需有无障碍设施，载重量和轿厢面积不能太小。

额定载重量为1600kg和2000kg的电梯，轿厢应能满足大部分疗养院和医院的需要。额定载重量为2500kg的电梯，轿厢应能将躺在病床上的人连同医疗救护设备一齐运送。轿厢最小尺寸1500mm×2300mm，相应井道尺寸2300mm×2800mm，电梯门1200mm×2100mm。

天轨移位系统

特别为病房和家庭护理设计的轨道式移位系统。用于水平运送行动不便的病患。

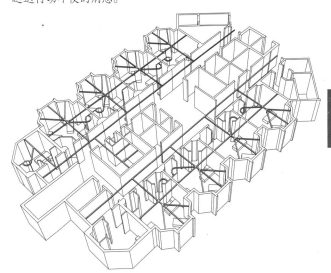

1 护理单元天轨移位系统平面

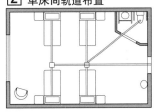
2 单床间轨道布置　　3 双床间轨道布置

4 四床间轨道布置

5 病患被移送至轮椅

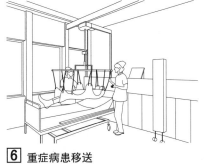
6 重症病患移送

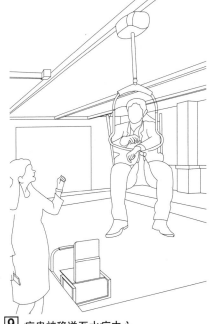

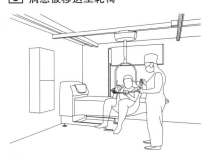
7 病患被移送至浴室

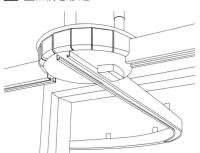
8 导轨及变轨装置

9 病患被移送至水疗中心

医院的技术保障设施 [2] 物流运输设施

物流运输设施

医院物流运输设施包括货梯、气动物流传输系统、轨道小车传输系统、单轨推车传输系统、自动导航传输系统、机器人运输系统和气动污物传输系统等。医用物品的种类决定了物流运送的方式。

货物种类及适合的运送方式 表1

传输系统		1 货梯	2 气动物流传输系统	3 轨道小车传输系统	4 单轨推车传输系统	5 自动导航传输系统	6 医疗机器人系统	7 气动污物传输系统
信息类	票据资料	●	●	●				
	病例		●	●				
	胶片		●	●				
特殊物品	病理切片		●	●				
	化验样品		●	●				
	血液制品		●	●				
临时小物品	治疗器械包			●	●	●		
	医疗器材			●	●	●		
	静脉输液			●	●	●		
	少量药品			●	●	●		
定时中物品	静脉输液			●	●	●	●	
	中量药品			●	●	●	●	
	常规手术包			●	●	●	●	
	手术灭菌盒			●	●	●	●	
定时大物品	手术灭菌包				●	●	●	
	大量药品				●	●	●	
	被服				●	●	●	
	餐饮				●	●	●	
污物	医疗垃圾						●	●
	脏被服	●					●	●

轨道小车传输系统

1. 轨道式物流传输系统是指在计算机控制下，根据医院的个性化要求在传输科室之间连成轨道网络，利用智能轨道载物小车在专用轨道上传输物品的系统。

轨道小车传输系统组成及要求 表2

系统组成	由收发工作站、智能轨道载物小车、物流轨道、轨道转轨器、自动隔离门、中心控制设备、控制网络等设备构成。
适用范围	载物小车主要优势包括可以用来装载重量相对较重和体积较大的物品，一般装载重量可达10公斤，对于运输医院输液、批量的检验标本、供应室的物品等具有优势。
传输速度	0.6m/s
最大负荷	最大负荷为10kg
站房要求	收发工作站

2. 收发工作站为物流传输系统的终端，用于轨道载物小车的发送和接收。它除收发轨道外，还包括操作面板、显示屏、嵌入式软件、网络通信等。

3. 物流轨道一般为双轨，小车可以悬挂。轨道一般架空。轨宽根据车宽而定，材料多为铝合金。各站点间可以随时传输，无需等待，小车自动以最佳路径到达目的。轨道的类型包括有齿轮条的直线轨道和无齿轮条。

4. 智能轨道载物小车是轨道式物流传输系统的传输载体，用于装载物品。材料一般为铝质或ABS，规格依厂家不同而有所不同。

载物小车主要优势包括可以用来装载重量相对较重和体积较大的物品，一般装载重量可达10~30kg，对于运输医院输液、批量的检验标本、供应室的物品等具有优势。

货梯

运送货物繁杂，需按使用性质将污洁梯分开。选用货梯时应根据使用需求选用合理的载重和轿厢尺寸。需要人员推行货物的一般可按医梯轿厢尺寸，仅载货的可根据需要运送的医疗货品的规格和重量确定。

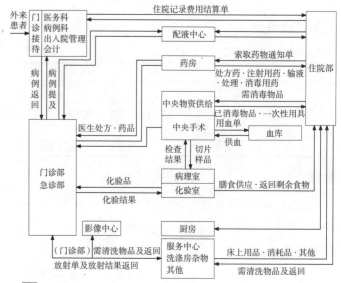

1 物流运送路径

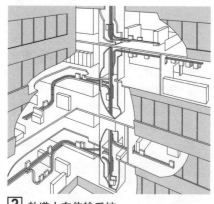

2 轨道小车传输系统

a 轨道穿墙

b 走廊轨道

4 轨道

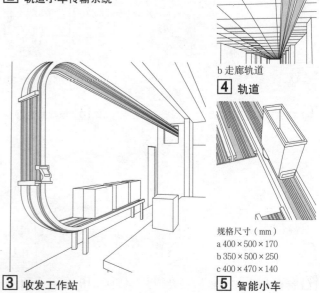

3 收发工作站

5 智能小车

规格尺寸（mm）
a 400×500×170
b 350×500×250
c 400×470×140

物流运输设施 [3] 医院的技术保障设施

单轨推车传输系统

1. 单轨推车传输系统是指在计算机控制下，利用智能滑动吊架悬吊推车在专用轨道上传输物品的系统。

单轨推车传输系统组成及要求　　表1

系统组成	由收发工作站、智能轨道载物小车、钢质物流轨道、自动隔离门、中心控制设备、控制网络等设备构成
适用范围	适应传输医院内大型物品
传输速度	传输速度为6~40m/s
最大负荷	最大负荷为300kg
站房要求	收发工作站

2. 通常应用在大型医院或特大型医院，利用服务通道（如地下通道），实现推车（如餐车、被服车等）快速、高效的长距离输送。

3. 工作原理与轨道式物流传输系统类似，由于传输的物体较大、重量较重，因此轨道一般为钢质轨道，不设换轨器。

气动物流传输系统

气动物流传输系统是以压缩空气为动力，借助机电技术和计算机控制技术，通过网络管理和全程监控，将各科病区护士站、手术部、中心药房、检验科等数十个乃至数百个工作点，通过传输管道连为一体，在气流的推动下，通过专用管道实现药品、病历、标本等各种可装入传输瓶的小型物品的站点间的智能双向点对点传输。

气动物流传输系统组成及要求　　表4

系统组成	由收发工作站、管道换向器、风向切换器、传输瓶、物流管道、空气压缩机、中心控制设备、控制网络等设备构成
适用范围	用于医院内部各种相对重量轻、体积小的日常医用物品的自动化快速传送。主要物品：X光片/组织切片/化验标本/化验结果/药品/注射液/手术包/病历卡/血浆/票据/处方等
传输速度	一般6~8m/s，运送血浆可以调至2~3m/s
最大负荷	最大负荷为5kg
站房要求	收发工作站

气动污物传输系统

1. 气送垃圾输送系统是用运动的气流为介质输送物料的运输方法（即气送输送）。

气动物流传输系统组成及要求　　表5

系统组成	垃圾投放口、垃圾管道及管道附属设施、吸气阀、排放阀、垃圾收集站、电力和控制系统等
适用范围	运送垃圾和被服
传输速度	70km/h
最大负荷	最大负荷为80kg
站房要求	垃圾收集站

2. 气送垃圾输送系统主要流程是先把垃圾和被服分类投放到垃圾投放口。系统风机运行产生真空负压，在风力的作用下经管道被抽运至收集站。

在收集站与空气分离，经压缩后进入集装箱，由专用车辆运往处理厂。

装有脏被服的袋子通过输送系统送到搜集中心的传输带上，直接落入推车。

传送废物的气流经过除尘、除臭装置后排出。整个垃圾清空过程通过电脑程序控制完全实现自动化操作。

自动导航车传输系统

自动导航车传输系统是指在计算机和无线局域网络控制下的无人驾驶自动导引运输车，经磁、激光等导向装置引导并沿程序设定路径运行停靠到指定地点，完成一系列物品移载、搬运等作业，从而实现医院物品传输。

自动导航传输系统组成及要求　　表2

系统组成	由自动导车、各种不同设计的推车、工作站、中央控制系统、通讯单元、通讯收发网构成
适用范围	主要用于取代劳动密集型的手推车，运送病人餐食、衣物、医院垃圾、批量的供应室消毒物品等，能实现楼宇间和楼层间的传送
传输速度	传输速度为1~32m/s
最大负荷	最大负荷为20kg
站房要求	工作站

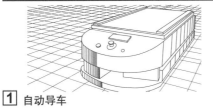
1 自动导车

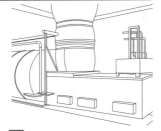
4 收集站

6 传输带

机器人运输系统

机器人运输系统能在医院自主乘搭电梯运输医疗物资，与专用手推车结合使用的运输系统。

机器人运输系统组成及要求　　表3

系统组成	由机器人、工作站、中央控制系统、通信单元、通信收发网构成
适用范围	适合医院传输路径跨度大，传送端口多，有二次传输需求的功能、临床科室应用
传输速度	传输速度为1~32m/s
最大负荷	最大负荷为80kg
站房要求	工作站

2 机器人

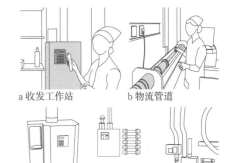
a 收发工作站　　b 物流管道

c 小站　　d 顶部进入站　　e 通过站

3 气动物流传输系统

5 垃圾投放口

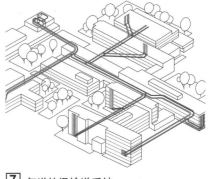
7 气送垃圾输送系统

医院的技术保障设施 [4] 给水排水、消防和污水处理

概述与系统分类

医院建筑给排水系统 表1

给水系统	生活给水系统	生活热水系统	医用纯水系统	—	—	—
排水系统	生活污水系统	医疗废水系统	高温废水系统	放射性生活污水系统	雨水系统	—
蒸汽系统	蒸汽供应系统	蒸汽凝水回收系统	—	—	—	—
建筑消防系统	消火栓系统	自动喷水灭火系统	气体灭火系统	移动灭火器配备	—	—
站房	生活给水泵房	屋顶生活水箱间	生活热水交换机房	锅炉房	医用纯水处理机房	污水处理站
消防站房	消防泵房	屋顶消防水箱间	气体灭火钢瓶间	—	—	—

系统分类及机房 表2

系统分类	机房	设置设备	建筑要求
生活给水系统	给水加压泵房	1.给水加压泵、生活水箱、消毒器、配电柜等；2.变频供水机组、配电柜	1.净高宜>4.0m；2.地面及墙面贴瓷砖或可冲洗涂料；3.防潮、防霉、通风，采暖温度不低于16℃，无人机房温度不低于5℃；4.泵房内设排水沟、集水坑和潜水排污泵
生活热水系统	换热机房	1.卧式汽-水换热器、循环水泵、膨胀罐、分集水器、配电柜等；2.半容积式换热器、循环水泵	1.净高宜>4.0m；2.防潮、防霉、通风
	锅炉房	1.燃气、燃油锅炉、循环水泵、软化水设备等；2.燃气热水机组、循环水泵、软化水设备等	1.净高宜>6.0m；2.防爆、通风；3.避开人员密集处
纯水系统	纯水机房	成套的纯水制取设备、纯水储罐、循环水泵、配电柜等	1.净高宜>4.0m；2.地面及墙面贴瓷砖或可冲洗涂料；3.防潮、防霉、通风
污水系统	污水处理站	各类调节处理池、鼓风机、消毒设备、排水泵、配电柜等	1.宜设在主体建筑外；2.通风、防噪处理
	衰变池	1.推流式；2.储存式	1.宜设在主体建筑外、远离人员活动区域；2.防渗漏处理
	降温池	冷、热水混合降温	1.可设在建筑室内或室外；2.设在室内需通风
消防系统	消防水泵房	消火栓加压水泵、自动喷水加压水泵、配电柜等和消防贮水池	1.水泵房净高>4.0m；2.防潮、防冻、通风
	消防水箱间	消火栓稳压水泵、自动喷水稳压水泵、气压罐、配电柜等和消防水箱	1.泵房净高>3.0m；2.在建筑物最高处设消防水箱间；3.防潮、通风
	报警阀间	自动喷水灭火组系统报警阀	1.净高宜>3.0m；2.防潮、通风、防冻；3.可设在消防泵房内，也可单独设置在报警阀间
	气体灭火剂储瓶间	灭火剂储瓶	1.净高宜>3.0m；2.防潮、通风

生活给水系统和医用纯水系统

生活给水系统要求安全可靠，供水不可间断、水质达到国家饮用水标准。需有供水储备设施和消毒设施。

特殊医疗手段（如血液透析）、医疗设备运行（如牙科）和检验（如检验科），需要医用纯水。

设备机房：给水泵房、屋顶水箱间、纯水机房。

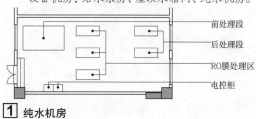

[1] 纯水机房

生活热水系统和蒸汽系统

手术室中心供应室、洗衣房、厨房等，需有生活热水供应。经济条件许可下，应满足医护人员和病人的热水需求。

利用蒸汽作为高温消毒，易行和有效。蒸汽或高温热水作为生活热水的热源，通过热交换器生产生活热水。如果为市政供热，应说明此系统。

设备机房：锅炉房、热水机房。

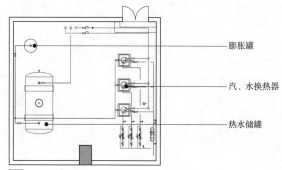

[2] 热水机房

其他水处理系统

1. 生活污、废水，需经化粪池预处理。
2. 厨房含油污水，需经隔油池预处理。
3. 医疗、检验废水，须经消毒处理后排放。
4. 高温消毒废水和锅炉废水，需经降温池预处理。系统管道采用铸铁管。
5. 放射性生活废水，需经衰变池预处理。其室内部分的管道需外覆铅皮板防护。
6. 上述各种污、废水经预处理后，排到医院污水处理站统一进行处理、消毒。再排放到市政污水管道。
7. 设备机房有污水处理站。

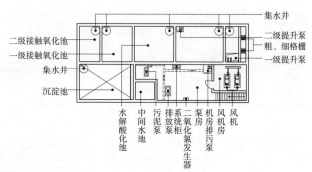

[3] 污水处理站

消防系统

系统包括：消火栓系统、自动喷淋灭火系统和气体灭火系统。根据医院建设规模和类型，按照现行消防规范设计。

主要科室对通风、空调、净化特殊要求

主要科室对通风、空调、净化特殊要求　　　　表1

科别	室别	产生热量	臭气异味	有害气体	细菌病毒	通风形式	空调形式	空气压力	净化级别
门急诊部	门诊隔离室		有	大	大	独立	独立	负压	
	门诊传染病区		有	大	大	独立	独立	负压	
	急诊隔离室		有	大	大	独立	独立	负压	
	化验、处置、换药等室		有	大	大	独立	独立	负压	
住院部	产科分娩室						全新风		
	早产儿、新生儿重症监护（净化为洁净用房分级）						独立		Ⅲ级
	血液病房		有				设冗余	正压	有
	烧伤病房		有				设冗余	正压	有
	过敏哮喘							正压	
	负压隔离病房				大		自循环设冗余	负压	
	解剖室			大		独立	全新风	负压	
	太平间		大			独立	全新风	负压	
	换药、处置、配餐、污物、污洗等室		大	有		独立		负压	
医技部	放射检查 控制、机械室						独立		
	放射检查 断层扫描（CT）	大					独立		
	放射治疗 直线加速器（设迷路）	大		臭氧		独立	水冷却		
	放射治疗 后装机、钴60、γ刀（设迷路）	大				独立			
	磁共振 计算机、配电	大					独立		
	磁共振 扫描室			氦		氦气排放	水冷却		
	核医学 扫描室						独立恒温恒湿	负压	
	核医学 核辐射风险区						独立恒温恒湿	负压	
	生殖中心 取卵室（净化为洁净用房分级）							正压	Ⅱ级
	生殖中心 体外受精室（净化为洁净用房分级）							正压	Ⅰ级
	电生理、超声、纤维内窥镜						独立		
	心血管造影（净化为洁净用房分级）							正压	Ⅲ级
	检验、病理、实验等室		有		有	独立			
洁净手术部	手术室（净化为手术室分级）						独立恒温恒湿	正压	Ⅰ~Ⅳ级
	无菌操作（以下净化等级为洁净用房等级）							正压	Ⅰ~Ⅱ
	体外循环							正压	Ⅱ~Ⅲ
	手术前室、刷手、洁净走廊、恢复室、护士站							正压	Ⅳ
中心供应部	污物存区		大	有		独立		负压	
	灭菌室		大	有		独立		负压	
	无菌存放区（净化为洁净用房分级）						独立	正压	Ⅳ级

供暖方式

医院供暖比普通建筑供暖提前和延后一段时间，使用供暖热力网的医院要有提前和延后供暖的措施和设施，包括自建小型锅炉房，空气源热泵热水机等。

供暖方式　　　　表2

供暖方式	适用范围	特点
散热器	住院部、门急诊部、医疗技术部、中心供应部	优点：舒适、安静； 缺点：易积尘
地板辐射	住院部	优点：比散热器供暖更舒适； 缺点：投资高、地板辐射供暖加热水管或发热电缆有故障时维修困难
送热风	住院部、门急诊部、医疗技术部、手术部、中心供应部	优点：冬夏共用一套末端设备； 缺点：舒适感不及散热器和地板辐射、有风吹感，尤其是病房、老年病人反映更明显

热源方式

热源方式　　　　表3

热源方式	适用范围	特点
锅炉房	有可靠的燃料并经济合理时	优点：提前、延后供暖方便可靠； 缺点：比市政热力运行费用高
市政热力换热站	有市政热力可利用时	优点：运行费用低； 缺点：提前延后供暖不方便，提前、延后供暖热源另设
直燃机房	有可靠的燃气、燃油，并经济合理时	优点：一机两用或三用，冬季提供供暖；热水，夏季提供空调冷水，还可四季提供生活热水
地源热泵	有足够大的室外地面埋设换热管时	优点：节能，冬季提供供热水，夏季提供空调冷水，四季提供生活热水； 缺点：投资高
水源热泵	有可靠的、足量的地下水、湖、河水	优点：节能，冬季提供供热水，夏季提供空调冷水，四季提供生活热水； 缺点：投资高，有时污染水源
空气源热泵	中小型医院	优点：冬季供暖，夏季空调； 缺点：运行费用高。投资高
分布式能源（三联供）	有病房的医院电、冷或热全天使用	优点：全年供电、冬季温暖、夏季供热； 缺点：投资高，要求运行人员技术水平高

锅炉房占总建筑面积估算百分比　　　　表4

供暖建筑面积（m²）	担负热源种类					
	供暖		供暖、热水		供暖、热水、消毒	
	燃气锅炉	燃煤锅炉	燃气锅炉	燃煤锅炉	燃气锅炉	燃煤锅炉
10000	1.0	2.0	1.2	2.3	1.5	2.5
50000	0.75	1.5	0.8	2.0	1.0	2.2
100000	0.6	1.2	0.7	1.5	0.8	1.8
200000	0.45	0.9	0.5	1.2	0.6	1.5

空调

空调送热风时提前和延长同供暖。

过渡季供冷房间空调方式：肾透析室等发热量偏大过渡季需要供冷的房间，空调系统宜设分区两管制或四管制。

常年供冷房间空调方式：发热量较大的房间空调夏季采用集中冷源，冬季可采用冷却塔供冷或热泵冷回收供冷。

夏季供冷、冬季供热房间空调方式　　　　表5

空调方式	适用范围	特点
集中空调的风机盘管加新风	住院部、急门诊部、医疗技术部、中心供应部	优点：单独控制温度； 缺点：室内有水管，易漏水，检修在空调房间内
集中空调的全空气	手术部、重症监护病房、医疗技术部	优点：空气品质好，空调房间基本不用检修； 缺点：占用面积大，净高高
集中空调多联机	住院部、急门诊部、医疗技术部、中心供应部	优点：单独控制温度； 缺点：北方地区制热效果不好，新风系统不好解决
分体空调	小型医院住院部、急门诊部、医疗技术部、中心供应部	优点：单独控制温度； 缺点：运行费用高，室外机影响建筑立面

夏季供冷、冬季供热房间空调冷源　　　　表6

冷源方式	适用范围	特点
电动冷水机	有可靠的电能	优点：运行费用低； 缺点：另设供暖热源
燃气、燃油直燃机	有可靠的燃气、燃油并经济合理、符合能源政策时	优点：一机两用或三用，冬季提供供暖热水，夏季提供空调冷水，还可四季提供生活热水
地源热泵	有足够的室外地面埋设换热管时	优点：节能，冬季提供供热水，夏季提供空调冷水，四季提供生活热水； 缺点：投资高
水源热泵	有可靠的、足量的地下水、湖、河水	优点：节能，冬季提供供热水，夏季提供空调冷水，四季提供生活热水； 缺点：投资高，有时污染水源
空气源热泵	中小型医院	优点：冬季供暖，夏季空调；适用夏热冬冷地区供冷、供暖和所有地区供冷； 缺点：寒冷地区供暖不理想，严寒地区不适用

医院的技术保障设施 [6] 供暖通风与空气调节

空调机房与制冷机房

空调机房、管井占总建筑面积估算百分比　　　　　表1

空调建筑面积 (m²)	空调方式	
	单风道全空气系统	风机盘管加新风
1000	7.50	4.50
3000	6.50	4.00
5000	6.00	4.00
10000	5.50	3.70
15000	5.00	3.60
20000	4.80	3.50
25000	4.70	3.40
30000	4.60	3.00

制冷机房占总建筑面积估算百分比　　　　　表2

空调建筑面积 (m²)	制冷机形式		
	离心式（大型）	螺杆式（中小型）	吸收式（冷热型）
5000	—	1.2	1.6
10000	1.0	1.1	1.5
20000	0.9	1.0	1.4
30000	0.8	—	1.2

净化

医院净化属于生物净化，以除菌为主要目的、以除尘为主要手段，医院净化除空气自净器、超净工作台、生物安全柜外均结合空调系统实现。

净化方式：净化、空调分设；净化房间较小、独立，如药品库全静脉营养剂调配室、小的无菌物品储藏、急诊清创缝合室、血管摄影机室、病房化疗调配室等净化可采用自净器+空调方式，可联合运行也可独立运行。

净化、空调分设建筑条件：净化、空调分设时自净器设于吊顶内，占用净高与空调风管基本相同。

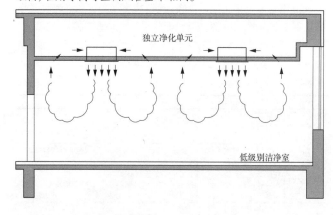

[1] 净化、空调分设示意图

净化、空调合设时机房布置方式、建筑条件　　　　　表3

机房布置方式	适用条件	特点
机房设于手术部上一层，手术部设技术夹层	手术室多，级别高，档次高，手术部不需要上人吊顶	净化空调机房与洁净手术部之间设技术夹层，送风管、回风管、排风管、高效过滤器，设于技术夹层，检修更换高效过滤器在技术夹层进行，不需进入手术部，方便且对手术部影响小。上人吊顶净高不低于1.6m
机房设于手术部上一层，手术部不设技术夹层	手术室较多，级别较高，档次较高，手术部需上人吊顶	净化空调机房与洁净手术部之间无技术夹层，送风管、回风管、排风管、高效过滤器，设于吊顶或手术室内进行，不方便且对手术部有影响
机房与手术部同层，手术部不设技术夹层	手术室不多，级别不高，建筑布置受限	送风管、回风管、排风管比较集中，设计、施工、送风管、维修较困难。此方式一般不采用技术夹层，可采用提高吊顶内净空上人吊顶或不上人吊顶

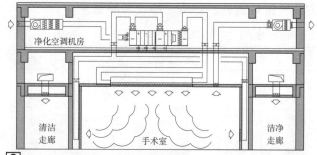

[2] 手术部位于机房下层、设技术夹层

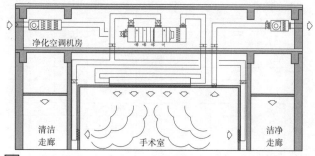

[3] 手术部位于机房下层、不设技术夹层

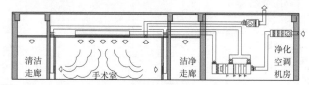

[4] 手术部与机房同层、设技术夹层

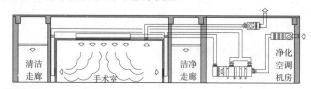

[5] 手术部与机房同层、不设技术夹层

净化空调机房占手术部面积百分比（单位：%）　　　　　表4

净化空调机房布置方式	
机房位于手术部上一层	机房与手术部同层
60~100	60~80

通风

医院通风比普通建筑通风更重要，凡产生气味、水汽和潮湿作业用房，应设机械排风。

通风方式：通风房间与周围房间合用一个系统有可能交叉传染和串味，或使用时间不一致时，使用独立的送排风系统。

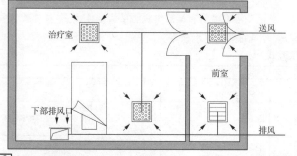

[6] 隔离病房通风

电气 [7] 医院的技术保障设施

概述

医院电气系统包括供配电系统、安全接地系统、照明系统和低压配电系统。

供配电系统

医院的变电站根据建筑规模的不同,需要200~1000m²不等的空间。

变配电室设置位置的对比　　　　　　　　　　　　　　　表1

变配电室位置	优点	缺点
独立于医疗建筑之外	振动、噪声和电磁辐射干扰小 相对独立,管理方便	线路敷设路径长,需设置综合设备管沟或管廊 配电系统级数多,系统结构复杂
附设在医疗建筑内	线路敷设路径短 配电系统级数少,系统结构简单	需处理振动、噪声和电磁辐射干扰的影响 需占用医疗建筑内空间

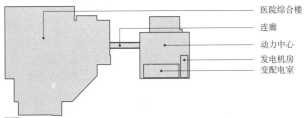

1 设在医疗建筑之外动力中心内的变配电室

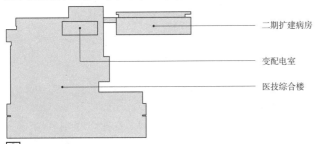

2 附设在医疗建筑内的变配电室

三级医院应设置柴油发电机组作为应急和备用电源,二级医院宜设置柴油发电机组作为应急和备用电源。柴油发电机房不应与门诊部、医技部、病房部相邻。

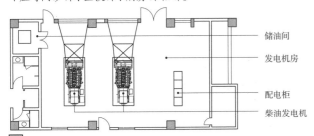

3 柴油发电机房布置图

安全接地系统

医疗场所的接地形式宜采用TN-S系统,并采用共用接地和等电位联结。

医疗场所接地系统要求　　　　　　　　　　　　　　　表2

	场所	接地要求
1	一类医疗场所的"患者区域"内	维持生命、进行外科手术等医用电气设备应采用隔离变压器供电
2	一、二类医疗场所"患者区域"内	设置局部等电位联结
3	生物电类检测设备、医学影像诊断设备等医疗设备用房	设置电磁屏蔽室或采取其他电磁泄漏防护措施

照明系统

医疗建筑照明应根据场所功能、视觉要求和建筑的空间特点,合理选择光源、灯具,确定适宜的照明方案。

室内同一场所一般照明光源的色温、显色性宜一致。除配合治疗用的照明外,其他一般照明禁用彩色光,在设计时应以满足医患的照明需求为主,减少不必要的装饰照明。

医疗建筑照明要求　　　　　　　　　　　　　　　　　表3

	场所	照明要求	选用灯具
1	病房、护理单元和通往手术室的通道	防止卧床病患视野内产生直接眩光	宜采用反射式间接照明方式
2	无菌室、新生儿隔离病房、灼伤病房、洁净病房、病理实验净化区	有洁净要求的场所	应采用密闭洁净灯
3	呼吸科、骨科等诊室工作台墙面、手术室	有观看X光片、CT片等的场所	设置嵌入式观片照明
4	手术室内的手术台区域	减少阴影干扰,满足手术要求	采用专用手术无影灯照明,四周辅助以一般洁净照明灯具,手术室门口设置"手术中"标志灯,无影灯设置高度宜为3~3.2m。数字化手术室应采用灯头内置手术摄影机的手术灯
5	候诊区、传染病院的诊室及病房、手术室、血库、洗消间、消毒供应室、太平间、垃圾处理站	有消毒要求的场所	应设紫外线杀菌灯
6	病房	舒适,防眩光	一般照明宜采用反射式间接照明方式,床头灯具宜与多功能综合线槽结合

4 病房用反射式灯具　　　5 医技区走廊的洁净灯具

 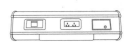

6 观片灯　　　　　　　　7 病房综合线槽上床头灯

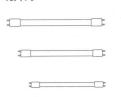 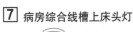 

8 紫外线杀毒灯　　　　　9 12孔手术无影灯

低压配电系统

低压配电系统的功能是将电源安全可靠地传送到用电设备端。

有射线屏蔽要求的房间,不允许有穿墙直通的布线管路,应采用45°折角敷设。

手术室、洁净辅助用房及各类无菌室内不应有明露管线。

洁净手术部的总配电柜应设于非洁净区内。供洁净手术室用电的配电箱不应设在手术室内,每个洁净手术室应设有独立的专用配电箱,并设置在该手术室的清洁走廊。

医院的技术保障设施 [8] 智能化系统

概述

医院建筑智能与信息系统包括公共安全系统、建筑设备监控系统和电子信息系统。

医院专用信息系统组成　　　　　　　　　　　　　　　表1

医院信息系统 HIS			
	医院管理信息系统 HMIS	门急诊管理信息系统	门急诊导医系统
			门急诊挂号系统
			门急诊收费系统
			门急诊药房管理系统
		住院病人管理系统(PMS)	入出转院管理系统
			费用管理信息系统
			床位管理信息系统
		病房（医嘱）管理信息系统	
		护理信息系统（NMS）	
		药品信息系统（GSP）	
		物流管理信息系统(LMS)	
		人事工资管理系统(DPAC)	
		财务核算管理系统(FMS)	
		办公自动化(OAS)	
	临床信息系统CIS	医生工作站系统	
		电子病历信息系统(ERP)	
		实验室信息系统(LIS)	
		手术室信息系统	
		放射科信息系统（RIS）	
		病理科信息系统	
		影像存档与通信系统（PACS）	
		临床决策支持系统	
		远程医疗系统	
	系统支持与维护系统	数据备份与恢复	
		网络管理	
		数据库管理	
		用户管理	

主要机房

医院建筑智能与信息系统包含多个子系统，从功能上属于不同的管理部门，宜设置消防控制室、安防控制室、信息中心机房（包含网络机房、电话机房等）、建筑设备监控系统机房等。

建筑设备监控系统

建筑设备监控系统利用计算机网络控制技术和设备，对建筑内的各类机电设备进行实时监控的各类设备的总和。

公共安全系统

医疗建筑中的公共安全系统包括火灾自动报警与联动控制、视频安防监控、入侵报警、出入口控制、电子巡查、车库管理、患者腕带和婴儿防盗系统。

患者腕带系统是通过腕带信息识读器对患者的位置状态进行巡视和记录，并对意外情况报警。此外，结合临床信息系统（CIS），可以将医嘱、病患基础生命特征数据记录在腕带中，方便进行信息查询。

产科病房设置的婴儿防盗系统：通过在婴儿身上佩戴可发射无线信号的电子标签，对婴儿所在位置进行实时监控和追踪，有效保护婴儿安全。

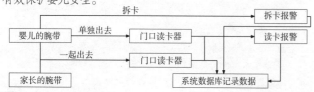

1 婴儿防盗系统框图

电子信息系统

电子信息系统除包含通常的通信系统、综合布线、有线电视、广播、信息引导和发布、时钟等子系统外，还包括医院特有的候诊信号系统、病房呼叫系统、探视系统、手术视频示教和医院专用信息系统。

电子信息系统在满足一般需求的前提下，还需要针对医院建筑的特点进行如下补充。

1. 信息引导和发布系统：在医院大厅、住院部、候诊区等人流密集场所设置。在较大空间可采用大型全彩LED显示屏，在观看距离受限区域可采用壁装或吊装液晶电视。

2. 时钟系统：在挂号室、门诊、收费、发药、检查、候诊、各科室、手术室、病区需设置同步时钟。

2 吊装式LED显示器　　　**3** 壁装式信息显示屏

3. 探视系统：设置在医院的重症病房和隔离病房等处，通过视频和语音的双向通信技术，实现病患与探视者的可视或对讲。通过与外网连接，还可实现远程探视的功能。

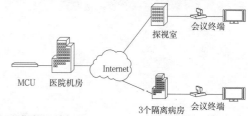

4 远程探视系统框图

4. 候诊信号系统：通常在候诊室、检验室、放射科、药房、手术室等处设置，此系统可与医院信息系统(HIS)联网，实现挂号、候诊和就诊的一体化管理。

5. 病房呼叫系统：病房呼叫系统可实现病房内患者与医护人员之间的信息沟通，通常由主机、对讲分机、呼叫按钮和显示屏组成。

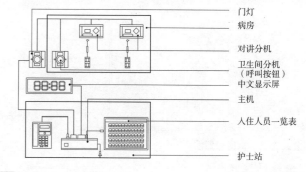

5 病房呼叫系统框图与设备

6. 手术视频示教系统：手术视频示教系统利用设置在手术室内摄像机和外围视频系统，可将手术室内视频与声音传送到异地终端，实现信息的交互和存储等功能。

医院内部的专用信息系统是利用计算机和通信设备，对医院内的人、财、物管理的子系统集合。

在设计阶段要根据医院的需求和定位，选择相应的子系统，提供系统所需要的信息传输通道、设备安装空间等基础条件。

概念[1]

世界卫生组织和泛美卫生组织对安全医院的标准定义如下："在自然灾害发生期间和紧接着的阶段依然能够在自身的基础设施之上提供服务并全面运转的医疗机构。"

城镇突发事件往往引发公共卫生事件，需要城乡医疗卫生服务体系作出快速反应，要求医院、急救中心等各类各级医疗设施开展应急医疗救治。

各级医疗设施建设包含安全体系内容并制定应急预案，在发生各类突发事件时，医院结构与非结构各系统应能保持正常运行，医院备有必要的物质储备，并对医务人员开展应急培训，实现承担快速反应开展紧急救援的任务。

重大灾害的应急救援具有很强的时间概念，即所谓急救的黄金时段或者白金时段。专业急救系统将灾难急救分为3个阶段：

第一阶段为灾难发生后6h以内；
第二阶段为灾难发生后6~48h；
第三阶段为灾难发生后48h以上。

安全防范的内容　　　　　　　　　　　　　　　　表1

传统安全	物理安全	医学影像、放射治疗设备射线防护、电磁波屏蔽
	生物安全	院内交叉感染控制
	环境安全	无障碍，防止病人滑倒
	消防安全	火灾事故，紧急疏散
非传统安全	自然灾害	地质灾害：地震、泥石流、滑坡 气象灾害：洪水、冰冻、干旱、台风、飓风
	传染病防治	各类传染病流行案发
	技术事故灾害	工业事故、交通事故
	社会暴力	生物、化学、核放射攻击

现代医疗服务体系应在其规划与单体建设中系统贯彻"安全医院"概念。在区域医疗卫生规划中纳入突发公共卫生救治体系，对地区内可能发生的突发公共卫生事件，包括其类别、潜在风险、可能发生的规模、涉及范围、危害等级、社会影响等做出评估，并制定应急预案。依此制定应急救治体系规划并配套建设布点合理、救治半径适宜的各级医疗救治机构。

"安全医院"的建设是一项系统工程，需要从系统策划到具体实施，从区域体系到单体工程相互关联衔接、贯彻始终。

应对传统安全方面，"安全医院"应从总体规划入手，做好建筑物内外环境安全、消防安全、建筑物结构安全与非结构系统安全、物理环境安全、生物环境安全、生命保障系统安全以及信息网络安全等各项安全设计。

非传统安全方面，则要求针对各类公共突发事件引发集中出现大量伤员、患者情况下，依据预案做好应急救治的规划与设计，提高医院等机构的应急救治能力与效率。

"安全医院"的规划与设计涉及规划、总图、建筑、结构、采暖通风与空调、给排水、强电、弱电、医疗气体等各相关专业。

应急医疗救治体系

区域卫生服务体系是由区域内不同层次级别的医疗设施构成的一个协同合作的医疗服务网络体系。为了使医疗设施——医院、医疗中心不仅具有传统意义上的安全，也同时具有在发生各类突发事件中的应急反应能力，医疗设施必须将安全防范、应急反应与救治纳入到卫生规划内容，并落实到医院建设的各个层面、各个阶段。急救医院、专科救治中心以及承担有急救治任务的大型综合医院，是应对各类突发事件的第一道防线。

除医疗机构外，应急救治体系建设需考虑应急救治网络建设，建立应急救治指挥中心，配套建设应急物质储备库，建构应急救援交通运输队伍（急救车、直升机、移动式方舱医院等）。

含有安全医院概念与一般传统医疗设施区域卫生规划的差别　表2

传统的医疗设施规划	包含安全医院概念的医疗设施规划
区域卫生规划	除传统规划中考虑的因素外，需要根据在其辖区内有可能构成安全威胁的工矿企业进行风险评估，预测包括可能发生的风险水平、构成威胁程度、涉及人群、预测范围数量等
根据区域医疗服务规划进行医疗设施布点与院区选择	

安全风险分析与减缓

针对灾害的根源，减少灾害发生的可能性或限制其影响。做好事先预防灾害，包括自然与技术事故的改变与控制，同时开展致灾风险减缓工作，决策基础是成本与效益。

致灾风险减缓措施的适用范围　　　　　　　　　表3

灾害	源头控制	社区防御工程	土地使用措施	建筑施工设计	建筑内部物体的保护
强风暴/寒潮	—	—	—	●	●
高温	—	—	—	●	—
龙卷风	—	—	—	●	●
飓风	—	—	●	●	●
山火	●	●	●	●	—
洪水	●	●	●	●	●
风暴潮	—	●	●	●	●
海啸	—	●	●	●	●
火山爆发	—	—	●	●	—
地震	—	—	●	●	●
滑坡	●	●	●	●	—
工业火灾/大火	●	●	●	●	●
爆炸	●	—	●	●	●
化学物质外溢或泄漏	●	●	●	●	●
放射性物质泄漏	●	—	●	●	●
生化灾难事件	●	●	●	●	●

不同层面的灾害控制　　　　　　　　　　　　　表4

源头控制	洪水	设水库蓄水，拦洪坝阻流，排洪沟排洪
	滑坡、泥石流	建造挡土墙，人工护坡，置入锚拉桩，植树造林，水土保持
	工业事故	强化生产流程安全，严格操作管理
社区防御		分析潜在风险，制定并实施区域性防灾措施，如在处于低洼地段医院院区周边设防护堤、防洪闸
土地使用		禁止在潜在发生灾害地段建设使用人群密集的民用设施，包括承担应急救治任务的医院、急救中心等
建筑设计与施工		做好设施的各项安全设计，包括建筑物的结构与非结构系统安全设计，严格施工与安装
建筑物设备、装备与家具		合理布置建筑物内各类机房，并确保安全，避免灾害损失。关键重要的医疗设备、仪器装备以及药柜、物品柜等应设置固定保护构造措施

---

[1] 本章节内容摘自2010~2012年中国机械工业集团公司科技发展基金项目"中国国内综合医院的安全性设计与研究"科研报告，项目负责人黄锡璆。

安全医院 [2] 规划与设计

院区选址与总体规划

1. 院区选址

（1）选择地质安全地带建设，避让地震断裂带、潜在泥石流、滑坡威胁和洪水淹没洼地，以及具有台风、飓风风险区域。

（2）远离人群密集的商业区、学校、幼儿园等高密度的地段，远离具有爆炸物、火灾风险较高的工业、仓库地段。

（3）具有便捷的交通。

2. 总体规划

承担应急救治任务的医院，院区的主要出入口必须考虑开展紧急救治任务时的人车流量。车行入口要有足够宽度，但又要兼顾安全管控的需要。

建筑物的主要出入口，尤其是急诊部（中心）的出入口应留有足够宽度的道路或设置可拓展为临时救治场地的入口广场。

承担有重要应急救援任务的大型综合医院或急救中心，可以考虑在院区出入口适当位置设置急救车洗消装置，以保证不将污染源带入院内或残留车体内。

预留适当空间作为紧急救援场所，如将急救大厅、示教室、医生办公、护士学校、教室等临时改为应急救治空间，并适当配置医疗气体接口。

安全医院的规划内容　　　　　　　　　　　　　　　　表1

医院选址	应选择在地质构造比较稳定，远离地震断裂带，没有泥石流威胁，地势较高无洪水淹没危险的地段	工程地质部门地质条件评估
	远离人群密集的商业区、学校、幼儿园等高密度的地段	城市规划部门环境评估
	远离具有爆炸物、火灾风险较高的工业、仓库地段	
	承担救援任务的医院院区预留适当空间作为紧急救援设施单作为远期发展用地	规划部门；卫生主管部门
交通规划	规划中除考虑平时就医人群使用的交通工具及流程外，要针对应急救灾时使用的交通工具、急救流程作预测与规划，包括急救车辆停靠点、急救车辆清洗点等的布置。如果考虑直升机救援应对其作相应布置	交通部门交通评估；规划部门；卫生部门共同参与
建筑规划与设计	按照应急救援预案估计、测算展开救治的范围以及不同灾害引发的事故可能发生的伤员人数，安排救治流程、投入救治的空间与对应科室、病房与保障系统等	卫生管理部门；建筑规划设计部门；工程管理部门
结构体系规划与设计	按结构防灾标准选择平面布局与结构体系；结构抗震、防震设计与构造措施	结构工程师、建筑师
非结构体系规划与设计	非承重受力部位的建筑部件设计，天棚吊顶、间隔内墙、外围护墙	建筑师、结构工程师
非结构体系的各类公用系统规划与设计	电气与照明系统	电气工程师
	给水排水系统	给排水工程师
	采暖与通风空调系统	采暖通风工程师
	通信与信息系统	弱电工程师
	医疗气体供应系统	医疗气体设计师
	热力系统	动力工程师
应急物资储备	应急电源燃油储备；供水系统应急备用储水；医疗气体应急备用储罐；药品、敷料、一次性用品；院外抢救用移动式设备与器械	机电各专业、卫生主管部门、医院管理部门
人员准备与预案	定期应急救援培训与演习；院内应急疏散与调配；应急事件人员及时到岗到位；志愿服务者的预先备案与约定	医院主管部门、应急指挥部门

建筑安全设计

1. 门诊部安全设计

医院的门诊入口中设置临时筛查点，在发生突发卫生事件时，如传染病流行爆发时，将具有传染威胁的患者及时筛分，移送至专门诊区。

2. 急诊、急救部安全设计

入口处设筛查点或筛查区，按急救医学要求、伤病患者情况以及抢救流程进行规划。做到布局合理，分区明确，流程顺畅、简捷，为危重伤病员设置绿色通道。

3. 医技部安全设计

医院的医技部门的规划与设计关系到医院的安全以及医院的应急响应。

关键大型医疗设备，在应急医疗救治中，需要及时投入使用，主要医疗设备造价昂贵，损坏修复代价高，应采取抗震措施以保证应急时能正常运行，减少损失。

不同灾害发生时伤病员的检查诊断与治疗　　　　　　　表2

灾害类别	伤病员	涉及学科	检查科室	治疗科室
地震；重大交通事故；构筑物、房屋垮塌	骨折、内脏挤压伤、头颅外伤	骨科、胸外科、神经外科、脑外科	医学影像	手术室、EICU、SICU
火灾	烧伤、窒息	烧伤科、呼吸科	内、外科	手术、烧伤病房、EICU
化学工业事故	爆炸挤压、烧伤、毒剂中毒	内科、呼吸科、血液科、烧伤科、神经内科	职业病科、化验科	内科治疗、血液透析
食物中毒	器官中毒	内科、消化科、泌尿科、血液科	化验科	内科治疗、血液透析
核辐射	辐射伤、外照射、内照射	环境、现场仪器检测、化验科	化验室内专用仪器检测	—

医技部门集中配置有大量的医疗救治关键设备，宜独立设置或相对独立布置，以利于应急救治流程规划，方便管控。

为保证在发生突发事件开展应急救治时，该部的大型精密医疗设备能正常运行，不受干扰或损毁，应做好相关安全设计，采取包括设备隔振、减振等技术措施。

常用大型医疗设备重量表　　　　　　　　　　　　　表3

类别	名称	重量（kN）	备注
大型影像设备	X线机、数字X线机	10	含机架、诊床、控制台、计算机、高压发生器
	CT	50	
	MRI	100	
	DSA	60	
化验设备	全自动生化分析仪	0.1~2.6	—
治疗设备	血液透析仪	0.7	—
	水处理设备	0.4	
中心消毒室	高压灭菌锅	0.2~6	—
	环氧乙烷灭菌锅	0.6~9	

4. 住院部安全设计

应依据应急救治预案，准备有足够的收治床位。此外可考虑将院区内部分大厅、教室、活动室等空间，临时改为应急病房。可考虑在此区域预留配置电气、网络信息、医疗气体等插座与接口。

5. 部门组合

为避免相互干扰，宜将突发事件期间开展应急救治区域与其他开展日常急诊的区域相对划分，并安排临时应急救治通道。

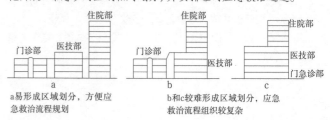

a 易形成区域划分，方便应急救治流程规划

b 和 c 较难形成区域划分，应急救治流程组织较复杂

1 部门组合示意图

实例

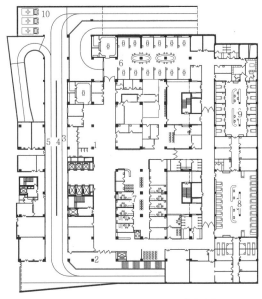

设置宽畅急诊大厅,两侧柱子上预留电气与医疗气体管道接口。

1 急诊医疗广厅　2 急诊人行入口　3 急诊车行入口　4 急救车道
5 小汽车道　6 抢救室　7 诊区　8 留观
9 ICU　10 急救车停放

1 北京朝阳医院地下一层急诊部平面图

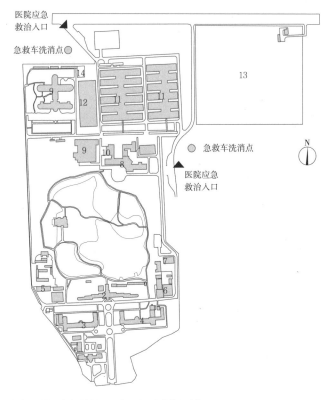

在院区西北及东南两侧主入口附近设置急救车洗消点。

1 门诊　2 第一疗区　3 第二疗区　4 第三疗区　5 行政办公　6 锅炉房
7 洗衣房　8 第五疗区　9 医疗办公　10 药库　11 病房　12 污水处理站
13 二期用地　14 液氧站

2 北京小汤山医院总平面图

结构安全设计

在平面和体型规划与设计中应尽量选择规则平面,采用简洁体型并使其刚度均匀,不发生突变以避免在发生地震时产生破坏。

平面的简单与复杂形状　　　　　　　　　　　　　　表1

简单	复杂

立面的简单与复杂形状　　　　　　　　　　　　　　表2

简单	复杂

形状复杂体型的抗震处理　　　　　　　　　　　　　表3

类别		设计方案	抗震处理
平面	对称	可用	A或B
	不对称	不宜用	A或B+C
立面	对称	可用	A或B
	不对称	不宜用	A或B+C
	倒转收进	不应用	B+C

注:A—用抗震缝将不规则、不均匀的复杂建筑体型分割成简单、规则和均匀的独立建筑单元。
B—在平面的凹角或竖向的收进处加强结构并进行抗震验算。
C—应进行偏心扭转的抗震验算和结构加强。对于重大建筑还应进行弹塑性动力分析验算。

室内环境安全设计

室内环境安全包括以下内容:
1. 科学合理的建筑功能布局与流程设计;
2. 正确的无障碍措施;
3. 选用合理的地面、墙面、顶棚以及门窗节点构造;
4. 配置合适、安全的活动家具与固定家具、洁具,安装正确、安全牢靠;
5. 合理选择室内装修与家具材料;
6. 合适的室内照明;
7. 选用的建筑材料、家具制造材料均要符合绿色无公害要求。

安全医院 [4] 规划与设计

公用系统安全设计

1. 给水与排水系统的安全设计见表1。

给水与排水系统的安全设计   表1

给水系统	水量	保证城镇供水一定时段（48~72h）的供水
	水质	系统中断时应满足医疗设施供水卫生
	系统	不受破坏与中断，继续运行
排水系统		保证医院污废水正常排放，维护环境场所免受污染破坏
系统切换		共性集成、易转换。提高设备、器材利用率
系统备份		应当具备48~72h的医疗用水设备，为应急救援开展医疗活动提供基本条件
物资储备		多品种、易保存、易储备

2. 采暖与空调通风系统的安全设计范围

（1）设定备用诊断和治疗区域，以备医院普通区域超负荷或不能运转时使用。

（2）在收治呼吸道传染病人的区域安装新风及排风设备。

（3）指定已经具备通风隔离条件的大型区域，比如大厅或候诊区，以供灾害时发生大量伤员时应急使用。

（4）安装外部的清洗和消除污染设备。

（5）如果内部发生化学或生物污染，启用已存在消防排烟防烟系统。

（6）为医院的通风空调进风口、机械设备和人员及材料提供安全保障。

3. 强电系统的安全设计

电源要求设有两路供电并设计柴油发电机自备电源，在发生灾害市政供电系统中断时应急供电，并备有应急储油量。

（1）供电安全——医院中有大量重要的用电负荷，ICU、CCU、手术室（含导管介入）、抢救室、净化血液病房、重要的计算机系统等为一级负荷中特别重要负荷；一类医院高层建筑的消防负荷属于一级负荷；医院的血库、血液透析、病理、检验、MRI、CT、高压氧舱、重症呼吸道感染病区的通风设备、百级手术室的洁净空调等为一级负荷。

（2）用电安全——手术室、ICU、CCU、抢救室等场所中要求采用医用IT不接地系统。医院设计中还包括漏电保护器、漏电火灾报警系统、应急照明及疏散指示系统、浪涌保护器、等电位接地系统等安全措施。

4. 弱电系统的安全设计见表2。

5. 医疗气体系统的安全设计

必须满足以下原则，即：维持连续供气；配置明显标志气体识别（防错接）接口；备有足够的流量及压力；气体质量保证。

（1）医用气体站房装机容量，除保证日常运行所需的气体用量外，应考虑突发事件时可能增加的用气量。

（2）备用一定数量的移动式供气设备，例如便携式制氧机、氧气瓶、负压吸引器等。

（3）当发生地震等突发事件时，需要为移动式大型医疗气体设备规划临时安置场地及电气联接口。

（4）医用气体终端的设置。在门诊等候区/大堂、医生办公室、示教室、护士学校教室、急诊入口厅、停车场等备用抢救区设氧气、负压吸引、压缩空气终端接口。

弱电系统的安全设计   表2

物理层安全	物理层安全主要是指医院信息系统中各计算机、通信设备及相关设施的安全防护；在医院的关键服务器设备必须配备用机，同时配备不间断电源（UPS）；医院的外部网络与内部局域网络分开，或用物理隔离卡进行隔离
软件应用层安全	要随时更新各种操作系统的补丁，并采用第三方软件对所有的客户端的数据进行监控；要对医院的数据进行定期的备份，重要的数据可以采用RAID的方式进行实时的备份，其他数据采用定期备份的方式存储、异地存放；抵御外来病毒侵害、抵御非法入侵对系统的危害、对医院信息系统数据的保护、对医院信息系统的实时监控、搭建优秀的医院信息系统软件架构等
内网层安全	应该进行严格的访问控制，并制定完善的安全措施；要通过设置权限控制用户获取特定数据等
维护层安全	应该建立定期的检查制度，包括对机房、硬件设备、数据、服务器等进行日常维护；要建立数据监控制度，改正错误数据，保证数据的完整准确等

医院的防洪安全

城镇医院的选址应选择设在高于防洪水位的地段，处于地势低洼存在水患风险的医院地下室，应采取挡水墙挡水闸口、排水系统防倒流阀等技术措施予以防范。医院的动力站房，变配电间，大型医学影像包括放射治疗等精密医疗设备间，设置在洪水水位以上的±0.00层或以上楼层。

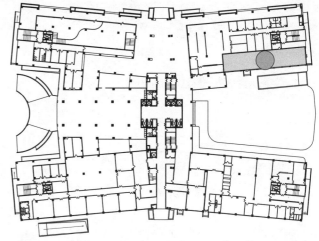

一期工程将变配电间设于±0.00地面层。

a 住院病房楼一层平面图

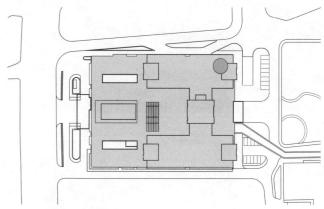

二期医疗综合楼将变配电间设于4、5层间的技术夹层之内，以确保用电系统安全。

b 二期门诊病房综合楼总平面图

1 广东韶关粤北人民医院

抗震防震安全设计

1. 结构部分安全设计

采用简洁体型并使其刚度均匀,不发生突变以避免在发生地震时产生破坏;采用抗震性能较好的结构体系,包括钢筋混凝土框架结构、框架剪力墙结构、钢结构等并采用隔震和消能减震设计。

2. 非结构部分安全设计

建筑的非结构部分可以分为两类。一类是对侧位移敏感的非结构部件,如顶棚、女儿墙、竖向管道、建筑外围的饰件;另一类是对加速度敏感的非结构部件,包括大型医疗设备如CT、MRI导、机械和电气非结构构件、锅炉、压力容器、变压器、发电机、空调机组等。诊室的分隔墙、重的药柜、货架、书架,通常采用置于楼地面上或与墙面隔震连接。

[1] 抗震防震构造做法示意

消防安全设计

应符合并满足《建筑设计防火规范》GB 50016-2014,为提高医院的消防应对能力可采取以下措施如:

护理层——在同一层面设计布置两个或两个以上的护理单元,并且划分成相对独立的防火分区。一旦发生火灾时,有可能将发生火灾的护理单元的人员从其所在的防火分区内撤离至位于相邻的防护分区的另外一个护理单元。

空中层间避难层(兼技术层)——高层与裙房间的夹层,或者在高层部分适当的层间设置开敞或半开敞的空间形成避难层,在发生火灾时,为人员疏散提供暂时停留避难空间。

疏散救生环廊——在护理单元建筑物的四周设置环形敞廊,一旦发生火灾时,病人、医护人员可以及时疏散至建筑物外围四周的敞廊,再利用垂直楼梯或消防救生梯进一步撤离,适用于多层甚至小高层的情况。

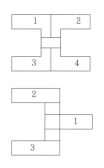

同层布置两个或两个以上护理单元从而形成独立防火分区

[2] 护理层布置简图

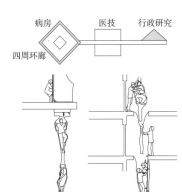

[3] 逃生槽使用示意图

医院的物理安全

医学影像、放射治疗等设备,对周围环境包括医疗操作人员产生危害,应进行安全设计包括做好科学合理规划与布局,并进行射线防护或电磁波防护设计等物理安全设计。

医院中涉及物理安全的科室 表1

物理安全要求	科室名称	防护措施
射线防护	医学影像科室 一般X射线透视拍片机、数字化X射线机DR、计算机断层扫描CT仪、数字减影心血管造影仪DSA	六面体(楼面、墙面、顶面)射线防护构造; 铅玻璃观察窗; 射线防护门(电子联锁)
	放射治疗科室 钴60、γ刀、直线加速器、X刀、中子刀、诺力刀、质子加速器、核医学、SPECT、单光子发射计算机体层扫描仪、PET、正电子发射计算机体层扫描、γ照相、核医学检查隔间	重晶石混凝土、混凝土或金属板夹层混凝土防护、六面体射线防护构造; 铅玻璃观察窗,设电视监控屏; 迷宫式入口; 射线防护门(电子联锁); 设患者使用卫生间; 放射性污废水收集系统及设衰变池
电磁波防护	核磁共振检查室	六面体铜板屏蔽层; 电磁屏蔽门; 电气线路、通风管道; 滤波构造(入口处患者安全检查门架)

医院的生物安全

医院生物安全设计的目的是控制与降低院内交叉感染率。

医院生物安全风险防范的措施 表2

医院总体规划	洁污分区与分流、合理分区人流、物流控制
科室部门分布	生物安全危险等级较高的科室自成一端,并设缓冲区等特殊措施形成独立区间
其他技术系统支持	合理进行气流组织、新风量、换气量控制,选用生物洁净空调

医疗区域科室部门的生物安全防范措施 表3

科室	相关房间组成	生物安全控制措施
手术部	手术室及直接相关辅助用房	合理流程,科学布局,按不同级别配设生物洁净垂直层流系统,入口处设缓冲间
重症监护	ICU、CCU、PICU、NICU、EICU	合理组织气流、控制新风量与换气次数,一般等级生物洁净气流入口处设缓冲间
中心供应	灭菌后,无菌品存放库房	一般等级生物洁净层流与发送区间设缓冲间
药剂科	配药中心无菌操作区	合理布局配设生物洁净层流并于无菌操作区入口设缓冲区
化验科、病理科、解剖室	临床化验,血液、体液检验室,组织切片制作染色、尸体解剖间	具有污染风险的区域自成一区,专用容器收集废弃标本(检验后废弃的各类标本、人体组织等),设站收留、暂时存放、定期转运至院外区域处置站集中处置;合理组织气流加强排风,合理设计排水措施
隔离病房	白血病病房、骨髓移植病房、烧伤病房	合理布局,设缓冲间,生物洁净水平层流系统
	烈性传染病病房、呼吸道传染病病房	合理布局,设缓冲间,设负压,直排通风系统

物资储备

不仅包括建造燃油、水、医用气体、药品、担架、轮椅等物资储备库,而且包括制定应急配置预案,确定灾害期间物资供应商以及可能的资源共享、物品更替安排。

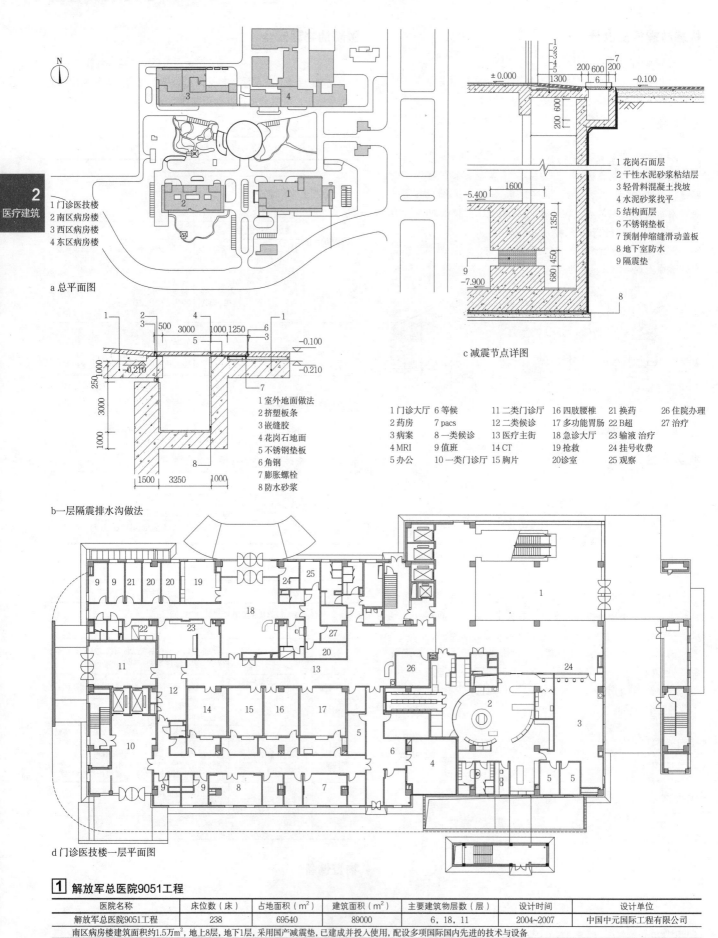

社会福利概述

社会福利是指国家依法为所有公民普遍提供的社会保障制度，旨在保证一定的生活水平和尽可能提高生活质量的服务。一般包括现金援助和直接服务。

直接服务部分的主要内容包括：公立医疗卫生服务、公立文化教育服务、劳动就业服务、孤老残幼服务、残疾康复服务、犯罪矫治及感化服务、心理卫生服务等公共福利服务和援助。

直接服务及援助一般通过兴办各类社会福利机构和设施实现。承担此类功能建筑统称为福利建筑。原以政府建设管理为主，近年来民间资本建设运营的此类设施也逐渐增多。

其服务对象包括：老年人、残疾人、妇女、儿童、青少年、军人及其家属、贫困者，以及其他需要帮助的社会成员和家庭。

我国现有的社会福利机构和设施种类繁多、名称多样，本专题按照民政部出台的相关规范，对设施常用名称进行了梳理和整理，并与规范名称进行对应，见表1。

社会福利机构和设施类型 表1

类型	规范名称	设施常用名称	服务对象	对象特征
养老类	老年养护院	社会福利院、敬老院、养护院、荣军院	三无人员	无亲属、无收入、无劳动能力
			失能老人	完全丧失日常生活自理能力，含失智
			荣誉军人	伤残且无工作能力的退伍军人
	老年人公寓	老年公寓、养老公寓、老人院	半失能老人	部分丧失日常生活自理能力
			自理老人	可自我照料、但身边无亲属子女，或子女不能时时陪伴，或欲独立生活
	日间照料中心	日间照料中心、日间服务中心、老年活动中心、托老所	半失能老人	部分丧失日常生活自理能力
			自理老人	可自我照料、但身边无亲属子女，或子女不能时时陪伴，或欲独立生活
	居家养老	适老化改造住宅、老年人住宅见第二分册老年人住宅部分	自理老人	半失能、需半护理；或依靠工具器械可自主活动，不愿离开原有居所
未成年人类	儿童福利院	儿童福利院、孤儿学校、孤儿院	孤儿、弃儿	被遗弃、拐卖等无家庭无亲属、无领养，多有肢体、知觉残疾或智力发育不全
	救助管理站	救助管理站（未成年人救助中心）	流浪儿童	有家不回、异地流浪、乞讨等，部分为肢体、知觉残疾或智力发育不全
精神障碍类	精神卫生社会福利机构	民政精神卫生中心	长期精神疾病患者	无法治愈且扰其家庭，或危害社会者
伤残康复类	福利康复中心	康复中心、伤残就业培训中心	残障人士	依国家评定标准确定的各类各级伤残标准
庇护援助类	救助管理站	救助管理站（未成年人救助中心、家庭暴力救助中心）	被拐骗女性	多有认知水平低下、或智力发育不全
			家暴对象	家庭暴力受害者，常羞于公开
			临时受困人员	遗失钱物、走失、寻亲寻友不着、打工未果等

福利建筑设计要点

1. **安全性**：由于服务对象身体机能的下降和行为判断能力的失常，可能对自身和他人造成伤害，因此要配备全面监控（视线、设备）、无障碍设施，并注意环境功能的高识别性等。

2. **功能性**：针对不同类型服务对象的生理和心理特征，合理进行各类功能性用房和空间设计。

3. **地域性**：强调设施的内外部空间及形象的传统、亲切、地方性表达，有益于使用者心理的快速接纳和情绪稳定。

养老类社会福利建筑概述

1. 养老类社会福利建筑通常指以老年人为主要服务对象，旨在为其提供生活服务、保健康复、休闲康乐、社会交往等各类服务的建筑类型。通常以"颐养"为主要目的。近年来，为了实现社会资源的最大化利用，以"医养结合"的模式对医疗资源和养老资源进行整合利用的类型也逐渐兴起。

2. 老龄化社会的国际标准。老龄化社会是指60岁以上人口到达总人口的10%或65岁以上人口到达总人口的7%。根据全国老龄委2006年《中国人口老龄化发展趋势预测研究报告》，2010~2050年我国老龄（60岁以上）人口比例预测，见1。

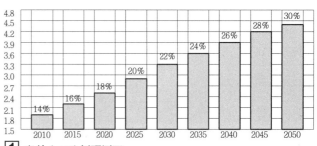

1 老龄人口比例预测图

老年人常见生理特征 表2

生理机能	生理特征	行为表现
运动系统	肌肉无力、骨骼脆弱、关节老化	行动缓慢、动作幅度减小
神经系统	衰弱、失调	睡眠减少、易于惊醒
感觉系统	视觉、听味嗅触觉均减弱；平衡感退化	感觉迟缓、色弱、耳聋、易摔跤
心肺机能	明显下降、耐力减退	运动负荷低
常见病	健忘、血管梗塞、血压异常	老年痴呆症、心脑血管疾病

老年人常见心理特征 表3

心理类型	情感特征	行为表现
依存缺失	惶恐、焦虑、抑郁、无助悲伤	寻求亲友关注和陪伴
交往缺失	孤独、寂寞、空虚无聊	唠叨、重复说话
自尊缺失	多疑、自卑、偏激、急躁	怀旧、易怒

老年人类型划分 表4

类型	行为特征
自理老人	不依赖他人及工具设备，日常生活起居行为均可自主完成
半失能老人	日常生活起居行为需要借助设备或有时需要他人帮助完成，又称借助老人
失能老人	各项日常生活起居行为均需要他人帮助完成，又称介乎老人（含失智老人）

养老建筑类型 表5

类型	常用名称	名称	主要功能内容	服务对象
机构养老	社会福利院、养护院、敬老院、养老院、老人院、荣军院	老年养护院	全(半)护理老人房、少量自理老人房、功能用房、公共活动区、医疗康复、休闲康乐、后勤等用房	失能老人
				半失能老人
	老年公寓、养老社区	老年人公寓	自理老人房、少量全(半)护理老人房、功能用房、公共活动区、医疗康复、休闲康乐、后勤等用房	半失能老人
				自理老人
社区养老	日间照料中心、托老所、老年活动中心	社区养老	为半护理老人提供生活服务、保健康复、娱乐及辅助用房	半失能老人
				自理老人
居家养老	养老住宅、普通住宅	居家养老	普通住宅设计中考虑无障碍设计，使其适合老人在家中养老生活	半失能老人
				自理老人

福利建筑 [2] 概述 / 老年人生理机能

老年人生理机能

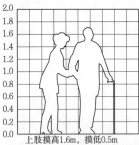
上肢摸高1.6m，摸低0.5m

伸展0.6m

根据《2010年国民体质监测报告》60~64岁和65~69岁年龄段，中国人男性平均身高为1.657m和1.649m；女性平均身高为1.545m和1.534m。

a 2010年男性、女性60~64岁和65~69岁平均身高

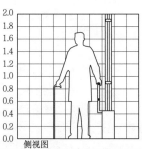
侧视图

正视图

老年人平衡力下降，严重影响站立与行走，养老设施需大量设置扶手。

b 老年人扶手设置示意图

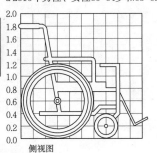
侧视图

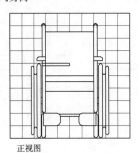
正视图

c 轮椅使用图

侧面范围图

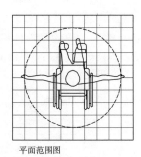
平面范围图

d 手动轮椅使用中手臂的可及范围

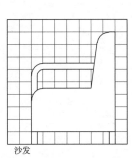
桌椅　　　　沙发

老年人关节老化，坐高不宜低，所以老年人家具均高于普通家具。

e 老年人家具尺寸图

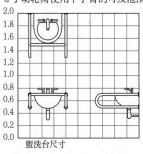
盥洗台尺寸

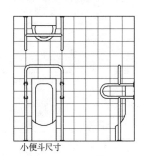
小便斗尺寸

f 残疾人卫生间扶手特定设计尺寸要求

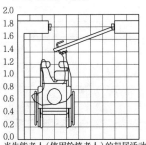

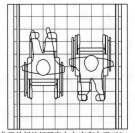

半失能老人（使用轮椅老人）的起居活动、就餐要求开关门的门开启方向应有大于400mm的避让空间，且门扇设低位观察窗（中心距地1200mm）；通道，净宽应大于1800mm。

g 轮椅通行的门洞及过道尺寸

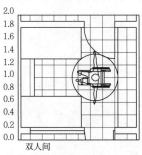
双人间

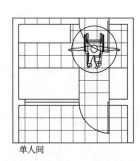
单人间

h 残疾人在居室转弯所需尺寸要求轮椅使用尺寸范围

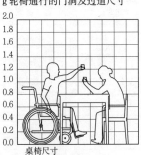
桌椅尺寸　　　工作台尺寸

i 残疾人特定家具尺寸要求

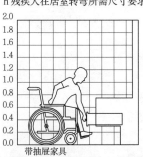
带抽屉家具

盥洗台

盥洗台、工作台：高720~750mm；宽600mm；台下600mm高、400mm深空间；带抽屉家具：下方需300mm高、300mm深空间；物品台高度应低于1200mm。

j 半失能老人（使用轮椅老人）的家具样式要求

1 老年人生理机能图解（单位：m）

概述

为满足失能老人生活照料、保健康复、精神慰藉、临终关怀等方面的基本需求的养老设施。

失能老人是指至少有一项日常生活自理活动（一般包括吃饭、穿衣、洗澡、上厕所、上下床和室内走动这6项）不能自己独立完成的老年人。按日常生活自理能力的丧失程度，可分为轻度、中度和重度失能3种类型，也称介护老人。失智老人也属于失能老人的一种。

规模

老年养护院的建设规模宜按每千老年人口养护床位数19~23张床测算。老年养护院的建设规模，按其床位数量分为500床、400床、300床、200床、100床五类。规模在500床以上的宜分点设置，各类最小建筑面积指标要符合表1规定。

老年养护院建设面积指标表　　　　　　　　　　　　表1

床位数（床）	100	200	300	400	500
面积指标(m²/床)	50.0	46.5	44.5	43.5	42.5

注：1. 引自《老年养护院建设标准》建标144-2010。
2. 直接用于老年人的入住服务、生活、卫生保健、康复、娱乐、社会工作用房，所占比例不应低于总建筑面积的75%。

功能组成

老年养护院的建设内容包括房屋建筑、建筑设备、场地和基本装备。

老年养护院的房屋建筑包括老年人用房、行政办公用房和附属用房。其中老年人用房包括入住服务用房、生活用房、卫生保健用房、康复用房、娱乐用房及社会工作用房。

养护院各类用房面积指标　　　　　　　　　　　　表2

用房类别		使用面积指标（m²/床）				
		500床	400床	300床	200床	100床
老年人使用房	入住服务用房	0.26	0.32	0.34	0.5	0.78
	生活用房	17.16	17.16	17.16	17.16	17.16
	卫生保健用房	1.23	1.35	1.47	1.68	1.93
	康复用房	0.57	0.63	0.72	0.84	1.20
	娱乐用房	0.77	0.81	0.84	1.02	1.20
	社会工作用房	1.48	1.50	1.54	1.56	1.62
	合计	21.47	21.77	22.07	22.76	23.89
行政办公用房		0.83	0.94	1.07	1.30	1.45
附属用房		3.57	3.81	3.97	4.34	5.19
合计		25.87	26.52	27.11	28.40	30.53

注：1. 引自《老年养护院建设标准》建标144-2010。
2. 老年人用房、其他用房（包括行政办公及附属用房）平均使用面积系数分别按0.60和0.65计算。
3. 建设规模不足100床的参照100床老年养护院的面积指标执行。

选址要点

新建老年养护院的选址应符合城市规划要求，并满足以下条件：

1. 地形平坦，工程地质条件和水文地质条件较好，避开自然灾害；
2. 交通便利，供电、给排水、通信等市政条件较好；
3. 便于利用周边的生活、医疗等社会公共服务设施；
4. 避开商业繁华区、公共娱乐场所，与高噪声、污染源的防护距离符合有关安全卫生规定。

总平面设计要点

1. 老年养护院应根据失能老人的特点和各项设施的功能要求进行总体布局，合理分区。以老年人用房为核心，与各辅助功能便捷连通。
2. 室外活动、衣物晾晒等用地不宜小于400~600m²。（当场地较小时，晾晒衣物可以利用楼顶设置的露台）
3. 老年人用房的建筑朝向和间距应充分考虑日照要求。
4. 绿地率、容积率和建筑密度等指标符合当地城市规划管理要求，且建筑密度不宜大于30%，容积率不宜大于0.8。
5. 考虑预留发展用地。

交通及竖向设计要点

1. 院内交通应做到人车分流。人行路线中无障碍设计贯穿整个总平面设计。
2. 用于养护院建设的场地应该较平坦；老年人活动场地的纵向坡度宜为0.3%~0.5%。

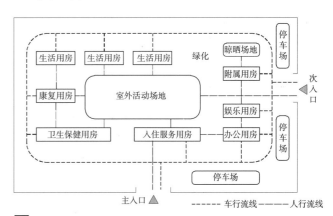

1 总体布局及流线布置概念图

总平面布置形式　　　　　　　　　　　　表3

形式	示意图规模	特点
集中式		把老年人用房、行政办公、附属用房集中布置在一幢建筑。适用于院内失能老人类型比较单一、规模较小或建设用地局限的项目。优点：管理服务方便，绿化及户外活动场地集中，占地省；缺点：垂直向交通需求较大，老人下楼活动不便。
分散式		把老年人用房、行政办公、附属用房按功能分区分散布置。适用于院内失能老人类型较多、规模较大或建设用地比较充裕的项目。优点：建筑之间穿插布置庭院绿化，能较好保持环境的舒适与品质，便于老人室外活动；缺点：建筑占地多、管理流线较长。
混合式		把老年人用房、行政办公、附属用房按功能分区划分，部分集中发展。适用于与其他类型社会福利设施统一建设管理的情况。优点：各种类型设施间功能分区明确、管理方便，流线不相互交叉；缺点：缺乏大片活动场地。

福利建筑 [4] 老年养护院 / 总平面设计实例

总平面设计实例

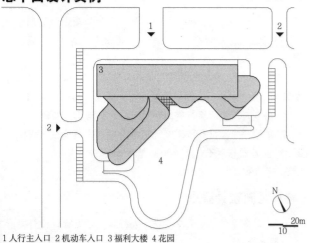

1 人行主入口 2 机动车入口 3 福利大楼 4 花园

1 武汉福利中心

占地面积	建筑面积	床位数	设计单位
20603m²	99145m²	2066	中元国际（上海）工程设计研究院有限公司

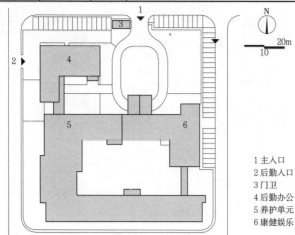

1 主入口
2 后勤入口
3 门卫
4 后勤办公
5 养护单元
6 康健娱乐

2 崇左市福利院老人养护楼

占地面积	建筑面积	床位数	设计单位
10000m²	7600m²	150	广西华蓝设计（集团）有限公司

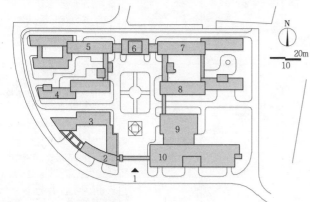

1 主入口　　　2 办公楼　　　3 救助管理站　　　4 三无老人宿舍
5 精神病人宿舍　6 行政办公楼　7 寄养老人宿舍　8 儿童宿舍
9 食堂　　　10 老年活动、医疗康复、后勤生活服务楼

3 绍兴市社会福利院

占地面积	建筑面积	床位数	设计单位
23000m²	26000m²	570	浙江中和建筑设计有限公司

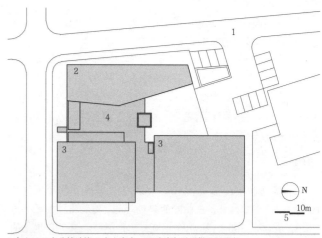

1 主入口 2 办公辅助楼 3 老人宿舍 4 医疗康复及后勤生活服务

4 奥地利Altenmarkt老年养护院

占地面积	建筑面积	床位数	设计单位
5000m²	5100m²	66	Kadawittfeld 建筑师事务所

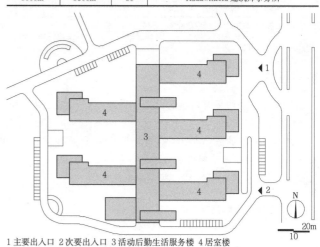

1 主要出入口 2 次要出入口 3 活动后勤生活服务楼 4 居室楼

5 成都市第二社会福利院

占地面积	建筑面积	床位数	设计单位
25000m²	20000m²	500	四川省建筑设计院

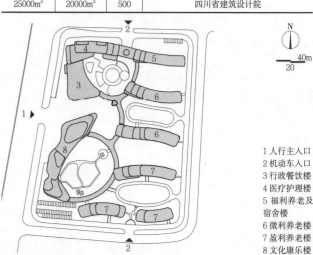

1 人行主入口
2 机动车入口
3 行政餐饮楼
4 医疗护理楼
5 福利养老及宿舍楼
6 微利养老楼
7 盈利养老楼
8 文化康乐楼

6 晋江市社会福利中心

占地面积	建筑面积	床位数	设计单位
60325m²	68015m²	886	中元国际（上海）工程设计研究院有限公司

建筑平面设计要点

1. 老年养护院中各类用房之间既要有明确的功能分区，又要有相互的联系。

2. 老年人用房相对集中，单独成区；附属用房中的老年人厨房、餐厅应靠近老年人用房，方便老年人使用；行政办公、附属用房可以与老年人用房分开设置，以减少相互之间的干扰。

3. 根据总平面布局，室外活动场地应靠近老年人用房，停车场宜靠近行政办公用房，衣物晾晒场宜靠近洗衣房。

4. 养护单元应根据便于为失能老年人提供服务和方便管理的原则设置。

5. 老年人居室应按失能老年人的失能程度（包括轻度、中度和重度失能）和护理等级分别设置。

6. 轻度失能老人养护单元，公共活动空间以聊天厅、餐厅为主；中度和重度失能老人养护单元公共空间以护理站和辅助房间为主，注重护理效率。

7. 养护单元布局一般采用中间走廊式布局，居室在南侧。

8. 养护单元是老年养护院实现养护职能、保证养护质量的必要设置，养护单元内应包括老年人居室、餐厅、沐浴间、会见聊天厅、亲情网络室、心理咨询室、护理员值班室、护士工作室等用房。

平面布置形式　　　　　　　　　　　　　　　表1

形式	示意图	特点
板式		平面呈长条形，内走廊设计，南侧为老人居室，北侧为辅助管理用房。这是目前国内养护单元最常见的平面形式。 优点：老人居室日照、同房、采光较好，通廊式设计便于服务管理； 缺点：走廊过长，空间单调乏味
回廊式		单廊式设计，走廊串联各功能空间形成回廊。中间围合形成中庭。 优点：形成具有围合感和向心性的空间，缩短了服务管理流线； 缺点：东西两侧房间容易东西晒，需要立面处理
组团式		外廊式设计，功能房间分组团，通过连廊围合形成庭院或半开敞庭院。适合层数较低的养护院。 优点：老人居室景观、日照、通风较好，空间层次丰富，对适应不规则地形有利； 缺点：服务管理流线较长，占地范围大

各类用房使用面积指标　　　　　　　　　　　　　　　表2

功能用房	用房名称	使用面积指标（m^2/床）				
		500床	400床	300床	200床	100床
入住服务用房	接待服务厅	0.10	0.12	0.12	0.18	0.30
	入住登记室	0.04	0.05	0.06	0.08	0.12
	健康评估室	0.07	0.09	0.08	0.12	0.18
	总值班室	0.05	0.06	0.08	0.12	0.18
	合计	0.26	0.32	0.34	0.50	0.78
老年人使用房	生活用房					
	居室	11.4	11.4	11.4	11.4	11.4
	沐浴间	1.38	1.38	1.38	1.38	1.38
	配餐间	0.48	0.48	0.48	0.48	0.48
	养护区餐厅（兼公共活动厅）	0.74	0.74	0.74	0.74	0.74
	会见聊天室	0.74	0.74	0.74	0.74	0.74
	亲情居室	1.38	1.38	1.38	1.38	1.38
	护理员值班室	1.04	1.04	1.04	1.04	1.04
	合计	17.16	17.16	17.16	17.16	17.16
	卫生保健用房					
	诊疗室	0.05	0.06	0.08	0.12	0.24
	化验室	0.04	0.05	0.06	0.09	不单设
	心电图室	0.02	0.03	0.04	0.06	不单设
	B超室	0.02	0.03	不单设	不单设	不单设
	抢救室	0.10	0.12	0.16	0.18	0.24
	药房	0.05	0.06	0.07	0.09	0.15
	消毒室	0.03	0.04	0.05	0.08	0.12
	临终关怀室	0.14	0.18	0.20	0.24	0.32
	医生办公室	0.16	0.16	0.20	0.20	0.24
	护士工作室	0.62	0.62	0.62	0.62	0.62
	合计	1.23	1.35	1.47	1.68	1.93
	康复用房					
	物理治疗室	0.43	0.45	0.48	0.54	0.84
	作业治疗室	0.14	0.18	0.24	0.30	0.36
	合计	0.57	0.63	0.72	0.84	1.20
	娱乐用房					
	阅览室	0.10	0.12	0.12	0.18	0.24
	书画室	0.07	0.09	0.08	0.12	0.24
	棋牌室	0.12	0.12	0.16	0.24	0.24
	亲情网络室	0.48	0.48	0.48	0.48	0.48
	合计	0.77	0.81	0.84	1.02	1.20
	社会工作用房					
	心理咨询室	0.48	0.48	0.48	0.48	0.48
	社会工作室	0.10	0.12	0.16	0.18	0.24
	多功能室	0.90	0.90	0.90	0.90	0.90
	合计	1.48	1.50	1.54	1.56	1.62
行政办公用房	办公室	0.34	0.34	0.40	0.40	0.40
	会议室	0.14	0.15	0.18	0.18	0.24
	接待室	0.07	0.09	0.08	0.12	不单设
	财务室	0.03	0.04	0.05	0.08	0.15
	档案室	0.04	0.05	0.05	0.08	0.15
	文印室	0.03	0.04	0.05	0.08	不单设
	信息室	0.04	0.05	0.06	0.09	0.12
	培训室	0.14	0.18	0.20	0.27	0.36
	合计	0.83	0.94	1.07	1.30	1.45
附属用房	警卫室	0.03	0.04	0.05	0.08	0.12
	食堂	1.21	1.21	1.21	1.21	1.21
	职工浴室	0.25	0.25	0.25	0.25	0.25
	理发室	0.05	0.06	0.06	0.09	0.15
	洗衣房	0.58	0.65	0.76	0.90	1.20
	库房	0.67	0.72	0.72	0.72	0.72
	车库	0.10	0.12	0.16	0.24	0.48
	公共卫生间	0.39	0.40	0.40	0.43	0.46
	设备用房	0.29	0.36	0.36	0.42	0.54
	合计	3.57	3.81	3.97	4.34	5.19

福利建筑 [6] 老年养护院 / 建筑平面实例

建筑平面实例

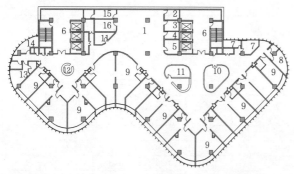

1 客厅兼休闲	2 洗衣房	3 值班室	4 更衣室
5 助浴间	6 前室	7 卫生间	8 污洗间
9 居室	10 护士办	11 配药、治疗	12 护士站
13 抢救室	14 库房	15 配餐	16 护工用房

建筑通过曲线房间布置，尽可能地延长南向边长来争取老人房间更多的日照。高层塔楼垂直向划分功能区（包括失智老人、半失能老人、三无老人、失能老人、自理老人），满足不同需求。

1 武汉市社会福利综合大楼标准层平面图

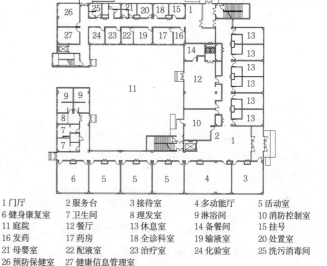

1 门厅	2 服务台	3 接待室	4 多功能厅	5 活动室
6 健身康复室	7 卫生间	8 理发室	9 淋浴间	10 消防控制室
11 庭院	12 餐厅	13 休息室	14 备餐间	15 挂号
16 发药	17 药房	18 全诊科室	19 输液室	20 处置室
21 母婴室	22 配液室	23 治疗室	24 化验室	25 洗污消毒间
26 预防保健室	27 健康信息管理室

a 一层平面图

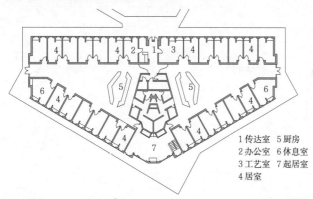

1 传达室	5 厨房
2 办公室	6 休息室
3 工艺室	7 起居室
4 居室	

该项目是针对老年痴呆患者的养老院，设有视线良好的中央空间，回廊形走廊，能够起到一定治疗效果的参与型厨房，室内无门形厕所等。两组生活区与员工工作生活区合建在一起。

2 美国科林·多兰中心一层平面图

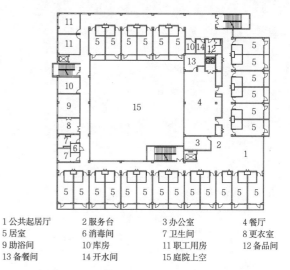

1 公共起居厅	2 服务台	3 办公室	4 餐厅
5 居室	6 消毒间	7 卫生间	8 更衣室
9 助浴间	10 库房	11 职工用房	12 备品间
13 备餐间	14 开水间	15 庭院上空	

b 二层平面图

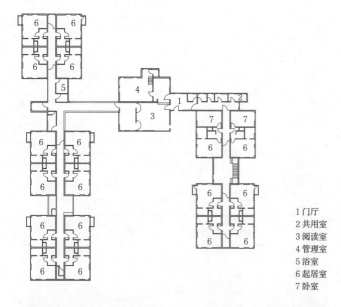

| 1 门厅 |
| 2 共用室 |
| 3 阅读室 |
| 4 管理室 |
| 5 浴室 |
| 6 起居室 |
| 7 卧室 |

整个建筑呈组团式布局，中间为管理室和公共房间，居室以四户为一个生活单元，其间通过连廊连接。组团之间围合形成半封闭式庭院，各户房间日照充足，视野良好。

3 英国斯坦福老人院一层平面图

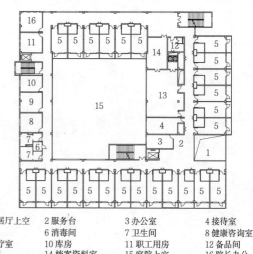

1 公共起居厅上空	2 服务台	3 办公室	4 接待室
5 居室	6 消毒间	7 卫生间	8 健康咨询室
9 中医理疗室	10 库房	11 职工用房	12 备品间
13 活动厅	14 档案资料室	15 庭院上空	16 院长办公

c 三层平面图

该项目是包含社区养老设施、老年活动场站、托老所、社区助残服务中心、社区卫生服务站等5项功能的综合社区养老服务设施。

4 北京通州潞城镇社区老年服务中心各层平面图

老年人居室·浴室 / 老年养护院 [7] 福利建筑

老年人居室设计要点

1. 为方便对失能老年人的养护服务和管理，老年养护院老年人居室应根据不同失能程度老年人身心特点和护理需求进行设置。

2. 轻度失能老人适合住单人间或双人间，中度、重度失能老年人适合住多人间，便于集中提供全天候照护，但一间也不宜超过4人。

3. 老年人居室内通道和床距应满足轮椅和救护床进出及日常护理的需求。

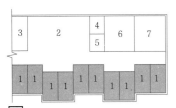

1 居室
2 餐厅兼活动
3 电梯厅
4 护理员休息
5 护理站
6 浴室
7 辅助

[1] 居室位置示意图

老年人助浴间设计要点

1. 助浴间应遵照老人洗浴行为流程和需求，合理布置前室、更衣室、卫生间等基本功能空间。

2. 宜在助浴间附近设置洗涤室、储藏室等后勤空间。

3. 满足轮椅老人的使用需求；条件允许时，可为重度失能老人设置机械助浴间。

4. 考虑紧急救护的通道，保证当老人发生晕厥等危险时，轮椅或担架能方便地出入。

5. 注意合理安排门窗位置组织通风，使浴室较快干燥。

6. 可开设护理人员专用通道，缩短后勤流线。

1 升降沐浴推床　6 沐浴推床
2 更衣室　　　　7 隔帘
3 坐凳　　　　　8 升降椅、
4 更衣柜　　　　　卫生椅推车
5 淋浴室

注：1. 沐浴间外走廊净宽不小于2400mm。门宽不小于1200mm。
2. 地面应采用防滑材料，颜色不宜过深或色差变化过大。防滑地砖规格不宜超过300mm×300mm，并以截水沟划分内外地面。
3. 洗脸盆、坐便器和淋浴坐凳处安装抓杆和无障碍扶手。

a 单人居室一

b 单人居室二

c 双人居室一

d 双人居室二

[3] 老年人居室房型设计

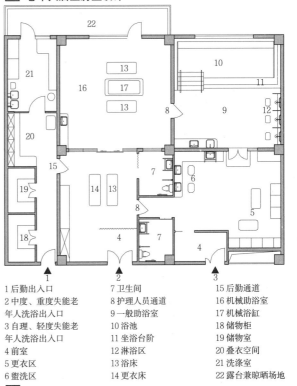

1 后勤出入口　　7 卫生间　　　　15 后勤通道
2 中度、重度失能老　8 护理人员通道　16 机械助浴室
年人洗浴出入口　9 一般助浴室　　17 机械浴缸
3 自理、轻度失能老　10 浴池　　　　18 储物柜
年人洗浴出入口　11 坐浴台阶　　　19 储物室
4 前室　　　　　12 淋浴区　　　　20 叠衣空间
5 更衣区　　　　13 浴床　　　　　21 洗涤室
6 盥洗区　　　　14 更衣床　　　　22 露台兼晾晒场地

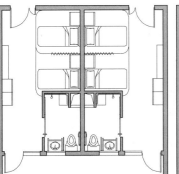
e 双人居室三

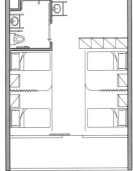
f 四人居室

[2] 老年人居室房型设计

[4] 集中助浴间（含一般助浴室和机械助浴室）

321

福利建筑 [8] 老年养护院 / 助行助厕器·洗浴用具·护理床

助行助厕器·洗浴用具·护理床

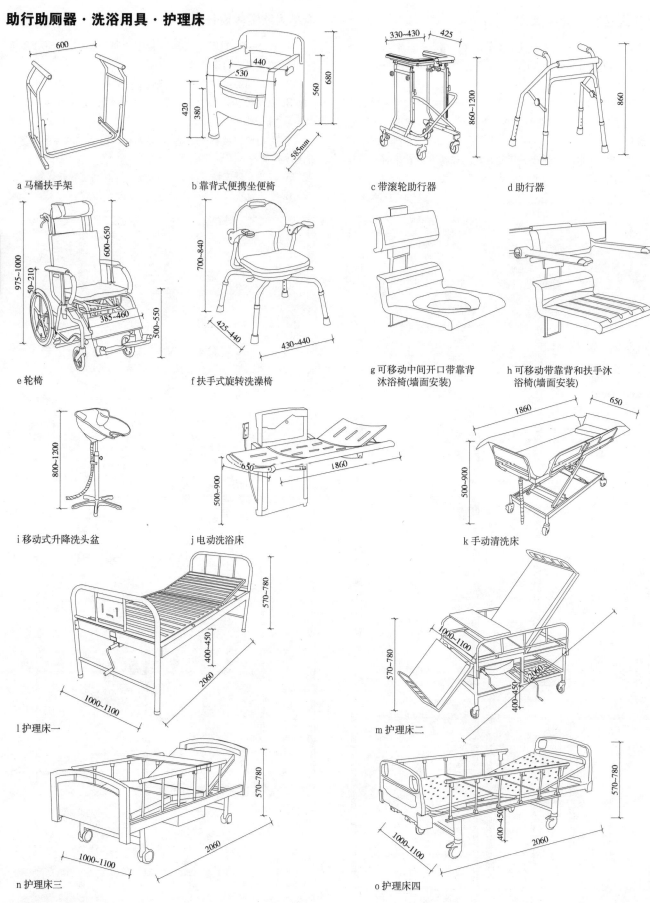

a 马桶扶手架
b 靠背式便携坐便椅
c 带滚轮助行器
d 助行器
e 轮椅
f 扶手式旋转洗澡椅
g 可移动中间开口带靠背沐浴椅(墙面安装)
h 可移动带靠背和扶手沐浴椅(墙面安装)
i 移动式升降洗头盆
j 电动洗浴床
k 手动清洗床
l 护理床一
m 护理床二
n 护理床三
o 护理床四

[1] 常用设施尺寸

概述

老年人公寓是供老年夫妇或单身老年人居家养老使用的建筑，配套相对完整的生活服务设施及用品，一般集中建设在老年人社区中，也可在普通住宅区中配建，近年来也有在医疗、养老设施用地内配建的情况。其主要服务对象为自理老人。但由于老年人的健康状态和自理情况均处于变化中，因此很难严格界定服务对象，通常应兼顾半失能和失能老人。

类型

1. 老年人公寓依据规模的不同可分为小型、中型、大型、特大型，见表1。

规模分类教参指标　　　　　　　　　　　表1

规模	小型	中型	大型	特大型
人数	50人以下	51~150人	151~200人	201人以上
人均用地标准	80~100m²	90~100m²	95~105m²	100~110m²

注：以上数据参考《老年人居住建筑设计标准》GB/T 50340-2003。

2. 老年人公寓依据老年人自理能力的差异可分为独立性、服务型、护理型（见表2）。

需求类型　　　　　　　　　　　　　　　表2

类型	居住对象	服务范围	起居	交往	服务	管理	医疗
独立型	自理老人	少许的帮助和必要的监护	强	强	弱	弱	弱
服务型	半失能老人	日常生活所需的各项服务	强	中	中	中	中
护理型	失能老人	全天的监护及全面的帮助和照料	弱	弱	强	强	强

功能组成

老年人公寓分为：居住空间及公共服务空间（包含医疗、文体活动、生活照料、服务管理等）。大型、特大型老年人公寓可根据规模将公共服务空间分区独立建立，或与普通住宅、其他老年人设施及医疗中心、社区服务中心配套建设，实行综合开发。

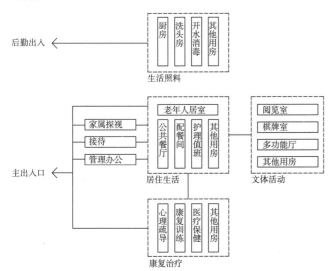

1 功能组成示意图

选址

1. 老年人公寓社区选址的基本需求包括：交通便利、基础设施完善、临近医疗设施。

2. 自身具有完善配套设施的大型老年人公寓社区，选址时以交通便利、自然环境佳为基本要求。

3. 在满足基本需求的前提下，应尽量选择自然环境良好，不受相邻地块干扰的用地。

设计原则

1. 充分考虑老年人的生理心理特征，保障安全的前提下，尽量提高老年人生活的便利性和舒适性。

2. 考虑到老年人健康状态的变化，居室单元布置应相对自由可变，从自理老人到半失能、失能老人均可兼顾，卫浴设施应全满足无障碍设计要求。

3. 建筑应充分满足老年人对于生活服务、医疗保健、社会交往等功能的需求。

4. 保障老年人主要居室及活动用房的舒适性，冬至日满窗日照不宜小于2小时。

5. 保证足够的室外活动场地，建筑密度不宜过高，市区不宜大于30%，郊区不宜大于20%。

6. 较大规模的老年人公寓社区应考虑远期发展余地，容积率宜控制在0.5以下，日照不宜小于2小时。

空间组成

老年人公寓室内空间组成与普通居住建筑不同，存在服务、交往等多种功能，可依据空间私密性程度进行分类。

室内空间分类　　　　　　　　　　　　　表3

空间私密程度	功能空间	使用者	主要活动
公共	主入口、门厅、管理办公、交通空间	参观探望者、管理服务人员、老人	进出、往来、等候
半公共	多功能厅、公共餐厅、阅览室、手工艺室等	老人、管理服务人员	老人日常娱乐活动如打牌、绘画、读书、聚餐等
半私密	单元层上的走廊、过道	该层老人、管理人员	小团体活动，如聊天、邻里交往
私密	居住单元	居住老人	居住及亲友交往

老年人居住建筑配套服务设施用房配置标准参考指标　表4

用房		项目	设置标准
餐厅		餐位数	总床位数的60%~70%
		每座使用面积	2m²/人
医疗保健用房		医务、药品室	20~30m²
		观察、理疗室	总床位数的1%~2%
		康复保健室	40~60m²
服务用房	半公共	公用厨房	6~8m²
		公用卫生间	总床位的1%
		公用洗衣房	15~20m²
		公用浴室	总床位数的10%
	公共	售货、餐饮、理发	100床以上设置
		银行、邮电代理	200床以上设置
		来客用房	总床位数的4%~5%
		开水房、储藏间	10m²/层
休闲用房		多功能厅	可与餐厅合并设置
		健身、娱乐、阅览教室	1m²/人

注：以上数据参考《老年人居住建筑设计标准》GB/T 50340-2003。

福利建筑 [10] 老年人公寓 / 总体规划·实例

总平面布置形式

布置形式　　　　　　　　　　　　　　　　　　　　　　　　　　　　表1

形式		示意图		特点
分散式		单组团式	多组团式	将各功能空间作为基本单元分散于基地环境中，以外廊、坡道为联系纽带。 优点：创造多层次、多样性空间； 缺点：造价较高，管理相对不便
集中式	廊式	外廊式	内廊式	以走廊连接不同功能空间，适用于功能简单、规模较小的公寓。 优点：提高基地利用率，适应性强； 缺点：用于北方地区时，北向房间通风、采光不佳
	内院式	直线内院式	折线内院式	各功能围绕庭院布置，适用于中等规模公寓。 优点：层次丰富，布置灵活，对不规则地形适应性强； 缺点：管理相对不便，部分房间朝向不佳
	中心放射式	中心放射式(X型)	中心放射式(Y型)	由中心枢纽连接各单元，也可以成为母题形成可持续发展。 优点：各单元即紧密又有很强独立性，采光通风较好； 缺点：Y型平面存在一部分东西向房间
	组团串联式			以辅助空间形成南北向走廊，若干居住部分形成基本单元组合于交通空间两侧。 优点：可满足各单元日照通风需求，同时又让各单元紧密联系； 缺点：用地面积较大
混合式				由上述形式自由搭配而成的布置形式，适合中型以上规模。 优点：布置灵活、可取各形式优点，趋利避害，对基地适应性强； 缺点：用地面积较大

总平面设计实例

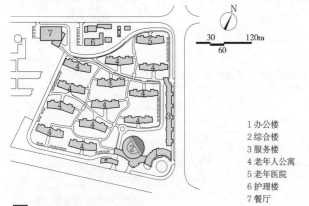

1 办公楼
2 综合楼
3 服务楼
4 老年公寓
5 老年医院
6 护理楼
7 餐厅

1 上海亲和源老年人公寓

名称	建筑面积	床位数	设计单位
上海亲和源老年人公寓	99500m²	2000	中元国际(上海)工程设计研究院有限公司

采用自由曲线的方式布局，所有建筑均为南北朝向，通过连廊连接为整体，实现全天候无障碍室外通行

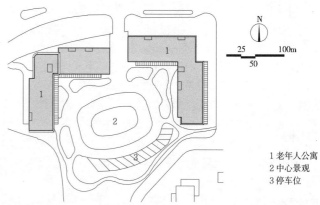

1 老年人公寓
2 中心景观
3 停车位

2 荷兰Sola Gratia老年人公寓

名称	建筑面积	公寓数	设计单位
荷兰Sola Gratia老年人公寓	5000m²	46套	高柏伙伴规划园林建筑顾问公司

该设施由2栋"L"形建筑组成，半围合形成中心景观庭院，主入口直接通向庭院中心景观，两栋建筑分列两侧

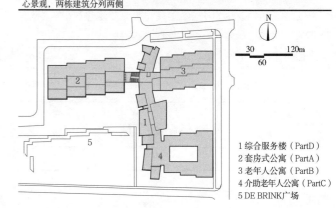

1 综合服务楼（PartD）
2 套房式公寓（PartA）
3 老年人公寓（PartB）
4 介助老年人公寓（PartC）
5 DE BRINK广场

3 荷兰Meander养老公寓

名称	建筑面积	公寓数	设计单位
荷兰Meander养老公寓	3000m²	114套	UArchitects-Misaki Terizibaslan & Emile van Vugt (与Aadm合作)

项目包含4个部分，PartA包含20套套房式公寓，朝向DE BRINK广场空间。PartB包含54套老年人公寓。PartC包含30套专为需要特殊照顾的老人设置的公寓。以上各部分由PartD综合服务楼相互紧密联系，为护理人员照料老人提供便利条件

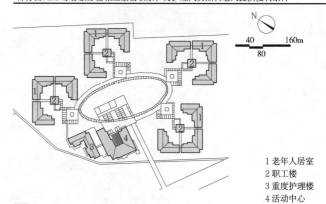

1 老年人居室
2 职工楼
3 重度护理楼
4 活动中心

4 丹麦Lillevang老年人公寓

名称	建筑面积	床位数	设计单位
丹麦Lillevang老年人公寓	33000m²	105套	Vilhelm Lauriten AS

以8户为一个居住单元，每3单元组成一组，形成居住群(24户)。整个居住区由4个居住群组成，另外设置重度护理中心(9户)和活动中心。椭圆形玻璃屋顶覆盖的藤架将各建筑群连接为一个整体

套型设计要点

1. 老年人居住套型应至少有一个居住空间能获得冬季日照。
2. 老年人公寓套型内应设卧室、起居室（厅）、卫生间、厨房或电炊操作台等基本功能空间。
3. 由兼起居的卧室、电炊操作台和卫生间等组成的老年人公寓套型使用面积不应小于23m²。
4. 部分老年人公寓可在配套服务用房中设置公共餐厅或公用厨房，并不要求套内一定设置厨房。
5. 各空间均应考虑轮椅通过及回转需要。
6. 考虑老年人留存旧物的需求，应适当设置储物空间。

套型设计实例

北京市石景山区京原路7号养老院居住单元的套型组合　　表1

套型	空间构成	套内面积（m²）
BD型	一间卧室、一间厨房、一间卫生间、一间餐厅	40~45
BL型	一间卧室、一间起居室、一间厨房、一间卫生间	50~55
BLD型	一间卧室、一间起居室、一间厨房、一间卫生间、一间餐厅	60~70
2BLD型	两间卧室、一间起居室、一间厨房、一间卫生间	75~85

上海亲和源养老公寓居住单元的套型组合　　表2

套型	空间构成	套内面积（m²）
B型	一间卧室、一间厨房、一间卫生间	35~45
BD型	一间卧室、一间厨房、一间卫生间、一间餐厅	45~55
BL型	一间卧室、一间起居室、一间厨房、一间卫生间	50~60
BLD型	一间卧室、一间起居室、一间厨房、一间卫生间、一间餐厅	60~70
2BLB型	两间卧室、一间起居室、一间厨房、一间卫生间	75~85
2BL2Ba型	两间卧室、一间起居室、一间厨房、两间卫生间	80~90
2BLDBa型	两间卧室、一间起居室、一间厨房、一间卫生间、一间餐厅	85~95

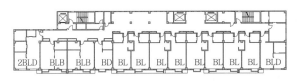

a 标准层平面图

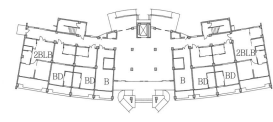

a 一层平面图

b 标准层平面图

b BL户型放大图

c 2BLD户型放大图

d B户型放大图

e 2BLD户型放大图

c B户型放大图

d BD户型放大图

e BL户型放大图

f BLB户型放大图

1 北京市石景山区京原路7号养老院

2 上海亲和源老年人公寓

福利建筑 [12] 老年人公寓 / 实例

实例

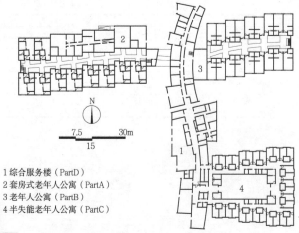

1 综合服务楼（PartD）
2 套房式老年人公寓（PartA）
3 老年人公寓（PartB）
4 半失能老年人公寓（PartC）

1 荷兰Meander养老公寓平面图

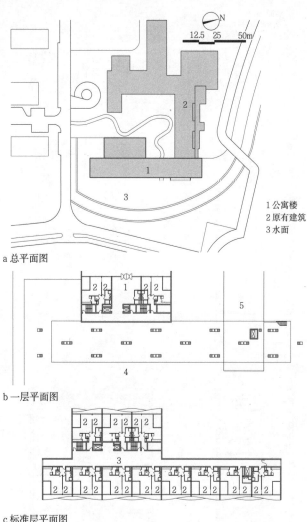

a 总平面图

1 公寓楼　2 原有建筑　3 水面

b 一层平面图

c 标准层平面图
1 门厅　2 老年人居室　3 通廊　4 水面
5 原有建筑

2 荷兰Plussenburg老年人公寓

名称	建筑面积	公寓数	设计单位
荷兰Plussenburg老年人公寓	15678m²	104套	Arnoud Gelauff

该项目由两部分组成，前方的塔楼建筑及后方由支架支撑的多层悬空建筑。后者高出水面11m以上，悬空部分下设水景休闲空间，可以穿过塔楼下的花园到达

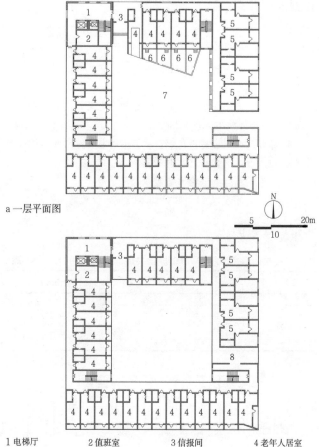

a 一层平面图

1 电梯厅　2 值班室　3 信报间　4 老年人居室
5 套房式居室　6 私人活动场地　7 公共活动场地　8 通廊
b 标准层平面图

3 河北恒利老年人公寓

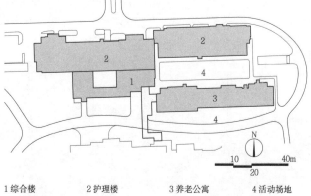

1 综合楼　2 护理楼　3 养老公寓　4 活动场地
a 总平面图

1 老年人居室　2 值班室　3 公共活动区　4 储藏室
5 储藏室
b 标准层平面图

4 众仁乐园改扩建二期

名称	建筑面积	床位数	设计单位
众仁乐园改扩建二期	22708m²	450床	华东建筑集团股份有限公司 上海建筑设计研究院有限公司

该项目由3栋4~6层建筑组成，通过连廊联系各栋楼到达。项目分别从老年人生活、康复、文化娱乐三个层面体现对老年人的关怀和呵护

概述

老年日间照料中心是为自理及半失能老人提供膳食供应、个人照顾、保健康复、文化娱乐和交通接送等日间服务的社区养老设施。

规模

以社区居住人口为主要依据，兼顾服务半径。建设规模分为3类，其房屋建筑面积指标宜符合表1规定。人口老龄化水平较高的社区，根据实际需要适当增加建筑面积，一、二、三类房屋建筑面积可分别按照人均房屋建筑面积$0.26m^2$、$0.32m^2$、$0.39m^2$确定。

规模分类　　　　　　　　　　　　　　　　　　　　　表1

类别	一类	二类	三类
社区人口规模(人)	30000~50000	15000~29999	10000~14999
建筑面积(m^2)	1600	1085	750

注：1. 以上数据摘自《社区老年人日间照料中心建设标准》建标143-2010；
　　2. 平均使用面积系数按0.65计算。

选址

1. 宜设于交通便捷、可达性好的地点。服务半径合理，并宜小于500m。
2. 宜设于居住区，并临近医疗、文娱、健身等公共设施。
3. 应选在日照充足、远离噪声和污染源的地段。

功能组成

包括建筑、室外休闲活动场地、绿化用地、道路和后勤管理等部分，其中建筑部分包含生活用房（文化娱乐、医疗保健）、服务用房（餐饮、清洁、行政管理）及交通空间。

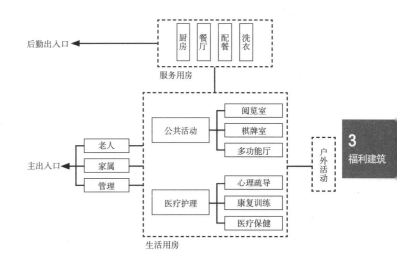

1 功能组成及流线关系示意图

实例

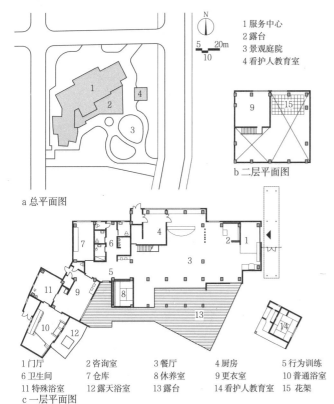

1 服务中心　2 露台　3 景观庭院　4 看护人教育室

a 总平面图　　b 二层平面图

1 门厅　　2 咨询室　　3 餐厅　　4 厨房　　5 行为训练
6 卫生间　7 仓库　　　8 休养室　9 更衣室　10 普通浴室
11 特殊浴室　12 露天浴室　13 露台　14 看护人教育室　15 花架

c 一层平面图

2 日本名古屋西日置花园日间服务中心

名称	建筑面积（m^2）	设计单位
日本名古屋西日置花园日间服务中心	476	大久手计划工作室

日间服务中心可接纳25名老人。建筑构件和家具等大都采用木材制造。中央设两层高开放式休闲大厅，南面设置宽大的木板露台，可以眺望景观庭院及小山。

1 入口门厅　　2 超市　　　3 休息室　　4 特殊浴室
5 卫生间　　　6 接待室　　7 休闲区　　8 餐饮区
9 活动区　　　10 更衣室　　11 办公室　　12 精神关护室
13 电脑房

平面图

3 西班牙老年日托中心

名称	建筑面积（m^2）	设计单位
西班牙老年日托中心	1540	Francisco Gomez Diaz + Baum Lab

设计试图达到新开发区域和旧城镇两者之间的融合，不仅能帮助使用者，还可以帮助每一个市民更好地了解城市的布局。日托中心从传统的环境中获得灵感，建筑体块重新组织了天井建筑的元素，从而将室内外空间与景观互相融合。同时，该项目将景观与历史地标带入到建筑中，减少了城市发展对旧城镇的影响。该建筑设计明显受到当地地中海传统建筑的影响，创建了室内外空间的渗透与联系，使得花园成为独特的存在。

福利建筑 [14] 老年日间照料中心 / 实例

实例

1 日间休息室
2 接待处
3 门厅
4 衣帽间
5 卫生间
6 护理室
7 访问室
8 主管室
9 公共营养室
10 活动室
11 静养室
12 诊断室

一层平面图

1 美国纽约布鲁克林 Cobble Hill 日间照料中心

名称	建筑面积（m²）	设计单位
布鲁克林 Cobble Hill 日间照料中心	1361	Mascioni + Behrmann

设计采用长方形平面，整体造型简洁，提供了全面的健康和护理空间，空间宽敞而明亮。

1 储藏室
2 男卫生间
3 女卫生间
4 特殊卫生间
5 门厅
6 休息平台
7 接待室
8 厨房
9 休息区
10 车库
11 就餐区
12 休闲娱乐区

平面图

2 葡萄牙阿鲁达老年日间照料中心

名称	建成时间	设计单位
阿鲁达老年日间照料中心	2011	Miguel Arruda 建筑事务所

该中心位于一个历史不长却已退化的地区。采用中央庭院加强了自然采光，同时也促进了空气对流。

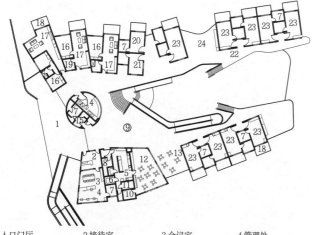

1 入口门厅　2 接待室　3 会议室　4 管理处
5 厨房　6 静养室　7 卫生间　8 男卫生间
9 火塘　10 储藏室　11 干货仓库　12 活动区
13 就餐区　14 洗衣房　15 女卫生间　16 卧室
17 员工宿舍　18 阳台　19 浴室　20 临终关怀室
21 临时看护室　22 女子通道　23 单人房　24 女子活动区

平面图

3 澳大利亚 Walumba 日间照料中心

名称	建成时间	设计单位
Walumba 日间照料中心	2014	Redale Pedersen Hook 建筑事务所

建筑的形式回应了当地的风景，建筑的两翼分别创造了男子和女子的空间，楼梯和坡道连接了地上的主要设施，起伏的折叠式屋顶可以用来遮阳。

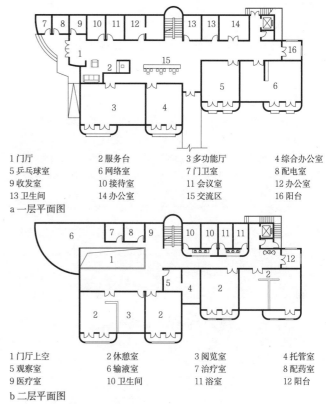

1 门厅　2 服务台　3 多功能厅　4 综合办公室
5 乒乓球室　6 网络室　7 门卫室　8 配电室
9 收发室　10 接待室　11 会议室　12 办公室
13 卫生间　14 办公室　15 交流区　16 阳台

a 一层平面图

1 门厅上空　2 休憩室　3 阅览室　4 托管室
5 观察室　6 输液室　7 治疗室　8 配药室
9 医疗室　10 卫生间　11 浴室　12 阳台

b 二层平面图

4 上海塘桥社区老年日间服务中心

名称	建成时间	可接纳老人数（人）
塘桥社区老年日间服务中心	2008	54

由幼儿园改建而成，一层以活动、办公为主，餐厅独立设置，与主要生活区以开敞连廊相连；二层以休息和康复为主，设置5间休息室兼起居室

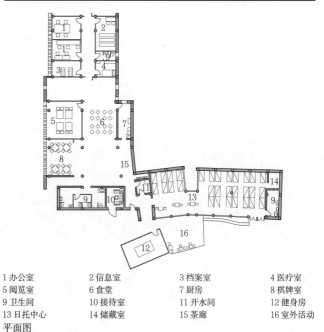

1 办公室　2 信息室　3 档案室　4 医疗室
5 阅览室　6 食堂　7 厨房　8 棋牌室
9 卫生间　10 接待室　11 开水间　12 健身房
13 日托中心　14 储藏室　15 茶廊　16 室外活动

平面图

5 上海胜利街居委会和老年日托站

名称	建成时间	设计单位
胜利街居委会和老年日托站	2011	山水秀建筑事务所

建筑师尝试用木构系统作为基本建筑语言，遵循功能和动线编织出一组院落建筑，着眼于用穿针引线的布局、晦明变化的庭院空间和邻里老屋的直接对话

概述

儿童福利院是指为孤、弃、残等儿童提供养护、医疗、康复、教育和技能培训、托管等服务的儿童福利服务机构。

服务对象

新生儿、婴儿、幼儿、学龄前儿童、学龄期儿童等18周岁以下的未成年人。大多数伴有各种肢体、知觉、智力残疾。

建设规模

儿童福利院建设规模分类表　　　　　　　　　　表1

类别	服务覆盖区常住人口数量（万人）	床位数（张）	建筑面积指标
一类	400~600	350~450	35~37m²/床
二类	300~400	250~349	37~39m²/床
三类	200~300	150~249	39~41m²/床
四类	100~200	100~149	41~43m²/床

注：1. 本表摘自《儿童福利院建设标准》建标145-2010。
　2. 二、三、四类儿童福利院所对应的人口数量不含上限。
　3. 接近人口数低值的，其建设规模宜采用床位数低值；接近人口数高值的，其建设规模宜采用床位数高值；中间部分采用插值法确定。
　4. 常住人口超过600万的，可按实际需要适当增加床位数量或分点建设；常住人口在100万以下的，在确保服务功能前提下，建设规模可参照四类标准下限执行或适当减少设置床位数。
　5. 地广人稀的特殊地区，建设规模可提高一个类别。

场地选址

1. 选址应符合城市规划要求。
2. 工程地质和水文地质条件较好，避开自然灾害易发区。
3. 交通便利，供电、给水排水、通信等市政条件较好。
4. 避开商业繁华区、公共娱乐场所，与高噪声、污染源区域之间的防护距离符合有关安全卫生规定。

功能组成

为孤残儿童提供养育、特殊教育、医疗、康复等服务，同时也为社会上有家庭的残疾儿童提供康复性医疗等服务，其功能组成见 1。

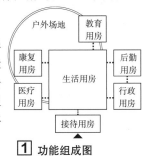

1 功能组成图

儿童福利院功能用房设置　　　　　　　　　　表2

名称	功能用房设置
医疗用房	检查室、诊疗室、抢救室、免疫室、化验室、消毒室、隔离室
康复用房	康复训练用房、聋儿语训用房、自闭症疏导室、多媒体语音房、心理疏导用房、室外康复场地
教育用房	技能培训室、文体活动室、教室、教师值班室、图书馆、礼堂
行政用房	服务接待、培训室、办公室、会议室、职工活动室、多功能厅
生活用房	住宿生活用房、公共活动用房、配餐配奶用房、儿童餐厅、理发、盥洗清洁用房、室外活动场地
后勤用房	公共厨房、职工餐厅、公共浴室、洗衣房、护理员休息室、设备用房、车库

建筑设计要点

1. 安全性。保证管理及设施的安全性。
2. 舒适性。良好的通风采光，合理的功能布局，优质的空间环境，适宜的室内外活动空间。
3. 适用性。适用于不同年龄和身体状况的儿童，满足多种养育模式及保育员工作需要。
4. 可识别性。为知觉障碍的儿童提供特殊视觉标识及声音提示。
5. 无障碍设计。为肢体残疾儿童提供适宜尺度的无障碍设施。
6. 开放性。在保证安全管理的同时，避免设计过度封闭的建筑及环境，保障孤残儿童心理健康成长。

孤残儿童身心特征

儿童福利院中的孤、弃儿童多数伴有各种残障，日常功能性活动异于普通儿童，心理上多具有自卑、依赖性强、安全感缺乏等特点。

孤残儿童的身体尺寸比普通儿童略微偏小，但相差不大，建筑中各种功能空间尺寸可参照普通儿童身体尺寸进行设计。

孤残儿童行为特点　　　　　　　　　　表3

儿童类型 行为类型	孤残婴儿（0~3岁）	肢体残疾（4~12岁）		知觉残疾（4~12岁）		智力残疾（4~12岁）
		上肢残疾	下肢残疾	视觉障碍	听觉、语言障碍	
行走	借助学步车自行练习，须保育员监护	行走基本正常，平衡力较差	使用拐杖者会占用双手，使用轮椅对场地要求较高	熟悉的环境中可以快速行走，陌生环境中需器械辅助	行走基本正常，较难判断周边情况	轻度智障者具有一定步行能力，重度智障者需保育员辅助
饮食	保育员进行喂养	轻度残疾可独立进食，重度残疾需他人辅助	独立进食	独立进食	独立进食	需他人辅助
盥洗如厕	保育员辅助	轻度残疾可通过无障碍设施独立完成，重度残疾需协助	通过无障碍设施独立完成	熟悉的环境中可独立完成，陌生环境需他人协助	独立完成	轻度智障者通过无障碍设施可以独立完成，重度智障者需保育员辅助
游戏活动	孤残儿童游戏活动方式与普通儿童相同，但剧烈程度相对较低。在游戏活动过程中，经常会将康复治疗内容融入游戏活动过程中，进行有针对性的训练					

6~18岁儿童青少年身高平均值（单位：cm）　　　　　　　表4

年龄	6	7	8	9	10	11	12	13	14	15	16	17	18
男	118.6	125.5	130.7	135.8	140.9	146.2	152.4	159.9	165.3	168.8	170.5	171.4	171.4
女	117.0	124.1	129.4	135.0	141.3	147.2	152.2	156.0	157.8	158.5	159.0	159.3	159.2

注：摘自《2010年国民体质监测公报》。

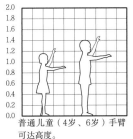

普通儿童（4岁、6岁）手臂可达高度。　　轮椅儿童（10岁）手臂范围。　　成年人双排轮椅最小通过宽度为1.5m，儿童因操作能力较差，宜适当加宽。

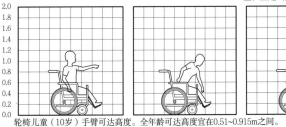

轮椅儿童（10岁）手臂可达高度。全年龄可达高度宜在0.51~0.915m之间。

2 儿童基本行为尺寸（单位：m）

福利建筑 [16] 儿童福利院／总平面设计·实例

总平面设计要点

1. 儿童福利院建设用地应包括建筑、绿化、室外活动和停车等用地，其用地面积应根据建筑要求和节约用地的原则确定。

2. 建筑密度宜为25%～30%，容积率宜为0.6～1.0。室外活动场地面积应按4～5m²/床核定。

3. 应根据孤残儿童特点和各项设施的功能要求，进行总体布局，合理分区。儿童用房、行政办公用房和附属用房宜分区设置。

4. 建筑布局应充分考虑通风、日照和环境美化的要求，儿童用房、行政办公用房和附属用房宜分区设置。

5. 儿童用房宜按照养护要求和服务流程实行连体布局，也可按照功能要求设置单体建筑，但宜采用建筑连廊连接。

6. 儿童用房应将生活、康复、教育和技能培训等用房进行有机组合；其生活用房应按照儿童的年龄和身体状况分别设置，采取类似家庭养育模式的可采用单元式布局。

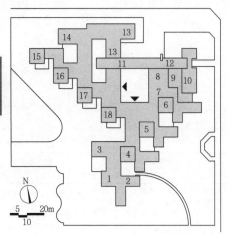

1 婴儿房　2 病房　3 集会厅　4 2～4岁儿童住宿区　5 4～6岁儿童住宿区　6 6～10岁儿童住宿区　7 中央厨房/主管住处　8 服务厅　9 队长住处　10 员工住处和图书馆　11 车库　12 医疗区　13 后勤办公区　14 剧院与体操房　15 14～18岁男生住宿区　16 14～18岁女生住宿区　17 10～14岁男生住宿区　18 10～14岁女生住宿区

1 荷兰阿姆斯特丹市立孤儿院总平面图

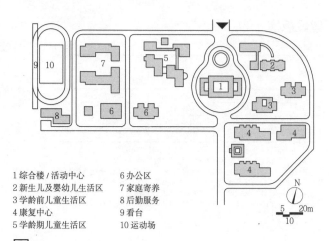

1 综合楼/活动中心　2 新生儿及婴幼儿生活区　3 学龄前儿童生活区　4 康复中心　5 学龄期儿童生活区　6 办公区　7 家庭寄养　8 后勤服务　9 看台　10 运动场

2 杭州市儿童福利院总平面图

实例

1 寝室　2 更衣室　3 卫生间　4 问诊室　5 治疗室　6 幼儿寝室　7 行政办公室　8 职工休息室　9 活动平台　10 储藏室　11 淋浴室　12 餐厅　13 厨房　14 备餐间　15 仓库

一层平面图

3 马里巴马科 Falatow Jigiyaso 孤儿院

名称	建筑面积（m²）	建成时间	设计单位
巴马科 Falatow Jigiyaso 孤儿院	891	2012	F8 建筑事务所

孤儿院为孩子们和工作人员提供了住所、小型医疗中心、行政办公室、厕所和淋浴、厨房和食堂。教室和露台位于一楼，供儿童活动之用。这些房间以马里和西非传统建筑设计的方式围绕一个中央庭院排列。设计应对极端的天气条件，采取了保证良好舒适性的原则

1 寝室　2 餐厅　3 厨房　4 门厅　5 卫生间　6 储藏室　7 学习室　8 更衣室　9 多媒体室　10 资料室　11 活动室

一层平面图

4 丹麦未来儿童之家

名称	建筑面积（m²）	建成时间	设计单位
丹麦未来儿童之家	1500	2014	Danish 建筑事务所

未来儿童之家把传统的家庭安全环境与"什么是现代的儿童之家以及它需要满足哪些条件"的新教学理念和设计概念相结合。类似于砖墙的黏土瓦片和垂直线条布置的木材覆盖着建筑，建筑师用当地熟悉的建筑材料和外形，为孤儿院孩子们创造出一种家的感觉

概述

福利康复中心是旨在通过综合协调地应用各种措施,消除或减轻病、伤、残者身心、社会功能障碍,达到和保持生理、感官、智力精神和社会功能上的最佳水平,从而使其借助某种手段,改变生活,增强自立能力,重返社会,提高生存质量的医疗机构。

福利康复中心的构成应包含综合康复设施、儿童听力语言康复设施、儿童智力康复设施、孤独症儿童康复设施、脑瘫儿童康复设施以及辅助器具中心设施6项,并可根据情况建设亲属陪护宿舍。

与卫生部设立的康复医院不同,福利康复中心多由残疾人联合会或工会等部门主管,既涵盖对伤者急性期医疗救治的功能,又担负着对其伤后长期的身心康复与社会技能培训的职责。此外,福利康复中心还承担康复医学科研、人才培养,兼具技术资源中心的作用,能提供社区康复服务指导、康复信息咨询、康复知识普及等工作。

建设级别

福利康复中心根据其所在辖区的残疾人口数量(或常住人口总数)确定建设规模,分为一级、二级、三级三个级别。

各级福利康复中心服务人口数区间(单位:万人)　　表1

建设级别	一级	二级	三级
辖区残疾人人口数	≤4.4	>4.4~≤50	>50
辖区常住人口数	≤70	>70~≤800	>800

注:摘自《残疾人康复机构建设标准》建标165-2013。

建设规模

1. 各级别康复中心的建设规模应根据各项设施相应的床位数或在园儿童数确定。当多项设施组合建设时,总建筑面积原则上应为组合的各项设施面积总和,但有些重复设置的房间可根据需要适当减少或合并,见表2。

2. 新建福利康复中心需要合理设计室外康复训练场地和室外儿童活动场地,见表3。

3. 福利康复中心配设亲属陪护宿舍时,其规模应先按照福利康复中心的级别确定实际陪护比例,再按照15m²/床的建设标准,确定陪护宿舍的总建筑面积,见表4。

各级各项康复设施规模控制指标　　表2

设施类别	控制指标	级别		
		一级	二级	三级
综合康复设施	床位数(张)	20~80	100~180	200以上
	床均建筑面积(m²/床)	74	81	92
儿童听力语言康复设施	在园儿童数(人)	20~50	60~90	100以上
	人均建筑面积(m²/人)	44	47	49
儿童智力康复设施	在园儿童数(人)	10~30	40~60	70以上
	人均建筑面积(m²/人)	47	46	46
孤独症儿童康复设施	在园儿童数(人)	10~30	40~60	70以上
	人均建筑面积(m²/人)	47	46	46
脑瘫儿童康复设施	在园儿童数(人)	20~50	60~90	100以上
	人均建筑面积(m²/人)	47	48	48
辅助器具中心设施	建筑面积(m²)	<1200	1200~3000	>3000

注:1.摘自《残疾人康复机构建设标准》建标165-2013。
2.当设置地下车库时,地下车库的建筑面积不计入以上建筑面积控制指标中。

室外康复活动场地建设面积指标　　表3

项目	康复训练场地	儿童活动场地
床(人)均面积指标	2m²/床	4m²/人

注:摘自《残疾人康复机构建设标准》建标165-2013。

各级福利康复中心亲属陪护宿舍床位数比例　　表4

一级	二级	三级
30%	50%	70%

注:摘自《残疾人康复机构建设标准》建标165-2013。

功能构成

福利康复中心根据级别主要设置门诊、急诊、医技、住院、康复、辅助器具、科研培训与社区指导、后勤管理用房。设计根据需要可将不同类别的康复设施合并建设。当各项设施合并建设时,宜将儿童康复设施与综合康复设施分设,不同类别的儿童康复内容也应独立分区。有条件的情况下还要考虑将儿童康复与学前教育功能相结合。

福利康复中心功能构成　　表5

级别	设置部门	主要功能用房
一级	康复门诊部	综合门诊、功能测评室、康复咨询室、听力检测室、助听器验配室、门诊大厅
	住院部	康复病房、护理单元康复室、配餐室、医护用房等
	综合康复部	康复评定室、运动疗法训练室(PT)、作业疗法训练室(OT)、语言疗法训练室(ST)、低视力康复室、盲人定向行走训练室
	听障儿童康复部	儿童活动用房、音体活动室、功能训练室、感统训练室、单训室、教具室、家长资源中心等
	智障儿童康复部	儿童活动用房、游戏室、功能训练室、语言/认知训练室、生活辅导室、教具室、家长资源中心等
	孤独症儿童康复部	儿童活动用房、游戏室、功能训练室、语言/认知训练室、生活辅导室、教具室、家长资源中心等
	脑瘫儿童康复部	儿童活动用房、运动疗法训练室、作业疗法训练室、引导式教育训练室、感统训练室、多感官训练室、水疗室、单训室、教具室、家长资源中心等
	辅助器具中心	辅具展示、辅具评估适配、假肢服务、库房
	社会指导部	社区康复指导室、培训教室
	管理用房	医护管理、会议、值班、档案室等
	辅助用房	营养食堂、员工食堂、总务库房、消毒室、商店等
二级(在一级基础上增设)	康复门诊部	肢体门诊、言语门诊与矫正室、听力门诊与评估室、视力门诊、智力门诊、心理门诊、人工耳蜗服务用房
	住院部	模拟家庭生活病房、休闲娱乐室等
	医技部	药剂科、检验科、放射科、理疗科、水疗科、中心供应、设备科、病理科、手术部
	综合康复部	认知治疗科、心理治疗科、社会职业康复治疗科、ADL生活场景模拟训练室
	辅助器具中心	辅具训练室、肢体辅具适配评估、肢体辅具订改制车间、听力辅助器具适配、调试室、假肢矫形器装配车间、取模室、更衣洗浴、无障碍家居示范、咨询设计室
三级(在二级基础上增设)	急诊部	诊室、抢救室、处置室、急诊监护室、留观病房等
	文体活动用房	图书阅览室、体育锻炼室、娱乐活动室
	医技部	ICU、血库、高压氧治疗、静脉配置
	辅助器具中心	步态分析、压力测试、日常生活能力评估室等
	科研教学用房	科研教室、教学用房

注:摘自《残疾人康复机构建设标准》建标165-2013。

建筑设计要点

1. 康复业务场所应设在残疾人方便抵离的地方,通行区域和患者经常使用的公用设施应满足无障碍设计要求。地面防滑,走廊墙壁应有扶手装置。

2. 地板、墙壁、顶棚及有关管线应易于康复设备、器械的牢固安装、正常使用及检修。

3. 建筑与环境设计应有利于残疾人生理、心理健康。以残疾儿童为服务对象的康复场所,色彩、装饰设计应适合儿童患者的心理特点。

4. 应设置完善、清晰、醒目的标识系统,并可设置指导视力和听力残疾人的触摸式语音提示系统和光学识别提示系统等。

福利建筑 [18] 福利康复中心 / 总平面设计·实例

总平面设计要点

1. 布局紧凑、交通便捷、管理方便。
2. 建筑各部分功能分区合理，符合医疗工艺流程，病房和儿童活动用房应获得充分的日照条件。
3. 合理设置室外活动场地，可与屋顶绿化和景观相结合。
4. 对废弃物的处理应作妥善安排，并符合有关环境保护法令、法规的要求。
5. 建筑密度不宜过高，在可能的情况下，应尽量加大绿化面积，美化环境。

实例

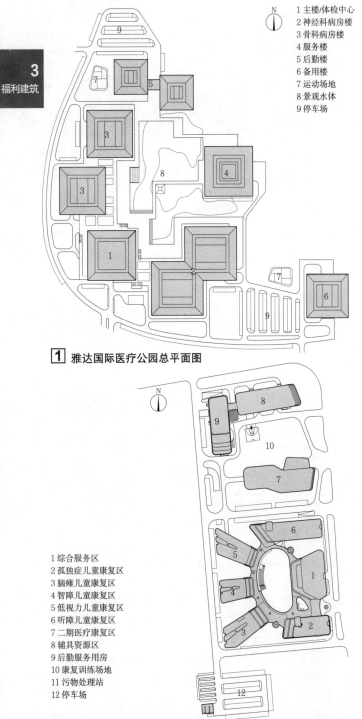

1 主楼/体检中心
2 神经科病房楼
3 骨科病房楼
4 服务楼
5 后勤楼
6 备用楼
7 运动场地
8 景观水体
9 停车场

[1] 雅达国际医疗公园总平面图

1 综合服务区
2 孤独症儿童康复区
3 脑瘫儿童康复区
4 智障儿童康复区
5 低视力儿童康复区
6 听障儿童康复区
7 二期医疗康复区
8 辅具资源区
9 后勤服务用房
10 康复训练场地
11 污物处理站
12 停车场

[2] 广东省残疾人康复基地总平面图

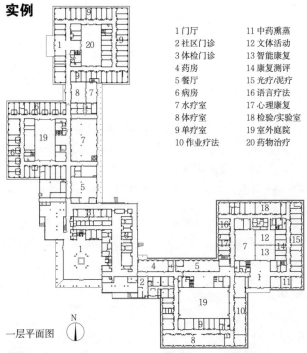

1 门厅　　11 中药熏蒸
2 社区门诊　12 文体活动
3 体检门诊　13 智能康复
4 药房　　14 康复测评
5 餐厅　　15 光疗/泥疗
6 病房　　16 语言疗法
7 水疗室　17 心理康复
8 体疗室　18 检验/实验室
9 单疗室　19 室外庭院
10 作业疗法　20 药物治疗

一层平面图

[3] 雅达国际医疗公园

名称	建筑面积	床位数	设计时间	设计单位
雅达国际医疗公园	73168m²	348床	2012	德国GMP国际建筑设计有限公司、上海联创建筑设计有限公司

设计从江南水乡特色出发，抽象出"园中园"的立方体建筑原型。老年疗养、骨科康复、神经科康复各自成区，每一栋单体建筑均有自身的内部庭院，而各单体又围合出向心的中央景观

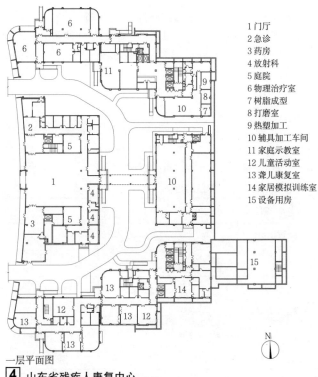

1 门厅
2 急诊
3 药房
4 放射科
5 庭院
6 物理治疗室
7 树脂成型
8 打磨室
9 热塑加工
10 辅具加工车间
11 家庭示教室
12 儿童活动室
13 聋儿康复室
14 家居模拟训练室
15 设备用房

一层平面图

[4] 山东省残疾人康复中心

名称	建筑面积	床位数	设计时间	设计单位
山东省残疾人康复中心	49998m²	300床	2013	中国中建设计集团有限公司

项目功能分区明确，中央集中布置门诊、医技部分，南北分别布置成人康复区和儿童康复区，分区独立、资源共享。设计引入"医疗中庭"的概念，有机结合室外半围合的园林串连各组功能区

实例 / 福利康复中心 [19] 福利建筑

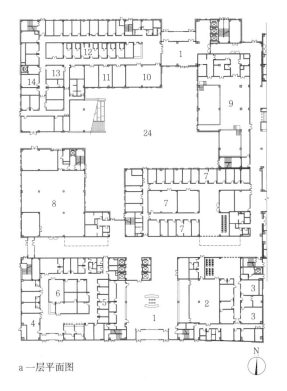

a 一层平面图

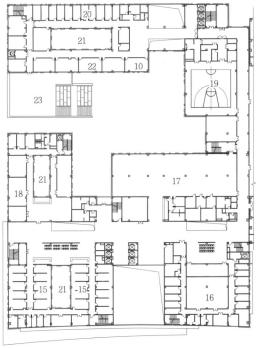

b 二层平面图

1 门厅　　2 门诊药房　　3 放射科　　4 抢救室　　5 急诊诊室　　6 急诊化验
7 康复评定　8 辅具展厅　9 水疗厅　　10 家长资源中心　11 言语矫治　12 测听室
13 人工耳蜗　14 助听器　　15 门诊　　16 检验中心　　17 体疗大厅　18 辅具加工
19 文体康复　20 单训室　　21 内庭院　22 功能训练室　23 活动平台　24 康复内院

1 青岛市残疾人康复中心康复医疗楼

名称	建筑面积	床位数	设计时间	设计单位
青岛市残疾人康复中心康复医疗楼	99997m²	800床	2015	同济大学建筑设计研究院（集团）有限公司

项目涵盖综合门急诊、综合康复和儿童康复等多项功能。设计以"小综合、大专科"的思路，将各类康复功能集中围绕康复内院布置，作为康复中心的主体，其他功能附属于周边，功能分区明确，交通流线便捷

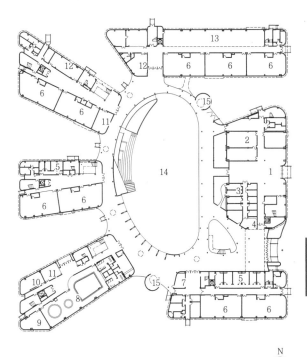

a 一层平面图

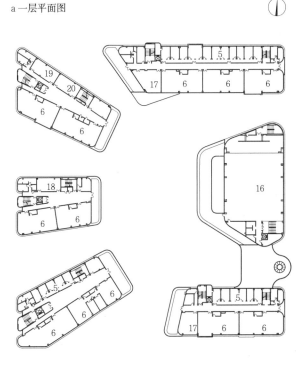

b 二层平面图

1 门厅　　2 接待室　　3 隔离室　　4 医务室　　5 单训室　　6 活动室/寝室
7 家长咨询　8 水疗室　　9 运动疗法　10 语言疗法　11 生活辅导室　12 音体活动室
13 情景训练　14 广场　　15 游戏屋　　16 文体活动　17 感统训练室　18 认知训练室
19 生活训练　20 行走训练

2 广东省残疾人康复基地儿童康复区

名称	建筑面积	设计时间	设计单位
广东省残疾人康复基地儿童康复区	56382m²	2014	华南理工大学建筑设计研究院

项目将不同类别的儿童康复区围绕共享的综合服务区布置，各区既相对独立，又方便联系。儿童康复活动空间采用类似幼儿园活动室与寝室的方式布置，结合各功能训练室、单训室、室外活动广场和游戏屋，充分满足儿童康复的特点

福利建筑 [20] 福利康复中心 / 实例

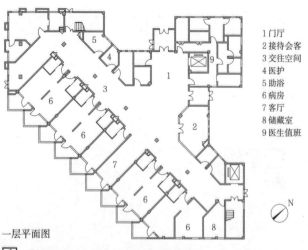

一层平面图

1 门厅
2 接待会客
3 交往空间
4 医护
5 助浴
6 病房
7 客厅
8 储藏室
9 医生值班

1 吉林省残疾人康复医院残疾人康复楼

名称	建筑面积	床位数	设计时间	设计单位
吉林省残疾人康复医院康复楼	27470m²	459床	2011	中元国际（上海）工程设计研究院有限公司

项目采用庭院式多层建筑布局，功能分区明确，交通便捷。住院楼每层设客厅及餐厅等交往空间，促进残疾人交流，为患者下床活动提供空间保障，有利于其康复与回归社会

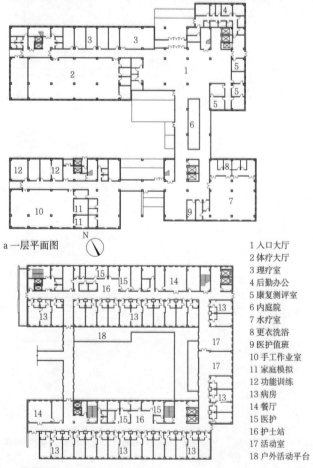

a 一层平面图

b 二层平面图

1 入口大厅
2 体疗大厅
3 理疗室
4 后勤办公
5 康复测评室
6 内庭院
7 水疗室
8 更衣洗浴
9 医护值班
10 手工作业室
11 家庭模拟
12 功能训练
13 病房
14 餐厅
15 医护
16 护士站
17 活动室
18 户外活动平台

2 宁夏回族自治区总工会疗养院康复区

名称	建筑面积	床位数	设计时间	设计单位
宁夏回族自治区总工会疗养院康复区	59174m²	690床	2015	同济大学建筑设计研究院（集团）有限公司

项目是一个综合性康复与疗养中心，康复区与托护区相对独立，并分别与综合医疗区建立连接。项目着力强调地域特色，采用拱券形态与粗犷的陶板外墙饰面结合，突出回族民俗特色的同时，将室内外空间充分结合，为康复患者提供舒适的环境

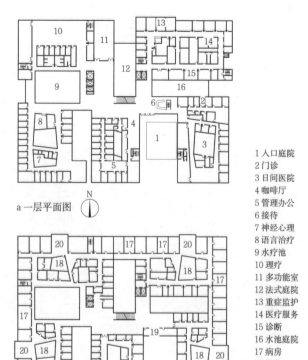

a 一层平面图

b 二层平面图

1 入口庭院
2 门诊
3 日间医院
4 咖啡厅
5 管理办公
6 接待
7 神经心理
8 语言治疗
9 水疗池
10 理疗
11 多功能室
12 法式庭院
13 重症监护
14 医疗服务
15 诊断
16 水池庭院
17 病房
18 服务
19 办公
20 休息餐饮

3 瑞士巴塞尔REHAB康复疗养中心

名称	建筑面积	设计时间	设计单位
瑞士巴塞尔REHAB康复疗养中心	8000m²	1998	赫尔佐格与德梅隆

为避免产生医院常有的紧张和压抑感，该项目设计采用城市的空间概念，将若干院落空间组织成为一个微型城市街区，旨在促进残疾人彼此之间的交往，为他们的心理康复和回归社会提供帮助

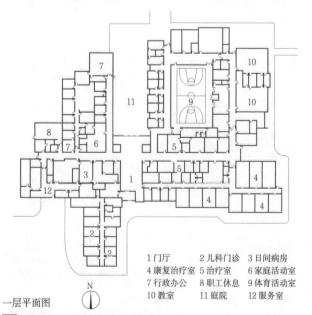

一层平面图

1 门厅	2 儿科门诊	3 日间病房
4 康复治疗室	5 治疗室	6 家庭活动室
7 行政办公	8 职工休息	9 体育活动室
10 教室	11 庭院	12 服务室

4 加拿大安大略湖儿童康复中心

名称	建筑面积	床位数	设计时间	设计单位
加拿大安大略湖儿童康复中心	3836m²	床	2010	米切尔建筑师事务所

项目是为周边儿童进行肢体、语言康复治疗的非营利机构。建筑利用色彩为儿童营造亲切的氛围，可再生材料的应用是另一特色

概述

精神卫生社会福利机构是对精神障碍患者中的特困人员、流浪乞讨人员、低收入人群、复员退伍军人等特殊困难群体提供集中救治、救助、护理、康复和照料等服务的社会福利机构。与卫生系统精神卫生中心的区别为：前者重养，后者重医。

服务对象   表1

类型	特困类	荣军类	低保类	困难类
特征	无劳动能力、无生活来源且无法定赡养、抚养、扶养义务人的老年人、残疾人以及未满16周岁的未成年人患者	退伍军人中的慢性精神疾病患者	低保内、低保边缘、身为慈善对象的患者	长期困扰（或有危害性）家庭和社会的患者

建设标准

根据《精神卫生社会福利机构基本规范》MZ/T 056—2014规定，精神卫生社会福利机构每个房间的床位数不宜超过8张，每床位使用面积不少于5m²。

总平面设计要点

1. 精神卫生社会福利机构选址的基本需求包括：交通便利，基础设施完善，远离具有易燃、易爆产品生产、储存区域。
2. 院区应设置围墙或栏杆，围墙及栏杆应有防攀爬措施。
3. 功能分区合理，医疗康复区与后勤供应区应联系方便，不同部门交通流线避免混杂交叉。
4. 住院病区至少应有两个不同方向的出入口，洁污分流。
5. 充分设置室外活动场地。

安全区设计

由于精神疾病患者的特殊性，在发病时可能会对自身或者他人安全造成威胁，因此，在精神卫生中心建筑中，总平面布置应有明确的安全区域设计，室内一、二、三级安全区应在其内。

安全区域外应由安全通道隔离，安全通道应闭路、平直、易于通视和通达。

1. 室内安全区：由实体砌筑的内外墙（及安全地面、顶面）、安全门窗、区内的监控（人视和设备）系统构成。
2. 安全门窗：门窗扇安装牢固，拉手圆滑，配安全玻璃（钢化夹胶）；外窗开启应小于110mm，护栏牢固且不易攀爬。
3. 病房区内卫生间：门外开，自然通风，无扶手，无挂杆，管道均隐藏，盥洗宜采用水槽形式，厕位宜通道式，淋浴宜开敞，花洒应内置式。
4. 安全家具：坚固、圆角，柜门及抽屉拉手应为凹式。

室内安全区设计要求   表2

级别	特点	主要区域	设计要求
一级	患者发病，有较大危险性	观察室、会客单间	封闭，双向出口，双向观察，室内无可移动家具物品，无锐角，无突出物，设门禁系统
二级	区内常无医护人员	病房区	封闭，双向出口，病房内无观察死角，安全外窗，门外开，墙顶地面无突出物，无设备门（含消火栓箱），设门禁系统
三级	区内常有少量医护人员	活动（就餐）区	封闭，双向出口，平面方正，设门禁系统
四级	医护人员与患者数量相当	各诊室，康复区	双向出口，安全的家具和设备仪器

建筑设计要点

1. 建筑宜采用单层或多层建筑，不宜设计阳台。三层及以上主要业务功能建筑物应设置电梯，并应设置封闭式电梯厅。
2. 住院病区应分别设置男女病区，护士站宜靠近病区出入口。
3. 住院病区基本用房应包括带卫生间病房、不带卫生间病房、公共卫生间、浴室、活动室、隔离室、急救室、治疗室、患者餐厅、护士办公、医生办公、护士站、值班室、库房、配餐室、开水间、污洗室、污物暂存间。
4. 走廊不宜过长，净宽不宜低于3m，避免压抑感。
5. 室内风格应避免医院化，可采用家庭化设计，室内涂装及设施采用柔和色彩，安抚患者情绪。
6. 安全防护措施尽可能隐蔽化、自然化，避免产生监狱感。患者集中活动的用房所有窗玻璃应选用安全玻璃。
7. 应有供患者使用的阅览室、影视厅、棋牌室等文化娱乐设施。
8. 无障碍设施完善，满足规范要求。

实例

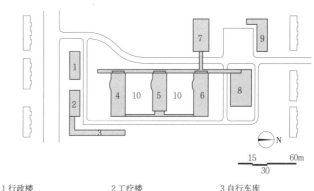

1 行政楼	2 工疗楼	3 自行车库
4 病房楼（女）	5 病房楼（男）	6 病房楼（老人）
7 康复楼	8 后勤楼	9 洗衣房
10 活动内院		

a 总平面图

1 护理站	2 活动厅	3 办公室
4 盥洗室	5 卫生间	6 病房单元
7 安全门（患者不可单独通行）	8 家属接待室	

b 标准层平面图

1 上海市民政第三精神卫生中心

名称	建筑面积（m²）	设计时间	设计单位
上海市民政第三精神卫生中心	2212	2013	中元国际（上海）工程设计研究院有限公司

上海市民政第三精神卫生中心是在一幢1985年施工的旧宿舍楼上进行装修改造而成。改造设计后，病房楼以层为单位设置安全区，进出安全门的患者不可单独通行。层内设置护理站和活动厅，患者日常生活活动均在同层完成。

福利建筑 [22] 救助管理站 / 基本内容·实例

基本概念

救助管理站是以自愿为原则，对在城市生活无着的流浪乞讨人员及其他困难人员实行救助和管理，以保障其基本生活权益的机构。其主要受助人员为城市流浪乞讨人员。同时也对以下其他人员实施救助：

1. 对寻亲不遇、打工无着、被偷、被盗、被骗、上访等临时有困难者提供帮扶性救助；
2. 对未成年人、孕妇、无民事行为能力者等实行保护性救助；
3. 对老年人、残疾人等实行关爱性救助；
4. 对家庭暴力受害者实行保护性救助；
5. 对不接受进站救助者实行临时性救助。

建设标准

救助管理站建设规模　　　　　　　　　　　表1

级别	床位数（张）	建筑面积（m²）	室外活动面积（m²）	宿舍人均居住面积（m²）
一级	>200	>5000	>400	≥4
二级	101~200	>3000	>400	≥4
三级	50~100	>1500	>200	≥4

注：1. 本表摘自《救助管理机构等级评定》MZ/T 025-2011；
　　2. 以上指标不包括未成年人救助保护中心功能内容。

总平面设计要点

1. 进行单元式设计，各单元分区内功能完善；各单元分区之间互不干扰。
2. 保证安全的前提下，弱化救助管理机构形象。总平面布局灵活，充分设置室外活动场地，适当设置景观。
3. 预留在遭遇地震、火灾等非常时期设置临时设施的室外空间。
4. 考虑未来因规模扩展而进行加建改造的可能性。

建筑设计要点

1. 救助管理站中应独立设置流浪未成年人救助保护中心或未成年人生活区，功能用房设计符合未成年人身心特点。
2. 家暴庇护中心宜独立设置，并高度隐蔽，以保护受害者的隐私及人身安全。
3. 宿舍按照性别、年龄分设，保证受救助人的个人尊严和私密性。
4. 餐厅厨房分设清真专用，尊重民族习惯。

安全区设计

由于某些救助对象长期在非正常环境中生活，导致其世界观及交流异常。此类受救助对象可能会间歇性拒绝救助，或者对自身及他人人身安全造成威胁和伤害。因此，要设置具有安全防范措施的安全区域。

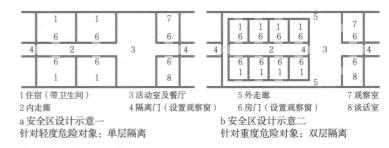

1 住宿（带卫生间）　3 活动室及餐厅　5 外走廊　7 观察室
2 内走廊　4 隔离门（设置观察窗）　6 房门（设置观察窗）　8 谈话室

a 安全区设计示意一　　　　b 安全区设计示意二
针对轻度危险对象：单层隔离　针对重度危险对象：双层隔离

1 安全区设计示意图

实例

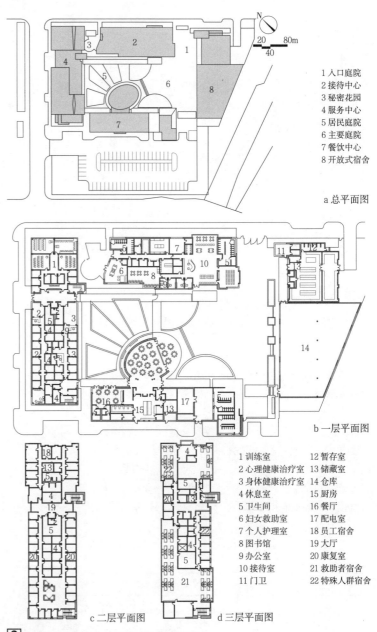

1 入口庭院
2 接待中心
3 秘密花园
4 服务中心
5 居民庭院
6 主要庭院
7 餐饮中心
8 开放式宿舍

a 总平面图

1 训练室　　　12 暂存室
2 心理健康治疗室　13 储藏室
3 身体健康治疗室　14 仓库
4 休息室　　　15 厨房
5 卫生间　　　16 餐厅
6 妇女救助室　17 配电室
7 个人护理室　18 员工宿舍
8 图书馆　　　19 大厅
9 办公室　　　20 康复室
10 接待室　　21 救助者宿舍
11 门卫　　　22 特殊人群宿舍

b 一层平面图　c 二层平面图　d 三层平面图

2 美国达拉斯 Brige 无家可归者援助中心

名称	建筑面积（m²）	设计时间	设计单位
达拉斯 Brige 无家可归者援助中心	6968	2008	奥弗兰建筑事务所+卡马戈·科普兰建筑事务所

该援助中心面向约6000位无家可归者全天24小时开放。由主体建筑围合而成的庭院作为主要的教育活动区域，吸引了许多无家可归者及附近居民在此聚集。在庭院中可开展各种教育、慈善活动

实例

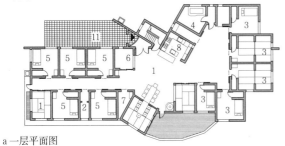

a 一层平面图

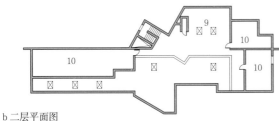

b 二层平面图

1 起居室·餐厅　　2 浴室　　　　3 居室　　　　4 浴室
5 老人居室　　　　6 职员室　　　7 卫生间　　　8 厨房
9 办公室　　　　　10 仓库　　　　11 停车场

1 日本宫城县玛利亚救助院

名称	建成时间	设计单位
宫城县玛利亚救助院	1999	井上博文+高桥住研

南面老人居室单人房沿走廊排列，北面集体居住部分设计为大厅式，中央的大厅作为休闲聚会的场所，还可以用于通风

a 一层平面图

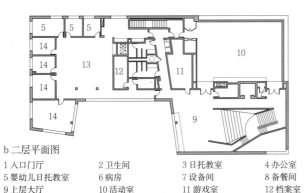

b 二层平面图

1 入口门厅　　　　2 卫生间　　　3 日托教室　　　4 办公室
5 婴幼儿日托教室　6 病房　　　　7 设备间　　　　8 备餐间
9 上层大厅　　　　10 活动室　　　11 游戏室　　　　12 档案室
13 办公大厅　　　　14 咨询室

2 美国芝加哥SOS儿童村社区中心

名称	建成时间	设计单位
芝加哥SOS儿童村社区中心	2008	Studio Gang 建筑事务所

SOS儿童村是一个国际性的非营利机构，鼓励孩子们利用各种学习机会参加社会活动。一个宽敞的双跑楼梯可作为教室和即兴表演的座位。二层大型活动室可作为教室、运动室和会议空间。一层的日托教室对着户外游乐场

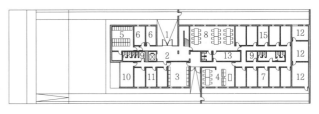

1 入口　　　2 前厅　　　3 女性工作间　4 休闲室
5 寄存室　　6 办公室　　7 寝室　　　　8 餐厅
9 卫生间　　10 餐厅　　 11 女性寝室　　12 设备室
13 厨房　　 14 休闲室

a 一层平面图

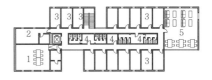

1 工作间　　2 起居室　　3 寝室　　4 卫生间　　5 餐厅

b 二层平面图

3 西班牙纳瓦拉流浪者之家

名称	建成时间	设计单位
纳瓦拉流浪者之家	2010	Javier Larraz

设计缩小了建筑尺度，促进了不同的用户在内部空间的交流，可以同时进行不同的活动。在有限的空间布置卧室、餐厅、会议室、休闲室等

1 门厅　　　2 餐厅　　　3 卫生间　　　4 电脑房
5 阅读室　　6 储藏间　　7 设备间　　　8 预留用房
9 女性救助室　10 影视厅　11 活动室　　 12 健身房
13 管理室　 14 接待室　 15 办公室

a 儿童救助楼一层平面图

1 居室　　　2 卫生间　　3 甄别室　　　4 储藏间
5 值班室　　6 设备间　　7 活动室　　　8 会议室
9 办公室

b 儿童救助楼二层平面图

4 上海市救助管理站儿童救助楼

名称	设计时间	设计单位
上海市救助管理站儿童救助楼	2010	中元国际（上海）工程设计研究院有限公司

上海市救助管理站共有7幢主要建筑和2幢附属建筑。其中的儿童救助楼经过修缮改造，提升了整体建筑的性能，改善了空气质量和光环境，提高了舒适度，使内部空间满足被救助儿童的需求

总论 [1] 术语解析

术语解析

1. **殡葬、丧葬**：悼念和安葬逝者的一系列活动及相关礼仪。
2. **殡葬服务**：殡葬服务机构为人们的殡葬活动所提供的劳动服务及其服务所需的条件保障。
3. **殡葬设施**：为开展殡葬活动和服务而建立的殡仪设施、火化设施、墓地设施和骨灰安放设施的统称。
4. **殡仪设施**：提供遗体接送、运输、保存、防腐、整容、整形、冷藏和为丧属提供悼念等服务的建筑、场所、设备、装置的统称。
5. **火化设施**：将遗体火化成骨灰所需要的专用建筑、装置、设备和设施的统称。
6. **墓地设施**：为埋葬遗体或骨灰所提供的用地场所和专用设施的统称。
7. **骨灰安放设施**：以亭、台、楼、阁、堂、塔、墙、壁、坛等建筑提供安放骨灰的设施总称。
8. **殡葬建筑**：供人们进行殡葬活动的建筑物或构筑物的统称，包括殡仪建筑、火化馆和安葬建筑。
9. **殡仪建筑**：遗体火化前丧属举行悼念告别活动，并对遗体进行处置的综合性建筑，包括殡仪馆、殡仪服务中心、殡仪服务站、火化馆、火葬场等。
10. **安葬建筑**：对火化后的骨灰进行安放和祭祀的建筑和构筑物，包括骨灰寄存建筑、骨灰堂、纳骨堂和墓单元等。
11. **殡仪馆**：提供遗体接待、遗体处置、火化、悼念、守灵以及骨灰暂存等殡仪服务活动的综合性建筑及其场所。殡仪馆一词由西方引入，来自1925年由美国纽约中华凯斯柯特公司设在上海的"万国殡仪馆"引名，最初以外侨为服务对象，后来也设有中国式殡殓。殡仪馆作为一种殡仪服务形式，直到新中国成立前在中国沿海大、中城市陆续建造，新中国成立后才成系统地发展。
12. **殡仪业务**：丧属办理入殓和殡仪等业务的活动。
13. **遗体接待**：是对遗体进行接收登记，进行下一步服务的接待工作。
14. **停尸间（或太平间）**：用于停放遗体的房间。
15. **遗体冷藏**：对遗体进行冷冻保存。
16. **遗体冷藏区**：用于在低温条件下保藏遗体所需的一组功能空间的区域。
17. **遗体处置**：指对遗体进行沐浴、消毒、整容、防腐、更衣、整形以及解剖等处理的服务。
18. **遗体防腐**：通过防腐剂抑制或减少微生物在遗体中的繁衍，延缓遗体自溶和腐败的处理服务。
19. **遗体守灵**：丧属对逝者守孝，并接待客人的活动。
20. **悼念、告别**：为丧户举办与逝者遗体告别的活动。
21. **火化、火葬**：用燃烧的方法使遗体变成骨灰的过程。
22. **火化馆（或火葬场）**：专门进行遗体火化服务的建筑。
23. **火化业务**：丧属办理火化的业务接待过程。
24. **火化间**：安放火化设备，对遗体进行火化的专用房间。
25. **殡葬服务中心（或殡仪服务站）**：具有一项或多项殡仪服务，但不具备火化功能的服务机构。
26. **骨灰**：遗体火化后骨骼的残留物。
27. **骨灰整理室**：通过设置骨灰整理机等设备对火化后的骨灰进行分拣、破碎、筛分和废渣处理的功能空间。
28. **候灰间**：丧属等候领取遗体火化后骨灰的房间。
29. **捡灰间**：遗体火化后，供丧属捡取骨灰并装入骨灰盒的房间。
30. **壁葬**：把装骨灰的容器嵌入墙壁格架内的一种骨灰安放形式。
31. **骨灰寄存建筑**：指在壁面上设置骨灰格架，或用骨灰格架构成壁面，用来安放骨灰容器的建筑物或构筑物（包括楼、塔、亭、廊、榭、阁、墙、坛等多种形式）。
32. **骨灰楼**：在建筑内设置骨灰安放间的建筑物。
33. **骨灰塔**：集中安放骨灰盒的塔式建筑。包括丧属进入塔内和不进入塔内两种。进入塔内的如骨灰楼，不进入塔内的如骨灰壁。
34. **骨灰安放间**：室内集中安放骨灰格（架）的建筑空间。
35. **骨灰廊**：在廊内壁面上集中安放骨灰盒的廊式建筑或构筑物。
36. **骨灰壁**：用来集中安放骨灰盒的墙壁。
37. **骨灰亭**：内壁嵌有安放骨灰盒格架的亭式建筑。
38. **墓葬（或穴葬）**：将骨灰或遗体采用墓穴式或坑穴式安葬的一种安放形式。
39. **公墓**：用于公众安放或安葬骨灰或遗体的场所。
40. **墓园（或陵园）**：园林化的墓地，是以缅怀逝者为主题的纪念性墓地公园。
41. **墓地**：公墓中采用墓穴式或坑穴式安葬骨灰或遗体的用地区域。
42. **墓（或墓穴）**：安葬遗体或骨灰的坑穴。
43. **墓单元**：指骨灰安葬在室外地下墓穴，且由周边绿化、墓间距与墓前步道组成的墓地基本用地单元空间。
44. **墓组团**：指由一定数量的墓单元组合起来的用地形式。
45. **碑式墓单元**：由碑式墓及其周边绿化、墓间距、墓前步道组成的基本用地空间。
46. **遗体冷藏棺**：用制冷技术保存单具遗体的棺材型设备。
47. **灵车**：接运遗体的专用机动车。
48. **运尸车**：建筑物室内运输遗体的专用车。
49. **焚烧场**：配有遗物和祭品焚烧专用设备的场地。
50. **集散广场**：基地内为丧户提供集合、等场和休息用的室外公用场地。
51. **祭悼场所**：丧属进行悼念和祭扫活动的专用场所，包括室内和室外两种。
52. **逝者**：根据中华人民共和国《殡仪管理条例》的规定和医疗单位出具的死亡证明的死亡者。
53. **丧属**：逝者的亲属、生前好友等的统称，其中丧属代表是指丧属中的代表人物。

分类

1. 殡葬建筑依据遗体火化前和火化后的处置功能不同，分为殡和葬两部分，即殡仪建筑和安葬建筑，见1。
2. 殡仪建筑依据有无火化功能，分为殡仪馆、火化馆和殡仪服务中心，见1。
3. 安葬建筑依据骨灰盒安放的形式不同，分为壁葬和穴葬两类，见表1。

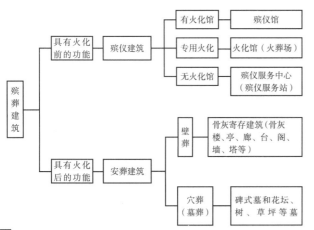

1 殡葬建筑分类

按骨灰安放的形式分类 表1

	名称	特点
壁葬	骨灰楼	是以格架方式安葬骨灰的建筑物，是丧属在特定的日期为逝者祭祀、悼念的场所，也称骨灰堂、纳骨堂或立体公墓等
	骨灰塔	建筑外形似塔的骨灰楼。塔式安葬在历史上也是一种庄严葬法，也称塔葬。现代骨灰塔有进入式和非进入式之分
	骨灰壁	是一种将骨灰安置在墙壁中的立体式安葬形式。可节约用地，并有利于构成墓园的环境景观
	骨灰廊	是由廊子和骨灰壁结合形成的一种存放骨灰的建筑形式，利用中国传统园林的亭和廊等园林元素形成的一种建筑形式，易与墓园环境相结合，创造出园林景观气氛
穴葬	墓碑式	传统的墓穴形式，也是现在我国主要采用的墓穴形式
	草坪式	是一种新型墓葬形式，没有墓碑，只有墓基部分或者墓基很矮，隐于草坪之中
	花坛式	使用可降解骨灰盒，将骨灰安葬在花坛中，形成花坛式墓葬
	树葬式	骨灰安葬在地下，在其旁边植树，可立碑也可只设低矮墓基

城乡配置

殡葬建筑配置应坚持人性化服务、节约土地、扩大安葬率、生态化原则。倡导安葬建筑以生态公墓和骨灰寄存楼为主；殡仪馆、殡仪服务中心和火化馆的数量和规模可依据城市人口规模、火化服务能力、经济生活水平、未来发展需要等因素进行适度配置，见表2。

城乡配置分级 表2

等级	设施配置标准	市区常住人口（万）
乡镇	每个镇配备公益性公墓或骨灰寄存楼1个	—
小城市	殡仪馆1个，公墓、骨灰寄存楼结合现状，新建安葬以骨灰寄存楼为主	<50
中等城市	殡仪馆2~3个，殡仪服务中心1~2个，公墓、骨灰寄存楼结合现状，新建安葬设施以骨灰寄存楼为主	50~100
大城市	殡仪馆3~5个，殡仪服务中心结合行政分区设置，公墓、骨灰寄存楼结合现状，新建安葬建筑以骨灰寄存楼为主	100~500
特大（巨大）城市	殡仪馆5~10个，殡仪服中心应结合行政分区或社区进行设置，公墓、骨灰寄存楼结合现状，新建安葬建筑以骨灰寄存楼为主	>500

城乡布局原则

1. 殡葬建筑的布局应符合城乡规划的空间与用地要求，充分考虑人口规模、城市空间形态以及交通的便利性。
2. 城区范围内殡仪馆布局应结合行政辖区布局，殡仪服务中心应结合行政区划和社区布置。而安葬建筑应当结合殡仪建筑，适度分离又联系便捷；市域内各县城应拥有相对完善、布局合理的殡葬建筑，并建立覆盖全城区的殡葬服务网络。
3. 殡葬建筑应节约用地，在用地选择上，宜考虑利用城乡中弃置地，如裸岩、石砾地、陡坡地、塌陷地、盐碱地、沙漠地、废窑坑和露天矿棕地。应采用项目建设与弃置地生态恢复相结合的方式建设。
4. 应按照我国各地区年死亡率和火化量综合配置殡葬建筑的总体规模。
5. 殡葬建筑应纳入当地的国民经济和社会发展规划，并在城乡规划中落实专项用地。
6. 应使殡葬建筑融入城市和乡镇环境中，提升城乡风貌，使其发挥在城乡建设与精神文明建设中不可或缺的作用。

▲ 殡仪馆
● 经营性公墓
□ 殡仪服务中心
▲ 公益性公墓骨灰寄存楼

2 长沙市殡葬建筑布局图

我国部分公墓建设参考指标

我国部分公墓建设规模概况表 表3

	城市	项目名称	建设时间（年）	总用地面积（hm²）
1	河北省鹿泉市	双凤园陵园	1988	20
2	重庆市南岸区	南山龙园	1999	33.3
3	河南省许昌市	葛天塔陵园	2001	13.3
4	上海市青浦区	福寿园	1995	40
5	甘肃省兰州市	南山墓园	1995	6.9
6	安徽省和县	岗龙山公墓	1999	2
7	黑龙江省齐齐哈尔	仙鹤墓园	2002	30

我国部分公墓规划用地比例表 表4

	总用地面积（hm²）	绿化面积（hm²）	广场面积（m²）	停车场面积（m²）	商业服务设施（m²）	管理用房（m²）	花卉种植地（m²）
1	20	13	3726	6219	660	86	2500
2	33.3	13.3	10000	10000	1150	2500	2000
3	13.3	8	20000	1500	540	1000	2000
4	41	17	1000	20000	4032	2000	200000
5	6.9	0.12	40	60	150	250	400
6	2		2000	2000	120	60	

我国部分公墓道路概况（单位：m） 表5

	总用地面积（hm²）	主路	支路	小路	公墓主入口总宽度
1	20	6	4	1.5	20
2	33.3	7.5	5	2	23
3	13.3	4.5	3.5	1.5	16
4	41	7	4.5	2	30
5	6.9	3.5	1.5	1.2	12
6	2	3.5	1.2	0.9	6
7	30	6	4	1.5	30

注：表4、表5的序号对应的项目名称同表2。

殡仪建筑规模参考指标

殡仪馆规模参考指标   表1

殡仪馆	总用地面积(hm²)	总建筑面积(m²)	容积率	绿地率(%)	停车位(个)
哈尔滨天河园	35	15616.4	0.03	42	666
天马山殡仪馆	10.78	29613.71	0.23	40	350
临潼殡仪馆	6.67	15409.29	0.23	36	84
南京殡仪馆	19.98	50000	0.25	38	400

殡仪服务中心规模参考指标表   表2

殡仪服务中心	总用地面积(hm²)	总建筑面积(m²)	容积率	绿地率(%)	停车位(个)
哈尔滨东华苑	3.38	6378	0.19	32	182
上海龙华	4.4	14000	0.32	48	190
永宁县殡仪服务中心	66.66	4900	0.01	36	140

公墓规模参考指标表   表3

公墓	总用地面积(hm²)	绿地率(%)	停车位(个)
贵州龙里县龙凤山公墓	59.94	80	390
上海福寿园	54	36.8	350
哈尔滨天泉陵园	43	90	280
哈尔滨皇山公墓	0.0032	80	210

骨灰寄存楼规模参考指标表   表4

骨灰寄存楼	总用地面积(hm²)	总建筑面积(m²)	容积率	绿地率(%)	停车位(个)
西安安灵苑	2.2	4986	0.23	42	350
哈尔滨天河园	7.33	2114.4	0.03	36	430

选址要点

殡葬建筑在满足便捷使用的同时,应尊重各地区殡葬文化、丧葬习俗对选址的要求。虽然各地殡葬建筑系统均具特色,但选址需满足如下原则:

1. 应选择城乡用地分类中的区域公用设施用地,宜选择城市和乡镇郊区,远离人口聚居区,亦可选择弃置地和荒地。

2. 从基地所选的地理环境中,可以考虑选在山地、丘陵地、平原等,也可以考虑选在江、河、湖、海中的岛屿上。如大卫·奇普菲尔德建筑师事务所设计的圣·米歇尔公墓,它位于威尼斯和穆兰诺之间的运河上的小岛,整个岛所建全部是墓地。岛与大陆之间有两座桥连接。

3. 应与土地利用规划、总体规划中的规划用地选址相一致。

4. 应避免使用耕地、林地和风景名胜区用地。宜选择有植物覆盖且利于排水的地形,可依其原有地形地貌,创造园林化的墓园区位。

5. 应避免选择容易发生洪水、泥石流、山体滑坡等自然灾害频发的位置。并应避开对工程抗震不利的危险地段,以及容易产生风切变的地段。

6. 禁止在饮用水水源一级保护区内建设殡葬建筑,并应满足《饮用水源保护区、污染防治管理规定》([89]环管字第201号)。

7. 应满足国家和地区有关安全、卫生防护距离的规定。例如火葬场应远离人口聚居区,并应满足《火葬场卫生防护距离标准》GB 18081-2000的规定,见表5。

火葬场卫生防护距离(单位:m)   表5

年火化量(具)	近5年所在地区年平均风速(m/s)		
	<2	2~4	>4
>4000	700	600	500
≤4000	500	400	300

注:1. 本表摘自《火葬场卫生防护距离标准》GB 18081-2000。
2. 规定是火葬场与居住区之间的防护距离。
3. 本规定适用于地处平原、微丘地区新建和改、扩建的火葬场工程。
4. 卫生防护距离指生产有害因素的部门边界至居住区边界的最小距离。
5. 按火葬场所在地区近5年平均风速和年火化量确定此表。

8. 应距离水库、河流、堤坝附近和水源保护区1000m以上,应选择不污染水源的位置。

9. 应离铁路、公路主干线两侧和通航河道两侧500m以上,并应避免穿越城市主要道路。基地应远离生产和储存易燃、易爆物的场所,并宜远离高压线路。

10. 宜根据当地丧葬习俗对基地进行相地,即对基地条件进行勘察、体验、分析和利用。

11. 殡仪馆、火化馆、火葬场选址应在所在地区夏季主导风向的下风侧,减少火化造成的空气质量和噪声的影响。

12. 不应选择吸引啮齿动物、昆虫或其他有害动物的场所和建筑附近。

总平面设计要点

1. 应与区域规划、城市总体规划、土地利用规划及其他相关规划相协调。

2. 应首先进行功能区和景区划分的总体布局规划设计。

3. 建筑及园区的总平面设计内容应包括出入口、功能区划、景观系统、道路交通系统、公共活动广场、集散广场、停车场、祭悼场所等场地的布局,明确主体建筑、辅助建筑、公共厕所等建筑物、构筑物的规模、平面布置及环境设施;设置地面雨水、雨洪系统以及环卫与垃圾分类收集处理场所。结合总平面布局,同时进行地形、建筑和种植等专项设计。

4. 基地的出入口不应少于2个,并设有通道与城乡道路衔接。出入口应设置入口集散广场和紧急疏散通道。单个出入口的宽度不应小于1.8m。

5. 道路选线应因地制宜地同功能区划分、建筑物布局和景观布局相适应。

6. 基地机动车出入口距离城市主干道交叉口不应小于70m,距人行通道边缘不应小于5m,距公交站台边缘不应小于15m。

7. 基地的竖向设计应满足《城市用地竖向规划规范》CJJ 83的规定。

8. 基地应通过工程结构改造和艺术造型对基地原有地形进行设计。地形设计应与竖向设计相结合,确定高程、坡度、朝向、排水方向;同时,还应从安全性、局地小气候调整、丧属的审美要求进行设计。

9. 殡仪馆、殡仪服务中心、火化馆、骨灰寄存建筑基地内的绿地率不应小于30%。墓地的绿化覆盖率不应小于40%。

10. 总平面应设有专用的遗体废弃物垃圾转运间及其场所,其内应设封闭的分类收集装置。

11. 室外活动场地、集散广场、人行道路及景区小路的铺装材料应选择透水性材料及透水铺装构造。

12. 殡仪馆、殡仪服务中心、骨灰寄存建筑的建筑或构筑物的出入口应设供人流集散用的广场,广场空地面积不应小于0.4m²/人。

13. 殡葬建筑基地内应设独立式公共厕所,公共厕所的服务半径不宜超过250m。殡仪馆和殡仪服务中心宜设附建式公共厕所,并应满足现行行业标准《城市公共厕所规划和设计标准》CJJ 17的规定。

14. 殡葬建筑的室内、室外、功能服务区和场所应配置公共信息导向系统并满足《殡葬服务标识》MZ/T的规定。

基地设计要点

1. 应对基地进行基础资料调查与现状分析，做出资源评价和环境影响评估，提出处理意见，并进行基地现状处理。
2. 地形设计应以确定的各控制点高程为据，首先进行地形布局设计，合理确定场地的坡度变化，水系功能和形态，并做好基地的土方平衡设计。
3. 基地应严格保护自然生态环境，保护原有景观特征。
4. 基地及其设施与其他用地之间应设有绿化隔离带。基地周边应为节假日祭扫高峰时预留可临时停车的条件。
5. 基地土地利用应突出加大建筑容积率、扩大骨灰安放量、扩大公共活动场所和绿化覆盖率的原则。
6. 建设用地坡度宜不小于0.2%，不大于20%。
7. 对于基地面积大，基地内及其周边用地生态状况复杂时，设计首先应对基地做生态分区，并提出利用和保护的专项规划。基地的生态分区标准参照表1的规定。挡土墙设计要求见表2。
8. 基地自然地形坡度大于8%时，其地面连接形式宜选用台地式，台地之间应采用挡土墙或护坡连接，相邻台地高差大于1.50m时，应设安全防护措施。
9. 基地的用地防护应采用护坡和挡土墙等工程措施。挡土墙和护坡应做绿化，形成生态化挡土墙和护坡。
10. 基地为山地或坡地时，应设带有梯道的步行交通系统。步行交通系统应连接到建筑的入口和墓单元的位置。梯道的规划指标应符合《城市用地竖向规划规范》CJJ 83-99中表7.0.5-3的规定。
11. 基地内地表水和雨洪的控制利用目标应根据上位规划，结合基地地形和土质条件而确定。宜采用明沟排放系统。明沟应做成植草沟。
12. 基地内地面排水坡度应大于0.2%，各类地表排水坡度见表3。用地的规划高程应高于多年平均地下水位，并应高出周边道路的最低路段高程0.20m以上。
13. 有内涝威胁的基地应采用防内涝措施，应设置雨水调蓄设施，并应符合现行国家标准《防洪标准》GB 50201规定。
14. 基地应有稳定的水、电等供应条件。
15. 人工堆土改造地形时，应保证堆土稳定，对周边建筑不产生安全隐患，所选的填充土应选无毒、无害、无放射性的物质。
16. 地形应按自然安息角进行坡度设计，当超过土壤的自然安息角时，应采用护坡、固土或防冲刷的措施。
17. 当建设在有污染的基地上时，应根据评估结果，优先采取安全的清除污染措施。
18. 基地内古树名木严禁砍伐和移植，并满足古树名木保护规定。
19. 基地内有文物价值的建筑物、构筑物、遗址绿地应加以保护并应组合到墓园的景观设计中。
20. 基地内防护护栏、驳岸、叠山的设计，应符合《公园设计规范》GB 51192的规定。防护护栏要求见表4。
21. 建筑物与穿越基地内架空电力线路安全距离见表5~表6。
22. 基地地面与架空电力线路导线的最小垂直距离见表7。
23. 建筑基地周边宜设有隔离措施，减少对周边功能区域的干扰。
24. 基地的整体布局应作景观系统和绿地系统规划设计，并应满足现行标准《公园设计规范》GB 51192-2016规定。
25. 殡葬建筑基地内有多种建筑项目合建时，应分别设置独立的出入口。

生态分区表　　　　　　　　　　　　　　　　　　　　　　　　表1

生态分区	环境要素状况			利用与保护措施
	大气	水域	土壤植被	
危机区	×	×	×	应完全限制发展，并不再发生人为压力，实施综合的自然保育措施
	-或+	×	×	
	×	-或+	×	
	×	×	-或+	
不利区	×	-或+	-或+	应限制发展，减轻人为压力，实施有针对性的自然保护措施
	-或+	×	-或+	
	-或+	-或+	×	
稳定区	-	-	+	要稳定人为压力，实施对其适用的自然保护措施
	-	+	-	
	+	-	-	
有利区	+	+	+	需规定人为压力的限度，根据需要确定自然保护措施
	+	+	-	
	+	-	+	
	-	+	+	

注：1. 本表摘自《风景名胜区规划规范》GB 50298-1999表3.5.6。
　　2. ×不利；-稳定；+有利。

挡土墙设计要求　　　　　　　　　　　　表2

项目	要求
排水措施	1. 墙后填料表面应设地表排水系统； 2. 墙体设排水孔，孔径>5cm，孔间距>3m； 3. 当挡土墙上方有水池时，应设排水设施
变形缝	1. 挡土墙应按长度要求设变形缝，缝间距<20m； 2. 挡土墙和建筑物、构筑物连接处应设变形缝
挡土墙上下距建筑物距离	挡土墙上缘距建筑物<3m，下缘距建筑物<2m

各类地表排水坡度（单位：%）　　　　　　　　　表3

地表类型		最大坡度	最小坡度	最适坡度
草地		33	10	1.5~10
运动草地		2	0.5	1
栽植草地		视地质而定	0.5	3~5
铺装场地	平原地区	1	0.5	—
	丘陵地区	3	0.3	—
游憩绿地		20	5	—

注：引自《公园设计规范》GB 51192-2016。

防护护栏要求　　　　　　　　　　　　表4

项目	防护要求	
护栏高度（从可踏面算起）	临空高度<24m	<1.05m
	临空高度≥24m	>1.10m
护栏扶手活荷载	竖向荷载	1.2kN/m
	水平荷载	1.0kN/m
	柱顶水平推力	1.0kN

最小垂直距离　　　　　　　　　　　　表5

线路电压（kV）	1~10	35	110(66)	220	330	500	750	1000
垂直距离(m)	3.0	4.0	5.0	6.0	7.0	9.0	11.5	15.5

注：本表摘自《城市电力规划规范》GB 50293-2014。

最小水平距离　　　　　　　　　　　　表6

线路电压（kV）	<3	3~10	35	110(66)	220	330	500	750	1000
水平垂直距离(m)	1.0	1.5	3.0	4.0	5.0	6.0	10.0	12.0	14.0

注：本表摘自《城市电力规划规范》GB 50293-2014。

最小垂直距离　　　　　　　　　　　　表7

线路电压（kV）	<1	1~10	35~110	220	330	500	750	1000
最小垂直距离(m)	6.0	6.5	7.5	7.5	8.5	14.0	19.5	27.0

注：本表摘自《城市电力规划规范》GB 50293-2014。

竖向设计要点

竖向设计应根据基地周边城乡道路规划标高、基地原有地形地貌标高以及基地项目内容和功能要求，确定各部分高程及其周围地形标高，同时确定拟保留的现状物和地表水排放的标高等。设计内容及要求见表1、表2。

竖向设计内容 表1

设计内容	1.山顶或坡顶、坡底标高；2.主要挡土墙标高；3.最高水位、常水位、最低水位标高；4.水底、驳岸顶部标高；5.园路主要转折点、交叉点和变坡点标高；6.基地各出入口内、外地面标高；7.主要建筑的屋顶、室内和室外地坪标高；8.地下工程管线及地下构筑物的埋深；9.重要景观点的地面标高

竖向设计要求 表2

道路竖向规划	1.道路竖向规划应考虑地形地物、地下管线、水文地质等做综合考虑，道路横坡应为1%~2%，步行系统应作无障碍设计；2.机动车道最小纵坡为0.2%，最大纵坡8%，海拔3000~4000m的高原城市道路最大纵坡不得大于6%；3.非机动车街道规划纵坡宜小于2.5%。机动车与非机动车混行道路，其纵坡值应按非机动车道的纵坡取值。
广场竖向规划	区内广场竖向设计，最小坡度为0.3%，最大坡度平原地区应为1%，丘陵和山区应为3%
最高水位控制	基地内外河、湖、自然水系、雨排系统最高水位，必须保证殡仪馆、火化馆、骨灰寄存建筑墓组团用地不被水淹。在无法利用自然排水的低洼地段，应设计地下排水管沟
场地坡度竖向	各种场地运用坡度（%）：1.密实性地面和广场0.3~3.0；2.广场兼停车场0.2~0.5；3.杂用场地0.3~2.9；4.湿陷性黄土地面0.5~7.0；5.绿地0.5~1.0
绿地竖向	绿地的竖向设计既要考虑绿地内可利用雨水就地消纳的标高，用时应考虑绿地周边其他用地排水所需的标高

道路设计要点

1. 基地道路应按多种需求形成系统。其构成见 1 。

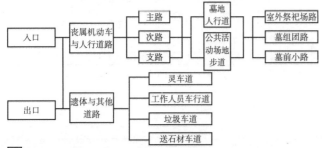

1 基地道路系统构成

2. 殡葬设施内部道路可分为3级，即主要道路、次要道路、支路。主干道红线宽10~12m；次要道路红线宽5~7m；支路红线宽4m。灵车应设专用通道，宽度参考次要道路。殡葬设施对交通流线有分离设置要求，道路设计时应符合表3的原则。

3. 通行机动车的桥梁设计应满足《城市桥梁设计规范》CJJ 11的规定。

4. 人行桥梁活荷载标准值取值见表4。

流线分离组织原则 表3

生者逝者流线分离	殡仪车的"逝者"流线与丧属、职工用车的"生者"流线相隔离
不同业务区分离	遗体流线与丧属悼念流线加以区分，保证联系的同时防止两类活动在空间和情绪上相互干扰
机动车非机动车分离	机动车流线与步行流线加以区分，缩短步行距离，减少不同性质交通的交叉

人行桥梁活荷载标准值取值 表4

项目	取值	
桥面均布荷载	4.5kN/m²	
单块人行桥板	均布荷载	5kN/m²
	竖向力	1.5kN/m²

停车场设计要点

1. 停车场的服务半径一般不超过300m。

2. 应设机动车和非机动车停车场，机动车停车场应设置或预留电动汽车充电设施的位置。

3. 停车场应依据地形地势采用多种停车方式，宜增设人流高峰时临时停车用地。

4. 停车区与其他区域的连接处应设置缓冲绿带。

5. 停车场、车库的防火设计应满足现行国家标准《汽车库、修理库、停车场设计防火规范》GB 50067和《车库建筑设计规范》JGJ 100的规定。

6. 员工用车的停车场，应结合办公区独立设置。

7. 灵车应设置独立专用的停车场或车库。

8. 公用停车场地面停车位数量应根据建设规模进行配置，参见表6、表7。

停车位尺寸（单位：m） 表5

类型	车长	车宽	停车位（宽×长）
大客车	>12	>2.5	3.6×15
摩托车	1.5~1.8	0.4~0.65	0.9×2.2
小汽车	3.0~5.6	1.3~2.0	2.5×6
小型灵车	6~8	1.8~2.2	2.5×9
大型灵车	8~12	2.2~2.5	3×13

公用停车位数量配置 表6

项目名称	机动车停车配置量（辆）
停车位指标（车位/100m²悼念厅面积）	30~50

注：本表机动车停车量以小型汽车为参考标准。

公用停车位数量配置 表7

基地面积A（hm²）	停车配置量（辆/hm²）	
	机动车	非机动车
A<10	≤4	≤20
10≤A<20	≤10	≤20

外环境设计要点

现代殡葬建筑外部环境既是整个建筑从属部分，又是整体的重要环节。不同的色彩、质感、尺度及其使用材料的变化，应根据特定意境，创造现代殡葬文化风格和景观场景。

殡葬建筑外环境设计原则 表8

人性化原则	1.基地内应配置公园常规设施，如座椅、垃圾箱、路标、园灯等，配置的种类和数量可参照《公园设计规范》GB 51192的规定；2.应设公共绿地、公共活动空间；3.基地内宜配置多种形式的骨灰安葬和安放空间，满足不同丧属要求
生态原则	应以改善生态环境为出发点，从宏观布局到微观的铺装、植物选择，各个层面都以生态平衡为指导思想，发挥环境生态作用
景观原则	要依据人们在环境中的行为心理乃至精神活动的规律，利用心理、文化的引导，通过造园设计，创造可赏、可游、可祭的景观环境
文化原则	要彰显地域文化特色，在传达庄严肃穆氛围的同时提高对殡葬文化的认知。革新"灵魂不散，入土为安，树碑立传，阴阳共生"的文化。环境小品应体现对生死哲学的理解，引发人们思考，使殡葬主题得以升华
安全原则	1.公墓和骨灰寄存建筑基地内道路系统、集散广场、公共活动场所、停车场地应设紧急疏散通道，并应设有标识系统；2.应设集散广场；3.基地内应设无障碍人行道路系统
园林化原则	在基地内综合运用生物科学技术、工程技术和艺术手段，通过地形设计、竖向设计、土方工程、整治水系、筑山工程、种植植物、营造建筑景观和布置园路等创造出具有生态恢复、景观优美、殡葬文化浓郁的人文纪念公园化墓园

种植设计要点

1. 种植设计应按植物生态习性和园林规划设计要求，合理配置各种植物，以发挥其生态功能和观赏作用。

2. 优先选择当地适生树种，以常绿作为基调，多选用一些传达肃穆、哀思信息的植物，使殡葬功能主体突出。

3. 种植应确定合理的密度，树木郁闭度应符合《公园设计规范》GB 51192的规定，见表1。

4. 应在道路、停车场、建筑屋顶、基地周边、护坡、挡土墙、林地、滨水植物区和中心绿地进行种植，扩大绿化覆盖率。停车场种植要求见表2。

5. 基地内应设置提供苗木、花草和种子的生产绿地。

6. 应进行苗木控制设计，使乔、灌、草高低错落相结合，落叶树与常绿树配合，近期效果与远期效果结合，速生树与慢长树结合，体现丰富的生态环境和季相变化。

7. 应维护原生种群，保护古树名木和现有大树。

8. 设有生物滞留设施的绿地，应种植耐水湿的植物。

9. 绿化区域的栽植土层厚度应符合《绿化种植土壤》CJ/T 340的规定，见表3。

10. 乔木、灌木与各种建筑物、构筑物及各种地下管线的距离应符合《公园设计规范》GB 51192的规定，见表4、表5。

11. 绿化种植土壤的理化性能指标应满足《绿化种植土壤》CJ/T 340-9的规定，见表6。

12. 集散广场、停车场、公共活动广场、祭悼场所场地内种植的树木枝下净空应大于2.20m。

13. 遗体停留、骨灰存放的室外场所周边不应选用易生虫害或飞花扬絮的植物。

14. 植物配植宜注重如下要求：
   (1) 配植寿命较长的树种，如松柏、银杏、樟树等。
   (2) 配植四季常绿的树种，如油松、雪松、石楠、桂花等。
   (3) 配植与丧葬习俗、宗教文化有关的植物。
   (4) 运用植物花季色彩丰富景观，并用植物的颜色意义表达其隐含的生命意义。
   (5) 不应选择有毒有害有刺的植物。

15. 高大树木的树冠距离建筑物小于2m时，应采取防雷措施，并与建筑物防雷有可靠联通。

16. 土壤内重金属含量指标应满足要求，见表7。

树林郁闭度　　　　　　　　　　　表1

类型	种植当年标准	成年期标准
密林	0.30~0.70	0.70~1.00
疏林	0.1~0.40	0.40~0.60
疏林草地	0.07~0.20	0.10~0.30

停车场种植要求　　　　　　　　表2

项目		要求
树木间距		应满足车位、通道、转弯、回车半径的要求
庇荫乔木枝下净空	大中型客车	>4.0m
	小汽车	>2.5m
	自行车	>2.2m
场内种植池宽度		>1.5m

绿化种植土壤有效土层厚度（单位：cm）　表3

植被类型		土层厚度
一般种植	乔木 直径≥20	≥180
	乔木 直径<20	≥150（深根）≥100（浅根）
	灌木 高度≥50	≥60
	灌木 高度<50	≥45
	花卉、草坪、地被	≥30

植物与地下管线最小水平距离（单位：m）　表4

名称	新植乔木	现状乔木	灌木或绿篱外缘
电力电缆	1.50	3.5	0.50
通信电缆	1.50	6.5	0.50
给水管	1.50	2.0	—
排水管	1.50	3.0	—
排水盲沟	1.00	3.0	—
消防笼头	1.20	2.0	1.20
燃气管道	1.20	3.0	1.00
热力管	2.00	5.0	2.00

植物与地面建筑物、构筑物外缘最小水平距离（单位：m）　表5

名称	新植乔木	现状乔木	灌木或绿篱外缘
测量水准点	2.00	2.00	1.00
地上杆柱	2.00	2.00	—
挡土墙	1.00	3.00	0.50
楼房	5.00	5.00	1.50
平房	2.00	5.00	—
围墙（高度小于2m）	1.00	2.00	0.75

注：1. 乔木与地下管线的距离是指乔木树干基部的外缘与管线外缘的净距离。灌木或绿篱与地下管线的距离是指地表处蘖枝干中的枝干基部的外缘与管线外缘的净距。
　　2. 本表摘自《公园设计规范》CJJ 48-92附录三。

绿化种植土壤理化指标　　　　　　表6

	项目		指标	
主控指标	1	pH值	一般植物	5.5~8.3
			特殊要求	施工单位提要求，在设计中说明
	2	全盐量 EC(ms/cm)	适用于一般绿化	0.15~1.2
		质量法（g/kg）	耐盐植物	≤1.8
			适用于一般绿化	≤1.0
			盐碱地耐盐植物	≤1.8
		适用于盐碱土		
	3	密度（g/cm³）	一般植物	≤1.35
			屋顶绿化 干密度	≤0.5
			最大量密度	≤0.8
	4	有机质（g/kg）		≥12
	5	非毛管孔隙度（%）		≥8
一般指标	1	碱解氮（mg/kg）		≥40
	2	有效磷（mg/kg）		≥8
	3	速效钾（mg/kg）		≥60
	4	阳离子交换量（cmol(+)/kg）		≥10
	5	土壤质地		壤质土
	6	石砾质量分数（%）	总含量（粒径≥2mm）	≤20
			不同粒径 草坪（粒径≥20mm）	≤0
			其他（粒径≥30mm）	≤0

注：引自《绿化种植土壤》CJ/T 340-9。

土壤重金属含量指标　　　　　　　　表7

序号	控制项目	Ⅰ级		Ⅱ级		Ⅲ级		Ⅳ级	
		pH<6.5	pH>6.5	pH<6.5	pH>6.5	pH<6.5	pH>6.5	pH<6.5	pH>6.5
1	总镉≤	0.3	0.4	0.6	0.8	1.0	1.0	1.2
2	总镉≤	0.3	0.4	1.0	1.2	1.5	1.6	1.8
3	总镉≤	85	200	300	350	400	500	500
4	总镉≤	100	150	200	200	250	300	380
5	总镉≤	30	35	30	40	35	55	45
6	总镉≤	40	50	80	100	150	200	220
7	总镉≤	150	250	300	400	450	500	650
8	总镉≤	40	150	200	300	350	400	500

注：1. 本表摘自《绿化种植土壤》CJ/T 340-2011；
　　2. 与人接触密切的绿地，应按本表Ⅱ级控制；
　　3. 道路绿化带，与人接触较少的绿地，应按本表Ⅲ级控制；
　　4. 废弃矿区，污染土地修复利用的土壤，应按本表Ⅳ级控制。

广场设计要点

1. 殡葬建筑应增加集散广场和公共活动广场面积。丧属使用广场的特点是骤聚骤散的，一般是上午更为突出。集聚时，人满为患，广场可起到缓冲和疏散作用。
2. 广场设计应结合景观一体化设计。
3. 广场面积宜按500m²/万人丧属考虑。
4. 广场宜有分离设施，使众多丧户有所隔离，减少干扰。
5. 广场应采用透水材料进行地面铺装。

室外祭祀场所设计要点

祭祀场所是人们缅怀、追思、致哀的重要场所。目前人们均以烧祭品来表达，很难禁止。应逐步引导人们采用文明型、低碳化无烟方式并减少燃放烟花爆竹的方式进行祭祀。若设有以烧祭品为主的祭祀场所的设计应满足下列的要求。

1. 应选择基地范围内夏季主导风向的下风向。
2. 不应选在重点保护的文化遗址、风景区的周围。
3. 应设置避免产生炉渣及飞灰的装置，有条件时宜设消烟除尘的焚烧设备。
4. 祭祀场所四周宜设环形的道路。路宽不应小于4m。
5. 室外祭祀场所设计一般包括硬质铺地、活动广场、祭祀台、供桌、数台焚烧炉、垃圾箱、座椅等。其祭祀用地和装置宜按户做分隔，以满足个性化需求。个别地区还设有当地习俗所需的小寺庙或庙宇等。
6. 焚烧炉大气污染物排放应满足相应规定的要求。
7. 场所若设置用火装置或明火燃烧时，应配置消防设施和用具。

殡葬建筑功能区

殡葬建筑主要服务于遗体的火化处理、丧属的悼念、告别礼仪、骨灰的安放和丧属祭祀活动等主要功能。由于存在活人与死人分离、殡仪和安葬分离、工作人员和丧属分离的流线要求，以及各功能区的室内环境质量不同的要求，还要解决青山白化、公共场所缺乏的问题所需要的外环境、绿化、景点和景区配置等，因此殡葬建筑设计应优先明确功能区构成、划分和组合的组织。

殡葬建筑功能区划分　　　　　　　　　　　　　　　　表1

序号	功能区划分	适用建筑
1	殡仪业务接待区	专为殡仪馆、殡仪服务中心设置
2	火化业务接待区	专为火化馆设置
3	骨灰安放业务接待区	专为骨灰寄存建筑、墓地设置
4	遗体接收区	专为殡仪馆、殡仪服务中心设置。也为火化馆中特种遗体火化所需
5	遗体处置区	专为殡仪馆、殡仪服务中心、妆容楼设置
6	遗体冷藏区	为殡仪馆、殡仪服务中心设置
7	守灵居区	为殡仪馆、殡仪服务中心设置
8	火化区	为火化馆设置
9	悼念区	为殡仪馆、殡仪服务中心设置
10	骨灰存放区	为骨灰寄存建筑设置
11	行政办公区	为所有建筑类型设置
12	后勤服务区	均需设置
13	车库	因需设置
14	停车场	均需设置
15	墓地	仅穴葬设置
16	祭祀场所	均需设置
17	公共厕所	均需设置

建筑功能区构成

建筑功能区构成应根据建筑使用性质的专一性和使用功能的配置完整性合理配置各相关功能区或建筑物。

1. 殡仪馆应以遗体处置与遗体告别、遗体火化为主配置。
2. 殡仪服务中心（殡仪服务站）是为了方便人们治丧活动的便捷而在近几年衍生出来的，主要应以悼念活动和遗体处理两个核心配置相应的功能区。
3. 火化馆（或火葬场）应独立设置专门进行遗体火化的功能区或建筑物。
4. 骨灰寄存建筑是以不入土为前提，以壁式格架将骨灰盒安放、保管、祭祀的功能区。
5. 墓地是以入土为前提，以墓穴或坑穴的方式将骨灰盒安放，用于永久性安置。一般有草坪葬、花坛葬、树葬、碑式墓、散撒墓地、家族式墓葬及各种纪念墓等。

建筑功能区组合模式

1. 同一类建筑因所处地区原有建筑功能区配置和用地情况不同、丧俗不同，也会产生不同功能区的组合，见表2。
2. 在同一个基地内可根据用地面积和形态、习俗、功能配置需要、建设规模等进行多种建筑功能区组合，见表3。

同类建筑具有不同功能区的组合　　　　　　　　　　表2

建筑分类	功能区组合模式
殡仪馆	1.具有全部功能区；2.不设专门办公区和后勤服务区；3.不设守灵居和对外餐厅
火化馆	1.具有全部功能区；2.不设炉前告别和观化区
殡仪服务中心	1.具有全部功能区；2.不设守灵居
骨灰楼、骨灰塔	1.设室内祭祀厅；2.不设室内祭祀厅
墓地	1.仅为汉族使用的；2.各民族均设有，但以组团分设

组合模式　　　　　　　　　　　　　　　　　　　　表3

模式名称	模式内容	组合形式
分散独立式	建筑分别独立设置在不同的基地	1.独立的殡仪馆；2.独立的殡仪服务中心；3.独立的墓地；4.独立的骨灰寄存建筑；5.独立的火化馆
复合式	建筑分别任意组合设置在某一个基地内	1.殡仪馆+骨灰寄存楼；2.殡仪馆+墓地；3.殡仪服务中心+墓地；4.公墓+骨灰寄存楼+火化馆
综合式	建筑一体集中设置在同一个基地内	殡仪馆+骨灰寄存建筑+墓地+火化馆

实例

殡仪馆

该工程用地范围较大，建设有天和园殡仪馆和黄山公墓，形成了完整配套的殡葬系统。其中公墓是大型（占地面积32hm²）永久性骨灰公墓，与殡仪馆天和园组合形成功能完整的殡葬系统。墓园由办公区、墓葬区和绿化缓冲区组成，墓区包括：中西合璧墓区，周易八卦墓区，德育教育基地墓区，树葬、壁葬、无名葬、草坪葬墓区，艺术宗教墓区等。

公墓

[1] 哈尔滨天和园殡仪馆和黄山公墓

总体原则

殡葬建筑建设应符合我国基本国策，设计应适应我国当前历史发展阶段的国情民意。见表1、表2。

基本国策 表1

办丧方针	1.实行火葬，改革土葬，节约用地，革除丧葬陋俗，文明节俭办丧事； 2.体现逝者骨灰有所葬，生者哀思有所寄的方针
殡葬改革重点	1.推进殡葬改革，引导并摒弃'厚葬久丧'的丧葬习俗； 2.促进"殓、殡、葬、祭"协同发展
设计目标	1.尊重逝者，为逝者创造一个宁静、祥和、文明的安息场所； 2.慰藉亲人，为丧属提供一个可以缅怀先人、寄托哀思、慰藉后人的祭祀场所，应兼顾祭日高峰对空间和场所的需求； 3.文明祭奠、低碳祭扫、平安清明

现状情况年度统计 表2

项目	统计年度（年）	统计数量
年死亡率	2014	972.8万人
火化率	2014	48.2%
	预计2020	65%
清明祭扫人次	2010	4.5亿人次
殡仪馆	2014	1784座
殡葬员工	2014	8.0768万人
火化机	2014	5209台
年火化遗体	2013	468.9万具
民政部管理的公墓	2014	1506个
经营性公墓	2000	1000
中外合资公墓	2000	40
农村公益性公墓和骨灰楼	2008	20万个
年墓地占地	2012	10万亩
年木材用量	2012	2000万m^3

注：本表来自《中国民政统计年鉴》。北京：中国统计出版社，2015。

规划合理原则

1. 各类建筑的功能区、位置、形态、风格、空间规模，组合关系应首先进行总体布局设计。

2. 殡葬建筑的功能是遗体处理加工厂和骨灰安葬地。又是丧属告别逝者祭祀亡灵的场所，两者应合理分离，见表3。

功能区分离要求 表3

功能区之间分离	1.生者与逝者分离；2.人流与内部车流分离；3.洁污分离；4.冷区与常温区分离；5.操作区与员工休息区分离；6.丧属与员工分离；7.火化与殡仪区分离；8.每个功能区应自成一区独立设置，并设专用出入口。
功能区内空间分离	1.遗体处置前与处置后分离；2.火化间与观化间分离；3.冷间与员工控制间分离；4.加工区与祭扫区分离。

有效组织原则

1. 应严格按工艺流程组织功能区，见 1 、 2 。

2. 功能区应按单向工序流动方向组织空间序列，避免交叉迂回。

3. 建筑中应配置室内公共空间，如接待厅、门厅、中厅、休息厅、过厅、楼梯厅等，为丧属等候和开展公共活动提供场所，并预留功能扩大时所需空间。如开展传统文化教育、文明殡葬和生态殡葬宣讲，个性墓地设计展示等活动。

4. 殡葬建筑的行政办公区均应增设室内外环境监测室、档案室、维修间。

5. 殡葬建筑宜设室内祭祀场所，且应在不同功能区有选择性的设置。如在悼念区、守灵居、骨灰楼、骨灰塔、火化捡灰间等，为文明祭扫提供条件。室内祭祀场所内祭祀用设施、家具、用具，宜按户作分隔。

6. 殡葬建筑遗体处理区、悼念区、火化区、骨灰楼均应增设准备间，作为缓冲和准备使用。

7. 二层以上殡葬建筑应设为丧属服务的电梯，并应至少设1部无障碍电梯。

8. 殡葬建筑应为业务接待办公、业务服务管理、安全生产、安全防卫、设备运行等进行智能化设计和综合布线，以便实现网上接待、网上办公、科学化管理、智能化和自动化作业、信息资源化、传输网络化、24小时监控等。

9. 遗体处置区、冷藏区与接尸间、火化馆、告别厅宜同层或同标高设置。

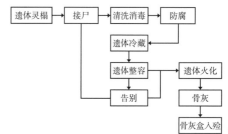

1 遗体处置流程图

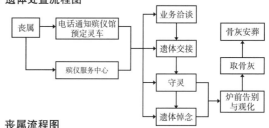

2 丧属流程图

卫生原则

1. 建筑应设置消毒室或消毒装置，见表4。

2. 应设置环境监控室并定期检测，其检测标准应符合《殡仪场所致病菌安全限值》GB 19053-2003的规定，见表5、表6。

3. 骨灰和火化后废渣中细菌总数、大肠杆菌和乙肝表面抗原的菌类安全限制为均不能检出。

4. 殡葬建筑各功能用房中应设防四害入侵的设施，并使蚊、蝇、蟑螂等病媒昆虫指数及鼠密度达到相关规定要求。

消毒设施配置 表4

	设消毒间或廊	设消毒装置
丧属参加活动空间	√	√
丧属出入场所的出入口		√
内部操作区员工用房		√
火化前遗体	√	
内部操作区遗体经过的走廊、停尸间、准备间		√
灵车库		√
火化后骨灰拾灰间	√	√
丧属带走的骨灰		√

殡仪用房菌类安全限制 表5

项目		安全限制
空气细菌总数	1.撞击法cfu/m^3	≤3000
	2.沉降法cfu/m^3	≤35
空气溶血性链球菌	1.撞击法cfu/m^3	≤35

注：本表指为丧属活动的所用殡葬建筑的功能用房所用。

遗体处置用房菌类安全限制 表6

项目		安全限制
空气细菌总数	1.撞击法cfu/m^3	≤2000
	2.沉降法cfu/m^3	≤20
器具上大肠菌群	个/50cm^3	不得检出
器具上金黄色葡萄球菌	个/50cm^3	不得检出

注：1.所有遗体处置的功能用房内空气和常用器具的菌类安全限制；
2.殡仪车（灵车）内空气和器具的菌类安全限制。

总论 [9] 建筑设计原则

安全防护原则

1. 殡葬建筑的结构应坚固耐久，耐久年限应为50年。并应满足《工程结构可靠性设计统一标准》GB 50153的规定。
2. 殡葬建筑的围护结构应防水、防潮，其中屋面防水应为一级。
3. 殡葬建筑的公众活动区域，如门厅、休息厅、中庭、过厅、告别厅、骨灰存放间等的顶棚和墙面应做吸声处理。
4. 丧属活动空间和员工休息室应有天然采光，并应有自然通风，其通风开口面积不应小于各用房地面面积的1/20，地下空间应为自然通风和机械通风。
5. 设计应在满足平日使用要求的同时，采用潜伏设计方法，设置多功能空间，扩大出入口宽度，兼顾清明节等公祭日人流高峰时的使用要求。
6. 殡葬建筑的室内卫生间、浴室应设有防回流措施的竖向排风道。
7. 运尸通道、停尸间、遗体处理区、火化馆、骨灰处理间中各操作间均应设带机械排风的竖向通风道，并应设污水系统排气管。上述排风排气管道的屋顶出口应朝向局地下风向。

污染物减排原则

遗体处理和安葬产生的污染，属持久性有机污染物（POPS）的污染。若以每具70kg计算，全国每年约产生63万t直接污染物，再加上遗体处置产生污水、停尸守灵数日污染物增长，火化后每年生产约有4500t的骨灰被分散处理；此外，推行火葬后，遗体集中式处理实际上扩大了污染物的交叉、融合，加重了污染扩散度。因此殡葬建筑属性为污染物处理厂，殡葬行业被确定为我国污染物减排与控制的六个重点行业之一。其设计应对污染物进行减排和控制设计。

1. 按照工艺流程对产生的液体、气体、固体污染物采用相应的排污、减污、无害化处理。可参照《综合医院建筑设计规范》GB 51039。
2. 应使液态污染物集中在建筑物内部处理，不泄漏；压缩流线长度，减少受污染范围；扩大单项建设规模，减少服务点设置。
3. 应设专用消毒、消尘、减噪装置，建筑设计应与设备、设施、装置同步设计。

融于自然的原则

1. 减少建筑体量，减少对自然的压力。殡葬建筑的特点之一是丧属在建筑内的活动时间均是短暂的，所以应紧缩各类用房面积，减少体量。
2. 建筑与自然地形结合，弱化建筑形态。
3. 采用分散布局，使建筑融于景观和系统绿地之中。
4. 各类建筑应顺应和利用原有自然地形和地景，减少对原有地物和环境的改造，并应根据不同的建筑类别和整体景观要求，确定其规模、形态、景观关系和出入口位置，并进行整体综合设计。
5. 太阳能集热器、光伏组件及具有遮阳、导光、导风、辅助绿化等功能的室外构件应与建筑进行一体化设计。
6. 殡葬建筑的建筑形式应体现现代气息、简洁、明快、朴实、庄重、肃穆，充满纪念性、尊严感和回归自然感。

人文关怀原则

建筑设计应围绕人文关怀这一主题思想进行，我国几千年文明史承载着浓重的殡葬文化史。尤其是传统礼制森严的文化习俗，系统的影响着我国殡葬文化和殡葬习俗。孔子的儒家理论"生，事之以礼，死，葬之以礼，祭之以礼"影响深远。为此，殡葬建筑设计应体现在殡、葬、祭活动中树立以"礼"为先的思想，体现对逝者的尊重，对丧属的关怀，参考 1 。

集约设计原则

1. 建筑应相对集中布置在基地内，减少建筑占地面积。
2. 相对集约的设计对策包括适当增加建筑层数，在可能的条件下利用半地下、地下空间，也包括采用生态化处理，利用生态恢复的形式。
3. 应为建设骨灰寄存建筑、骨灰树葬、花坛葬、草坪葬和散撒等不占或少占土地的骨灰处理方法提供丰富且有创意的建筑设计方案，采用单墓占地小的形式，扩大绿化面积。

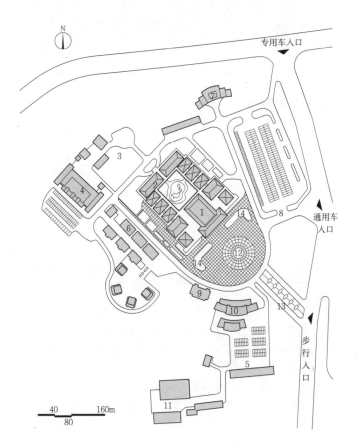

1 告别厅 2 遗体处理区 3 专用车停车场 4 火化间 5 守灵区停车场
6 守灵房 7 骨灰房 8 通用车停车场 9 业务楼 10 办公楼
11 生活区 12 圆形广场 13 神道 14 燃放台

1 贵阳景云山殡仪馆总平面图

名称	设计年代	占地面积	建筑面积（m²）	设计单位
贵阳景云山殡仪馆	1998~1999	200亩	20000	贵阳铝镁设计研究院

在设计中，整个建筑以神道、圆形广场、悼念厅建筑群、燃烧台形成主轴线，在其周围布置守灵居、业务楼、办公楼、职工公寓等，形成主题空间，布局紧凑、合理，相互联系紧密、互不干扰的仿古式园林建筑群，体现以"礼"为先的思想

概述

业务接待区是接纳丧属、遗体、骨灰的入口区域。业务接待区包括为丧属进行丧仪服务的接待洽谈区、遗体进入殡仪建筑的接纳场所、火化后骨灰盒进入墓地或骨灰寄存建筑的接纳场所，上述应分别设在不同的功能区，并分别设出入口。

功能用房组成

业务接待区功能用房构成见表1、[1]、[2]。

当殡仪馆、殡仪服务中心、火化馆、墓地、骨灰寄存建筑分别建设时，应各自均设有业务接待区。当合建时，为丧属服务的业务接待区功能用房可合并设置。

功能用房构成　　　　　　　　　　　　　　　　　表1

序号	功能区	功能用房
1	殡仪业务区	业务厅、洽谈室、丧属休息室、丧葬用品销售、财务室、宣传展示、库房、卫生间、宜设心理抚慰室
2	火化业务区	遗体接尸间、火化洽谈室、丧属休息室、医务室、财务室、丧葬用品销售、库房、卫生间
3	骨灰安放业务区	丧属休息室、丧葬用品销售、骨灰暂存间、业务洽谈室、财务室、展示厅、库房、卫生间
4	遗体接待区	登记室、接尸间、运尸车、库房
5	墓地业务区	业务厅、洽谈室、丧属休息室、丧葬用品销售、骨灰暂存间、财务室、展示厅、库房

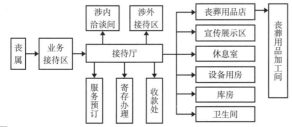

[1] 丧属业务接待区功能用房及流程

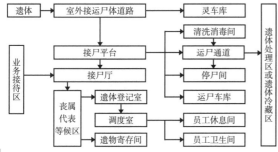

[2] 遗体业务接待区功能用房及流程

设计要点

1. 业务接待区多设置在殡葬建筑的主、次入口处，进出交通方便，位置醒目，可与其他功能区相邻，也可独立设栋。

2. 业务厅使用面积不宜小于80m²，适当布置座椅供丧属休息。业务洽谈室宜设置多间，满足丧属一户一间的要求，每间使用面积不宜小于10m²，方便丧属独户使用。

3. 应设置接待台或业务窗口，大厅内应设丧葬用品销售区，并应布置宣传栏、治丧流程图、服务价格表、交通指示标等。丧葬用品销售处的使用面积不宜小于30m²。

4. 休息室使用面积不宜小于30m²。

5. 接尸门厅入口应设灵车停靠平台，平台应设雨棚或敞廊。

6. 灵车车库是用来接运、接送遗体、骨灰盒或接送丧属的专用机动车的车库，宜设置在次要入口。

7. 运尸车库是指殡葬建筑内用于接运遗体的专用非机动车的车库，宜设置在靠近遗体接纳区和处理区。

8. 应为自然通风和自然采光。

实例

1 业务厅　2 业务咨询室　3 业务办理室　4 业务洽谈室兼丧属休息室　5 采光庭　6 小卖部

a 业务厅一层平面图　　　　b 业务厅二层平面图

[3] 哈尔滨向阳山殡仪馆业务厅平面图

1 业务厅　2 自选商场　3 业务室　4 库房　5 办公室　6 更衣室　　　1 接待室　2 业务厅上空

a 业务厅一层平面图　　　　b 业务厅二层平面图

[4] 哈尔滨天和园殡仪馆业务区平面图

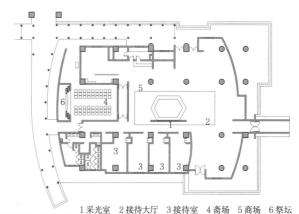

1 采光室　2 接待大厅　3 接待室　4 斋场　5 商场　6 祭坛

a 安乐馆一层平面

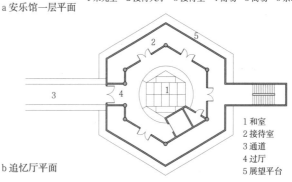

1 和室
2 接待室
3 通道
4 过厅
5 展望平台

b 追忆厅平面

[5] 日本长崎县小仓葬斋场业务厅平面图

遗体处置区

遗体处置区是以整容间为功能核心对遗体进行一系列处置活动的功能区域，是殡仪建筑的重要组成部分，是内部工作区。

遗体处置区功能用房组成

遗体处置区应包括接尸间、消毒间、沐浴间、冷藏室、整容间、化验室、防腐室及工作人员用的消毒间、卫生间、淋浴间、休息室、化验室、3D打印遗体修复工作间等，还有的设有解剖室，见1。

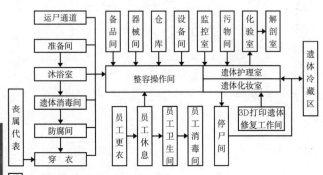

1 遗体处置区功能用房及流程

遗体处置区设计要点

1. 应体现尊重逝者尊严、处置无害化和污染减量化。
2. 遗体处置区应独立设置并设置独立出入口，并应与接尸间和告别厅有方便联系。
3. 应按遗体处理工艺流程设置相应空间，见1。
4. 冷藏、整容、沐浴、防腐和消毒间宜设准备室。
5. 防腐间、消毒间、洗尸间的使用面积均不宜小于18m²。
6. 遗体处置区各功能用房之间应设内门相通，其门宽不应小于1.4m，且不应设门槛。
7. 需要设置解剖室时，其使用面积不应小于30m²。
8. 遗体处置区是殡仪馆、殡仪服务中心建筑的重要污染源，应对其产生的污水、污物、污气进行及时处理和排除。设计时应设置相应的处理空间、专用设备、装置、通风排气孔位，其管线应进行综合设计。
9. 应设置管线设备用房和智能化装置及其用房。
10. 遗体处理各操作间应为自然通风、自然采光。
11. 遗体处理各操作间应设相应的排污处理专用空间。
12. 各功能用房的地面和墙面应采用光滑、平整、易冲洗、耐腐蚀的饰面材料。
13. 操作用房的操作台和洗池应阻燃、耐腐蚀、易清洗。
14. 要配有供入殓师进行更衣、消毒、休息等辅助空间。

接尸间

接尸间是指工作人员接受丧属送来逝者遗体的场所，将遗体从灵车接下来转入遗体处理区的过渡空间。也是在进行遗体处置之前将尸体暂时停放等候整容处置的空间，有时也在其中进行简单的遗体处置，在大型的殡仪服务中心常常需要较大的停尸空间，形成接尸厅。

接尸间面积指标

依据能够停放尸体的数量及区域面积大小，可以将停尸间分为大、中、小3个等级，见表1。

接尸间等级划分　　　　　　　　　　　　　　　　　表1

等级	可停放的遗体数量（具）	相应面积（m²）
大	5~10	60~80
中	3~5	30~50
小	1~3	10~20

接尸间设计要点

接尸间应设在遗体处置流线的起点，其平面位置的合理性直接影响到建筑的总体布局，设计要点如下：

1. 接尸间是遗体流线的起始处，应做好室内外连接，见2。
2. 要根据殡仪馆的规模和日接受量合理安排接尸间的数量和面积。
3. 接尸间的使用面积应按停放遗体的运尸车数量及室内通道组织，还要满足运尸车的合理回转半径。
4. 接尸间的最小边长不小于4.2m。
5. 应与运尸车库、停尸间、整容间、冷藏间联系便捷。
6. 大型殡仪服务中心常将其与门厅结合形成接尸厅，提高接尸效率，同时与其他用房形成便捷联系。
7. 运尸通道净宽不宜小于3.0m，通道不应设台阶。
8. 应有良好的自然通风和天然采光。

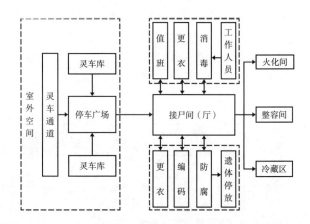

2 接尸间（厅）与室内外功能关系示意图

运尸设备

运尸设备专指运输和移动遗体的工具车辆和运输装置。包括灵车、运尸车和水平传输系统以及垂直运输平台和电梯等。

运尸设备及尺寸（单位：mm）　　　　　　　　　　表2

设备种类	设备名称	参考尺寸（长×宽×高）
灵车 （殡仪车）	a	5235×1800×1980
	b	5235×1825×1950
	c	5340×1700×2250
	d	5820×2220×2690
	e	6900×1800×1765
运尸车 （推尸车）	a	2000×620×750
	b	2200×680×750
	c	2000×800×700
	d	2100×650×750

概述

整容间是在遗体进行消毒防腐处理之后对其进行的整理、修饰、修补、整形、化妆等一系列美化遗体活动的房间。

整容间分类

1. 整容间可分为普通整容间、集中整容间、可视化高级整容间。分类与面积配比见表1~表4。

整容间分类　　表1

类型	同一时间服务尸体数（个）	特点	适用范围
普通整容间	1	内部操作	中、小型殡仪馆、服务中心
集中整容间	多个	内部操作	大型殡仪馆和殡仪服务中心
可视化整容间	1	内部操作，丧属代表可见整容过程	各类均可设

不同类型的整容间使用面积（单位：m²）　　表2

类型	所含功能	使用面积
普通整容间	操作间	20
集中整容间	操作间	60~70
高级整容间	观察室、操作间	20~35

集中整容间面积配比（单位：%）　　表3

功能名称		所占比重
整容区	操作区	40
	设备区	30
遗体等候区		30

可视化高级整容间面积配比（单位：%）　　表4

功能名称		所占比重
整容区	操作区	30
	设备区	30
丧属休息区		40

2. 依据整容间内流线组织不同可分为多种 [1]。

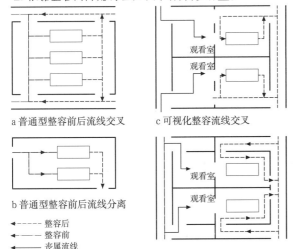

1 多种整容间流线示意图

整容间设计要点

1. 整容间是遗体处置区的核心部分，应满足流程单向流动要求 [2]。整容间应与消毒间、防腐室、沐浴间等相关用房直接联系 [3]。
2. 整容操作间宽度应不小于运尸车宽度、整容师工作的空间宽度、操作台的宽度之和，长度应满足长向布置的盥洗池、消毒柜等器械的布置要求。单间使用面积不宜小于22m²，见 [4]、[5]。
3. 整容间要有良好的通风条件，并布置相应的辅助通风设施。
4. 可视化高级整容间应同时设有员工出入口和丧属代表出入口，并保证两条流线互不干扰，见 [1]d。
5. 整容间宜设2个出口，一个是遗体处理前入口，另一个是处理后的出口，见 [1]b、d。

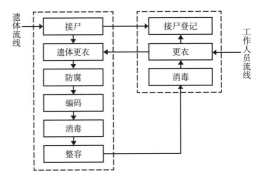

2 整容流程图示

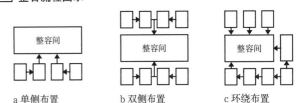

3 整容间与其他功能空间组合形式

整容间平面及特殊构造示例

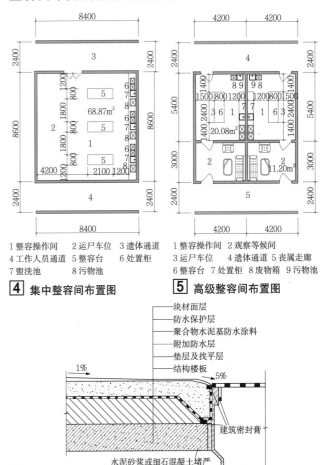

4 集中整容间布置图　　5 高级整容间布置图

1 整容操作间　2 运尸车位　3 遗体通道
4 工作人员通道　5 整容台　6 处置柜
7 盥洗池　8 污物池

1 整容操作间　2 观察等候间
3 运尸车位　4 遗体通道　5 丧属走廊
6 整容台　7 处置柜　8 废物箱　9 污物池

6 整容间地面地漏构造做法

总论 [13] 遗体处置区/整容间

整容间专用设备

整容间内的专用设备应包括对遗体进行沐浴、消毒、整容、防腐的专用操作台、盥洗池、污物池、换气扇、垃圾箱、器械柜、制剂柜、化妆品柜等，以及污水处理装置、消毒柜、排风道等。

整容设备的名称、功能及常见尺寸（单位：mm） 表1

设备名称	设备功能	设备尺寸（长×宽×高）
化妆整容台	遗体整容的操作平台	2400×760×850
遗体处置柜	用于遗体处置的常用器材及小型设备	2300×700×850
废物箱	存放整容过程中产生的废弃物	600×700×600
盥洗池	整容师进行清洗工作用水池	1000×700×150
运尸车	将遗体运至整容台上	2100×650×750

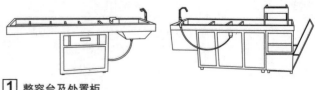

[1] 整容台及处置柜

[2] 运尸车

实例

1 门厅 2 服务台 3 遗体护理 4 特殊妆容楼 5 工作间 6 休息室 7 大房殓 8 更衣室 9 休息等候 10 存放处 11 独立冷柜 12 防腐研究室 13 空调机房 14 平台 15 风雨廊 16 庭院 17 庭院上空 18 卫生间

a 妆容楼二层平面图

1 门厅 2 特殊妆容防腐研究室 3 走廊 4 低温冷柜 5 火化楼 6 电梯厅 7 风雨廊 8 通道 9 庭院 10 通风道 11 通风口

b 妆容楼剖面图

[3] 广州市殡仪馆新建遗体存放妆容楼（方案）

名称	设计时间	占地面积（hm²）	建筑面积（m²）	层数	设计单位
广州市殡仪馆新建遗体存放妆容楼	2008	2500	4540	2	广州市设计院

为了使原殡仪馆的遗体处置区由地下室全部移至地面而新建。新楼首层作为遗体接收、存放、冷库及遗体处置间，二层用于特殊化妆及简易告别大厅。设计中巧妙利用地形，使二层与主礼楼首层同标高。设计中还采用岭南建筑中天井庭院和竖向通道，较好解决遗体处置区的通风透气问题，减少室内环境污染对员工身体带来的问题。

概述

遗体冷藏区是对遗体进行冷处理并冷保存的空间区域。

遗体冷藏区功能组成

遗体冷藏区包括冷间区和非冷间区。

遗体冷藏区核心是冷间，冷间指对遗体进行人工降温房间的总称。包括冷却间、冻结间、冷藏间、解冻间、停尸间等。一些与之相关的配套用房，主要包含收纳室、办公室、变配电室、设备用房、控制室、机房和员工休息室、消毒室、厕所、浴室、烘干室等为非冷间区，见表1和 1 。

遗体冷藏区的功能用房组成   表1

功能组成	房间作用
冷间	对遗体冷却的冷用房总区域
冻结间	用大流量低温冷空气循环冻结遗体的冷用房
冷藏室	用于接收和贮存已冷却（冻结）遗体的冷用房
解冻室	用于遗体的解冻处理的房间
控制室	用来控制遗体冷藏区相关设备的房间，保证冷藏设备的正常运行
氨压缩机房	用于氨制冷的机器间、设备间的用房
柴油发电机房	用于应急断电等意外情况，保证冷藏正常制冷，防止遗体腐败
通风机房	保证冷藏间及其他房间内的空气流通，排除异味

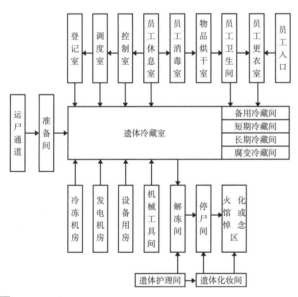

1 遗体冷藏区功能用房及流程

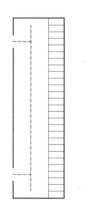
a 通道单侧布柜

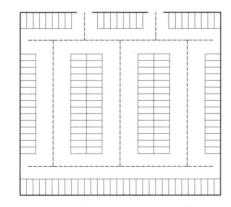
b 通道双侧布柜

2 遗体冷藏室流线组织方式

遗体冷藏区设计要点

1. 遗体冷藏区应独立设置。遗体冷藏区应根据冷藏量、冷藏周转周期、冷冻柜规格、冷冻柜布置、收纳提取工具及其操作工作域等综合设计。

2. 应满足遗体冷藏的技术要求和卫生要求，做到技术先进、经济合理、安全适用。

3. 应与接尸间、整容间、运尸通道及告别厅有便捷的联系，运输线路要短，避免迂回和交叉。

4. 冷间设计温度和相对湿度宜满足表2要求。

5. 遗体冷藏区内的员工使用的用房、楼梯、电梯，应设在冷间之外的常温环境中。围护结构的常温一侧应设隔汽层。

6. 冷间的柱网和层高应根据冷棺和托盘大小、堆码方法、堆码高度、存取方式和存取装置等条件综合确定。

7. 冷间应尽量减少其隔热围护结构的外表面积，以降低能耗，并应做保温、隔热、节能设计。

8. 遗体冷藏区内冷间建筑的耐火等级、层数和防火分区最大允许面积，见表3，并应符合现行国家标准《冷库设计规范》GB 50072的规定。

9. 应配有相应的氨压缩机房、变配电室、控制室、燃油发电机房等，保证断电情况下遗体冷藏柜的持续制冷。

10. 氨压缩机房的防火设计应满足《建筑防火设计规范》GB 50016中火灾危险性乙类建筑的规定。

11. 冷间的隔汽、隔热、防潮、防冻胀及冷桥节点设计应满足《冷库设计规范》GB 50072的规定。

12. 冷间的地面、楼面采用的隔热材料，其抗压强度不应小于0.25MPa。

13. 当遗体冷藏室设计为整体冷库时，应满足如下要求：

（1）围护结构的隔热性能应满足《冷库设计规范》GB 50072中对围护结构厚度的计算公式要求。

（2）在隔汽防潮的设计中应保证围护结构两侧设计温差等于或大于5℃时，应在温度较高的一侧设置隔汽层，并满足隔汽防潮层的相关构造做法。

（3）冷藏室的室内温度应保证在0℃~-18℃之间，这样可以在尽量长的时间范围内保证遗体原貌。

14. 遗体冷藏室流线应路线明确、线路短捷，通路宽度应与相应的运输械具和工具尺寸相适应，见 2 。

15. 每个冷藏间应分别设独立的通风系统。

16. 按存放时间，宜将短期、长期、备用冷藏间分间设置，设计前应预先估计长期冷藏量。

17. 应设置专用腐变冷藏间，减少对整体环境的污染。

冷间设计温度与相对湿度   表2

序号	冷间名称	室温（℃）	相对湿度（%）
1	冷却间	0	—
2	冻结间	-23~-18	—
3	冷藏间	0	85~90

冷间防火设计标准   表3

冷间耐火等级	最多允许层数	最大允许建筑面积（m²）			
		单层		多层	
		冷藏建筑	防火分区	冷藏建筑	防火分区
一、二级	不限	7000	3500	4000	2000
三级	3	2100	700	1200	400

总论 [15] 遗体冷藏区 / 遗体冷藏室

概述

遗体冷藏室是专门冷冻收藏遗体的空间，其面积应依据殡仪建筑的建筑规模、冷藏量、周转量、存放时间、冷藏提取设施、冷藏托盘和冷藏柜选用等综合确定，并预留发展空间。

分类

1. 依据遗体冷藏室的机械化操作程度可分为两类，见表1。
2. 依据遗体来源及存放时间可分为三类，见表2。

依据机械化程度分类　　　　　　　　　　　　　表1

种类	特征
人工操作式遗体冷藏室	在房间内放置遗体冷柜，现在国内大部分殡仪馆都用这种形式存放遗体，这种冷柜因为需要人工开启冷柜门，因此比较难实现自动化和机械化
机械化整体式遗体冷藏室	将遗体冷藏室设计成一个整体冷库，遗体用托盘存放在架子上。这种方式适用于比较大型的殡仪馆使用，实现自动化和机械化比较容易。但因为这种方式需要长期制冷，不利清洗，容易产生异味。这种方式空间不适宜过大，同时最好是多间设置，方便停机检查清洗。见 2~6

依据遗体来源及存放时间分类　　　　　　　　　表2

种类	特征
普通遗体冷藏室	存放普通遗体，通常存放时间较短
长期遗体冷藏室	存放无人认领或其他特殊情况的遗体，存放时间较长
腐败遗体冷藏室	存放腐败的特殊遗体，这些遗体应单独存放，防止腐败异味污染

遗体冷冻柜数量

遗体冷冻设备具有专用性和专业性。它包括存放遗体的专用冷冻柜和用制冷技术保存单具遗体的棺型设备的冷藏棺。其配置数量可按以下方式确定：

1. 殡仪建筑所需的遗体冷冻柜、冷藏棺的数量，可根据建设规模、遗体存放时间、日遗体处置量、火化量、城市医院是否具有太平间等因素综合估算。

冷冻柜的配置数量宜按 $F = R/1000 \times K$ 计算。

式中：F—冷冻柜配置数量，其值按四舍五入原则取整；
R—年遗体处理量（具）；
K—配置系数，南方地区$K=40$，北方地区$K=20$。

2. 依据殡仪建筑建设规模配置，见表3。

不同规模的殡仪建筑所需冷冻柜数量　　　　　　表3

规模	平均年接纳遗体数（具）	所需冷冻柜的数量（台）
社区级	1500~4500	10~40
城区级	4500以上	40~120

冷冻柜分类及尺寸

遗体冷冻柜依内部结构不同，分为单体式和复合式两种。

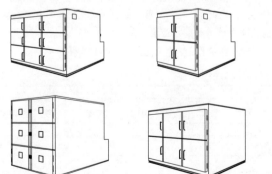

1 冷冻柜图示

遗体冷冻柜的分类及其尺寸（单位：mm）　　　表4

类型		尺寸（长×宽×高）
单层柜	单层单排柜	2430×820×540
双层柜	双层单排柜	2700×940×1300
	双层双排柜	2700×1780×1300
三层柜	三层单排柜	2700×940×1800
	三层双排柜	2700×1780×1800

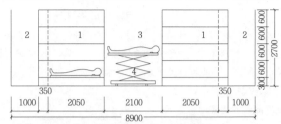

1 冷柜　2 维修通道　3 存取遗体平台　4 平台车轨道

2 机械化整体式遗体冷藏室功能示意图

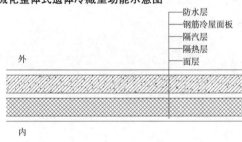

3 机械化整体式遗体冷藏室屋面做法

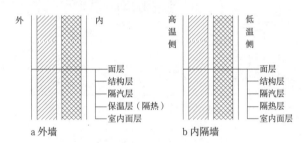

4 机械化整体式遗体冷藏室墙身做法

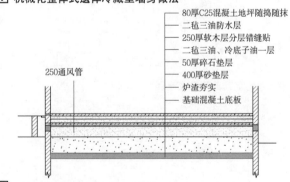

5 机械化整体式遗体冷藏室地面做法

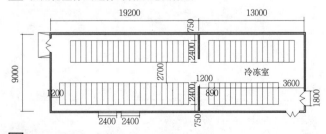

6 机械化整体式遗体冷藏室平面布置图

概述

悼念区是用于丧属与逝者在遗体火化前作短暂诀别的场所。悼念区应具有能够根据需要完成大型礼仪、中小型礼仪、外宾礼仪、宗教礼仪、民族礼仪、家庭礼仪等各种葬礼活动的功能。殡仪馆和殡仪服务中心应根据当地不同的丧俗、宗教等需求设置不同朝向和室内设计风格的告别厅和守灵居。

悼念区功能用房

悼念区包括大、中、小告别厅、丧属等候区、丧属休息间、遗体准备间、控制室、音响室、医务室、卫生间、用品仓房等。还包括守灵居及其服务用房 1。

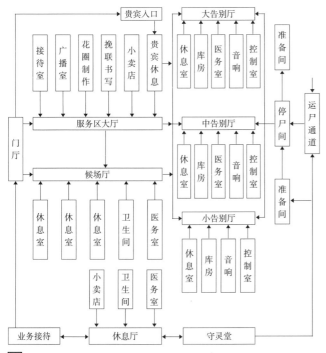

1 悼念区功能用房及流线

遗体准备间与告别厅的组合方式

遗体由准备间运送到告别厅的瞻仰位可设两种形式。一种是同层设置，通过运尸车或水平传送装置送达，见 2、4。另一种是异层设置，遗体通过电梯或升降平台提升或下移至告别厅所在位置。后一种多用于大型殡仪馆，如上海宝兴殡仪馆、广州殡仪中心、上海新龙华殡葬馆。

1 小告别厅 2 中告别厅 3 工作人员门厅 4 值班室 5 丧属门厅

2 长春市殡仪馆各类告别厅组合图

悼念区设计要点

1. 悼念区应布置在殡仪建筑基地的主要出入口。并应与集散广场、公共活动广场、中心绿地、停车场有直接联系。
2. 悼念区的出入口不应小于2个，并应设门厅。出口处应设置消毒廊。
3. 悼念区依据遗体流线与丧属流线分离的原则，应分设两条流线。
4. 应设遗体准备间。
5. 悼念区应设服务大厅和丧属候场大厅，并分别设出入口。候场大厅出入口宽度不应计入防火疏散门总宽度。
6. 2个及2个以上告别厅组合时，各厅堂之间应设有一定的间隔空间或缓冲地带、天井等，使之分隔，减少干扰 1。当两个厅相对布置时，严禁厅堂门口相对的情况出现。当两个厅堂直接相邻时，其隔墙应采取隔声措施。
7. 悼念区设多个告别厅时，宜将各告别厅相对集中设置。
8. 大、中型告别厅应设医务室。
9. 悼念区应根据丧户参加追悼人数多少设置特大、大、中、小4种类别的告别厅。宜增设简易告别厅，为低收入或紧急丧户提供方便。
10. 宜设室内卫生间。
11. 候场厅及其休息室面积宜按最多候场人数 $0.4m^2$/人考虑，休息室可分户设置。
12. 各功能用房宜为自然通风和自然采光。
13. 特大告别厅（大礼堂）应单独设立，并应设媒体工作室，见 3。

1 丧主会前厅 2 休息室 3 家属休息室 4 贵宾室 5 告别厅
6 办公室 7 音响室 8 服务室 9 遗体和工作人员入口 10 夹层为媒体采访室
11 瞻仰棺位 12 储藏间 13 卫生间 14 贵宾入口 15 丧属入口

3 上海龙华殡仪馆大礼堂平面图

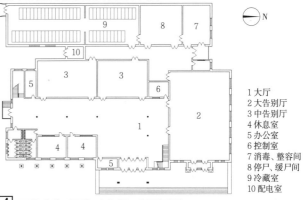

1 大厅
2 大告别厅
3 中告别厅
4 休息室
5 办公室
6 控制室
7 消毒、整容间
8 停尸、缓尸间
9 冷藏室
10 配电室

4 西华苑告别厅与冷藏间工程平面图

概述

告别厅是丧属对逝者进行遗体告别、召开追悼会和举行葬礼仪式的功能空间。

告别厅分类与面积

告别厅一般可按参加悼念的丧属人数分特大、大、中、小4类，大型殡仪馆宜设置大礼堂，其面积指标见表1。

告别厅面积指标　　表1

规模	使用面积（m²）	可容纳人数（人）
小型	80~100	50~100
中型	100~300	100~200
大型	300~500	200~400
特大型	500以上	500以上

告别厅设计要点

1. 每个告别厅应设置控制间、医务室、设备间、音响室、丧属休息厅等一组用房，并配置丧属签到处、灵棺瞻仰区、花圈布置区、遗像位、电子显示屏、音响设备、广播系统等。

2. 告别厅应按活动流程组织空间，见 1 。

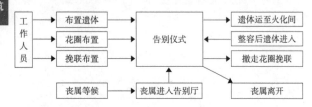

1 告别厅活动流程

3. 大礼堂告别厅因为级别或者规模比较高，应考虑贵宾休息室及专用出入口和休息室，并应考虑媒体采访位置，不能影响正常的出殡活动，如上海龙华殡仪馆设置大礼堂。

4. 告别厅应自然通风、自然采光。

5. 告别厅出入口不应少于2个。

6. 告别厅使用面积不应小于42m²。

7. 音响室的使用面积不应小于8m²。

8. 休息室的使用面积不宜少于15m²。

9. 医务室的使用面积不宜少于10m²。

10. 控制室使用面积不应小于8m²。

11. 厅内瞻仰棺位周边应布置花坛和花篮，其相关尺寸参见 3 。

12. 告别厅的防火设计要点：

(1) 应按公共建筑中多功能厅考虑；

(2) 宜布置在首层、二层和三层。设置在三级耐火等级的建筑内时，不应布置在三层及三层以上楼层。

(3) 特大型告别厅（大礼堂）宜设置在独立的建筑内，采用三级耐火等级建筑时，不应超过两层。

13. 厅堂宜有完整墙面，用于布置仪式用挽联、花圈等。

14. 告别厅应设自然通风，并设机械通风系统，特别是在前一场和后一场交接时应加强机械通风换气。

15. 为满足个性化需求，在火化馆增设供举行炉前告别仪式的告别厅，其面积不宜少于20m²。

告别厅组合方式

悼念区由大、中、小不同规模的告别厅组成，特大型告别厅（即大礼堂）一般单独设置。

1. 大、中、小型的告别厅组合方式多数用双通道的模式，一般内通道为工作人员和遗体通道，外通道为丧属活动通道，也有仅设遗体通道，丧属由室外直接进入告别厅的，见 3 。根据内外通道的设置形式不同可分为双外廊并行式、内外环廊形式、单内廊、单内双外廊等，见 2 。

2. 根据两个告别厅的分离方式不同，可分为直接用隔墙分隔和告别厅之间用内庭院连接。如广州市殡葬服务中心告别厅 3 。

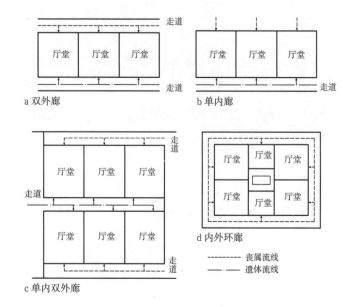

2 告别厅平面组合

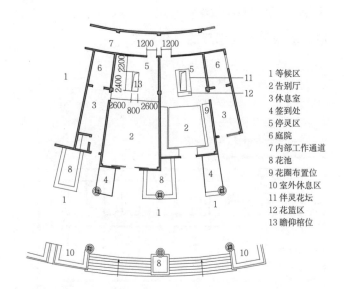

告别厅采用自然通风与自然采光，为了使告别厅侧墙方便于摆放花圈、挽联，告别厅采用顶部采光，单内廊式布置。每个告别厅设有庭院。

3 广州市殡葬服务中心告别厅平面图

守灵区

守灵居是丧属为了表达哀思,对遗体进行数天守灵活动所租用的一套用房,用于遗体在送往告别厅进行告别仪式之前亲友陪守灵柩的场所。守灵区一般由数栋或数套这样的用房组成。守灵区要根据当地的需求决定是否设置,其设置亦应本着节俭办丧的原则配置。每个丧户之间可采用天井、庭院、隔墙分隔。

设计要点

1. 守灵区可布置在与悼念区相邻,也可布置在独立的守灵区内,每户一套。区内还可配置相应的业务接待、服务用房、小卖店、医务室、花店、卫生间等,见 1。
2. 每户灵堂可根据丧葬习俗设置无棺和有棺两种不同形式。
3. 守灵居面积分两类,标准守灵居使用面积宜为50m²,豪华守灵居使用面积一般宜为100~150m²,见 2、3。
4. 守灵区与悼念厅和火化馆宜有便捷联系,以方便遗体运往。
5. 每个守灵居的会客厅和休息室应有自然采光和自然通风。

守灵居功能构成

守灵居是每个丧户一套,每套守灵居主要包含接待厅、灵堂、休息室、辅助用房4大部分,功能用房组成见表1和 2。

功能组成　　　　　　　　　　　　　　　　　　　表1

功能分区	房间名称	所占比例(%)
灵堂区	守灵堂、接待厅	40
休息及辅助区	休息室、餐区、卫生间	40

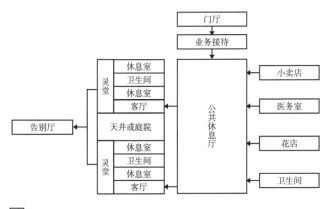

1 守灵区功能用房及流程

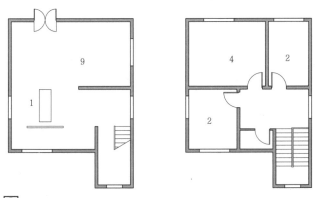

2 西安殡仪馆标准守灵居布置图示

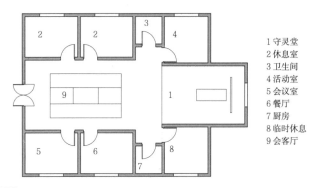

1 守灵堂　2 休息室　3 卫生间　4 活动室　5 会议室　6 餐厅　7 厨房　8 临时休息　9 会客厅

3 西安殡仪馆豪华守灵居布置图示

行政办公、后勤服务区

1. 功能空间构成见表2。
2. 设计要点

(1) 行政办公与后勤服务用房不应与遗体接触,应独立设置,并宜分设两个区。

(2) 办公用房的配置应根据殡仪馆的建设规模、岗位人数、岗位分室、服务等级等设置。岗位人员应配置领导人、管理员、专业技术人员和勤杂人员。其岗位定员宜按年火化遗体1000具配置6~9人考虑,表3可供参考。

(3) 设备用房应根据选择的设备需要,及供应、运行情况设置。各功能区均应设置与本区相关的设备用房,设备用房面积参见表4。

(4) 灵车库(场)应单独设置。

功能空间构成表　　　　　　　　　　　　　　　　表2

序号	区域	功能用房
1	行政办公区	馆长室、财务室、会议室、图书馆、职工活动室、环境监测室、档案室、卫生间等
2	后勤服务区	对内、对外餐厅、仓库、浴池、小商店、职工宿舍、丧葬用品加工间、车库、维修间

部分殡仪馆火化量与编制人数情况　　　　　　　表3

项目名称	年火化量(具/年)	编制人数(人)
南京市殡仪馆	12000	80
杭州市殡仪馆	20000	70
上海宝兴殡仪馆	30000	200
重庆石桥铺殡仪馆	11000	120
河南洛阳殡仪馆	7000	37
吉林前郭县殡仪馆	10000	23
齐齐哈尔殡仪馆	5500	92
禹城殡仪馆	3000	21
海口殡仪馆	1200	30

设备用房房间面积　　　　　　　　　　　　　　　表4

房间名称	使用面积(m²)
空调机房	按设备需要
锅炉房	按气候区需要
综合布线机房	20~25
保安监控机房	20~30
建筑设备监控机房	20~30
操作控制机房	每功能区20~25
变电所、配电间、柴油发电机房	按用电负荷等需要
消防控制室	10~20

殡仪馆 [1] 选址·总平面设计·用地指标

概述

殡仪馆为遗体提供接纳、入殓、处置、冷藏、火化等功能，同时也为丧属提供悼念、守灵服务的综合性建筑及场所。殡仪馆属于治丧活动当中的"殡"的活动空间。

选址要点

1. 基地选择应符合用地分类原则和规划管理、殡葬管理条例以及国家现行有关标准。
2. 殡仪馆宜建在当地常年主导风向的下风侧，并应有利于排水和空气扩散，避免污染城区空间。
3. 避开城市或居民区所在的水源的上游，以防止污染水源。
4. 殡仪馆不要占据地势较高的地方，以避免产生视觉干扰及对周边居民的心理带来影响。
5. 殡仪馆应有完善的供电、通信、给排水、交通和环卫系统等基础设施保障。充分考虑殡葬工作的特殊性，处理好与周边单位及居民的关系。

总平面设计要点

1. 布局合理，节约用地。总体布局可分3类，见表4。
2. 殡仪馆应独立设置，与其他功能分离。
3. 功能分区明确，满足殡仪流程要求，同一功能区内的建筑用房可相对集中布置，行政办公和后勤服务区宜独立设置。殡仪馆建筑采用分散式布局时，各栋建筑之间应设廊道连通。
4. 行政办公用房应有良好的朝向。
5. 室外应设置公共活动场地、景观绿化区、祭扫区、祭祀场所和公共厕所，内部停车应单独设停车场，入口附近应设集散广场。各功能区应设置醒目标志。
6. 殡仪馆绿地率应满足当地规划部门的要求，新建殡仪馆绿地率宜为35%，改建、扩建殡仪馆绿地率宜为30%。
7. 应设有集中处理垃圾的场地。

用地面积指标

殡仪馆的建设用地面积指标应根据具均用地面积指标和年遗体处理量或火化量确定，具均用地面积指标宜符合表1、表2的规定。

殡仪馆具均用地面积指标（单位：m²/具） 表1

殡仪馆类型	I类	II类	III类	IV类	V类
具均用地面积	6.8	7.2	7.2	8	8

注：按上述方法确定的II、III、IV、V类殡仪馆的建设用地面积指标若超出上一类殡仪馆用地面积指标的下限，取其下限。

基地内各用地比例（单位：%） 表2

用地性质	建筑	广场	停车场	绿化	其他
所占比例	25	15	10	35	15

注：各部分用地百分比=各部分用地面积/总用地面积（总用地面积仅指殡仪馆的用地面积，不包括骨灰寄存和公墓）。

部分殡仪馆年火化量与停车场面积情况 表3

殡仪馆	时间（年）	规模火化量（万具/年）	总用地面积（hm²）	停车场面积（m²）
杭州市馆	1967	2	4.16	3875
禹城市馆	2002	0.3	1.62	1800
上海市益善馆	1993	3	1.88	1000
上海宝兴馆	2000	3	2.1	270
广州市馆	1999	0.5	0.68	2744
包头市馆	1964	1	2.8	7208
青海互助县殡仪馆	2001	0.6	1.33	3100
荆门市馆	2002	0.26	3.4	4000
吉林市殡仪馆	2003	1	10	14700
吉林前郭县殡仪馆	2002	1	5.4	8000

总平面布局形式 表4

类型	中轴对称布局	分散式布局	综合体、半综合体布局
空间特征	中轴布局的特点是用对称的手法取得整体的统一，通常以景观广场或者中央步行道作为中轴线，两侧布置行政楼、骨灰楼等配套设施，中央两端或者一端布置业务楼及主礼楼	此种布局形式实际上是以不对称的均衡达到整体的统一	综合体、半综合体殡仪馆规模比较小，功能比较单一，流线也相对简单。要求将所有殡仪馆的功能集中在一座建筑物里面，并要设置相对独立的功能区
布局优势	各建筑比较容易取得整体效果，联系紧密	将主体建筑布置于环境的重心，在整体环境中处于主导地位，以体量控制全局，为均衡的焦点，使主体突出，对自然地形适应性好	功能流线紧凑，可提高效率，土地利用率高
布局缺点	受基地地形限制较大	流线容易交叉，需要谨慎解决各种流线	对建筑内的功能分布和流线组织要求很高。有时会以半综合体形式，将业务接待、办公等功能独立出来
适用类型	适用于基地形状较规则的中小型殡仪馆	适合一些大型的殡仪馆	受服务规模的限制，此种布局一般只适合于小型殡仪馆
总平面示例	程林庄殡仪馆	武鸣县殡仪馆	长沙市新殡仪馆

总平面实例 [2] 殡仪馆

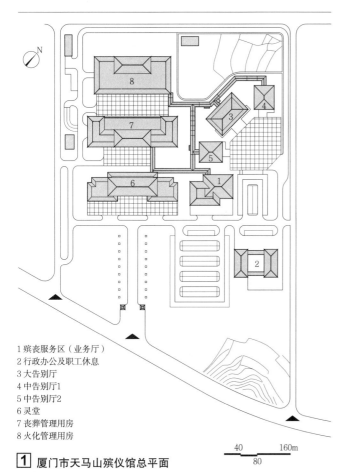

1 殡丧服务区（业务厅）
2 行政办公及职工休息
3 大告别厅
4 中告别厅1
5 中告别厅2
6 灵堂
7 丧葬管理用房
8 火化管理用房

1 厦门市天马山殡仪馆总平面

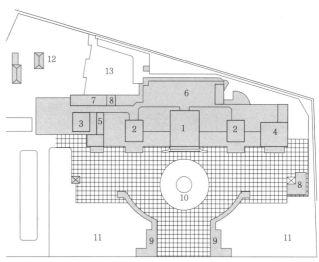

1 大厅　2 中告别厅
3 整容间　4 南新厅
5 灵堂　6 火化车间
7 冷藏　8 洗手间
9 库房　10 喷泉
11 绿化区　12 花房
13 祭奠区

2 西安市殡仪馆总平面

4 殡葬建筑

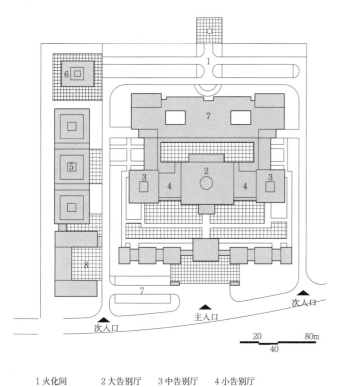

1 火化间　2 大告别厅　3 中告别厅　4 小告别厅
5 骨灰寄存楼　6 祭祀广场　7 停车场　8 内庭院

3 西安市临潼区殡仪馆总平面

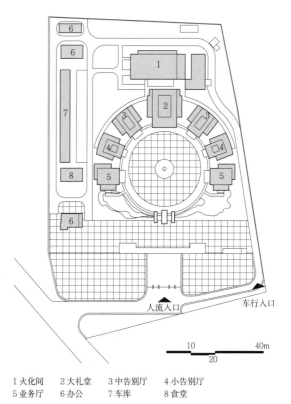

1 火化间　2 大礼堂　3 中告别厅　4 小告别厅
5 业务厅　6 办公　7 车库　8 食堂

4 柳州市殡仪馆总平面

殡仪馆 [3] 总平面实例

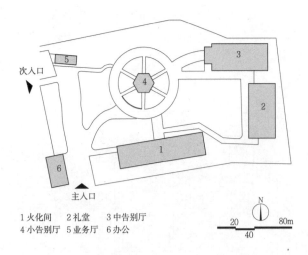

1 火化间　2 礼堂　3 中告别厅
4 小告别厅　5 业务厅　6 办公

1 东川市殡仪馆总平面

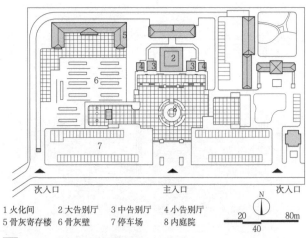

1 火化间　2 大告别厅　3 中告别厅　4 小告别厅
5 骨灰寄存楼　6 骨灰壁　7 停车场　8 内庭院

2 芜湖市殡仪馆新馆总平面

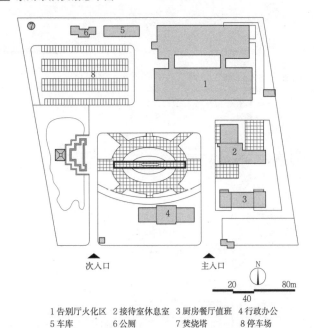

1 告别厅火化区　2 接待室休息室　3 厨房餐厅值班　4 行政办公
5 车库　6 公厕　7 焚烧塔　8 停车场

3 高邮市殡仪馆总平面

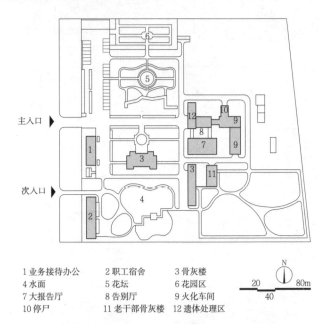

1 业务接待办公　2 职工宿舍　3 骨灰楼
4 水面　5 花坛　6 花园区
7 大报告厅　8 告别厅　9 火化车间
10 停尸　11 老干部骨灰楼　12 遗体处理区

4 娄阳市殡仪馆总平面

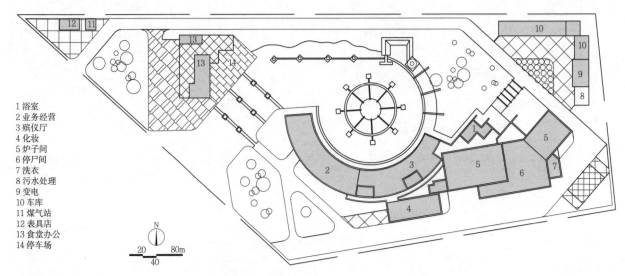

1 浴室
2 业务经营
3 殡仪厅
4 化妆
5 炉子间
6 停尸间
7 洗衣
8 污水处理
9 变电
10 车库
11 煤气站
12 表具店
13 食堂办公
14 停车场

5 上海益善殡仪馆总平面

建设规模

殡仪馆的建设规模等级应依据年遗体处置量划分，宜按《殡仪馆建设标准》定为5类，见表1、表2。

殡仪馆建设规模等级　　　　　　　　　　　　　　　　　表1

等级	处理遗体数量(具/年)
Ⅰ级	10000具以上
Ⅱ级	6001~10000
Ⅲ级	4001~6000
Ⅳ级	2001~4000
Ⅴ级	2000具以下

部分殡仪馆火化量与总建筑面积情况　　　　　　　　　　表2

殡仪馆	时间(年)	规模火化量(万具/年)	总用地面积(hm^2)	总建筑面积(m^2)
南京市殡仪馆	1979	1.2	5.9	12024
杭州市殡仪馆	1967	2	4.15	9800
禹城市殡仪馆	2002	0.3	1.62	2845
上海宝兴殡仪馆	2000	0.3	2.11	29832
成都市北郊殡仪馆	1980	0.8	2.97	8685
包头市殡仪馆	1964	1	2.8	64232
哈密市殡仪馆	1979	0.085	32	1415
青海共和县殡仪馆	1984	0.032	0.19	720
云南安宁市殡仪馆	1988	0.4	2.23	4327
广西武鸣县殡仪馆	1980	0.4	2.5	2600
荆门市殡仪馆	2002	0.26	3.4	4000
汉中市南郑县殡仪馆	1983	0.3	0.22	2577
天津宁河县殡仪馆	1977	0.21	3.07	3000
密山市殡仪馆	1976	0.25	8.76	51500
吉林市殡仪馆	2003	1	10	13000
长春市殡仪馆	2000	0.87	0.32	2100
吉林前郭县殡仪馆	2002	1	5.4	5400

建筑面积指标

各类殡仪馆的总建筑面积指标应根据具均建筑面积指标和年火化量确定，各类殡仪馆具均建筑面积指标宜符合表3的规定。殡仪馆各功能区用房在总建筑面积中所占的比例，宜参考表4、表5的规定。

殡仪馆具均建筑面积指标（单位：m^2/具）　　　　　表3

殡仪馆类型	Ⅰ类	Ⅱ类	Ⅲ类	Ⅳ类	Ⅴ类
具均建筑面积	1.7	1.8	1.8	2.0	2.0

注：按上述方法确定的Ⅱ、Ⅲ、Ⅳ、Ⅴ类殡仪馆的建筑面积指标若超出上一类殡仪馆建筑面积指标的下限，取其下限。

各功能区所占总用地面积的比例（单位：%）　　　　　表4

功能区	业务区	遗体处理区	悼念区	火化区	骨灰寄存区	祭扫区	集散广场区	管理及后勤区
所占比例(%)	10	16	25	16	11	8	1	13

殡仪馆工艺流程

1. 遗体流程和遗体处置工艺流程应一致、便捷、通达。
2. 殡仪馆内流线复杂性高，应处理好遗体流向、丧属流向、运尸车流向、员工流向的分离与联系，见1。

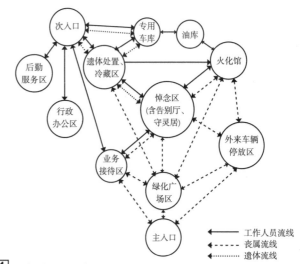

1 殡仪馆流线示意图

部分殡仪馆功能房间面积指标情况（单位：m^2）　　　　　　　　　　　　　　　　　　　　　　　　　表5

规模等级		Ⅰ级	Ⅰ级	Ⅱ级	Ⅱ级	Ⅲ级	Ⅳ级	Ⅴ级
房间名称		哈尔滨天和园	西安市殡仪馆新馆	河南郑州市殡仪馆	内蒙古包头市殡仪馆	兰州市殡仪馆	柳州香山陵园	荆门市东宝殡仪馆	鄂尔多斯东胜区殡仪馆
总建筑面积		26000	19804	11350	6423.25	11543	12000	5000	3400
业务区	业务厅	4000	4000	384	104	1500	350	81	120
业务区	丧葬用品销售部	200	200	60	50	65	216	42	20
业务区	办公室	60	60	20	25	30	25	60	30
业务区	丧属休息室	610	610	—	50	350	610	—	—
悼念区	悼念礼堂	—	720	—	—	1180	—	—	—
悼念区	大悼念厅	315	260	382	240	300	400	234	300
悼念区	中悼念厅	150	140	200	100	150	200	162	200
悼念区	小悼念厅	—	48	30	50	—	50	—	—
悼念区	丧属休息室	56	240	30	80	100	100	—	50
悼念区	音响室	—	28	40	21	29	20	10	—
悼念区	医务间	—	—	20	15	25	18	10	—
遗体处置区	清洗间	—	100	20	25	15	—	17	25
遗体处置区	接尸间、消毒间	105	613	20	170	50	25	35	70
遗体处置区	冷藏间	—	1236	108	—	210	180	35	50
遗体处置区	整容、化妆间	68	106	20	20	16	25	35	100
遗体处置区	鲜花整理间	20	243	—	—	—	25	17	—
火化区	火化车间	4000	3000	200	450	540	800	210	450
火化区	总控制室	25	60	—	32	—	—	—	—
火化区	风机房	500	450	25	—	70	100	60	—
火化区	取灰室	100	300	30	17	84	500	20	60
火化区	职工更衣室	60	60	10	—	20	—	—	15
火化区	职工淋浴室	100	60	15	60	50	25	10	15
后勤服务区	丧葬用品仓库	60	100	40	—	—	60	40	—
后勤服务区	花圈制作间	—	60	—	—	—	—	—	—
后勤服务区	挽联书写室	—	60	—	—	—	—	—	—

殡仪馆 [5] 功能区·建筑设计要点

功能区划分

1. 殡仪馆是一个提供全部殡仪服务功能的公共活动场所。根据规模和功能要求，其功能区可划分为业务接待区、行政办公区、遗体处置区、遗体冷藏区、守灵区、悼念区、火化区、后勤服务区以及绿化、集散广场、祭扫场所、停车场、污物场等。

2. 殡仪馆的功能分区设计时，应将告别区、遗体处理区和火化区作为核心主体，围绕它进行分区和分楼栋组织。功能分区及设计要求见表1。

殡仪馆功能分区 表1

序号	功能分区	设计要求
1	业务接待区	业务接待区分两处设置，其一是丧属，一般设置在基地的前端靠近入口处，标识醒目便于丧属直接到达；其二为遗体，一般设在次要出入口，有专用运尸道路到达
2	遗体处置区	进行遗体沐浴、消毒、整容，与告别区、火化馆和运尸车库有直接联系
3	遗体冷藏区	进行遗体冷加工并保存，应独立设置
4	守灵区	为丧属提供守丧的房间和配套用房的区域
5	悼念区	用于亲友及单位作短暂悼念的场所，同时也是生者流线与死者流线交叉的空间，因此要设置于核心的位置
6	火化馆	是进行遗体火化的场所，应单独设置，一般设置在基地后侧，丧属不可直接进入
7	行政办公区	管理者办公的地方，应与业务接待区关系紧密，应设环境监控室
8	后勤服务区	包括员工宿舍、活动室、办公用车车库、餐厅，还包括机房、监控室等。每个功能分区都要有自己的辅助用房，要根据各功能区的职能要求具体配置
9	绿化广场	设置在功能分区的交界处与室外休息设施结合布置
10	祭扫区	包括遗物处理用房、室内祭扫区、室外祭扫场等，应单独设置，且设在下风向
11	停车场	外部车多设置在基地的入口处，与广场相邻结合布置，内部停车宜设在办公区

功能区用房构成

殡仪馆的每一个功能区有其明确的功能，每个功能区均由一组专用功能用房及其配套用房组成，见表2。

各功能区用房构成 表2

功能分区	用房构成
业务接待区	包括业务咨询室、业务洽谈室、业务办公室、丧葬用品陈列室、展示厅、财务室、休息室、卫生间、心理抚慰室等
悼念区（含告别区、守灵区）	包括告别厅、音响室、医务室、花圈制作间、挽联书写室、卫生间、配有守灵功能时，应设有守灵房及配套用房；管理用房；设备用房；用品仓库等
遗体处置区 遗体冷藏区	包括接尸间、停尸间、推尸车间、淋浴室、整容室、污水处理间、员工休息室、卫生间、管理房、设备用房、用品仓库等。若需要时，可增设解剖室及配套用房
火化馆	包括火化车间、骨灰整理室、候灰室、拾灰室、临时骨灰仓、卫生间、油库间、风机房、配电间、工间、员工休息室、管理用房等。若需要时，可增设观化廊、炉前告别厅
骨灰暂存区	包括骨灰暂存间、业务室、卫生间等
后勤服务区	包括商店、餐厅、医疗卫生室、仓库、管理用房、车库等。若有守灵时，可增设各类守灵居和为丧属服务的餐厅医务室、小商店等

建筑设计要点

1. 殡仪馆建筑设计应根据丧葬习俗、建设规模、管理模式、功能配置等进行功能分区的整体布局。

2. 随着丧属治丧传统理念和习俗的回归，办丧消费水平的提高，办丧需求方面的扩大，丧葬服务和设备配置水平的升级，殡仪馆的服务功能呈现扩大化、个性化、可视化、操作机械化、运行智能化等趋势发展。殡仪馆的各功能区设计应考虑增加用房种类，明确房间功能，紧缩用房面积。

3. 各功能区应相对独立、明确，并分别设置出入口。

4. 殡仪馆的功能是围绕遗体为核心，与一般民用建筑以活人为核心是不同的。殡仪馆功能复杂、流线交叉，应采用分区设计法，有利于功能专一化、服务管理针对性强。

5. 馆内遗体流线应明确、短捷。以减少和控制污染范围。

6. 功能分区及功能区各用房，应按下列原则，实行分离设计。(1)丧属与逝者流线分离；(2)丧属活动区与员工操作区分离；(3)人流与车流分离；(4)业务操作区与员工休息用房分离；(5)遗体处置前、后分离；(6)丧属代表与操作员工分离。

7. 各功能区组合应按殡仪活动流程秩序单向流动布局，做到联系方便、流程便捷。

8. 殡仪馆建筑属民用建筑中的公共建筑。按照《建筑设计防火规范》GB 50016-2014的强制性条款规定："民用建筑不应设置生产车间和其他库房"，这样，使得殡仪馆中的火化间、骨灰寄存间严禁与殡仪馆内其他功能区建在一个建筑内。火化间所在功能区应设计为火化馆。骨灰寄存间所在的功能区应设计为骨灰楼。火化馆和骨灰楼应分别独立设楼栋。

9. 殡仪馆的各功能区应根据需要进行组合，当各自独立建造时，各功能区之间可用室外联系廊或地下联系廊进行联系。

10. 殡仪馆内丧属人流路线宜满足丧属的个性化要求，如有的丧属代表要求逝者整容过程和火化过程可视化。

11. 各功能区应设置多个出入口，满足不同流线要求。

12. 各功能区的遗体入口处应设置停尸间和运尸车库。该停尸间应按每具遗体占地面积2.5m²计算，宜自然通风和采光。各停尸间应与其对应的准备室相通。

13. 遗体严禁露天运送，遗体应采用运尸通道(地上或地下)运送，运尸通道净宽不应小于3m。

14. 主要功能房间净高应满足表3要求。

15. 殡仪馆建筑各功能空间应有良好的天然采光。

16. 殡仪馆内各功能用房应有自然通风，其通风开口面积不应小于各用房地面面积的1/20。

17. 凡是与遗体接触的员工操作空间均应设自动消毒装置或配置智能化消毒机器人。

18. 遗体处置区、火化馆、遗体冷藏区应分别设竖向通风道及机械通风装置。

19. 设有空调的功能区应分区、分时控制。

20. 馆内遗体水平运输和垂直升降宜采用机械化、电气自动化，并为智能化运行预留条件。遗体传输系统采用的设备和装置应与建筑同步设计，参见"殡仪馆[6]实例[2]"。

21. 运尸车库、停尸间应设清洗、消毒、污水处置专用装置。

各功能房间的最小净高（单位：m） 表3

功能用房	房间最小净高
业务厅	3.0
悼念厅	4.0
火化馆	7.0
骨灰暂存间	2.4

实例[6] 殡仪馆

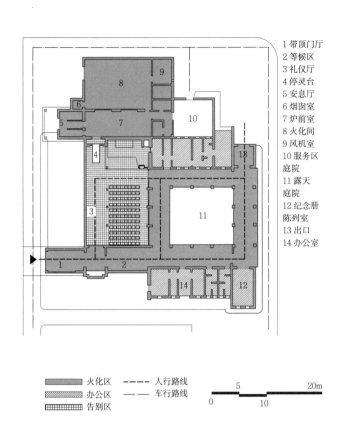

1 带顶门厅
2 等候区
3 礼仪厅
4 停灵台
5 安息厅
6 烟囱室
7 炉前室
8 火化间
9 风机室
10 服务区庭院
11 露天庭院
12 纪念册陈列室
13 出口
14 办公室

图例：火化区 / 办公区 / 告别区 ；人行路线 / 车行路线

这是一个很小的殡仪馆，仅设1个告别厅、2台火化机，布局简洁、紧凑，而丧属流线入口方向设置3条，满足办理各种服务的要求，而且路径短捷，是小型馆典型的实例。

1 英国某殡仪馆平面

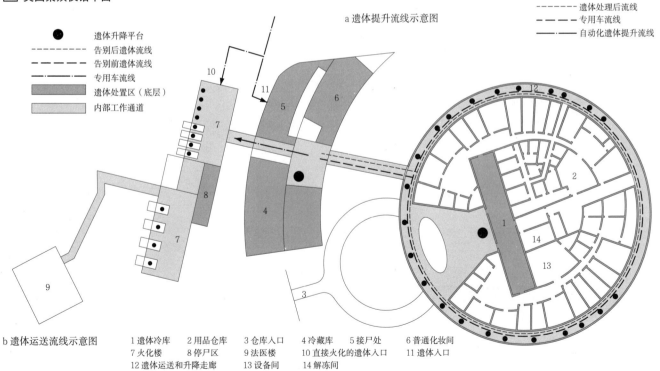

a 遗体提升流线示意图

图例：遗体升降平台 ●；告别后遗体流线 ；告别前遗体流线 ；专用车流线 ；遗体处置区（底层）；内部工作通道；遗体处理后流线；专用车流线；自动化遗体提升流线

b 遗体运送流线示意图
1 遗体冷库 2 用品仓库 3 仓库入口 4 冷藏库 5 接尸处 6 普通化妆间
7 火化楼 8 停尸区 9 法医楼 10 直接火化的遗体入口 11 遗体入口
12 遗体运送和升降走廊 13 设备间 14 解冻间

该馆实现遗体操作机械化和智能化，利用机械升降设备和水平传输将遗体可送到主礼楼各层，并与地下隧道相连，可将遗体送到妆容楼和火化间，在遗体运输方面是我国大型馆成功的案例。主礼楼地下层为内部工作区，遗体的防腐、冷藏、整容及员工休息等全部安排在地下，设有24个遗体升降平台，将整妆好的遗体对位地送至上一层告别厅，或将告别后遗体直接下至地下层，通过500m长的专用地下通道送至火化楼停尸间，再通过火化楼12个遗体升降平台上升到火化楼的操作间火化。

2 广州市殡仪馆遗体运行示意图

殡仪馆 [7] 实例

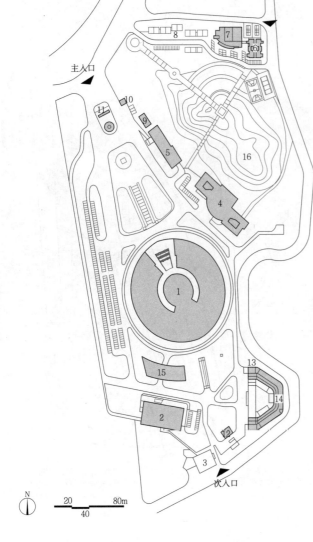

a 总平面图

1 主礼楼　2 火化间　3 法医楼　4 业务楼　5 办公楼　6 职工宿舍
7 职工活动楼　8 殡仪一条街　9 水泵房　10 传达室　11 入口牌坊　12 配电房
13 油库　14 车库　15 妆容楼　16 后山

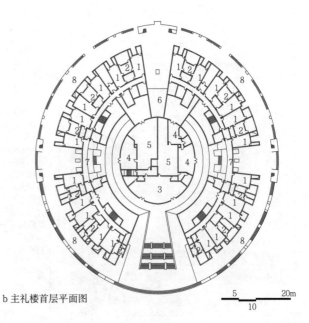

b 主礼楼首层平面图

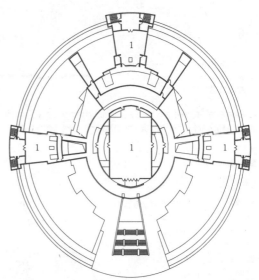

1 悼念厅　2 休息厅　3 大堂　4 商店　5 仓库　6 鲜花制作间
7 内部遗体运输廊　8 休息廊

c 主礼楼二层平面图

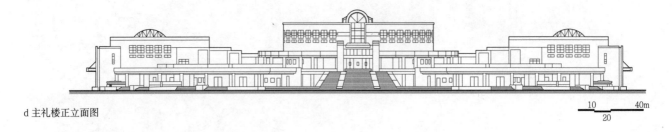

d 主礼楼正立面图

1 广州市殡仪馆主礼楼

名称	设计时间	占地面积（hm²）	建筑面积（m²）	绿化率（%）	设计单位
广州市殡仪馆主礼楼	2001	17.8	43000	65	广州市设计院

殡仪馆在总体布局上采用外部空间中轴对称的处理手法。将入口牌坊、广场、广场步道、柱廊以及主楼依次布置于轴线上，沿轴线的两侧分别在西面利用地形高差设置专用车道及大型停车场，北面为中心办公楼及业务楼，南端为法医楼和火化车间，东南面为专用车库与维修间、油站。主体建筑为圆形平面，外圈及顶层为丧属活动区，内圈及地下为遗体处理区和内部工作区，内外分明。每天可火化近百具遗体，每班次可容纳6000~8000名丧属参加告别仪式

实例 [8] 殡仪馆

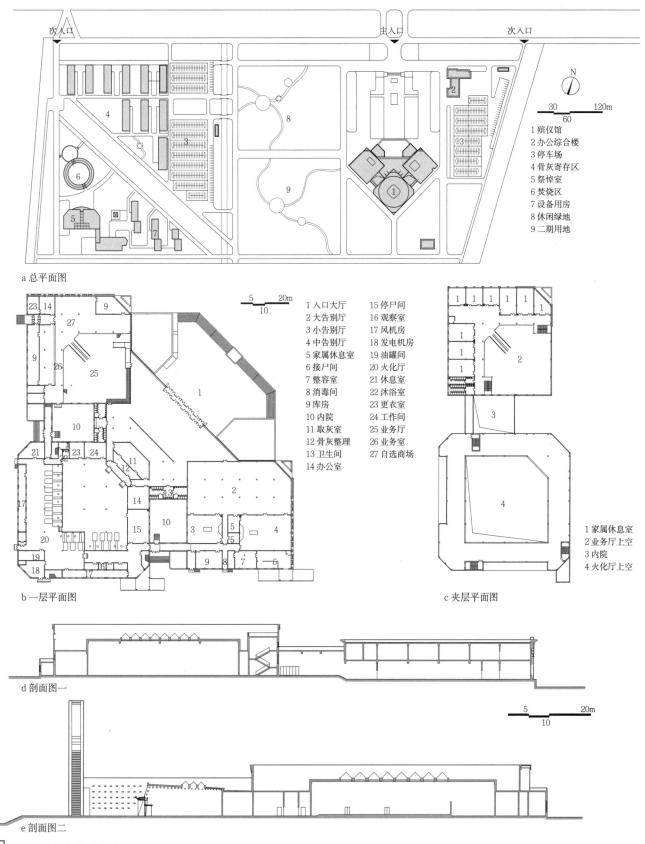

a 总平面图

1 殡仪馆
2 办公综合楼
3 停车场
4 骨灰寄存区
5 祭悼室
6 焚烧区
7 设备用房
8 休闲绿地
9 二期用地

1 入口大厅
2 大告别厅
3 小告别厅
4 中告别厅
5 家属休息室
6 接尸间
7 整容室
8 消毒间
9 库房
10 内院
11 取灰室
12 骨灰整理
13 卫生间
14 办公室
15 停尸间
16 观察室
17 风机房
18 发电机房
19 油罐间
20 火化厅
21 休息室
22 沐浴室
23 更衣室
24 工作间
25 业务厅
26 业务室
27 自选商场

b 一层平面图

1 家属休息室
2 业务厅上空
3 内院
4 火化厅上空

c 夹层平面图

d 剖面图一

e 剖面图二

1 哈尔滨市天和园殡仪馆

名称	设计时间	占地面积（hm²）	建筑面积（m²）	设计单位
哈尔滨市天和园殡仪馆	1995	35	10937.14	哈尔滨市建筑设计研究院

哈尔滨天和园殡仪馆主要负责遗体告别、火化及骨灰寄存业务，主体建筑是将业务接待区、遗体悼念区、遗体处置区、火化区高度集中为一体建筑，其中仅用两个内院和连廊作为分区之间的过渡。占地面积为35hm²，位于同三公路6.5km处，毗邻皇山公墓，经皇山公墓进出。天和园殡仪馆于2006年8月一期工程竣工，一期包括1.1万m²的业务大楼、2000m²的骨灰寄存楼、950m²的设备用房及2100m²的办公楼

殡仪馆 [9] 实例

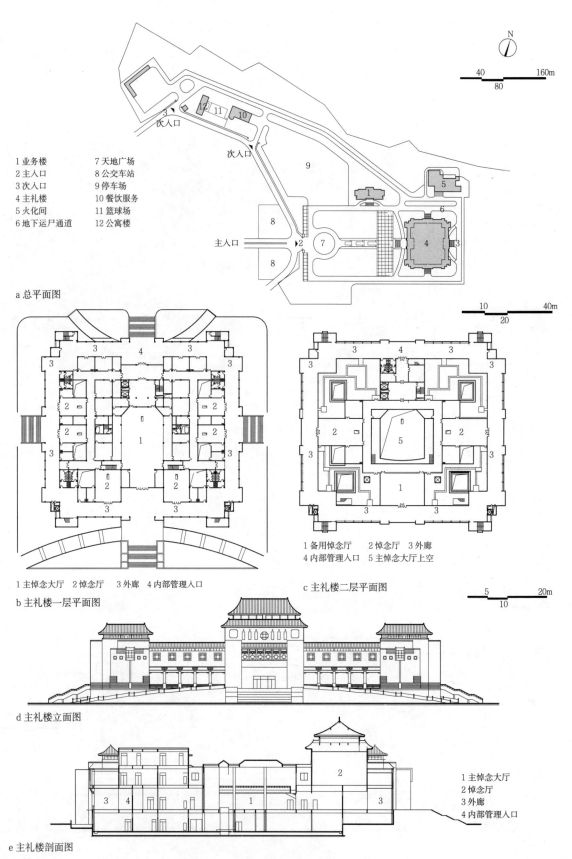

1 业务楼　　7 天地广场
2 主入口　　8 公交车站
3 次入口　　9 停车场
4 主礼楼　　10 餐饮服务
5 火化间　　11 篮球场
6 地下运尸通道　12 公寓楼

a 总平面图

1 主悼念大厅　2 悼念厅　3 外廊　4 内部管理入口

b 主礼楼一层平面图

1 备用悼念厅　2 悼念厅　3 外廊
4 内部管理入口　5 主悼念大厅上空

c 主礼楼二层平面图

d 主礼楼立面图

1 主悼念大厅
2 悼念厅
3 外廊
4 内部管理入口

e 主礼楼剖面图

1 长沙市新殡仪馆

名称	设计时间	占地面积（hm²）	建筑面积（m²）	容积率	建筑密度（%）	绿地率（%）	设计单位
长沙市新殡仪馆	2001~2002	2.8	13800	0.49	21.6	40	湖南省建筑设计院

建筑地上2层（局部3层），半地下室1层，共设有10个主礼厅。建筑高度为18.9m。建筑采用传统风格，主体部分借鉴古建筑重檐屋顶的做法，庄重大气，建筑氛围与功能十分匹配；周边回廊处理简洁实用，既丰富了立面效果，又为参加殡葬仪式的市民提供了良好的遮风避雨场所

实例 [10] 殡仪馆

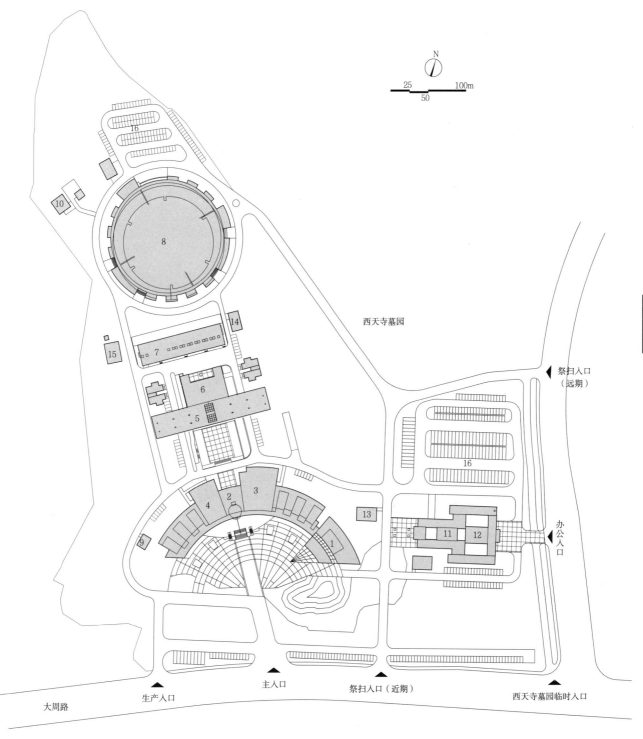

1 业务大厅　2 悼念台　3 豪华悼念厅　4 大悼念厅　5 守灵桥　6 告别厅　7 火化区　8 纪念环骨灰楼
9 垃圾站　10 遗物焚烧　11 餐厅　12 办公　13 污水处理　14 配电房　15 储油罐　16 停车场

1 南京市殡仪馆新馆总平面图

名称	设计时间	建筑面积（m²）	设计单位
南京市殡仪馆新馆	2012	48799	东南大学建筑设计研究院有限公司

新馆馆址位于南京市雨花台区铁心桥街道马家店村西天寺墓园以南，大周路（京沪高铁）以北；基地主要为丘陵地带，三面环山，处南京城区西南下风侧。总体设计结合自然地形，借山取势，结合殡葬建筑功能特点，建筑沿主轴线依次布置3大序列：悼念台（悼念区及业务区）、守灵桥（守灵区）和纪念环（骨灰堂）；场地地下室为殡仪馆生产区，在守灵区后部，依纪念环山势布置火化区。悼念楼独立设置，功能一致性强。悼念楼内设有较大面积的等候厅，为丧属提供良好的环境

殡仪馆 [11] 实例

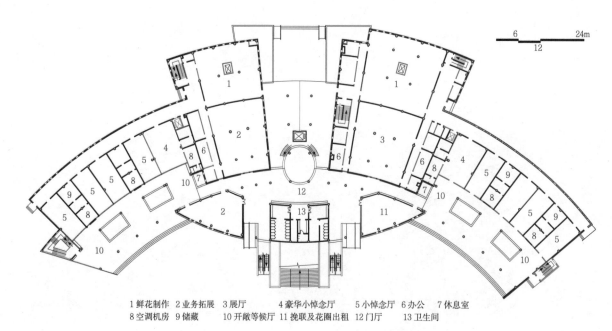

1 鲜花制作　2 业务拓展　3 展厅　4 豪华小悼念厅　5 小悼念厅　6 办公　7 休息室
8 空调机房　9 储藏　10 开敞等候厅　11 挽联及花圈出租　12 门厅　13 卫生间

a 悼念楼一层平面图

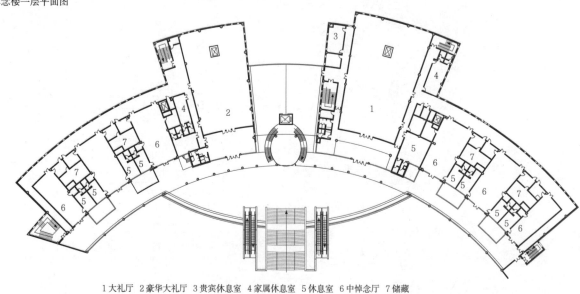

1 大礼厅　2 豪华大礼厅　3 贵宾休息室　4 家属休息室　5 休息室　6 中悼念厅　7 储藏

b 悼念楼二层平面图

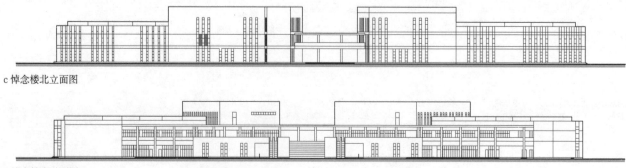

c 悼念楼北立面图

d 悼念楼南立面图

南京市殡仪馆悼念楼将大、中、小告别厅全部集中，专门为举行告别仪式、召开追悼会使用，功能性专一。特点：1.告别厅面积种类多，丧属选择性强；2.各个厅之间用一组辅助用房分离；3.每个厅均有相应的辅助用房和休息用房，使周到服务落实在空间上；4.等候休息区面积大；5.员工流线与丧属分离明确。

1 南京市殡仪馆悼念楼

实例［12］殡仪馆

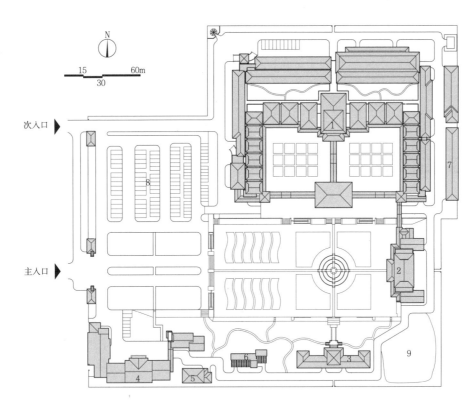

次入口
主入口

1 悼念火化楼
2 综合服务楼
3 骨灰寄存楼
4 办公楼
5 配电房
6 花房
7 汽车库
8 停车场
9 养生水塘

a 总平面图

1 休息大厅　2 小商店　3 服务室　4 花圈陈列室
5 接待室　　6 贵宾休息室　7 门厅

b 综合服务楼平面图

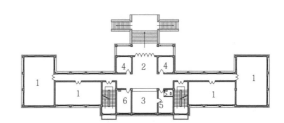

1 骨灰寄存室　2 门厅　3 业务室　4 悼念室
5 休息室　　　6 接待室

f 骨灰寄存楼平面图

c 综合服务楼立面图

g 骨灰寄存楼立面图

d 综合服务楼立面图　　e 综合服务楼剖面图

h 骨灰寄存楼立面图　　i 骨灰寄存楼剖面图

1 苏州市殡仪馆

名称	设计时间	占地面积（hm²）	建筑面积（m²）	建筑密度（%）	容积率	绿地率	设计单位
苏州市殡仪馆	2003	8.6	18875	17.16	0.2165	45.5	苏州设计研究院股份有限公司

工程以修复生态环境为切入点，利用基地东侧和北侧开山遗留下的山体平台稍加整平，将主体建筑悼念火化楼布置在基地北侧，综合服务楼布置在东侧，基地南侧和西侧是池塘和苗圃，将骨灰寄存楼布置在南侧，生活办公楼布置在西南侧，与周边绿化融为一体，环境优雅、宁静。

殡仪馆 [13] 实例

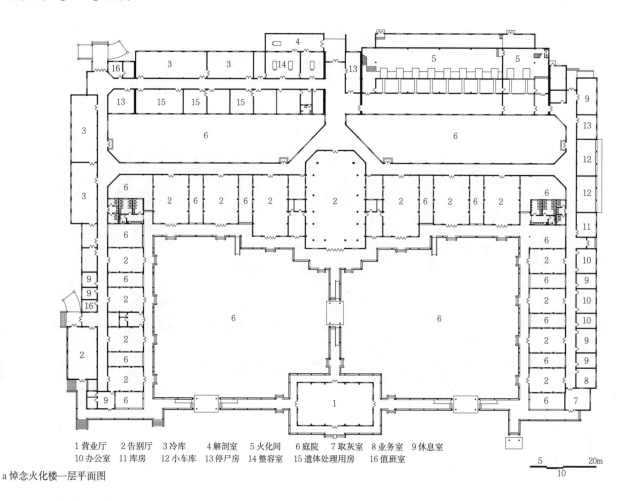

1 营业厅　2 告别厅　3 冷库　4 解剖室　5 火化间　6 庭院　7 取灰室　8 业务室　9 休息室
10 办公室　11 库房　12 小车库　13 停尸房　14 整容室　15 遗体处理用房　16 值班室

a 悼念火化楼一层平面图

b 悼念火化楼东立面图

c 悼念火化楼南立面图

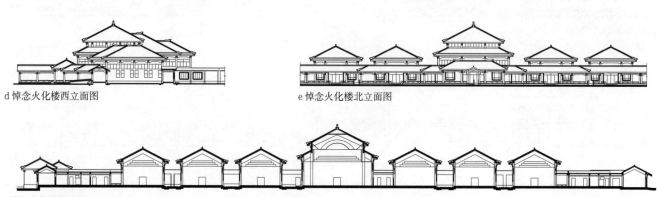

d 悼念火化楼西立面图　　　　e 悼念火化楼北立面图

f 悼念火化楼剖面图

苏州市殡仪馆悼念火化楼特点是：1.将丧属活动区全部用廊和亭连接起来，富有苏州地区的特点；2.业务接待区、悼念区、火化区之间利用内庭院进行分离，使建筑既是一个整体，又分区明确；3.每个告别厅之间有天井庭园分离，使各户相互不干扰，体现人文关怀；4.内部员工流线与丧属流线采用设置内、外两条廊作为分离，且流线清晰。

1 苏州市殡仪馆悼念火化楼

实例 [14] 殡仪馆

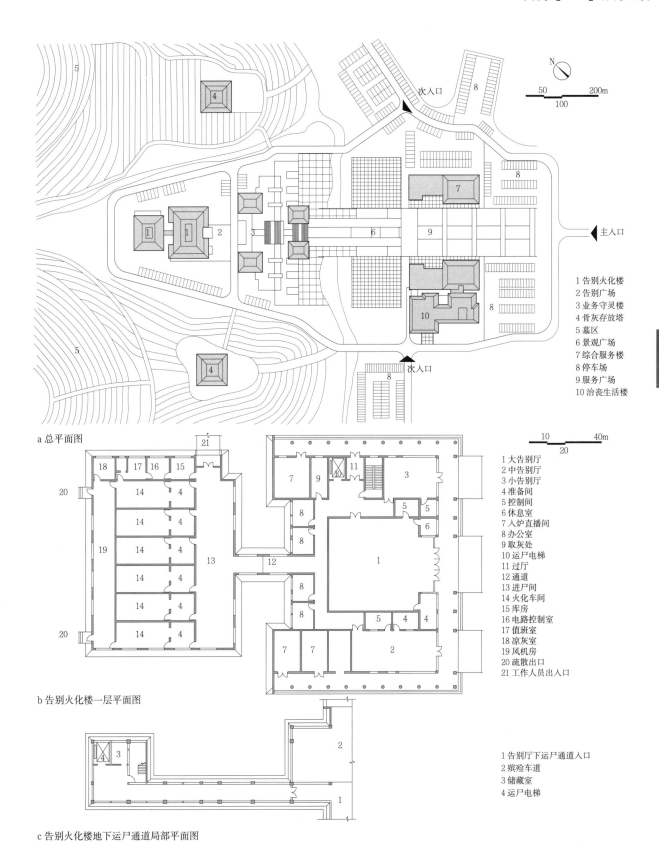

a 总平面图

1 告别火化楼
2 告别广场
3 业务守灵楼
4 骨灰存放塔
5 墓区
6 景观广场
7 综合服务楼
8 停车场
9 服务广场
10 治丧生活楼

b 告别火化楼一层平面图

1 大告别厅
2 中告别厅
3 小告别厅
4 准备间
5 控制间
6 休息室
7 入炉直播间
8 办公室
9 取灰处
10 运尸电梯
11 过厅
12 通道
13 进尸间
14 火化车间
15 库房
16 电路控制室
17 值班室
18 凉灰室
19 风机房
20 疏散出口
21 工作人员出入口

c 告别火化楼地下运尸通道局部平面图

1 告别厅下运尸通道入口
2 殡殓车道
3 储藏室
4 运尸电梯

1 重庆市长寿区殡仪馆

名称	设计时间	占地面积（hm²）	建筑面积（m²）	容积率	建筑密度（%）	绿地率（%）	设计单位
重庆市长寿区殡仪馆	2012	4.0	13485	0.34	23.7	39.47	重庆大学建筑设计研究院有限公司

该工程将殡仪馆的各类功能用房采用中轴对称格局布置，形成庄严感。火化间和悼念区用长廊相连，使之联系紧密。火化间分间设置，悼念区与火化间相连为一体

殡仪馆 [15] 实例

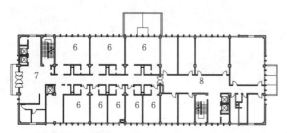

1 火化间　2 骨灰存放（千秋堂）　3 告别厅　4 守灵楼
5 观景广场　6 中心广场　7 告别广场　8 丧主服务楼
9 悼念文化广场　10 地面停车　11 地下车库入口　12 墓区

a 总平面图

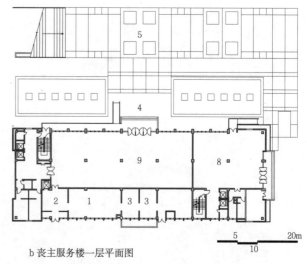

b 丧主服务楼一层平面图

1 厨房　2 厨房出入口　3 厨房货运入口　4 餐厅入口　5 悼念文化广场
6 客房　7 住宿门厅　8 办公管理区　9 餐厅

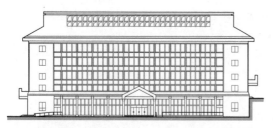

c 丧主服务楼二层平面图

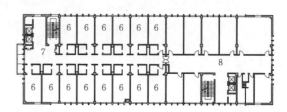

d 丧主服务楼三、四、五层平面图

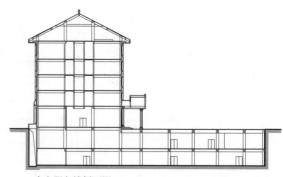

e 丧主服务楼北立面图

f 丧主服务楼剖面图一

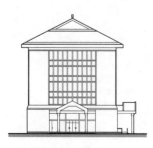 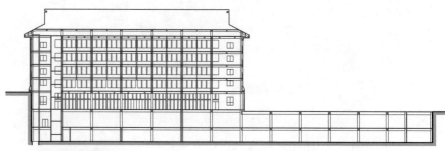

g 丧主服务楼西立面图　　　h 丧主服务楼剖面图二

1 重庆市石桥铺殡仪馆

名称	设计时间	占地面积（hm²）	建筑面积（m²）	容积率	建筑密度（%）	绿地率（%）	设计单位
重庆市石桥铺殡仪馆	2012	5.7	36235.95	0.52	15.05	35.2	重庆大学建筑设计研究院有限公司

该项目为重庆市石桥铺殡仪馆整体改造一期工程，包括丧主服务楼及地下车库、守灵楼两栋建筑，均为多层民用公共建筑。建筑层数：丧主服务楼及地下车库地上5层地下2层；守灵楼地上6层、地下3层。建筑高度：丧主服务楼20.3m，守灵楼23.4m，建筑高度均小于24m。丧主服务楼包括行政办公区和客房服务区两部分。

实例［16］殡仪馆

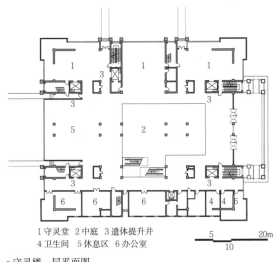

1 守灵堂 2 中庭 3 遗体提升井
4 卫生间 5 休息区 6 办公室

a 守灵楼一层平面图

b 守灵楼二层平面图

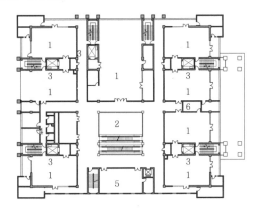

c 守灵楼三层（标准层）平面图

d 守灵楼四层平面图

4
殡葬建筑

e 守灵楼东立面图

f 守灵楼南立面图

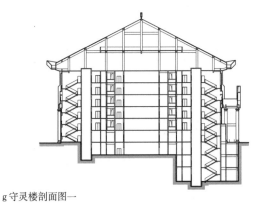

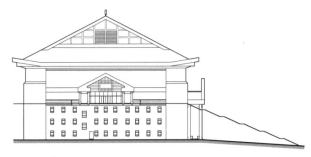

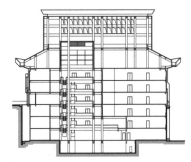

g 守灵楼剖面图一

h 守灵楼剖面图二

该工程为丧属提供守灵用功能空间。其特点：1.每户可供用一套用房；2.每个套房之间用交通空间分离，互不干扰；3.每个套房均有专用遗体提升井提供遗体运送，使多层守灵居实现运尸自动化。

1 重庆市石桥铺殡仪馆守灵楼

殡仪服务中心 [1] 规模·选址·总平面设计·用地指标·功能分区

概述

殡仪服务中心又称安乐堂、殡仪服务站。是指具有一项或多项殡仪服务功能(含接受遗体、遗体处置、存放、守灵、悼念、告别等,不含火化间及骨灰安置),同时又为殡仪活动提供配套服务的建筑。

规模

殡仪服务中心规模等级一般依据每年接纳和处理遗体的数量及殡仪服务中心所处位置进行划分,见表1。

规模等级　　　　　　　　　　　　　　　　　　　　　表1

等级	服务半径及其特点	年处理遗体数量(具)
社区级	服务所在社区或多个相邻的社区,规模较小,功能简单	1500～3600
城区级	面向城市,规模较大,功能完善,配套设施齐全,能够进行大型的追悼仪式	3600以上

选址原则

1. 殡仪服务中心的选址应符合国家的土地使用原则和当地总体规划的要求。

2. 结合所在社区,选择位置合理,交通便捷,有较高可达性的位置。殡仪服务中心与殡仪馆的最大区别是殡仪服务中心不含火化服务,因而殡仪服务中心建筑应以能满足就近办丧事的需求进行选址。

3. 殡仪服务中心的建设应确保对周围的资源及环境不造成破坏,宜选择环境优越的位置作为基地。基地位置宜日光充足、通风良好,并具有电源、给排水条件,便于种植,宜营造良好的景观氛围。

4. 基地应能为整个建筑中的各个功能分区、主要出入口以及生者与逝者两条流线及庭院绿化、景观小品等的合理布置提供可能性。

5. 应选位于城市次要交通道路附近或直接与次要干道相连的位置,以避免对城市交通带来的干扰,又方便丧属使用。

总平面设计要点

1. 应以遗体处置区和悼念区为中心进行合理的功能分区布局,做到联系方便、互不干扰。建筑应布局紧凑、交通便捷,车辆和人员分流有序。

2. 各功能区可分别设栋,也可集中设一栋。

3. 业务接待区和行政办公用房应朝向当地良好朝向。

4. 新建殡仪服务中心绿地率不应小于30%。

5. 殡仪服务中心基地不应少于2个出入通道,其中1个专供灵车通行,见表2。

6. 停车场设计除宜符合国家现行行业标准《城市公共交通站、场、厂设计规范》CJJJ 15等有关标准的规定外,尚应符合下列要求:
(1) 应做好交通组织;
(2) 在停车场出入最方便的地段,应设残疾人的停车车位,并设醒目的"无障碍标志";
(3) 内部车辆应单独设置停车场,员工车库(场)与灵车库应分设。

7. 应设垃圾清运间及其场地。

殡仪服务中心出入口　　　　　　　　　　　　　表2

主要出入口	人员出入口	丧属出入口
		工作人员出入口
辅助出入口	供应出入口	丧葬用品、相关器械、备品入口
	遗体出入口	遗体出入口
	污物出入口	废弃物出入口

用地面积指标

殡仪服务中心的建设用地面积指标应根据具均用地面积指标和年遗体处理量确定,殡仪服务中心的具均用地面积指标宜符合表3、表4的规定。

殡仪服务中心具均用地面积指标(单位:m²/具)　　　表3

殡仪服务中心类型	社区级	城区级
具均用地面积	6.5	7.0

注:按上述方法确定的社区级和城区级殡葬服务中心的建设用地面积指标,若超出上一类殡仪服务中心的用地面积指标的下限,取其下限。

殡仪服务中心各用地百分比(单位:%)　　　　　表4

规模	建筑	广场	停车场	绿化	其他
社区级	60	15	15	5	5
城区级	25	30	20	20	5

注:各部用地百分比=各部用地面积/总用地面积(总用地面积仅指殡仪服务中心的用地面积,不包括骨灰寄存和公墓)。

殡仪服务中心规模参考指标表　　　　　　　　　表5

殡仪服务中心	总用地面积(m²)	总建筑面积(m²)	容积率	绿地率	停车位(个)
哈尔滨东华苑殡仪馆	33750	6378	0.19	32%	182
上海龙华殡仪馆	44000	14000	0.32	48%	190
永宁县殡仪服务中心	666600	4900	0.01	36%	140

功能分区

殡仪服务中心主要包含五个功能区:业务接待区、遗体处置区、行政办公区、后勤服务区、悼念区,各功能区之间关系见 1。

1. **业务接待区**:该功能区是丧属办理相关殡仪业务及服务项目,以及殡葬用品的购置与服务洽谈,也是遗体接待区,还是殡仪服务中心面向外界宣传的窗口。

2. **遗体处置区**:它是殡仪服务建筑中最重要的组成部分,包括遗体接待、沐浴、消毒、整容、修复、解剖、化验、冷藏区。

3. **悼念区**:包括丧属守灵区、遗体告别区、室内祭祀区等。

4. **行政办公区**:主要是殡仪服务中心内的员工用于行政管理和监控的各个功能区。

5. **后勤服务区**:其主要的功能是供应保障、维修、仓库、员工生活服务等。

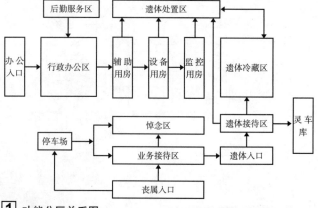

1 功能分区关系图

各功能区用房构成

殡仪服务中心建筑的功能用房隶属于各个功能区，各个用房应服务目标明确，并能独立使用，基地内各功能区用房构成见表1。

功能用房组成　　　　　　　　　　　　　　　　　　　　表1

序号	功能区划分	用房组成
1	殡仪业务区	业务厅、洽谈室、丧属休息室、丧葬用品销售、宣传展示、库房、卫生间、心理抚慰室
2	遗体接收区	包括登记室、接尸间、运尸车库、库房等
3	遗体处置区	包括停尸间、准备间、防腐室、沐浴室、整容室、3D打印遗体修复工作室、污水处理室、备品间、器械室、解剖室、员工更衣室、卫生间、办公用房等
4	遗体冷藏区	包括排风通道、冷却间、冻结间、冷藏间、解冻室、库房、机房、控制室和设备间
5	守灵居区	灵堂、休息室、客厅、卫生间，另有公共接待厅、小卖部、办公室、医务室等
6	悼念区	包括告别厅、音响室、医务室、丧属休息室、卫生间、设备用房、用品仓库、遗体准备室、丧葬等候厅等
7	行政办公区	包括办公室、财务室、会议室、图书馆、职工活动室、卫生间、环境监控室、档案室
8	后勤服务区	包括对内和对外餐厅、浴池、小商店、职工宿舍、维修间、仓库
9	停车场	包括内部停车场、外来停车场和灵车停车场
10	祭祀区	室内祭祀厅和丧属休息厅

建筑设计要点

1. 殡仪服务中心服务于城区和社区丧属，设计时应紧缩用地，紧缩各用房面积。功能空间配置宜少而全、小而精。增设1~2个多功能用房，以满足临时需求。为丧属提供就近方便、周到和精心的服务场所。

2. 殡仪服务中心的功能区组合时，应考虑：
 （1）新建殡仪服务中心应充分利用社区或城区已有殡葬设施的功能区，确定其功能区配置。
 （2）按工艺流程组织建筑空间和场所，见 1 。
 （3）出入口设置和通道布置要功能明确、使用方便、交通便捷，并保证生、死两条流线互不干扰。

3. 殡仪服务中心不应设在地下空间。

4. 殡仪服务中心以遗体处理、冷藏和告别为主要业务，其中遗体处置区和冷藏区设计可进行规范化设计。告别厅应充分考虑当地和各户的丧葬习俗，满足个性化需求。

5. 业务接待区应分为丧属接待区和遗体接待区，从生者与逝者分离的角度，应分别独立设置2个出入口、2个门厅、2个接待厅。遗体出入口应设在建筑相对隐蔽的区域。

6. 悼念区中告别厅和灵堂应布置在背离基地周边人口集聚区，并位于当地主导风的下风向，减少噪声对周边住区的影响。告别厅和灵堂的围护结构应做隔声处理。

7. 遗体处置区宜采用以整容间为核心的中央大厅式布局，它有利于各功能用房联系便捷、使用方便。

8. 每个遗体应严格按工艺加工流程有序进行处置，其流程见 1 。

9. 宜满足部分丧属代表要求亲自观看指导整容的要求，但设计时要做到生者与逝者分离，丧属代表与操作人员分离。

10. 遗体冷藏区的冷藏间面积占总建筑面积的比例宜适当增加，宜按日均遗体处置量的1~3倍考虑。

11. 应不设遗体长期存放冷藏间。

12. 告别厅和每套守灵间中的灵位台是个污染点，相当于遗体污染再次扩散。所以灵位台应做好消毒、防腐防护设计。

13. 告别厅应以中、小型为主，告别厅的使用频率，应考虑我国各民族多是上午出殡的习俗，上午一般办两场，存在换场使用。所以告别厅的数量宜根据每天出殡火化的户数合理确定。

14. 悼念区应设置等候大厅，并满足下列要求：
 （1）面积宜按每层等候人数计算，每位可按0.5m²考虑。
 （2）等候大厅的出入口不能作为告别厅的安全疏散口的宽度计算，等候大厅应单独设置本厅疏散的两个出入口。
 （3）等候厅应设有自然通风、自然采光。
 （4）等候厅宜分户设置。

15. 各功能区应自成系统，完成专用功能。并应分隔设置，建议采用庭院、绿化带进行分隔或采用专用廊道把有关联的分区分开。

16. 殡仪服务中心的建筑设计应在建筑形体、空间尺度、建筑材料上着重体现对逝者及死亡意义的理解，并通过多样化的设计手段合理表达设计主题，营造相应的场所氛围。

17. 殡仪服务中心建筑应有良好的采光及自然通风，主要房间采光窗地面积比见表2。

18. 宜设置室内祭祀空间。

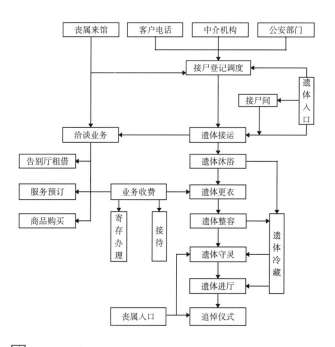

1 流程示意图

各功能房间采光窗地面积比标准　　　　　　　　　　　　表2

房间名称	窗地面积比
遗体处置用房	1/6
告别厅	1/7
守灵间	1/7

殡仪服务中心 [3] 实例

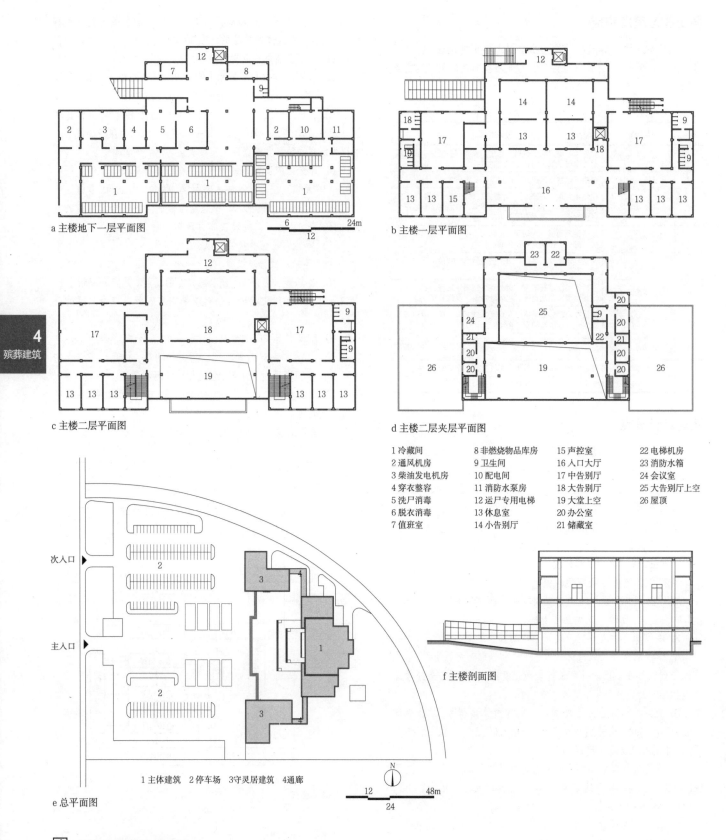

1 哈尔滨市东华苑殡仪服务中心

名称	用地面积（hm²）	建筑面积（m²）	设计单位
哈尔滨市东华苑殡仪服务中心	3.375	6378	哈尔滨工业大学建筑设计研究院

该建筑由主体建筑、守灵居建筑及主体建筑与守灵居建筑之间的地下通道构成。主体建筑采用框架结构，守灵居采用砖混结构。其中，主体建筑地下一层为冷藏间、脱衣消毒、穿衣整容、洗尸消毒、设备用房、值班室等；一层为告别厅、休息室、声控室、公共卫生间等；二层为告别厅、休息室、公共卫生间；二层夹层为设备房、办公室、储藏间等。守灵居建筑一层为守灵间、休息室、储藏室等，二层同一层。主体建筑与守灵居建筑用通道相连。

实例 [4] 殡仪服务中心

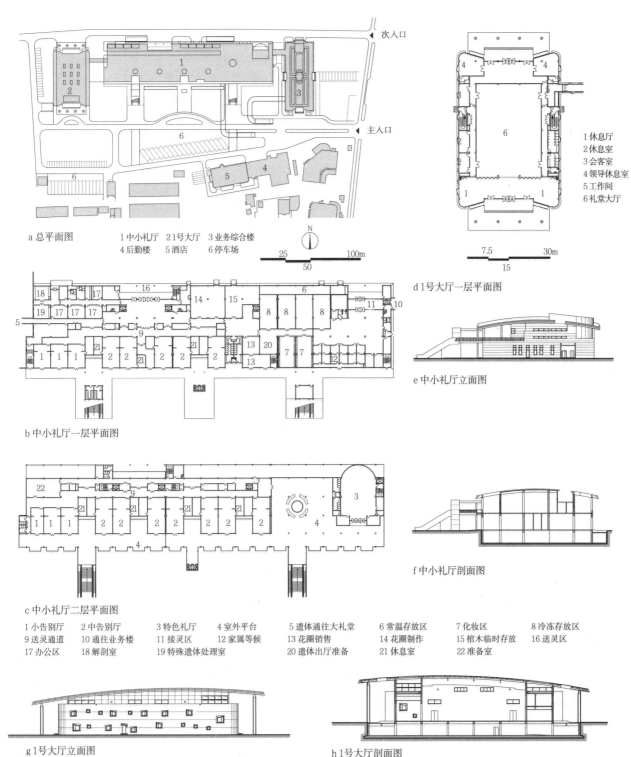

a 总平面图　　1 中小礼厅　2 1号大厅　3 业务综合楼
　　　　　　　4 后勤楼　　5 酒店　　　6 停车场

b 中小礼厅一层平面图

c 中小礼厅二层平面图

d 1号大厅一层平面图　　1 休息厅　2 休息室　3 会客室　4 领导休息室　5 工作间　6 礼堂大厅

e 中小礼厅立面图

f 中小礼厅剖面图

1 小告别厅　2 中告别厅　3 特色礼厅　4 室外平台　5 遗体通往大礼堂　6 常温存放区　7 化妆区　8 冷冻存放区
9 送灵通道　10 通往业务楼　11 接灵区　12 家属等候　13 花圈销售　14 花圈制作　15 棺木临时存放　16 送灵区
17 办公区　18 解剖室　19 特殊遗体处理室　20 遗体出厅准备　21 休息室　22 准备室

g 1号大厅立面图

h 1号大厅剖面图

1 上海市龙华殡仪馆改扩建工程

名称	绿地率(%)	用地面积(hm²)	建筑面积(m²)	遗体年处理量(万具)	容积率	建筑密度(%)	绿化面积(m²)	设计单位
上海市龙华殡仪馆改扩建工程	30.67	5.0	38893	2.7	0.61	24.4	14025	同济大学建筑设计研究院(集团)有限公司

总体设计为"一庭、三园"的建筑空间布局。"一庭"即为由一号大厅、中小礼厅、业务综合楼及生活辅助楼围合成的中央大庭园，是悼念人员的集散地。"三园"即东侧"银杏、香樟园"，是办理丧葬业务人员出入口；南侧"松柏园"，是机动车集散地。西北角的"桂花、白玉兰园"，是贵宾出入口和紧急疏散地。总体上形成四个功能区，即业务综合区、悼念区、办公综合区、公共休息区，各区预留了一定的服务发展空间。设计中保留和利用好馆内的绿化资源，即"花园环境，人文氛围"，象征着逝者重归自然，融于自然的意境。建筑造型庄重、圣洁。业务综合大楼为地下2层，地上5层建筑，其中地下层主要用作停车，一层为公共休息、业务洽谈、服务接待等，二层为内部办公、涉外洽谈、电脑设备中心等，三层为设备及服务用房、遗体运送通道，四、五层为涉外丧事专区。中小礼厅独立成栋，其中一层为遗体处理用房，二层为中小礼厅，共12个。还设有特色告别厅，如瞻苑厅、觉苑厅、净苑厅为中式传统风格，安乐厅和永乐厅为欧式风格。

火化馆 [1] 功能空间构成与面积·建筑设计·防火设计

概述

火化馆(又称火葬场)是专门用作火化遗体的建筑空间。我国火化量与火化率年度概况见表1。

年度概况　　　　　　　　　　　　　　　　　　　　表1

年度	火化量(万具)	火化率(%)
1999	336.4	41.5
2000	373.7	46
2001	386.7	47.3
2002	415.2	50.6
2003	435	52.7
2004	436.9	52.5
2005	450.2	53
2006	430.2	48.2
2007	442.1	48.4
2008	453.4	48.5

火化馆功能用房构成与面积

火化馆应按功能区进行布局设计。功能区包括业务接待、火化操作区、设备供应区、员工休息区、观化区和骨灰整理区。油库应单独设置。各功能区的用房配置及面积见表2、表3。

功能用房配置　　　　　　　　　　　　　　　　　　表2

功能区/用房	用房与设施配置
火化操作区	遗体准备室、火化停尸间、炉前室、火化车间、骨灰垃圾间、火化机烟囱、储油箱
设备及供应区	发电机房、风机房、配电间、维修间、工具室、控制室、环境监控室、油库
员工休息办公区	办公室、员工更衣、消毒、厕所、浴室、休息室
观化区	丧属代表等候厅、卫生间、炉前告别室或观化廊
骨灰整理区	骨灰冷却、整理间、垃圾间、取灰室、候灰厅、骨灰登记室、取灰祭拜间、骨灰精制间

火化馆各房间使用面积 (单位:m²)　　　　　　　　表3

房间名称	停尸间	火化间	职工休息室	更衣室淋浴间	配电室	骨灰整理室	骨灰收捡室	风机房	候灰厅
使用面积(m²)	10~20	90~200	5	5	5	15~20	15	15	20

注：1. 上述面积皆以单台火化机所需面积为标准，设计时各房间的实际使用面积应为所需火化机台数乘以表中面积。
　　2. 油库储油量可按焚烧一具所需柴油15kg，电量25kW·h估算。

火化馆工艺流程

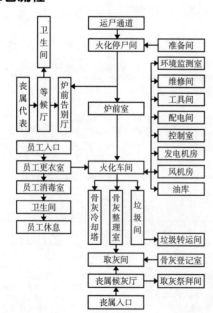

1 功能空间组织与流程图

火化馆建筑设计要点

1. 火化馆应独立设置，并设在基地主导风向的下风向和相对隐蔽的区位，丧属不可直接到达。

2. 火化馆应设专用的业务接待区，该区用于丧属出示逝者死亡证明、办理火化登记等，有的还设葬礼厅和休息厅。

3. 火化区以炉前区和火化车间为核心，设计时应与火化机的配置进行一体化设计，并应满足火化机及后处理设备的安装和使用条件。

4. 火化馆的功能用房应按火化工艺流程设计，见 1 。

5. 遗体火化可进行可视化设计，通过在火化炉前厅另外设置火化观察廊、火化观看厅等空间来实现。丧属代表流线与火化流线严禁交叉。

6. 为满足部分丧属代表需要在火化炉前进行诀别仪式，可增设炉前告别厅。

7. 火化机应选择污染少的产品，火化机废气污染物排放满足《燃油式火化机大气污染物排放限值》GB 13801-2009的有关规定。

8. 遗体停放间的使用面积应按每具不小于2.5m²确定，并具有自然通风和自然采光。

9. 应做好火化机设备与建筑接口部位的专用排烟道构造设计。火化机专用烟道应设在建筑最大风频风向的下风侧或最小风频的上风侧。该烟道应留有风道污染物排放测试孔，孔径和位置应满足有关规定。

10. 应做好火化操作间的室内整体通风系统设计。

11. 骨灰整理区是内部工作区一部分，它的功能是遗体火化后整理和处理骨灰。骨灰整理区应考虑如下几点，(1)送、取骨灰两条流线分流；(2)减少骨灰污染物迁移、扩散，应设专用收集间；(3)增设骨灰精制间，使骨灰盒小巧精致。

12. 火化馆设计既要满足使用功能要求，也要考虑到人们对逝者归宿的期盼，营造庄严、敬畏的空间感。

火化馆防火设计要点

1. 火化馆属生产性车间，其生产的火灾危险性分类按国家现行标准《建筑防火设计规范》GB 50016-2014中规定的丁类2项进行防火设计。

2. 采用燃气式火化设备的火化间，在建筑物外部和火化间内管道上均应设置自动或手动气源紧急切断阀。

3. 员工宿舍和办公用房严禁设置在火化馆内。

4. 火化馆的油库与基地内主要道路防火间距不应小于10m，与次要道路防火间距不应小于5m，与基地外道路边缘防火间距不应小于15m。

5. 火化馆与骨灰楼、骨灰塔、殡仪馆、殡仪服务中心的防火间距宜不小于表4规定。

防火间距 (单位:m)　　　　　　　　　　　　　　　表4

名称		骨灰楼(塔)						殡仪馆、殡仪服务中心		
		单、多层			高层			裙房、单、多层		高层
		一、二级	三级	四级	一、二级	三级	四级	一、二级	三级	一类	二类
火化馆	一、二级	10	12	14	13	10	12	14	15	13
	三级	12	14	16	15	12	14	16	18	15

火化操作区概述

火化操作区是遗体火化加工的车间,包括炉前厅、火化间和相关的配套用房。

火化操作区建筑设计要点

1. 火化操作区宜单独设置,安全出口不应少于2个。
2. 火化操作区的建筑结构、平面布局和层高等应满足火化机及后处理设备的安装和使用条件。
3. 设计时应先选择设备,再根据工艺具体设计。火化操作区的平面布置应按火化设备的数量和规格而定。由于火化间是以炉门为界,分为前厅和后厅。火化前厅按接受尸体进炉车的不同分为普通进尸车和履带式进尸车两种。
4. 前厅净宽不宜小于8.0m。后厅净宽不宜小于7.0m。火化机与侧墙净距不宜小于1.5m。火化间净高不应低于7.0m。
5. 火化遗体需要760℃~1150℃的高温,每具需焚烧50分钟。目前我国使用的火化机有上排烟和下排烟两种形式,烟道应按火化设备的要求进行设计,并应采取防火措施。烟囱的断面内壁应保证排烟通畅,并应防止产生阻滞、涡流、串烟、漏气和倒灌现象。
6. 火化机烟囱高度应大于15m,火化烟气严禁低空排放。
7. 火化间噪声、热、光、电磁及空气质量应符合现行国家标准《火葬场大气污染物排放标准》GB 13801的规定。火化机产生噪声控制标准见表1。
8. 火化操作区内应设置集中处理骨灰废弃物的空间和装置。
9. 风机室的允许噪声级应符合《燃油式火化机通风技术条件》GB 19054的要求。

火化机产生的噪声控制标准　　　　　　　　　表1

地点	测试位置	工作中火化机台数	限值dB（A）
火化炉后厅	中央部位	1	73
火化炉前厅	中央部位	1	68
火化间外廊	靠墙	1	60
火化馆外廊	边界	1	50

注:引自《燃油式火化机污染物排放限值及监测方法》GB 13801-92。

火化机

火化机是人们通常所说的"尸体焚烧炉",是完成遗体火化功能的一套专用设备。通常主要包括燃烧室、排气系统、供风系统、供燃料系统、电控系统、送尸台、拣灰及冷却系统等。

火化机配置数量

1. 火化机的数量应由日高峰火化量确定,主要取决于日规模峰值和每台火化机日生产能力,参见表2。
2. 每个火化间应配置不少于2台火化机。
3. 殡仪馆火化机的配置数量可按下式估算。

$$N = R/1000 \times 1.5$$

式中:N—火化机配置数量,其数值按四舍五入原则取整;
　　　R—年遗体处理量;
　　　1.5—配置系数。

国内殡仪馆年火化量与火化机数量　　　　　　　　　表2

馆名	殡仪馆类型	建筑面积(m²)	年处理量(具)	普通火化机数量(台)	高级火化机数量(台)
西安市殡仪馆	I类	19804	17000	6	5
哈尔滨天和园殡仪馆	I类	26000	11000	8	4
武汉市殡仪馆	II类	45000	7000	4	2
齐齐哈尔市殡仪馆	III类	9000	5500	5	—
五华县殡仪馆	III类	1980	5000	5	—
新乡市殡仪馆	IV类	8644	3400	3	—

火化机分类

可按火化机燃料、结构、燃烧方式、排烟方式、档次和型号分类,见表3、表4。

普通火化区所用的火化机多为平板火化机,而高档火化区的火化机是拣灰火化机。在空间设置上由于火化机机床的高度不同,平板火化机后厅的地面标高应比前厅低600mm,以方便工作人员操作。

火化机分类　　　　　　　　　表3

分类	火化机名称	优点	缺点	应用现状
按燃料分	燃煤式	结构简单	污染严重	接近淘汰
	燃油式	安全可靠	污染不严重	占80%
	燃气式	安全	污染较少	大城市、有气源
按结构分	架空炉	节省燃料、焚烧时间短	操作不规范易混灰	逐渐退出市场
	平板式	使用寿命长、不宜混灰	燃料消耗大	占有一定市场
	台车式	一车一炉一具不混灰	油耗大、造价高	大城市使用
按燃烧方式分	一次燃烧式	构造简单	燃烧不充分	用于祭品焚烧
	再燃式	燃烧充分	两个燃烧室	发展方向
	多燃式	可达到无公害排放	炉体庞大、造价高	少数城市使用
按排烟方式分	上排烟式	烟道检修方便,金属管道造价高		
	下排烟式	地下烟道施工费用低	烟气在烟道内滞留时间较长	逐渐占有市场
	侧排烟式		整体布局欠佳	很少使用
按档次分	低档火化炉	结构简单、维修方便、造价低	排放有污染	待改进
	中档火化炉	设有再燃室	排放达标	使用广泛
	高档火化炉	配有后处理设备、无公害排放 电脑控制、体积小巧	体积庞大、价格高 价格高、维修困难	少数大城市使用

国内常用火化机型号　　　　　　　　　表4

火化机名称	图示	炉体重量(t)	火化时间(min)	燃料
普通平板火化机		19	20~35	轻柴油、城市煤气、天然气
单床拣灰火化机		21	25~45	轻柴油、城市煤气、天然气、液化气
智能拣灰火化机		21	25~45	轻柴油、城市煤气、天然气、液化气

火化馆 [3] 实例

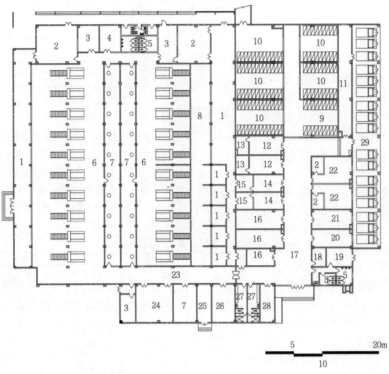

1 告别室　22 法医室
2 休息室　23 运尸通道
3 取灰室　24 遗体停放间
4 骨灰整理　25 配电房
5 卫生间　26 工人休息室
6 操作间　27 更衣室
7 风机房　28 职工休息室
8 预备间　29 殡葬车库
9 临时停尸处
10 冷冻室
11 冷冻机房
12 洗浴室
13 遗物堆放
14 整容
15 观察室
16 防腐室
17 迎灵大厅
18 值班室
19 甲醛库房
20 工具间
21 解剖室

1 成都东郊火葬场火化间平面图

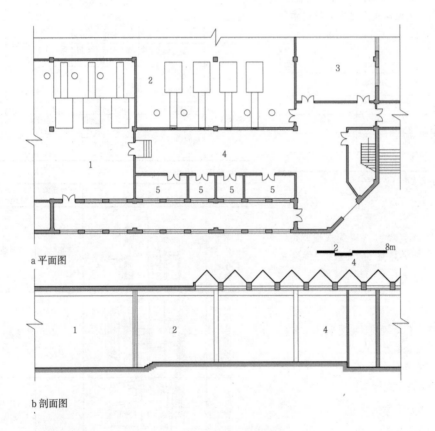

1 普通火化间
2 高档火化间
3 停尸间
4 运尸廊
5 观察室

a 平面图

b 剖面图

2 哈尔滨天和园殡仪馆火化间局部

实例［4］火化馆

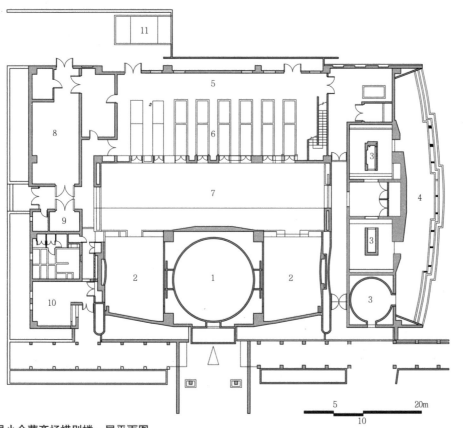

1 告别厅
2 告别室
3 取骨灰厅
4 取骨灰区门廊
5 工作室
6 大型炉
7 炉前空间
8 机械室
9 灵安室
10 办公室
11 停车场

① 日本长崎县小仓葬斋场惜别楼一层平面图

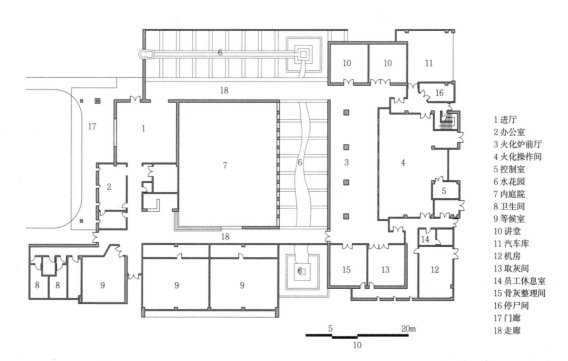

1 进厅
2 办公室
3 火化炉前厅
4 火化操作间
5 控制室
6 水花园
7 内庭院
8 卫生间
9 等候室
10 讲堂
11 汽车库
12 机房
13 取灰间
14 员工休息室
15 骨灰整理间
16 停尸间
17 门廊
18 走廊

山武町火葬场，底层室内庭院并覆土种植绿色植物，建设一条人工水流，使自然延伸到建筑室内环境中，形成"开放性"的绿色景观和水花园，使丧属直接在富有自然感的环境中休息和等待。另外这些水流向前流淌穿过火化炉前厅前面的庭院，火化炉前厅面对火化炉的墙壁开设了高又窄的外窗，使遗体在火化前仍能"享用"自然的光和水。

② 日本山武町火葬场底层平面图

火化馆 [5] 实例

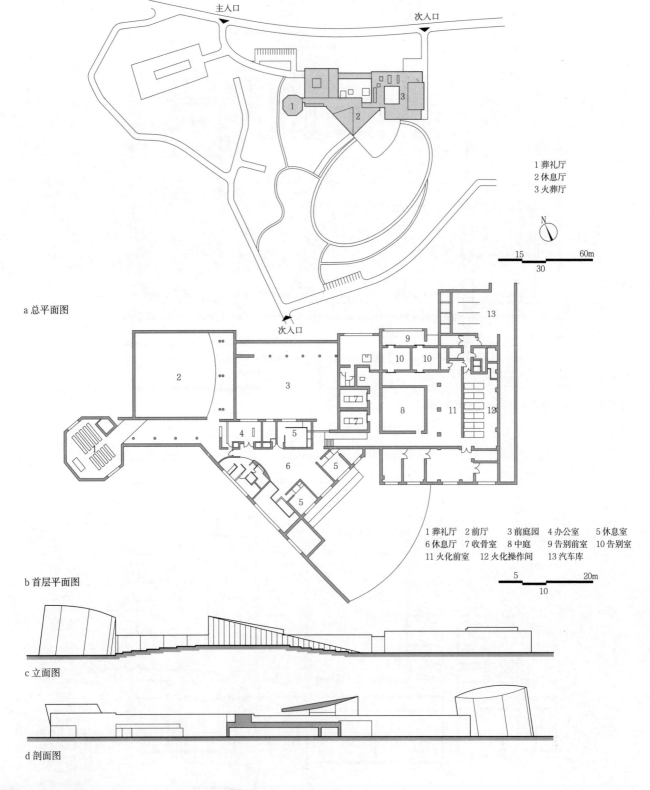

a 总平面图

1 葬礼厅　2 休息厅　3 火葬厅

b 首层平面图

1 葬礼厅　2 前厅　3 前庭园　4 办公室　5 休息室
6 休息厅　7 收骨室　8 中庭　9 告别前室　10 告别室
11 火化前室　12 火化操作间　13 汽车库

c 立面图

d 剖面图

1 日本风之丘火葬场

名称	设计时间	占地面积（hm²）	建筑面积（m²）	设计单位
日本风之丘火葬场	1997	3.33	2514	槇文彦综合计画事务所

建在日本大分县郊外名为"风之丘"的基地上，原有的墓地与一群最近挖掘出土的古代坟墓合为一个整体。很好地满足了建筑的需要。建筑根据功能的需要分成三大部分：八角形葬礼厅、三角形的休息厅和正方形的火葬厅。葬礼厅用于举行一些宗教仪式和守夜，火葬厅是瞻仰遗体和火化的地方，休息厅让家属在各种仪式间得到休息和平缓心情。每个建筑空间的特点决定了光线的进入方式、空间的比例以及材料的选择。

实例 [6] 火化馆

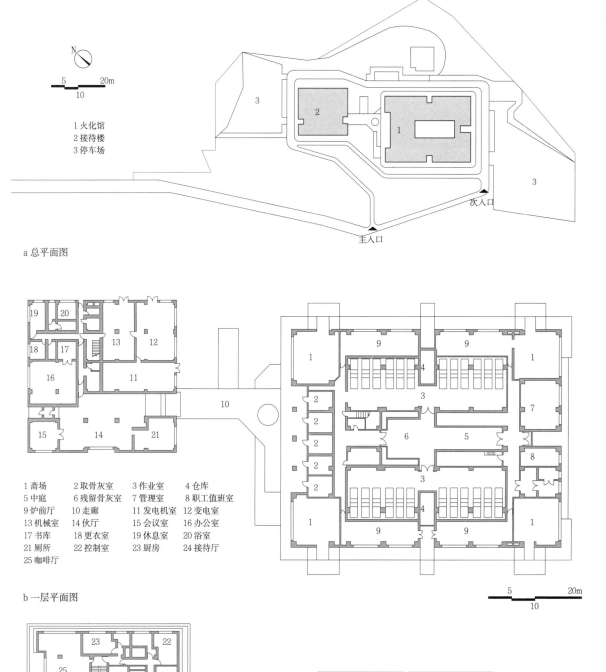

1 斋场　　2 取骨灰室　　3 作业室　　4 仓库
5 中庭　　6 残留骨灰室　7 管理室　　8 职工值班室
9 炉前厅　10 走廊　　　11 发电机室　12 变电室
13 机械室　14 伙厅　　　15 会议室　　16 办公室
17 书库　　18 更衣室　　19 休息室　　20 浴室
21 厕所　　22 控制室　　23 厨房　　　24 接待厅
25 咖啡厅

a 总平面图
b 一层平面图

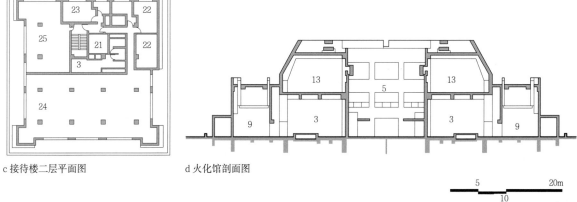

c 接待楼二层平面图　　d 火化馆剖面图

日本京都市中央火葬场流线明确，火化馆与接待楼分别设置，用连廊联系。平面紧凑，火化馆设有24台炉，每6台为一组，每台占地面积少。火化馆中火化炉前厅可自然通风、自然采光；火化馆中火化炉后厅的上层设有机械室，直接服务于火化操作。火化馆内部中庭设有面积较大的残留骨灰室，可通过中庭运出火化馆。

1 日本京都市中央火葬场[❶]

❶ 改绘自日本建筑学会. 建筑设计资料集成——集会、市民服务篇. 天津：天津大学出版社，2006。

骨灰寄存建筑 [1] 分类·选址·总平面·道路设计

骨灰寄存建筑

骨灰寄存建筑是将骨灰采用壁葬形式安放在建筑物或构筑物之内的建筑。按民用建筑分类,骨灰寄存建筑属公共建筑。其中骨灰壁、亭、廊、台、墙、坛等也属园林建筑。

分类

骨灰寄存建筑可按以下几种方式分类:

1. 按层数分类见表1。
2. 按存放时间可分为暂存式安葬设施和永久性安葬设施。永久安葬是指长期安葬逝者骨灰、封闭并在安葬期间不移动。临时寄存是采用短期租赁的形式临时存放逝者骨灰,以便将来采用永久安葬,见表2。
3. 按格架上格门的构造分类分为可开启和不可开启。
4. 按骨灰架上格的面积大小分类可分为单体格、双体格和多体格。
5. 按建筑形态分类可分为楼、塔、廊、壁、台、墙、亭、坛、阁等。
6. 按骨灰盒或格架存放在建筑物的室内还是室外分为室内或室外存放。

按层数分类　　　　　　　　　　　　　　　　　　　　表1

类型	建筑高度和单层面积
Ⅰ类高层建筑	高度大于50m和单层面积大于1000m²
Ⅱ类高层建筑	高度为24~50m和面积小于1000m²
单层、多层建筑	高度小于24m和面积小于1000m²
地下建筑	地下单层或地下多层(称地宫葬)

按存放时间分类　　　　　　　　　　　　　　　　　　表2

类型	特点
暂存式安葬设施	具有临时存放骨灰功能的安葬设施,骨灰可取出移动,是一种过渡性质的安葬设施
永久性安葬设施	骨灰放入后具有永久安葬的特点

选址

1. 选址和用地规划应坚持"节约用地,土地循环使用,骨灰处理多样化,墓穴立体化和集约化"的原则,实现文明、绿色、简约的发展目标。
2. 骨灰寄存建筑与殡仪馆、火化馆、墓地可以合建,也可单独建设。如单独建设,应符合国家土地使用原则和当地总体规划要求,宜为单独的封闭院落。如果合建,基地可选在城郊或郊野,位于城市主导风向的下风向。
3. 宜选在靠近火葬场或殡仪馆的区位。
4. 骨灰寄存建筑建于公墓内时,应考虑整体规划布局,选择利于塑造景观、地形平坦、视野开阔的位置。
5. 骨灰寄存楼单独设置应建于市郊,避开城市居住片区,尽量减轻对周边环境的影响。
6. 基地应有充足稳定的水电等服务设施供应,并利于相关服务设施的安置。

总平面设计要点

1. 骨灰寄存建筑的总平面设计应遵照扩大安放率、提高用地率,便于组织人流和车流,设置多种形式的骨灰安放形式,满足个性化需求的原则。

2. 骨灰寄存建筑的总平面设计内容应包括出入口位置、入口集散广场、停车场、公共厕所、业务区、办公区、骨灰寄存建筑(含楼、亭、塔、墙、壁、廊、坛等)、祭悼场所、景观绿地、公共活动广场等功能区确定。还应包括地形、竖向、道路系统、种植、工程管线及明渠等的综合设计。

3. 骨灰寄存建筑总平面设计应依据建筑物和构筑物的类别以及不同类别组合的特点进行整体布局设计。应坚持"布局整体化、功能系统化、类型多样化、环境园林化"的原则。

4. 当骨灰寄存建筑建设在山地、坡地或用地形状狭长时,除考虑建筑物本身占地外,还应在建筑周围至少有一长边设有人行步道、集散平台、停车场及安全防护距离等所需空间。

5. 通向建筑的道路应有环形路或设回车场地。

6. 应根据功能和景观要求及市政设施条件等,确定骨灰寄存建筑的位置、高度与其他建筑的空间关系,使建筑与周围环境相协调。

7. 骨灰楼和进入式骨灰塔应设在独立、封闭的用地区域内。

8. 骨灰楼、进入式骨灰塔用地比例宜满足表3的要求。

9. 骨灰楼和骨灰塔的绿地率不应小于35%。

10. 基地内外环境设计应结合不同的建筑形式、景观特征和当地殡葬习俗的活动要求进行整体设计。

11. 多栋或多种建筑可以成组群布置,建筑群形式见表4。

骨灰楼、进入式骨灰塔规划用地比例　　　　　　　　表3

用地分类	规划用地比例(%)
道路、广场、停车场地	15~20
建筑用地	30~35
业务、办公、附属建筑用地	<2
绿地、园林小品、水面	30~35

建筑群布局形式类型　　　　　　　　　　　　　　　表4

名称	优点	缺点
行列式布局	体现建筑均好性,每一栋骨灰寄存建筑所处的环境差别不大,可单一类型建筑也可多类型建筑组成行列式	易形成紧张气氛,形式略显呆板,识别性差
自由式	对地形适应性强,自由灵活,易形成园林式墓园	占地较大
集中式布局	易形成园区主要建筑或主景,更便于统一管理;可单一类型建筑,也可多种类型通过连廊集中布局	规模不宜过大

道路设计要点

1. 机动车出入口不宜直接与城市干道连接,应设置过渡与缓冲道路空间。

2. 在用地范围内应合理组织交通流线,配置小型汽车、客车、出租车和无障碍车的泊车位。

3. 项目配建的停车设施可采用地下车库、立体停车楼(库)、地面停车等多种形式,地面停车泊位数一般不应超过总泊位数的20%。每一个小型汽车停车泊位应按20~25m²集中安排用地,并设置专用停车场和通道,不得在建筑物之间任意设置和占用出入口通道设置停车位。

4. 骨灰寄存建筑单独设置时,应设计消防疏散和紧急疏散通道。

5. 骨灰寄存建筑至室外祭祀场所应设有无障碍人行祭祀专线道路。

概述

骨灰楼指在建筑内设置骨灰安放间的建筑。进入式骨灰塔指丧属进入到骨灰塔内进行安放祭祀活动的骨灰塔。骨灰楼和进入式骨灰塔属于室内安放骨灰的建筑。

建设规模

骨灰楼和进入式骨灰塔的建设规模,主要根据存放骨灰数量确定,分为3类,具体分类见表1。

建设规模分类　　　　　　　　　　　　　　　　表1

类型	安葬数量（具）
Ⅰ类	30000以上
Ⅱ类	10000~30000
Ⅲ类	10000以下

功能区组成

骨灰楼和进入式骨灰塔基地应包括骨灰安放区、业务接待区、祭祀用品加工区、休息区、行政办公区、室内外祭祀、后勤服务及集散广场等。其功能区组成及流程见表2、①。

骨灰楼和进入式骨灰塔功能空间构成　　　　表2

功能区名称	功能	功能空间
骨灰安放区	寄存或安葬逝者骨灰、供丧属祭拜祭扫的区域	骨灰安放间、祭祀间、管理室、警卫值班室、休息室等
业务接待区	工作人员对外办公房间	祭品销售间、咨询处、接待室、休息厅、小件寄存室、骨灰暂存间、骨灰盒消毒室、骨灰盒修复间、卫生间等
行政办公区	工作人员对内办公和休息区域	馆长室、接待室、会计室、监控室、财务室、档案室、员工休息室、卫生间等
后勤用房区	维持正常运行	卫生间、机房、库房、维护间、职工宿舍、餐厅等

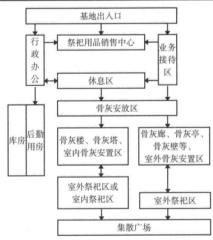

① 功能区组成及流程示意图

我国部分地区骨灰楼各功能空间面积概况（单位：m²）　表3

名称	业务接待区	骨灰安放区	行政办公区	后勤服务区	总面积
重庆市合川殡仪馆骨灰楼	98.7　22%	201.5　45%	44.8　10%	103　23%	448
上海市福寿园骨灰楼	419.1　3%	11874.5　85%	279.4　2%	1397　10%	13970
哈尔滨天河园骨灰楼	105.7　5%	1700.5　85%	42.3　2%	276.4　13%	2113.9
余姚市殡仪馆骨灰楼	64　10%	448　70%	0　0%	128　20%	640
西安市殡仪馆新馆骨灰楼	831.6　7%	9979.9　84%	237.4　2%	830.7　7%	11879.6
临潼殡仪馆新馆骨灰楼	249.3　5%	4288.7　86%	99.7　2%	348.2　7%	4986.9
西安市安灵苑骨灰楼	338.5　8%	3512.4　83%	8416　2%	296.3　7%	4231.8

骨灰楼功能空间使用面积

骨灰楼和进入式骨灰塔功能空间构成和使用面积参照表3和表4。

骨灰楼功能用房构成与使用面积表（单位：m²）　表4

名称/规模		Ⅰ类	Ⅱ类	Ⅲ类
业务厅	咨询处	15~25	10~15	8~10
	洽谈处	(15~20)×5个	(8~15)×4个	(8~15)×3个
	财务处	30~50	20~30	12~20
	休息厅	30~50	20~30	15~25
	总面积	200~450	120~200	80~120
骨灰安放间		3000~4500	1500~3000	900~1500
祭祀堂		300~600	150~300	80~150
祭品销售间		50~200	40~80	30~40
办公室		(15~30)×4间	(15~20)×3间	(10~15)×2间
休息厅		30~60	15~30	15~30
卫生间		20~40	20~30	10~20
机房		45~60	45~60	45~60
车库		200~300	100~200	40~100
总使用面积		2100~5405	2025~3960	1225~2050

注：1. 机房中包括综合布线机房15~20m²,广播音响机房12~15m²,保安监控机房18~25m²。
2. 变电所（配电室）、柴油发电机房及消防控制室的面积,应根据实际需要并参照相关规范要求确定。
3. 葬品销售在馆内考虑,葬品制作不考虑。
4. 总使用面积并不局限于范围之内,可根据实际情况合理调整使用面积,符合实际要求。
5. 车库、卫生间宜设在室外。

骨灰楼和进入式骨灰塔建筑设计要点

1. 骨灰楼和进入式骨灰塔的建筑类别属民用建筑中的公共建筑,应满足现行国家规范《民用建筑设计通则》GB 50352的规定。

2. 应根据总平面布局、建筑规模与标准、单栋或多栋组合的不同,确定每一栋的位置,宜每栋单独设立。

3. 应根据骨灰盒寄存量和年增长率以及骨灰架的材质和排列方式确定建筑面积。

4. 骨灰楼和进入式骨灰塔宜增设骨灰盒消毒间、骨灰盒安放管理室、骨灰盒修复间、小件物品寄存间、骨灰暂存间、骨灰寄存间等功能空间,满足丧属的多种需求。

5. 二层及以上应设电梯,并应至少设置1部无障碍电梯;宜设升降平台和自动扶梯。

6. 二层及以上供公共使用的主要楼梯应为无障碍楼梯。

7. 结构耐久年限为50年。

8. 屋面防水等级应为1级。屋面排水宜采用外排水;当为平屋面时,屋面排水坡度不应小于5%,并应满足《屋面工程技术规范》GB 50345的规定,防止落水口、檐沟、天沟堵塞和积水。

9. 外围护结构应采用隔热措施。夏热冬冷和夏热冬暖地区的平屋面宜设置架空隔热层。

10. 建筑入口处应设室外集散平台,宽度应不小于2.40m;平台高出地面1.00m时应设护栏,护栏高度应大于1.20m,并应坚固、耐久的材料制作,其荷载应符合现行国家标准《建筑结构荷载规范》GB 50009的规定。

11. 建筑地面应采用防滑耐磨材料。

骨灰寄存建筑 [3] 骨灰楼和进入式骨灰塔／防火设计·骨灰安放间空间组织

骨灰楼和骨灰塔建筑防火设计要点

1. 骨灰楼、骨灰塔储存物品的火灾危险性分类按现行国家标准《建筑设计防火规范》GB 50016-2014相关规定，应属丙类第二项，为可燃固体。但是它不同于其他可燃固体仓库，还有两点要考虑。(1) 骨灰安放区内的可燃固体不是一般物品，骨灰具有唯一性、不可代替性和珍贵性，它应与档案馆中的珍品资料一样加以保护和防护。所以还应符合现行行业标准《档案馆建筑设计规范》JGJ 25-2010第六章相关防火规定。(2) 一般物品仓库仅用于储存物品，除工作人员外，外人不得进入。而骨灰楼、骨灰塔还具有丧属举行祭扫、追悼活动的功能，大量人流在其内活动，所以同时还应符合现行国家标准《建筑防火设计规范》GB 50016-2014第五章民用建筑中公共建筑的相关规定。

2. 骨灰楼和骨灰塔的防火设计应同时满足上述两种建筑类型的规定要求。当出现不一致时，应按设防要求高的确定。

3. 骨灰楼和进入式骨灰塔建筑防火分区最大允许的建筑面积应符合表1的要求。

4. 骨灰安放间、骨灰塔、骨灰亭房间内任意一点至疏散门的直线距离不应大于20.00m，并应符合现行国家标准《建筑防火设计规范》GB 50016-2014中的相关规定。

5. 骨灰楼和进入式骨灰塔内严禁设置员工宿舍。当业务办公用房设置在其内时，应采用耐火极限不低于2.50h的防火隔墙和1.00h的楼板与其他部位分隔，并应至少设置1个独立的安全出口。如隔墙上需开设相互连通的门时，应采用乙级防火门。

6. 骨灰存放间内不得采用水灭火设施，应按规模在室内明显位置设置气体或干粉灭火装置，并应设火灾探测器。

7. 骨灰存放间与其他功能用房之间的隔墙应为防火墙。

8. 骨灰楼和进入式骨灰塔当为高层建筑时，其疏散楼梯应采用封闭楼梯间，其电梯间应设在骨灰安放间之外。

9. 骨灰寄存建筑的首层应设置安全保卫用房，安全保卫用房应安装防盗门窗。安防监控中心出入口宜设两道防盗门，两门间距不应小于3.0m。

防火分区最大允许建筑面积（单位：m²）　　　　表1

名称	耐火等级	防火分区的最大允许建筑面积
高层建筑	一级	1000
多层建筑	二级	1200
低层建筑	二级	1500
地下、半地下建筑	一级	300

注：1. 建筑内设置自动灭火系统时，该防火分区的最大允许建筑面积可按本表的规定增加1.0倍。局部设置时，增加面积可按该局部建筑面积的1.0倍计算。
2. 当骨灰楼和骨灰塔内部设有上下层联通时，建筑面积应进行叠加计算。

室内祭祀厅设计要点

1. 室内祭祀厅可分别按防火分区或安放间或整栋楼设置。

2. 祭祀厅内应配置用于放置灵位、鲜花供品和用品的祭祀台。祭祀台宜作分户隔离设施。

3. 祭祀厅宜与丧属休息厅结合。

4. 祭祀厅应有自然通风和自然采光。

5. 室内祭祀厅应尊重当地丧礼习俗进行室内设计，严禁设置明火装置。

骨灰安放间

骨灰安放间是建筑室内集中安放骨灰格（架）的建筑空间。

骨灰安放间空间组织模式

骨灰楼和骨灰塔宜分间设置骨灰安放间，分隔后形成多间组合模式，有利于减少丧户之间干扰。

1. 按照安放间与交通空间的组织，可分为四种形式，见表2。

2. 按照格架组织可分三类形式，见表3。

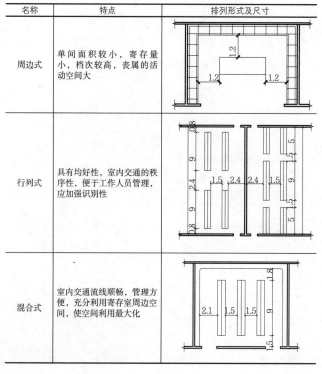

骨灰安放间组织模式　　　　表2

名称	适用类型	特点	组织形式
独间式	小型	人流流线连贯，不易造成流线的紊乱，但灵活性差，易堵塞	
中庭式	中型	每个安放间相对独立，用中庭组织各间。安放间不受干扰，易组织管理	
过廊式	中、大型	安放空间并列处理，用走廊联系各空间，形成均好性	
大厅式	中、小型	由大厅组织各间，每间向大厅开放。布局灵活紧凑，空间宽敞，利于创造气派的空间气氛	

骨灰架在骨灰安放间组织模式及尺寸（单位：m）　　　　表3

名称	特点	排列形式及尺寸
周边式	单间面积较小，寄存量小，档次较高，丧属的活动空间大	
行列式	具有均好性，室内交通的秩序性，便于工作人员管理，应加强识别性	
混合式	室内交通流线顺畅，管理方便，充分利用寄存室周边空间，使空间利用最大化	

骨灰安放间设计要点

1. 骨灰安放间的基本功能是存放骨灰架。也有的设室内设置祭祀台。其净高不宜小于3.0m；当不设室内祭祀台时，平面尺寸进深不宜小于4.2m，面阔不宜小于5.4m。骨灰架间距不应小于1.5m，见 1 。

2. 骨灰安放间内设有室内祭祀台时，其祭祀台周边应留有不小于1.2m宽的活动空间，见 1 。

3. 骨灰安放间除了布置骨灰架之外，还应考虑人流通行，为丧属在灵位前祭拜提供方便和宽松的祭祀空间。

4. 骨灰安放间的建筑采光等级应为V级，并应满足现行国家标准《建筑采光设计标准》GB/T 50033的规定。

5. 骨灰安放间内的骨灰架和架上的骨灰盒位宜按顺时针方向有顺序性排列，便于查找和就位。

6. 应按丧属提取骨灰盒的方式以及进行祭奠的方式不同，进行安放间的设计。服务机构对骨灰的提取管理方式主要有以下两种：

（1）丧属经过管理人员确认后，方可进入骨灰安放间，并自行提取骨灰盒，祭扫完毕骨灰盒归位，并对进入骨灰间的人数有相应规定，通常每户丧属可同时进入的人数不超过2人。

（2）采用电子管理系统，丧属凭ID卡由管理人员提取骨灰盒。这种方式提高了骨灰盒拿取速度，丧属不进入，安放间室内安静。

7. 骨灰安放间应做好防护设计，其要点：

（1）骨灰安放间是骨灰盒库，从保护骨灰盒和延长存放时间考虑，应避光保存，应开高侧窗；

（2）骨灰安放间应设电子监控装置；

（3）骨灰寄存架应采用阻燃材料制作；

（4）骨灰安放间宜为自然通风、自然采光；

（5）骨灰安放间外窗宜设百叶窗；

（6）应设防虫害的装置；

（7）骨灰寄存架设在开放空间时，应做好防水、防雨、防雪设计，严禁受湿、受潮、发霉；

（8）骨灰安放间应独立设置，其内严禁设置其他功能用房，如休息室、清洁室、卫生间、更衣室等生活用房和技术用房，且其他功能用房也不得穿越骨灰安放间；

（9）骨灰安放间与毗邻的其他用房之间应设防火墙；

（10）骨灰安放间内通道宽度不应小于1.5m，并不应设置踏步；

（11）骨灰安放间不应毗邻锅炉房、变配电室、车库和油库等用房；

（12）骨灰楼和进入式骨灰塔的骨灰安放间宜贯彻恒湿变温的原则设置室内保存环境，相对湿度不应大于70%，且昼夜间的相对湿度差不宜大于5%；

（13）室内通道应为无障碍通道，走道长度大于60.00m时，宜设休息区，休息区应避开行走路线；

（14）骨灰架通道的净宽不应小于1.50m；骨灰架通道尽端应设置可供轮椅回转的空间，回转直径应不小于1.50m；

（15）室内应设通风换气装置和监控系统。

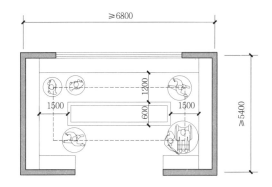

注：1. 高侧窗应设遮阳、防雨雪、防尘、防虫等防护装置。
2. 开启方便。
3. 高侧窗可开启面积不小于1/20地板面积，满足通风要求。

1 骨灰安放间平面尺寸示意图

骨灰架

骨灰架是用来安置骨灰盒的格构式架子。其主要构成材料是铝合金或者不锈钢材，有玻璃门和铝合金门两种方式。外形尺寸见表1和 2 。

骨灰架外形尺寸（单位：mm） 表1

名称	外形尺寸			每格尺寸			每架寄存数量（盒）	备注
	长	宽	高	长	宽	高		
单面架Ⅰ	2150	340	1850	420	340	310	5×5	铝合金单盒寄存
双面架Ⅰ	2150	680	1850	420	340	310	5×10	
单面架Ⅱ	4250	340	2670	420	340	290	8×10	
双面架Ⅱ	4250	680	2670	420	340	290	8×20	

注：当骨灰架高度超过2200mm时，使用者可借助梯子或机械手等辅助设施进行提取和安放骨灰盒。

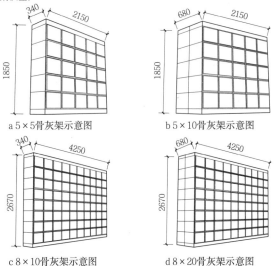

2 骨灰架示意图

骨灰寄存建筑 [5] 骨灰壁·骨灰廊

骨灰架摆放设计要点

1. 骨灰架连续摆放的最大距离应满足下列规定：
   (1) 当骨灰架两端有走道时，不应大于9.00m。
   (2) 当骨灰架一端有走道时，不应大于5.00m。
2. 骨灰安放间通道尺寸应满足下列规定
   (1) 主通道净宽不应小于2.40m。当骨灰架排的行数大于6行时，应设主通道。
   (2) 次通道净宽不应小于1.50m。
   (3) 两行骨灰架之间净宽不应小于1.50m。
   (4) 骨灰架端部与墙的净距离不应小于0.80m。

骨灰壁、骨灰廊

骨灰廊指在壁面上集中安放骨灰盒的廊式建筑。

骨灰壁指用来集中安放骨灰盒的室外墙壁。

骨灰壁、骨灰廊(含墙、亭、台、塔、坛等)属于设置在室外的壁葬安葬设施。按照民用建筑分类属公共建筑；按照公园景区要素分类属园林化建筑；按照是否可将骨灰提取祭祀，又可分为可开启式和封闭式，其中封闭式的骨灰壁、骨灰廊较为常见。可开启式的需要设专人管理。宜数栋成组、成团布置，便于管理。

骨灰壁、骨灰廊设计要点

1. 骨灰壁、骨灰廊(含墙、亭、台、塔、坛等)应作为墓园中景观单元进行景点组织设计。
2. 应满足墓园建筑景观规划中对建筑的位置、形态、高度、体量、色彩与风格的分区、分级控制要求。
3. 骨灰壁、骨灰廊在设置时，应注意与墓园区的景观环境系统相结合，提高土地利用率。
4. 建筑布局与相地立基应充分顺应和利用原有地形，尽量减少对原有地物和环境的损伤及改造。
5. 骨灰壁、骨灰廊和骨灰墙可与公墓园区的边界围墙相结合，既形成园区边界，又有效利用空间。
6. 立面设计时，应注重造型的变化，创造建筑景观和景点，增加艺术性。
7. 骨灰壁、骨灰廊等建筑可采用单面或双面格架两种形式，并应与壁前人行步道和祭祀活动空间相协调。
8. 当骨灰壁、骨灰墙成组布置时，其正向功能面之间的间距不小于3m；侧向壁端之间的间距宜不小于2m；正向与侧向之间的间距宜不小于2.5m，见 [1]。
9. 骨灰壁和骨灰廊在基地内布局可分为成组、散点和混合式，其特点见表1和 [1]。
10. 骨灰壁、骨灰廊的直线长度大于60m时，其两端应设安全出口，以利应急疏散，并避免长走廊空间给丧属带来的困扰。
11. 骨灰壁、骨灰廊周边应设置台明，台明净宽不应小于3.3m，高度高出自然地面不应小于0.45m，地面应做防滑硬质铺地。
12. 当采用散点式布局时，每个项目应设路宽不小于1.50m的人行步道，且与园区道路相连，以满足可达性要求。
13. 骨灰壁、骨灰廊等建筑的吊顶应采用防潮设计，并应作顶部的防水处理，严防风雨侵袭，避免骨灰盒受潮湿、发霉。
14. 骨灰壁、骨灰廊等建筑周围应设置祭祀空间。
15. 壁、廊、亭、敞厅等的楣头净高不应小于2.40m。
16. 建筑的承重结构体系应按耐久年限50年设计。骨灰壁、骨灰墙应满足结构稳定性要求。
17. 骨灰格架与廊、亭、坛、塔、台、榭等建筑结合时应考虑如下几点：
    (1) 由于廊、亭、坛、塔、台、榭等建筑可形成开敞式的建筑空间，骨灰格架的骨架材料应选择坚固、耐用、防风雨侵蚀的材料制作。
    (2) 骨灰格架在廊、亭、坛、塔、台、榭等建筑空间中摆放应靠建筑外缘，少占通行空间的布局。
    (3) 骨灰格架或骨灰盒位与上述建筑结合时有两种方案。其一，建筑造成后，骨灰格架后摆入建筑空间；其二，骨灰格架利用建筑的梁、柱、墙体系，一体化设计和施工，可按格架与建筑结合，也可按骨灰盒位与建筑结合，见表2。

骨灰壁和骨灰廊的布置形式分类表 表1

布置形式	特点
成组式	成组成团布置可以形成典型的葬式园区，集约化布置有利节地，便于提高管理水平
散点式	用骨灰壁和骨灰廊作为景区的景观要素进行造景，可形成景观小品，融入墓园景观体系，既提高了数量，又美化了墓园

骨灰格架与建筑结合方式 表2

二者结合方式	优点	缺点
骨灰格架后放入建筑中	1.格架可灵活布局 2.格架可采用标准化产品	1.格架单独占用建筑空间面积 2.因格架的坚固性和不可移动性，安装难度较大
骨灰格架与建筑一体化	1.格架与主体结构结合稳定性好 2.格架的防护可与建筑一体处理 3.格架相当主体结构的围护体系，少占建筑空间面积	1.格架受主体结构尺度限定 2.灵活性差。设计时注意骨灰格架不宜布满围护体系，应根据景点的可视性和借景等关系，灵活设置

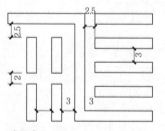
a 成组式

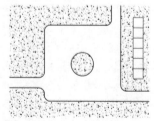
b 散点式

[1] 多个骨灰壁组合与间距图示（单位：m）

骨灰壁立面造型

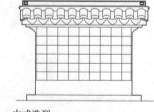
a 中式造型

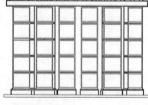
b 现代式造型

[2] 立面造型

骨灰壁·骨灰廊·骨灰盒 [6] 骨灰寄存建筑

骨灰壁分类

骨灰壁分类是依照骨灰盒安放的格位排列而成，按格架在壁面布置分为单面和双面。壁面布置和尺寸见 1 和表1。按每个格位安放骨灰盒个数分为单人、双人和多人位。

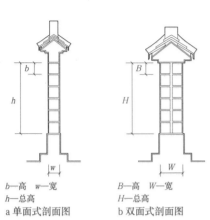

a 单面式剖面图　　b 双面式剖面图
b—高　w—宽　　　B—高　W—宽
h—总高　　　　　　H—总高

1 壁面布置示意图

骨灰壁分类及净尺寸（单位：mm）　　　　　　　表1

	单面式净尺寸			
	a	b	w	h
单人规格	350~500	300~500	400~500	1800~3000
双人规格	350~500	300~500	700~1000	1800~3000
	双面式净尺寸			
	A	B	W	H
单人规格	700~1000	300~500	400~500	1800~3000
双人规格	700~1000	300~500	700~1000	1800~3000

骨灰盒

骨灰盒（或骨灰罐、骨灰保护箱）均是指遗体火化后，人们用来承装骨灰的容器。目前，我国骨灰盒的材质种类很多，有木质、汉白玉、玉石、陶瓷、塑料、金属等。骨灰盒的尺寸范围为：长度为320~520mm；宽度为210~250mm；高度为210~260mm。目前通过骨灰精制，使其向微型和小型化发展。

格位构造

当每个骨灰盒直接放入承重的建筑结构时，骨灰壁和骨灰廊的格位构造宜依照 2 节点大样进行设计。当用块材砌筑时，其结构部分宜符合块材的尺寸，并兼顾抹灰层、装修层等相应的厚度尺寸。在充分考虑上述尺寸的前提下满足骨灰壁、骨灰廊格位内骨灰盒安放的尺寸要求。

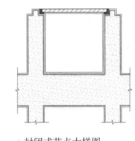　　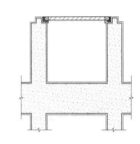

a 封闭式节点大样图　　　　b 可开启式节点大样图

2 骨灰格位构造图

骨灰廊实例

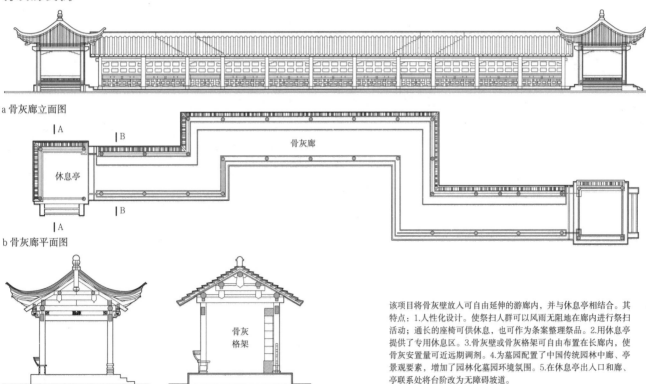

a 骨灰廊立面图

b 骨灰廊平面图

c 休息亭剖面图A-A　　d 骨灰廊剖面图B-B

3 骨灰廊实例

该项目将骨灰壁放入可自由延伸的游廊内，并与休息亭相结合。其特点：1.人性化设计。使祭扫人群可以风雨无阻地在廊内进行祭扫活动；通长的座椅可供休息，也可作为条案整理祭品。2.用休息亭提供了专用休息区。3.骨灰壁或骨灰格架可自由布置在长廊内，使骨灰安置量可近远期调剂。4.为墓园配置了中国传统园林中廊、亭景观要素，增加了园林化墓园环境氛围。5.在休息亭出入口和廊、亭联系处将台阶改为无障碍坡道。

骨灰寄存建筑 [7] 实例

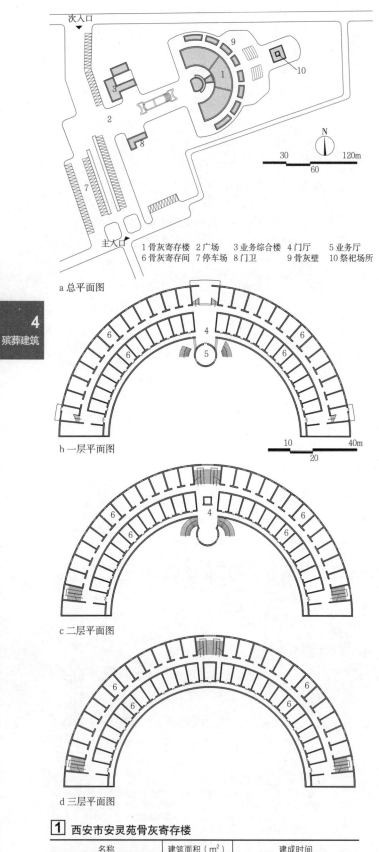

1 骨灰寄存楼　2 广场　3 业务综合楼　4 门厅　5 业务厅
6 骨灰寄存间　7 停车场　8 门卫　9 骨灰壁　10 祭祀场所

a 总平面图
b 一层平面图
c 二层平面图
d 三层平面图

1 西安市安灵苑骨灰寄存楼

名称	建筑面积（m²）	建成时间
西安市安灵苑骨灰寄存楼	4986	1997

总平面整个呈扇形中轴对称布局，外圈是骨灰壁，内圈是骨灰楼。功能分布合理，兼顾造型的同时，使各个安放间达到均衡。已存近2万逝者。主楼后有大型祭祀场所，该场所设有防雨、防晒棚，同时能供100户丧属祭祀

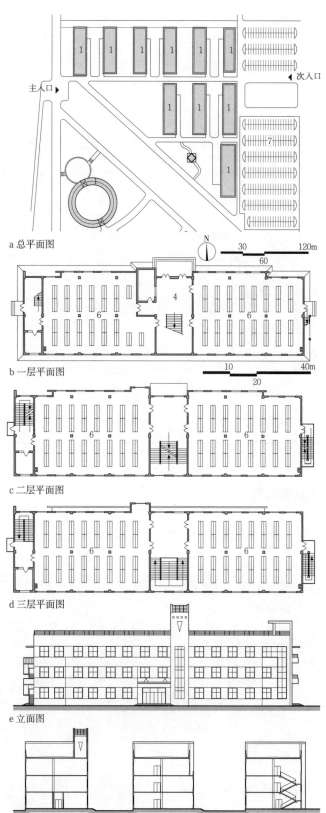

a 总平面图
b 一层平面图
c 二层平面图
d 三层平面图
e 立面图
f 剖面图

2 哈尔滨市天和园骨灰寄存楼

名称	设计时间	建筑面积（m²）	占地面积（m²）	建筑总高度（m）	设计单位
哈尔滨市天和园骨灰寄存楼	1995	2113.95	850	18.70	哈尔滨市建筑设计院

本工程地上3层，层高3.9m，其主要功能为骨灰寄放。属一类公共建筑，耐火等级为二级。建筑使用年限为50年，结构形式为框架结构

实例[8] 骨灰寄存建筑

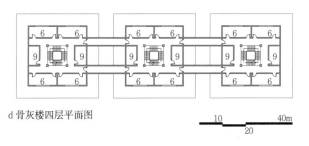

a 骨灰楼一层平面图

b 骨灰楼二层平面图

c 骨灰楼三层平面图

d 骨灰楼四层平面图

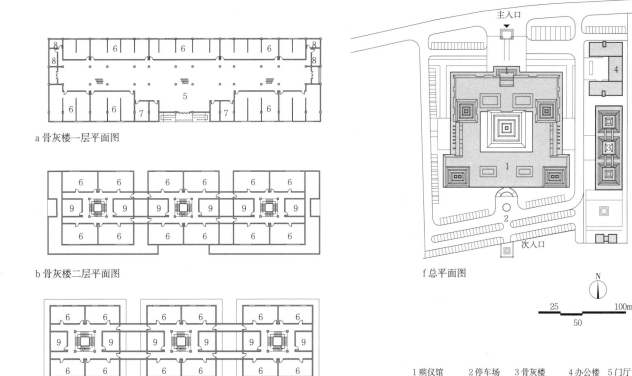

f 总平面图

1 殡仪馆　　2 停车场　　3 骨灰楼　　4 办公楼　5 门厅
6 骨灰安放间　7 办公室　　8 卫生间　　9 储藏间

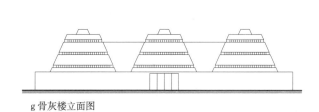

g 骨灰楼立面图

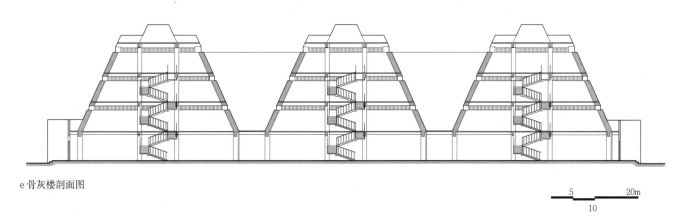

e 骨灰楼剖面图

1 西安市临潼殡仪馆骨灰楼

名称	设计时间	建筑面积（m²）	设计单位
西安市临潼殡仪馆骨灰楼	2010	3502	西安建筑科技大学建筑设计研究院

西安市临潼殡仪馆骨灰楼，一层为一长方形，内部设交通核，四周布置骨灰安放室。采用框架结构，可自由划分空间，满足大空间和小开间并存的要求。二至四层寄存楼分为3个塔式建筑，由连廊相连通，造型美观。每层平面均有收分，比例协调合理。整体造型是台基上建3个塔形骨灰楼，三塔既独立又有联系廊相连。每个塔均是采用带顶部采光的内楼梯连接上下3层骨灰存放间

4 殡葬建筑

骨灰寄存建筑 [9] 实例

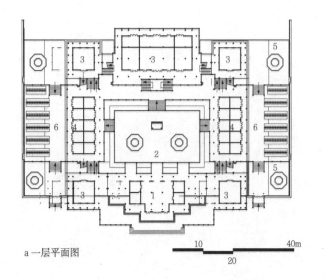

a 一层平面图

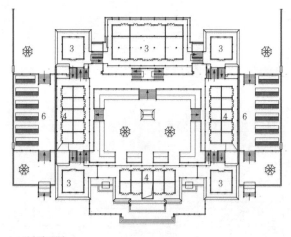

b 二层平面图

1 门厅 2 庭院 3 大型骨灰间 4 小型骨灰间 5 祭祀台 6 骨灰壁

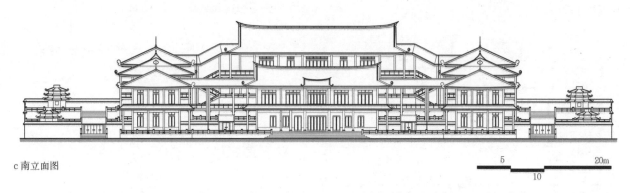

c 南立面图

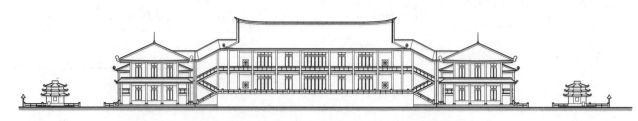

d 北立面图

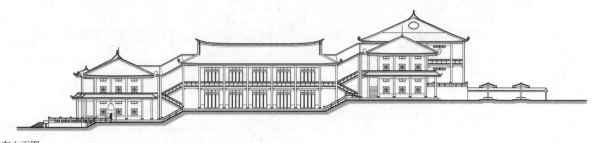

e 东立面图

1 厦门海沧文圃山陵园安逸堂

名称	设计时间	用地面积（hm²）	建筑面积（m²）	建筑占地面积（m²）	室内建筑面积（m²）	设计单位
厦门海沧文圃山陵园安逸堂	2010	24.8	10083.36	6312.83	4773.484	北京中合现代设计院

该项目用地为台地，由南向北布置了一组建筑，围合成内庭院，符合传统天圆地方的概念。中间及两侧广场设有祭祀设施供人们祭祀使用。建筑四周保留大面积的广场供休息停留。单体平面均为矩形，单体建筑均为两层高，为了满足室内骨灰架的摆放需要及房间上部通风的要求，层高设置为5.4m。建筑体型稳重，以传统瓦片铺设屋面，体现传统建筑华丽的风格。建筑外观设计细腻，结合石雕艺术进行装饰，强调闽南传统建筑的风格。

实例 [10] 骨灰寄存建筑

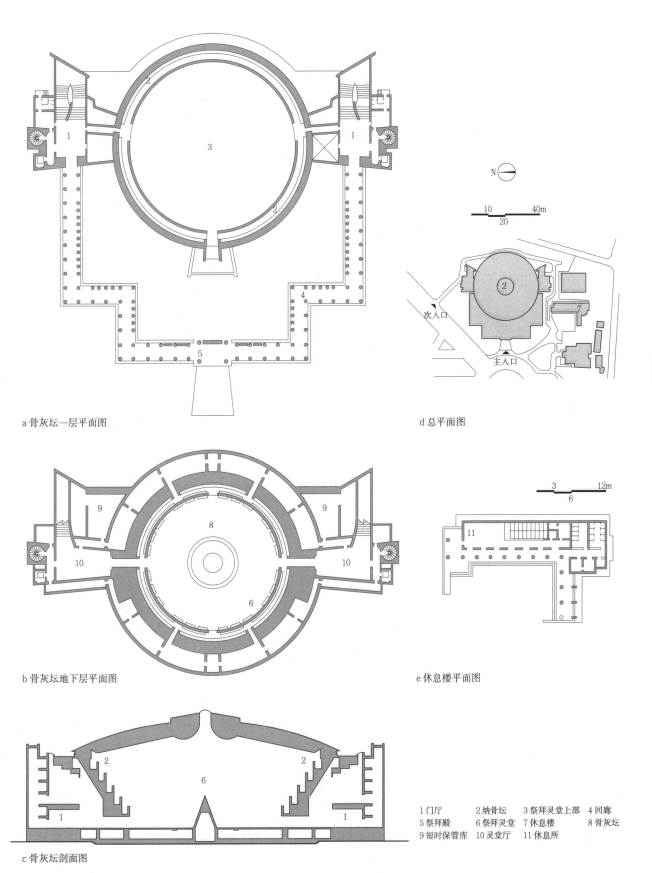

a 骨灰坛一层平面图

b 骨灰坛地下层平面图

c 骨灰坛剖面图

d 总平面图

e 休息楼平面图

1 门厅　　　2 纳骨坛　　3 祭拜灵堂上部　4 回廊
5 祭拜殿　　6 祭拜灵堂　7 休息楼　　　　8 骨灰坛
9 短时保管库　10 灵堂厅　11 休息所

日本多摩陵园是骨灰安置处与公墓合建项目。墓地北面新建骨灰安置坛，倾斜的立体式骨灰安置坛和南面原有的传统墓地共同组成埋葬公墓。该新建建筑整体形象是一个祭坛的造型，整体下沉至地下，露出地面部分类似中国的坟丘。地下部分全部是骨灰墓，满足丧属"入土为安"的丧葬观念。巨大的地下墓地采用多层布置骨灰墓，使之扩大了骨灰的安置量。整个圆形祭坛外形给人以肃穆之感。圆形祭坛的正面，设有防雨、防晒回廊，该回廊同时起到缓解人们思绪的作用。

1 日本多摩陵园骨灰坛

骨灰寄存建筑 [11] 实例

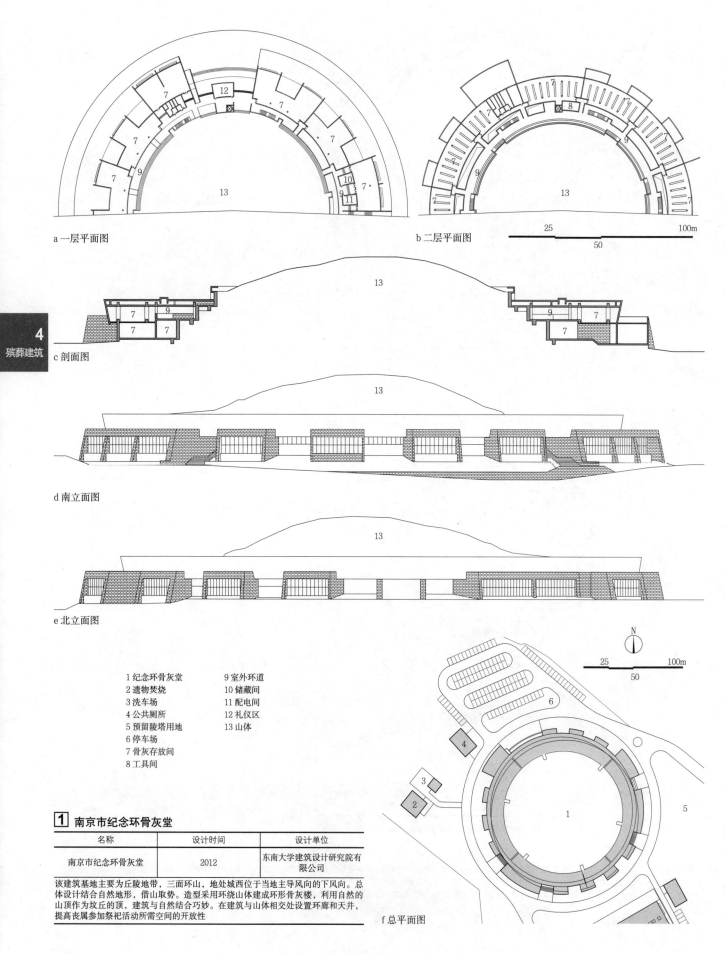

a 一层平面图
b 二层平面图
c 剖面图
d 南立面图
e 北立面图

1 纪念环骨灰堂
2 遗物焚烧
3 洗车场
4 公共厕所
5 预留陵塔用地
6 停车场
7 骨灰存放间
8 工具间
9 室外环道
10 储藏间
11 配电间
12 礼仪区
13 山体

f 总平面图

1 南京市纪念环骨灰堂

名称	设计时间	设计单位
南京市纪念环骨灰堂	2012	东南大学建筑设计研究院有限公司

该建筑基地主要为丘陵地带，三面环山，地处城西位于当地主导风向的下风向。总体设计结合自然地形，借山取势。造型采用环绕山体建成环形骨灰楼，利用自然的山顶作为坟丘的顶，建筑与自然结合巧妙。在建筑与山体相交处设置环廊和天井，提高丧属参加祭祀活动所需空间的开放性

概述

公墓指在殡仪服务机构管理下，采用穴葬形式集中长期安放大众骨灰或遗体的墓地。公墓即"公共坟地"，它是区别于私家墓地而言。

分类

依据研究视角不同，公墓分类可分为以下几种：

1. 园林化公墓，指有较高的绿化覆盖率，类似墓穴点缀园林中。
2. 纪念性公墓，指安葬有革命烈士或当地历史文化名人的公墓。同时具有文化、历史教育和旅游的功能，如法国拉雪兹公墓，美国阿灵顿公墓和意大利维拉诺公墓等。
3. 一般性公墓，指安放社会大众骨灰或遗体的墓地。
4. 按行政区划可分为城市、乡镇、村镇公墓。
5. 按逝者身份分为普通、回民、华侨、外国人、烈士陵园、名人等。按逝者是否合葬分为单墓、双亲墓以及家庭墓等。
6. 按经营性质分经营性和公益性公墓。还有中外合资、合作公墓。
7. 按墓碑式墓建在建筑内或外而分，分为室外墓地和室内墓地。按墓碑立放还是平放分为竖碑和卧碑墓。
8. 按墓穴覆土形式分，可分为地下墓穴、地上墓穴和半地下墓穴见表1和[1]。

按覆土形式分类　　　　表1

类型	特征
地下墓穴	墓穴、墓基在地下
地上墓穴	墓穴全部在地上
半地下墓穴	墓穴部分在地上

a 地下墓穴

b 地上墓穴

c 半地下墓穴

[1] 墓穴覆土形式

9. 新型公墓，如立体公墓、生态公墓、循环再生公墓、虚拟公墓、空间公墓、基因公墓等。

选址要点

1. 应选址在城乡郊野区。早在1928年12月《中华民国公墓条例》中规定的"在城外空旷地带，百亩以上之公地数方"建公墓。
2. 选址应距居民区（居民点）500m以上；距水库、河流堤坝和水源保护区1000m以上；距离铁路、公路主干线500m以上。
3. 公墓用地应符合城乡规划用地分类中的区域公用设施用地，应优先利用弃置地和荒地。
4. 有必要的基础设施保障，有较为便捷的道路与交通设施；与其他用地之间应留有一定的绿化隔离空间。
5. 选址对基地的朝向、风向、周边山势走向等方面的要求应尊重当地丧葬风俗。
6. 应避免选择自然灾害频发的地段。
7. 减少与城乡主要道路的交叉。
8. 周边应预留出扩建所需的用地。

面积总需求量

城市公墓面积计算可按下式考虑，也可参照既有公墓的概况，见表2。

墓穴总量=基本需求量-私墓存量-公墓存量+迁移安置用量+不可预计量。其中：

$$基本需求量 = \sum_{i=1}^{g} x_i \times 2 - \sum_{i=1}^{g-k} x_i$$

式中：X_i—规划期基年起第i年内的死亡人口数；
i—规划期基年起第i年；
g—规划年限；
k—配偶死亡滞后年数

部分公墓用地面积概况　　　　表2

序号	城市	项目名称	建造时间	总用地面积（hm²）
1	河北省鹿泉市	双凤山陵园	1988	20
2	黑龙江省双城市	乾坤园公墓	1993	13.5
3	重庆市南岸区	南山龙园	1999	33.3
4	广东省深圳市龙岗区	吉田墓园	1995	30
5	河南省洛阳市新安县	万安公墓	1994	3.3
6	上海市青浦区	福寿园	1995	40
7	河南省许昌市	玉皇岭墓园	1996	8
8	甘肃省兰州市	南山公墓	1995	6.9
9	安徽省芜湖市和县	岗北山公墓	1999	2
10	黑龙江省齐齐哈尔市	仙鹤墓园	2002	30

城乡公墓布局

城市公墓的空间分布可参照表3模式进行选择。

公墓在城市中的空间布局模式　　　　表3

类型	大型重点式	多层次均衡式	小型分布式
图示			
特点	在全市范围重点集中建设几处大型高标准的公园式公墓	城市与农村分别对待，针对不同的地形与人口分布特征统筹安排	以乡镇为单位进行建设，服务于本乡镇
优点	能较好地发挥规模效益，较易管理	能结合不同地区间的梯度差别，同时兼顾城市未来的发展格局	满足"不离乡"的要求，服务距离小，有良好的群众接受度
缺点	不易为群众接受，在现阶段实施难度大。服务范围大，出行距离远	中部地区推广此模式有一定难度	布点过于分散，数量多，规模较小，效益低下，容易出现无人维护的局面

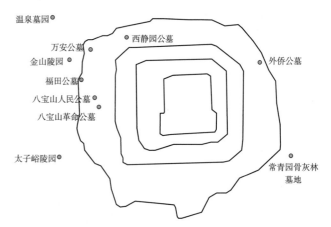

[2] 北京市区既有公墓空间分布示意图

公墓 [2] 配建原则·总平面设计·出入口设计

公墓配建原则

1. 应依据城市规模合理确定新建公墓等级和规模。
2. 空间分布应根据城市人口分布具体安排。
3. 应充分考虑城市各片区空间距离的均好性。
4. 公墓的建设规模应按占地面积作为划分依据,可分为四类,见表1。
5. 应采用生态恢复和循环利用原则处理"死墓"。
6. 建设用地规划比例应根据其建设规模、安葬种类及其数量、地形地貌状况确定,见表2。

建设规模 表1

	一类	二类	三类	四类
占地面积（hm²）	20以上	10~20	5~10	2~5
服务人口（万人）	20以上	10~20	5~10	5
墓单元安葬量（万具）	20以上	10~20	3~10	3

用地规划比例（单位：%） 表2

用地分类	规模			
	一类	二类	三类	四类
墓葬区用地	>65	>60	>55	>50
道路、广场、停车场	5~10	5~15	8~15	8~18
绿地、园林小品、水面	20~25	25~30	30~35	30~35
业务、办公、附属建筑	<1.5	<3	<4.5	<5

注：当今更加注重生态环保的节地葬法,如骨灰散撒、空葬、湖葬、海葬外,还有一种不留墓碑或其他标志物,集中一处的安葬形式。在新建墓园中其他用地面积比例应有所增加。

公墓总平面设计要点

1. 总平面设计应满足墓穴集约、骨灰安葬多样、土地循环利用、葬与祭协同、用地紧缩、绿化扩大、保护生态环境的原则。引导"厚葬入土到绿荫后人"的方向发展。
2. 总平面设计内容应包括业务接待区、行政办公区、后勤服务区、停车场、道路系统、墓地、祭悼场所、焚烧场、公共活动广场、集散广场、公共绿地、公共厕所以及石料场和刻碑间等空间和场所,还有清洁和绿化用设备放置场所,垃圾存放和转运场所的设计。一、二类规模的公墓还宜包括前区广场、公祭活动区、中心绿地以及展示区等场所设计,见1。
3. 公墓宜根据每穴面积、材质、不同葬法、不同投资方、不同收费方式等先规划出不同的葬式结构,而后再划分墓组团。这样可增加选择性,又可增加各种墓式的互补性。
4. 各功能区应按当地丧葬习俗的活动流程和配置设施要求布局,见表3。
5. 墓区应按墓组团结构划分,每个墓组团用地面积宜为墓区面积的8%~10%。
6. 公墓内部道路的路网密度宜为150~300m/hm²。
7. 墓地的绿化覆盖率应不小于50%。
8. 墓地应按类型化与组团化布置,组团用地面积不宜过大,并在空间形态和环境设计上具有一定的可识别性。
9. 公墓总平面设计中应将基地内大地自然景观要素、人造景观要素、绿地系统、水系等与墓地内墓组团进行景观整合设计,创造各具景观特色的墓组团。克服青山白化和千篇一律无生机的场景。

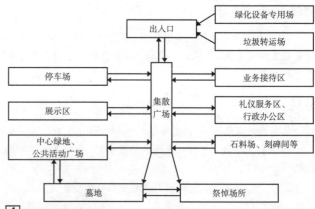

1 公墓功能区构成

公墓功能区的设施配置 表3

功能区	空间位置	布置特点	设施与环境组成
集散广场区	多位于公墓入口处	应给人强烈的到来感,增强导向功能,满足高峰期人流集散	设置适当规模的停车场,展示各墓地位置、场地地形图、特殊纪念物位置和服务信息的宣传设施、公共厕所
停车区	集散广场区附近及墓地外部	大型停车区应集中布局,便于集散;小型停车区散点布局在各服务区	停车区在公墓中设置多种模式,大型停车区供私家车换乘园内电瓶车至其他墓区
业务接待区	入口附近易于人流集散处	属公墓中建筑,可与行政办公合建;可与广场集中布置,增强可识别性和易达性	提供业务咨询、殡葬服务、医疗服务、租赁焚烧桶、油漆桶、雨伞、轮椅、纪念品及祭奠用品出售、卫生间
展示区	园内	可与广场集中布置,增强展示功能	墓碑设计服务、墓碑施工维护、文化展示教育服务。并有大型的聚会和为长期预约提供服务
后勤服务区	园内	属公墓中建筑,应与周围环境隔离,可考虑设置专用出入口	后勤、维护、绿化养护等工作在内的管理用房、苗圃、殡葬用品生产用房等辅助用房、公共厕所
墓地	园内	应设在朝阳、排水条件好地带,考虑排水和葬式多样化、立体化,结合不同葬式特点设计景观环境和休闲设施。将不同葬式的墓穴进行分区或分单元安置	应包括各类墓穴,景观小品和休闲设施,室外厕所
室外祭祀场所	园内	宜设置在基地偏远处,有人行步道通达	应设祭祀台,宜设带烟尘处理装置的焚烧炉、休息区
公共活动场地、中心绿地	园内	基地中心区,结合地形和自然地物	硬质铺地广场,常规设施,景观绿地、山石水景
行政办公	园内	应靠近业务接待区	管理用房、办公室、监控室、档案室、机房、卫生间
墓穴建造工作区	园内	基地边缘,应有道路通达	应设置专用墓穴建造工作区,包括墓穴挖掘机机库、石材切割机、打磨机、抛光机、刻碑机等工具间和其场所,还有石材库及其堆场

公墓基地出入口设计

1. 公墓基地应设置2个出入口,其中1个出入口应有通道与城市主要道路连接。主出入口应设集散广场作为缓冲场地。
2. 公墓出入口总宽度不应小于表4的规定,单个出入口宽度不应小于1.80m。

公墓出入口总宽度指标（单位：m） 表4

公墓规模	一类	二类	三类	四类
出入口总宽度	25.00	20.00	15.00	10.00

道路系统设计要点

1. 公墓道路系统应以总体设计为依据，结合公墓的规模和不同功能区合理安排，确定道路分级、路宽、平曲线和竖曲线的线形以及路面结构。

2. 公墓道路分为对外道路与内部道路两个部分。公墓基地道路应与城市道路或公路连接，并满足机动车出入口的要求。考虑到用地选择限制及景观效果、心理因素等，公墓一般未必能直接与城市道路相邻，但至少要保证1~2条路宽大于7m的支路能通畅便捷地与城市道路或公路相接。对大型公墓或特大型公墓，在高峰期应设临时公交专线进行接送。

3. 基地内应设专用机动车通道，其设计等级应满足公墓建设规模及运输石材等重型车辆所需等级。

4. 应有利于雨水排泄和便于管道敷设。

5. 公墓内部道路设计：
(1) 在小型公墓内，丧属用车应可到达业务区或前广场。在大型公墓内，由于业务区或前广场距离墓区较远，又不允许丧属用车进入墓地区时，则应设置供内部车辆通行的道路，例如用电瓶车运送祭扫人群到达墓地前区。
(2) 墓地区域内的道路是供丧属祭扫到达墓位用，其设计应与墓组团划分、密切联系，并要平直疏缓。
(3) 游憩区内小径应曲径通幽。

6. 公墓道路宽度尺寸见表1，公墓道路坡度标准见表2。

7. 墓地周边应设宽度不小于4.00m的机动车道。

8. 基地内的道路应与各建筑的出入口、墓地人行步道相连接。尽端式道路应设回车场。

9. 公墓道路的选线、路网结构应与地形和墓组团布局结合，见表3。

公墓道路宽度尺寸（单位：m） 表1

园区级别	规模			
	一类	二类	三类	四类
主路	5.0~7.5	4.0~5.5	4.0~4.5	不小于4.0
支路	3.5~5.0	2.5~4.5	2.0~3.5	1.2~2.0
小路	1.2~2.0	1.2~2.0	1.0~1.5	0.9~1.2

公墓道路坡度 表2

名称		道路坡度	
		纵坡坡度（%）	横坡坡度（%）
主路	平地	<8	<3（粒料路面横坡宜小于4）
	山地	<12（超过12应防滑处理）	<3（粒料路面横坡宜小于4）
支路小路		支路和小路纵坡宜小于18%；纵坡超过15%路段，路面应作防滑处理；纵坡超过18%，宜按台阶、梯道设计，台地高差大于1.5m时，宜设置护栏设施	

公墓道路设计 表3

类型	山地公墓	平原公墓
设计方法	选择向阳坡，主要景观及墓区集中在山体，主要机动车道的路网要顺应等高线，山地公墓的道路，根据实际情况决定路网形式，坡度如较陡则为"之"字形道路，并应尽量形成环网，再根据路网确定安葬区内部墓穴的分区，并根据坡度适当采用外环和内环两层或多层环形车道，环之间是联系各墓区的小路，使人们通过路网的清晰骨架看出园区的整体意向	路网设计受到的局限性较小，可自由创造几何或曲线形的道路格局，应注意避免道路形式过于呆板，应通过路网结构的变化创造公墓整体景观格局
图示		

停车场设计要点

1. 机动车和非机动车停车场应设置在主出入口附近，且不应占用出入口内外的集散广场、消防车道和紧急疏散通道。

2. 停车场规模应根据公墓设计容量、当地殡葬习俗，清明节等祭扫高峰流量以及公墓周边停车条件等因素确定。应合理选择停车场设置模式，见表4。

3. 停车规模宜按下式估算
(1) 固定停车场规模按照一般节假日（非清明节）高峰车辆数设置；
(2) 特殊祭祀日（清明节等）需要设置临时停车场地，可综合考虑园内临时停车场地及园外可利用的停车场地，同时应考虑专线公共汽车停车场地的设置。

公墓停车场设置模式 表4

模式	图式	描述	适用范围
集中式		基地仅设一个停车场地，集中设置在公墓出入口处或广场集散区附近，与公墓内部道路衔接	公墓规模较小，内部道路较短，徒步行距离不长的；基地附近建设区大；高峰期交通流量大，疏散困难的
分散式		在集中式的基础上，在各服务区内规划必要的小型停车场	公墓规模较大，内部道路较长、不适宜徒步步行，需转乘电瓶车的；公墓分区较多，流程较复杂的
外置式		在公墓基地外部设置大型停车场	公墓内部不适宜设置停车场的；公墓周边有较好的用地条件，可供建设停车场地的

公墓内建筑的设计要点

1. 公墓内建筑应包括业务接待、行政办公、后勤服务、墓碑加工间等用房。

2. 上述各用房可分别独立建设，也可适当组合建设。

3. 业务接待和行政办公区面积参照表5、表6。

公墓业务接待服务区的使用面积指标（单位：m²） 表5

名称/规模		一类	二类	三类	四类
业务厅	咨询洽谈室	40~60	30~40	20~25	15~25
	业务室	60~80	40~60	40~50	30~40
	休息室	30~50	25~40	20~30	15~25
	公共空间	60~90	40~60	30~40	20~30
	小计	190~280	135~200	110~150	80~120
商店		40~60	35~50	30~40	20~25
卫生间		40~50	30~40	20~30	—
总计		190~280	190~280	190~280	190~280

行政办公区使用面积指标（单位：m²） 表6

名称/规模	一类	二类	三类	四类
办公室	(15~20)×6间	(15~20)×4间	(15~20)×2间	15~20
监控室	15~20	15~20	15~20	15~20
会议室	60~90	40~60	30~45	20~35
卫生间	30~50	20~30	15~20	15
机房	15×2间	15×2间	15	15
库房	(15~20)×2间	(15~20)×2间	15~20	15~20
总计	255~370	175~250	105~150	70~85

公墓 [4] 外环境设计·安全设计·墓地设计

公墓外环境设计要点

1. 公墓外环境设计内容应包括墓园入口集散广场、停车场、中心绿地、水系、墓单元绿化带、墓组团周边绿化、安葬仪式广场、祭悼场所、焚烧场、清洁设备和绿化美化设备专用场所等。

2. 外环境设计要求

（1）公墓外环境设计应尊重自然条件和生态规律、突出绿化景观和尊重当地丧葬文化。

（2）宜根据用地的自然条件，结合各功能区特点，对公墓外环境设计诸多内容做综合设计。

（3）应重视和体现当地特色，在景观环境协调的前提下，追求自然朴实的风格。

（4）应合理搭配墓地植物品种和墓园建筑小品，创造不同季节的环境景观。

3. 对于一、二类规模的公墓，应进行基础工程专项规划设计，其中包括交通道路、排水、防洪、供电、环境保护等内容。

4. 对于一、二类规模且地势高差大的公墓，应进行竖向地形专项规划设计，其设计应符合《风景名胜区规划规范》GB 50298和《城市用地竖向规划规范》CJJ 83的规定。

5. 公墓植物配置要求

（1）应多种植树木，少设草坪。

（2）选择对土壤、雨水量耐受性强的树种和寿命长的植物，以表示逝者永恒之意。

（3）选择符合中国传统文化和殡葬文化的相应植物。

（4）选择常绿树种，具有坚强和万古长青的寓意，是营造墓园纪念性气氛很好的植物材料。

（5）注重植物色彩、姿态的选择。

6. 室外祭祀场所应依据公墓建设规模配置。其场所可设一处或多处。其面积和要求见表1。

7. 安葬仪式广场应配有专用设施设备，如仪式广场、祭台、礼炮台、音响设备。

室外祭祀活动设施使用面积指标（单位：m²）　　表1

公墓规模	一类	二类	三类	四类
使用面积	(30~50)×5处	(30~50)×3处	(25~40)×2处	(20~30)×1处
设施内容	祭祀场地、祭祀台、花瓶、不带明火的焚烧炉			
设计要点	可设焚烧不带火的装置。祭祀场所可设置独立分户小空间，利用绿化作为分隔。应设室外消防设施			

公墓安全设计要点

1. 公墓安全设计内容包括针对墓穴的防盗、耐久、防水设计，还包括人们参与祭悼活动的安全疏散等设计。

2. 公墓的基地周围应设安防系统。

3. 墓穴的四壁和基底应作防水处理。严寒和寒冷气候区应作防冻胀处理。

4. 墓穴的结构宜选择整体式现浇钢筋混凝土结构，耐久年限为50年。

5. 树葬、花坛葬、草坪葬、骨灰散撒区，严禁未经消毒处理过的骨灰直接埋入自然土中。

墓地

墓地是指沿用中国传统的殡葬习俗，通过墓葬形式安葬逝者骨灰或遗体于地下的用地区域。

墓地设计要点

墓地应将已确定的墓组团合理组织布局。

1. 墓地空间布局形态模式可分为规则式、自由式和混合式，参见表2。

墓地空间布局模式　　表2

类型	规则式	混合式	自由式
图示		—	
特点	墓区主要布置传统墓碑葬，适用于规模较小的公墓	墓区外围布置传统墓碑葬，内部可灵活布置生态节地葬式，适用于规模较大公墓	墓区结合地形和水系布置，不同葬式结合环境特点布置，适用于园林式公墓
优点	占地面积小，环境较好，便于管理	便于营造中心景观，环境较好	利于生态环境保护，因地制宜，景观较好
缺点	对原有地形和环境破坏较大，景观单一	墓穴环境差异较大，且公墓总占地面积较大	公墓占地面积大

2. 墓地应为不保留骨灰者建立统一的纪念设施

3. 墓地道路系统应分为墓地级道路和组团级道路两个系统，墓地级道路系统可分主路、支路和小路；组团级道路系统可分为组团步道和墓单元步道；其中主路宽度不应小于4.00m；支路宽度不应小于3.00m；小路宽度不应小于1.50m；机动车的道路宽度不应小于4.00m，转弯半径不应小于12.00m；组团步道宽度不宜小于1.50m。

4. 墓地内道路坡度设计

（1）墓地中主路纵坡宜小于8%，横坡宜小于3%，粒料路面横坡宜小于4%，纵、横坡不得同时无坡度。主路不宜设梯道，必须设梯道时，纵坡宜小于36%，并应设置无障碍通道；山地公墓的主路纵坡应小于12%，超过12%应做防滑处理。

（2）支路（步行）和小路纵坡宜小于18%；纵坡超过15%路段，路面应做防滑处理；纵坡超过18%，宜按台阶、梯道设计，台阶踏步数不得小于2级，坡度大于58%的梯道应作防滑处理，宜设置护栏设施。

5. 墓地内的无障碍人行步道旁宜设置休息区和有遮阳的廊亭等，以体现人性化关怀。参见 1 。

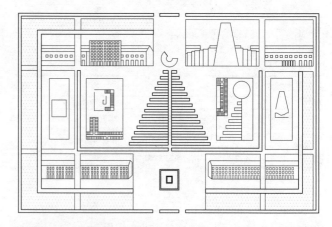

由阿尔多·罗西设计的摩德纳圣卡塔尔多墓地的室外人行道系统是采用柱廊式的，为丧属提供别样的祭悼路线。人行步道系统的走向采用笔直处理，显示出十分理性的祭悼。在基地的中央核心区采用高度依次上升的建筑处理，并配合整个基地的纪念性元素的骨骼的安排，突出了总图设计构思中隐含的让人加深对死亡的理解，对逝者缅怀和纪念。

1 摩德纳圣卡塔尔多墓地

墓组团

墓组团是由一定数量墓单元组合起来的用地形式,它是墓地划分的基础。墓组团可以由一种墓单元组成,也可以由多种墓单元组合而成。

墓组团设计要点

1. 应依据墓地的总体布局、墓区的划分、墓单元类别、基地地形和地貌特点,把墓单元组织成景点、景群或景区等不同类型的组团。

2. 墓组团周边应设宽度不小于1.50m的人行通道。人行通道应种植行道树,见表1。

3. 墓组团的步道长度应依据墓单元的尺寸、人们的通行能力和速度、用地的形态和地势确定。

4. 墓组团之间的间距不应小于1.5m,墓组团路的宽度不应小于1.5m。

5. 碑式墓单元组团内,单排墓的最大长度宜控制在30~70m的范围内,以利于墓前小路的可达性好。

6. 碑式墓组团根据碑式墓单元的两种形式,可组成两种墓组团形式,见 1。

7. 室内墓地是由若干数量的墓碑式墓单元建在一个建筑之内,所以每个室内墓地可以视为一个墓组团,如宋美龄安葬在美国芬克里夫陵园中,该陵园是室内墓地。公众用室内墓地属公用建筑,应满足《民用建筑设计通则》GB 50352的规定。

8. 墓地的墓组团用地组织形式,可布局为规则式、自由式和混合式,见表2。

9. 当墓地选址在荒山地段时,应在竖向控制设计条件下充分利用地形和地势,减少炸山开石,因势利导,灵活布置墓组团。设计中可以通过梯道、坡道、自动扶梯等引导不同标高人行步道的组合,布置各种墓组团。

山地墓组团的布置方式有两种:

1. **垂直等高线布置**。一般是墓单元规整划一的布置,追求严谨的形象。墓组团之间利用地势布置,可在坡度较小,竖向改造土方量不大,满足坡道坡度要求的山地组织,见 2 a。

2. **顺应等高线布置**。一般采用墓单元自由拼合方法,运用转动一定角度两个单元错列的手法,顺应等高线的自然走势。该方法适用坡度较大、竖向不进行改造的山地。见 2 b。

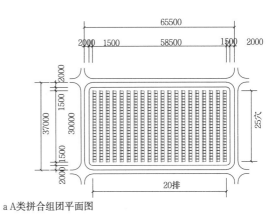

a A类拼合组团平面图

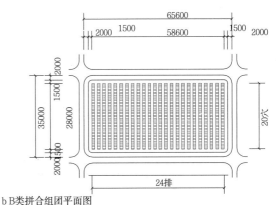

b B类拼合组团平面图

1 碑式墓组团尺寸示意图

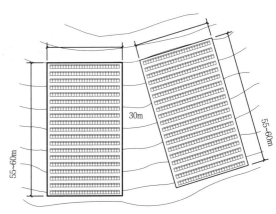

a 垂直等高线布置

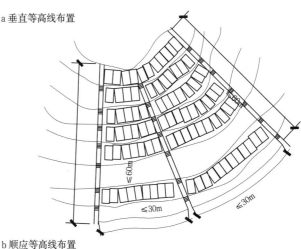

b 顺应等高线布置

2 山地墓组团示意图

碑式墓组团尺寸（单位:m） 表1

名称	步行路宽	绿化宽
取值范围	不小于1.5	不小于1

墓组团组合模式 表2

形式	特点	适用地形	示意图
规则式布置	便于分区编号,易于管理。但略显呆板,与自然环境结合较差	适用于地形较平坦的地区	
自由式布置	形式自由灵活,与周边自然环境能够较好地结合。但方向多变,不易于管理	适用于大多数地形,山地地区较多采用此布置形式	
混合式布置	兼顾两种布置形式的优点,且易于因势利导	适用于各种地形,采用合理的布置形式	—

公墓 [6] 墓单元·碑式墓单元

墓单元

墓单元是指将骨灰安葬在室外地下墓穴或坑穴，且由墓间距、周边绿化以及墓前步道组成的墓地单元空间。组成的空间单元用地面积是指由墓基面积、墓间距面积、周边绿化面积、墓前步道所占用地面积之和组成。

墓单元分类

墓单元应依据墓基之上标示物种类进行分类，见表1。

墓基之上标示物分类 表1

分类	标示物特点	图示
普通墓碑式	传统的立式墓碑形式，也是现在我国主要采用的墓穴形式	
草坪式	是国外引进的一种新型墓葬形式，没有立式墓碑，只有墓基部分或者墓基很矮，隐于草坪之中	
花坛式	使用可降解骨灰盒，将骨灰安葬在花坛中，形成花坛式墓葬	
树葬式	骨灰安葬在地下，在其旁边植树，可立碑也可只设低矮墓基	
名人墓	为一些特殊人而建的墓（比如烈士、科学家、艺术家等），这些墓通常会采用特殊造型的立式墓碑	

碑式墓

碑式墓指将骨灰盒安葬在室外地下墓穴，并在地表设有墓碑标志物的墓，一般包含墓穴、墓基、护栏和墓碑等，见 1 ~ 3 。墓基尺寸可分为普通型和豪华型共4种，见表2。

墓基尺寸参考表（单位：mm） 表2

名称	普通型I	普通型II	豪华型I	豪华型II
墓基长（L）	1000~1400	1300~1700	1800~2200	2800~3200
墓基宽（W）	700~1000	1000~1400	1800~2200	2800~3200
墓基高（H）	300~500	300~500	400~600	400~600
墓室长（a）	400~600	600~1000	1000~1200	1200~1500
墓室宽（b）	300~500	400~600	600~1000	600~1000
墓室深（h）	500~900	500~900	600~1000	600~1000

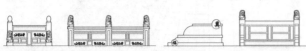

1 墓碑式墓的构造组成

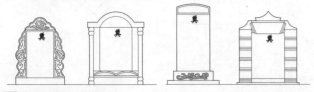

2 墓碑式墓碑构件图例

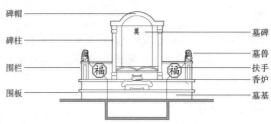

3 墓碑式墓碑示例

碑式墓单元

碑式墓单元指由碑式墓及其周边绿化、墓间距、墓前步道组成的墓地空间单元。

碑式墓单元分类

依据碑式墓周边绿化的位置分两种类别；一种是布在碑的两侧，称A型；另一种是布在墓的后面，称B型，见 4 。

碑式墓单元设计要点

1. 周边绿化应种树，并应该根据其不同地区种植的不同树种生存空间尺度而定，其宽度不宜小于0.6m。
2. 墓间距应不小于0.2m，宜用绿化覆盖。
3. 墓前步道宽度应不小于0.8m，按1.5股人流考虑。
4. 墓基边长宜为0.7m，可适当加深埋深，见表1。
5. 墓穴宜设有单具、双具和多具骨灰合葬等多种形式供丧属选择。

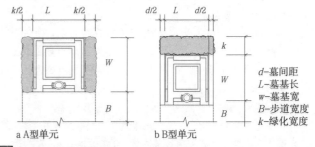

a A型单元　　b B型单元

d-墓间距　L-墓基长　w-墓基宽　B-步道宽度　k-绿化宽度

4 碑式墓单元示意图

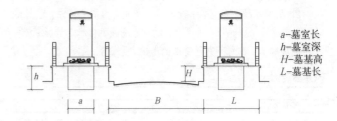

a-墓室长　h-墓室深　H-墓基高　L-墓基长

5 碑式墓单元正向剖面图

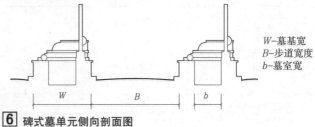

W-墓基宽　B-步道宽度　b-墓室宽

6 碑式墓单元侧向剖面图

碑式墓单元用地面积指标

公墓中碑式墓单元用地面积是我国公墓控制用地的关键性指标,它影响公墓规划用地和规模指标的确定。碑式墓单元用地面积可分三类,见表1。作为国家对普通公墓用地控制指标宜按每穴墓单元用地2m²控制。

碑式墓单元用地面积指标（单位：m²） 表1

类型	I型	II型	III型
每穴最小用地面积	2	2.5	3.5

碑式墓单元组合模式

碑式墓单元依据A、B两种类型,其组合成行或列的形式也有两种,见1。

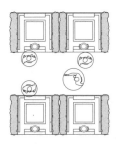
a A类单元拼合平面示意图

b B类单元拼合平面示意图

1 碑式墓单元拼合示意图

草坪墓单元

草坪式墓单元指墓穴设置于草坪地下,或骨灰撒入草坪土壤中,不设立式墓碑,碑文刻于墓盖板上的空间单元。

草坪葬墓单元尺寸应根据不同地区习俗选择,宜符合表2要求,也可参照表3。

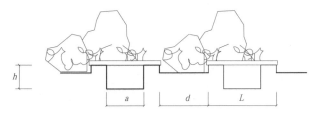
a 正向剖面图

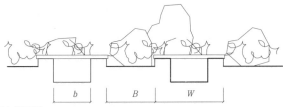
b 侧向剖面图

2 草坪墓单元剖面示意图

草坪墓单元尺寸参考表（单位：m） 表2

名称	数值	名称	数值
墓基长（L）	0.50~1.20	墓穴宽（b）	0.50~0.90
墓基宽（W）	0.50~1.20	墓穴深（h）	1.20~1.50
墓间距（d）	0.20~0.50	墓前路宽（B）	0.80~1.20
墓穴长（a）	0.50~0.80		

部分公墓草坪式墓单元尺寸概况（单位：m） 表3

项目名称	建筑时间	墓基长(L)	墓基宽(W)	墓间距(d)	墓室长(a)	墓室宽(b)	墓室深(h)	墓前路宽(B)
鹿泉市双凤山	1988	0.7	0.7	0.2	0.5	0.5	0.3	0.9
加格达奇市青龙山	1996	0.8	0.8	0.4	0.8	0.8	0.3	1
上海青浦区福寿园	1995	0.8	0.9	0.3	0.7	0.6	0.5	1
赤峰市	1997	1.2	1	0.45	0.5	0.4	0.3	1.2
赤峰市	1994	0.6	0.6	0.35	0.5	0.5	0.3	1.2
荆州市	1995	0.65	0.55	0.3	0.6	0.5	0.4	1
淮北市杜集区	1994	0.9	0.8	0.3	0.8	0.8	0.3	1.1
昆明市官渡区	1987	0.9	0.7	0.3	0.4	0.4	0.4	0.9
榆林市福绵区	1998	1.1	0.9	0.35	0.4	0.4	0.3	0.9
湖南省株洲市	1968	0.65	0.65	0.3	0.4	0.4	0.5	1

树葬墓单元

树葬式墓单元指将骨灰直接安葬于地下墓穴中,旁边植树以示标记的空间单元。

树葬墓单元尺寸应根据不同地区习俗以及所选树种特点综合选择,宜符合表4要求,也可参照表5概况。

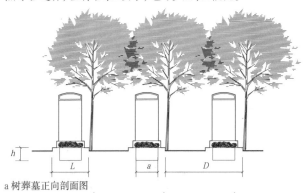

a 树葬墓正向剖面图

b 树葬墓侧向剖面图

a-墓穴长
b-墓穴宽
d-墓间距
h-墓穴深
L-墓基长
W-墓基宽
B-墓前路宽
D-树间距

3 树葬墓剖面图

树葬墓尺寸参考表（单位：m） 表4

名称	数值	名称	数值
墓基长（L）	0.50~1.20	墓穴宽（b）	0.50~0.80
墓基宽（W）	0.50~1.20	墓穴深（h）	1.20~2.00
墓间距（d）	1.50~2.50	墓前路宽（B）	0.80~1.20
墓穴长（a）	0.50~0.80	树间距（D）	1.5~2.50

部分公墓树葬式墓单元尺寸概况（单位：m） 表5

项目名称	建筑时间	墓基长(L)	墓基宽(W)	墓间距(d)	墓室长(a)	墓室宽(b)	墓室深(h)	墓前路宽(B)
鹿泉市双凤山	1988	0.8	1	1	0.5	0.5	0.4	0.9
阜新市北山	1990	1.1	0.9	1.2	0.7	0.5	0.5	1.2
双城市朝坤园	1993	0.9	0.8	1	0.7	0.5	0.5	1.1
穆棱市莲花	1994	1	0.9	1	0.5	0.5	0.3	1.1
河南新乡	1956	0.9	0.9	1.2	0.5	0.5	0.4	0.9
荆州市	1995	1	0.7	0.9	0.6	0.5	0.4	1
三亚市	1993	1	0.9	1	0.5	0.4	0.4	1.1
昆明市官渡区	1987	1.1	0.9	1	0.5	0.5	0.4	0.9
榆林市福绵区	1998	1.2	1	1	0.5	0.5	0.4	0.9
湖南株洲市	1968	1.2	1.2	1	0.5	0.7	0.5	1.2

公墓 [8] 实例

总平面图

1 祭祀区
2 办公区
3 人文博物馆
4 中心绿地
5 传统墓穴
6 骨灰寄存塔
7 艺术墓穴
8 入口广场
9 未来发展用地
10 主入口
11 停车场
12 悼念环路

用地平衡表

类别	面积（hm²）	所占比例（%）
服务设施用地	0.5	1
文化设施用地	0.6	1.2
水系	6.3	11.7
道路及广场用地	11.6	22
墓葬用地	15	27.3
绿地	20	36.8
总用地	54	100

1 上海市福寿园公墓

名称	设计时间	占地面积（hm²）	设计单位
上海市福寿园公墓	2012	54	重庆大学建筑设计研究院有限公司

上海市福寿园公墓地处青浦城南，佘山景畔。规划定位为文化墓园，赋予现代墓园的新属性：公益性、文化性、纪念性和经济性。园内集塔葬、亭葬、壁葬、花葬、树葬和草坪葬于一体，真正落实墓区园林化、葬式多样化、管理现代化，集人文景观和自然景观于一体，是民政部在全国殡葬业中首批的"人文纪念公园"。主要功能空间包括：管理区、服务区、纪念区、休闲区和墓葬区，各区特点鲜明。墓组团划分与组合是结合丰富的水系自由展开，有机组织，并设有东园和西园两个悼念环路，使墓地中各组团联系方便，形成一个整体。该园现有墓葬2.5万座，还设有室内墓。

实例［9］公墓

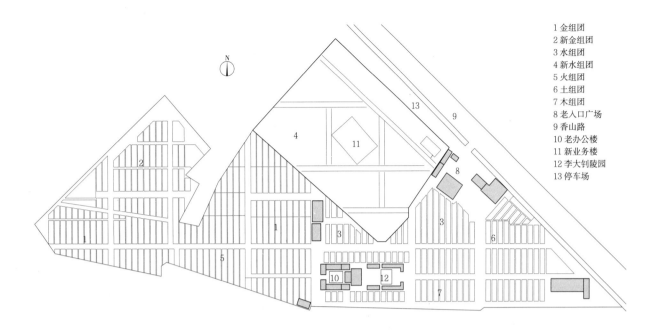

1 金组团
2 新金组团
3 水组团
4 新水组团
5 火组团
6 土组团
7 木组团
8 老入口广场
9 香山路
10 老办公楼
11 新业务楼
12 李大钊陵园
13 停车场

万安公墓始建于1930年，由民国时期建筑大师王荣光设计，是北京第一座现代公墓。选址在北京万安山正阳，占地百余亩，安葬2万多位各界人士。基地整体形态貌似一只昂首的巨龟寓意"万世平安"。基地内道路是正南北方向，东西贯穿的是园区主要轴线道路，该路串联起五个墓区。墓地依据五行方位理论将其划分为金、木、水、火、土五个墓区，区内又以"千字文"、"百家姓"为组号。墓碑和墓表的设计吸取西方式样。中央建有礼堂、追远堂、经堂、休憩室等，整个公墓为中西合璧。

1 北京万安公墓

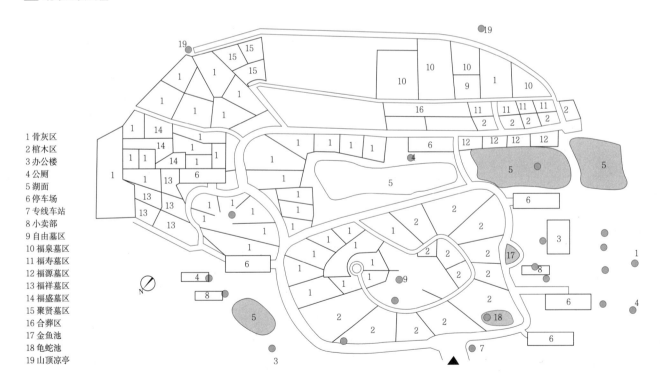

1 骨灰区
2 棺木区
3 办公楼
4 公厕
5 湖面
6 停车场
7 专线车站
8 小卖部
9 自由墓区
10 福泉墓区
11 福寿墓区
12 福源墓区
13 福祥墓区
14 福盛墓区
15 聚贤墓区
16 合葬区
17 金鱼池
18 龟蛇池
19 山顶凉亭

公墓选址在平缓山地，基地内有大的湖面，墓地环绕湖面展开。基地内道路宽敞、明确。墓地内设有6个停车场，使丧属可方便到达各个墓组团。墓组团采用自由式形状，分布在不同的地形中。自由式组团对用地适应性强，墓园内设有棺木区、合葬区、骨灰区、自由区等，为丧户提供多种选择形式。碑式墓中普通墓基尺寸为1.2m×1.6m，每穴墓基面积为1.92m²。碑式墓的材料选用天然花岗石、青石、黑石等。每座墓基上配花瓶1对和香炉1个，后土之神1个。

2 广州市新塘华侨公墓

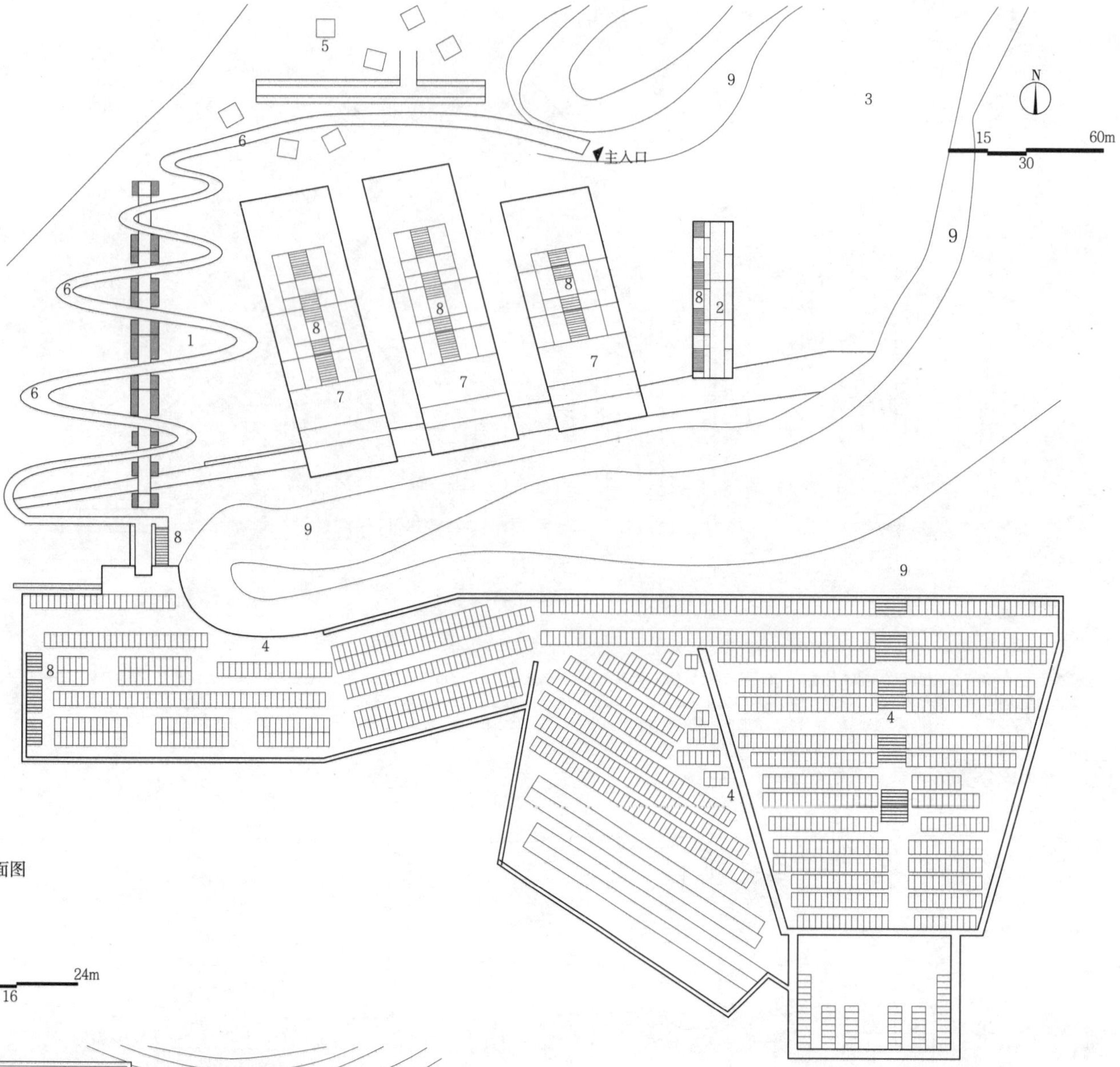

公墓 [10] 实例

a 总平面图

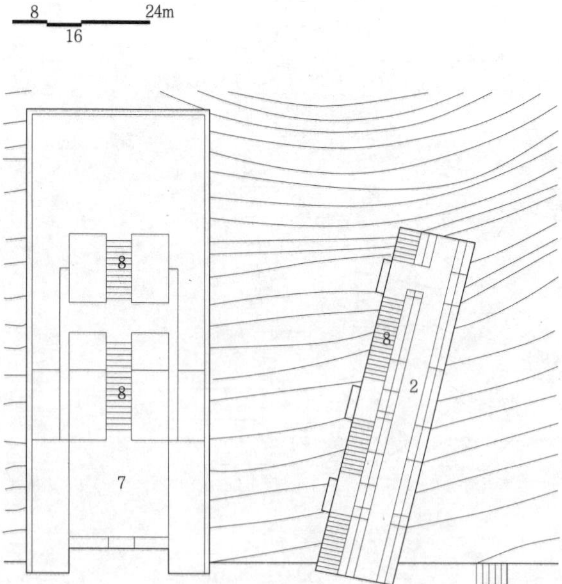

b 扩建第一部分平面图

1 法国Saint Pancracce公墓

1 盘山景观道地段骨灰壁、骨灰廊
2 高档公墓
3 停车场
4 普通墓地
5 公墓服务区
6 盘山景观道
7 垂直等高线布置骨灰坛
8 室外台阶
9 山道

该公墓是典型山地公墓案例，其南面是普通碑式墓地，北面是新建的骨灰壁廊、倾斜的主体式骨灰坛和高档碑式墓，北面山体经过竖向改造，使坡体放缓，适于骨灰建筑垂直等高线布置。在盘山景观道处设置骨灰壁廊，合理利用地势，有效利用山地坡度，坡度缓的地段采用垂直等高线布置，坡度较陡的地段采用顺应等高线的形式，充分利用山地。

实例 [11] 公墓

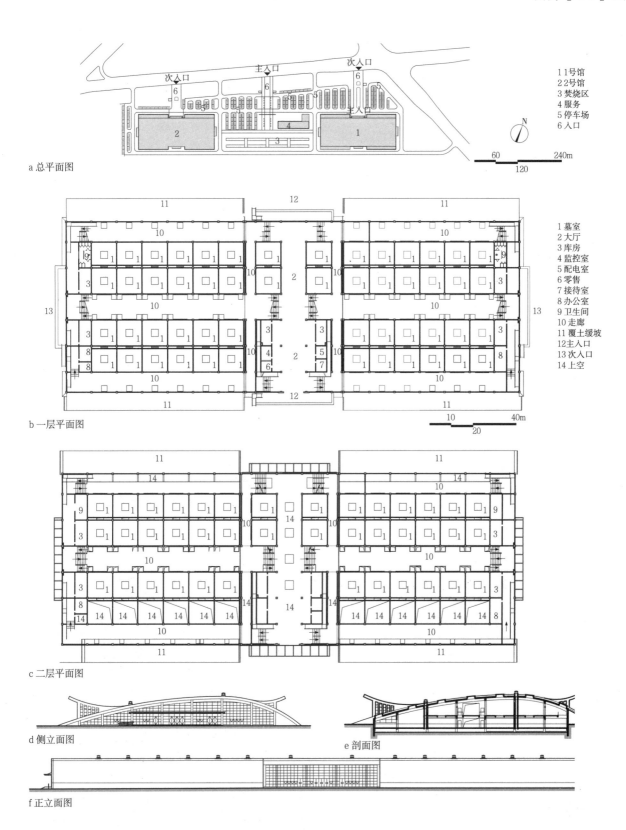

a 总平面图
b 一层平面图
c 二层平面图
d 侧立面图
e 剖面图
f 正立面图

1 1号馆
2 2号馆
3 焚烧区
4 服务
5 停车场
6 入口

1 墓室
2 大厅
3 库房
4 监控室
5 配电室
6 零售
7 接待室
8 办公室
9 卫生间
10 走廊
11 覆土缓坡
12 主入口
13 次入口
14 上空

4 殡葬建筑

1 包河文化陵园

项目	设计时间	用地面积（hm²）	建筑面积（m²）	一号馆建筑面积（m²）	容积率	设计单位
包河文化陵园	2010	8.66	34086	15143	0.4	安徽省建筑设计研究院有限责任公司

包河文化陵园从景观化、园林化、功能化、生态化的设计理念出发，最大限度发挥建筑功能的同时，通过设有上下两层的建筑，提高土地利用率，满足了土地集约化和城市景观生态园林化的现代陵园设计要求。其中陵园一、二号馆以"入土为安"的传统理念，采用覆土建筑的处理手法，并采用面积大小一致的骨灰间，室内空间自然通风、自然采光，利用太阳能使建筑低能耗，达到节能环保、生态园林的设计目标。每个骨灰安放间均设有竖向通风道，用自然通风改善室内环境

403

建筑设备［1］一般要求·专用设施配置·给水·排水

一般要求

1. 建筑设备及管道的管网系统设计，应与建筑设计同步设计、统一规划、统一设计、合理安排。
2. 殡葬建筑内各功能用房建筑设备应选低噪声、节能、节水、低污染产品。管线系统应集中、隐蔽、暗设。
3. 殡葬建筑应根据选址所在气候区进行针对性设计。包括气候分区对建筑的基本设计要求应满足《民用建筑设计通则》GB 50352中的规定，以及气候分区对建筑围护结构的热工性能要求，并满足《公共建筑节能设计标准》GB 50189的规定。
4. 应充分利用太阳能、风能、水、土壤、地源热泵等新能源进行供热、供冷和供电。

专用设施配置要求

1. 殡葬建筑应按专用功能间的功能和环境质量要求配置专用设施、设备、装置、部品等，配置种类应达到配套完整、系统、运行正常，可实时监控的要求。
2. 专用设施配置数量应根据殡葬建筑建设规模、业务功能需要合理配置，配置数量要考虑维修等备用量。
3. 殡葬建筑专用设备应选用专业厂家生产的技术成熟、通用性强的合格产品，符合高效、节能、环保的要求，达到相应的国家和行业标准要求的产品。
4. 应为遗体移动、处理操作提供机械化、智能化和自动化装备。
5. 各类建筑或不同功能区若不是同层设置时，应设遗体提升装置或专用电梯进行上下传送，其遗体提升井的设计应与提升装置规格相适应。提升井应靠近运尸通道。提升井前应设候梯厅，候梯厅的深度不应小于1.5倍的轿厢深度。
6. 二层以上殡葬建筑应设电梯，并应设1部无障碍电梯。
7. 室内卫生间、浴室应设有防回流措施的竖向排风道。
8. 遗体冷冻柜选用应满足《遗体冷冻柜通用技术条件》MZ/T的规定。
9. 遗体处置区中放置化学制剂及化妆品柜应设有防回流措施的竖向排气道。
10. 冷藏区中腐变冷藏室应设专用竖向排气道。
11. 电瓶叉车技术数据参照表1。

电瓶叉车技术数据（单位：mm） 表1

	1	2	3
车宽	910	1000	950
车长	1700	1800	1800
铲长	1250	1120	—
外侧转弯半径	1650	1700	1850

给水、排水要求

1. 后勤服务及行政办公区应设给、排水及消防给水系统。
2. 各功能区生活用水量不应低于表2的规定。
3. 火化馆、遗体处理区、遗体冷藏区的员工淋浴室应设热水供应系统。
4. 基地内生活给水的水质应符合现行国家标准《生活饮用水卫生标准》GB 5749的规定。
5. 后勤和办公区应设置生活污水排放及处理系统。排放应满足《污水排入城镇下水道水质标准》GB/T 31962的规定。
6. 殡葬建筑内的公共厕所、员工用厕所应设为水冲方式，并符合《城市公共厕所卫生标准》GB/T 17217的卫生标准值。
7. 灵车库、运尸车库、接尸间、消毒间、整容间、解剖室、冷藏室等污染水，应采用独立收集和处理的排水系统，应自建污水处理设施，达标后排放，且主通气管应伸出屋顶无不良影响处。室内应设置地漏。排水应采用防腐蚀管道，管径不应小于50mm。
8. 遗体污水排放应符合《医疗机构水污染物排放标准》GB 18466和《医院污水处理工程技术规范》HJ 2029的规定，并应符合下列要求：
   （1）当遗体污水排入有城市污水处理厂的城市排水管道时，应采用消毒处理工艺。
   （2）当遗体污水直接或间接排入自然水体时，应采用二级生化污水处理工艺。
   （3）遗体污水不得作为中水水源。
   （4）严禁地表排水，不得直接排入江湖水系或渗入地下。
9. 推车库、遗体处置用房和火化间的洗涤池均应采用非手动开关，并应防止污水外溅。
10. 设置在寒冷和严寒地区的室外给排水管道和沟渠应采取防冻措施。
11. 殡葬建筑基地内的林地、草地、景观绿地应设灌溉设施系统，喷淋设计应满足《灌溉工程技术规范》GBJ 85的规定。并应设置绿化给水系统，宜优先采用雨水、再生水及天然水等。水源水质应满足《农业灌溉水质标准》GB 5084和《城市污水再生利用》GB/T 25499的规定。
12. 基地内应设置保证墓地不被水淹的室外雨水排放系统及沟渠系统，并应符合《室外排水设计规范》GB 50014的规定。

生活用水量 表2

用水房间名称	单位	生活用水定额（最高日，L）	小时变化系数
业务区、殡仪区和火化区用房	每人每班	80~100（其中热水30）	2.0~2.5
职工食堂	每人每次	20~25	1.5~2.0
办公用房	每人每班	80~100	2.0~2.5
浴池	每人每班	170（其中热水110）	2.0
办公区（饮用水）	每人每班	2~8	1.5

注：1. 本表引自《殡仪馆建筑设计规范》JGJ 124—99。
2. 上述生活用水量中，热水水温为60℃，饮用水水温为100℃。

屋面排水坡度 表3

屋面类型	屋面排水坡度（%）
卷材、刚性防水的平屋面	2~5
平瓦	20~50
波形瓦	10~50
油毡瓦	≥20
金属板	≥4
压型钢板	5~35
种植屋面	1~3

注：本表引自《民用建筑设计通则》GB 50352—2005。

电气、照明要求

1. 殡葬建筑的供电设施应安全可靠，应设自备电源，保证不间断供电。
2. 基地内道路应设照明，照度不低于30lx，并宜按区域、按道路分别控制。
3. 殡仪馆、殡仪服务中心、火化馆的电气负荷不宜低于二级。当无条件二路供电时，其殡仪区用房和火化馆应设有备用电源。
4. 与1、2类殡仪馆同址建设的骨灰楼负荷等级，应与殡仪馆的负荷等级一致。
5. 殡葬建筑内应按不同用电场所划分回路。
6. 悼念区、守灵居应配置告别棺专用局部定向照明。
7. 业务办公台、收款台以及骨灰整理室、遗体处置用房的操作台应设局部照明设备，其照度值不应低于150lx。建筑物的疏散走道和公共出口应设紧急疏散照明，其水平地面照度不应低于5lx。重要地段宜设置应急照明灯，照明时间不应少于20分钟。
8. 消防控制室、空调机房、火化区、业务区、悼念区、遗体处置区、骨灰楼（塔）主要功能空间应设置应急照明。
9. 殡葬建筑各类用房照度标准值类比《建筑照明设计标准》GB 50034，见表1。并应创造条件利用各种导光和反光装置，充分利用天然光，将光引入室内进行照明，也应充分利用太阳能作为照明能源。
10. 殡葬建筑及其配电设施应设防雷和避雷保护设施。殡仪馆、殡仪服务中心、骨灰楼、骨灰塔应为二类防雷建筑，并应满足《建筑物防雷设计规范》GB 50011的规定。
11. 业务接待区、悼念区、公墓和骨灰寄存建筑应根据需要分别设置广播音响设施。
12. 殡葬建筑应配备通信设施和智能化办公系统。
13. 骨灰安放间的照明线路应采用铜芯导线穿金属管或采用护套为阻燃材料的铜芯电缆配线，并单独设置回路控制开关。
14. 殡仪馆、殡仪服务中心、火化馆、骨灰楼和骨灰塔内应对计算机系统、智能化办公系统、安全防范系统、机械操作系统和通信广播系统进行综合布线，暗管敷设。
15. 殡仪馆、火化馆、殡仪服务中心、骨灰楼、骨灰塔应火灾自动报警系统。
16. 骨灰安放间应设置自动灭火系统，并宜采用气体灭火系统。
17. 电力线路和道路照明线路应埋地暗管敷设，架空线必须采用绝缘线。室外配电箱应选用防雨型和加锁型。

建筑照明标准值 表1

房间或场所	参考平面及其高度（m）	照度标准值（lx）	备注
骨灰安放间	骨灰架0.25~2.2	150	可另加局部照明
守灵居中灵堂	地面	300	可另加局部照明
告别厅	地面	300	可另加局部照明
防腐室	0.75水平面	300	可另加局部照明
整容室	0.75水平面	300	可另加局部照明
解剖室	0.75水平面	500	可另加局部照明
接尸间	0.75水平面	200	可另加局部照明
火化间	0.75水平面	300	可另加局部照明
骨灰处置间	0.75水平面	300	可另加局部照明
冷藏间	冰柜0.25~2.2	200	可另加局部照明
室内祭祀厅	0.75水平面	200	可另加局部照明
丧葬用品加工	0.75水平面	300	可另加局部照明
库房	地面	100	—
休息厅	地面	150	—

供暖、通风、空调要求

1. 采暖地区殡仪馆、殡仪服务中心的建筑供暖宜利用当地城镇集中供热系统。因条件限制无法利用城镇集中供热时，可采用单独的供暖系统。业务接待区、遗体处置区、殡仪区、火化馆、后勤服务区和行政办公区宜设置可单独调控的供暖系统。
2. 殡葬建筑内各类功能用房设置集中供暖时，供暖室内计算温度不应低于表2的规定。
3. 设置供暖的气候区，殡葬建筑的业务和办公用房宜设供暖设施。供暖热源应首选城市热源。如无城市热源也可采用单独的集中供热系统。如自建的锅炉房或风、水、地源热泵供热等。
4. 骨灰安放间不应设供暖装置。
5. 水冲公共厕所应设值班供暖，室内温度按5℃计算。
6. 骨灰寄存建筑的防排烟设计应按《建筑设计防火规范》GB 50016中的丙类第2项库房设计的规定设计。
7. 骨灰安放间应为自然通风。无自然通风时，应设机械通风系统，通风换气次数宜按每小时3次计算。骨灰安放间的相对湿度不宜大于60%。
8. 骨灰安放间应根据灭火形式设置相应的通风方式。如采用气体密闭灭火时，应设置灭火后通风，通风换气次数不小于每小时12次，排排窒息性气体。
9. 凡是产生气味、水汽、潮湿作业的用房，有污染的场所，应设机械排风。设置机械通风的房间换气次数不应低于表3规定。
10. 殡仪建筑各功能区用房可根据需要，按不同功能区分系统设置空调；不同功能区的空调应按需要集中设置。
11. 遗体处置用房和火化间当采用空调时，应采用直流式空调系统，排放应经处理后再排入大气。
12. 空调房间的夏季室内计算温度宜为25~26℃，相对湿度宜为40%~65%。
13. 办公、后勤和业务接待区各用房的空调设计应满足现行国家标准《民用建筑供暖通风与空气调节设计规范》GB 50736的规定。可依据气候特点及需求设置分体空调、变频多联机空调、蒸发冷却式空调等。
14. 设有空调、通风、供暖设施的功能用房应设可分时段调控的控制装置。

采暖室内计算温度 表2

房间名称	室内计算温度（℃）	房间名称	室内计算温度（℃）
火化间	10	取灰室	16
遗体处置用房	16	冷藏室	5

注：本表摘自《殡仪馆建筑设计规范》JGJ 124-99。

换气次数 表3

房间名称	换气次数（次/h）	房间名称	换气次数（次/h）
消毒室	8	悼念厅	6
防腐室	8	休息室	4
整容室	8	火化间	8
解剖室	8	骨灰安放室	3
冷藏室	6	接尸间	6

注：本表摘自《殡仪馆建筑设计规范》JGJ 124-99。

建筑设备 [3] 室内环境质量控制设计

室内环境质量控制设计

1. 殡葬建筑中，火化馆是重要空气污染源，其室内空气中烟雾灰尘和有害气体浓度限值见表1。

2. 殡葬建筑的生活污水排放系统宜按二级处理级别进行。在经过处理后排放入城乡污水管渠系统。

3. 遗体污水应经处理站处理后排放，排放应符合《医院污水排放标准》GB J48和《污水综合排放标准》GB 8978的规定。

4. 殡葬建筑中人流量大的建筑的主要出入口应具有截尘功能的固定设施以减少对室内的污染。

5. 殡葬建筑各功能空间应设消毒设施。表2为建筑功能用房空气中细菌概况。

6. 殡葬建筑应以自然采光为主，优先利用天然光，地下空间宜设天然采光，以创造良好的室内光环境。采光设计应满足《建筑采光设计标准》GB 50033的有关规定。殡葬建筑中各类功能空间的采光设计宜满足视觉作业场所工作面上的采光系数标准值，见表3。

7. 殡葬建筑的各功能用房的环境噪声控制值应符合国家现行标准《民用建筑噪声设计规范》GB 50118、《声环境质量标准》GB 3096和《建筑隔声评价标准》GB/T 50121的相关规定。主要功能用房的室内允许噪声级应符合表4规定。

8. 主要功能用房的隔声标准应符合表5、表6的规定。

9. 告别厅的混响时间应符合《民用建筑隔声设计规范》GB 50118的有关规定

10. 殡葬建筑隔声设计：

（1）殡葬建筑中业务接待区可沿交通干线布局，但要考虑相隔一定距离。

（2）告别厅（或楼）、骨灰楼和室内祭祀厅室内应设有隔声能力的建筑围护结构（包括墙体、门、窗）、室内装修材料以及有效的隔声构造措施。

（3）设有通风和空调系统时，应设置消声装置。

（4）守灵居沿干道和停车场布局时，应采取防噪措施。

（5）业务接待区与告别厅、骨灰楼、祭祀厅相邻布置时，其隔墙、门窗应做隔声处理。

（6）殡仪馆、火化馆、殡仪服务中心中、骨灰楼、骨灰塔中的丧属活动室及公墓业务接待用房的公共大厅、交通走廊，还有门厅、楼电梯间的顶棚，均应采取吸声处理措施。其吊顶所用吸声材料的降噪系数（NRC）不应小于0.40。

（7）火化馆应独立设置，火化机设备的安装应采取有效的降噪或隔噪措施。

11. 殡仪馆、火化馆、殡仪服务中心中与遗体直接接触的功能用房及其员工用房均应进行卫生防护，配置消毒装置，并应满足《殡仪场所致病菌安全限值》GB 19053的要求。

12. 殡葬建筑工程中，建筑主体材料、装修材料和施工中产生的室内环境污染控制宜按II类民用建筑工程进行设防，并应满足《民用建筑工程室内环境污染控制规范》GB 50325的相关规定。

13. 殡葬建筑的建筑室内设计应创造肃穆、宁静、深沉、敬仰、庄重的环境气氛，为丧属提供良好的理丧环境。

14. 功能区内各主要用房应采用自然通风，其通风开口面积不应小于各用房地面面积的1/20。地下空间应为自然通风。

烟雾灰尘和有害气体浓度限值 表1

污染物	日平均浓度限值（mg/m³）
二氧化硫	≤0.05
二氧化氮	≤0.08
一氧化碳	≤4.00
臭氧	≤0.12（1h平均浓度限值）
可吸入颗粒物	≤0.12

注：摘自现行国家标准《燃油式火化机污染物排放限值及监测方法》GB 13801。

殡葬建筑各功能用房空气中所含细菌情况 表2

含量/分析地点	服务区	休息室	火化间	告别厅	停尸间	防腐整容室	骨灰寄存间	殡仪馆周边
空气中细菌含量（cfu/m³）	348	432	1261	763	3547	4583	126	274

注：1. cfu为菌群形成单位，表示菌数；
2. 计算方法：cfu/m³=塑料基条上菌落数×25/采样时间；
3. 资料来源：王贵岭.殡仪馆微生物空气污染分析.黑龙江环境通报，2000。

殡葬建筑采光系数标准值 表3

房间名称	采光级别	侧面采光		顶部采光	
		采光系数最低值C_{min}(%)	室内天然光临界照度（lx）	采光系数平均值C_{av}（%）	室内天然光临界照度（lx）
遗体整容室	II	3	150	—	—
解剖室	I	5	250	—	—
火化间、拾灰间	II	3	150	—	—
骨灰整理间	II	3	150	—	—
告别厅	III	2	100	3	150
守灵居	II	3	150	1.5	75
骨灰安放间	V	0.5	25	—	—
接尸间	IV	1	50	—	—
业务接待大厅	III	2	100	3	150
丧葬用品销售厅	III	2	100	3	150
丧葬用品加工制作间	III	2	100	—	—
休息区	III	2	100	3	150
展厅	IV	1	50	1.5	75
走道、楼梯间、电梯间、卫生间	V	0.5	25	0.7	35
业务办公室	IV	1	50	1.5	75
室内祭祀厅	II	3	150	4.5	225

注：1. 本表适用于我国III类光气候区。其他光气候区应乘以相应的光气候系数。亮度对比小时，其采光等级可提高一级采用。
2. "—"表示不设置顶部采光窗。

室内允许噪声级 表4

房间名称	允许噪声级（A声级，dB）
业务接待室	≤45
遗体整容室	≤45
告别厅	≤30
守灵居	≤40
火化操作间	≤55
骨灰安放间	≤50

用房之间空气声隔声标准 表5

房间名称	空气声隔声标准（dB）
业务接待室与祭品销售厅之间	≥45
遗体整容室火化操作间之间	≥50
告别厅之间	≥50
告别厅与守灵居之间	≥50
守灵居之间	≥45
火化操作间围护结构	≥50
骨灰安放间之间	≥50

楼板撞击声隔声量值评价量 表6

房间名称	顶部楼板撞击声单值评价量（dB）
业务接待室	≤55
遗体整容室	≤65
告别厅	≤50
守灵居	≤50
火化操作间	≤65
骨灰安放间	≤55

防火设计要点

1. 殡葬建筑的防火设计应执行国家现行标准《建筑防火设计规范》GB 50016的规定。由于该规范中关于殡葬建筑这一类别建筑没有涉及，所以具体设计可采用类比方法进行。

2. 基地内道路应设消防车道。

3. 建筑沿街长度大于150m，或总长度大于220m时，应设穿过建筑物的消防车道。

4. 独立建造的火化馆和骨灰寄存建筑，基地内应沿建筑物或构筑物的两个长边设置消防车道。尽头式消防车道应设回车道或回车场，其尺寸不应小于12m×12m。

5. 若是同一栋建筑内设置多种使用功能时，不同使用功能区之间应采用防火墙进行防火分隔。

6. 殡葬建筑中各个功能区的建筑分类、高度、功能性质、火灾危险性是不同的，其防火分级应按功能区分类设置。设计应按照《建筑设计防火规范》GB 50016进行耐火等级确定，见表1。

7. 殡葬建筑防火分区设置不能跨越其他功能区，只能在本功能区内划分。

8. 骨灰楼之间及与殡仪馆、民用建筑之间的防火间距应符合表2规定。

9. 当骨灰寄存建筑与火化楼分别独立建造时，二者之间的防火间距不应小于15m。

10. 骨灰安放间和告别厅的疏散门不应少于2个，且每个疏散门的平均疏散人数不应超过250人。

11. 殡葬建筑中，电梯井、运尸提升井、管道井、排烟道、排气道等竖向井道应分别独立设置，井壁的耐火极限不应低于1.00h，井壁上的检查门应采用丙级防火门。井壁应采用非燃烧体材料制作。

12. 骨灰安放间和告别厅直通疏散走道的房间门至最近安全出口的直线距离不应大于表3的规定。

13. 骨灰楼、进入式骨灰塔、殡仪馆、殡仪服务中心、告别厅设施等场用的入场门不应作为疏散门。

14. 殡葬建筑是多功能组成的综合建筑，按《建筑设计防火规范》GB 50016的规定"除为满足民用建筑使用功能设置的附属库房体，民用建筑内不应设置生产车间和其他库房"，这就要求火化馆、火化区和骨灰寄存建筑应独立设置，且火化馆和骨灰寄存建筑也不应建在一栋楼内。

15. 殡葬建筑的外墙外保温材料的燃烧性能应为A级。

16. 殡葬建筑内严禁设置职工宿舍。建筑中为工作人员设置的休息室、办公室、更衣室、卫生间等应采用耐火极限不低于2.50h的防火隔墙和1.00h的楼板与其他部位分隔，并应设置独立的安全出口。隔墙上需开设相互连通的门时，应采用乙级防火门。

17. 殡仪馆、殡葬建筑的公共楼梯、走廊、出入口总宽度应分别按每百人不少于0.65m计算，但最小净宽不宜小于1.8m。

18. 骨灰楼、可进入式骨灰塔的建筑外墙应在每层设供消防救援人员进入的窗口。

19. 殡仪馆、殡仪服务中心、骨灰楼、骨灰塔内的建筑灭火器设置应符合现行国家标准《建筑灭火器配置设计规范》GB 50140的规定。

20. 殡葬建筑内部装修应采用不燃烧材料和难燃性材料，并应符合现行国家标准《建筑内部装修设计防火规范》GB 50222的有关规定。

21. 殡葬建筑周围应设室外消火栓灭火系统。

22. 殡仪馆、殡仪服务中心、火化馆、骨灰楼和进入式骨灰塔应安装火灾自动报警系统。

23. 室内祭祀场所严禁明火。室外祭祀场所与基地内以及基地外各类建筑的防火间距不应小于30m；与基地周边道路防火间距不应小于15m；与基地内主要道路防火间距不应小于10m；与基地内次要道路防火间距不应小于5m。这是因为当前我国室外祭祀场所的功能基本是以烧纸为主，焚烧带来明火和散发火花是酿成火灾的隐患。室外祭祀场所应设消防设施。

24. 灵车库耐火等级不应低于三级，并应符合《汽车库、修车库、停车场设计防火规范》GB 50067的规定。灵车库建筑的两个长边方向应设消防车道，并与基地道路相通。

25. 火化馆的油库防火设计要点

（1）油库可建在地上，也可建在地下。其防火设计应按行国家标准《建筑设计防火规范》GB 50016相关规定进行设计。寒冷地区应采用防冻措施。油库应独立建设。

（2）火化馆的油库与基地内主要道路防火间距不应小于10m，与次要道路防火间距不应小于5m，与基地外道路边缘防火间距不应小于15m。

耐火分级 表1

功能区	防火分级
火化馆	其生产的火灾危险性属丁类2项，即利用气体、液体、固体作为燃料或将气体、液体进行燃烧作其他用的各种生产
骨灰寄存区	其储存物品属储存物品的火灾危险性丙类2项，即可燃固体
业务接待区 业务办公区	其建筑属民用建筑分类公共建筑中单、多层民用建筑中第2项。即建筑高度不大于24m的其他公共建筑。其耐火等级不应低于二级
遗体处置区	其建筑属民用建筑分类公共建筑中单、多层民用建筑中第2项。即建筑高度不大于24m的其他公共建筑，其耐火等级不应低于二级。当遗体处置区放在地下或半地下时，其耐火等级不应低于一级
悼念区	其建筑属民用建筑分类公共建筑中单、多层民用建筑中第1项，即建筑属民用建筑分类公共建筑中第1项和第2项建筑高度不大于24m的其他公共建筑，其耐火等级不应低于二级
骨灰楼 骨灰塔	其建筑属民用建筑分类中公共建筑，应根据其建筑高度、使用功能、重要性和火灾扑救难度等确定；殡葬建筑的使用功能为长久存放骨灰，由于骨灰对于每户主都是珍贵的、唯一的、不可复制的，属于重要性非常高的建筑，又由于骨灰盒、骨灰架在发生火灾时不允许使用水进行扑救，火灾扑救措施有其特殊性，故其耐火等级不应低于一级

防火间距（单位：m） 表2

		骨灰楼、骨灰塔				殡仪馆、民用建筑			
		单、多层			高层	单、多层			高层
		一、二级	三级	四级	一、二级	一、二级	三级	四级	一类	二类
骨灰楼骨灰塔	单、多层 一、二级	10	12	14	13	10	12	14	15	13
	三级	12	14	16	15	12	14	16	18	15
	四级	14	16	18	17	14	16	18	20	17
	高层 一、二级	13	15	17	13	13	15	17	15	13

至最近安全出口直线距离（单位：m） 表3

名称	位于两个安全之间的疏散门			位于袋形走道两侧或尽端的疏散门		
耐火等级	一、二级	三级	四级	一、二级	三级	四级
单、多层	35	30	25	20	15	10
高层	30	—	—	15	—	—

建筑设备 [5] 无障碍设计·室外环境质量控制

无障碍设计要点

1. 无障碍设计的目的是为残、障、病、孕、老人等特殊人群能够亲自全程参与丧葬活动提供无障碍环境和无障碍服务场所。上述人群可能不参加其他公共活动，但与己有关的丧葬活动一般都参加。为此殡葬建筑无障碍设计的范围应比一般公共建筑要全面和深入。

2. 设计中应通过专项的、系统的无障碍设计，实现可达性、便捷性和安全性的要求，并应符合《无障碍设计规范》GB 50963的规定。

3. 将基地内各组成部分划分为分系统进行分别设计，并形成连贯性整体，见表1。

各分系统无障碍设计要点　　　　表1

各分系统名称		设计要点	各分系统名称	设计要点
道路系统	人行道	1.基地内应形成连续贯通的人行通道无障碍祭悼路线，其无障碍祭悼路线支路由人、小路应能连接各墓单元和建筑主人口。当人行通道平均长度大于90.00m时，宜在路旁设休息座椅，并设轮椅停留空间。 2.基地的车行道与人行道地面有高差时，在人行通道的路口及人行横道的两端应设缘石坡道。 3.紧邻河、湖岸的无障碍人行祭悼路线应设护栏，其高度不应低于1.20m。 4.在地形险要地段的道路应设置安全防护设施和安全警示线。 5.墓园入口广场、公共活动广场、集散广场、祭悼场所和室外无障碍人行通道的地面防滑、平整、不积水。 6.无障碍设施应沿人行通道布置。 7.当有高差或台阶时应设置轮椅坡道或无障碍电梯，人行通道应为无障碍通道，无障碍通道的纵坡不应大于4%；当道路纵坡大于5%时，宜每隔20.00~30.00m在路旁设置休息平台	开放绿地	1.绿地内园路宜形成环路。 2.设置台阶、通道时，应同时设轮椅坡道。 3.园路中的无障碍支路和小路应能达到墓组团和建筑入口。 4.园路坡度大于8%时，宜每隔20.00m设休息平台。 5.轮椅园路坡道纵坡不应大于4%。 6.开放绿地内的骨灰亭、骨灰墙、骨灰壁、花架等设在台明或台阶之上时，应设轮椅坡道，并在各自入口处设提示盲道。 7.绿地中林下净空不得低于2.20m
			公共停车场	公共停车场应设置无障碍机动车停车位，其数量为2~3个车位
	盲道	1.基地内人行道应设盲道。 2.人行道上的盲道应衔接到建筑主要出入口、墓组团入口、室外祭祀场所入口	室外公共厕所	1.厕所出入口应设置无障碍出入口。 2.厕所内净宽不小于0.80m，回转直径不小于1.50m。 3.厕所内应配建无障碍厕位、小便器和洗手盆
	轮椅坡道	1.人行道设置台阶处，应同时设轮椅坡道。 2.轮椅坡道不干扰正常人行通道，应单独设置。 3.轮椅专用道坡度应不大于8%	建筑	1.建筑主要出入口应设坡度小于1:30的平坡出入口。建筑的主要出入口应为无障碍出入口。 2.门厅、中庭、交通厅、休息厅设有电梯时，至少应设1部无障碍电梯。 3.室内公共卫生间应设女公厕应设1个无障碍厕位、1个无障碍洗手盆；男公厕应设1个无障碍厕位、1个无障碍洗手盆、1个无障碍小便器。 4.守灵楼应设1套无障碍守灵居。该套房内的浴室应设1个无障碍淋浴间或盆浴间，以及1个无障碍洗手盆，并设有语言提示装置。 5.告别厅应设无障碍休息席位，应设每个席位占地面积不小于1.10m×0.80m的轮椅席位，宜设文字显示器和语音提示装置。 6.业务接待区服务窗口、丧葬品销售部柜台、洗水台、垃圾箱、展示区空间中的服务设施分别设低位服务设施。 7.丧属通行的室内走廊应为无障碍通道，走廊两侧墙面应设扶手。走廊长度大于50m时，宜设休息区。 8.告别厅应设1~2个轮椅席位和1~2个陪护席位。 9.悼念区、骨灰楼、进入式骨灰塔应分别设1部无障碍楼梯。 10.殡仪馆、殡仪服务中心、骨灰楼、骨灰塔内的通道、走廊的尽端应设可供轮椅回转的空间，回转直径应不小于1.50m。 11.建筑各功能间、休息厅、楼电梯厅及室内通道的地面应平整、防滑、不积水
	人行横道	1.人行横道路宽满足轮椅通行需求，轮椅通行宽度不应小于1.00m。 2.人行横道宜布置语音提示装置		
	人行天桥及地道	1.人行天桥及地道出入口应设置提示盲道。 2.人行天桥及地道有高差的，起点与终点0.25~0.50m处设提示盲道。 3.人行天桥及地道有高差处应设坡道，坡道净宽不小于2.00m，坡度不应大于1:12，坡道高度每升高1.50m时，应设深度不小于2.00m的中间平台。坡道两侧均应设扶手。 4.天桥下净空高度小于2.00m时，设提示盲道。 5.需要设置人行天桥和地下通道的路段，应同时设置轮椅坡道		
	集散场地、公共广场	1.广场内设有台阶或坡道时，应在起点和终点0.25~0.50m处设提示盲道。 2.广场的人行道盲道应与提示盲道相衔接。 3.广场设台阶时，应同时设轮椅坡道，当设通道有困难时，可设置无障碍电梯。 4.广场应设低位常规服务设施。祭祀场所应设低位垃圾收集装置	标识系统	基地出入口、无障碍通道、停车场、建筑出入口、公共厕所、电梯以及危险地段等无障碍设施的位置应设置无障碍标志，带指示方向的无障碍设施标志牌应与无障碍设施标志牌形成引导系统，满足通行的连续性

室外环境质量控制

1. 殡葬建筑工程应作可行性研究报告，报告应根据城乡总体规划、流域环境规划、污染物总量控制标准对环境质量进行评价，提出环境影响报告，经论证后立项建设。

2. 焚烧炉大气污染物排放应达到表2的要求。

焚烧炉大气污染物排放限值　　　　表2

项目	单位	数值含义	限值
烟尘	mg/m³	测定均值	80
烟气黑度	林格曼黑度（级）	测定值[①]	1
一氧化碳	mg/m³	小时均值	150
氮氧化物	mg/m³	小时均值	400
二氧化硫	mg/m³	小时均值	260
氧化氮	mg/m³	测定均值	75
汞	mg/m³	测定均值	0.2
镉	mg/m³	测定均值	0.1
铅	mg/m³	测定均值	1.6
二噁英类	ng TEQ/m³	测定均值	1.0

注：1.本表规定的各项标准限值，均以标准状态下含11%O₂的干烟气为参考值换算；
2.①烟气最高黑度时间，在任何1h内累计不得超过5分钟。
3.引自《燃油式火化机通用技术条件》GB 19054-2003。

3. 因火化向大气排放的二噁英和呋喃占比大约为0.2%，污染严重。所以火化排放标准应满足《大气环境质量标准》GB 3095的规定，并应定期监测，及时控制。

4. 地面水环境质量为一级，并应符合《地面水环境质量标准》GB 3038的规定。

5. 放射防护标准应符合GB J8-74中的规定。

6. 功能区室外环境噪声等效声级限值应符合表3的要求。

室外环境噪声等效声级限值 [单位：dB(A)]　　　　表3

功能区域	类别	时段	
		昼间	夜间
守灵居	1	—	45
告别厅、骨灰寄存建筑	2	60	
火化馆对周边影响的区域	3	65	
城市干道、铁路干线至殡葬建筑	4	70	

注：应满足现行国家标准《声环境质量标准》GB 3096的规定。

附录一 第6分册编写分工

编委会主任：丁建、梅洪元
　　副主任：黄锡璆、陈国亮、刘德明、孙一民

编委会办公室主任：许迎新
　　　副主任：陈剑飞、杨莉、梁建岚
　　　成　员：文瑞香、赵丽华、袁青

项目		编写单位	编写专家
1 体育建筑	主编单位	哈尔滨工业大学建筑学院	主编：刘德明 副主编：陈晓民、钱锋
	联合主编单位	北京市建筑设计研究院有限公司、 华东建筑集团股份有限公司、 清华大学建筑设计研究院有限公司、 同济大学建筑与城市规划学院、 华南理工大学建筑学院、 中国建筑设计院有限公司	
总论	主编单位	哈尔滨工业大学建筑学院、 北京市建筑设计研究院有限公司	主编：李玲玲
分类・场地区		哈尔滨工业大学建筑学院	岳乃华
看台区・辅助用房区		哈尔滨工业大学建筑学院	程征、佟欣
辅助用房区			
视线设计		哈尔滨工业大学建筑学院	周兆发、刘文明
疏散设计		哈尔滨工业大学建筑学院	高博、刘莹、李欣
电气照明		北京市建筑设计研究院有限公司	黄春、李晓彬
建筑声学		北京市建筑设计研究院有限公司	王峥
体育中心	主编单位	华南理工大学建筑学院	主编：孙一民
概述		华南理工大学建筑学院	汪奋强、叶伟康、侯叶
用地选址			
总平面			
全过程设计			
指标数据			
实例			
体育场		北京市建筑设计研究院有限公司	主编：陈晓民、刘康宏
概述		北京市建筑设计研究院有限公司	刘旭、李文
场地布置・功能流线			
场地区			
比赛场地1~4		北京市建筑设计研究院有限公司	刘洋
比赛场地5		北京市建筑设计研究院有限公司	乌尼日其其格
看台区		北京市建筑设计研究院有限公司	李文、崔迪
辅助用房及设施			
罩棚			
实例			
体育馆		哈尔滨工业大学建筑学院	主编：罗鹏
概述		哈尔滨工业大学建筑学院	罗鹏、李丽华
场地设计		哈尔滨工业大学建筑学院	刘畅、李丽华
看台		哈尔滨工业大学建筑学院	董宇、张莹、李姣佼
屋盖结构			
辅助用房		哈尔滨工业大学建筑学院	高博、董赵伟、王淼、李姣佼
实例		哈尔滨工业大学建筑学院	刘丹阳
游泳设施		华南理工大学建筑学院	主编：孙一民

项目		编写单位	编写专家
概述		华南理工大学建筑学院	申永刚、陶亮、章艺昕
游泳池			
游泳池·跳水池			
跳水池			
热身池·其他池			
看台·训练设施·辅助用房及设施			
给水排水			申永刚、章艺昕、王琪海
声学·照明·空调			申永刚、章艺昕、李豫、冯文生
实例			申永刚、陶亮、章艺昕
综合训练馆及健身中心		华东建筑集团股份有限公司	主编：姚亚雄
基本要求		华东建筑集团股份有限公司	姚亚雄
总平面设计			
建筑功能及交通设计			
建筑空间与多功能设计			
技术要求			
实例			
水上运动设施	主编单位	华东建筑集团股份有限公司上海建筑设计研究院有限公司	主编：赵晨
帆船·帆板		华东建筑集团股份有限公司上海建筑设计研究院有限公司	赵晨、朱荣张
皮划艇			
龙舟			
摩托艇			
赛艇			
实例			
冰雪运动设施	主编单位	哈尔滨工业大学建筑学院	主编：刘德明
概述·滑冰馆		哈尔滨工业大学建筑学院	刘滢、孙杰红
速度滑冰场地		哈尔滨工业大学建筑学院	刘滢、高博
冰球场地		哈尔滨工业大学建筑学院	刘滢、于歌
短道速度滑冰场地·花样滑冰场地·冰壶场地		哈尔滨工业大学建筑学院	刘滢、赖纯翠
人工冰场·浇冰车库		哈尔滨工业大学建筑学院	魏志平、刘晓宇
速滑馆实例1		哈尔滨工业大学建筑学院	刘滢、刘钧文
速滑馆实例2		哈尔滨工业大学建筑学院	刘滢、陆阳
滑雪场概述·雪上运动用品		哈尔滨工业大学建筑学院	孙明宇、刘嚣
高山滑雪场地		哈尔滨工业大学建筑学院	孙明宇、刘滢
越野滑雪场地		哈尔滨工业大学建筑学院	孙明宇、李东东
跳台滑雪场地		哈尔滨工业大学建筑学院	孙明宇、杨阳
自由式滑雪场地·单板滑雪场地		哈尔滨工业大学建筑学院	孙明宇、王帅
雪车·雪橇运动场地		哈尔滨工业大学建筑学院	孙明宇、陈云凤
登山索道·加热座椅		哈尔滨工业大学建筑学院	孙明宇、依然
滑雪场实例1		哈尔滨工业大学建筑学院	刘滢、伊戈尔
滑雪场实例2		哈尔滨工业大学建筑学院	刘滢、赵阳
自行车运动设施		主编单位	华南理工大学建筑学院	主编：孙一民
场地自行车场馆	内场	华南理工大学建筑学院	申永刚、吴剑玲
	赛道		
看台·辅助用房·照明·空调			
实例			
赛车运动设施	主编单位	华东建筑集团股份有限公司上海建筑设计研究院有限公司	主编：陈文莱
概述		华东建筑集团股份有限公司上海建筑设计研究院有限公司	陈文莱

项目		编写单位	编写专家
建筑·场地1		华东建筑集团股份有限公司上海建筑设计研究院有限公司	施勇
建筑·场地2		华东建筑集团股份有限公司上海建筑设计研究院有限公司	段世峰
实例		华东建筑集团股份有限公司上海建筑设计研究院有限公司	金峻、刘勇
射击·射箭运动设施	主编单位	清华大学建筑设计研究院有限公司	主编：庄惟敏
射击场馆		清华大学建筑设计研究院有限公司	苗志坚、张维、屈张
飞碟靶场·射箭场地		清华大学建筑设计研究院有限公司	苗志坚、周真如
射击运动专业技术设施		清华大学建筑设计研究院有限公司	张红、苗志坚
实例		清华大学建筑设计研究院有限公司	苗志坚、屈张、周真如
赛马·马术运动设施	主编单位	中国建筑设计院有限公司	主编：李燕云
概述·马术及赛马场地要求		中国建筑设计院有限公司	李燕云、陈曦、吕冠男、赵法中
场地·流线及附属设施			
实例			
极限运动设施	主编单位	同济大学建筑与城市规划学院	主编：钱锋
滑轮·滑板·极限单车		同济大学建筑与城市规划学院	钱锋
越野摩托车		同济大学建筑与城市规划学院	汤朔宁
攀岩·极限滑雪·滑水		同济大学建筑与城市规划学院	刘宏伟
室内运动场地	主编单位	北京市建筑设计研究院有限公司	陈晓民、刘康宏
篮球·排球·室内足球		北京市建筑设计研究院有限公司	刘洋
羽毛球·乒乓球·手球			
体操		北京市建筑设计研究院有限公司	余凡、刘洋
艺术体操·蹦床·武术			
击剑·举重·柔道			
拳击·摔跤·跆拳道			
保龄球·台球·壁球		北京市建筑设计研究院有限公司	乌尼日其其格
专项运动场	主编单位	哈尔滨工业大学建筑学院	卫大可
专用足球场		北京市建筑设计研究院有限公司	刘康宏、刘旭、李文
网球场		哈尔滨工业大学建筑学院	佟欣、史立刚、赖纯翠
棒球·垒球场		哈尔滨工业大学建筑学院	郑赛伟、佟欣、王佳悦
橄榄球场·沙滩排球场		哈尔滨工业大学建筑学院	佟欣、史立刚、赖纯翠
曲棍球场·门球场·地掷球场		哈尔滨工业大学建筑学院	佟欣、史立刚、王佳悦
高尔夫球场		哈尔滨工业大学建筑学院	郑赛伟、佟欣
比赛型迷你高尔夫球场		哈尔滨工业大学建筑学院	佟欣
铁人三项场地		哈尔滨工业大学建筑学院	郑赛伟
体育场馆新技术	主编单位	同济大学建筑与城市规划学院	钱锋
自然采光		同济大学建筑与城市规划学院	汤朔宁
自然通风·太阳能		同济大学建筑与城市规划学院	刘宏伟
移动屋盖		同济大学建筑与城市规划学院	钱锋、汤朔宁
2 医疗建筑	主编单位	中国中元国际工程有限公司	主编：黄锡璆 副主编： 谷建、陈国亮
	参编单位	华东建筑集团股份有限公司、 深圳市建筑设计研究总院有限公司、 东南大学建筑学院、 重庆大学建筑城规学院、 重庆大学建筑设计研究院有限公司、 同济大学建筑设计研究院（集团）有限公司、 清华大学建筑设计研究院有限公司	
医疗服务体系	主编单位	中国中元国际工程有限公司	主编：黄锡璆
概述		中国中元国际工程有限公司	黄锡璆
设施规划·建设流程			

项目			编写单位	编写专家
综合医院		主编单位	中国中元国际工程有限公司	主编：谷建
	概述		中国中元国际工程有限公司	谷建
	设计参数			
	建筑设计、采光、隔声规范要求			
	电梯设置			
	生物洁净用房及无障碍设计			
	前期策划与场地设计		中国中元国际工程有限公司	王蕾
	急诊部		中国中元国际工程有限公司	辛春华
	发热门诊			
	门诊部		中国中元国际工程有限公司	辛春华、郭春雷
	生殖医学中心		中国中元国际工程有限公司	郭春雷
	日间医疗设施		中国中元国际工程有限公司	唐琼
医技科室		概述	中国中元国际工程有限公司	黄晓群
		放射影像科1~3		
		放射影像科4~6	中国中元国际工程有限公司	黄晓群、梁建岚
		检验科	中国中元国际工程有限公司	李辉、陈兴
		功能检查科		
		内窥镜部	中国中元国际工程有限公司	李辉、张晓谦
		介入治疗		
		手术部	中国中元国际工程有限公司	李辉
		透析室		
		病理科	中国中元国际工程有限公司	李辉、陈兴
		输血科(血库)	中国中元国际工程有限公司	黄晓群
		药剂科	中国中元国际工程有限公司	黄晓群、梁建岚
		中心供应室	中国中元国际工程有限公司	李辉、苏巧梅
	高压氧科		中国中元国际工程有限公司	黄晓群
住院部		概述	中国中元国际工程有限公司	许海涛
		护理单元		
		护理单元组合实例		
		病房	中国中元国际工程有限公司	许海涛、马晓临
		重症监护护理单元1		
		重症监护护理单元2	中国中元国际工程有限公司	许海涛
	临终关怀设施		中国中元国际工程有限公司	黄晓群、庄宇
	营养厨房		中国中元国际工程有限公司	潘迪
	锅炉房			
	垃圾处理站			
	洗衣房•污水处理站			
	医用气体			
	实例		中国中元国际工程有限公司	谷建
急救中心		主编单位	华东建筑集团股份有限公司上海建筑设计研究院有限公司	主编：陈国亮、唐茜嵘
	基本概念		华东建筑集团股份有限公司上海建筑设计研究院有限公司	唐茜嵘、李莉、秦淼
	院前急救			
	院内急救			
	院前急救实例			
	院内急救实例			
肿瘤医院		主编单位	华东建筑集团股份有限公司上海建筑设计研究院有限公司	主编：陈国亮、倪正颖

项目			编写单位	编写专家
基本概念			华东建筑集团股份有限公司上海建筑设计研究院有限公司	陈国亮、倪正颖、李雪芝
放射治疗				
核医学科				
辐射屏蔽防护				
医疗设备配置及其他				
实例				
妇产医院			深圳市建筑设计研究总院有限公司	主编：孟建民
概述·场地设计			深圳市建筑设计研究总院有限公司	孟建民、彭鹰、张江涛
急诊部·门诊部			深圳市建筑设计研究总院有限公司	孟建民、张江涛、黄奕玲
门诊部			深圳市建筑设计研究总院有限公司	孟建民、张江涛、韦强、黄奕玲
住院部	基本内容		深圳市建筑设计研究总院有限公司	孟建民、张江涛、韦强
	分娩部			
	新生儿童症监护病房			
	护理单元			
实例			深圳市建筑设计研究总院有限公司	张江涛、韦强、张志超
儿童医院			华东建筑集团股份有限公司上海建筑设计研究院有限公司	主编：陈国亮、孙燕心
基本概念			华东建筑集团股份有限公司上海建筑设计研究院有限公司	陈国亮、孙燕心、周涛、郏亚丰、张苊予
急诊部				
门诊部				
住院部				
感染科			华东建筑集团股份有限公司上海建筑设计研究院有限公司	陈国亮、孙燕心、周涛、郏亚丰、张苊予
儿童重症监护室(PICU/CICU)				
新生儿监护病房(NICU)				
儿童康复科				
儿童保健科				
实例				
老年医院		主编单位	深圳市建筑设计研究总院有限公司	主编：孟建民
概述·场地设计			深圳市建筑设计研究总院有限公司	孟建民、彭鹰、张江涛
门急诊部·医技部·室内空间无障碍设计·住院部			深圳市建筑设计研究总院有限公司	孟建民、张江涛、韦强
住院部				
实例			深圳市建筑设计研究总院有限公司	张江涛、韦强
康复设施		主编单位	东南大学建筑学院	主编：周颖
基本概念			东南大学建筑学院	周颖、孙耀南、崔泽庚
物理疗法	运动疗法			
	物理因子疗法·水疗			
作业疗法	日常生活活动训练			
感觉统合疗法·言语疗法·心理疗法·中医疗法				
综合医院康复科				
康复医院概述			东南大学建筑学院	周颖、孙耀南
低视力康复·儿童康复			东南大学建筑学院	周颖、孙耀南、崔泽庚
儿童康复设施				
康复病室				
康复治疗室			东南大学建筑学院	周颖、孙耀南
老年康复治疗室·心脏康复治疗室				
假肢矫形中心			东南大学建筑学院	周颖、孙耀南、崔泽庚

项目	编写单位	编写专家
国内康复医院实例	东南大学建筑学院	周颖、孙耀南、刘曦文
国外恢复期康复医院实例		
国外军队康复医院实例		
精神病医院	主编单位 东南大学建筑学院	主编：周颖
基本概念	东南大学建筑学院	周颖、孙耀南
门诊部·医技部		
住院部	东南大学建筑学院	周颖、孙耀南、刘曦文
实例		
传染病医院	主编单位 中国中元国际工程有限公司	主编：辛春华
概述	中国中元国际工程有限公司	辛春华
门诊医技部	中国中元国际工程有限公司	辛春华、马晓临
住院部1	中国中元国际工程有限公司	辛春华、郭春雷
住院部2	中国中元国际工程有限公司	辛春华、潘迪
实例	中国中元国际工程有限公司	辛春华、郭春雷
眼科与眼科医院	主编单位 中国中元国际工程有限公司	主编：李辉
概述·基本要求与流程	中国中元国际工程有限公司	李辉
设计要求		
口腔医院	主编单位 重庆大学建筑城规学院、重庆大学建筑设计研究院有限公司	主编：龙灏
概述	重庆大学建筑城规学院、重庆大学建筑设计研究院有限公司、桂林理工大学土木与建筑工程学院	龙灏、罗旋、张程远、董永鹏、李上
口腔科		
实例		
体检中心	主编单位 重庆大学建筑城规学院、重庆大学建筑设计研究院有限公司	主编：龙灏
概述·规划要点	重庆大学建筑城规学院、重庆大学建筑设计研究院有限公司、桂林理工大学土木与建筑工程学院	龙灏、罗旋、张程远、董永鹏、李上
功能流程·设计要点		
中医医院	主编单位 同济大学建筑设计研究院（集团）有限公司	主编：徐更
基本概念	同济大学建筑设计研究院（集团）有限公司	徐更、赵泓博
门诊部		
药剂科		
实例		
职业病医院	主编单位 同济大学建筑设计研究院（集团）有限公司	主编：徐更
设计要点	同济大学建筑设计研究院（集团）有限公司	徐更、赵泓博
实例		
整形美容医院	主编单位 同济大学建筑设计研究院（集团）有限公司	主编：徐更
设计要点	同济大学建筑设计研究院（集团）有限公司	徐更、赵泓博
实例		
基层医院	主编单位 中国中元国际工程有限公司	主编：辛春华
社区卫生服务中心	中国中元国际工程有限公司	辛春华、马晓临
乡镇卫生院	中国中元国际工程有限公司	辛春华、许海涛、马晓临
医院的技术保障设施	主编单位 清华大学建筑设计研究院有限公司	主编：刘玉龙、姚红梅
基本概念·人员运输设施	清华大学建筑设计研究院有限公司	姚红梅、王宇婧
物流运输设施	清华大学建筑设计研究院有限公司	姚红梅、胡珀
给水排水、消防和污水处理	清华大学建筑设计研究院有限公司	徐青
供暖通风与空气调节	清华大学建筑设计研究院有限公司	贾昭凯
电气	清华大学建筑设计研究院有限公司	王磊
智能化系统		
安全医院	主编单位 中国中元国际工程有限公司	主编：黄锡璆

项目	编写单位		编写专家
概述	中国中元国际工程有限公司		黄锡璆、梁建岚
规划与设计			
专项安全设计			
实例			
3 福利建筑	主编单位	中元国际（上海）工程设计研究院	主编：李锋亮
	联合主编单位	哈尔滨工业大学建筑学院	副主编：邹广天、江立敏
	参编单位	同济大学建筑设计研究院（集团）有限公司	
概述	主编单位	中元国际（上海）工程设计研究院有限公司	主编：李锋亮
福利建筑设计要点·养老类社会福利建筑		中元国际（上海）工程设计研究院有限公司	许若木
老年人生理机能			
老年养护院	主编单位	中元国际（上海）工程设计研究院有限公司	主编：李锋亮
概述·总平面设计		中元国际（上海）工程设计研究院有限公司	许娇丽、王芃
总平面设计实例		中元国际（上海）工程设计研究院有限公司	余娜、陈海潮
建筑平面设计		中元国际（上海）工程设计研究院有限公司	张宁、陈海潮
建筑平面实例		中元国际（上海）工程设计研究院有限公司	王芃、陈海潮
老年人居室·浴室		中元国际（上海）工程设计研究院有限公司	肖敏、马佳琦
助行助厕器·洗浴用具·护理床		中元国际（上海）工程设计研究院有限公司	王桂娟、马佳琦
老年人公寓	主编单位	中元国际（上海）工程设计研究院有限公司	主编：李锋亮
概述·总体规划		中元国际（上海）工程设计研究院有限公司	许娇丽
总体规划·实例			
套型设计		中元国际（上海）工程设计研究院有限公司	王鹏、王芃
实例		中元国际（上海）工程设计研究院有限公司	余娜
老年日间照料中心	主编单位	哈尔滨工业大学建筑学院	主编：邹广天
基本内容·实例		哈尔滨工业大学建筑学院	邹广天、连菲、张蕾、姜乃煊
实例		哈尔滨工业大学建筑学院	邹广天、连菲、魏昕彤、李欣怡
儿童福利院	主编单位	哈尔滨工业大学建筑学院	主编：邹广天
基本内容		哈尔滨工业大学建筑学院	邹广天、于戈、薛名辉、连菲
总平面设计·实例		哈尔滨工业大学建筑学院	邹广天、李同予、邹韵、鲍获萌
福利康复中心	主编单位	同济大学建筑设计研究院（集团）有限公司	主编：江立敏
基本内容		同济大学建筑设计研究院（集团）有限公司	杨一秀、崔鹏、贾鑫
总平面设计·实例			
实例			
精神卫生社会福利机构	主编单位	中元国际（上海）工程设计研究院有限公司	主编：李锋亮
概述·实例		中元国际（上海）工程设计研究院有限公司	肖敏
救助管理站	主编单位	哈尔滨工业大学建筑学院	主编：邹广天
基本内容·实例		哈尔滨工业大学建筑学院	邹广天、杨悦、李欣怡、战莹莹
实例		哈尔滨工业大学建筑学院	邹广天、李欣怡、战莹莹、鲍获萌
4 殡葬建筑	主编单位	哈尔滨工业大学建筑学院	主编：李桂文
	参编单位	广州市殡葬服务中心、哈尔滨市殡葬管理处、吉林建筑大学、西安建筑科技大学建筑设计研究院、黑龙江省建筑设计研究院、厦门理工大学、中国中联建筑设计院、国内贸易工程设计研究院、北京市建筑设计研究院有限公司	副主编：赵天宇、袁青
总论	主编单位	哈尔滨工业大学建筑学院	主编：李桂文
术语解析		哈尔滨工业大学建筑学院	李桂文、陈雨梅、周丹

项目			编写单位	编写专家
分类·城乡配置与布局			哈尔滨工业大学建筑学院	赵天宇、袁青、王翼飞、夏雷
选址·总平面设计			哈尔滨工业大学建筑学院	赵天宇、黄席婷、夏雷、孙玥
基地设计			哈尔滨工业大学建筑学院	袁青、周丹、王翼飞、曲扬
竖向·道路·停车场·外环境设计			哈尔滨工业大学建筑学院	袁青、王翼飞、单亚林、曲扬
种植设计			哈尔滨工业大学建筑学院	赵天宇、黄席婷、夏雷、王翼飞
广场·室外祭祀场所·建筑功能区构成与组合			哈尔滨工业大学建筑学院	赵天宇、黄席婷、袁青、陈雨梅、王翼飞
建筑设计原则1			哈尔滨工业大学建筑学院	李桂文、周丹、王盈
建筑设计原则2			哈尔滨工业大学建筑学院	李桂文、萧振锋、周丹
业务接待区			哈尔滨工业大学建筑学院	李桂文、郝英舒、萧振锋、董琪
遗体处置区	功能用房·设计要点·接尸间		哈尔滨工业大学建筑学院	李桂文、陈雨梅、郝英舒、赵博、王盈
	整容间1		哈尔滨工业大学建筑学院	李桂文、赵博、康俊男
	整容间2		哈尔滨工业大学建筑学院	李桂文、赵博、萧振锋
遗体冷藏区	功能组成·设计要点		哈尔滨工业大学建筑学院	李桂文、赵博、萧振锋
	遗体冷藏室		哈尔滨工业大学建筑学院	李桂文、赵博、萧振锋、康俊男
悼念区	功能用房·设计要点		哈尔滨工业大学建筑学院	李桂文、郝英舒、陈雨梅、赵群
	告别厅		哈尔滨工业大学建筑学院	李桂文、周丹、郝英舒、陈雨梅
守灵区·行政办公、后勤服务区			哈尔滨工业大学建筑学院	李桂文、李冰、郝英舒、董琪
殡仪馆		主编单位	哈尔滨工业大学建筑学院	主编：李桂文
选址·总平面设计·用地指标			哈尔滨工业大学建筑学院	赵天宇、黄席婷、夏雷、孙玥
总平面实例1				
总平面实例2			哈尔滨工业大学建筑学院	袁青、王翼飞、单亚林、曲扬
建设规模·面积指标·工艺流程			哈尔滨工业大学建筑学院	赵天宇、袁青、黄席婷、单亚林、李冰
功能区·建筑设计要点			哈尔滨工业大学建筑学院	李桂文、郝英舒、周丹、赵群
实例1~2			哈尔滨工业大学建筑学院	李桂文、萧振锋、郝英舒
实例3			哈尔滨工业大学建筑学院	李桂文、许勇铁、郝英舒
实例4			哈尔滨工业大学建筑学院	李桂文、陈雨梅、郝英舒
实例5			哈尔滨工业大学建筑学院	李桂文、郝英舒、王翼飞、康俊男
实例6			哈尔滨工业大学建筑学院	李桂文、郝英舒、陈雨梅、康俊男
实例7			哈尔滨工业大学建筑学院	李桂文、郝英舒、王翼飞、康俊男
实例8			哈尔滨工业大学建筑学院	李桂文、郝英舒、王翼飞、夏雷、康俊男
实例9			哈尔滨工业大学建筑学院	李桂文、郝英舒、王盈、康俊男
实例10			哈尔滨工业大学建筑学院	李桂文、郝英舒、王翼飞、夏雷、康俊男
实例11			哈尔滨工业大学建筑学院	李桂文、郝英舒、王翼飞、夏雷
殡仪服务中心		主编单位	哈尔滨工业大学建筑学院	主编：李桂文
规模·选址·总平面设计·用地指标·功能分区			哈尔滨工业大学建筑学院	赵天宇、袁青、王翼飞
功能用房构成·建筑设计			哈尔滨工业大学建筑学院	李桂文、赵博、周丹、曹玉琪
实例1			哈尔滨工业大学建筑学院	赵天宇、夏雷、孙玥
实例2			哈尔滨工业大学建筑学院	李桂文、萧振锋、赵博、郝英舒
火化馆		主编单位	哈尔滨工业大学建筑学院	主编：李桂文
功能空间构成与面积·建筑设计·防火设计			哈尔滨工业大学建筑学院	李桂文、陈雨梅、李冰、赵博
火化操作区	建筑设计·火化机		哈尔滨工业大学建筑学院	李桂文、陈雨梅、郝英舒、李冰、赵群

项目			编写单位	编写专家
实例1			哈尔滨工业大学建筑学院	李桂文、李冰、陈雨梅、王盈
实例2			哈尔滨工业大学建筑学院	李桂文、李冰、郝英舒、曹玉琪
实例3			哈尔滨工业大学建筑学院	李桂文、李冰、王翼飞
实例4			哈尔滨工业大学建筑学院	李桂文、李冰、夏雷
骨灰寄存建筑		主编单位	哈尔滨工业大学建筑学院	主编：李桂文
分类•选址•总平面•道路设计			哈尔滨工业大学建筑学院	赵天宇、袁青、黄席婷、单亚林、王翼飞
骨灰楼和进入式骨灰塔	建设规模•功能组成•建筑设计		哈尔滨工业大学建筑学院	李桂文、姜凤宇、金梦潇、李冰
	防火设计•骨灰安放间空间组织		哈尔滨工业大学建筑学院	李桂文、许勇铁、姜凤宇、金梦潇
	骨灰安放间	设计要点•骨灰架	哈尔滨工业大学建筑学院	李桂文、姜凤宇、金梦潇、陈雨梅、郑权一
骨灰壁•骨灰廊			哈尔滨工业大学建筑学院	李桂文、金梦潇、姜凤宇、郑权一
骨灰壁•骨灰廊•骨灰盒			哈尔滨工业大学建筑学院	李桂文、姜凤宇、金梦潇、郑权一
实例1			哈尔滨工业大学建筑学院	李桂文、金梦潇、姜凤宇、郑权一
实例2			哈尔滨工业大学建筑学院	李桂文、姜凤宇、金梦潇、夏雷
实例3			哈尔滨工业大学建筑学院	李桂文、许勇铁、王翼飞、夏雷
实例4			哈尔滨工业大学建筑学院	李桂文、姜凤宇、李冰、金梦潇
实例5			哈尔滨工业大学建筑学院	李桂文、金梦潇、姜凤宇、郑权一
公墓		主编单位	哈尔滨工业大学建筑学院	主编：李桂文
分类•选址•城乡布局			哈尔滨工业大学建筑学院	赵天宇、黄席婷、夏雷、孙玥
配建原则•总平面设计•出入口设计				
道路•停车场•建筑设计			哈尔滨工业大学建筑学院	赵天宇、袁青、单亚林、王翼飞、曲扬
外环境设计•安全设计•墓地设计			哈尔滨工业大学建筑学院	袁青、李桂文、徐聪智、王翼飞
墓组团			哈尔滨工业大学建筑学院	李桂文、姜凤宇、金梦潇
墓单元•碑式墓单元			哈尔滨工业大学建筑学院	李桂文、姜凤宇、金梦潇、郑权一
碑式墓单元用地指标•组合模式•草坪墓单元•树葬墓单元			哈尔滨工业大学建筑学院	李桂文、姜凤宇、金梦潇
实例1			哈尔滨工业大学建筑学院	赵天宇、夏雷、王翼飞
实例2			哈尔滨工业大学建筑学院	李桂文、金梦潇、姜凤宇
实例3			哈尔滨工业大学建筑学院	袁青、赵天宇、徐聪智、夏雷
实例4			哈尔滨工业大学建筑学院	李桂文、徐聪智、王翼飞、夏雷
建筑设备		主编单位	哈尔滨工业大学建筑学院	主编：李桂文
一般要求•专用设施配置•给水•排水			哈尔滨工业大学建筑学院	刘茵、徐聪智、陈雨梅
电气•照明•通风•供暖•空调			哈尔滨工业大学建筑学院	吕岗、岳斌佑、刘英、侯兰英
室内环境质量控制设计			哈尔滨工业大学建筑学院	李桂文、徐聪智、陈雨梅
防火设计			哈尔滨工业大学建筑学院	李桂文、徐勤、王盈、曹玉琪
无障碍设计•室外环境质量控制			哈尔滨工业大学建筑学院	李桂文、徐聪智、荆涛、王翼飞

附录二 第6分册审稿专家及实例初审专家

审稿专家（以姓氏笔画为序）

体育建筑
大 纲 审 稿 专 家：马国馨　陈伯超　戴复东　魏敦山
第一轮审稿专家：马国馨　马　健　张家臣　黎佗芬　魏敦山
第二轮审稿专家：马国馨　张家臣　魏敦山

医疗建筑
大 纲 审 稿 专 家：马国馨　陈励先　谭伯兰　戴复东
第一轮审稿专家：庄念生　陈一峰　陈励先　周秋琴　袁培煌　楚锡璘
第二轮审稿专家：陈一峰　陈励先　周秋琴　袁培煌

福利建筑
大 纲 审 稿 专 家：马国馨　戴复东
第一轮审稿专家：王笑梦　苏海龙　张乃子　周燕珉
第二轮审稿专家：王笑梦　苏海龙

殡葬建筑
大 纲 审 稿 专 家：马国馨　周文连　戴复东
第一轮审稿专家：王陕生　周文连
第二轮审稿专家：周文连　戴志中

实例初审专家（以姓氏笔画为序）

庄念生　刘康宏　刘德明　许迎新　孙一民　李桂文　李燕云　杨海宇
谷　建　陈一峰　陈国亮　陈晓民　赵　晨　涂宇红　黄锡璆

附录三 《建筑设计资料集》（第三版）实例提供核心单位[1]

（以首字笔画为序）

gad浙江绿城建筑设计有限公司
大连万达集团股份有限公司
大连市建筑设计研究院有限公司
大连理工大学建筑与艺术学院
大舍建筑设计事务所
万科地产
上海市园林设计院有限公司
上海复旦规划建筑设计研究院有限公司
上海联创建筑设计有限公司
山东同圆设计集团有限公司
山东建大建筑规划设计研究院
山东建筑大学建筑城规学院
山东省建筑设计研究院
山西省建筑设计研究院
广东省建筑设计研究院
马建国际建筑设计顾问有限公司
天津大学建筑设计规划研究总院
天津大学建筑学院
天津市天友建筑设计股份有限公司
天津市建筑设计院
天津华汇工程建筑设计有限公司
云南省设计院集团
中国中元国际工程有限公司
中国市政工程西北设计研究院有限公司
中国建筑上海设计研究院有限公司
中国建筑东北设计研究院有限公司
中国建筑西北设计研究院有限公司
中国建筑西南设计研究院有限公司
中国建筑设计院有限公司
中国建筑技术集团有限公司
中国建筑标准设计研究院有限公司
中南建筑设计院股份有限公司
中科院建筑设计研究院有限公司
中联筑境建筑设计有限公司
中衡设计集团股份有限公司
龙湖地产
东南大学建筑设计研究院有限公司
东南大学建筑学院
北京中联环建文建筑设计有限公司
北京世纪安泰建筑工程设计有限公司
北京艾迪尔建筑装饰工程股份有限公司
北京东方华太建筑设计工程有限责任公司
北京市建筑设计研究院有限公司
北京清华同衡规划设计研究院有限公司
北京墨臣建筑设计事务所
四川省建筑设计研究院
吉林建筑大学设计研究院
西安建筑科技大学建筑设计研究院
西安建筑科技大学建筑学院
同济大学建筑与城市规划学院
同济大学建筑设计研究院（集团）有限公司
华中科技大学建筑与城市规划设计研究院
华中科技大学建筑与城市规划学院
华东建筑集团股份有限公司
华东建筑集团股份有限公司上海建筑设计研究院有限公司
华东建筑集团股份有限公司华东建筑设计研究总院
华东建筑集团股份有限公司华东都市建筑设计研究总院
华南理工大学建筑设计研究院
华南理工大学建筑学院
安徽省建筑设计研究院有限责任公司
苏州设计研究院股份有限公司
苏州科大城市规划设计研究院有限公司
苏州科技大学建筑与城市规划学院
建设综合勘察研究设计院有限公司
陕西省建筑设计研究院有限责任公司
南京大学建筑与城市规划学院
南京大学建筑规划设计研究院有限公司
南京长江都市建筑设计股份有限公司
哈尔滨工业大学建筑设计研究院
哈尔滨工业大学建筑学院
香港华艺设计顾问（深圳）有限公司
重庆大学建筑设计研究院有限公司
重庆大学建筑城规学院
重庆市设计院
总装备部工程设计研究总院
铁道第三勘察设计院集团有限公司
浙江大学建筑设计研究院有限公司
浙江中设工程设计有限公司
浙江现代建筑设计研究院有限公司
悉地国际设计顾问有限公司
清华大学建筑设计研究院有限公司
清华大学建筑学院
深圳市欧博工程设计顾问有限公司
深圳市建筑设计研究总院有限公司
深圳市建筑科学研究院股份有限公司
筑博设计（集团）股份有限公司
湖南大学设计研究院有限公司
湖南大学建筑学院
湖南省建筑设计院
福建省建筑设计研究院

[1] 名单包括总编委会发函邀请的参加2012年8月24日《建筑设计资料集》（第三版）实例提供核心单位会议并提交资料的单位，以及总编委会定向发函征集实例的单位。

后　　记

　　《建筑设计资料集》是20世纪两代建筑师创造的经典和传奇。第一版第1、2册编写于1960～1964年国民经济调整时期，原建筑工程部北京工业建筑设计院的建筑师们当时设计项目少，像做设计一样潜心于编书，以令人惊叹的手迹，为后世创造了"天书"这一经典品牌。第二版诞生于改革开放之初，在原建设部的领导下，由原建设部设计局和中国建筑工业出版社牵头，组织国内五六十家著名高校、设计院编写而成，为指引我国的设计实践作出了重要贡献。

　　第二版资料集出版发行一二十年，由于内容缺失、资料陈旧、数据过时，已经无法满足行业发展需要和广大读者的需求，急需重新组织编写。

　　重编经典，无疑是巨大的挑战。在过去的半个世纪里，"天书"伴随着几代建筑人的工作和成长，成为他们职业生涯记忆的一部分。他们对这部经典著作怀有很深的情感，并寄托了很高的期许。惟有超越经典，才是对经典最好的致敬。

　　与前两版资料相对匮乏相比，重编第三版正处于信息爆炸的年代。如何在数字化变革、资料越来越广泛的时代背景下，使新版资料集焕发出新的生命力，是第三版编写成败的关键。

　　为此，新版资料集进行了全新的定位：既是一部建筑行业大型工具书，又是一部"百科全书"；不仅编得全，还要编得好，达到大型工具书"资料全，方便查，查得到"的要求；内容不仅系统权威，还要检索方便，使读者翻开就能找到答案。

　　第三版编写工作启动于2010年，那时正处于建筑行业快速发展的阶段，各编写单位和编写专家工作任务都很繁忙，无法全身心投入编写工作。在资料集编写任务重、要求高、各单位人手紧的情况下，总编委会和各主编单位进行了最广泛的行业发动，组建了两百余家单位、三千余名专家的编写队伍。人海战术的优点是编写任务容易完成，不至于因个别单位或专家掉队而使编写任务中途夭折。即使个别单位和个人无法胜任，也能很快找到其他单位和专家接手。人海战术的缺点是由于组织能力不足，容易出现进度拖拖拉拉、水平参差不齐的情况，而多位不同单位专家同时从事一个专题的编写，体例和内容也容易出现不一致或衔接不上的情况。

　　几千人的编写组织工作，难度巨大，工作量也呈几何数增加。总编委会为此专门制定了详细的编写组织方案，明确了编写目标、组织架构和工作计划，并通过"分册主编—专题主编—章节主编"三级责任制度，使编写组织工作落实到每一页、每一个人。

　　总编委会为统一编写思想、编写体例，几乎用尽了一切办法，先后开发和建立了网络编写服务平台、短信群发平台、电话会议平台、微信交流平台，以解决编写组织工作中的信息和文件发布问题，以及同一章节里不同城市和单位的编写专家之间的交流沟通问题。

　　2012年8月，总编委会办公室编写了《建筑设计资料集（第三版）编写手册》，在书中详细介绍了新版资料集的编写方针和目标、工具书的特性和写法、大纲编写定位和编写原则、制版和绘图要求、样张实例，以指导广大参编专家编写新版资料集。2016年5月，出版了《建筑设计资料集（第三版）绘图标准及编写名单》，通过平、立、剖等不同图纸的画法和线型线宽等细致规定，以及版面中字体字号、图表关系等要求，统一了全书的绘图和版面标准，彻底解决了如何从前两版的手工制图排版向第三版的计算机制图排版转换，以及如何统一不同编写专家绘图和排版风格的问题。

总编委会还多次组织总编委会、大纲研讨会、催稿会、审稿会和结题会，通过与各主要编写专家面对面的交流，及时解决编写中的困难，督促落实书稿编写进度，统一编写思想和编写要求。

为确保书稿质量、体例形式、绘图版面都达到"天书"的标准，总编委会一方面组织几百名审稿专家对各章节的专业问题进行审查，另一方面由总编委会办公室对各章节编写体例、编写方法、文字表述、版面表达、绘图质量等进行审核，并组织各章节编写专家进行修改完善。

为使新版资料集入选实例具有典型性、广泛性和先进性，总编委会还在行业组织优秀实例征集和初审，确保了资料集入选实例的高质量和高水准。

新版资料集作为重要的行业工具书，在组织过程中得到了全行业的响应，如果没有全行业的共同奋斗，没有全国同行们的支持和奉献，如此浩大的工程根本无法完成，这部巨著也将无法面世。

感谢住房和城乡建设部、国家新闻出版广电总局对新版资料集编写工作的重视和支持。住房和城乡建设部将以新版资料集出版为研究成果的"建筑设计基础研究"列入部科学技术项目计划，国家新闻出版广电总局批准《建筑设计资料集》（第三版）为国家重点图书出版规划项目，增值服务平台"建筑设计资料库"为"新闻出版改革发展项目库"入库项目。

感谢在2010年新版资料集编写组织工作启动时，中国建筑学会时任理事长宋春华先生、秘书长周畅先生的组织发起，感谢中国建筑工业出版社时任社长王珮云先生、总编辑沈元勤先生的倡导动议；感谢中国建筑设计院有限公司等6家国内知名设计单位和清华大学建筑学院等8所知名高校时任的主要领导，投入大量人力、物力和财力，切实承担起各分册主编单位的职责。

感谢所有专题、章节主编和编写专家多年来的艰辛付出和不懈努力，他们对书稿的反复修改和一再打磨，使新版资料集最终成型；感谢所有审稿专家对大纲和内容一丝不苟的审查，他们使新版资料集避免了很多结构性的错漏和原则性的谬误。

感谢所有参编单位和实例提供单位的积极参与和大力支持，以及为新版资料集所作的贡献。

感谢衡阳市人民政府、衡阳市城乡规划局、衡阳市规划设计院为2013年10月底衡阳审稿会议所作的贡献。这次会议是整套书编写过程中非常重要的时间节点，不仅会前全部初稿收齐，而且200多名编写专家和审稿专家进行了两天封闭式审稿，为后续修改完善工作奠定了基础。

感谢北京市建筑设计研究院有限公司副总建筑师刘杰女士承接并组织绘图标准的编制任务，感谢北京市建筑设计研究院有限公司王哲、李树栋、刘晓征、方志萍、杨翊楠、任广璨、黄墨制定总绘图标准，感谢华南理工大学建筑设计研究院丘建发、刘骁制定规划总平面图绘图标准。

感谢中国建筑工业出版社王伯扬、李根华编审出版前对全套图书的最终审核和把关。

在此过程中，需要感谢的人还有很多。他们在联系编写单位、编写专家和审稿专家，或收集实例、修改图纸、制版印刷等方面，都给予了新版资料集极大的支持，在此一并表示感谢。

鉴于内容体系过于庞杂，以及编者的水平、经验有限，新版资料集难免有疏漏和错误之处，敬请读者谅解，并恳请提出宝贵意见，以便今后补充和修订。

《建筑设计资料集》（第三版）总编委会办公室

2017年5月23日